奇点临近

The Singularity Is Near
When Humans Transcend Biology

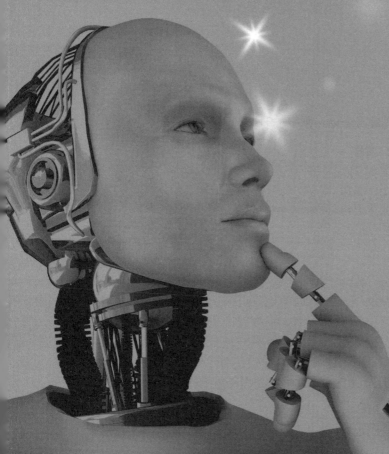

（美）Ray Kurzweil 著

李庆诚 董振华 田源 译

机械工业出版社
China Machine Press

本书是一本有思维方法论启示的书；是一本站在历史的高度，正面思考科技力量的书；是一本充满想象与预言，但又不失科学论证的书。本书提供了一个崭新的视角：21世纪既是数百年以来科技、创意的顶点，又是对人类终极命运真挚的愿景。

本书特点：奇特与警示的结论，书中六个纪元的划分奇特又富于哲理；严谨与独特的论述方法，通过分析科学发展趋势，演绎并预测未来；警世之语与探讨性对话，通过智者的眼睛去审视自然、科学以及世界；章尾与未来的对话，是一种思想的博弈：通过设想中的未来去理解当今的技术发展和进化中的人类。

本书论述严谨，案例丰富，深入阐释了"奇点"作为一种思潮，其在世界范围内所产生的广泛影响，并介绍了其在哲学、科学、技术、艺术等各个方面所展示的独特魅力。

The Singularity Is Near：When Humans Transcend Biology by Ray Kurzweil（ISBN：978-0-143-03788-0）

Copyright © Ray Kurzweil, 2005

This edition arranged with Loretta Barrett Books, Inc. through Andrew Nurnberg Associates International Limited.

Simplified Chinese edition Copyright © 2011 by China Machine Press.

All rights reserved.

本书中文简体字版由 Loretta Barrett Books 通过 Andrew Nurnberg Associates International Limited 授权机械工业出版社独家出版。未经出版者书面许可，不得以任何方式复制或抄袭本书内容。

北京市版权局著作权合同登记　图字：01-2010-5852 号。

图书在版编目（CIP）数据

奇点临近／（美）库兹韦尔（Kurzweil，R.）著；李庆诚，董振华，田源译 .—北京：机械工业出版社，2011.9（2025.1重印）

书名原文：The Singularity Is Near：When Humans Transcend Biology

ISBN 978-7-111-35889-3

Ⅰ. 奇… Ⅱ.①库… ②李… ③董… ④田… Ⅲ. 人工智能 Ⅳ. TP18

中国版本图书馆 CIP 数据核字（2011）第 189348 号

机械工业出版社（北京市西城区百万庄大街22号　邮政编码　100037）
责任编辑：温莉芳
保定市中画美凯印刷有限公司印刷
2025 年 1 月第 1 版第 37 次印刷
170mm×242mm · 24.5 印张
标准书号：ISBN 978-7-111-35889-3
定价：99.00 元

客服电话：（010）88361066　68326294

摘　　要 ■ ■ ■

　　21 世纪刚刚开始，这是人类历史上充满变革、最激动人心的时代。

　　它是这样的一个时代：人类的本质意义将得到扩充和挑战。随着我们这个种族突破基因法则的掣肘，人类将达到前所未有的智能水平、高度的物质文明，并突破寿命的极限。

　　在过去的三十年间，伟大的发明家、未来学家雷·库兹韦尔是受人尊重、极具激情的技术支持者之一，他坚信技术将在未来扮演极为重要的角色。在他的经典著作《The Age of Spiritual Machines》中，他提出了一个大胆的论断：科技正以史无前例的速度发展，计算机将能够赶超人类智能的各个方面。今天，在《奇点临近》这本书中，他预测了这一发展的下一阶段：人类与机器的联合，即嵌入我们大脑的知识和技巧将与我们创造的容量更大、速度更快、知识分享能力更强的智能相结合。

　　这种融合便是奇点的本质。在这个时代，我们的智能会逐渐非生物化，其智能程度将远远高于今天的智能——一个新的文明正在冉冉升起，它将使我们超越人类的生物极限，大大加强我们的创造力。在这个新世界中，人类与机器、现实与虚拟的区别将变得模糊，我们可以任意地装扮成不同的身体，扮演一系列不同的角色。它所带来的实际效果包括：人类将不再衰老，疾病将被治愈，环境污染将会结束，世界性的贫困、饥饿问题都会得到解决。纳米技术通过使用廉价的处理器，几乎能够创造任意的实际产品，甚至可以最终解决起死回生的问题。

　　社会与哲学的各分支的变革将是意义深远的，同时它也暗含着巨大的威胁。本书蕴含着对人类未来发展进程的本质乐观主义观点，正基于此，它提供了一个崭新的视角：即将到来的时代，既是数百年来科技、创意的顶点，也是对人类终极命运真挚的、鼓舞人心的愿景。

■ ■ ■ 对本书的赞誉

2005 年 CBS News 的秋季最畅销书之一
2005 年《St. Louis Post-Dispatch》最畅销非小说类图书之一
2005 年 亚马逊最佳科学图书之一

"任何人都可以理解库兹韦尔先生的主要思想：人类的科技知识将如同滚雪球一样越来越大，其未来将是无限灿烂的。本书清晰地表达了所涉及的基础概念。由这些基础概念延伸出的更多内容，作者将进行详细的极具吸引力的论证……这本书将开拓读者的视野，并带领读者经历冒险的旅程。"

——珍妮特·马斯林《纽约时报》

"本书充满了极具想象力和以科学为依据的推测……本书非常值得一读，因为它提供了极有价值的信息，而且内容易于理解……这是一本非常重要的书。并不是库兹韦尔所有的预言都能变为现实，但是相当一部分预言将变为现实，即便你不同意他所说的全部内容，该书也仍然值得关注。"

——《费城问询报》

"认真审视人类未来将进化为什么物种，这是一件令人兴奋和恐慌的事情……库兹韦尔先生是一位卓越的科学家、未来设想家，他在本书中展现了极具吸引力、非常动人的未来观。"

——《纽约太阳报》

"万众瞩目。"

——《圣荷西信使报》

"库兹韦尔将人工智能的优越性与进化过程本身的未来相关联。结果是既令人恐慌又极具启迪……本书仿佛一幅广博的地图，比尔·盖茨曾经称之为'未来之路'。"

——《俄勒冈人报》

"对不远未来的深刻洞察和锐利聚焦。"

——《巴尔的摩太阳报》

"本书提出的三点内容使其成为重要的文献。1）它提出了不为人知的崭新观点；2）这一思想要多大有多大：奇点——在过去 100 万年发生的改变，在未来只需要 5 分钟的时间；3）这一思想需要信息的反馈。本书使用了非常丰富的注释、参考文献、图示、讨论和质疑进行详细论述。但如果本书的观点是真实的，那将是极为骇人听闻的，它将意味着我们已知世界的终结以及理想国的开始。雷·库兹韦尔用了十年的时间梳理奇点的各个基因，并将它们编著为书展现给我们。我认为该书将成为未来十年引用最多的一本书，就好像 1972 年出版的《Population Bomb》，你已经开始经历震中的冲击波了。"

——《连线》杂志创始人，凯文·凯利

"如果未来真的如此。那将是多么令人兴奋。"

——Businessweek. com

"本书展示了令人震惊的、乌托邦式的未来视角，那时机器智能将超过生物智能，还会发生什么事情……那些即将经历的和令人着迷的。"

——微软非官方博客

"作为这个时代最重要的一位思想家，库兹韦尔已经坚持完成了他的早期工作……这项工作涉猎之广、见解之大胆令人震惊。"

——newmediamusing. com

"对未来极具吸引力的预测。"

——《Kirkus Reviews》

"这一力作自始至终都表现出了技术的乐观主义，读者将深刻地感受到作者的学术观点……如果你对 21 世纪技术的进化及其对人类的深刻影响感兴趣，这是一本推荐你阅读的书。"

——Autodesk 公式创始人，约翰·沃克

"雷·库兹韦尔是我所知道的预测人工智能未来最权威的人。他的这本耐人寻味的书预想了未来信息技术空前发展，促使人类超越自身的生物极限——以我们无法想象的方式超越我们的生命。"

——比尔·盖茨

"如果你想知道下一个深刻的不连续性（它将深刻地改变我们的生活、工作和对世界的认识）的本质和重要影响，那么请阅读本书。这是一本上乘之作，他以不可思议的想象力，雄辩地探索即将到来的破坏性事件，奇点将改变我们基本的人生观，正如电和计算机对我们的改变。"

——迪安·卡门，物理学家，发明了可穿戴式胰岛素泵、便携式透析机、
IBOT 可移动系统、Segway 人力车，美国国家科技奖章获得者

"雷·库兹韦尔是我们这个时代领先的 AI 实践者，他再次创作了对未来科学感兴趣的必读书，讲述了技术的社会影响以及人类这个物种的未来。他的这本令人深思的力作设想了未来我们将超越人类的生物智能，并提出了一个引人注目的观点：具有超人能力的人类文明近在咫尺。"

——卡内基·梅隆大学，机器人研究中心领导者，图灵奖获得者，拉吉·瑞德

"本书对科技发展持乐观的态度，值得阅读并引人深思。对于那些像我这样对'承诺与风险的平衡'这一问题的看法与雷不同的人来说，奇点临近进一步明确了需要通过对话的方式，来解决由于科技加速发展而引发的更多问题。"

——SUN 公司的创始人，前首席科学家，比尔·乔伊

译 者 序

当人们看到太多相同的时候，也许我们很无知；

当人们看到太多不同的时候，也许我们视野不够大；

当人们同时看到不同和相同的时候，也许这恰是我们的智慧原点。

物质是静止的能量，能量是运动的物质，生命是连接物质与能量的桥梁；智慧是生命的形态，智能是智慧的简化，计算是智慧的元素，当人与机器以计算作为交集时，我们会发现它们的生命是相通的。

15 世纪欧洲的文艺复兴，让科学挣脱神学的束缚，成为一匹驰骋的野马，为 18 世纪初的工业革命以及 20 世纪末至今的信息革命奠定了基础。求真、细分与发散的逻辑，让物质得到了无限的发展，然而人类的精神却被混淆了。

信息科技发展到今天，已呈现出了两大趋向：一方面传统 IT 正在走向资源化，即计算可以像水、电一样被资源化；另一方面软件正在与文化融合。在科技与人文的碰撞中，科技似乎走到了发散的尽头，人文也正在艰难地溶解着科技，人文化的科技正逐见端倪。

1998 年，我们所在的南开大学嵌入式系统与信息安全实验室，在普适计算研究与新媒体阅读产业实践中，发现阅读作为人的一种基本行为，正在被雨后春笋般出现的各种网络化电子装置裂解，带有理性思考的传统阅读正在被无情的娱乐化，萃取、整合理性阅读成为一种使命，同时人迁就机器的时代正在淡去，人与机器融合的时代将要到来。由此带来的众多困惑，驱使我们不断地在 Internet 上寻求营养。2008 年，无意间看到了一则消息，称在美国的硅谷将成立一所"奇点大学"，这个大学的名称和教育探索，源起于一本《奇点临近》的图书。出于好奇，简单在网上搜索了一些评述资料和评论，发现作者是大名鼎鼎的雷·库兹韦尔先生。由于国内没有完整的原版图书，我便通过正在美国 UCLA 联合培养的宫晓利博士，买了本《奇点临近》电子书，浏览后发现书中的观点很特别，而且与我们计算机专业相关，就安排实验室的硕士、博士按照章节进行报告、讨论，经过半年的讨论，发现书中的观点对我们非常有启发意义。在这期间董振华博士（现在 UMN 联合培养）建议我将其翻译成中文，介绍给中国的读者，由此产生了翻译本书的冲动。

奇点一词来源于数学的 $Y = 1/X$ 函数曲线上 $X = 0$ 的点，这个点应该是数学的禁区，也因此给人们以无限的遐想，在这一点上，也许科学与人文得到了交融。

在本书的翻译过程中，我们发现了本书的叙述方式和内容有以下特点：

（1）奇特与警示的结论

书中六个纪元的划分非常奇特而又富于哲理，宇宙的唤醒是个神圣的命题，大脑的模拟、计算能耗、人与机器的相互融合等都是一个个令人惊叹的结论，其结论如此的积极、如此的自信、如此的奇特。

（2）严谨与独特的论述方法

书中前两章运用了归纳式推理总结，后几章又大量运用了演绎式推理预测，真正诠释了回溯有多远，预见就有多远的道理；作者通过追溯、分析以往的科学发展趋势和当今科技的现状，演绎并预测未来。

其重点论述的技术加速回归定律已被现实逐步地验证。

（3）警世之语与探讨性对话

书中每章章首都有名人的警世之语：通过智者的眼睛去审视自然、科学以及我们生存的世界，从而不断强化思想的力量；

章尾是与未来的对话，是一种思想的博弈：通过设想中的未来去理解当今的技术发展和进化中的人类。

（4）东西方思维的对话

本书集中体现了西方科学注重演绎的思维方式，即分科放大的纵向思维回归；不同于东方哲学着重归纳的横向思维方式；书中以东方的归纳思维为基础，以西方的演绎思维导出结论，两者恰如"T"字形中的"横"与"竖"，无意之中完成了一次东西方思想的对话。

（5）GNR 综合，科学的东方回归

GNR 是三门可敬可畏的学问：触动物种的遗传（G）、复制物质的纳米（N）和改变智慧和灵魂的机器（R）。西方科学本质的发散性极有可能令 G、N、R 失控；东方哲学的宇宙观本质是收敛的，注重与自然、宇宙的和谐共存，科技的发展亟须东方哲学的收敛性作为制动系统，保证天地人的共生。

（6）衍生无限的奇点

"奇点"后续的衍生物包括：

- "奇点主义"："奇点"已经成为了一种思潮，在世界范围内具有广泛影响，关于它的争论没有一天停息过，拥护者将奇点升级为奇点主义，从哲学、科学、技术、艺术等各个方面构建奇点。
- "奇点大学"：2009 年 2 月，Google 和 NASA 联合建立了奇点大学，旨在解决"人类面临的重大挑战"。
- 电影《奇点临近》：由库兹韦尔自编、自导、自演，从艺术的角度说明"奇点"，本片将于 2011 年上映。

由于本书涉猎的内容既专业又交叉，因此由于专业知识的局限，翻译难免有失准确和恰当，希望读者给予批评指正。

本书的翻译经历了三个过程，即研讨阶段、初译阶段、出版翻译阶段。历时 11 个月，参与人员 20 余人，包括：李庆诚、董振华、田源、朱克、尚建、王璐、卢冶等。曾经参与的人员包括：张金博士、宫晓利、方济、张安站、王聪、张建新、胡海军、祝炎、贾磊、李幼萌、张占营、潘雄、郑杰、任开、董立明、曾凯等。在此对曾经参与、讨论的实验室所有人员表示感谢，同时也感谢参与新媒体阅读产业实践的津科翰林同仁！

南开大学　李庆诚教授

思想的力量

　　"我认为没有任何一种对人类心灵的冲击能够比得上一位发明家亲眼看到自己的脑力创作变成现实。"

——尼古拉·特斯拉，1896，交流电发明人

　　在 5 岁的时候我便认为自己将成为发明家。我坚信发明可以改变世界，当其他孩子还在困惑自己长大想成为什么人的时候，我已经很明确自己将来要做什么。那时我正在建造一艘能够驶向月球的火箭（这几乎比肯尼迪总统与国会争论的登月计划还要早上 10 年），当然我的火箭没有完工。在我 8 岁左右的时候，我的发明变得更加现实，例如一个带有机械连接装置的自动化剧场，该装置能够在场景中自动切换布景和角色，以及虚拟的垒球游戏。

　　我的父母都是艺术家，他们逃离了纳粹对犹太人的屠杀，所以希望我接受的教育是国际化的而不是狭隘的宗教式教育[1]。因此我的精神教育是多元的。我们可以花半年的时间研究一门宗教——去感受宗教仪式现场的氛围，阅读相关书籍，与宗教领袖对话；然后再去学习另一门宗教。这样的教育让我明晰"通往真理的道路有很多条"。我开始清晰地认识到：根本性真理如此深刻，以至于能够超越表面的冲突。

　　8 岁的时候，我开始阅读汤姆·斯威夫特的系列图书。所有 33 本（1956 年，我阅读了当时已经出版的 9 本）都有相同的故事结构：汤姆陷入了异常凶险的境地，汤姆与他的朋友，甚至整个人类都命悬一线。这时，汤姆回到自己的地下实验室，思考如何摆脱困境。该系列的每一本书中最紧张的情节大致相同：汤姆与他的朋友会凭借一种智慧反败为胜，转危为安。[2]这些故事的寓意很简单：正确的思想有能力战胜貌似无比强大的困难。

　　直到今天，我仍然相信这样的人生观：无论我们面对什么困境——商业、健康、人际关系等问题，以及这个时代面临的科学、社会和文化的各方面挑战——都存在一种正确的思想引领我们走向成功，而且我们可以找到这种思想。当我们找到它以后，需要做的就是将其变为现实。这种人生观一直在塑造我的生活。思想的力量——这本身就是一种思想。

　　当我阅读汤姆·斯威夫特系列作品的时候，外祖父重返欧洲，那是他自从带着我的母亲逃亡后首次回到欧洲，这次旅程给了他两个铭记一生的回忆。第一个回忆是奥地利人和德国人殷勤地接待了他，而在 1938 年，也正是这些人迫使他背井离乡。另一个回忆是，外祖父获得了一次千载难逢的机会——他亲手触摸了达·芬奇的手稿。这两件事都对我影响至深，后者更是让我时常想起。外祖父带着无比敬仰的心情描述这段经历，仿佛他所触

摸的是上帝的作品。这也唤起了我宗教般的信仰：对人类创造力的崇拜和对思想力量的坚信。

1960 年，12 岁的我接触到计算机，并着迷于它模拟和改造世界的能力。我流连于曼哈顿运河大街的各家电子元器件店（它们现在都还在经营），收集各种零件以组建自己的计算设备。那时我不仅与同龄人一样热衷于当时的音乐、文化和政治运动，而且以同样的热情投身于一种更模糊的趋势，即 IBM 在那个十年研发了一系列精妙的机器，从大型号的"7000"系列（7070、7074、7090、7094）到小型号的 1620（那是第一款高性能的小型计算机）。每年都有新的机型进入市场，每一个新的机型都比上一款更廉价而且性能更高，这个现象与今天一样。那时我使用 IBM 1620 计算机，并开始开发统计分析程序和作曲程序。

我还记得在 1968 年，我获准进入一个隐秘的洞穴式的房间，那里配置了新英格兰地区计算能力最强的计算机——当时顶级的 IBM 360 的 91 型计算机，由于主存达到了百万字节，其速度高达惊人的每秒钟一百万条指令，其租金是每小时 1000 美元。那时我开发了一款适用于高中生和大学生的程序[3]。当机器处理每个学生应用的时候，我产生了一种神奇的感觉——平板发出的光以一种独特的方式跳动。尽管我对每一行代码都很熟悉，可是当每次运行的循环结束、光线变暗的那几秒钟，我还是感觉计算机仿佛陷入了沉思。事实上，计算机 10 秒钟即完成的工作，若换成人工来做，则需要花费 10 个小时，而且准确率远比不上前者。

作为 20 世纪 70 年代的发明家，我开始认识到，发明的意义在于它能够为技术和市场力（这种力量在发明被引入时就存在）提供能量，以构建远不同于原来世界的新世界。我开始研究各种模式，即各种不同的技术（电子、通信、计算机处理器、主存、磁存储）是如何发展的，以及它们如何潜移默化地影响着市场，并且最终影响着社会规则。我发现大多数的发明之所以失败，并不是因为研发部门不能将发明创意变为现实，而是因为发明出现的时机不对。发明创造与冲浪很像，必须预见并恰到好处地捕捉海上的波浪。

20 世纪 80 年代，我对技术的发展趋势及其对生命的影响力产生了兴趣。我开始把自己发现的模式应用于项目中，并预测技术创新对 2000 年、2010 年、2020 年，甚至更远年代的影响。这使得我能够应用未来的能力去设计创造发明。20 世纪 80 年代中晚期，我完成了自己的第一本书《The Age of Intelligent Machines》[4]。该书包含了对于 20 世纪后十年和 21 世纪初期的广泛而且相当准确的预测，这本书的最后讲道：在 21 世纪的前 50 年，机器智能可以媲美人类祖先的智能。这似乎是一个激进的预测，但无论如何，我都坚信这是不可避免的。

在过去的 20 年里，我逐渐认识到一个重要的基本思想：改变世界的思想力量其本身也正在加速。虽然人们认同它的表面含义，但却无法真正理解其对世界本身的深刻影响。在未来的几十年里，我们将有机会运用这种思想解决很多固有的问题，同时也会发现一些新的问题。

20 世纪 90 年代，我收集了很多关于信息相关技术明显加速的经验数据，并寻找、改进适合以上数据的数学模型。我提出了加速回归理论，它能够解释为什么在宇宙的总体进化中，技术和进化将以指数的速度向前推移[5]。在我于 1998 年完成的《The Age of Spiritual Machines》（ASM）一书中，我力图阐明人类生活的本质，该本质存在于机器与人类认知变得极为相似的那个时刻之后。事实上，我将这个纪元视为人类的生物继承性与未来超越生物的能力越来越紧密的协作。

随着《The Age of Spiritual Machines》一书的出版，我开始反思人类文明的未来，以及文明和人类在宇宙中所处位置的关系。未来的文明将远胜于现在的文明，尽管很难预测未来的文明程度，但是我们有能力在头脑中创建现实模式，该模式可以让我们洞察到这样一种暗示：生物智能必将与我们正在创造的非生物智能紧密结合。这便是我希望在本书中讲述的内容，它基于这样的思想：我们有能力理解自身的智能（通过访问我们自身的源码），并且能够改良和拓展我们的智能。

有些观察家质疑人类应用自身的思想去理解自身的思想的能力。人工智能的研究者道格拉斯·霍夫斯塔特经过深思熟虑后认为："人类的大脑没有能力理解本身的智能，这也许只是命运中的一个意外。试想相对低能的长颈鹿，它的大脑远低于自我认知的智能水平，但其构造与人类大脑的构造却几乎完全相同[6]。"尽管如此，我们已经能够成功地模拟出大脑的部分神经元和大量的神经组织，并且这种模拟的复杂程度在迅速增加。本书将详细地描述一个关键问题：我们在人类大脑逆向工程方面取得的进展，也表明我们有能力理解、模拟，甚至拓展自身的智能。这便是人类与其他物种不同的一个方面：人类要达到无限高度的创造力存在一个临界阈值，我们的智能水平足以超越这个阈值，而且我们有相应的必要工具（如人类拇指），能够按照自己的意愿去改造宇宙。

关于魔术的一点想法：当阅读汤姆·斯威夫特的系列丛书时，我仿佛成为了一个狂热的魔术师，很享受观众在经历超越现实的体验时获得的愉悦。在青少年时代，我用技术代替魔术表演，发现技术与戏法有很大的不同：技术不会因为其背后的秘密被揭示而失去其巨大的力量。我时常会想起阿瑟·C·克拉克的第三定律："任何足够先进的技术都和魔术惊人地相似。"

从这个角度考虑 J·K·罗琳的《哈利·波特》，其中的传奇故事无不充满了想象力，不过这些想象力也是对我们这个世界的合理反映，它们将在几十年后变为现实。通过这本书对技术的介绍，波特的魔法将会被重新认识。通过使用纳米设备，故事中的"魁地奇"运动以及将人或物体变成其他形式的行为，在全浸入式的虚拟现实环境中是可以实现的。更具有不确定性的是时间倒流（像《哈利·波特与阿兹卡班的囚徒》中描述的那样），为了完成这些目标，严谨的科研计划正在沿着这些主线进行（没有引起因果争论），至少对于我们构建的比特信息来说是这样的。（详见第3章关于计算的终极限制的讨论。）

哈利通过念诵正确的咒语来施展魔法。当然，发现并应用这些咒语并不是容易的事情。哈利和他的同学要保证咒语的顺序、过程和语气加重部分的准确无误。这个过程是精确的，正如我们经历的技术。技术的咒语便是蕴含于现代魔术之中的公式和算法。只需应用正确的序列，我们就可以让电脑朗读书籍、理解人类的语言、检查并预防心脏病，甚至预测股市行情。哪怕咒语有一点儿差错，魔法就会被削弱，甚至不起任何作用。

有人指出，《哈利·波特》中的 Hogwartian 咒语是简短的，其所包含的信息量远少于现代程序语言的代码。但是现代技术的各种重要方法都有一个共同的显著特点——简洁。例如，几页公式就可以描述软件运行的基本原理（如语音识别）。通常，技术上一个显著的进步往往源于对一个公式进行较小的改动。

相同的经验和道理可以应用到生物进化的"发明"中，举例来说，黑猩猩与人类在基因上的差异非常微小。虽然黑猩猩也具有一些智能的特征，但正是基因中这些微小的差别，使得人类这个物种拥有了创造出魔法般技术的能力。

　　女诗人穆列尔·鲁凯泽曾经说过"宇宙是由故事而非由原子构成的"。在本书的第 7 章，我把自己描述成一个"模式人"，模式人将信息的模式视为最基本的现实。例如，基本粒子构成了我们的大脑和身体，并在数周内发生改变，但是这些粒子构成的模式具有连贯性。一个故事可以被视为有意义的信息模式，所以我们可以基于这种观点来理解穆烈尔·鲁凯泽的话。这本书讲述的是人机文明的命运的故事，这个命运便是我们所说的奇点。

■ ■ ■ ■ | 致　谢 |

　　我要向我的母亲汉娜和父亲弗雷德里克表达最真挚的谢意，感谢他们毫无疑问地支持我的早期想法和发明，让我自由地进行试验；感谢我的姐姐伊尼德给予我灵感与鼓励；感谢我的妻子桑亚、我的孩子伊桑和艾米，他们给予了我生活的意义、爱和动力。

　　我要感谢那些协助我完成这个复杂项目的聪明而且具有献身精神的人：

　　我的编辑，维京人瑞克·考特，他为本书提供了领导才能、热情和见解深刻的编辑工作；感谢克莱尔·菲拉洛，他作为出版商为本书提供了重要的支持；感谢蒂莫西·孟德尔在专业文字编辑方面所做的工作；感谢布鲁斯·吉福德和约翰·加斯诺协调本书创作过程中的各种细节；感谢艾米·希尔对本书文本的设计；感谢霍利·沃森高效的市场宣传工作；感谢亚历山德拉·鲁萨尔迪对瑞克·考特工作的协助；感谢保罗·贝克利清晰高雅的图片设计工作；感谢赫本设计了本书极具魅力的封面。

　　感谢我的出版代理人罗雷塔·巴雷特，他的热情和敏锐的见解引领了这项工作。

　　感谢特里·格鲁斯曼，医学博士，我的健康合作者，与我共同创作了《Fantastic Voyage: Live Long Enough to Live Forever》，与他往来的 10 000 多封电子邮件帮助我形成了关于健康和生物技术的想法，他在众多方面都提供了帮助。

　　感谢马丁·罗斯莱特参与了书中关于技术的所有讨论，我们一起寻求这些领域的不同技术。

　　感谢艾伦·克雷勒，我的长期合作伙伴（自 1973 年），他在很多项目中都投入了精力，提供了帮助，当然也包括本书。

　　感谢安马尔·安吉克，他投入了巨大精力，并提出了深刻的见解来领导我们的研究团队。安马尔还利用其卓越的编辑技巧帮助我清晰地表达本书中的复杂问题。感谢凯瑟琳·麦洛克，他在本书的研究和注释方面作出了巨大贡献。感谢萨拉·巴莱克在识别研究和编辑技巧方面所做的努力。感谢我的研究团队为本项工作提供了巨大的帮助：安马尔·安吉克、凯·瑟琳·麦洛克、萨拉、巴莱克、丹尼尔·派特拉吉、艾米莉·布朗、西莉亚·巴莱克 – 布鲁克斯、纳特·巴克 – 霍克 – 萨拉·布莱恩、罗伯特·白普里、约翰·蒂林哈斯特、伊丽莎白·科林斯、布鲁斯·丹纳、吉姆·林图、苏·林图、拉里·克拉斯和克里斯·赖特还有利兹·贝里、莎拉·布莱恩、露丝·玛丽、琳达·卡茨、丽莎·克斯纳、英娜·尼尔赫、克里斯托弗·塞兹尔和贝弗利提供的协助。

　　感谢勒克斯曼·弗兰克，他通过我的描述创作了很多极具吸引力的图表以及规范的图形。

　　感谢西莉亚·巴莱克 – 布鲁克斯为本书的创作和沟通提供了卓越的领导才能。

　　感谢菲尔·科恩和泰迪·科勒，他们将我的想法用图形表达出来，感谢海琳·德尼罗，他提供了第 7 章开头的"奇点临近"的照片。

感谢纳特·巴克－霍克、艾米莉·布朗和萨拉·布莱恩，他们协助管理本书研究和编辑的整个过程。

感谢肯·林德和马特·布里奇斯，他们的计算机系统协助我完成这项错综复杂的工作。

感谢丹尼斯·斯特拉罗、琼·沃尔什、玛利亚·艾丽丝和鲍勃·比尔，他们在这项复杂工程中担任了会计工作。

感谢 KurzweilAI. net 团队为本书提供了大量的研究支持：艾伦·克雷勒、安马尔·安吉克、鲍勃·比尔、西莉亚·巴莱克－布鲁克斯、丹尼尔·派特拉吉、丹尼斯·斯特拉罗、艾米莉·布朗、沃尔什、肯·林德、勒克斯曼·弗兰克、玛利亚·艾丽丝、马特·布里奇斯、纳特·巴克－霍克、萨拉·巴莱克和萨拉·布莱恩。

感谢马克·比泽尔、德博拉·利伯曼、基尔斯滕·克劳森和德亚·埃尔多拉多，他们在本书交流方面所做的工作。

感谢小罗伯特·弗雷特斯，他详尽地检查了纳米技术的相关材料。

感谢保罗·林森，他详尽地检查了本书中有关数学的论述。

感谢本书的专家读者，他们认真检查了书中的科学内容：小罗伯特·弗雷塔斯（纳米技术、宇宙学），拉尔夫·梅克尔（纳米技术），马丁·罗斯布雷特（生物技术、技术加速），特里·格鲁斯曼（健康、医药、生物技术），托马索·博意（脑科学、大脑的逆向工程），约翰·帕门特拉（物理学、军事科技），迪安·卡门（技术发展），尼尔·杰森费德（计算科学、物理学、量子力学），乔尔·杰森费德（系统工程），汉斯·莫拉维茨（人工智能、机器人），麦克斯·莫尔（技术加速、哲学），让－雅克斯·罗廷（大脑与认知科学），雪莉·托克（技术的社会影响），赛斯·肖斯塔克（SETI、宇宙学、天文学），达米安·布罗德里克（技术加速、奇点）和哈里·乔治（技术企业家精神）。

感谢本书的内部读者：安马尔·安吉克、萨拉·巴莱克、凯瑟琳·麦洛克、纳特·巴克－霍克、艾米莉·布朗、西莉亚·巴莱克－布鲁克斯、艾伦·克雷勒、肯·林德、约翰·查鲁博、保罗·阿尔布雷希。

感谢本书的外行读者和他们敏锐的洞察力：我的儿子，伊桑·库兹韦尔以及大卫·达尔林普尔。

感谢比尔·盖茨、埃里克·德雷克斯勒和马维文·米斯基，他们允许我在该书中引用他们的对话。他们的想法收录在本书的对话中。

感谢很多科学家和思想家，他们的思想和努力为人类知识呈指数扩展提供了基础。

以上提到名字的人员都贡献了想法和对本书的改进建议，我对他们的努力表示感谢。对于书中的任何错误，将由我个人负全责。

作者简介

雷·库兹韦尔是世界领先的发明家、思想家、未来学家，他用了20年的时间记录和追溯历史的发展轨迹，以预测未来。他被《华尔街日报》誉为"永不满足的天才"，被《福布斯》杂志誉为"最终的思考机器"，被《Inc.》杂志评选为最顶尖的企业家之一，并称其为"托马斯·爱迪生的法定继承人"。PBS将他选为过去200年间"16位创造美国的革命者"之一。他还入选了国家发明名人堂，是国家科技奖章获奖者、Lemelson-MIT大奖（世界上最重要的发明奖）获奖者，拥有13项荣誉博士头衔，曾经获得3位总统嘉奖，他还是4本书的作者：《Fantastic Voyage：Live Long Enough to Live Forever》（与特里·格鲁斯曼合著）、《The Age of Spiritual Machines》、《The 10% Solution for a Healthy Life》和《The Age of Intelligent Machines》。

目 录 ▪ ▪ ▪

第1章 六大纪元

"每个人都将自身所感知的范围当做世界的范围。"

——叔本华

我不能确定自己是在什么时候第一次意识到奇点的，应该承认这是一个逐渐认识的过程。在近半个世纪的时间里，我致力于计算机及其相关技术的研究工作，并努力去理解我亲身经历的很多层面上的巨大变革及其背后的内涵和意义。渐渐地，我开始认识到21世纪前五十年里变革的大致轮廓——就好像空间中的黑洞突然改变了物质和能量的模式，加速朝其边界发展。这逼近未来的奇点，从肉体到精神，逐步地改造人类生活的各个方面。

那么，什么是奇点呢？奇点是未来的一个时期：技术变革的节奏如此迅速，其所带来的影响如此深远，人类的生活将不可避免地发生改变。虽然这个纪元既不是乌托邦，也不是反乌托邦的形态，但它将人类的信仰转变为生命能理解的意义；将事物模式本身转变为人类生命的循环，甚至包含死亡本身。理解奇点，将有利于我们改变视角，去重新审视过去发生的事情的重要意义，以及未来发展的走向。一个人真正理解了奇点的含义，将从根本上改变他的人生观和他的人生。我将那些理解奇点并在生活中履行奇点价值观的人视为奇点人[1]。

我可以理解，为什么很多观察家不能较快地意识到加速回归定律的本质内涵（发展变革的本质加速，包括技术的进化作为生物进化的延续）。毕竟，我用了四十年的时间去见证这个定律的正确性，而且，这个定律所带来的后果并不都是令人满意的。

奇点临近暗含一个重要思想：人类创造技术的节奏正在加速，技术的力量也正以指数级的速度在增长。指数级的增长是具有迷惑性的，它始于极微小的增长，随后又以不可思议的速度爆炸式地增长——如果一个人没有仔细留意它的发展趋势，这种增长将是完全出乎意料的（见图1-1）。

请看这样一个寓言：一个湖的主人希望呆在家中照料湖中的鱼，他要确保湖面不会被百合浮萍覆盖，这种浮萍据说每天都以其自身两倍的数量增长。日复一日，湖的主人耐心地等待，他发现只有很少量的百合浮萍出现，而且它们似乎不会以任何显著的方式扩展蔓延。由于只有不到百分之一的湖面覆盖了百合浮萍，湖的主人确认可以与家人度过一个悠闲的假期。几周之后，当他回来的时候，他被眼前的景象震惊了：整个湖面都被浮萍覆盖了，所有的鱼也都死了。由于浮萍的数量以每天成倍的速度增长，7次加倍就可以使浮萍覆盖整个湖面（7次加倍将达到原来128倍）。这个例子说明了指数增长的内涵。

再来看看国际象棋世界冠军格瑞·卡斯帕罗夫，1992年，他曾不屑于计算机棋手的水平。但是由于计算机的能力每年都以两倍的速度递增，所以五年后，卡斯帕罗夫被计算机击败[2]。在很多方面，计算机现在已经超越了人类的计算能力，并以更快的速度发展。同时，计算机智能应用也在逐渐拓宽。举例来说，计算机能够诊断心电图和医学图像，侦测飞机的起飞与降落，控制自动武器的战术决策，做出信用与金融决策，同时承担着很多需要人工智能辅助完成的任务。但是人工智能在众多领域也存在缺陷，怀疑者认为人工智能在某些领域无法超越人类智能，这恰恰说明了人类的能力优于其本身的创造能力。

尽管如此，本书将会讨论在未来的几十年里，基于信息的技术将会容纳人类所有的知识和技能，甚至包含识别模式的能力、解决问题的技巧，以及人类大脑中内在的情感与道德的智慧。

尽管大脑在很多方面具有极为优越的性能，但其仍有很多局限性。现在已经可以通过技术使用大量的并行（数百 T 级的模拟内部神经元链接操作）来迅速认知大脑中微妙的模式。但我们的思考却是很慢的：基础的神经元事件处理比同等的电子电路要慢上数百万倍。这将导致人类在生理上处理新知识的能力远远跟不上人类知识的指数级增长速度。

人类生物体的 1.0 版本也是很脆弱的，他容易屈服于大量的错误模式，而且，维持生命需要大量的成本。虽然人类的智能在某些时刻能够突破他的创造力和表象，但是人类的大多数想法还都是衍生的、琐屑的、受限的。

奇点将允许我们超越身体和大脑的限制：我们将获得超越命运的力量；我们将可以控制死亡；我们将可以活到自己想达到的年龄（这与"永生"有细微的差别）。我们将充分理解人类的思想并极大程度地拓展思想的外延。在 21 世纪行将结束的时候，人类智能中的非生物部分将无限超越人类智能本身。

我们正处于这一变革的早期阶段。模式变化的加速度（我们改变基本技术方法的速率）将与信息技术的指数增长速度相同，并都将处于膝曲线的拐点（在这个时期指数增长的趋势将变得非常明显）。一旦越过这一阶段，这种加速的趋势将爆炸式地增长。在 21 世纪中期以前，我们的技术（已经是我们自身的一部分）增长率将以近似垂直线的速度增长。从严格的数学角度来看待这个问题：虽然速度的增长仍然是有限的，但它近乎极限的速度，必将撕裂人类固有的历史结构。至少在无法提高人类生物智能这一理论的前提下，该观点成立。

奇点将代表我们的生物思想与现存技术融合的顶点，它将导致人类超越自身的生物局限性。在人类与机器、现实与虚拟之间，不存在差异与后奇点。如果你想知道在这个时代人类的哪些特质将保持不变，很简单：人类这一物种，将从本质上继续寻求机会拓展其生理和精神上的能力，以求超越当前的限制。

很多批评家对于这些改变的评述都聚焦于这个过渡时期带给人类的在一些重要方面的缺失。但若从这个角度考虑问题，就不能准确地理解技术的未来。当前所有的机器都比不上人类本身那么精妙。尽管奇点有很多方面，但其最重要的内涵是：我们的技术将能够和人类最优秀最精妙的品质相媲美，并超越它们。

直觉的线性增长观与历史的指数增长观

"一旦超越人类的智能被创造，并且该智能可以周而复始地自我改进，这将是对世界颠覆性的变革，我还不能预测这种变革所带来的后果。"

——迈克尔·安西莫夫，科技图书作家

20 世纪 50 年代，伟大的信息理论学家冯·诺依曼指出，"技术正以其前所未有的速度增长……我们将朝着某种类似奇点的方向发展，一旦超越了这个奇点，我们现在熟知的人类社会将变得大不相同。"[3]冯·诺依曼在这里提到了两个重要概念：加速与奇点。

第一个概念说明了人类的发展正以指数级的速度增长（以一个常量重复相乘的速度）而不是线性增长（以重复增加一个常量扩张），如图1-1所示。

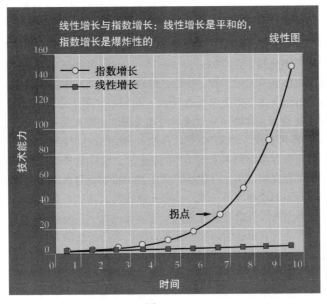

图 1-1

第二个概念说明指数级增长的速度是多么令人震惊，开始的时候增长速度很慢，几乎不被觉察，但是一旦超越曲线的拐点，它便以爆炸性的速度增长。人们并没有充分地理解未来，我们的祖先对未来的期望与我们现在在对未来的期望相似，都认为未来的发展速度与过去是一样的。指数增长的趋势在1000年前就已经存在，但那时它还处于早期阶段，发展的趋势是平和而缓慢的，似乎看不出任何趋势。结果人们对于未来不变的期望似乎得到了现实的验证。今天，我们所预测的技术持续进步和社会反响都是基于以往的经验。但事实上，未来的发展将远超过大多数人的认识，因为很少有人能够真正认识到加速发展本身的深刻含义。

大多数对于未来技术的预测，都低估了未来发展的力量，因为这种预测主要基于"直觉线性"增长观而非"历史指数增长"观。我的模型表明，每隔十年，模式迁移的速度会提高一倍，这一点，我将在下一章中详细论述。因此，在过去的20世纪，技术的发展速度逐步递增并达到今天的发展速度；20世纪所取得的成就，等同于以2000年的速度发展20年所取得的成就，也将等同于未来14年的发展取得的成就（到2014年），依此类推，这14年取得的成就将等同于其后7年所取得的成就；我们将见证两万年的发展进步（同样以"今天"的速度衡量），或者说，我们将见证1 000倍于20世纪的发展成就[4]。

对于未来情形的错误理解发生得很频繁，并且出现于不同的场合。其中有这样一个例子，最近一场关于分子大规模制造的争论，一些诺贝尔获奖专家宣称不必担心纳米技术的安全性问题，他们宣称"在数百年的时间内我们将不会看到具有自我复制能力的纳米工程实体（构建分子片段的设备）"。如果以今天技术增长的速度计算（5倍于20世纪的平均增长速度），估计用 100 年的时间是合理的。但是我们的发展速度每十年都会加倍，我们看到以现在的速度需要一个世纪才能取得的成就，其实只需要 25 年的时间。

类似的例子发生在《时代》杂志关于"未来的生活"大会上，那次大会举办于 2003 年，是为了庆祝发现 DNA 结构 50 周年。所有被邀请参会的演讲者都被问及同样的问题：50 年之后的生活将是什么样的[5]。几乎所有的出席者都以过去 50 年的模式去看待未来的 50 年。DNA 的发现者之一詹姆斯·沃森，他认为 50 年后将会出现这样一种药物，它使得人类不论吃多少食物体重都不会增加。

五十年？通过在小鼠身上做实验，我们已经可以通过堵塞脂肪胰岛素摄取基因的方式控制脂肪细胞中的脂肪含量。用于人类的药物（我们将在第 5 章讨论 RNA 介入和其他相关技术）的研发正在进行，食物药品管理局的相关测试也将在几年内进行。詹姆斯·沃森的预测在 5 至 10 年即可实现，而非 50 年。其他人的预测也同样是短浅的，只反映了当时技术的发展程度，而没有考虑到未来的 50 年将给这个世界带来的巨大变革。在出席那次会议的所有人中，只有我和比尔·乔伊认识到了技术将以指数级的速度发展，尽管比尔和我对于这些改变的内涵的理解并不一致，在第 8 章我将讨论这一点。

人们直觉上认为当前发展的速度就是未来发展的速度。甚至对于那些经历长时间发展变革的人来说，仍然会凭直觉认为时代的发展以我们最近经历的发展速度进行。从数学的观点审视这个问题，指数曲线在一段很短的时间内看起来就像是一条直线。这就导致了那些最具经验的批评家在思考未来的时候，也都是以当前的技术发展速度来预测未来十年或者百年的发展情况。这就是我将这种预测未来的方法命名为"直觉线性"观的原因。

但是以技术的发展史为依据进行严格地评估，可以揭示技术以指数级的速度发展。指数级增长是所有进化发展的重要特征，技术是其中的主要实例。你可以从不同角度审视数据：不同的时间坐标；技术所覆盖的范围，例如从电子到生物；应用的角度，例如从人类知识的总量到经济的规模。发展和增长的加速适用于以上所有情形。事实上，我们发现那不是简单的指数级的增长，而是双倍指数级增长，这意味着指数级的增长速度本身是以指数的速度增长的（例如，我们将在下一章讨论的性价比计算）。

很多科学家和工程师都具有我称为"科学家悲观主义"的特点。通常他们都会陷于科研工作的困难与错综复杂的细节当中，以至于无法发现其工作对于未来的长远意义，以及这些工作所关联的更广阔的领域。同样，他们也无法认识到在新一代的技术中强有力的工具是什么。

科学家要求怀疑一切，谨慎地表达当前的研究目标，很少去推测超越这个时代的技术追求。这种情形在一代技术持续时间长于一代人的时候是合理的，但是这并不适于现今这个社会的实际情况，因为，现在技术的更替只需要几年的时间。

1990 年，生物学家曾质疑在短短 15 年的时间内完成整个人类基因组破译工作的可行性。因为在当时，这些科学家花了整整一年的时间只破译了其中的万分之一。所以，以当时的进展速度，至少还需要一个世纪才能将整个人类基因组破译成功。

再看另一个例子，在 20 世纪 80 年代中期，很多人怀疑互联网能否普及，因为当时互联网只包含了数万个节点（服务器）。事实上，节点的数量以每年两倍的数量递增，10 年后，节点的数量达到了数千万个。但是那些局限于当时技术发展水平的人并没有认识到这种趋势，因为在 1985 这一年，只有数千个节点加入了互联网[6]。

  与之相反的一种情况是，尽管某些指数级增长现象被人们认识，但人们却过于痴狂于这些现象，却没有很好地掌握增长的节奏，人为地使得增长的速度超越了时代，从而产生了很多的错误。在"网络泡沫时期"和"电信泡沫时期"（1997～2000），资本的价值被过分地抬高（股票的市场价值），已经超越了合理的增长速度。我将在第2章详细阐明，无论在兴盛期还是衰退期，互联网和电子商务的发展趋势是平缓的指数增长。过分乐观的增长预期只会影响资本（股票）的价值。我们已经在早期范型的迁移中看到了这些错误——例如，在铁路时代的早期（18世纪30年代），那时与现在网络的兴衰一样，过分的扩张直接导致了铁路扩充的冰冻期。

  预言者经常犯的另一个错误是认为变革只是由当今世界的一种趋势引起的，而与其他事物并无关系。一个很好的例子就是人们认为延长人类寿命将导致人口过剩、维持人类生命所需的物质资源耗尽，却忽略了由纳米技术和强人工智能技术所创造出的巨大财富。举例来说，2020年很有可能出现基于纳米技术的制造设备，它可以使用廉价的原材料和信息造出几乎任意的物理产品。

  我如此强调指数增长与线性增长的对比，是为了纠正很多预言者对未来发展趋势做出的最错误的预测。大多数技术预测和预测者都忽略了技术以指数趋势增长这一事实。的确，几乎我见过的所有人都以线性发展观看待未来。这就是为什么人们往往高估短期能够达到的目标（因为我们常常忽略必要的细节），却容易低估那些需要较长时间才能到达的目标（因为忽略了指数增长）。

六大纪元

> 开始的时候，我们创造工具，后来它们造就我们。
>
> ——马歇尔·麦克卢汉，媒介理论家、思想家
>
> 未来并不是像它过去那样发展。
>
> ——尤吉·贝拉，美国著名棒球运动员

  进化是一个创造持续增长秩序模式的过程。我将在第2章讨论秩序的概念，这一部分讨论的重点是模式的概念。我相信模式的发展构成了我们世界的最终形态。在间接的进化中，每个阶段或纪元都是使用上个纪元使用的信息处理方法来创造下一个纪元。我从生物和技术两方面，将进化的历史概念划分为六个纪元。正如我们将要讨论的，奇点将随着第五纪元的到来而开始，并于第六纪元从地球拓展到全宇宙。

  第一纪元：物理与化学。人类的起源可以追溯到用物质和能量的形式来表现信息的那个阶段。近年来量子力学理论认为，时间和空间都可以分解成为离散的量子。关于物质和能量本质能否数字化和模拟化的争议依然存在。但是不论这个问题的结论如何，我们都可以认定原子结构可以存储并且表达离散信息。

  宇宙大爆炸的数十万年后，电子开始围绕着由质子和中子组成的原子核运转，于是原子出现了。原子带电的特质使得它们可以聚合在一起。经过了几百万年的演变，原子逐渐聚合成了一种相对稳定的结构——分子，化学随之诞生。在所有的化学元素中，碳元素最为活泼，因为它可以在其分子的四个方向都形成碳链（相比之下，其他元素最多只有三个方向），从而形成复杂的、可以大量存储信息的三维结构。

宇宙中的各种规律和物理常数（用于保持各种基本力之间的平衡）都是非常精妙而又错综复杂的，它们为信息的编撰和进化发展创造了适宜的环境。在这个环境里，既能看到伟大而神秘的自然之手，亦能感受到人类自己的手——人择原理，该原理持有如下观点：正是在这个允许人类进化的宇宙的存在，才可能出现我们这样的智慧生命来谈论它[7]面对如此复杂的进化系统，我们不禁感叹造物主的巧夺天工。近代的许多宇宙物理学理论指出，其实新的宇宙系统是有规律的、不断产生的，只是它们的系统规律不能支持复杂形式的进化[8]，这些新形成的宇宙不是迅速衰竭，就是一成不变地维系着它们没有高级生命的形式（与地球的生物系统相比）。用早期的宇宙理论去证明这些进化理论是不可能的，但可以明确地认定：我们的宇宙完全符合复杂进化所需的有序度和复杂度[9]，如图 1-2 所示。

第二纪元：生物与 DNA（脱氧核糖核酸）。第二纪元始于几十亿年前，由碳元素形成的化合物趋于复杂化，进而形成了能够进行自我复制的分子聚合物，生命随之诞生。最终，生物系统进化出了一套精密的数字机制（DNA）用以对更高层次的分子信息进行存储。DNA 分子和它的附加机制（包括遗传密码和核糖体成分）使得第二纪元的进化信息得以保存。

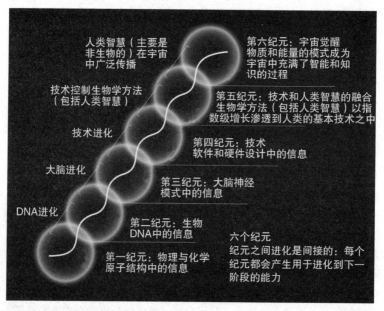

图 1-2

第三纪元：大脑。各个纪元之间是通过"间接引导"的模式来延续信息的进化（下一纪元进化利用上一纪元的进化结果）。例如，在第三纪元中，以 DNA 为导向的进化产生了可以感知信息的生物，它们可以运用自身的感知器官进行感应信息并且运用自身的大脑和神经系统对感知到的信息进行加工处理和存储。第二纪元的机制（包括 DNA、蛋白质外向信息以及能控制基因表达的 RNA 片段）使得第三纪元的信息处理机制（大脑及神经系统的各个器官）得以运作并发挥功效。人类大脑的大部分活动是关于模式识别的，第三纪元起始于早期动物的模式识别能力，该能力可以解释人脑的大部分活动[10]。最终，人类这一物种通过进化获得了对我们所处世界进行思维抽象并且能对这些模式进行理性的推演的能力。人类具有了依据自身思想重新描绘世界的能力，并且能够将这些思想付诸实践。

第四纪元：技术。人类理性思维和抽象思维的结合使我们迈进了第四纪元，进入了"间接引导"的下一阶段：人造技术的进化层次。这一层次是以简单的机械化为起点，并发展为制造精妙的自动化设施（自动机械设备）的阶段。最终，技术通过其成熟的计算和通信设备实现了对不同类型复杂信息的感知、存储和评估。与生物智能的进化速率相比，技术进化的速率非常之快：最高级哺乳动物的大脑每隔数十万年才增长大约一立方英寸；而计算机容量几乎每年都会翻一番（见第 2 章）。诚然，不论是大脑的大小还是计算机容量的大小都不是决定智能高低的唯一因素，但是它们却是影响智能的重要因素。

如果我们把生物进化和人类技术进步过程中的里程碑事件在同一对数函数的图形中表示出来（其中 X 轴代表过去的年代，Y 轴代表范式迁移的时间），可以得出一条相对的直线（呈持续加速的趋势），如图 1-3 和图 1-4 所示。这是因为生物进化直接引领了人类技术的发展[11]。

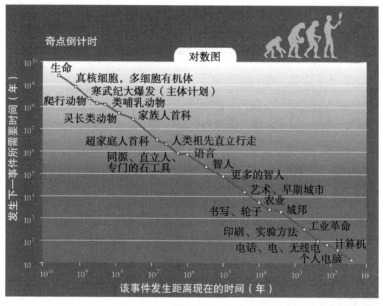

图 1-3

以上的图形反映了我对生物和技术发展过程中重大事件的认识。有一点需要注意：图形中持续加速的直线并不取决于本人所选取的事件。对此，不同的研究人员和参考书都会列出风格迥异的事件列表。尽管研究手段存在着一些差异，但是如果我们结合各种资源中的事件列表（例如，《不列颠百科全书》、美国自然历史博物馆、卡尔·萨根的"宇宙年历"等），不难发现加速的趋势是共通的。图1-5 提供了十五种不同的事件列表[12]。由于不同的研究人员对同一事件的发生时间存在争议，而且不同的列表又采用了不同的衡量标准来选择表中的事件，以致不同列表的事件出现了重复和交集。数据的繁杂（统计上的差异）造成了进化曲线的"厚重化"。尽管如此，进化曲线的整体脉络还是非常清晰的。

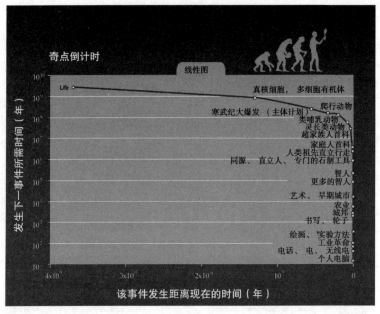

图　1-4

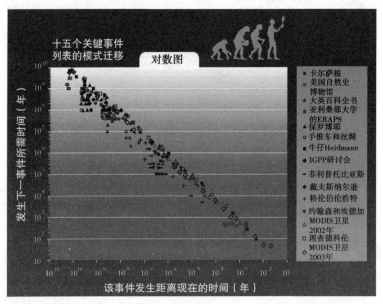

图　1-5

物理学家、复杂理论学家西奥多·莫迪斯通过对不同事件列表进行分析，对相似相同事件进行整合，总结出了 28 个事件的集合[13]，并称为典型事件。这一过程大大简化了复杂的事件列表，去除了"噪声"（例如，消除了不同列表中事件发生时间的差异问题）。以上加速图形也与我们日常观察得出的结论相吻合，如图1-6所示。

图1-6说明技术以指数级速度增长，其特征是"有序"和"复杂"。这些概念将在第2章进一步阐述。这一加速过程与我们的常识观察相吻合。在10亿年以前，100万年的时间不会发生什么。但近25万年以来，发生了很多具有划时代意义的大事，例如距今10万年前人类的诞生。在技术方面，如果回顾前5万年，1000年的时间没有发生什么。但近来我们看到了新的范式——以互联网为例，其发展从无到有，再到普及仅用了10年时间。（发达国家有四分之一的人使用互联网）

第五纪元：人类智能与人类技术的结合。展望未来几十年，奇点将从第五纪元开始。这是人脑中的大量知识与人类技术相结合的结果，这时人类技术的典型特征是：更大的容量、更快的速度、更强的知识分享能力。第五纪元将使我们的人机文明超越人脑的限制[14]（限制源于人脑中数百兆异常缓慢的连接）。

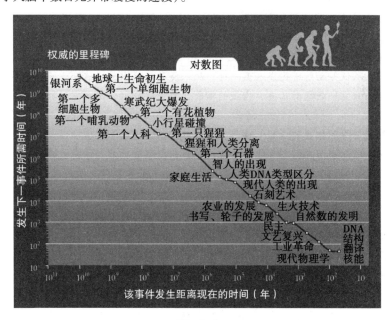

图 1-6

奇点将使我们克服人类老年化的问题并极大地解放人类的创造力。我们应保持并提升进化赐予我们的智能，以克服生物进化的限制。但是奇点也将提高人类从事破坏行为的可能性，这里没有写出关于这方面的所有内容。

第六纪元：宇宙觉醒。本书第6章将以"……宇宙智能的命运"为开端讨论这个问题。在奇点之后，来自人类原始大脑的生物和技术的智能，将在物质和能量上开始饱和。为了达到宇宙觉醒这一阶段，需要为最优级别的计算重新组织物质和能量（我们将在第3章讨论相关的限制），继而将这种最优的计算由地球推广至宇宙。

目前，我们把光速理解为信息传输的一个边界因素。超过这个限制必然被视为高风险的行为，但有迹象表明这种限制是可以被超越的[15]。如果可以突破该限制（即使很小的程度），我们最终将能够利用这个超光速的能力。人类文明将向宇宙其他文明注入创造力和智能，其速度的快慢将取决于文明的永恒性。无论如何，"无智能"物质和宇宙机制将转变为精巧且具有高级形式的智能，这将在信息模式演变过程中构成第六纪元。

这便是宇宙和奇点的最终命运。

奇点临近

你知道，事情会真的不一样！……不，不，我是说真的不一样！

——马克·米勒（计算机科学家）对

埃里克·德雷克斯勒说，约 1986 年

事件的后果是什么呢？由超人类智能驱动的进步是非常迅速的。事实上，从短期来看，进步本身似乎与创造更高智能的实体无关。通过对以往进化的分析，我们可以认识到：动物能够适应问题，并从事发明创造活动，但其速度常常慢于自然选择——世界仿佛是其在自然选择情况下的模拟器。人类有能力适应这个世界，处理在我们头脑中的"假设"；我们还能够以几千倍于自然选择的速度解决许多问题。现在，可以通过创造的手段，用更高的速度去执行那些模拟，正是这些使我们从过去的体制迅速地进入一个全新的体制，就像我们从低等动物进化成人类一样。从人类的角度来看，这些改变将抛弃之前所有的规则，也许只需一眨眼的工夫，指数的增长就将突破任何试图对它的控制。

——福诺·文奇 "The Technological Singularity"，1993 年

我们把超智能的机器定义为一台能力远远超过任何人的全部智能活动的机器。一旦机器设计成为一项智能活动，超智能机器就能设计出更好的机器——毫无疑问，这就是"智能爆炸"，人类的智能将被远远抛到后面。第一台超智能机器将是人类最后一个发明。

——欧文·约翰·古德，"Speculations Concerning

The First Ultraintelligent Machine"，1965 年

为了对奇点的概念有更进一步的认识，让我们来探索这个词本身的历史。"奇点"（Singularity）是一个英文单词，表示独特的事件以及种种奇异的影响。数学家用这个词来表示一个超越了任何限制的值，如除以一个越来越趋近于零的数，其结果将激增。例如，简单的函数 $y = 1/x$ 随着 x 的值趋近于零，其对应的函数（Y）的值将激增（见图 1-7）。

这样的数学函数实际上从未达到过无限的值，因为除以零是数学上"未定义"（无法计算）的。但是，因为除数 x 趋近于零，y 的值超过任何的限制（趋于无穷大）。

下一个例子是天体物理学。如果一个大质量恒星经历了超新星爆炸，其残余部分最终变成体积为零、密度无穷大的点，这时"奇点"便在该点的中心诞生。当这个星球达到了无限密度后[16]，连光都无法摆脱它的吸引，所以称为黑洞[17]。黑洞构成了空间和时间结构中的一种破裂。

据一种理论推测，宇宙本身就起源于这样一个奇点[18]。但有趣的是，黑洞的界限（表面）是有限大小的，而且黑洞零尺寸中心的万有引力也只在理论上是无限大的。在任何可测量的位置，力量的值都非常大，但并非无限大。

约翰·冯·诺伊曼第一次提出"奇点"，并把它表述为一种可以撕裂人类历史结构的能力。20 世纪 60 年代，I. J. 古德描述的"智能爆炸"是指智能机器在无需人工干预的情况下，不断设计下一代智能机器。圣迭戈州立大学的数学家和计算机科学家弗诺·文奇，

在 1983 年的一篇《Omni》杂志的文章和 1986 年的科幻小说《Marooned in Realtime》[19]中都涉及了即将到来的"技术奇点"。

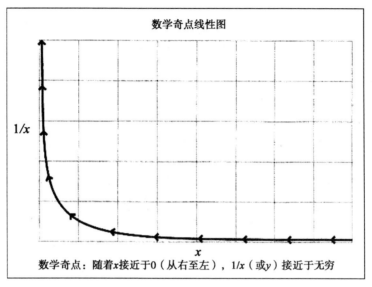

数学奇点线性图

$1/x$

x

数学奇点：随着 x 接近于 0（从右至左），$1/x$（或 y）接近于无穷

图　1-7

　　在我于 1989 年写的《The Age of Intelligent Machines》一书中，我提出了在 21 世纪前半叶，技术不可避免地朝向机器化发展，必将大大超越人类的智能[20]。汉斯·莫拉维茨在 1988 年出版的《Mind Children》一书中通过分析机器人进展得到了类似的结论[21]。文奇在 1993 年发表于 NASA 组织研讨会上的论文中，描述了即将出现的奇点源于"高于人类智慧的实体"，他将其作为逃逸现象的先兆[22]。在我 1999 年出版的《The Age of Spiritual Machines：When Computers Exceed Human Intelligence》一书中，我介绍了生物智能和我们正在创造的人工智能之间的密切关系[23]。同样在 1999 年出版的汉斯·莫拉维茨的《Robot：Mere Machine to Transcendent Mind》一书，描述了 2040 年的机器人作为人类的"进化的继承人"，机器将"伴随我们成长，学习我们的技能，并分享我们的目标和价值……是我们思想的继承者[24]"。澳大利亚学者达米安·布罗德里克于 1997 年和 2001 年出版的名为《The Spike》的两本书中，分析了几十年来所预期的进步技术和加速发展带来的广泛影响[25]。约翰·斯玛特在其系列著作中把奇点描述为他所谓的"MEST"（物质、能量、空间和时间）压缩所导致的必然结果[26]。

　　在我看来，奇点涉及很多方面，其发展速度是近似垂直的指数增长，技术的扩展速度也似乎是无限的。当然，从数学的角度，奇点的发展是没有间断和断层的，其增长的速率极快，但仍是有限的。但在我们当前的有限框架内，即将发生的事情似乎是连续性过程中一个突发性的中断。我强调"当前"，是因为奇点的一个突出影响是改变了人类理解能力的本质。当人类与技术相融合后，人类将变得更加智慧。

　　技术进步的步伐能无限的持续加速吗？会不会存在这样的情况：人类的思维速度跟不上发展的节奏？对于未进一步进化的人类，必然如此。不过，如果未来有 1 000 名科学家，每个人的智能都 1 000 倍于现在的科学家，并且每个人都以比现代人类快 1 000 倍的速度进行操作（因为信息处理在他们的非生物大脑里运行得更快）。那时 1 年的时间就相当于现在的 1 000 年[27]。如此，人类便可以跟得上技术的增长速度了吧？

是的，人类智能可以跟得上技术进步的速度，人类甚至可以拥有更高的智能（因为人类智能不再是固定的容量）。他们会改变自己的思维过程，使自己能够更快地思考。当科学家比现在聪明 100 万倍、处理速度快 100 万倍的时候，一小时的发展就将相当于现在一个世纪的进步（以现在的标准）。

奇点理论包括以下几条原则，本书的以下章节将对这些原则进行求证、推衍、分析和思考：

- 范式转换（技术创新）正处于加速状态。现今它正以每十年翻一番的速度增长[28]。
- 信息技术动力（性价比、速度、容量以及带宽）正在以指数级速度递增，几乎每一年都要翻一番[29]。这条原则还适用于其他领域，例如人类知识的总量。
- 对于信息技术而言，它蕴含了指数增长的第二个层次：其增长的指数速率也在以指数级速度的增长。当一种技术的效率变得更高，就会吸引更多的资源向它聚合，使其发展更为迅速，这也正是第二个层次指数增长出现的原因。例如 20 世纪 40 年代的计算机产业由很多重要的项目构成。如今计算机产业的总值已高于一万亿美元，所以研发的预算也相对更高。
- 人脑扫描是一种以指数级速度发展的技术。本书第 4 章将会讲到，人脑扫描的时空分辨率和带宽每年都翻倍增长。我们已经拥有了充分的技术手段，来开始人类大脑运转原则的逆向工程（解码）。目前，已经有数百处大脑活动区域的模型被发现，并且可以被仿真。预计在 20 年内，人们将会详细了解人类大脑所有区域的活动过程及模式。
- 我们将在这个 10 年结束的时候（2010），实现用超级计算机硬件模拟人类智能，并且在第二个 10 年结束的时候（2020），实现用与个人计算机大小相同的设备模拟人类智能。21 世纪 20 年代中期，我们将会使用有效的软件来模拟人类智慧，对其进行建模。
- 通过软件和硬件彻底地模拟人类智能，计算机将可以在 21 世纪 20 年代末通过图灵机测试，那时机器智能和生物智能将没有任何区别[30]。
- 技术一旦发展到这个程度，计算机就能够融合传统的生物智能与机器智能的双重优势。
- 传统人类智能的优势包括模式识别能力和学习能力。在模式识别方面，人脑中的大量并行处理和自组织的特性是一种近乎完美的结构，该结构可以用于识别微妙的、不变的模型。人类也可以从已有的经验中得到的洞察力和推断力，对新知识进行学习，其中包括通过语言聚合信息。人类智能的一个关键能力是它可以创造面向现实的思维模型，并且可以通过改变模型的属性进行"假设"分析。
- 传统机器智能的优势在于，它可以存储数以亿计的事件，并且可以瞬间召回这些信息。
- 非生物智能的另一个优点是：一旦机器掌握了一项技能，便可以高速重复使用这项技能，并且极其精准、不知疲倦。
- 最重要的是，机器可以高速地共享资源；而相比之下，人类用语言进行知识交流的速度则慢得可怜。

- 非生物智能可以从其他机器下载技能和知识，并且最终可以实现对人类知识的下载。

- 机器可以在近乎光速（$3 \times 10^8 \text{m/s}$）的速度下进行信号的处理和转换，而哺乳动物的大脑进行信号传输的速度仅为100m/s[31]。这两者的速度比例接近 3 000 000 = 1。

- 机器可以通过互联网理解并掌握人机文明的所有知识。

- 机器可以共享资源、智能以及存储能力。两台机器（或者说一百万台机器）可以联合在一起成为一台机器，之后又可以相互分离。大量的机器也可以瞬间组合成为一台机器，之后立即分离。这种现象人类称为相爱，但以生物自身的能力来看，这是短暂而不可靠。

- 融合生物智能优势与人工智能优势（人脑识别模型的能力与非生物智能的速度、内存容量、精准度，以及交换知识与技能的能力），其力量将极为强大。

- 机器智能在设计、构造（也就是说机器智能并不会受到生物方面的限制，这些限制包括神经元之间切换的速度过慢或是颅腔空间过小等因素）以及持久的高性能等方面有足够的自由度。

- 一旦非生物智能将传统的人类与机器智能相结合，那么人类文明中的非生物智能部分就会持续地从机器的性价比、速度和容量的双倍指数增长中获益。

- 一旦机器拥有了像人类一样的设计和架构技能，仅仅更快的速度和更大的容量就可以使它们对自己的设计（源码）进行操控。人类正在通过生物技术进行类似的研究（例如改变人类的基因以及其他遗传信息），但是与机器只需改动它的程序相比，人类的速度慢得多，而且还受到了诸多限制。

- 生物具有内在的限制。例如，任何活的有机体都是由单层的氨基酸排列而成的蛋白质组成的。由蛋白质组成的机体缺乏力量和速度。我们可以通过技术对生物机体的大脑和身体中所有的器官和系统进行改造，使其性能更具优势。

- 本书的第 4 章将讨论，人类智能具有可塑性（拥有改变其结构的能力），现在对这一点的理解更为透彻。但是人类大脑的体系结构有自身的局限性。比方说，我们颅腔内只能容纳 1×10^{15} 个神经节点。与人类祖先相比，认知能力提升的一个重要原因是基因的改变，它使得大脑皮层和局部区域内的灰质增多[32]。这一变化是随着时间缓慢地推移进化而来的，但它仍然受到大脑容量的限制。机器却可以重新设计自身，而没有容量的限制。仅仅通过纳米技术（不需要增大体积或消耗更多的能量），就可以使机器的容量比生物大脑的容量大得多。

- 计算机也将受益于快速的三维分子电路。今天的电子电路比哺乳动物大脑中的电化学开关要快一百万倍。未来的分子电路将基于诸如碳纳米管类的设备，它们由直径大约10个原子的碳原子柱体组成，其体积是现今基于硅的晶体管的五百分之一。由于信号传输的距离更短，与现有芯片几个千兆赫（每秒数十亿运算）的速度相比，其运行速度将以太赫兹计算（每秒万亿运算）。

- 技术变革的速度将不再受限于人类智能的增长速度。机器智能在反馈循环中不断提高自己的能力，并将远远超出无机器辅助的人类智能。

- 机器智能经过反复改进，其设计周期将变得越来越短。事实上，这是由范式转移速率的持续加速公式的预测得到的。也有人对持续的加速范式转移提出反对意见，认为它最终变得超出了人类理解的范围，因此虽然可以讨论，但它不会真的发生。尽管如此，生物智能向非生物智能的迁移，将使得智能的高速发展趋势持续下去。

- 随着非生物智能的加速改进，纳米技术将能够在分子水平上进行操作。
- 纳米技术使得纳米机器人的构建成为可能：这是一种在分子水平上设计的以微米计算（一米的百万分之一）的机器人，例如机器红血细胞[33]。纳米机器人会在人体发挥很多功能，包括延缓人体衰老（甚至将来它比生物技术更加出色，如基因工程）。
- 纳米机器人会与生物神经元交互，并通过内部神经系统创建虚拟现实，这将极大地丰富人类的经历。
- 大脑毛细血管中数十亿的纳米机器人也将极大地提高人类的智能。
- 一旦非生物智能在人类大脑中获取立足点（这一研究在电脑化神经移植方面已经展开），人脑中的机器智能就会成倍增加（就像已经发生的那样），至少每年会翻一番。相比之下，生物智能的部分将会比较固定。因此，非生物智能部分最终将占主导地位。
- 纳米机器人也将改善被早期工业化污染了的环境。
- 纳米机器人可以操纵图像和声波，将虚拟现实带到现实世界中[34]。
- 人类对情感的理解能力，以及作出适当反应的能力（所谓的情商），是人类智慧的重要表现，这些也将被未来的机器智能理解并掌握。人类的智能还体现在调整情绪反应、改善生物组织等方面。未来的机器智能也将具有形体（例如虚拟现实或是真实世界的投影），以便与世界互动，但这些纳米引擎创造的形体将比人类的身体更强大、更持久。因此，未来机器智能的情感反应会被重新设计，来反映其对现实设计的改造能力[35]。
- 鉴于虚拟现实在决议和可信度方面比真实世界更有竞争力，人类的体验会越来越多地在虚拟环境中进行。
- 在虚拟现实中，我们可以在身体和情感上成为两个完全不同的人。事实上，其他的人（如你的恋人）将能为你选择不同的身体，而不是由你自己来选择（反之亦然）。
- 加速回归法则将持续下去，直到非生物智能达到物质与能量的"饱和"程度，这类物质与能量存在于具有人机智能的宇宙附近。我所说的"饱和"是指基于我们对计算物理学的理解，把计算运用到最佳程度的物质和能量的模式。当接近这个极限时，人类文明的智能将扩散到宇宙的其他部分。这种膨胀的速度会很快达到极值，甚至可以达到信息的传递速度。
- 最终，整个宇宙将充盈着我们的智慧。这便是宇宙的命运（见第 6 章）。人类将决定自己的命运，而不是像机械力学支配天体力学那样，由目前的"非智能"来决定。
- 智能扩散至整个宇宙所需的时间，取决于光速是否是一个不可改变的限制。目前一些模糊的证据表明可能不存在这种限制，如果限制不存在，未来人类文明的巨大智能将会被进一步开拓。

那么，这就是奇点。有人会说，至少在目前的认识水平上它很难理解。正是出于这个原因，我们不能以看待过去的视野，去理解必将超越它的事物。这就是我们将该转变称为"奇点"的一个原因。

我个人认为，以超出目前的视野去看待问题，甚至要考虑到几十年之后的暗示是很难的，但并非不可能的。尽管如此，我仍然认为，尽管人类思想有局限，但人类依然有足够的能力去合理地想象奇点来临以后的生命形态。最重要的是，未来出现的智能将继续代表人类文明——人机文明。换句话说，未来的计算机便是人类——即便他们是非生物的。这将是进化的下一步：下一个高层次的模式转变。那时人类文明的大部分智能，最终将是非生物的。到 21 世纪末，人机智能将比人类智能强大无数倍[36]。但是，尽管生物智能在进化中已经不占优势，这并不意味着生物智能的结束，而应该说非生物形态源于生物设计。文明仍将以人类的形式存在——事实上，那时的文明在许多方面都将比现今的人类文明更加杰出，我们对奇点的理解也将超越生物起源。

对于比人类智能更具优势的非生物智能的出现，许多预言家都发出了警告（我们将在第 9 章进一步探讨这一问题）。通过与其他思想源密切融合，来提高人类智能的潜力的方法，并不能缓解这份担心，所以有些人认为应该保持"不提高"的态度，如此这般，人类便可始终保持在智慧食物链的顶端。从人类生物学的视角来看，这些超人的智慧将为人类提供服务，满足我们的需要和愿望。当然，实现人类的意愿，仅仅是奇点众多能力中微不足道的部分。

莫利·瑟可 2004：我怎样能知道奇点什么时候来临呢？我的意思是我需要时间准备。

雷：为什么？你打算做什么？

莫利 2004：让我想想，嗯，首先我想调整我的简历，使自己能给未来的这股力量留下好印象。

乔治·瑟可 2048：哦，我可以帮你完成这项任务。

莫利 2004：你不要这么做，我完全有能力自己搞定它。我也许会删除一些文件，你知道，这些文件侵害了一些机器。

乔治 2048：哦，无论如何，机器还是会发现的。但是不用担心，我们非常理解。

莫利 2004：不知什么原因，我还是不太放心。我还是想知道奇点临近时的预兆。

雷：当你的收件箱中 1 000 000 封电子邮件时，你就会知道奇点来临了。

莫利 2004：嗯，这样说的话，听起来很快就会实现；但说真的，我在接受新事物方面有些困难，我又怎么能跟上奇点的步伐呢？

乔治 2048：你会有一个虚拟助手，事实上，你需要一个。

莫利 2004：我的助手会是你吗？

乔治 2048：乐意为你服务。

莫利 2004：那太好了，你会照顾好所有的事，有时你甚至不用告诉我。哦，也不必费事告诉莫利将要发生的事了，她无论如何也不会明白的，让我们把她蒙在鼓里，让她保持现在的快乐吧。

乔治 2048：不会的，完全不会。

莫利 2004：你是指快乐？

乔治 2048：我是指把你蒙在鼓里，你会理解我所要做的事，如果你真的期待那一天。

莫利 2004：嗯，通过逐步的……

雷：提高？

莫利 2004：是的，我就是这个意思。

乔治 2048：好吧，如果我们的关系会成为想象中的那样，那也是个不错的主意。

莫利 2004：我能够期待自己保持现在的样子吗？

乔治 2048：任何时候我都会忠于你的，但我可不仅仅是你优秀的仆人。

莫利 2004：其实如果你只是我优秀的仆人，那也不错。

查尔斯·达尔文：我可以打断一下吗？在我看来，一旦机器的智慧超过人的智慧，它们就会自己设计下一代机器。

莫利 2004：听起来并非匪夷所思，机器是可以用来设计机器的。

查尔斯：是的，2004 年机器还是受控于设计师的，一旦机器达到和人类同样的水平，它就会在一定程度上结束这一循环。

内德·路德：人类将来可能会从这个循环中被淘汰[37]。

莫利 2004：它仍然会是一个很漫长的过程。

雷：哦，完全不是。如果能够建立一个类似于人类大脑的非生物智能，即使采用类似 2004 年的线路，它——

莫利·瑟可 2104：你是指她？

雷：当然，她也会比现在思考得快一百万倍。

蒂莫西·勒瑞：因此主观上的时间会延长。

雷：完全正确。

莫利 2004：听起来主观上的时间会很长，你们机器要怎样利用这么多的时间呢？

乔治 2048：有很多事情要做，毕竟我能够接触到网上人类的所有知识。

莫利 2004：只是人类的知识吗？那机器的知识呢？

乔治 2048：我们喜欢把它看做是一种文明。

查尔斯：那么，机器确实能够改善自己的设计了。

莫利 2004：哦，我们人类已经开始这样做了。

雷：但我们仅仅是改善一下细节，从本质上来说，基于 DNA 的智能是比较慢的，也是有限的。

查尔斯：所以机器会很快地设计自己的下一代。

乔治 2048：事实上在 2048 年，情况就是这样的。

查尔斯：那时我也将处于一个全新的进化中。

内德：这听起来更像是一个不稳定的失控的现象。

查尔斯：基本上，这就是进化。

内德：但是机器和他们的祖先们怎样交流呢？我想我不愿意挡住他们的路，我在 19 世纪初为躲避追捕而藏了好几年，不过，我怀疑躲避这些机器会更难……

乔治 2048：嘿，哥们。

莫利 2004：躲避这些小机器人……

雷：你指的是纳米机器人。

莫利 2004：是的，躲避这些纳米机器人会非常难，我确信。

雷：我希望来自奇点的智能可以充分尊敬他们的生物祖先。

乔治 2048：绝对的！这不仅仅是尊敬，而且是崇拜！

莫利 2004：太棒了，乔治，我会成为你尊敬的宠物，而不是我刚才想的那样。

内德：那就是泰德提出的——我们会成为宠物。那是我们的命运：成为心满意足的宠物而不再是自由的人类。

莫利 2004：那么这个第六纪元呢？如果我仍然保持生物状态，我会以一种十分低效的方式用尽珍贵的物质和能源。你会想要把我变成 10 亿个虚拟的莫丽和乔治，因为他们中任何一个都比我思考得快得多。看起来完成这种转变会有很大的压力。

雷：不过，你只是占有可用的物质和能量的一部分，保持你的生物性，这并不会明显改变奇点的物质和能量分配，况且保持生物遗产是很值得的。

乔治 2048：绝对的。

雷：就像今天我们努力保护热带雨林和物种的多样性一样。

莫利 2004：那正是我所担心的——我的意思是，我们努力地保护他们，但是保留下来的还只是一点点，我觉得我们会有像濒危物种那样的结局。

内德：或者是像灭绝的物种。

莫利 2004：不仅仅是我，我现在用的那些东西呢？我用过很多东西。

乔治 2048：那不是问题，我们会回收所有的东西。当你需要时我们会给你营造一个你需要的氛围。

莫利 2004：哦，那我会在一个虚拟现实中？

雷：不，事实上，是微机器人现实。

莫利 2004：我会在一个微机器人中？

雷：不，很多微机器人中。

莫利 2004：不会吧？

雷：我会在这本书中的后面章节中解释。

莫利 2004：哦，给我点提示。

雷：微机器人是纳米机器人，它是一种血细胞大小的机器人。这些机器人会自动连接起来，形成任意的物理结构。此外，他们能够以一种引导视觉和听觉的信息方式，把虚拟现实中的东西转换到真实的现实中[38]。

莫利 2004：很抱歉我那样问。但是，就像我想的那样，我不仅仅想要我的东西，还要所有的动物和植物。即使我不能看见或触摸它们，我也想知道它们的存在。

乔治 2048：但是不会造成任何损失。

莫利 2004：我知道你会一直那样说。但我指的是生物现实。

雷：其实，整个生物圈的物质和能量还占不到太阳系物质和能量总量的百万分之一。

查尔斯：其中包含了大量的碳。

雷：为了确保我们没有丢失任何东西，保留全部生物圈还是很值得的。

乔治 2048：至少这是目前几年来大家的一致意见。

莫利 2004：所以，基本上，我会拥有一切身边需要的东西。

乔治 2048：事实确实如此。

莫利 2004：听起来像国王迈达斯——他触摸过的所有东西都变成了黄金。

内德：是的，你也会想起他是被饿死的。

莫利 2004：好吧，如果我最终到达了那个世界，拥有了超多的主观时间，我想我会无聊死的。

乔治 2048：这个永远不会发生，我保证。

第 2 章　技术进化理论：加速回归定律

你能向后看得越久，就能向前看得越远。

——温斯顿·丘吉尔

20 亿年前，我们的祖先是微生物；5 亿年前，是鱼类；一亿年前，是类似于哺乳动物的生物；1 000 万年前，是类人猿；100 万年前，原始人类经过苦苦探索后驯服了火。我们演化进程的典型特征是把握变化，如今变化的节奏正在加快。

——卡尔·萨根

我们唯一的任务是制造出比我们更聪明的东西，除此之外都不是由我们考虑的问题……世界上本没有绝对的难题，只有相对于一定智力水平的难题。若智力水平向上提升了一点，一些原来不能解决的难题就变得容易了；如果智力水平提升了一大步，所有的问题就都能被解决。

——埃里泽·余德努维奇，凝视奇点，1996

"未来不可预测"是一种常见的经常重复的论调……但是……这个观点是错误的，而且是严重的错误。

——约翰·斯玛特[1]

技术的不断加速是加速回归定律的内涵和必然结果，这个定律描述了进化节奏的加快，以及进化过程中产物的指数增长。这些产物包括计算的信息承载技术，其加速度实质上已经超过了摩尔定律做出的预测。奇点是加速回归定律的必然结果，所以我们研究这一进化过程的本质属性非常重要。

秩序的本质。第 1 章描绘的几张图证明了范式迁移的加速度（范式迁移是指完成任务的方法和智能处理的过程发生了重要改变，例如书写语言和计算机。）这些图表描绘了从宇宙大爆炸到互联网发明时期，生物和技术进化两方面的过程，它们已经被 15 个思想家和相关的著作视为关键的事件。我们可以看到这些事件呈现出一种明显的指数增长趋势：关键事件正以日益加快的节奏发生着。

思想家们关于构成"关键事件"的标准不尽相同，但是他们做出选择所依据的原则值得深思。一些评论员认为，在生物和技术的历史中，真正跨时代的进步涉及复杂度的增加[2]。尽管复杂度确实随着生物和技术进化不断增加，但我并不认为这个观点是完全正确的。首先我们要重新审视复杂度的定义。

毫不奇怪，复杂度的概念是复杂的。复杂度的其中一个定义如下：表达一个过程所需要的最少信息量。比如设计一个系统（例如，一个计算机程序或者一个计算机辅助设计文件），这个系统可以由一个 100 万比特大小的数据文件来描述，我们就可以说这个设计的复杂度为 100 万比特。但是如果这 100 万比特的信息本质上是由某种形式的 1 000 比特重复了 1 000 次构成的，我们就能够通过这 1 000 个比特来表达整个设计，从而将文件的大小减少大约 1 000 倍。

最流行的数据压缩技术使用了类似的剔除冗余信息的方法[3]，但用这种方式压缩数据文件，无法知道是否还有更好的压缩方法。例如，假设需要压缩的文件是 π（3.141592……），其精度达到 100 万位。大部分数据压缩程序无法识别这个序列，完全不能进行压缩，因为 π 的二进制表达序列随机性很强，难以测试出重复的序列。

但是，如果我们能够确定该文件（或文件的一部分）实质上代表 π，我们就可以很容易地将它（或它的一部分）表达得非常简洁，即"π，精度为 100 万比特"。由于我们不能确定信息序列是否有更加紧凑的表达方式，故任何压缩形式都只能作为信息复杂度的上界，摩尔德·盖尔曼沿着这个思路来定义复杂度。他的定义是：一组信息的"算法信息量"为"能使普通计算机输出位串并可以停止的最短的程序长度"[4]。

但是摩尔德·盖尔曼的定义并不完整。如果一个文件包含随机信息，它就不能被压缩。实质上，观察是确定一个数列是否真正随机的重要标准。但是，如果将任何随机序列设定为特殊的符号，那么这个信息就可以用简单的指令来表示，比如该指令为"该位置存放了随机的数字序列"。随机序列（无论是 10 比特或 10 亿比特）不能代表复杂度，因为它们都可以用一个简单的指令来表示。这也是随机序列和不可预知序列的区别。

为了进一步了解复杂度的性质，我们来看岩石复杂度的例子。我们需要用大量的信息描绘岩石中每个原子的属性（确切位置、角动量、旋转、速度等）。1 公斤（2.2 磅）岩石有 10^{25} 个原子（关于原子，我们将在第 3 章详细论述），可容纳 10^{27} 次方比特的信息。这个数量是一个人的遗传信息（没有经过压缩）的 10^{16} 倍[5]。在大部分情况下，这些信息是随机的，并没有因果关系，故只须通过形状和质地来描述岩石，如此信息就会少很多。因此，认为普通岩石的复杂度远远低于人的复杂度是合理的——尽管在理论上岩石包含着巨大的信息量[6]。

复杂度的另一个定义是描述一个系统或进程的信息量的最小值，其中这个信息量得是有意义的、非随机的、不可预测的。

在盖尔曼的概念中，一个 100 万位的随机字符串的算法信息量（AIC）大约为 100 万位。我在这个概念的基础上进行修改，就是用一个简单指令"放置随机位"来代替每一个随机串。

然而，这还不充分。另一个问题是"任意数据"是字符串（比如电话本里的姓名和电话号码，辐射水平或温度的定期检测结果）。这些数据并不是随机的，数据压缩只能在很小的程度上压缩它们。而且它们并不代表我们通常理解的复杂度，而仅仅是数据。所以我们需要用另一个简单指令表示"放置任意数据序列"。

总结一下我提出的测量信息复杂度的方法，首先是信息的算法信息量（AIC）（盖尔曼的定义）。在一组随机串中用一个简单指令来代替每个随机串，同样用一个简单指令来替代每一段任意数据串。这样的复杂度测量方法与我们的直觉相符。

公正地说，进化过程中的每一次转化（例如生物和技术对它的改进）、每一次进步，都会使上文定义的复杂度增加。例如，DNA 的进化能造就更复杂的生物体，这种生物体的生物进程信息可以被 DNA 分子灵活地存储、控制。寒武纪生命大爆炸形成了稳定的动物形态，进而进化过程便集中在更复杂的大脑发育上。在科技方面，计算机的发明提供了一个存储人类文明，并处理越来越复杂的信息的手段。互联网的广泛连接带来了更大的复杂度。

但是，"增加复杂度"并不是进化过程的最终目的或终极产物。进化带来了更好的结果，而更高的复杂度并不是必要的。有时候，简单的反而更好。所以，我们要考虑另一个概念：秩序。秩序并不是无序的反义词。如果无序代表事件的任意序列，无序的反义词应该是"非任意序列"。信息是进程中一组有意义的数据序列，例如生物体的 DNA 代码和电脑程序的比特信息。另一方面，"噪音"是一个随机序列，它既不可预测，也不携带信息。但信息也是不可预测的。如果我们能够根据过去的数据来预测未来的数据，那么未来的数据就不是信息了。因此，信息和噪音都可以压缩（以几乎一样的序列存储）。我们来看一种可预测的交替模式（如 0101010……），它是有序的，但除了前两位数以外，剩下的都不是信息。

因此，仅仅有序并不能构成秩序，秩序还要求蕴含信息。秩序是具有某种目的的信息。测量秩序，也就是测量信息与特定目的的适应度。生命的进化过程的目的就是活下来。算法（解决难题的电脑程序）的演化（比如飞机引擎的设计）的目的就是最优化引擎性能、效率或其他标准[7]。测量秩序比测量复杂度更难。文中已经给出了复杂度的测量方法。对于秩序，我们需要根据具体情形调整测量标准：在设计进化算法时，程序员要提供一种测量标准（称为效用函数）；在技术发展的过程中，我们可以将经济价值作为测量标准。

仅仅拥有更多的信息并不能带来更好的适应度。有时，深层的秩序（更贴近目的）在复杂度上会有所精简而不是增加。例如，将明显不同的想法综合阐述成一个更广泛、更连贯的新理论，这个新理论不复杂，但是更贴近目的。事实上，"寻求更简单的理论"是科学的驱动力（诚如爱因斯坦所说："使每件事尽可能简单，而不是简化"）。

原始人类大拇指轴点的改变便是诠释这个概念的一个重要实例，这是人类进化中的关键一步，它使得人类对周围物体能做出更精确的操作[8]。像黑猩猩这样的灵长目动物也能够抓住物体，但不能有力地紧握物体，也不能很好地写或者操控工具。大拇指轴点的改变并没有增加动物的复杂度，却增加了秩序。进化表明，一般情况下秩序程度越高，相应的复杂度也越高[9]。

因此，改进解决问题的方法，就要增强秩序性。复杂度通常会增加，但有时也会减少。现在我们把目光投向如何定义问题。事实上，进化算法（通常说的生物进化和技术进化）的关键是定义问题（包括效用函数）。在生物进化过程中，生存始终是全局性问题。在特殊的生态环境中，最重要的进化转向一些具体的能力，比如说某些物种在极端环境下的生存能力和伪装自己迷惑天敌的能力。生物进化正走向类人型机器人，其进化目标为提升在思维上超越对手的能力，以及提升相应的操纵环境的能力。

热力学第二定律是指在一个封闭系统中熵（封闭系统中的随机性）通常是增加，而不是减少的[10]。从表面上看，加速回归定律在这方面似乎违背了这一定律。但加速回报定律涉及的进化，并不是在一个封闭的系统中。它发生在一个混沌的环境中，并依赖其中的无序产生了多样性的选择。从这些选择开始，进化过程不断否定自己的选择，创造出更合适的秩序。即使是一场危机，如周期性的大型小行星撞地球，尽管暂时增加了混乱，但最终还是很大程度上增加了生物进化的秩序。

总的来说，进化增加秩序，但可能不增加复杂性（通常情况是增加的）。其主要原因是生命形式的进化和科技的加速是建立在增加其秩序、用更加复杂的方式来记录和操作信息的基础上。进化的革新将促进更快的进化。以生命形式进化为例，最明显的例子就是脱

氧核糖核酸（DNA），它为生命的设计提供了一个记录的和受保护的转录，为进化提供了
基础。以技术进化为例，人类不断改进的记录信息的方法，促进了科技的发展。第一台计
算机是在纸上设计并由手工组装而成的。现在是用电脑来设计的，而下一代电脑的设计细
节也由电脑来完成，然后由完全自动化的工厂来生产，人为干预很少。

技术以指数级的速度扩充其能力，创新者也寻求成倍改进的能力。创新是乘法而不是
加法。技术进步与进化过程一致，建立在其自身的基础上。技术将继续加速发展，并将在
第五纪元[11]完全控制自己的前进步伐。

总结加速回报定律的原则，主要有以下几点：

- 进化运用了正反馈：由进化过程的某个阶段所产生的更好方法来创造下一个阶段。
  如第 1 章所描述的，每个阶段的进化都建立在上一个阶段产物的基础上，因而发
  展得更快。进化间接地起作用：进化产生人类，人类发明技术，技术再利用不断
  发展的技术来创造下一代技术。在奇点时代，人和技术将没有区别。这并不是像
  我们现在想的那样，人变成了机器，而是因为机器的能力可以媲美甚至超过人类。
  技术就像进化了的人类拇指。进化（秩序的增加）基于这样一种思维过程，该过
  程的速度是光速，而不是缓慢的电化学反应速度。每一阶段的进化都吸收了上一
  阶段的成果，所以一个进化的速度至少在一段时间内呈指数增长。随着时间流逝，
  嵌入到进化过程中的信息的秩序性（对信息与目的的适应度的测量）随之增加。
- 进化过程不是一个封闭的系统；它在一个更大的系统内引起混乱，从而增加选择
  的多样性。因为进化以其本身持续增长的秩序为基础，所以进化过程中的秩序也
  呈指数增长。
- 上述观察的关联性源于进化过程的"回报"（比如速度、效率、功耗和进程的综合
  力量）总是呈指数增长。正如摩尔定律：新一代的电脑芯片与前一代相比（现在
  大约每两年就要出一代），原来的单位成本可以用来生产现在两倍的组件，处理速
  度也大大提升（因为每个电子元件内部通信以及和其他元件通信的距离变短了）
  了。正如下文所述，在性能和性价比等方面，除了计算机产业，其他信息技术领
  域（包括人类知识）同样以指数速度发展。另外需要指出的是，信息技术有巨大
  的包容性，随着时代的发展，它最终将包括经济活动和文化事业的方方面面。
- 在另一个正反馈循环中，一个进化的效果越好，（例如，计算的容量和功耗越
  大）就会为进程的进一步发展配置越多的资源。这将导致第二个层次的指数增
  长，即指数增长率本身也呈指数级增长。如《摩尔定律：第五范式》第 67 页所
  示，20 世纪初，人们用了 3 年来使计算性能翻倍，在 20 世纪中叶只用了两年，
  现在只需要一年。不仅每一个芯片在相同单位成本下，其能力逐年翻倍，芯片产
  量也呈指数增长。于是几十年来，计算机研发预算也在显著增长。
- 生物进化就是这样一个演变过程。事实上，这是典型的进化过程。因为它发生在
  一个完全开放的系统中（不是人为的限制于某个进化算法），多个层次的系统演
  变在同一个时间进行。不仅物种基因的信息越来越有秩序，整体系统的进化过程
  也是如此。例如，染色体的数目和染色体上的基因序列，随着时间更替而演变。
  再比如，演变过程会产生一些方法来防止遗传信息存在过大的缺陷（不过少量突
  变是允许的，因为它为进化的不断改进提供了有益的机制）。达到这个目标的主

要手段是重复配对染色体上的基因信息，这样可以保证，即使一个染色体的基因被损坏，其相对应的染色体上的基因还是正确和有效的。即使是没有配对的男性Y染色体也通过重复自己来备份[12]。大约只有2%的基因信息是蛋白质[13]。而其他遗传信息用于具体控制蛋白质编码与基因制造蛋白质的时间和方式。生物也以一定概率的基因突变完成进化。

- 技术进化同样遵循以上的进化过程。事实上，第一个能够创造技术的物种的出现，造就了新的技术进化。技术进化既是生物进化的产物，又是生物进化的延续。在人类数十万年的进化过程中，早期创造的技术（如车轮、火、石器）从发明到广泛应用大约需要数万年。500年前，一个产品（如印刷机）从发明到广泛应用，大约需要一个世纪。今天，一个产品（例如移动电话和万维网）从发明到广泛使用，只需要短短几年的时间。

- 一个具体的范式（解决问题的方法或途径，例如，在计算机集成电路中使用晶体管来制作功能强大的计算机）在应用传播中将成指数增长，直到它的潜力耗尽。这时，范式将发生迁移，从而在全局上保证指数增长的继续。

范式的生命周期。每个范式的发展都分为三个阶段：1）缓慢增长阶段（指数增长的早期阶段）；2）快速增长阶段（随后的，爆炸性的指数增长期），就像图2-1中的S形曲线图显示的一样；3）趋于平缓的成熟阶段。

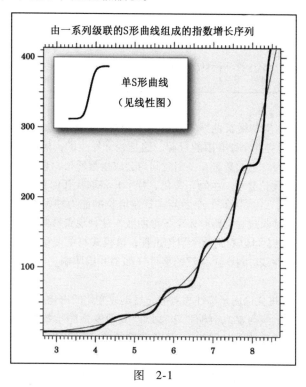

图　2-1

这三个阶段的进展如字母S一样延伸。该S形曲线图显示了当前的指数趋势是如何由

级联的 S 形曲线组成的。每个后继的 S 形曲线比前一个 S 形曲线更快（花更少的时间，如
X 轴所示）和更高（性能更高，如 Y 轴所示），如图 2-1 和图 2-2 所示。

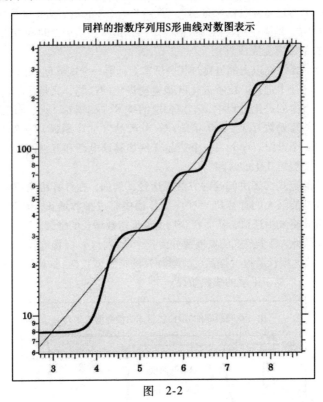

图　2-2

S 形曲线是典型的生物增长曲线：复制一个相对固定的复杂的系统（例如某一个物
种），需要具有竞争优势并争夺有限的资源。这是经常发生的，例如，当一个新物种在一
个舒适的环境中生长时，它的数量在一定时间内会成指数增长，直至稳定下来。进化过程
中的整体指数增长（无论分子、生物、文化、技术）将取代任何在特定范式下的增长极限
（一个特定的 S 形曲线），这是每个连续范式日益增长的能力和发展效率的必然结果。因
此，一个渐进的指数增长过程会跨越多个 S 形曲线。这种现象最典型的例子是下文讨论的
5 种计算模式。在图表上可以看到整个演化过程，该模式与第 1 章介绍的范式迁移的加速
都说明了连续的 S 形曲线。每一个关键的事件（如书写或印刷），都代表着一种新范式和
新的 S 形曲线。

间断平衡（PE）进化论用来描述相对静止后迅速变化的进化过程[14]。事实上，纪元 –
事件图上的关键事件确实与复兴时期秩序（以及复杂度）的指数增长相符，随后当每个
范式趋于渐近线时（由于能力的限制），增长速度放缓。所以 PE 确实提供了一个更好的
进化模型。

但是这些正以飞速发展的间断平衡关键技术，并不能产生瞬间的飞跃，例如，DNA
的出现为进化的高速发展（但不是瞬间的飞跃）创造了有利条件，它可以改进有机体的
设计并增加生物体的复杂度。在最近的技术发展中，计算机的发明引发了另一个信息复杂

度的增长高潮，而且这个高潮仍在持续，它帮助人类更好地掌控人机文明。当我们通过计算将宇宙中的物质和能量利用到极致后，下一个发展的高潮就会到来。关于物质方面的限制，我们将在第 6 章[15]介绍。

在范型生命周期的成熟阶段，下一阶段的范式迁移就开始聚集能力。在技术方面，人们把大量的研究经费都投向下一范式的创造，这些已经在当前广泛研究的三维分子计算机中得到了验证——尽管在 10 年内，我们仍要使用平面晶体管集成电路。

一般说来，随着时间的推进，一种模式渐渐趋向于价格－半格式性能图的渐近线时，下一个技术范式就已经开始在特殊平台上起作用，例如，20 世纪 50 年代，工程师减少了真空管的使用，从而为计算机提供了更好的性价比；1960 年左右，晶体管得到广泛应用占据了便携式收音机的市场，随后又取代了计算机中的真空管。

支撑进化过程中指数增长的资源是相对无限的，这些资源内在的秩序也在不断增长（正如我之前提出的，进化过程中的产物的秩序也将增长），进化的每个时期都为下一个时期提供了更强大的工具。以生物进化为例，DNA 的出现将进化推进到了一个新的层次。再举一个更近的例子，计算机辅助设计工具的出现，促进了下一代计算机的飞速发展。

另一些支撑秩序指数增长的资源来自混沌的环境，这种环境是进化过程中各种发展环境的混合，可以提供更加多样性的选择。这种混沌提供了多样性的变异，它是一个渐进过程，从而可以发现更强大、更有效的解决方案。在生物进化过程中，有性繁殖通过基因混合与匹配促进了物种的多样性。与无性繁殖相比，有性繁殖本身就是一个渐进的创新过程，它促使生物加快适应整个进程，并提供了遗传的多样性组合（多样性也来源于基因突变和不断变化的环境）。在技术发展中，人类智慧与多变的市场条件的结合，使得技术不断地变革创新。

分形设计。生物系统中关于信息内容的一个关键问题是，信息容纳相对较少的基因组，是如何制造复杂的类人系统的。一种理解是把生物的设计看成"概率分形"，在一种确定分形中，单一的设计元素（成为发起人）被多个元素（连在一起成为发生器）所替代。分形扩张在第二次迭代时，发生器中的每个元素都成为一个发起者，并与发生器的元素进行替换（缩小到更小的范围成为第二代发起者）。这个过程重复若干次，发生器中新形成的元素成为一个发起者，并且被一个新的发生器替代。每个新的分形扩张明显增强了复杂度，但不再需要额外的设计信息。一个概率分形增加了不确定的元素。一个确定的分形总是呈现相同的外形，而概率分形每次变化都不一样，即使有类似的特点。在概率分形中，每一个发生器被应用的概率都小于 1。这种方式使设计具有了一个更有机的外观。在图形程序中使用概率分形，从而产生了现实般的山、云、海岸、叶子等画面效果，以及其他有机的画面。概率分形的一个关键方面是使这一阶段的复杂度增加（包括与设计信息有关的各种细节）。生物使用了同样的原则。基因提供设计信息，但一个生物体的细节要远大于遗传的设计信息。

一些学者不能理解像大脑一样的生物系统中的大量细节，例如，精确地设计每个神经元中每个微结构的确切构成，以及他们通过系统完成功能的准确方式。为了理解一个像大脑这样的生物系统是如何工作的，我们需要理解设计原则，然而该原则的信息量产生于迭代的、极其琐碎的基因结构的信息量要少得多。整个人类基因组只有 8 亿比特的信息，经过压缩后，有效信息量大约只有 3 000 万比特到 1 亿比特。人类基因组的信息量还不到一个完整进化的人脑中，神经元间连接信息和神经传递介质模式信息的一亿分之一。

下面来看加速回归定律是怎样适用于我们在第 1 章讨论的纪元的。由氨基酸组合而成的蛋白质和由核酸组成的 RNA 链，共同建立起了生物学的基本模式，RNA 链（其后是 DNA）的自我复制（即第二纪元）为记录进化的结果提供数字化方法，后来，理性思考与物种进化（第三纪元）相结合，引起了从生物到技术的范式转化（第四纪元）。即将到来的主要范式迁移将由生物思想向生物和非生物的相结合的混合思想转变（第五纪元），其中包括源于生物大脑逆向工程的"生物启发"的处理。

如果我们审视这些纪元，可以发现它们只是不断加速进程的一部分。生命形式进化的第一步（原始细胞、DNA）花费了几十亿年，然后进化才开始加快。在寒武纪生物大爆发时期，重大的模式转变需要数百万年到一千万年。后来，经历了数百万年的时间，类人生物产生；而后只经历了几万年，现代人类就产生了。随着能够创造技术的物种的出现，通过 DNA 引导蛋白质合成，使得进化以指数级的速度增长；后来的进化源于人类创造的技术。但是，这并不意味着生物（基因）进化的停止，而只是生物进化的速度不再代表整个系统"秩序"增加的速度（或计算的有效性和效率）[16]。

预见进化。生物进化、技术的发展增加了秩序和复杂度，从而导致了一系列的后果。以视力范围为例，早期生物可以使用化学梯度观察几毫米以内的活动。有视力的动物通过进化，能够看到几英里之外的活动。而随着望远镜的发明，人类可以看到数百万光年以外的其他星系。反之，如果使用显微镜，他们还可以看到细胞的结构。今天，通过不断发展的现代技术，人类的观察范围远至 130 亿光年外的距离，近到量子边缘的亚原子粒子。

再来看信息存储的例子。单细胞动物可以根据化学反应记住几秒以内的事件。有大脑的动物可以记住几天的事件。具有文明的灵长类动物可以将信息传承几代。早期的人类文明通过口述的历史，把数百年前的故事传承下来。随着文字的出现，这种传承可以延长至数千年。

范式迁移正在加速，诚如下面的例子：从 19 世纪末电话的发明到普及，大约用了半个世纪的时间（见图 2-3 和图 2-4）[17]。

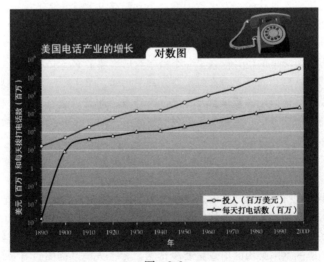

图   2-3

相比之下，20 世纪末，手机从发明到广泛应用只用了 10 年的时间[18]。

总的来说，我们看到在过去一个世纪里，通信技术的普及速度平稳增长[19]，如图 2-5 所示。

如第 1 章所述，采用新范式的速度与技术发展的速度大体上是一致的，目前的速度每 10 年翻一番。也就是说，新范式变更的周期是每十年缩短一半。按照这一速度，21 世纪的技术进步将等价（如图 2-1）于以往 200 个世纪的发展（以 2000 年的发展速度为准）[20,21]。

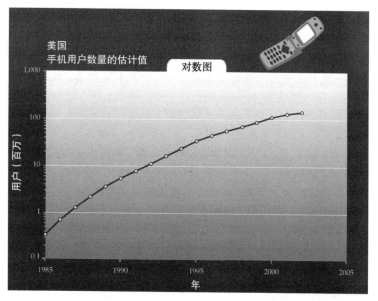

图 2-4

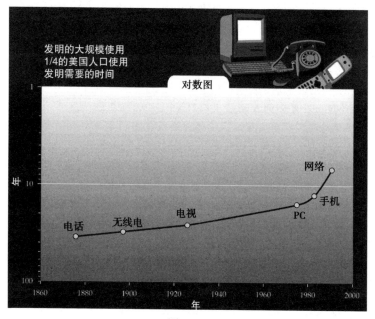

图 2-5

技术的 S 形曲线在其生命周期中的表达

机器与人类一样，可以独特地、出色地、传神地演奏小提琴协奏曲或是推演欧几里得定理。

——格雷戈里·伏拉斯多兹

便捷的现代打印机，在近 25 年来，已经革命性地创建并改变了商业模式，工作在修道院小屋中的那个沉默的抄写员与它不可同日而语。

——美国《科学》，1905 年

通信技术一直都在发展，只是与技术视野的扩大相比起来，变得没有那么重要而已。

——阿瑟·克拉克

我的办公桌上一直放着厚厚的一叠书，当没有思路、坐卧不宁或者需要一线灵感时，我便可以迅速翻阅它们。当拿起最近获得的书卷，我便会想到出版者的手艺：470页精心印制的书页被组织成以 16 页为单位的书页叠，所有这些书页叠都用白线缝在一起，并粘在了灰色的帆布上。金黄色的字母盖在坚硬的亚麻封皮上面，连接着签名，巧妙地凸起在封底上。这是一个几十年前就完善的技术。书籍是构成社会的一个重要组成部分，它反映并塑造了文化，很难想象没有书籍的生活会是什么样子。尽管如此，印刷书籍与任何其他技术一样，也终将退出历史舞台。

一项技术的生命周期

一项技术的生命周期可以分为 7 个不同阶段。

1) 前导阶段。一项技术诞生的先决条件已经存在，梦想家可能会思索如何将这些要素相结合。然而，我们不认为梦想等同于发明，即便把这些想象记录下来。达·芬奇创作了令人信服的飞机汽车的图片，但我们不认为它这就是发明。

2) 发明阶段。漫长的劳动孕育了发明，这是人类文化中最令人兴奋的部分，这阶段非常简短。在这个阶段，发明者用一种新的方式将好奇心、科学技能、决心和普遍的技巧相融合，把新的技术带入了生活。

3) 发展阶段。在此期间发明被其拥有者（可能包括原始发明人）保护、支持。这个阶段往往比发明阶段更为重要，可能还涉及比发明本身更大的意义的额外创造。许多能工巧匠精心制造手动驾驶的汽车，但直到亨利·福特发明了汽车批量生产方法，汽车工业才蓬勃发展起来。

4) 成熟阶段。尽管技术继续发展，但此时它已经拥有了自己的生命，并成为社会的固定组成部分。技术与生活交织在一起，使得很多人误认为这种技术将持续下去。在下一阶段，这种误解造成了有趣情景，可以称为虚假冒充阶段。

5) 在这个阶段，新技术的出现使得旧技术黯然无光。新技术的爱好者过早地预测它的胜利。新技术提供了一些明显的好处，但它在功能和质量方面仍缺少关键要素。此时，新的技术不能动摇原有的秩序，而技术保守派则认为原有的技术将永远不会被替代。

6）陈腐的技术尽管取得了短暂的胜利，但很快另一项新技术将成功超越它。该技术进入了生命周期的晚年阶段，其原始目的和功能将都被新的、更具竞争力的技术替代。

7）在这个阶段占技术生命周期的 5% 到 10% 的时间，旧技术将退出历史的舞台——好比马车被汽车代替，古钢琴被黑胶唱片代替，书籍手工抄录被打印机代替。

19 世纪中叶，出现了一些留声机的前身，例如里昂斯科特德维尔的声波记振仪，这个设备用印刷图案的方法来记录声音振动。1877 年，托马斯·爱迪生结合所有的相关元素，发明了第一台能够记录并重现声音的设备。改进对留声机的商业化是非常必要的。1949 年，留声机已经成为一种相当成熟的技术，此时，哥伦比亚公司引进了 33 转/分钟的长时演唱唱片，RCA 公司推出了 45 转/分的磁盘。冒充者是盒式磁带，它于 20 世纪 60 年代出现并在 20 世纪 70 年代推广。早期爱好者预测，盒式磁带体积小并能够重新记录的优势将代替笨重且易损坏的录音设备。

尽管磁带具有这些好处，但它不能随机存取，而且音质容易失真。最终是由压缩光盘（CD）完成了对老式录音设备的致命打击。光盘具有随机存取能力，而且质量水平接近人类听觉系统，很快留声机便过时了。这个技术在爱迪生创造了 130 年后，就达到了高龄，退出了历史舞台。

来看钢琴这个例子，这是我一直亲自参与的技术领域。18 世纪初，意大利乐器制造家克里斯多佛利苦思冥想后设计了一种乐器，演奏者可以触摸按键，并触摸强度利用的变化，来演奏音乐。这种乐器称为"温柔和响亮的古键琴"，但这个发明没有立即取得成功。经过一系列完善（包括斯坦的维也纳行动和聪佩的英式行动），终于制造出了卓越键盘乐器——钢琴。1825 年，阿尔菲厄斯·巴布科克用铸铁架构来制造钢琴，钢琴的发展进入了成熟期，自那时起，钢琴只有细微的改进。冒充者是 19 世纪 80 年代初的电子钢琴。它提供更加强大的功能。相对于原声钢琴，电子声音变换提供了数十个乐器音色、定序器允许用户可以立刻播放整个管弦乐队的声音、自动伴奏、教授键盘使用技巧和其他功能。唯一的缺点是其音质逊于高质量的钢琴。

这一关键缺陷导致了第一代电子钢琴引起普遍争论，结论是钢琴将永不会被电子产品取代。但是，原声钢琴的"胜利"并不是永久的。电子钢琴在功能、价格、性能等方面的优势，使得其销售量已经超过了原声钢琴。许多观察家认为，电子钢琴的声音质量现在已经可以媲美甚至超过了原声钢琴。除了音乐会和奢侈的三角钢琴外（只是市场的一小部分），原声钢琴的销售量都在下降。

从羊皮卷到下载

那么，书籍的生命周期是什么呢？书籍的前身是美索不达米亚的泥板和埃及莎草纸卷轴。在公元前 2 世纪，埃及托勒密在亚历山大创造了规模巨大的图书馆，并且宣告纸莎草出口非法以阻止竞争。

古希腊统治者欧迈尼斯二世是怎么创造第一批书籍的呢？他使用山羊和绵羊的皮纸做成书页，把所有书页夹于木质封面之间，并通过缝制的方式固定。这项技术使欧迈尼斯的图书馆能够与亚历山大的图书馆相媲美。大约在同一时代，中国还创造了竹简书。

书籍的发展和成熟涉及了三大跨越。首先是印刷术，公元 8 世纪，中国人尝试用凸起的木头块大量印制书籍，从而扩大了读者范围，读者已经不局限于政府和宗教领袖。更有意义的是活字印刷，它最早出现在 11 世纪的中国和韩国，但亚洲文字的复杂性阻碍了这些早期的尝试取得完全的成功。15 世纪，约翰内斯·古腾堡将活字印刷应用于相对简单的罗马字符集。1455 年，他通过活字的方式印刷了圣经，这也是第一次大规模采用活字印刷技术。

虽然机械领域和印刷机电领域一直在改革发展，但是直到计算机排版的出现，书籍制作技术才有了质的飞跃，大约 20 年前，计算机排版彻底取代了活字印刷。印刷术现在被归为数字图像处理的一部分。

书籍制作技术进入成熟阶段。大约 20 年前，随着第一次电子图书浪潮的到来，冒充者出现了。与其他例子相同，这些冒充者在质量方面带来的巨大的益处。以 CD-ROM 或闪存为介质的电子书，具有强大的搜索和导航功能，内部存储量相当于数千册纸质书籍。人们可以通过强大的逻辑规则快速检索以网络、CD-ROM 或 DVD 为存储介质的百科全书。只是对于我拥有的那 33 卷纸质汤姆·斯威夫特系列小说，这些功能无法实现。电子书籍可以提供动画并能回应用户的输入。阅读页面不一定严格有序，但用户可以凭借直觉去探索电子书中的内容。

与唱片和钢琴一样，这些第一代冒充者（现在仍然是）与纸质书籍相比最大的缺点是：缺少纸和油墨那样极佳的视觉效果。纸没有闪烁，然而普通计算机屏幕的刷新频率是 60 赫兹。这是灵长类动物的视觉系统进化适应的问题。我们只能在高分辨率下，看清可视范围内的一小部分。通过视网膜中心成像，这部分相当于距离眼睛 22 英寸远的图像被聚焦在一个只有一个字母大小的面积上。在中心小窝以外，分辨率很低但对亮度的变化非常敏感，这种能力使灵长类动物的祖先能够迅速检测天敌的攻击。视频图形阵列（VGA）不断闪烁的计算机屏幕被我们的眼睛检测到后，迫使眼睛不断运动视网膜中心小窝。这实质上是放慢了阅读速度。这就是为什么屏幕阅读没有纸质书籍阅读那么让人心灵愉悦。这个特殊的问题现在已由不闪烁的平板显示器解决了。

其他重要问题包括对比度和分辨率：优质书籍的墨和纸张对比度大约为 120：1；普通屏幕的对比度只有墨和纸对比度的一半。书中的印刷和插图的分辨率约为每英寸 600 至 1 000 点数（DPI），而计算机屏幕的分辨率大约只是书的 1/10。

计算机设备的尺寸和重量正在接近书籍，但其重量仍要比一本平装书重。而且纸质书也不需要电池供电。

最重要的是现有的软件的问题，我指的是庞大书籍印刷制作基地。美国每年将有 5 万种新书出版，同时数百万种图书还在流行。虽然目前在扫描和数字印刷方面已经投入了巨大的力量，但仍然需要经历相当长的时间，电子数据库才能创造巨大的物质财富。最大的障碍在于出版商将纸质图书制成电子图书的犹豫，毕竟非法的文件共享曾经给传统的音乐录制业带来了毁灭性的打击。

很多突破这些限制的解决方法也随之出现。新的廉价的显示技术在对比度、分辨率、低闪烁等方面可以媲美优质纸文档。电子产品便携式的燃料电源被引进，这将给电子设备提供数百个小时的供电。便携式电子设备在尺寸与重量上可与一本书媲美。现在首要的问题将是找到可以安全使用电子信息的方法。这是各个方面都非常关注的基本性问题。一旦纳米技术为基础的制造业在 20 年内成为现实（包括物理产品在内），一切都将成为信息。

摩尔定律与超摩尔定律

埃涅阿克计算机配备了 18 000 个真空管，重 30 吨；未来的计算机可能只有 1 000 个真空管，质量约为 1.5 吨。

——大众机械，1949 年

计算机科学的研究范畴不仅仅是电脑，就像天文学的研究范畴不仅仅是望远镜。

——E. W. Dijkstra

在进一步思考奇点的含义前，让我们先研究各种服从于加速回报定律相关技术的广阔领域。摩尔定律是最著名的（也是被广为承认的）指数增长现象。在 20 世纪 70 年代中期，戈登·摩尔（集成电路的主要发明人、英特尔公司的董事长）指出，我们可以每 24 个月在集成电路上集成现在两倍的晶体管（在 20 世纪 60 年代中期，他曾预计 12 个月）。电子的传导距离随着减少，电路也将运行得更快，从而提高了整体计算能力。这些带来的结果是计算的性价比以指数增长，其翻倍的速度（12 个月翻一番）远快于范式迁移的增长速度（10 年翻一番）。信息技术在性价比、带宽、容量等方面的速度增长 1 倍的时间都是一年。

摩尔定律的主要动力是半导体元件尺寸的减少，减少的速度为每 5.4 年收缩一半（见图 2-6）。由于芯片功能是双向的，这意味着每 2.7 年每平方毫米的元件数量将增加一倍[22]。

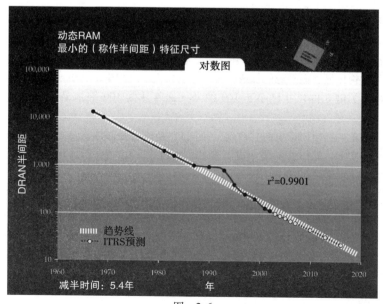

图 2-6

图 2-6 展示了半导体工业发展路线图（选自半导体技术协会的国际半导体技术蓝图《参考系》，该图预测至 2018 年）。

每平方毫米 DRAM（动态随机存取记忆体）的成本也已开始下降。每 1 美元生产DRAM 比特数的倍增时间只需 1.5 年[23]（见图 2-7）。

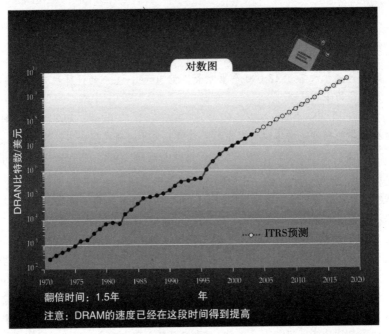

图   2-7

晶体管方面也可以看到类似的趋势。1968 年 1 美元可购买 1 个晶体管；2002 年 1 美元可以购买大约 1 000 万个晶体管。由于 DRAM 是一种专门的领域（有自己的创新），晶体管的平均价格减半的时间略长于 DRAM，约 1.6 年（如图 2-8）[24]。

半导体性价比显著而平稳的加速，是通过改良生产过程中不同阶段、不同方面的工艺技术实现的。关键元件尺寸已小于 100 纳米（通常认为 100 纳米是应用纳米技术的极限）[25]。

与格特鲁德·斯坦因诗中的"玫瑰"不同，"晶体管是晶体管是晶体管"并不适用于现实情形。事实上，晶体管不是一成不变的，在过去 30 年中，它们已经变得体积更小、价格更便宜、速度更快了（参见图 2-10）——因为电子的传输路程更短了[26]。

如果把晶体管成本的下降和晶体管间延时减少的趋势结合起来，我们会发现，只需要1.1 年的时间晶体管周期的单位成本就会减半（见图 2-11）[27]。晶体管周期的单位成本是一个能够准确地从整体上衡量性价比的指标，因为这个指标可以同时考虑到速度和容量。但是晶体管周期的单位成本没有考虑更高层次的技术革新（比如微处理器的设计）对计算性能的改进。

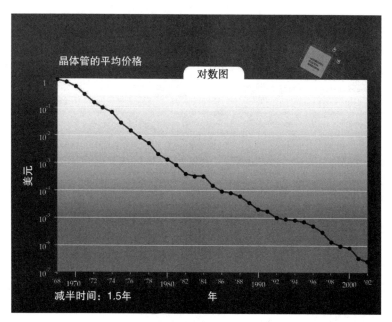

图　2-8

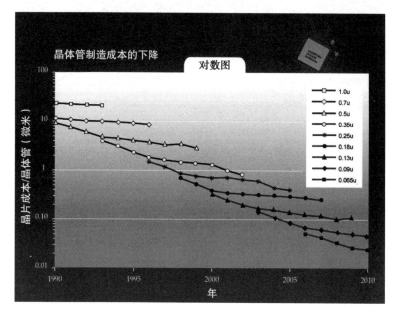

图　2-9

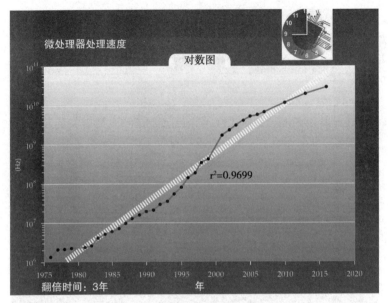

图　2-10

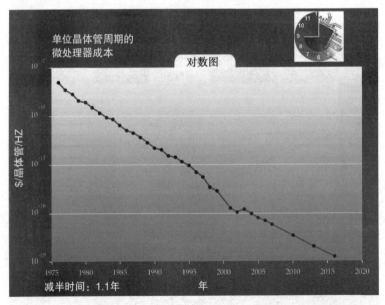

图　2-11

　　英特尔处理器中的晶体管数量每两年翻一番（见图2-12）。还有一些其他的因素也在改进整体性价比，比如时钟速度的提升、微处理器成本的下降以及处理器设计方法的创新[28]。

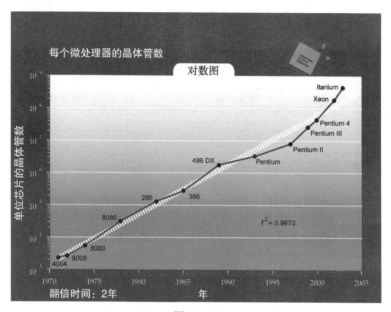

图　2-12

　　处理器的MIPS（每秒的指令执行数目）性能，每1.8年提升一倍（见图2-13）。而且，在这段时间内处理器的单位成本也在下降[29]。

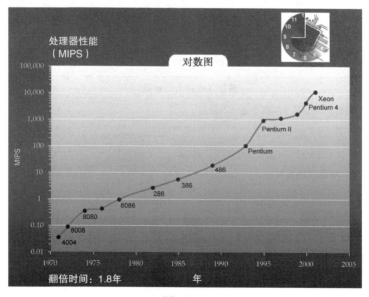

图　2-13

让我来回顾这 40 多年来对计算机产业的切身体会，比较一下我在学生时期（1960 年前后）使用的 MIT 计算机和现在的笔记本电脑：1967 年，我曾经使用过价值数百万美元的 IBM 7094 计算机，32K 字节（36bit）的内存储器，处理器速度为 1/4 MIPS。2004 年，我使用的是一台价值 2 000 美元的个人电脑，几个 G 的 RAM，处理器速度为 2000MIPS。MIT 计算机的价格大约是个人电脑的一千倍左右，所以现在个人电脑的 MIPS 的单位成本是 MIT 计算机的 800 万分之一，如表 2-1 所示。

表 2-1

度量标准	IBM 7094（约 1967 年）	笔记本电脑（约 2004 年）
处理器速度（MIPS）	0.25	2 000
主存（K Bytes）	144	256 000
近似成本（2003 美元）	11 000 000	2 000

现在我的计算机处理器的能力达到了 2 000MIPS，其处理成本不到 1967 年我使用的计算机的 2^{24} 分之一，也就是说性价比在 37 年间翻了 24 番，大约每 18.5 个月翻一番。相比之下，2004 年我使用的计算机 RAM 的容量增长了近 2000 倍、磁盘存储大幅度增长、指令集也更高效。此外通信速度更快，软件功能更强，其他方面的性能也不断得到提升，所以在未来性能翻倍的时间将会越来越短。

尽管信息技术的成本大幅度降低，但需求增长的速度更快。比特的数量每 1.1 年翻一倍，比单位比特成本降低一半的时间（单位比特成本降低一半大约是 1.5 年[30]）要快。半导体工业从 1958 年到 2002 年[31]，每年增长 18 个百分点。整个 IT 产业在 GDP 中的比重从 1977 年的 4.2%，上升到了 1998 年[32]的 8.2%，如图 2-14 所示。IT 产业已经逐渐成为各种经济因素中的一股强大势力。同时 IT 产业也促进了很多其他制造业和服务业的快速发展，甚至包括生产桌椅板凳的制造业。各行各业的生产过程中计算机辅助设计、库存管理系统以及自动化生产系统等都得到广泛使用。

表 2-2

翻倍（或减半）时间[33]	
动态 RAM "半间距" 特征尺寸（最小芯片特征）	5.4 年
动态 RAM（单位美元生产的比特数）	1.5 年
晶体管平均价格	1.6 年
每个晶体管周期的微处理器成本	1.1 年
总信息量	1.1 年
以 MIPS 衡量的处理器性能	1.8 年
中央处理器的晶体管	2.0 年
微处理器时钟速度	3.0 年

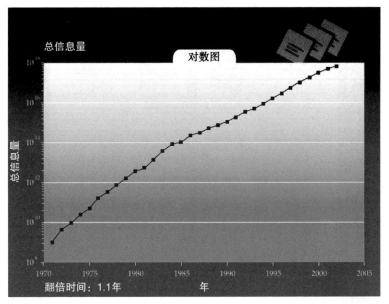

图　2-14

摩尔定律：自我满足的预言？

　　许多观察家都认为摩尔定律是一条已经应验的预言：工业生产商期待在未来某个特定的时间组织相应的研发。这个产业的发展路线图是典型的实例[34]。但是信息技术发展的指数趋势已经远远超出了摩尔定律的范畴。我们可以看到类似的发展趋势发生在每一个与信息技术相关的技术中。其中部分技术的性价比加速提高可能并不存在或者并不明显（具体解释见下文）。即便是计算本身，其性能增长的单位成本也已经远远超出了摩尔定律的预测。

第五范式[35]

　　摩尔定律实际上并不是计算机系统领域的第一阶段。如果关注性价比（1 000 美元的成本创造的每秒钟执行的指令数），可以在下面 49 个著名的计算系统和 20 世纪计算机相关领域中发现这个阶段（见图 2-15）。

　　图 2-15 表明，当集成电路发明之前，计算性价比以指数级的速度增长就有四个不同的范式——机电、继电器、真空管、离散晶体管。摩尔范式也并不是最后的范式。当摩尔定律到达的 S 形曲线末端（预计 2020 年前）后，三维分子计算将继续推动指数级的增长，这也将构成第六范式。

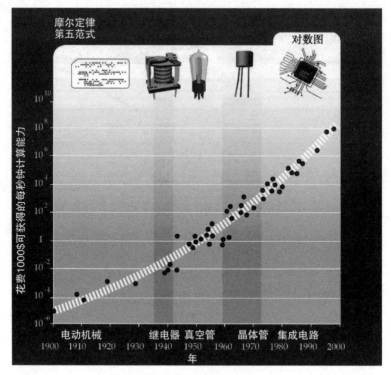

图 2-15

分形维度和大脑

　　注意，计算机系统第三维度的使用不是一个非此即彼的选择，而是二维和三维间的一种延续。在生物智能方面，人类大脑皮层相当的平，6 个薄层被精巧地折叠在一起，这种结构可以大大增大其表面积。这种折叠的方式也可以使用第三维度。在"分形"系统（绘图更换或折叠规则迭代应用的系统）中，这种精密的折叠结构被认为构成了一部分的维度。从这一角度看，人类大脑皮层表面是一个错综复杂的二至三维结构。其他脑结构（如小脑）是三维的，但包含重复的结构，所以其本质上还是二维的。很可能我们未来的计算机系统将融合高度折叠的二维系统和充分的三维结构。

　　请注意，图 2-15 显示的是对数指数曲线，表明了两个层次的指数增长[36]。换言之，指数增长以指数增长的速度平稳无误地增长（对数图中的直线部分说明了指数增长；上扬的曲线显示其并不是简单的指数级的增长）。如图 2-16 所见，计算机的性价比在 20 世纪初翻一番需要三年的时间；20 世纪中期翻一番需要两年的时间，而现在大约只需要一年的时间[37]。

　　汉斯·莫拉维克提供了类似的图表（见图 2-16），它使用了一组不同的但是重叠的时间集合，描述计算机在不同时期（斜率的改变点）的发展趋势。从该图可以看出，斜率随着时间递进而增加，反映了指数增长的第二个层次[38]。

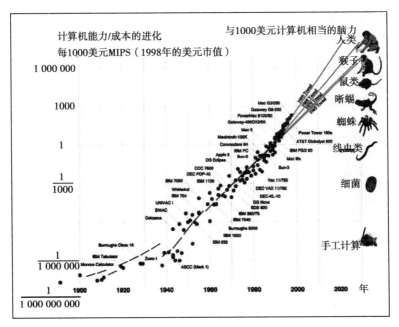

图　2-16

　　如果由此来预测 22 世纪的计算机性能发展趋势，我们可以从图 2-17 中看到，超级计算机将在 2010 年前后达到与人类大脑相当的计算性能，在 2020 年前后，个人电脑的计算能力将媲美甚至超越人脑的水平。这仅是我们对人脑容量的保守估计（我们将在第 3 章讨

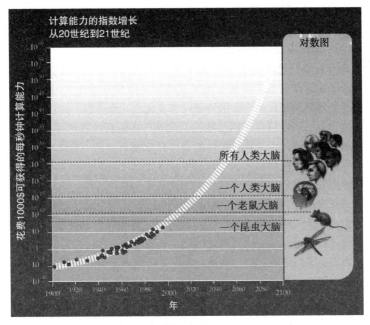

图　2-17

论关于人脑运算速度的预测)[39]。

计算机指数发展是整个科技指数化发展的一个最典型的例子。我们可以从加速度增长的角度观察指数发展的趋势：我们用了 90 年的时间才达到第一个 MIPS/千美元，而现在我们增加 1 个 MIPS/千美元只需要 5 个小时[40]。

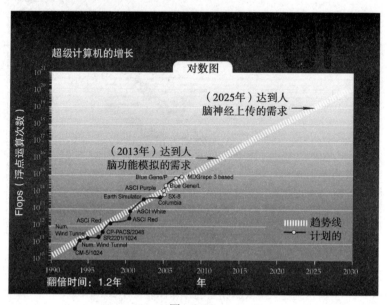

图　2-18

IBM 的蓝色基因/P 超级计算机，预计计算能力达到 100 万千兆浮点运算（每秒 10 亿次浮点运算），或者说到 2007 年[41]达到每秒 10^{15} 次的计算能力。这已经达到了人脑计算能力的 1/10——预计人脑的计算能力为每秒 10^{16} 次计算（见第 3 章）。如果从这个指数曲线进行推断，计算机可以在下一个 10 年的初期达到每秒 10^{16} 计算能力。

如上所述，摩尔定律只是局限地指出了晶体管的数量在确定尺寸的集成电路中的变化，有的时候甚至还只局限在晶体管的特征尺寸变化上。最适当的性价比测量标准是单位成本的计算速度，索引可以解释不同层面的"聪明"（创新或者称为技术的演变）。除了涉及集成电路的所有发明外，计算机设计的多个层次都有改进（例如流水线、并行处理、先行指令、指导和内存缓存等）。

人类大脑使用效率很低的电化学和数字控制来模拟计算过程。其中大量的计算都是在神经元间、以 200 次/秒的计算速度（在每个连接）展开的。这至少比现代的电路慢 100 万倍。但是大脑可以从三维的、极大并行化的组织中得到巨大的能量。有许多的 wings 方面的技术，通过该技术可以在三维上构建电路，我将在第 3 章讨论。

有人也许会问：支持计算过程的物质和能量是否存在固有的限制呢？这是一个重要的问题，但正如本书第 3 章论述的，直到 21 世纪末，我们都不会接近这些限制。重要的是要区分 S 形曲线（以具体的技术范式为典型特征）和持续指数级增长（以一个更广泛科技领域中的持续进化过程为典型特征）。具体的范例（如摩尔定律）最终将不会保持指数增长。但是，计算的增长将最终超越它构建的范式，始终保持指数增长的速度。

根据加速回归定律，范式迁移（也称为创新）可以将任何特定模式的 S 形曲线转变为持续的指数增长。当旧的范式接近它的内在极限时，一个新范式（如三维电路）将接替旧的模式，这种情形在计算的历史中已经发生了至少四次。例如类人猿，每个动物掌握工具制造和使用技巧都以 S 形学习曲线为特征，但曲线的末端会迅速停止；与之相反，人造技术从一开始，便以指数模式迅速增长，而且永不停止。

DNA 序列、记忆、通信、因特网和小型化

文明的进步源于重要行为增加的数量，我们可以很自然地从事这些行为，而不需要经过思考。

———艾尔弗雷德·诺思·怀特海，1911 年[42]

与其原来的样子相比，事物未来的样子与它现在的样子更像。

———德怀特·艾森豪威尔

加速回归定律可应用于所有技术，尤其是进化过程。应用信息技术可以将该定律很准确地绘制出来，因为我们已经有了完善的定义标准（如每美元每秒钟的计算量、每克元件每秒钟的计算量）去衡量它们。加速回归定律中暗含着大量指数增长的例子，在各种不同的领域中我们都能找到，如电子、DNA 测序、通信、大脑扫描、人脑的逆向工程、人类的知识领域以及技术小型化。技术小型化的趋势与纳米技术的出现直接相关。

未来的 GNR（遗传学、纳米技术、机器人技术）时代（见第 5 章）不仅源于计算的指数增长，而且更多地来自于多种相互交织的技术进步的内部作用，以及它们彼此间的相互协作。指数增长曲线上的每一点都构建了全方位的技术，它们是人类创新与竞争的史诗。我们认为正是这些混沌过程的共同作用，导致了平稳可预测的指数增长趋势。这不是巧合，而是进化过程的本质特征。

人类基因组破译工程启动于 1990 年，有批判者指出，以当时的速度完成这项工程需要几千年的时间。但是，原计划需要 15 年的工程提前完工了——2003 年[43]便完成了第一版测绘。破译成本也由 1990 年的每对染色体 10 美元降到了 2004 年的每对一便士，而且这个成本还在加速持续下降（见图 2-19）[44]。

科学家破译 DNA 序列的数据量呈平缓的指数增长（见图 2-20）[45]。一个具有代表性的例子是 SARS 病毒 DNA 序列的破译——从 SARS 病毒的发现到最终破译只用了 31 天，而 HIV 病毒 DNA 序列的破译则花费了多于 15 年的时间[46]。

当然，电子存储方面我们在也可以看到指数级的增长（如 RAM）。需要注意的是，图 2-21 中的指数增长经历了不同的技术范式：从真空管到离散晶体管，再由从离散晶体管到集成电路[47]。

但是，磁存储（磁盘驱动器）的性价比的增长并不遵循摩尔定律（见图 2-22）。这一指数趋势反映了一个磁性基板上的数据压缩量，而非集成电路中的晶体管数量，这是很多工程师和公司寻求解决的另一技术挑战[48]。

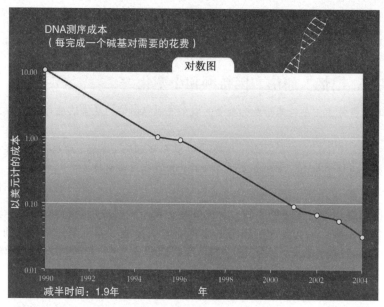

图 2-19

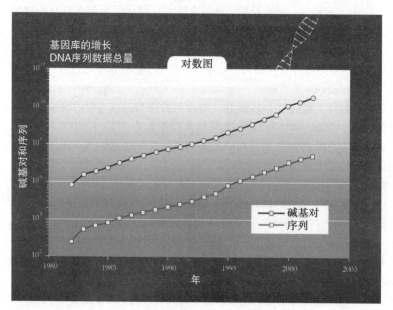

图 2-20

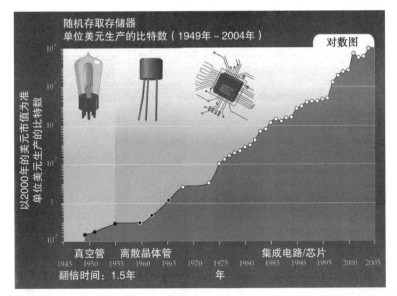

图　2-21

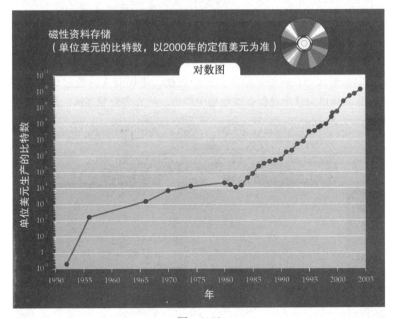

图　2-22

很多年来，通信技术（交流信息的方法，见图2-23）的指数增长甚至比计算的处理或存储方法更快，故而通信技术的暗示作用同样非常重要。这一领域的进展，不仅涉及集成电路中晶体管缩小方面的进步，还涉及纤维光学、光交换、电磁技术等诸多领域的加速进步[49]。

目前，我们正在通过无线通信方式，逐渐摆脱有线通信对我们的城市和日常生活的局限，无线通信正以每 10 到 11 个月翻一番的速度增长（见图 2-23）。

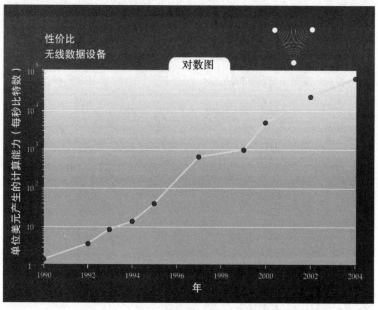

图　2-23

图 2-24 和图 2-25 显示了基于主机（网络服务器）数量的互联网的整体增长。这两个图表分别用对数形式和线性形式绘制相同的数据。正如前文讨论过的，当技术进步呈指数增长时，我们却以为这个过程在线性域中经历。从大多数观察家的角度来看，直到 20

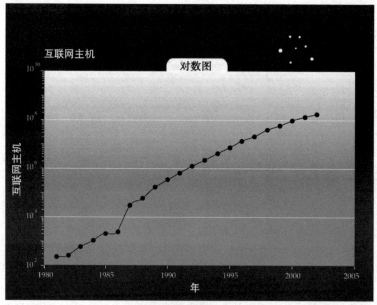

图　2-24

世纪90年代中期，这个领域什么也没有发生，而万维网和电子邮件似乎是突然出现。但是因特网在世界范围内的普及，早在20世纪80年代初，通过对因特网前身APPANET的指数增长趋势的检测，就可以预测到[50]。

图2-25显示的是相同的数据在线性图中的刻画[51]。

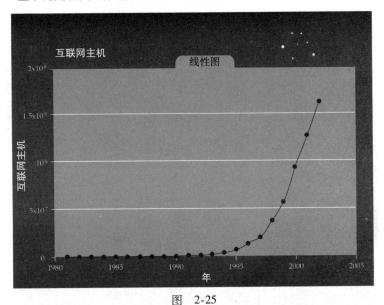

图   2-25

除了服务器外，互联网的实际数据流量每年都翻倍[52]，如图2-26所示。

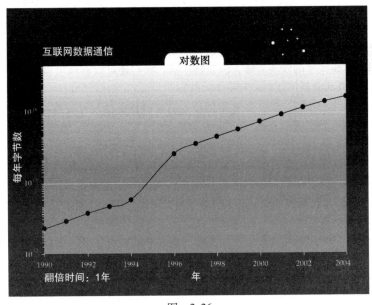

图   2-26

为了适应这种指数增长，互联网骨干网的数据传输速度（图 2-27 所示，实际用于互联网的最快的骨干网通信信道）本身也呈指数级增长。请注意图 2-27 中的"互联网骨干网的带宽"，我们可以明显地看到连续的 S 形曲线：一个新的范式带来了加速增长；随着该范式的潜力用尽，增长趋于平缓；随后通过范式的迁移实现新的加速增长[53]。

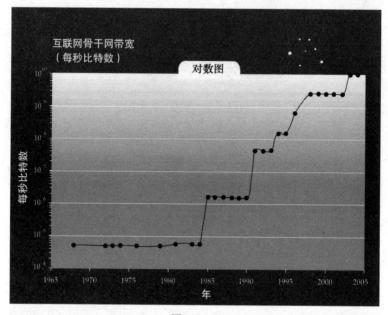

图　2-27

另一个将对 21 世纪产生深远影响的趋势是，各类技术普遍朝着小型化方向发展。各类技术（包括电子和机械）关键部件的尺寸正在以指数速度缩小。目前，缩小技术以每 10 年缩小到原来尺寸 1/4 的速度发展。这种小型化趋势是由摩尔定律驱动的，但它同样反映了所有电子系统尺寸的发展趋势，例如磁存储。我们还可以看到机械设备尺寸的减少，图 2-28 说明了机械设备尺寸随时间的变化趋势。[54]

由于纳米技术的快速发展，各种不同技术的关键特征的尺寸正在接近于多纳米范围（少于 100 纳米，1 纳米是 1 米的 10 亿分之一）。如图 2-29 所示[55]，纳米技术科学引用文献在过去的十年增长迅速。

在纳米技术的相关专利方面我们看到了相同的现象（见图 2-30）[56]。

正如我们将在第 5 章探讨的，随着基因技术在能力和性价比方面的指数增长，基因（或生物技术）革命给生物领域带来了信息革命，同样，纳米技术革命将为材料和机械系统提供快速增长的信息控制力。机器人（或强人工智能）革命涉及人类大脑的逆向工程，这意味着用信息的方式，并结合日益强大的计算平台的分析结果来理解人类智能。因而，所有这三种重叠的变革（遗传学、纳米技术和机器人），将主导 21 世纪上半叶信息革命的方方面面。

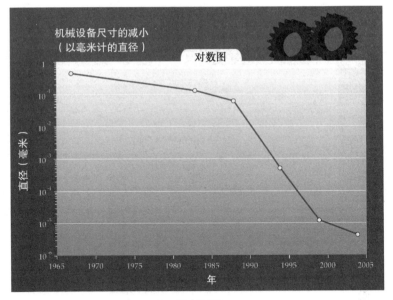

图 2-28

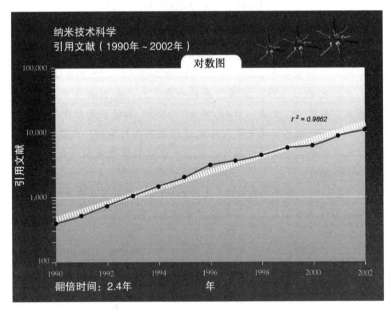

图 2-29

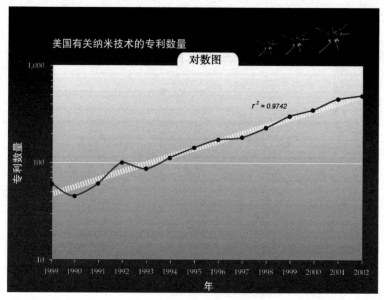

图   2-30

信息、秩序和进化：
沃尔夫勒姆和弗雷德金对于元胞自动机的深刻见解

正如我在本章前面所描述的，信息技术的每个方面都在以指数级的速度增长。人类固有的对于奇点（正发生于人类历史之中）的期望，对人类的未来是非常重要的。我们可以在人类历史的每个阶段发现信息的存在。人类知识和艺术的每一种表达形式——科学抑或工程设计、文学、音乐、绘画、电影，都能表达为数字信息。

我们的大脑可以通过神经元放电的方式进行数字化的运转。大脑中神经元之间的连接可以通过数字化的方法来进行描述，甚至人脑的构造也是由一段令人称奇的微小的数字遗传密码所规定的[57]。

事实上，所有的生物操作都是通过2比特的DNA碱基对的线性序列完成的，这些碱基对序列控制20种氨基酸的排列以生成蛋白质。分子通过离散的原子排布构成。碳原子在它的四个方向上都能与分子建立连接，故而非常适于创造多种三维结构，因此无论在生物中还是在技术中碳原子都非常重要。在原子内部，电子位于离散的能量层中；其他的原子内微粒（例如质子），则由不同数量的夸克组成。

尽管量子力学的公式在连续域和离散层都适用，但是我们知道连续层可以通过二进制数据[58]进行非常准确的描述。事实上，量子力学（从量子的字面意思去理解）是基于离散值的。

物理学家、数学家史蒂芬·沃尔夫勒姆提供了大量的证据证明，事物复杂度的逐渐增加来源于宇宙，宇宙是一个具有确定性的规则系统（该系统基于确定的规则并能够预测结果）。在他所著的《A New Kind of Science》一书中，沃尔夫勒姆综合地分析了一种称为"元胞自动机"的数学结构是如何描述自然界的方方面面的[59]。（元胞自动机是一种简单的计算机制，例如，它可以根据转化规则，依据临近细胞的颜色来改变每个细胞的颜色。）

在他看来，可以用元胞自动机去解释所有的信息过程，所以沃尔夫勒姆与信息相关的见地的若干关键问题有着密切的关系。沃尔夫勒姆还假设宇宙本身是一个巨大的具有元胞自动机特性的计算机。在他的假设中，显而易见的模拟现象（例如运动与时间）和物理学中的公式，都存在一种数字化的基础，我们可以根据一种简单的元胞自动机的转换，对物理学的理解进行建模。

其他一些人早先已经提出了这种可能性。理查德·费因曼从信息与物质和能量的关系方面思考这个问题。诺伯特·维纳在他1948年的《控制论》一书中曾经预言过一个根本性的变化：宇宙的基石不是能源，而是信息转换[60]。关于"宇宙正在运行于一台数字计算机中"的假设可能是由1967年康拉德·楚泽[61]第一次提出来的。楚泽被公认为可编程计算机领域杰出的专家，从1935年到1941年间，他发明了可编程计算机。

另一个物理信息化理论的狂热支持者是爱德华·弗雷德金，他在20世纪80年代早期提出了一种"物理学新理论"，这一理论基于宇宙最终由软件组成这一思想。根据他的理论，现实不是由物质和能量组成的，而是由根据计算规则不断变化的比特数据构成的。

20世纪80年代，罗伯特·赖特援引弗雷德金的话：

"世上有三大哲学问题：什么是生命？什么是意识、思想和记忆？宇宙是如何运转的？……信息的观点涵盖了以上三者……我的意思是说复杂性的最基础层次应该是运行于物理空间的信息处理过程。在复杂性的更高层次，例如生命、DNA（生化机能），都是由数字化信息处理控制的。在另外一个层次上，思考的过程也是基本的信息处理……我可以在很多不同的领域找到支持该观点的证据……在我看来，这真是一种势不可挡的趋势。它像是我苦苦寻找的一只动物。我已经发现了它的足迹，发现了它的排泄物，发现了它咀嚼了一半的食物，发现了它的皮毛，还发现了很多其他关于它的踪迹。每个发现都符合一种动物的特征，但它却是一种未被前人发现的动物。人们会问：那个动物在哪里？我会回答，好吧，它就在那里，并且我知道它的各个方面。它不在我的身边，但是我就是知道它在那里……我所见到的是如此具有说服力，所以它不可能是我想象出来的东西[62]。"

赖特就弗雷德金的数字化的物理学理论作了一些评论：

"弗雷德金提出了一种计算机程序的有趣特征，即它包括很多元胞自动机；查明这些元胞自动机将带来的后果是没有捷径的。事实上，基于传统数学的分析方法（包括不同的方程）与基于算法的计算方法有着根本的不同。你可以不用知道系统运行的中间过程，仅通过分析就能推算出这个系统未来的状态，但是这种方法对于元胞自动机却是失效的，你必须洞察整个发展轨迹，才能最终发现系统的最终状态：如果它不显露出自己的状态，就无法预测其最终状态。弗雷德金解释道：'对于一些问题，我们没有办法预测它们的答案'。……弗雷德金相信宇宙是一个规则化的计算机，它正在被一些人或事物利用去解决一个问题。这听起来像是一个好消息和坏消息的笑话：好消息是我们的生活有了意义；坏消息是这个意义帮助远方的黑客将 Pi 的估算值精确到小数点后 9 位[63]。"

弗雷德金继续说明他的理论：尽管信息的存储和恢复需要消耗能量，但是我们能够任意减少在信息处理方面的能量消耗，并且这个极限没有下界[64]。这表明信息比物质和能量更适合作为现实世界的基础[65]。在第 3 章，我将重新审视弗雷德金的这个理论，即信息处理所需的能量的减少将没有下限，因为它属于宇宙智能的终极力量。

沃尔夫勒姆将他的理论建立在了一个单一且统一的观点上。让沃尔夫勒姆感到兴奋的发现，是一个被称为元胞自动机 110 规则的简单规则及其行为。（还有一些其他有趣的自动机规则，不过 110 规则已经可以很好地说明这个问题了。）沃尔夫勒姆的大部分分析都是关于最简单的元胞自动机的，尤其是那些一维线性细胞，它们的颜色只有两种（黑色和白色），并且规则是基于与一个细胞直接相邻的两个细胞。每次一个细胞颜色的转变只依赖于它以前的颜色和它左右两边的细胞。因此，它一共有 8 种可能的信息输入情况（两种颜色的 3 种不同组合）。而规则控制着这 8 种不同的输入，最终得出一种颜色输出（黑色或者白色）。因此有 2^8（256）种可能的规则适用于这样一个一维、两色、临近细胞的自动机。因为左右对称，256 种规则中的 128 种与另外 128 种一一对应。又由于黑白的等价性，我们又能将其中的一半与另一半相对应，如此便只剩下 64 种规则。沃尔夫勒姆用图 2-31 说明了二维模式自动机的运转，在二维模式中，沿着 y 轴方向的每条线都代表下一代应用于线上每个细胞的规则。

大部分规则正在衰退，这意味着它们只能创造出没有意义的重复模式，例如单色细胞，或者棋盘上那种交错重复的色彩样式。沃尔夫勒姆把这些规则称为第一类自动机。另一些规则可以产生任意间隔的稳定条纹，他把这些规则称作第二类自动机。第三类自动机则更具研究意义，因为在这些规则中，可识别的特征（如三角形）以一种本质随机序列出现于作为结果的模式中。

然而，第四类自动机才令沃尔夫勒姆恍然大悟，并促使他投入十年的时间研究这一领域。110 规则是第四类自动机的一个典范实例，该规则能够演绎出令人称奇的复杂模式，并且模式间并不重复。我们可以从模式中看到人工制品，例如各种不同角度的线条、三角形的聚合以及其他有趣的结构。但是这些结果模式既不是有规律的，也不是完全随机的；它看起来存在规律却又不能预知（见图 2-31）。

为什么该规则如此的重要而有趣呢？请记住，我们先从一个最简单的起始点——黑色的单细胞来开始。该过程重复地应用了一种非常简单的规则[66]。在这个重复而且确定的过程中，行为是重复且可预测的。这样会产生两种意想不到的结果。结果好像是随机的，但并不是纯随机的；纯随机本身是非常枯燥的。设计产生的过程中有一些可识别的、有意义的特征，所以这种模式具有一定的秩序和明显的智能。沃尔夫勒姆列举了一系列的图形实例，其中很多图形让人百看不厌。

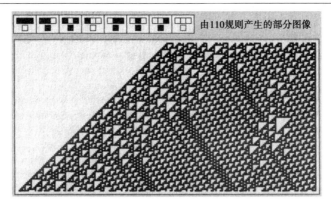

图   2-31

沃尔夫勒姆重复阐述了他的观点："以前总是认为构成一个复杂现象的基础机制本身必然是复杂的。但是我发现简单的程序同样可以产生巨大的复杂性，所以我原来的观点是错误的。[67]"

我确实发现 110 规则的行为如此令人着迷。此外，一个非常重要的事实是完全确定的过程能产生出完全不可预测的结果，因为它解释了，虽然这个世界以确定的规则为基础，但本质上这个世界是不可预知的[68]。然而，我一点都不奇怪为什么如此简单的一个起点经过确定的、简单的过程，能够产生不可预测的复杂结果。这些现象源于分形、混沌、复杂性理论和自组织系统（例如神经网络和马尔科夫模型），自组织系统从简单网络开始，最终将产生明显的智能行为。

在另一个层面，我们用大脑的例子来说明这个问题：初始大脑有压缩基因组中的3 千万至 1 亿字节的信息，但大脑的最终复杂程度是初始状态的 10 亿倍[69]。

一个确定的过程会产生明显随机结果，这一事实不足为奇。我们已经有了的随机数产生器（例如程序设计里面的随机函数），它可以利用确定的过程产生随机序列（可通过概率测试）。这些程序可以追溯到计算机软件的最初时期，例如第 1 版 Fortran。尽管如此，沃尔夫勒姆确实为这些观察提出了完备的理论基础。

沃尔夫勒姆继续介绍了简单计算机制如何存在于自然界的不同方面，他还向我们证明了，这些简单的确定性机制能够制造我们看过和经历过的复杂事物。他举了很多的例子，例如动物身上好看的色彩，贝壳的形状和标记以及涡流的模式（空中烟雾的运动轨迹）。他认为计算是必要的、无处不在的。根据沃尔夫勒姆的理论，简单计算机制的重复性的应用是世界复杂性的真正源头。

在我看来，沃尔夫勒姆的观点只是部分正确的。我同意我们的周围都是计算，也同意我们看到的一些模式是由元胞自动机的等价物创造的。但是这里我要问一个关键性的问题：自动机产生的结果究竟有多复杂。

沃尔夫勒姆有效地回避了复杂性程度这个问题。我同意像棋盘这种衰退的模式毫无复杂度的说法。沃尔夫勒姆也承认单纯的随机现象并不代表复杂度，因为在完全不能预测的情况下，纯随机将可以被预测到。如果第四类自动机有意义的特征是既不重复也不是纯随机的，这一论点为真，那么我也同意这类自动机产生的结果会比其他类自动机产生的结果复杂。

然而，第四类自动机产生的复杂度也有一个明确的极限。在沃尔夫勒姆的书里列举的许多图片都是看起来十分相似的，尽管它们并不重复，但它们的不同之处都很细微。而且，它们既没有继续衍生出新的复杂度，也没有发展出新的特征类型。元胞自动机即便迭代无数次，其产生的图形的复杂度仍然保持与原来相同的水平。它们无法进化出昆虫、人类、肖邦序曲，也无法进化出比条纹或图中混杂在一起的三角形更加复杂的东西。

复杂度是一个连续统一体。这里我把"秩序"定义为"适合某种意义的信息"[70]。一个完全可预测的过程的秩序为 0。单纯高层次的信息并不代表一定含有高层次的秩序。一本电话簿虽然有很多信息，但是这些信息秩序的层次很低。一个随机序列本质上是纯粹的信息，因为随机序列不可预测，但是它却没有秩序可言。第四类自动机的产物确实具有一定水平的秩序，与其他持久的模式相同，有其适用的场合。但是代表人类模式的秩序和复杂度都远远高于第四类自动机的产物。

人类需要完成高层次的需求：他们生存在一个充满挑战的生态中。人类世界中存在着极度复杂而又非常精妙的等级制度。沃尔夫勒姆认为任何混合了可认知的特征和不可预测元素的模式实际上都是等价的。但是他没有说明第四类自动机是如何增加它的复杂度的，更不用说像人一样复杂的模式。

这里缺失了重要的一环，即解释从元胞自动机的常规模式如何发展到具有较高层次智能的复杂的持续性结构。例如，第四类自动机不能解决有意义的问题，并且不论迭代多少次也无法接近问题的答案。沃尔夫勒姆把 110 规则当做是"宇宙计算机"[71] 来使用。然而，即使是宇宙计算机本身也必须利用软件来运行智能的程序。运行在宇宙计算机上的软件的复杂程度也是一个问题。

可能有人会指出第四类自动机的模式是由最简单的自动机（一维、两种颜色、两个相邻的规则）发展而来的。但如果我们增加维度会发生些什么呢，例如增加多重颜色，或者通过综合离散的元胞自动机产生连续的功能？沃尔夫勒姆极其认真地解释了这些问题：复杂自动机产生的结果与简单自动机产的结果本质上是一致的；我们最终通过非常有限的模式获得一定程度的意义。沃尔夫勒姆认为我们不需要用更复杂的规则去获得复杂的结果。但是我的观点与之相反，我们不能通过简单的规则或者进一步迭代的方法来增加结果的复杂度。所以元胞自动机只能有限地推动我们向前。

我们能通过简单的规则解决人工智能难题吗？

我们如何通过这些有趣的但受限的模式去获得那些复杂的事物（例如昆虫、肖邦的乐曲）呢？我们考虑的概念是与沃尔夫勒姆提出的元胞自动相冲突的——这就是进化，或者说一种进化算法，我们开始获得更令人激动、更智能的结果。沃尔夫勒姆称第四类自动机和进化算法"在计算上是等价"的，但是我认为这一命题只在硬件层次上是成立的。在软件层次上产生的模式是非常不一样的，而且复杂度和有用性的秩序也是不同的。

一个进化算法初始于随机的生成解决某种问题的方法，这个算法通过数字化的遗传密码进行解码。然后，在模拟的进化中我们令不同的进化算法之间相互竞争，较好的解决方案将会保留下来，并通过模拟有性繁殖的方式进行复制。在有性繁殖中，被创建的后代解决方案聚合了父母双方的遗传密码（编码解决方案）。我们也会引入一定比例的基因突变，这一过程中包含各种各样的高层次参数，如突变率、繁殖率等。这些参数都被形象地称作"上帝的参数"，设计进化算法的工程师的工作就是将参数设置为最优值。这一过程将在模拟的进化中运行数千代，该过程最后得到的解决方案的秩序，将明显地高于过程初始的解决方案。

进化（有时称作遗传）算法的结果将为复杂问题提供优雅、美丽并且智能的解决方法。我们已经开始利用进化算法进行艺术创作、设计人工生命模式，还用来完成一系列的实际任务，如设计喷气式飞机的引擎。基因算法属于狭义的人工智能方法——创造能够执行具体任务的系统也需要应用人类智能。

但是有些问题还是没有解决。尽管遗传算法对于解决某些特定问题是有效的工具，但是它们还是无法达到强人工智能的水平——强人工智能具有人类智能的特征：广博、深邃、精妙，在模式识别和指令语言方面具有超凡的能力。难道是我们运行遗传算法的时间长度不够吗？毕竟人类进化经历了数10亿年的时间。或许我们不能仅仅利用几天或者几周的时间来用计算机模拟这个进化过程。但事实上，即便用很久的时间去模拟这个过程也是行不通的，因为应用传统的遗传算法只能接近其性能的渐近线。

第三个层次（该层次能够以超出元胞自动机的处理能力生产明显的随机性，也能够以超出基因算法的能力生产聚焦的智能解决方案）在多个层面执行进化。传统的遗传算法只允许算法限制于解决一类很窄的问题上，并且遗传的方式也是单一的。遗传密码本身需要进化；遗传规则也需要进化。例如，自然不会停留在一个简单的染色体上。在自然进化的过程中，有很多层次是间接包含的关系，并且我们需要为进化准备一个复杂的环境，只有在这样的环境中进化才会发生。

构建强人工智能使我们有机会缩短进化过程所需的时间，例如，逆向工程人类大脑（正在进行中的研究项目）已经使进化过程获益。我们将在这些解决方案中应用进化算法，这与大脑解决问题的方式一样。例如，婴儿在子宫里的时候，其供养线路最初随机分布于染色体组的一些区域。最近的研究表明，这些基因区域与学习适应变化的能力相关，然而在婴儿降生后，这些功能的相关结构很少发生变化[72]。

沃尔夫勒姆证明了一个有效的观点，即一些（事实上是大部分）计算的过程是不能被预测的。换句话说，我们在没有经历完整个过程时不能预测未来的状态，我同意他这个观点，只有能以更快的速度模拟这个过程，我们才能够提前知道答案。由于假定宇宙以最快的速度运转，那么将不存在缩短这个过程的方法。但是我们已经受益于数十亿年的进化了，进化极大地增加了自然界复杂度的秩序。得益于此，现在我们可以利用进化后的工具去逆向模拟生物进化的结果（最重要的是模拟人的大脑）。

　　的确，自然界的一些现象，仅仅是由于元胞自动机简单的计算机制，才具有某种程度的复杂性。那个在"帐篷—橄榄"状贝壳上有趣的三角形模式（沃尔夫勒姆经常提起的例子）或者复杂多样的雪花形状都是很好的例子。但是我不认为这是一个新的观察结果，因为我们经常认为雪花的设计源自一种简单的分子计算机的构建过程。虽然沃尔夫勒姆给我们提供了很多具有说服力的理论，去表达这些过程和它们的结果模式，但是生物的内涵要远多于第四类自动机。

　　沃尔夫勒姆另一个重要的发现是，他认为计算是一个简单的而且无处不在的现象。当然，我们都知道在这一个多世纪里，计算本质上是非常简单的：我们能够以最简单的信息处理为基础，构建任意的复杂程度。

　　例如，查尔斯·巴贝奇在 19 世纪后期制作的机械计算机（无法运行），它只提供了少量的运行代码，但其基本原理与现代计算机在很多方面（存储容量和速度）是相同的。巴贝奇发明的复杂度源于设计的细节，不过事实证明，仅仅利用他所掌握的技术是无法解决这个问题的。

　　图灵机是阿兰·图灵在 1950 年提出的关于通用计算机的理论概念，它只提供 7 种非常基本的命令，但可以组织执行任何可能的计算[73]。一个"通用图灵机"可以模拟任何在磁带上描述过的可能图灵机，这是信息通用性和简洁性的进一步证明[74]。在《智能机器时代》一书中，我展示了任何一个计算机怎样由一个适当数量的简单的装置构建，即"或非门"[75]。这虽然不是通用图灵计算机的准确描述，但却表明了，只需要提供一个适当的软件（这些软件包含了或非门的连接描述信息），任何计算都能够运行于一系列非常简单的装置（比 110 规则简单）上[76]。

　　尽管我们需要额外的概念去描述一个为解决问题提供智能方法的进化的过程，但是沃尔夫勒姆论证了计算的普适性和简单性，为我们理解世界上信息的根本重要性做出了重要贡献。

莫利 2004：你已经得到正在加速进化的机器了，那人类怎样了呢？

雷：你指的是生物意义上的人吧？

莫利 2004：是的。

查尔斯·达尔文：据推测生物的进化是一个持续不断的过程，不是吗？

雷：好吧，生物进化在一段时间里，进化的非常缓慢，很难去准确地测量。我指的是间接的进化。结果是较老的范式（如生物进化）正在以原来的速度继续，其发展远比不上新的范式。动物的进化和人的进化一样复杂，也是经历了数万年才产生了一些值得注意、却很小的改变。人类的整个文明和技术的进化史也经历了这段时间。但是我们现在已经准备就绪，在几十年内超越脆弱而缓慢的生物进化。当前发展的速度是生物进化速度的 1 000 至 100 万倍。

内德·路德：如果不是所有人都赞同这一点将会怎样？

雷：我不期望他们都立刻同意。承认这个事实是需要一个过程的。技术或者进化都存在一个前沿和后沿。在现在这个时代，仍然有人使用犁去耕地，但是这也不能阻碍手机、电信、互联网和生物技术的广泛使用。尽管如此，后沿终究会赶上来的。例如，亚洲的一些国家就没有经历工业时代，直接从原来的农业经济跨越到了信息经济[77]。

内德：可能你说的是对的，但是数字鸿沟会越来越大。

雷：我知道人们会这样说，但是这怎么可能会变为现实呢？人类数量现在增长得非常缓慢。但是无论你采用什么方式统计，被数字技术联系起来的人的数量都在快速增长。世界上越来越多的人口开始使用电话通信技术和无线网络技术，所以数字鸿沟是正在消亡，而不是正在增长。

莫利2004：我依然觉得有或没有这一问题没有得到充分的重视，还有很多地方我们应该去做。

雷：确实是这样，但是最重要的，非人力控制的加速回归定律正沿着一个正确的方向前进。试考虑一个特殊行业里的技术：从担负不起和进展不顺利开始；后来变得不那么昂贵，也取得了一定的进展；下一步是产品变得廉价并且进展得非常顺利；最终，技术几乎是免费的，而且产生了巨大的效益。

不久以前，当你在电影中看到有人在使用移动电话的时候，那个人一定是一个位高权重的家伙，因为只有这样的人才能支付得起移动电话的高昂费用。还有一个辛酸的例子，那就是治疗 AIDS 的药物。以前，刚开始研制的时候，研究情况简直糟透了，并且每年在每个病人身上花费的钱大于一万美金。不过现在情况有所好转了，并且在贫穷的国家价格每年也都会下降好几百美元[78]。遗憾的是，关于艾滋病的治疗药物的研究还不能说是非常成功，也不能说是非常廉价。虽然世界已经开始对艾滋病采取了一些行动，但是艾滋病已经造成了很大的伤害，特别是在非洲地区。前沿和后沿之间的时间正在缩小。我估计当前这个前沿与后沿间的时间在 10 年左右。在未来的 10 年，这个时间将缩小为 5 年。

奇点是一项经济命令

理智的人总在适应这个世界，不理智的人总是试图让世界适应自己，然而世界的进步总是取决于那些不理智的人。

——乔治·伯纳德·肖《革命者格言》人与超人，1903 年

世人莫不怀着一种与生俱来的欲望，要把支出超过收入，此乃一切进步的动力。

——英国作家萨缪尔·巴特勒，《Notebooks》，1912 年

如果让我今天启程去到西海岸完成一个新事业，那么我将会选择生物技术和纳米技术。

——杰夫·贝索斯，亚马逊的 CEO 和创立者

获得 80 万亿美元——在限定时间内有效

仅仅阅读并理解本节的内容就可以拿到 80 万亿美元．有关完整的细节见下文。（的确，作家都会做些事情引起您的关注，但关于本声明我是认真的，但是我要做进一步解释，即你要仔细地阅读本段的第一句话。）

加速回归定律基本上是一种经济理论。现代经济理论和政策都是以过时的模式为基础的，这个模型强调能源成本、商品价格，并把在厂房和设备方面的投资作为关键驱动因

素；而在很大程度上忽略计算容量、内存、带宽、技术的规模、知识产权、知识和其他日益重要的（和日益增加）推动经济增长的成分。

一个竞争市场的经济需要是推动科技向前发展和为加速回归定律提供燃料的首要动力。反过来，加速回报定律正在转变经济关系。经济需求与生物进化中的幸存者都是等价的。我们一直在向智能化、小型化的机器推进，这是无数的小进步带来的结果，每次小进步都有自己独特地调整经济的方式。那些能更准确地执行任务的机器的价值就增加了，这就是它们被制造的原因。有成千上万的项目，正以各种不同的方式，在各个方面推进加速回归定律的发展。

且不论短期的商业周期，"高科技"对于商界的支持（尤其是软件对商界的支持）增长巨大。1974 年，我建立了光学字符识别（OCR）和语音合成公司（库兹威尔电脑产品），那时高科技风险交易在美国的交易总额不到 30 亿美元（1974 年的美元价值）。即便在最近的高科技衰退期间（2000 年~2003 年），这个数字也几乎是那时的 100 倍。[79] 只有废除资本主义和经济竞争的所有环节才能阻止这一进展。

需重点指出的是，我们正在以指数级的速度向新的知识型经济迈进，而不是渐进的[80]。当所谓的新经济并没有在一夜之间改变业务模型的时候，许多观察家很快就摒弃了本身就有缺陷的想法。知识统领经济还将需要几十年的时间，但那必然是一场深刻地变革。

我们在互联网和电信的繁荣与萧条交替循环中看到了相同的现象。以互联网和分布式电子通信为代表的根本性变革，促进了经济的繁荣。但是，当这些变革发生在现实的时间范围中时，超过两万亿美元的市场资本化为乌有。正如我下面所指出的，技术的实际进步与表面的繁荣或者萧条无关。

事实上，那些在经济学的课程上讲授的、用于美国联邦储备使用委员会设立的货币政策和政府机构制定经济政策、用于各种各样的经济预测的经济模型，从长期趋势来看都存在根本性的缺陷。这是因为它们是基于历史的"直观的线性"观点（假设改革的步伐将继续以目前的速率），而不是基于指数的历史观点。这些线性模型似乎在一段时间内有效的原因，与大多数人在开始的时候采用线性视角看待问题的原因相同：如果审视和经历一段简短的时期，指数增长趋势看起来与线性增长趋势相似，尤其是在指数增长早期。但是一旦达到增长曲线的转折点，指数增长将爆发，而线性模型将不起作用。

在我编写本书时，国家正在讨论改变社会保障的计划，这项计划将于 2042 年失效，那也是我预测的奇点到来的时间（见第 3 章）。这种经济政策审查通常需要很长时间。这些基于线性模型的关于寿命提高和经济增长的预测是非常错误的：一方面，寿命的延长会远远超过政府的预期；另一方面，那时人们在 65 岁时不会要求退休，因为他们有 30 岁的身体和大脑。最重要的是，GNR 技术将使得经济的增长速度远超过现在预测的每年 1.7% 的增长速度。（以过去 15 年的经验来看，这一速度至少被低估了一半。）

以生产力增长为基础的指数增长正好处于爆发阶段的开端。美国通过技术提高生产力，其实际的国内生产总值已经以指数的速度在增长，如图 2-32 所示。[81]

一些评论家把 GDP 增长归因为人口的增长，但通过人均的方法我们也能看到相同的趋势（见图 2-33）。[82]

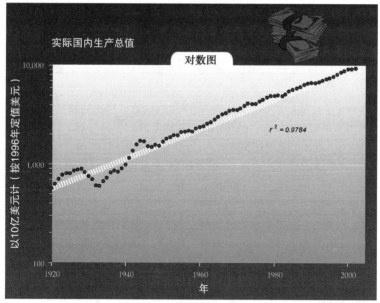

图　2-32

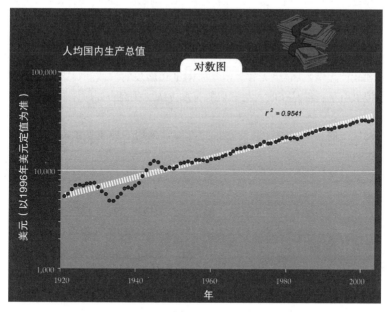

图　2-33

　　请注意，经济潜在的指数增长力量要远远强于经济周期性衰退。最重要的是，经济衰退（包括萧条）只是表示暂时地偏离基本曲线。甚至"大萧条"也只是根本模式增长大背景下的一个小插曲。在所有情况下，经济都将准确地在那些从未发生过衰退（或萧条）的地方终结。

　　世界经济在继续加快发展。2004 年底世界银行公布的一份报告表明，2004 年是历史上最繁荣的一年，全球经济以 4% 的速度增长[83]。此外，发展中国家的增长速度最高：超过 6%。即使忽略中国与印度，发展中国的增长率也超过 5%。东亚和太平洋地区，极端贫困人口从 1990 年的 4.70 亿下降到 2001 年的 2.7 亿，世界银行预计，2015 前后，这一数字将低于 2 000 万。其他地区的经济增长虽然不像发展中国家那么迅猛，但也以极快的速度增长。

生产率（每个工作者的经济产出）同样以指数级速度增长。这些统计数字是非常保守的，因为他们没有充分地反映产品在质量和功能方面的明显改进。"汽车还是汽车"是不符合事实的，事实上在汽车的安全性、可靠性和功能等方面，都有了巨大提升。当然，今天 1 000 美元所造就的计算能力比 10 年前 1 000 美元造就的计算能力要强大得多（超过 1 000 倍）。还有许多其他的例子，药品的疗效越来越好，因为现在药品可以准确地修正疾病和老化的新陈代谢途径，同时最大限度地降低副作用（请注意，现在市场上大部分药品仍然反映的是旧的范式，第 5 章将论证这部分内容）。我们花 5 分钟在网上订购并收到送货上门的产品，其价值要高于我们自己亲自去购买的商品。量身定做的衣服的价值也要高于你在产品货架上找到的衣物。这种类型的改进发生在绝大多数产品中，但生产力的统计却无法反映这些改进。

使用生产力测量的统计方法，我们可以得出这样的结论：我们花 1 美元只会得到 1 美元的产品和服务。尽管事实上我们得到的更多（计算机是这个现象中很极端的例子，但它也是很普遍存在的）。据芝加哥大学皮特·科莱诺教授和美国罗切斯特大学的马克·比尔教授估测，随着技术的发展，现有货物的不变价值在过去的 20 年间以每年 1.5% 的速度增长[84]。但这仍然不能解释不断涌现的全新产品和产品类别（如手机、传呼机、掌上电脑、下载的歌曲和软件程序）。它也无法说明互联网迅猛增长的价值。很多免费资源包括在线百科全书、搜索引擎，都是获取人类知识的有效方法。我们将如何评估免费资源在可用性方面的价值呢？

美国劳动统计局（负责统计通货膨胀的机构）采用一种模型预测，产品质量以每年 0.5% 的速度增长[85]。如果我们采用利莱诺和比尔的保守预测方法，它所反映都是对质量改进的低估，以及对通货膨胀的高估（至少高估了 1 个百分点），而且该模型无法解释新出现的产品类型。

尽管生产率统计方法存在很多缺陷，但是生产力现在实际上已经达到了指数增长曲线中陡峭的那部分。在 1994 年之前，劳动生产率以每年 1.6% 的速度增长，然后提高到每年 2.4%，而现在的发展速度更加惊人。从 1995 年至 1999 年，制造业每小时产出量以每年 4.4% 的速度增长，耐用消费品的产量以每年 6% 的速度增长。而在 2004 年第一季度，经季节性调整后，商业方面产量的年增长速度为 4.6%，而耐用消费品的年增长速度是 5.9%[86]。

审视上半个世纪单位小时劳动所创造价值的变化趋势，我们可以看到平稳的指数增长趋势（参见图 2-34）。同样，这种趋势并没有说明信息技术（整体的性价比以每年翻一番的速度增长）[87]中每美元的价值已经被大大提升了。

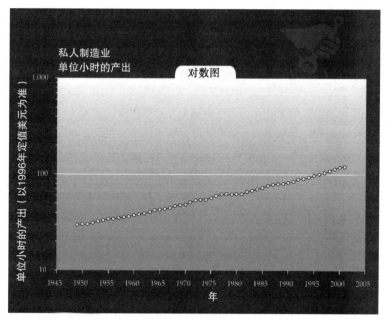

图　2-34

通货紧缩——坏事吗

"直到1846年，我们国家仍然没有一件衣服是由缝制机器制造的；在那一年，第一台享有专利的缝纫机诞生。如今，成千上万的人穿着由机器缝制的衣服，每件都足以与克什米尔少女的衣服相媲美。"

——《Scientific American》，1853年

在我写这本书时，很多经济学家除考虑政治因素外，最担心的事情就要数通货紧缩了。从表面看来，将钱进一步投资似乎是一件好事。经济学家担心的是，如果消费者花更少的钱就可以买到他所需要的东西，经济就会紧缩（以美元来衡量）了。不过，这忽视了消费者永远无法满足的需求和欲望。半导体产业的收入每年"遭受"着40%～50%的通货紧缩，然而，事实上，在过去的半个世纪，它却以每年17%的速度增长[88]。既然事实上经济正在快速扩张，这种通货紧缩的理论就不应该引起大家的担心。

20世纪90年代和21世纪初，我们已经见证了历史上最强大的通货紧缩，这解释了为什么我们现在没有注意到通货膨胀的速度。是的，历史性的低失业率、高资产价值、经济增长，还有通货膨胀等其他因素，这些都是事实。然而这些因素完全可以被信息技术（计算、存储、通信、生物技术、小型化技术）性价比的指数增长和科技进步的整体速度抵消。这些技术深刻地影响着所有行业，我们正在经历着大规模的"脱媒现象"，分布渠道构建于互联网和其他通信技术之上，运行和管理的效率也随之大幅提高。

随着信息产业对经济产生的影响越来越大，我们看到IT产业惊人的通货紧缩率产生的影响日益深远。20世纪30年代的大萧条主要归咎于消费者信心的崩溃和资金供应的瓦解；今天的通货膨胀是完全不同的现象，它是由生产力的迅速发展和信息技术的日益普及

导致的。

本章所有的技术趋势图都显示了大规模的通货紧缩。受到这种效应影响的事例有很多，BP Amoco 公司 2000 年寻找石油的每桶成本不到 1 美元，比 1991 年的花费少将近 10 美元。银行应用计算机处理一笔交易的费用只有 1 美分，而先前使用一名出纳员的成本则高于 1 美元。

需要着重指出的是，纳米技术的主要内涵是，它给硬件（或者说实际的产品）赋予了软件的经济价值。而软件价格通货紧缩的速度要快于硬件（见表 2-3）。

表 2-3　软件性价比的指数增长[89]

例如：自动语音识别软件

	1985	1995	2000
价格	5 000 美元	500 美元	50 美元
词汇多少（字数）	1 000	10 000	100 000
连续语音	否	否	是
用户培训时间（分钟）	180	60	5
精度	差	一般	好

在这个商业世界中，我们可以非常强烈地感受到分布式智能通信的影响。20 世纪 90 年代繁荣一时的电子化公司创造了巨大的价值，同时也造成了当时华尔街的动荡，这反映出一种有价值的观念：已经持续了几十年的商业模式，已经处于激烈变革的早期阶段。新模型以用户的个人通信为基础，它将改变每一种产业，并最终导致中间层，中间层是指将用户与产品和服务的最终来源相分离的层面巨大的"脱媒现象"。然而，所有的革命都有节奏，这一领域的投资与股市价值的扩大，已经超出了经济 S 形曲线增长的早期阶段。

信息技术的繁荣衰退周期严格来说是一种资本市场（股票价值）的现象。实际的 B2B 与 B2C 的统计数据表明，它们的发展趋势既不算繁荣也不是衰退（参见图 2-35）。事实上 B2C 业务收入呈平稳增长的趋势：从 1997 年的 18 亿美元增长到 2002 年的 700 亿美元。B2B 业务也类似：从 1999 年的 560 亿美元平稳增长到 2002 年的 4 820 亿美元[90]，而到 2004 年这个数字已经接近 1 万亿美元。正如前面讨论的，我们没有看到在基础性技术的性价比方面，有关商业循环的任何证据。

拓展接近知识的机会也可以改变力量的关系。病人更愿意找那些熟悉他们身体状况和医疗条件的医生看病。消费者可以通过使用自动软件代理工具，迅速地找到功能和价格都最合适的产品（包括从烤箱、汽车、房子到银行理财、购买保险等一切产品）。网络服务（如 eBay）以一种前所未有的方式，迅速建立了买者与卖者之间的联系。

消费者的愿望和需求（有时甚至连他们自己都不是很清楚）在商业关系中，正迅速地成为一种驱动力。例如，一个与服装卖家已经建立起良好关系的老顾客，已经不能满足于恰巧碰到悬挂在店里的适合自己的衣服。更进一步地，他们会将多种样式的衣服添加于他们身体的三维图像（基于详细的身体扫描技术）上，进而选择适合他们的材质与款式，最后根据选择量身定制衣服。

由于电子技术的强大支持，目前电子商务的缺点（例如，与产品直接交互的能力限制，以及用户难于学会使用菜单和表格进行交互）将逐步减少。在这个十年的后期，计算机就会作为截然不同的物理对象消失，显示器将为构建于我们的视野中的电子纺织品提供全浸式的可视化虚拟现实。因此，"去一个网站"将意味着进入一个虚拟现实环境（至少在视觉和听觉上是这样），在这个虚拟环境中，我们可以与产品和人员进行直接的交互，这种交互融合了真实与虚拟。虽然模拟的人达不到人类的水准（至少 2009 年无法达到），但它们作为销售代理、预约文员、研究助理是可以达到满意效果的。触觉接口使我们能够触摸到模拟的产品和人。很难说，即将到来的有着丰富交互界面的虚拟世界或许可能完全胜过现在的实实在在的世界。

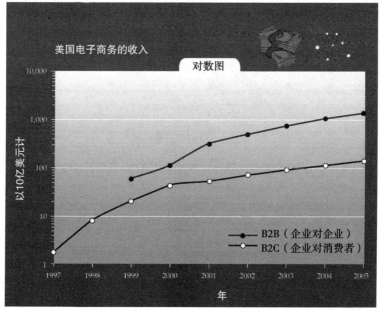

图   2-35

虚拟现实的发展将对房地产行业产生重大影响。渐渐地，就不需要将员工聚集在办公室工作了。就我自己的公司而言，我们已经可以有效地组织地理上分离的团队，但在 10 年前，做到这一点是很困难的。在 21 世纪的第 2 个 10 年，全浸式的视觉听觉虚拟现实环境将无处不在，它将加速满足人们对生活地点和工作地点的愿望。一旦我们所有的感觉都完全沉浸在虚拟现实的环境中（在 2020 年后期将成为现实），真实的办事处将不复存在。房地产行业也将是虚拟的。

正如弗朗西斯·培根爵士所说："知识就是力量。"另一个加快回归定律的衍生物是人类知识将以指数级的速度增长，其中也包括知识产权（见图 2-36 和图 2-37）。

图 2-37 是图 2-36 右上部分的特写。

没有迹象表明经济衰退周期会立即消失。近来，美国经历了经济减速、技术行业不景气和经济逐步复苏的一系列过程。经济仍承担历史上周期性衰退带来的阻力，如对资本密集型项目的过度投资和大量积压的库存。然而，由于信息的快速传播、网上采购方式的日益成熟、各行各业市场的日趋透明，这些无不减弱了衰退周期的不良影响，经济衰退对我们生活水平的直接影响也正在减小。发生在 1991—1993 年的小型的经济衰退就是这种情形，而更典型的情况是发生在 20 世纪初的经济衰退。从长远来看，经济增长将继续以指数级的速度增长。

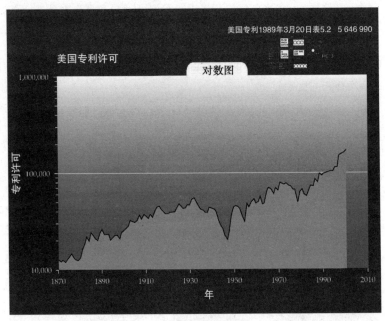

图　2-36

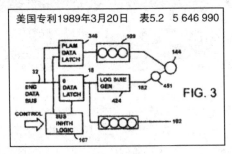

图　2-37

此外，经济周期中的微小偏离并没有明显地影响创新和范式迁移的速度。图 2-37 中显示所有的技术都以指数级速度增长，而且不会因为近来经济的衰退而减缓增长的速度。市场接受度也不能证明市场的繁荣和衰退。经济的整体增长反映了财富和价值的全新形式和层次。以前这些新形势不存在或者并不构成经济的重要部分，例如基于纳米粒子的新型材料、遗传信息、知识产权、通信门户、网站、带宽、软件、数据库，以及许多其他科技类别。

整个信息技术行业在经济中的比重正在迅速地增加，同时它对其他行业的影响力也在增加，如图 2-38 所示[91]。

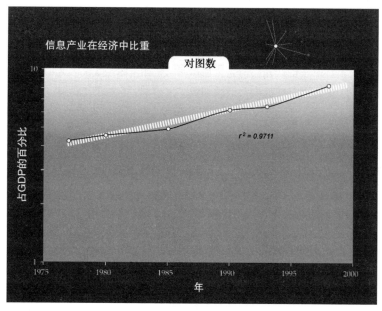

图　2-38

　　加速回归定律的另一个内涵是教育和学习的指数增长。在过去的 120 年里，我们对 K -12 教育（每名学生和不变的美元数）的投资增加了 10 倍。高校学生人数成百倍地增加。以前自动化增加了我们肌肉的力量，近来我们头脑的力量也在扩大。在过去的两个世纪，自动化减少了技能阶梯底部的工作机会，并且创造了技能阶梯顶部的工作机会。技术阶梯正在向上提升，因此我们在教育各个方面的投资均以指数级速度增长（见图 2-39）[92]。

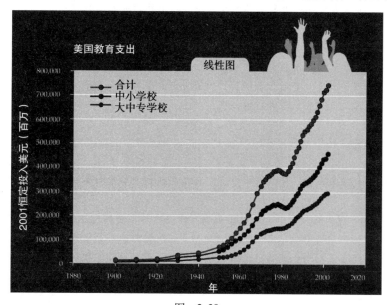

图　2-39

哦，本章开始的那个"提议"，认为目前的股票价值是基于未来的期望的。鉴于（字面义）短视的线性的直觉增长观代表着普遍的观点，所以关于经济预期的普遍认识是非常保守的。由于股票价格便反映买卖双方的共识，价格反映了潜在的线性假设，即反映了大部分人对于未来经济增长的认知。但是，加速回归定律清晰地表明，增长速度将继续以指数级的速度增长，因为进步的速度会继续加快。

莫利 2004：但还有一个问题，你说，如果我阅读和理解了本章的部分，我会得到 8 万亿美元。

雷：是的。根据我的模型，如果我们用指数增长观代替线性增长观，目前的股票价格将是原来的 3 倍[93]。由于股票市场已有（保守）40 万亿美元，故还有 80 万亿额外财富。

莫利 2004：但你说我会得到那笔钱。

雷：不，我说"你们"会得到钱，这就是为什么我建议仔细阅读句子。那个英语单词"你"可以是单数，也可以是复数。我的意思是说"你们"。

莫利 2004：嗯，这很烦人。你的意思是整个世界的所有人？但是，并非每个人都会读这本书。

雷：嗯，但是每个人都可能读。因此，如果大家阅读并理解了这本书，那么，经济预期将符合历史指数模型，从而股票价值将会增加。

莫利 2004：你的意思是，如果每个人都能理解并表示同意。我指的是基于市场期望，对不对？

雷：好吧，这是我的假设。

莫利 2004：那是你预期将要发生的？

雷：嗯，实际上并没有。再次戴上未来学家的帽子，我的预测是指数增长观将流行起来，但需要时间，越来越多的证据清晰地表明技术的指数增长本质以及它对经济的影响。在未来十年这将逐步发生，并将成为推动市场长期上升的强大动力。

乔治 2048：我不知道，雷。你是正确的，信息技术的性价比正在以各种形式呈指数增长，并且还将继续增长。事实上，经济继续保持成倍地增长，而不仅仅是克服通货紧缩率。事实表明大众可以理解所有这些趋势，但现实并没有对你所描述的股市产生积极的影响。股票市场确实随着经济增长而增长，但现实中的高增长速度并没有增加股票的价格。

雷：你认为为什么会出现那种情况呢？

乔治 2048：因为在你的等式中遗漏了一件因素。虽然人们意识到股票价格将快速增长，但同时也意识到了增长的折扣率（就当前的价值而言，我们需要考虑未来的折扣价值）。想想看，如果我们知道在将来的一段时期股票将显著增值，我们就会购买，因为我们预测到了它的未来收益。因此对未来真正价值的认知增加折扣率，将抵消我们对于未来价值的预期。

莫利 2104：嗯，乔治，这也不是很正确。你说的话在逻辑上有道理，但心理现实是，对未来价值增加的积极影响确实比对增加折扣率的消极影响要大很多。因此，普遍接受技术的性价比和经济活动增长率以指数速度增长，将大大推动实体市场，但考虑到乔治所描述的影响，将不会如"雷"所说的增加 3 倍。

莫利 2004：好吧，我对我的问题表示道歉。我想我会持有少量已有的股份，而不去担心它们。

雷：你有什么投资？

莫利 2004：让我们想想，有个基于自然语言的新的搜索引擎公司，并希望它能代替 Google。我也投资了燃料电池的公司。此外，还有一个构建能够在血液中行进的传感器的公司。

雷：听起来像一个漂亮的高风险、高技术的投资组合。

莫利 2004 年：我不会称之为投资组合。我只是和你聊聊你所说的技术。

雷：好吧，但请记住，尽管通过加速回归定律预测的趋势将非常平稳，但这并不意味着我们能够预测哪些竞争者将获胜。

莫利 2004：对，这就是为什么我一直在宣传我的投资。

第3章　达到人脑的计算能力

正如讨论发动机的发明一样，如果可以实现真正的人工智能，我们就有理由相信，人类可以创造比神经细胞快100万倍的东西。由此可以得出这样的结论：我们可以建立一些系统，并使它们的运行速度比人类快100万倍。通过人工智能，这些系统可以从事工程设计的工作。这样的话一个系统有能力创造一个比自己更好的系统，也就有了突然转变的可能性。即使跟纳米技术相比，这种情况处理起来也会显得更加困难，但更难得的是要在这个问题上有建设性的思考。虽然我不时地指出来"它也是很重要的"，但这已经不是我们讨论的焦点了。

——埃里克·德雷克斯勒，1989

计算机技术第六范式：三维分子计算和新兴计算技术

1965年4月19日，戈登·摩尔在《Electronics》杂志上这样写道："集成电子的未来就是电子自身的未来。集成电路的优势将带来电子学的扩散，并把这门科学推广到很多新的领域。"[1]摩尔通过这些话，宣告了一场势头正劲的革命的到来。为了让他的读者意识到这个新科学的深远意义，摩尔预言，"到1975年，国家经济将建立在一个由多达65 000个元件压缩而成的单硅芯片上。"试想一下这些吧。

摩尔的文章描述了嵌入到集成电路上的晶体管（用作计算单元或者门电路）的数量，每年都会增长一倍。他在1965年提出的"摩尔定律"在当时饱受争议，因为他的片上元件数量对数图上只有5个参考点（从1959年到1965年），所以由此来预测1975的趋势是不成熟的。摩尔的最初估计是错误的，他在10年后修订了这一数字（更改为两年翻一番）。但是这个基本观点（由于集成电路板上晶体管体积的缩小而导致电子产品的性价比呈指数增长）被证明是正确的而且有先见之明的。[2]

今天，我们谈论的是上十亿级而不是上千级的组件。2004年最先进的芯片中，逻辑门仅有50纳米宽，这已经完全是纳米级别（100纳米或以下即属于纳米技术范畴）的数值了。摩尔定律终有一天会终结，但这一典型范式的结束时间一直在推迟。Paolo Gargini，英特尔技术主管兼著名的国际半导体技术路线图（ITRS）主席，最近指出，"我们预测至少未来15到20年时间里，电子产品将会按摩尔定律继续发展。事实上……纳米技术为我们提供了许多新的关键技术来增加一个芯片上元件的数量。"[3]

就像我将用整本书去论证的那样，计算机技术的加速发展已经改变了社会关系、经济关系、政治体制以及其他一切。但是摩尔在他的文章里并没有指出，缩小体积的策略，实际上并不是给计算和通信带来指数级增长的第一范式。它只排在第5位，而且我们也已经可以看到接下来的大概情形：在分子水平和三维水平上的计算。尽管第五范式还会使用十几年，但我们已经在所有需要使用第六范式的技术上取得了令人信服的进展。在下一节，我将会分析为了达到人脑的智力水平所需要的计算和存储能力，以及为什么我们会相信，在不到 20 年里用不是很贵的计算机就能达到这样的水平。即使这些强大的计算机远没有达到最佳的状态，而且在本章的最后一节，我会回顾由目前我们所理解的物理定律所带来的计算限制。大约 21 世纪末，真正的计算机时代就会到来。

三维分子计算的桥梁。过渡阶段正在进行中：许多新的技术会促进第六代范式——分子三维计算的问世，这些技术包括纳米管和纳米管电路、分子计算、自组装纳米管电路、生物系统模拟电路组装、DNA 计算、自旋电子学（电子的自旋计算）、光计算以及量子计算。其中许多独立的技术可以被集成到计算系统，最终将接近理论上物质和能量用于完成计算的能力的最大值，并且远远超过人脑的计算能力。

一种方法是采用光刻硅芯片来构建三维电路。Matrix Semiconductor 公司已经在销售一种存储芯片，它含有垂直的晶体管堆叠层而不是一个平面层[4]。由于三维芯片存储量更大，从而缩小了产品的体积，因此 Matrix Semiconductor 最初将目标定位到便携电子产品，以此同闪存（用于手机和数码相机，因为它在电源关闭时不会丢失信息）相竞争。而其中堆叠电路的应用还降低了每比特的价格。另一种方法来自于 Matrix 公司的竞争对手之一，文本冈富士雄（前东芝公司的工程师），就是他发明了闪存。富士雄声称他的新型内存设计（这种设计看起来像一个柱状体）降低了存储器的体积和每比特的价格，是平板芯片的十分之一。[5]而这个三维芯片的工作原型，也在伦斯勒理工学院千兆集成中心和麻省理工学院媒体实验室得到了证实。

位于东京的日本电报电话公司（NTT）通过使用电子束平印术，展示了梦幻般的 3D 技术。电子束平印术可以创建任意特征尺寸（和晶体管一样）大约是 10 纳米的三维结构。[6]NTT 公司通过创建一个大小为 60 微米、特征长度为 10 纳米的高分辨率的地球模型，证明了这项技术。NTT 认为该项技术适用于电子设备的纳米加工，如半导体以及建立纳米级的机械系统。

纳米管依然是最佳选择。在《The Age of Spiritual Machines》一书中，我指出纳米管（用三维组织的分子来存储信息和充当逻辑门）是三维分子计算时代最有可能使用的技术。1991 年首次合成的纳米管，是由六角形的碳原子网状物卷起来组成的无缝柱体。[7]碳纳米管非常小——单壁纳米管的直径只有 1 纳米，这样可以达到很高的密度。

它们也可能很快。皮特·伯克和他在加利福尼亚大学欧文分校的同事最近证明了纳米管电路可以以 2.5GHz 运行。然而，在《Nano Letters》（美国化学学会同行评审期刊）上，伯克说，这些纳米晶体管的理论限速"应该是太赫兹（1THz = 1000GHz）级别，大约是现代计算机速度的 1 000 倍"。[8]一立方英寸的纳米管电路，一旦充分开发，将比人脑强大 1 亿多倍。[9]

当我在 1999 年讨论纳米管电路时，它还是有争议的。但是在过去的 6 年里，这项技术有了长足的发展。其中在 2001 年有两个重大的进展。2001 年 7 月 6 日，《Science》[10]报道了一种在室温下工作的基于纳米管的晶体管（尺寸为 1 纳米 × 20 纳米），它仅仅使用了一个电子控制电路的断开与闭合。大约在同一时间，IBM 也演示了一个由 1 000 个基于纳米管的晶体管组成的集成电路。[11]

最近，我们看到了基于纳米管电路的第一工作模式。2004 年 1 月，加利福尼亚大学伯克利分校和斯坦福大学的研究人员建立了一个基于纳米管[12]的集成存储电路。采用这种技术的难点之一是有些纳米管是导体（即简单的传输电力），而其他一些像是半导体（即有交换能力并且能够实现逻辑门）。细微结构特征的不同导致了能力的差异。直到最近，把它们区分出来需要手工操作，而把它们组装成大规模集成电路也因此变得不实际。伯克利分校和斯坦福大学的科学家宣布解决了这一问题，他们实现了全自动地区分和丢弃非半导体的纳米管。

排列碳纳米管是纳米管电路的另一个挑战，因为它们会向每一个方向延伸。2001 年，IBM 的科学家证明，碳纳米晶体管可以成批地增长，这一点类似于硅晶体管。他们采用了一种称为"建设性破坏"的方法，该方法破坏了晶片上有缺陷的纳米管，而不是把它们手工整理出来。IBM 华生研究中心物理科学主任托马斯·泰斯当时说："我们相信 IBM 已经完成了通向分子规模芯片道路上的一个里程碑……如果我们最终成功了，那么碳纳米管会使我们在密度方面无限期地保持摩尔定律，因为毋庸置疑的是，这些碳纳米管将来会做的比任何硅晶体管都要小得多。"[13] 2003 年 5 月，一家由哈佛大学的研究员托马斯·瑞克斯在马萨诸塞州创办的小公司 Nantero 对此作了进一步的深入研究，证明当 100 亿个纳米管结合起来组成单芯片晶片时，所有的纳米管都会排列在正确的方向上。Nantero 公司使用标准光刻设备自动删除未正确对齐的纳米管。这种标准设备的使用令业内观察人士感到兴奋，因为这种技术并不需要的新昂贵生产机器。Nantero 公司的设计提供随机存取功能并保证非易失性（电源关闭后数据依然保存），这意味着它有可能取代所有主要的存储形式，如内存、闪存和磁盘。

分子计算。除了碳纳米管外，近几年的主要进展是只用一个或几个分子的计算。分子计算是在 20 世纪 70 年代早期由 IBM 的艾薇·艾维瑞和西北大学的马克·拉特纳[14]首次提出的。这一思想的普及需要在物理、化学、电子甚至生物进程逆向工程领域的共同进步，而在当时，这些领域的技术都没有达到分子计算的要求。

2002 年，威斯康星大学和巴塞尔大学的科学家发明了"原子存储驱动器"，它用原子来模拟一个硬盘驱动器。利用扫描隧道显微镜可以从 21 个硅原子构成的块里添加或删除一个原子。这个研究过程使研究员相信这个系统跟同等体积的磁盘相比，存储量是后者的100 万倍——大约每平方英寸 250 太比特的数据，虽然这只是通过少量的比特得出的。[15]

皮特·伯克预测分子电路的速度将达到 1 太赫兹，而在伊利诺伊大学的科学家创造了纳米晶体管之后，这一预测看起来越来越准确。这一晶体管的速度为 604 千兆赫兹（比 1/2 太赫兹多）。[16]

研究人员已经发现了一种具有理想性能的分子类型——轮烷，它可以通过改变分子内部环状结构的能量等级来实现状态转换。轮烷内存和电力转换能力已得到证明，其显示出的存储潜力为每平方英寸 100G 比特（10^{11}比特）。如果在三维空间内组织，存储的能力将更加巨大。

自组装。纳米电路的自组装是实现有效纳米电子的另一个关键技术。自组装能够自动剔除错误形成的元件，并使数万亿计的电路元件有可能自动组织起来，而不再需要精心设计的自上而下的组装过程。加州大学洛杉矶分校的科学家[17]提到，这种技术将会使大规模电路在试管中进行生产，而不再需要花费数十亿美元建造工厂；使用化学技术而不是使用光刻技术。普渡大学的研究人员已经开始使用相同的原则（这一原则能将 DNA 链连接在一起，从而形成稳定的结构），来验证自组装纳米管结构。[18]

哈佛大学的科学家在 2004 年 6 月迈出了关键一步，他们发现了另一个可以大规模使用的自组装方法。[19]该方法采用光刻技术来创造一个连接（计算元素之间的互联）的蚀刻阵列。阵列上存放着大量纳米线场效晶体管（一种晶体管的常见形式）和纳米级的互联，并保证这些晶体管以正确的形式自我连接。

2004 年，南加州大学和美国航天局艾姆斯研究中心的研究人员，展示了能够在化学溶液里自组装形成的精密电路。[20]该技术会自发地形成纳米线路，并使能容纳 3 比特数据的纳米存储单元组装到纳米线上。该技术每平方英寸存储容量高达 258Gbit（研究人员声明这一数据还可以增长 10 倍），相比之下一张闪存卡存储容量是 6.5Gbit。同样在 2003 年，IBM 展示了高分子的研发存储设备，它可以自组装形成 20 纳米宽的六角形结构。[21]

纳米电路也是可以自我配置的——这一点非常重要。大量的电路元件及其固有的脆弱性（由于其尺寸太小）不可避免地使一个电路的某些部分无法正常运行。仅仅因为一万亿个晶体管的一小部分不能正常工作而抛弃整个电路，从经济上来说这也是不可行的。为了解决这一问题，未来的电路会不断地检查自身性能和周围的路由信息，绕过不可靠的连接部分，就像互联网上路由信息绕过周围无法运作的节点一样。IBM 一直活跃在这个研究领域，并已开发了能够自动诊断问题并重新配置相应芯片资源的微处理器。[22]

仿真生物。创建能够自我复制和自我组织的电子或机械系统的想法，都来自于生物学的灵感，因为生物学也依赖于这些属性。《Proceedings of the National Academy of Sciences》发表的一篇研究报告介绍了基于朊病毒的自我复制纳米线的结构（朊病毒是一种自我复制的蛋白质，如第 4 章详述，其中一种朊病毒似乎对人的记忆起作用，而另一种则是导致疯牛病的原因）。[23]由于朊病毒具有自然优势，研究小组把它作为模型。由于朊病毒一般不导电，于是科学家们又创建了一个转基因版本，使它含有薄薄的一层金属，于是它既可以导电，电阻又很小。负责这项研究的麻省理工学院生物学教授苏珊·林德威斯特评论说，"从事纳米电路工作的人都试图使用'自上而下'技术来进行改造，而我们想尝试一种'自下而上'的办法，让分子自组装起来为我们努力工作。"

分子生物学里的终极自我复制当然是 DNA 复制。杜克大学的研究人员从自组装 DNA 分子中培育出称为"砖"的分子构建模块。[24]它们能够控制自组装的结构，建立"纳米网格"。这项技术把蛋白质分子自动附加到每个纳米网格的细胞上，从而这些细胞都可以用来执行计算。他们还展示了一项将 DNA 纳米带的表面附上银来创建纳米线的化学过程。在谈到 2003 年 9 月 26 日科学杂志上的文章时，首席研究员郝言说，"利用 DNA 自组装来诱导蛋白质分子或其他分子模板化的想法已经试验了很多年，而这是第一次研究得如此透彻。"[25]

DNA 计算。DNA 是大自然自身的纳米驱动计算机，其存储信息和在分子水平上逻辑操作的能力已经应用在专门的"DNA 计算机"项目中。DNA 计算机本质上是一个含有 1 万亿 DNA 分子水溶液的试管，每一个 DNA 分子的作用相当于一台计算机。

计算的目标是要解决一个问题，解决方案用一个符号序列表示（例如，符号序列可能是一个数学证明或只是一个数字编码）。这就是 DNA 计算机工作的原理：当创建小的 DNA 链时，每个符号都是一段独特的代码；每个这样的链通过使用"聚合酶链反应"（PCR）的技术复制万亿次，然后把这些 DNA 集合放入试管。由于 DNA 具有亲和力，链的增长可以自动进行，而不同的 DNA 序列代表不同的符号，并且每一种都有可能是解决问题的方法。因为有数万亿这种链，所以每个可能的答案对应着多种链（即每个可能的符号序列）。

下一步就是同步检测所有的链，这一步通过使用某种特殊设计的酶实现，它可以破坏掉不符合标准的 DNA 链。这些酶适用于连续的试管检测；通过使用一系列精确设计的酶，最终水解掉所有不正确的 DNA 链，只保留正确的序列（更详细的描述可参见注释[26]）。

DNA 计算能力的关键是允许同时检测数万亿个链。2003 年，在魏茨曼科学研究所里，由胡德·夏皮罗领导的以色列科学家用三磷腺苷（ATP）合成了 DNA（其中 ATP 是人体等生物系统的天然能源）[27]。采用这种方法，每个 DNA 分子都能够执行计算，并为自身提供能源。这些科学家展示了两匙这样的液体超级计算机系统的配置：载有三千万台分子计算机，加起来每秒钟可以执行 660 万亿次（6.6×10^{14} cps）的计算。这些计算机的能耗极低，3 万万亿台计算机总共消耗 1/20 000 瓦的电量。

然而 DNA 计算也有一个限制，即数万亿台计算机在同一时间内必须执行同样的操作（尽管针对不同的数据），因此该设备是一个"单指令多数据"（SIMD）的架构。由于有一类重要的问题适用于"单指令多数据"（SIMD）架构（例如图像处理时增强或压缩每个像素，以及组合逻辑问题的解决），所以这些是不可能使用通用算法来进行编程设计的，因为该算法要求每一个计算机都能执行特殊使命所需的任意操作。（请注意，先前提到的普渡大学和杜克大学的研究项目中使用自组装 DNA 链来创造三维结构和这里的 DNA 计算是不同的，那些研究项目可以创建任意的配置而不仅限于单指令多数据计算。）

自旋计算。除了负电荷以外，电子还有一个属性可以用于存储和计算，这就是自旋。根据量子力学，电子在自旋轴上自旋，类似于地球绕着地轴旋转。这个概念是理论意义上的，因为一个电子通常被认为只是占据点空间，因此很难想象一个点没有大小却在不停地旋转。但是，当电荷运动时，它确确实实会形成一个可以测量的磁场。电子可以在两个方向上自旋，这可以形容为"向上"和"向下"，这个属性可以用来做逻辑开关或一位存储位的编码。

自旋电子学令人兴奋的特性是，并不需要能量来更改电子的自旋态。斯坦福大学物理学教授张守成和东京大学教授直人永长这样说："我们发现了一条新的'欧姆定律'，电子的自旋不需要减少或耗散任何能源就可以进行传输。此外，我们可以在室温下利用已经在半导体工业中得到广泛应用的材料（如砷化镓）来产生这一效果。这一点很重要，它能够诞生出新一代的计算机设备。"[28]

这种潜质能够在室温下实现超导效应（也就是以接近光速的速度传播信息而保证没有信息丢失）。它还允许将每个电子的多重属性用于计算，从而尽可能增加存储和计算密度。

计算机用户对电子自旋的一个应用应该很熟悉：用于硬盘驱动器存储数据的磁电阻（由磁场引起的电阻变化）。MRAM（magnetic random-access memory，磁随机存取存储器）是一种基于自旋电子学的新型非易失存储器，预计它会在未来几年内进入市场。像硬盘驱动器一样，MRAM 不需要能量来保留数据，而是使用无需移动的部件，同时它的速度和重写能力可与常规 RAM 相媲美。

MRAM 的信息存储在铁磁性金属合金上，这种材料适合于数据存储但不利于微处理器的逻辑运算。自旋电子学的必杀技是在半导体上产生实际的影响，这将是一项使我们能够同时使用存储和逻辑的技术。现在的芯片制造业是基于硅芯片的，它不具有必要的磁性能。2004 年 3 月国际科学家小组报告说，使用硅和铁钴混合物制造的新材料，一方面能保持作为半导体的硅的晶体结构，另一方面也展示出自旋电子学所需要的磁性能。[29]

　　将来，电子自旋学会在计算机存储的发展中扮演很重要的角色，也可能对逻辑系统产生一定的贡献。电子的自旋是一种量子属性（遵循量子力学的规律），因此自旋电子学最重要的应用或许在量子计算系统里，并利用电子自旋来代表量子比特（qubit），这一点将在下面讨论。

　　利用质子磁矩复杂的相互作用，可以用自旋来存储原子核的信息。俄克拉荷马大学的科学家展示了一种"分子摄影"技术——仅仅一个由 19 个氢原子组成的液晶分子就存储了 1 024 比特的信息。[30]

　　光学计算。另一种单指令多数据的计算方法是使用多束激光光束（其中信息编码在每一束光子流中）。光学组件可以在编码的信息流中执行逻辑和算法功能。例如，由一家以色列的小公司 Lenslet 开发出的一套使用 256 束激光的系统，通过在每个数据流中执行同样的计算，可以使每秒钟的计算次数达到 8 万亿次。[31]该系统可应用于诸如 256 个视频通道的数据压缩等方面。

　　SIMD 技术（如 DNA 计算机和光学计算机等）将在未来的计算领域发挥重要的作用。利用 SIMD 架构可以重现人脑某些方面的功能，如处理感官数据；对于大脑的其他区域（如那些学习和推理区域），通用计算的"多指令多数据"（MIMD）架构是必需的。为使MIMD 系统能进行高性能计算，我们还需要运用上面讲过的三维分子计算范式。

　　量子计算。量子计算是 SIMD 并行处理中更加激进的一种形式，但跟先前我们讨论的技术相比，它只是一个处在早期开发阶段的技术。量子计算机包含一连串的量子比特，这些比特在同时处在 0 和 1 的位置。量子比特基于量子力学中固有的模糊性。在量子计算机中，量子比特由粒子的量子属性来刻画，例如，每个电子的自旋状态。当量子比特处于激发态时，每一个量子比特都同时处于两种状态；在一个称为"量子脱散"的过程中，每个比特的模糊性得到解决，只留下明确的 1 和 0 序列。如果量子计算机以正确的方式建立起来，那么脱散后的序列就将代表问题的解决方案。从本质上讲，只有正确的序列才能从脱散过程中幸存下来。

　　就像前面描述的 DNA 计算机一样，量子计算机成功的关键也在于对问题认真细致地论述，包括精确检测可能答案的方式。量子计算机有效地检测每一个可能的量子比特组合。一个带有 1 000 个量子比特的量子计算机将可以同时检测 2^{1000} 种潜在的方案（这个数字相当于一个 10^{300}）。

　　一个千位量子计算机的性能将远远超越任何可以想象的 DNA 计算机，或者任何可以想象的非量子计算机。但是这个过程有两方面的局限，第一个问题是（就像上面讨论的DNA 和光学计算机一样）量子计算机只适用于某一类问题。而事实上，我们需要用一种简单的方式来检测每个可能的答案。

　　对很大的数进行因式分解是量子计算实际应用的一个典型例子（即使是很小的一组数，在幂乘之后也会变得很大）。在普通的数字计算上对 512 位的数字进行因式分解是无法实现的，即使是一台并行机也不可能。[32]量子计算能够解决许多有趣的问题，例如破解密码（依靠因式分解大素数）。还有另一个问题是，量子计算机的计算能力取决于处于激发态的量子的数量，而以目前的技术水平大约只局限于 10 个比特。一个 10 比特的量子计算机并没有多大作用，因为 2^{10} 也仅仅是 1024。在传统的计算机中，合并存储器位数和逻辑门是一个简单的过程；但是，我们不能仅仅通过合并两个 10 比特的量子计算机来创造一个 20 比特的量子计算机。所有的量子都要一起激发——这一点非常具有挑战性。

一个关键的问题是，每额外添加 1 个比特究竟有多难。每增加 1 个比特，量子计算机的计算能力就会成指数级增长，但是如果每额外增加 1 个比特，工程任务的困难度也成指数增长，毫无疑问我们将会得不偿失。（这就是说，量子计算机的计算能力与增加比特的难度成正比。）一般来说，目前提出的添加量子比特的方法明显会使系统变得更为微妙，而且容易过早脱散。

很多人建议大幅度地增加量子计算机的比特数，但是这个想法在现实中还没有成功过。例如，因斯布鲁克大学的 Stephan Gulde 和他的同事们已经用一个钙原子建立了一个量子计算机，通过应用原子内不同的量子属性，这个量子计算机能同时编码数十位甚至高达百位的量子比特。[33]然而，量子计算的最终作用仍然悬而未决，即使数百位量子计算机被证明是可行的，它仍然只是一个专用设备（虽然它有任何其他方式所不能效仿的功能）。

当我在《The Age of Spiritual Machines》一书中提到分子计算会成为第六个主要的计算范式时，引起了很多的争议。但在过去的 5 年里，这个领域已经有了很大的发展，专家们的态度也发生了巨大的变化，现在这个想法已经成为主流了。现在我们已经证实了所有三维分子计算结构的主要需求：单分子晶体管、基于原子的存储细胞、纳米线、自组装的方法和对万亿部件的自我诊断。

现代电子产品的生产过程是从芯片布局的详细设计到光刻，再到大型集中化的工厂生产。而纳米电路则更有可能从化学烧瓶里制造出来，这个发展会成为工厂非集中分布的重要一步，并在 21 世纪或 22 世纪遵循加速回归的定律。

人类大脑的计算能力

当计算机经过半个世纪的发展仅达到与昆虫相当的智力时，却期望它在未来的几十年里完全成为智能机器，这看起来是很草率的。事实上，正是由于这个原因，许多长期研究人工智能的科学家也都认为几个世纪才是一个更可信的时间。但是我们有充分的理由相信，很多事情在未来 50 年的发展速度会远远超过过去的 50 年……1990 年以来，人工智能和机器人程序的能力每年增加一倍，到 1994 年增加到 30MIPS，1998 年就已经是 500 MIPS 了。贫瘠的种子也会突然萌发。机器可以读文本、语音识别，甚至可以翻译语言。机器人可以跨国驾驶，可以在火星上爬行，也可以在办公室的走廊里滚动。1996 年，一个称为 EQP 的定理证明程序在阿贡国家实验室 50MIPS 的计算机上运行了 5 周，推导出一个赫伯特·鲁宾斯的布尔代数猜想的证明，而这个猜想已经困惑数学家 60 年了。人工智能还处在万物复苏的春天，等待着它生机勃勃的夏天的来临。

——汉斯·莫拉维茨，《When Will Computer Hardware
Match The Human Brain?》，1997 年

人脑的计算能力是什么呢？通过复制人脑部分区域的功能，我们已经做出了一些估计。一旦判断出一个特定区域的计算能力，我们就可以推断出这个能力是由大脑哪一部分形成的。这些估计是基于功能模拟得出的，它复制了一个区域的整体功能，而不是模拟该区域每一个神经元及其之间的连接。

虽然不想依赖任何单一的计算，但我们还是发现，对各个不同区域的各种评估都为整

个大脑提供了合理的估计。接下来是数量级的估计，这意味着我们正试图确定的适当的数字，与事实也相差 10 多倍，事实上，通过不同的方式得出同样的答案，进一步证明了这个估计在比较精确的范围内。

对奇点（人类智慧通过与非生物形式的结合而扩展上万亿倍）未来几十年的发展的预测，并不依赖于这些计算的精确性。即使我们对于模拟人脑所需要的计算量的估计太乐观了（即太低了），甚至低了 1 000 倍（这个我认为不可能），奇点的到来也仅仅会延迟 8 年。[34]而如果低一百万倍也意味着只有大约 15 年的延迟，而 10 亿倍也只延迟大约 21 年。[35]

卡内基·梅隆大学的著名机器人专家汉斯·莫拉维茨，已经分析了由视网膜内的神经图像处理电路完成的转换。[36]视网膜宽约 2 厘米，厚约 0.5 毫米。视网膜大部分的厚度是专门用来捕捉图像的，只有 1/5 是用于图像处理，其中包括区分深色和浅色以及在该图像大约 100 万个小区域中检测移动。

根据莫拉维茨的分析，视网膜每秒钟执行 1 000 万次的图像边缘检测和移动检测。基于几十年建造机器人视觉系统的经验，他估计每一次重现人类的视觉检测需要机器执行约 100 条指令，这意味着复制视网膜这一部分的图像处理功能需要 1 000MIPS。视网膜上这一部分的神经元重量为 0.02 克，而人类大脑的重量是它的 75 000 倍。因此要实现人脑的全部功能，估计需要每秒钟执行 10^{14} 条指令。[37]

另一个估计是劳埃德·瓦特和他的同事们在模拟听觉系统时提出的，这一点我将在第 4 章进一步讲解。[38]瓦特开发的软件里有一个功能模块叫做"流分离"，它主要用于远程电话会议或其他远程访问应用（在不同地方的人都可参与到一个远程的音频电话会议中）。瓦特解释道："要做到这一点，就意味着要精确测量被空间隔开的两个人的通话时间延迟和接收延迟。"这个过程包括采样分析、空间位置、语音线索，甚至是特定语言的线索。人类使用的确定声源位置的方法之一是双耳的时间差（ITD），即声音到达两耳时间的不同。[39]

瓦特的团队用逆向工程创造了与某些大脑区域功能相同的模块。他估计需要 10^{11} cps 才能确定声源的位置。听觉皮层至少需要大脑神经元的 0.1% 来处理这一区域的功能。因此我们大约需要 10^{14} cps $\times 10^3$ 才能实现大脑的计算能力。

然而，另一个来自得克萨斯大学的模拟小脑区域的实验估计，小脑含有 10^4 个神经元，这个模拟实验需要 10^8 cps，即每个神经元需要 10^4 cps。从这个实验推断模拟整个大脑的计算能力需要达到 10^{15} cps。

稍后我们会讨论大脑逆向工程的问题，但很显然，与精确地模拟神经元和所有神经组件（发生在每个神经元的复杂的相互作用）的非线性操作相比，我们可以通过更少的计算来模拟大脑区域的功能。我们尝试模拟体内器官的功能时，可以得出同样的结论。例如，模拟人体胰腺调节胰岛素水平的可植入元件正在接受测试。这些装置能够检测血液中的葡萄糖水平并以一种可控的方式来释放胰岛素，从而使葡萄糖水平保持在一定的范围内。[40]虽然这个装置采用的是类似胰腺的方法，但是它没有模拟每一个胰腺细胞，当然也没有必要这么做。

这些估计的结果都在某一个区间内（$10^{14} \sim 10^{15}$ cps）。考虑到人类大脑的逆向工程仍处于早期，所以把 10^{16} cps 这一个保守的估计用于随后的讨论中。

大脑的功能模拟足以重建人类的模式识别能力、智力和情商。另外，若要"上传"某个人的性格（捕获他的所有知识、技能和个性，这一点将在第4章最后的内容中详细地探讨），我们可能需要在单个神经元或神经元组成部分的水平上模拟神经元的处理过程，如神经细胞胞体、轴突（输出接口）、树突（神经细胞的传入连接）和突触（连接轴突和树突的区域）。为此，我们需要研究单个神经元的详细模型。每个神经元的扇出端输数（内部连接数）大约是 10^3，因此估计 10^{11} 个神经元有 10^{14} 个连接。而对于5秒的复位时间，则意味着每秒钟有 10^{16} 个突触传递过程。

神经元模型模拟的结果表明，每个突触传递过程大约需要 10^3 次计算来捕捉树突和其他神经区域之间的非线性作用（复杂的相互作用），结果表明，在这个水平上模拟大脑计算需要 10^{19} cps。[41]因此，我们可以认为这是一个上限，但其实在 $10^{14}\sim10^{16}$ cps 内就可能实现所有大脑的功能了。

IBM 的 Blue Gene/L 超级计算机目前正在建造之中，预计将每秒钟提供 360 万亿次的计算（3.6×10^{14} cps）。[42]这个数字已经超过前面介绍的预期范围的最低值。Blue Gene/L 的主存将有大约 100 万亿字节（约 10^{15} 比特），已经超过了我们对人类大脑功能仿真所需要的存储估计（详见后面的介绍）。这与我先前的预测一致，超级计算机将达到较为保守的 10^{16} 的估计，并在未来 10 年的早期实现人脑仿真。

人脑水平个人计算机的加速实现。今天的个人计算机提供的计算速度超过 10^9 cps。根据图 2-15 所示的预测，到 2025 年将实现 10^{16} cps。但是，有几种方法会让这个时代提前到来。我们可以舍弃通用处理器，而使用专用的集成电路（Application-Specific Integrated Circuits，ASIC）来提供更高性价比的重复计算。这种电路已经在视频游戏的运动图像生成中提供了非常高的重复计算量。ASIC 在性价比方面可以提高 1 000 倍，由此使得这个期限提前 8 年。模拟人脑的不同程序将包括大量的重复计算，例如，小脑需要重复 10 亿次一种基本布线图，因此我们将会使用 ASIC 架构来实现这些计算。

我们还可以利用互联网上的闲置计算能力来扩展个人计算机的计算能力。新的通信模式（如网格）把网络中的每个设备看做是节点而不是"发言人"[43]。换句话说，这些个人计算机不再仅仅在节点中发送信息和接收信息，相反它们自己也可以充当节点彼此进行信息传递。这将创造非常健壮的、自组织的通信网络。这也使个人计算机和其他设备更容易地利用网格区域中闲置设备的 CPU 周期。

目前，在互联网上，计算机的计算能力即使不是 99.9%，至少也有 99% 是闲置的。有效地利用这些闲置计算能力可以额外提高 $10^2\sim10^3$ 的性价比。基于这些原因，我们有理由相信，到 2020 年左右，一台至少在硬件计算水平上等同于人脑计算能力的电脑，其价值将为 1 000 美元。

通过原来的"模拟信号"模式来使用晶体管是另一种加快实现人脑级别个人计算机的方法。人类大脑的许多过程是模拟的，而不是数字的。虽然我们可以以数字信号模拟模拟信号，并且能达到任何计算精度，但是却要损失好几个数量级的效率。单个晶体管可以通过模拟信号完成两个数的乘法，而数字电路要完成这个乘法则需要成千上万的晶体管。加州理工学院的卡福·密德研究所一直在做模拟信号的研究。[44]他们采用的方法的缺点之一是，模拟信号计算的工程设计所需的时间是漫长的，因此大多数开发大脑模拟软件的人员更期望软件仿真能力能够迅速提升。

人脑存储的能力。人的计算能力和存储能力相比又如何呢？事实证明，如果研究人类存储的需求，我们会发现类似的时帧估计。某一领域的专家掌握的知识块的数量大约是 10^5 个。这些块包括模式（如知识面）以及具体的知识。例如，一个世界级的国际象棋大师估计掌握了约 10 万局棋谱。莎士比亚的词汇量为 2.9 万，但这些单词所能表达的含义总数接近 10 万个。医学专家系统的开发表明，人类在某一领域可以掌握大约 10 万个概念。如果我们估计该"专业"知识只占人的知识的 1%，那么人的整体知识块大约是 10^7 个。

根据我自己设计系统的经验，在存储类似知识块的系统中，不管是基于规则的专家系统还是自组织的模式识别系统，其中的每个知识块都需要 10^6 比特，这样实现人的功能存储需要 10^{13}（10 万亿）比特。

据 ITRS 路线图的预测，到 2018 年左右，10^{13} 比特存储器的价格将是 1 000 美元。请记住，这个存储器将比电气化学的存储器快数百万倍，因而会更有效。

同样，如果我们在神经元连接水平上模拟人类的存储，我们会得到稍高一点的估计值。为了存储连接模式和神经递质的浓度，我们可以估计每个神经连接约需要 10^4 比特。因此存储 10^{14} 个神经连接就需要 10^{18} 比特。

基于以上分析，我们有理由预测，在 2020 年左右模拟人脑功能的硬件约合 1 000 美元。正如将在第 4 章讨论的，具有复制功能的软件还将需要大约 10 年或更长的时间才会出现。不过，硬件的性价比、能力以及速度的指数级增长将在此期间一直延续，所以到 2030 年的时候，价值 1 000 美元的计算机将会达到一个村庄的人（约 1 000 人）的脑力。而到 2050 年时，1 000 美元计算机将超过地球上所有人类大脑的处理能力，当然，也包括那些仍然只应用生物神经元的大脑。

即使人类神经元的创意是非常奇妙的，但是我们不会（也没有）使用同样缓慢的方法进行电路设计。尽管自然选择进化的设计非常巧妙，但是它们的能力还是比我们设计的电路的能力低好几个数量级。当对身体和大脑进行逆向工程时，我们能够创造出比自然进化系统更为持久且速度快 100 万倍的系统，并且这个速度仍在继续加快。

人类复杂的神经元大部分用于维持生命保障功能，而不是它的信息处理能力。最终，我们会使神经处理过程变得更加适合计算，那时我们的思维空间将不再一直这么小了。

计算的限制

如果最高效的超级计算机花一整天的时间来计算一个天气模拟的问题，那根据物理定律，最少要消散多少能量呢？答案其实很容易计算，因为它与计算量是无关的。答案总是等于零。

——爱德华·弗雷德金，物理学家[45]

我们已经有了 5 个范式（机电计算器、继电器计算、真空管、分立式晶体管和集成电路），这些为我们提供了性价比和计算能力上的指数级增长。每次当范式达到极限时，另一种范式则会取而代之。我们已经看到第六纪元的轮廓，它会将计算方式带入到三维分子中。从人类智力和创造力的经济学角度看，计算是我们所关心的一切基础的根基，我们可能会怀疑：物质和能量执行计算的能力是否有达到极限的时候。如果是这样，这些限制是什么，以及多长时间才能达到这一极限。

人类的智力是基于我们正在研究的计算过程的。我们将最终通过利用更大的非生物计算能力来应用和扩展人类的智力，从而使得我们的智力不断地增加。所以，与其问计算的最终极限，不如问人类文明的命运是什么。

对本书中所提出观点的一个共同挑战是，这些非常规指数趋势势必会和一般的指数趋势表现的一样，它会达到一个极限。当一个物种到达一个新的栖息地后，如在澳大利亚发现兔子的著名例子，兔子的数量呈指数增长了一段时间，但是，最终还是达到了环境能力所能承受的极限。当然，信息处理一定也有类似的限制。结果也是这样，计算能力在物理定律的基础上是有限制的。

考虑计算限制的一个主要因素就是能源需求。计算设备在单位时间内执行同样数量的指令时，它所需要的能源一直在下降，如图 3-1 所示。[46]

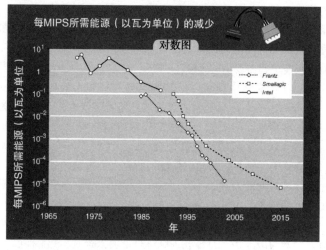

图   3-1

然而，我们也知道，计算设备每秒执行的指令数一直呈指数级增长。在和处理器速度齐步前进的情况下，计算能力的改善程度更取决于使用并行处理的程度。大量更低功耗的计算机可以运行在较低的固定温度下，这是因为它们的计算分布在更大的范围内。处理器速度与电压相关，而能量的需求与电压的平方成正比。因此，运行速度较慢的处理器极大地降低了电力消耗。采用更多的并行处理而不是速度更快的单处理器，这将是减少能源消耗和进行有效散热的可行办法，与图 3-1 所示的数据相似，这种方法同样配合了 MIPS/美金增长的步伐。

实际上，这个解决方案与动物大脑设计的生物进化相同，人类大脑使用了大约 100 万亿台计算机（神经元间的互联，即处理过程发生最多的地方）。但那些处理器的计算能力非常低，因而它们运行起的温度也较低。

直到最近英特尔才开始强调发展更快的单芯片处理器，而单芯片处理器的运行温度也已经越来越高。英特尔公司正逐步进行改变策略，通过实行并行化战略以便在单片机上集成多个处理器。我们将看到芯片技术沿着一个新的方向发展，该发展方向是保持稳定的电力需求，并控制散热方式。[47]

可逆计算。最终，虽然多并行处理的组织计算像人类大脑工作的工作原理一样，但是不足以将能量级别和由此产生的热量耗散维持在一个合理的水平上。众所周知，目前的计算机模式依赖的是不可逆计算，这意味着我们在原则上无法向后运行软件程序。在程序向前进行的每一步中，丢弃、消除将输入数据，同时将计算结果传递给下一个步骤。程序一般不保留所有的中间结果，因为这将会消耗大量不必要的存储空间。这种对于输入信息的选择性删除在模式识别系统中尤其如此。例如视觉系统，不管是人的还是机器的，捕获高速率的输入（从眼睛或视觉传感器）都会产生相对紧凑的输出（如模式识别的确认）。这种删除数据的行为会产生热量，因此需要能源。当删除一个比特的信息，这个信息就流向别处。根据热力学定律，擦除位的过程产生的能量基本上会释放到周围环境中，从而增加其熵，这可以看做是一个环境中信息（包括明显混乱的信息）的评估方法。这一结果是在一个较高的温度环境下产生的（因为温度是一个计算熵所需的量度）。

换个角度试想，如果不擦除每一步算法输入中的每一比特信息，取而代之的只是将其移动到另一个位置，而不是把这一信息释放到环境中，仍停留在计算机中，这样就不会产生热量，也不需要外部计算机提供的能源。

1961 年，罗尔夫·兰道尔发现了像"NOT"（将一比特数据取反）这样的可逆逻辑操作，可以不需要能量输入或把热能输出，但像"AND"（当且仅当两个输入端 A 和 B 都是 1 时，生成位 C 值才为 1）这样的不可逆的逻辑运算，则必须提供能源支持。[48] 1973 年，查尔斯·班尼特发现任何计算仅使用可逆的逻辑运算即可以进行。[49] 10 年后，爱德华·弗雷德金和托马索·托夫勒对可逆计算思想进行的全面审查。[50] 基本概念是这样的，如果你在完成运算后保存所有的中间结果，然后将算法向后执行，最后在你开始的地方结束，这将不会使用能量也不会产生热量。然而最终你却得到了算法运算的结果。

岩石有多聪明？为了理解在不需要能量和热量的情况下计算的可行性，我们可以设想一块普通的岩石所发生的情况。虽然看起来岩石里面并没有什么东西，但是实际上在 1 千克物质里大约会有 10^{25}（10 万亿兆）个十分活跃的原子。尽管表面上是固态的物体，其实里面所有原子都是在运动的，电荷驱动电子往复运动，改变粒子的旋转，并生成快速移动的电磁场。所有的这种活动都代表着计算，即使它们并不是以很有意义的方式组织起来的。

我们已经说过，原子能储存信息的密度远不止一比特一个原子的程度，如根据核磁共振设备而设计的计算机系统。俄克拉荷马大学的研究人员在有 19 个氢原子的分子中，通过单一质子的磁相互作用存储了 1024 比特的数据。[51] 这样的话，在任何时刻的岩石都至少可以存储 10^{27} 比特的数据。

在计算方面，单纯考虑电磁作用，在 2.2 磅重的岩石内，每秒至少会有 10^{15} 比特的状态在改变，这实际上相当于约每秒 10^{42} 次的计算。然而，岩石并不需要能源的投入，并且没有明显的热量产生。

当然，如果不考虑所有原子级别的运动，那么石头除了用来压纸或当装饰将没有任何其他作用。原因是，在岩石中的原子结构实际上大部分是随机的。从另一方面来说，如果我们组织一个目的性更强的粒子，我们就可以拥有一个零耗能的计算机，它将拥有 10^{29} 的存储比特和每秒执行 10^{42} 次操作的处理能力，即使我们使用最保守（最高）的 10^{19} cps 的估计数据来判断，这也是比地球上所有人类大脑功能强大 10 万亿倍的计算机。[52]

爱德华·弗雷德金表明，我们在获得一个结果后，不必为运行算法对它进行求反而困扰。[53]弗雷德金提出了一些可逆逻辑门的设计，它们执行通用的逆向计算，这意味着通用计算可以通过它们创造出来。[54]弗雷德金接着表示，使用可逆逻辑门建立的计算机，它的效率可以和内置不可逆逻辑门的计算机设计得非常接近（至少99%）。他这样写道：

有可能……实施……传统的计算机模型，它的基本组成部分的区别是细微而且可逆的。这意味着，计算机的宏观操作也是可逆的。这一事实使我们能够解决这样的问题……"什么能使一台计算机变得最有效？"答案是，如果计算机是建立在微观可逆元件上的，那么，它就可以变得极其有效。为了计算，一个完全有效的计算机会耗散多少能量呢？答案是，计算机不需要任何的能量耗散。[55]

可逆逻辑已经得到证明，并显示出了预期投入的能源和减少的散热。[56]Fredki 的可逆逻辑门为挑战可逆计算思想做了关键的解答：这将需要不同的编程风格。他认为，事实上我们可以完全由可逆逻辑门来构建普通的逻辑和存储器，这些设备将应用到现有的传统软件开发方法中。

很难用语言描述洞察力的重要意义。关于奇点的一个关键结论是：信息处理（计算）将最终推动所有重要事务的发展。以此为基础的未来科技似乎就不需要能源了。

实际的情况要稍微复杂些。如果我们真想得到计算结果，即接收计算机的输出结果——复制答案并将其传递到计算机之外的这个过程是不可逆转的，每一位的传输都将产生热量。然而，大多数有意义的应用程序执行一个算法的计算量都大大超过了最终结果传播所需的计算量，因此，后者没有明显改变能量平衡。

然而，由于实质上是无规则的热量和量子效应，因此逻辑运算存在一个内在的错误率。我们可以使用错误检测和纠错码克服错误，但我们每次改正一点错误的操作却是不可逆的，这意味着其需要能量并产生热量。通常情况下错误率很低。但是即使发生错误的比率是每 10^{10} 个操作发生一个错误。我们也只是成功地减少了 10^{10} 分之一的能源需求，而不能一并消除能量耗散。

当我们考虑计算的限制时，错误率问题就成为一个重要的设计问题。加快计算速度的某个方法，例如，增加粒子的振荡频率也会增加错误率。所以这迫使那些利用物质和能量来执行计算的能力受到限制。

与此相关的另一个重要的趋势是背离常规电池走向微型燃料电池的事实（设备通过化学形式来储存能源，如氢的形式，将它与可利用的氧气相结合来释放能量）。燃料电池已经利用 MEMS（微电子机械系统）技术建成了。[57]当我们走向三维的与纳米功能相结合的分子计算时，以纳米燃料电池形式存在的能源资源将广泛地应用到大规模并行处理器的分布式计算中。我们将在第 5 章讨论以纳米技术为基础的未来能源技术。

纳米计算的局限性。 不仅存在前面讨论的限制，计算机的最终限制还存在其他很多制约因素。在加利福尼亚大学伯克利分校的教授汉斯·布雷默尔曼和纳米技术的理论学家罗伯特·弗雷塔斯所做工作的基础上，麻省理工学院的教授赛斯·劳埃德根据已知的物理规律，估计出一台重一千克，占据一升体积的计算机（相当于一个小笔记本电脑，即他所谓的"终极笔记本电脑"）的最高计算能力。[58]潜在的计算能量随着可用能量的增加而增加。我们将在后面解读能源和计算能力之间的联系。在一定质量的物体中的能量与其中每个原子（和亚原子粒子）的能量有关。因此，原子越多，拥有的能量就越多。如上所述，每个原子都有可能用于计算。所以原子越多，计算就会越多。每个原子或者粒子的能量随着它的运动而增长：运动得越多能量就越多。同样的关系存在于潜在的计算中：运动得更频繁，每个元件（可以是一个原子）就能进行更多的计算。（我们可以在现代的芯片中看到：芯片的频率越高，运算的速度越大。）

因此，一个物体的能量与其执行计算的潜力有直接的比例关系。一千克物质的潜在能量是非常大的，这点可以从爱因斯坦的方程公式 $E = mc^2$ 中知道，公式中光速的平方是一个很大的数字：大约 $10^{17} \, m^2/s^2$。物质计算的潜力也是由一个极小的数支配的，这个数就是普朗克常数：$6.6 \times 10^{-34} \, J/s$（J 是能量测量单位）。这是我们可以申请的最小规模的计算能源。我们用总能量除以普朗克常数可以得到一个物体的理论极限能量。

劳埃德展示了一千克物质潜在的计算容量是如何等于 Pi 倍的能源除以普朗克常数的。由于能源是如此大的一个数值，而普朗克常数却非常小，这个等式就产生了一个非常大的数字：约每秒 5×10^{50} 次操作。[59]

如果我们将这个数字同人类大脑容量最保守的估计联系起来（10^{19} cps 和 10^{10} 人），这将代表大约 50 亿兆的人类文明。[60]如果我们用足够在功能上模拟人类智慧的 10^{16} cps 估算，那么最终的笔记本电脑的计算能力将相当于 5 万亿兆人类文明的脑力。[61]这种笔记本电脑能够在千分之一纳秒的时间里执行过去一万年内所有人类思维的总和（即相当于 100 亿人类运作 1 万年）。[62]

同样有一些应该注意的事项。把所有的 2.2 磅笔记本电脑转化为能源，基本上等同于一场热核爆炸。当然，我们不希望笔记本电脑爆炸，而是希望它保持一升大小。因此，这至少需要一些仔细的包装。通过分析这种装置里的最大熵（由所有粒子状态的自由程度表示），劳埃德表明，这种计算机理论上将有 10^{31} 比特内存容量。很难想象完全达到这些限制的技术。但是，我们可以很容易想象，正在一步步接近实现这样做所需的技术。正如俄克拉荷马大学的项目所显示的那样，我们已经证明了每个原子至少能够存储 50 比特的信息（虽然到目前为止只能在少数的原子上实现）。我们终将会实现在一千克物质里的 10^{25} 原子上存储 10^{27} 位元数据。

但由于每个原子的许多属性都可以用来存储信息——如精确位置、旋转、它所有粒子的量子状态——我们也许可以做得比 10^{27} 比特更好。神经学家安德斯·桑德伯格估计一个氢原子潜在的存储容量约为 400 万比特。但是这些密度尚未得到证明，因此我们将使用较为保守的估计。[63]如上所述，每秒 10^{42} 次的计算能力可在未产生显著热量的情况下取得。通过全面成熟的可逆计算技术，使用低错误率的设计以及允许合理的数量耗能，我们就应该能够到达每秒 $10^{42} \sim 10^{50}$ 次计算的水平。

在这两个极限范围之间的设计非常复杂。检测从 10^{42} 提高到 10^{50} 的技术问题已经超出了本章的讨论范围。然而，我们应该牢记这种方式的完成不是从 10^{50} 的极限和基于各种实际考虑进行逆向作业开始的。相反，这一技术将继续升温，并不断使用最新的技术，使之进入一个新水平。因此，一旦我们达到 10^{42} 次 cps（每 2.2 磅）的文明，科学家和工程师就可以利用其巨大的非生物情报从本质上弄清楚如何到达 10^{43}，然后是 10^{44}，依此类推。我的期望是，我们将非常接近于极限。

即使在 10^{42} cps 的时代，2.2 磅的"终极便携式计算机"也将能够在 $10 \mu m$ 时间内执行相当于过去一万年所有人类的思维量（假设一万年有 100 亿人的大脑）。[64]让我们看看

"指数计算增长"图表，我们看到，这种计算能力的计算机估计到 2080 年会以 1 000 美元一台的价格出现。

埃里克·德雷克斯勒采用了一种保守但却很引人注目的设计，取得了大规模并行可逆的纳米计算机的专利，这种计算机是完全基于力学的。[65] 它的计算由弹簧承载的纳米棒操纵，在每次计算之后，含有中间值的这些棒返回到原来的位置，从而实施逆向计算。该设备具有万亿（10^{12}）个处理器，并提供了 10^{21} cps 的整体速率，足以在一立方厘米大小的空间里模拟 10 万人的大脑。

为奇点设定日期。一个更适度但依然深奥的临界值将会在提前实现。在 21 世纪 30 年代价值 1 000 美元将买到计算速率大约 10^{17} cps 的计算机，（速率可能接近 10^{20} cps，使用 ASICs 并通过 Internet 获取计算）。现在我们在计算上一年花费超过 10^{11} 美元（1 000 亿美元），保守估计到 2030 年这一数字将上升至 10^{12}（1 万亿美元）。因此，在 21 世纪 30 年代初我们将开始生产计算速率达到 $10^{26} \sim 10^{29}$ 的非生物计算机。这大约相当于我们估计的所有活着生物的智力总和。

即使仅仅和人类大脑的水平持平，我们智力中的非生物部分将更强大，因为它将人工智能的模式识别能力、技巧分享能力和机器存储器的准确性进行了结合。非生物部分将始终以最大容量运行，而这一容量与现在的生物人类还相差很远，现在代表生物人类文明的每秒 10^{26} 次计算（10^{26} cps）的利用程度还是很低的。

21 世纪 30 年代早期的计算状态将不能代表奇点，因为其状态无法达到人类智能那样深远。到 21 世纪 40 年代中期，价值 1 000 美元的计算机将等于每秒 10^{26} 次计算，因此，每年创造的情报（总共约 $\$ 10^{12}$）将大约 10 亿倍于今天所有人类所创造的智慧。[66]

这确实是一场深刻的变化，正是基于这一原因，我提出了 2045 年这一奇点到达日期，它描绘了一场极具深刻性和分裂性的转变。

尽管在 21 世纪 40 年代中期非生物智能确实有明显的优势，但我们仍然只是人类文明。我们将超越生物学，而不是我们的人性。我将在第 7 章继续讨论这个问题。

让我们回到计算的局限性问题上，根据物理学的原理，上述估计是根据笔记本大小的计算机表示的，因为这是我们现在都比较熟悉的东西。然而，到 21 世纪的第二个十年，大部分计算将不会组织在这样的矩形设备中，而是分布在整个环境里。计算将无处不在：在墙里，在我们的家具里，在我们的衣服里，以及我们的身体和大脑里。

当然，人类文明将不仅限于使用重几磅的物质计算。在第 6 章中，我们将研究地球规模的行星的计算潜力，还会研究太阳系规模甚至整个已知宇宙规模的计算机。我们将会看到，人类文明要达到超越我们星球乃至宇宙的计算和智力规模所需的时间，比我们想象的要短很多。我把奇点的日期设置为极具深刻性和分裂性的转变时间——2045 年。非生物智能在这一年将会 10 亿倍于今天所有人类的智慧。

我把奇点的日期设置为极具深刻性和分裂性的转变时间——2045 年。非生物智能在这一年将会 10 亿倍于今天所有人类的智慧。

存储与计算的效率：一块岩石对一个人脑。由于在思维中执行计算所涉及的物质和能量的限制，一个对象的存储效率和计算效率成为两个重要指标。其实这些对象中的存储部分和对象中进行的计算是很有用的。同时，我们需要考虑等效原则：即使计算是有用的，如果一个更简单的方法可以产生相同的结果，那么我们可以对照简单算法对计算进行评估。换句话说，如果两种方法获得相同的结果，但一个要通过更多的计算，那么我们将舍弃计算更密集的方法，而只使用不那么密集的方法进行计算。[67]

这些比较的目的是，评估生物进化已经能够从基本上没有任何智能的系统（也就是一个执行没用计算的普通岩石）到有目的地执行计算的终极能力，到底需要走多远。生物进化已经帮助我们前进了一步，同时技术发展（正如我刚才指出的，代表了生物进化的延续）将使我们更加接近这些极限。

回想一下，在 2.2 磅重岩石的原子状态中编码了大约 10^{27} 比特的信息，其活动粒子每秒约进行 10^{42} 次的计算。我们在谈论一个普通的石头，假设它的表面可以存储大约 1 000 比特，这还只是一个随意而保守的预测。[68] 10^{-24} 是它的理论能力，或者说它的存储效率为 10^{-24}。[69]

我们也可以用石头做计算。例如，从某一特定高度丢下石头，我们可以通过一物体从该高度抛下所需的时间来衡量这块石头掉下的时间。当然，这个值是一次非常小的计算：也许只需要每秒 1 次计算，这意味着其计算效率为 10^{-42}。[70]

比较起来，我们可以对人类大脑的工作效率说什么呢？在本章前面我们讨论了总数为 10^{14} 个的神经元连接，它们中的每一个在连接的神经递质浓聚物和树突状非线性突触（特定形状）中存储 10^4 比特数据，也就是说，总数大约为 10^{18} 位。人类大脑的重量与石头大体相似（实际上比 2.2 磅更接近 3 磅，但因为我们是在同数量级进行测量，因此假设这两个数据已经足够接近）。但人脑比冷冰冰的石头要热，但我们仍然可以使用约 10^{27} 比特这一理论上的数据（假设每个原子上存储 1 比特数据）。这使得存储效率为 10^{-9}。但是，由于等价性原则，我们不应该使用大脑中无效的编码方法来评价储存效率。若使用 10^{13} 位以上的功能进行存储估计，我们可以得到一个 10^{-14} 的存储效率。这在对数尺度上相当于从石头到最终的冰冷笔记本电脑过程的一半。然而，尽管技术突飞猛进，但是我们的经验是线性的，而且在现行规模上，人类大脑更接近于石头，而不是最终的冰冷计算机。

那么大脑的计算效率是多少呢？同样，我们需要考虑等效原理和使用所需要模拟大脑的功能，要使用模拟大脑功能所需的 10^{16} cps，而不是模拟每一个神经元所有非线性（功能）所需的效率（大约 10^{19} cps）。大脑原子的理论能力大约 10^{42} cps，这使我们得到 10^{-26} cps 的计算效率。这比笔记本电脑更接近岩石，即使是按对数计算。

我们大脑的存储和计算效率相对于岩石这样的非生物来说，已经明显得到了进化，但是，我们显然仍旧需要在 21 世纪上半叶做大量的改进。

超越极限：微技术、超微技术以及光速的弯曲度。在基于原子的计算中，质量为一千克，体积为一立方分米的冷冰冰的计算机的极限效率约为 10^{42} cps，而（非常）热的计算机效率则为 10^{50} cps。但这个极限并不总是像它们看起来的那样。新的科学认识表面的限制先丢到一边，例如这样的一个例子，早在航天史开始，喷气推进的限制分析明显证明了喷气式飞机的不可行性。[71]

我之前所讨论的限制代表了基于目前理解的纳米技术的限制。但在百万兆分之一（10^{-12}）米数量级上微技术和在 10^{-15} 米规模上的超微技术会如何呢？在这种规模上，我们需要通过亚原子粒子进行计算。在这样小的尺寸上，速度和密度的潜力将更大。

我们至少有几个早期采用过的微技术。德国科学家已经发明了原子力显微镜（AFM），它可以通过更高分辨率的技术解决一个只有 77 皮米原子的特征问题[72]，这一技术已被圣加利福尼亚大学的科学家发明，他们还开发出了物理镓束砷化镓晶体和传感系统，这一系统极其灵敏，可以检测短短 1 皮米的弯曲光束。该设备将用于一个海森堡不确定性原理的测试。[73]

康奈尔大学的科学家已经证明了基于 X 射线散布的影像技术，它可以用录像记录单个电子的运动轨迹。每一帧只占 4 阿托秒（10^{-18} 秒，一秒钟的十亿分之一的十亿分之一[74]）。该设备可以达到 1 埃（10^{-10} 米，即 100 皮米）的空间分辨率。

然而，以我们目前对于如此规模的问题的理解，特别是对费米级别的认识，我们还不足以提出计算范式。描述微技术和超微技术的《An Engines of Creation》（对于这一系列的书，埃里克·德雷克斯勒于 1986 年开始编写，当时提出了纳米技术的基础）还没有写。然而，在这一规模上，针对物质和能量行为的每一个计算理论，都是基于建立在计算转换基础上的数学模型的。很多物理学的转换确实提供了通用计算的基础（也就是说，从我们可以创建通用计算机的地方转变），而在皮米和费米范围内也可能会这样做。

当然，这些探测的结果将需要认真核实。如果情况属实，它们可能会对我们的未来文明产生重要影响。如果光的速度已经增加了，那可能不仅仅是时间流逝的结果，还因为某些条件发生了变化。环境的改变使得光速发生改变，使得那道门裂开了一条缝，来自未来的智慧和技术的巨大力量将透过这条缝，使这道门敞开。这是科学洞察力的形式，促使技术得到不断开发。人类工程往往需要一个自然而频繁的微妙影响，控制好这些将起到很好的杠杆作用，以此将它们的作用进行放大。

除了使计算机更小以外，我们还可以使它变得更大，也就是说，我们可以将这些小的设备复制到一个很大的规模上。有了全面的纳米技术，计算资源便可进行自我复制，从而能迅速将质量和能量转换为智慧的形式。但是，我们这就遇到了光速的问题，因为在宇宙中的物质之间都存在相当遥远的距离。

正如我们将在后面讨论的，现在至少有人提出光的速度可能不是不可变的，洛斯阿拉莫斯国家实验室托格森的物理学家史蒂夫·拉默利奥克斯斯和贾斯汀·托格森已经分析了 20 亿年前的天然核反应堆的数据，这一反应堆产生了剧烈的裂变反应，它持续了几十万年，现在在西非。[75]检查反应堆剩下的放射性同位素并将它们同当前类似的核反应产生的同位素进行比较，他们称这个为物理常数 α（也称为精细结构常数），它决定了电磁力的强度，这一常数在过去 20 亿年间很明显已经发生了变化。这一点对世界物理有至关重要的影响，因为光的速度是与 α 成反比的，并且都被认为是不变的常数，α 似乎已经从原来的 10^8 降低了 4.5。如果得到证实，这将意味着光的速度在增加。

当然，这些探测的结果需要进一步认真核实。如果情况属实，它们可能会对我们的未来文明产生重要影响。如果光的速度在增加，它可能不仅仅是时间流逝的结果，也可能由某些条件的改变所造成。如果光速由于环境的改变而改变，那这点变化将足以使未来的智慧和技术敞开大门。这是科学洞察力的形式，其促使技术得到不断开发。人类工程往往需要一个自然而频繁的微妙影响，控制好这些将起到很好的杠杆作用，可以将它们的作用进行放大。

即使我们发现，在遥远的空间内显著地增加光速是很困难的，但是在这么小的计算设备范围内进行这项工作也是扩展计算潜力的重要结果。光速在今天仍然是约束计算设备的一个限制，所以促进提升它的能力会使扩大计算的限制范围。我们将在第 6 章探究其他几种有趣的方法，以便增加光速或绕过光速。当然，当前增加光速是一种投机行为，而且我们关于奇点的期望潜在的分析也没有依赖这一可能性。

时光倒流。另外一个有趣而且值得思索的事情是虫洞存在的可能性，我们可以将计算过程通过虫洞传送回过去。普林斯顿大学高级研究院的物理理论学家托德·布朗分析了他称为"封闭类时曲线"（CTC）的可能性，根据他的说法，CTC 可以发送信息（如计算结果）到它自己过去的光椎体。[76]

布朗没有提供如何设计这种设备，但建立这样一个系统是遵循物理定律的。他的时间旅行计算机也不会产生"祖父悖论"，这一悖论在探讨时间旅行时经常提及。这一著名的悖论是：如果一个人，我们设为 A，假设 A 回到过去，在自己父亲出生前把自己的祖父母杀死，这样 A 就不会出生；A 没出生，就没有人会把 A 的祖父母杀死，若是没有人把 A 的祖父母杀死，A 就会存在并回到过去把 A 的祖父母杀死，依次类推，永无止境。

布朗的时间伸缩计算过程似乎并没有提出这个问题，因为它不会对过去造成影响。它是针对目前提出的问题的一个明确的毫不含糊的答案。这个问题一定要有一个明确的答案，而且直到这个问题被提出仍然没有答案，即使在使用 CTC 时，决定这个答案的过程可以在问题提出之前产生。相反，这个过程可以发生在问题提出之后，然后通过 CTC 将这个答案带回到当前的时间（但不是在这个问题提出之前，因为这将引起"祖父悖论"），这可能会遇到我们还不能理解的基本障碍（或限制），但还没有标示这些障碍，如果可行，它将大大扩展本地计算潜力。更进一步地，所有对于计算能力的估计以及奇点的能力都不依赖于布朗的实验性推测。

埃里克·德雷克斯勒：我不知道，雷，我对微技术的前景感到悲观。随着我们对于稳定粒子的了解，我不明白没有巨大压力的坍缩星（一颗白矮星或中子星），为什么会有皮米规模的架构——然后你会得到像金属一样的坚实东西，但密度却是金属的 100 万倍。这似乎不是非常有用，即使有可能在我们的太阳系实现。如果物理学包括像电子一样稳定的粒子，但体积是电子的 100 倍，这将是一个不同的情况，但我们并不知道是否存在。

雷：今天我们操纵带有加速器的亚原子粒子，这些加速器远远落后于中子星的条件。另外，我们是在桌面设备上进行亚原子粒子操作的。最近科学家发现并停止了一个光子，令其在轨道上死亡。

埃里克：是的，但这是怎样的操作呢？如果我们计算操作的小颗粒，那么所有的技术已经是微技术，因为所有的物质都是由亚原子粒子组成。将粒子在加速器中进行粉碎，产生碎片，而不是在机器或电路中。

雷：我没有说我们可以解决微技术这一概念问题，我暂定这一问题的解决会在 2072 年进行。

埃里克：那好吧，我将看看你能不能让我活那么长时间。

雷：是的，如果拥有尖端的医疗保健水平和领先的技术优势，正如我试图做的，在这种环境下你的身体状况会更好。

莫利 2104：是的，很多像你这样在婴儿潮出生的人，都能很好地活下去。但大多数人没有把握在 2004 年利用生物技术革命的优势以延长人类生存时间的机会，但是 10 年后就会达到大跨步的发展，再过 10 年纳米技术就会到来。

莫利 2004：因此，莫利 2104，您已经是相当不错的了，考虑到 1000 美元的计算，到

2080 年可以实现在 $10\mu s$ 内执行相当于 100 亿人的大脑 1 万年的想法。这大概在 2104 年将有进一步的进展，我想你已获得超过 1000 美元价值的计算了。

莫利 2104：事实上，平均是数百万美元，当我需要它时是数十亿美元。

莫利 2004：这极其难以想象。

莫利 2104：是的，当我需要的时候，我有点聪明。

莫利 2004：事实上你并不像你说的那么聪明。

莫利 2104：我想要达到你的水平。

莫利 2004：现在，等会儿，来自未来的莫利小姐……

乔治 2048：女士们，你们都非常有魅力。

莫利 2004：是的，好吧，请你告诉我的搭档，她自己觉得比我能力强许多倍。

乔治 2048：不管怎样，她是你的未来，我一直觉得女性生物有一些特别的东西。

莫利 2104：总之，你想知道女性生物的什么方面呢？

乔治 2048：我已经阅读了很多资料，并进行了很多精确的模拟工作。

莫利 2004：这倒提醒我了，你们俩可能会失去你们没有意识到的东西。

乔治 2048：我没看到会发生这种可能性。

莫利 2104：肯定不会。

莫利 2004：我认为你们不会，但有一件事你可以做，我觉得很酷。

莫利 2104：就一件？

莫利 2004：总之，我觉得是一件，你可以合并其他人的想法，但同时，你却仍能够保持自己的独立身份。

莫利 2104：如果环境（和人）是对的，那么是的，这是非常崇高的一件事。

莫利 2004：就像坠入爱河？

莫利 2104：像正在恋爱一样。这是终极的分享方式。

乔治 2048：我认为你将为之努力，莫利 2004。

莫利 2104：你应该知道，乔治，你是第一个和我这么说的人。

第4章　达到人类智能的软件：如何实现大脑的逆向工程

有充分理由表明，我们正处在一个转折点，而且有可能在未来20年对大脑功能形成有意义的理解。这种乐观的观点是有据可循的，它是以几个可衡量的趋势和一个在科学史上得到多次证明的简单观察为基础的：技术进步推动科技进步，这些技术可以让我们看到以前没有看到的东西。在21世纪，我们将通过神经科学知识和计算机性能之间可测量的转折点。这是历史上我们第一次充分了解自己的大脑，并开发出先进的计算机技术，我们现在能够承担一个人类智能的重要部分的模型建设，并实现可核查、实时和高分辨率。

——劳埃德·瓦特，神经系统科学家[1]

当前，我们第一次以全球性的工作方式如此清晰地观察大脑，以至于我们能够发现它宏伟力量背后的整体规划。

——泰勒，霍维茨，弗里斯顿，神经系统科学家[2]

大脑是好的：它可以证明物质的某一排列可产生思维，进行智能推理、模式识别、学习以及许多其他重要的工程兴趣的任务。因此，我们可以借鉴大脑来建设新系统……大脑也有不好的一面：它是一个演变中的杂乱系统，由于进化的突发因素，大脑中会发生大量的相互作用……另一方面，它还必须是健壮的（因为人类有它才能够生存），能够承受相当多的变化以及环境因素的影响，所以对大脑真正有价值的洞察力可能是如何开发出灵活的、具有良好自组织能力的复杂系统……神经元之间的相互作用是复杂的，但在下一层次上，神经元看上去却像一些简单的对象，这些对象可以灵活地组合成网络。这种大脑皮层的网络局部上杂乱无章，但是在下一个级别上，其连通性却不那么复杂。这可能是进化产生了众多正在重新使用的模块或重复主题，当我们理解它们和它们之间的交互时，我们就可以做相似的事情。

——安德斯·桑德伯格，计算机神经系统科学家，瑞典皇家科学技术研究院

大脑的逆向工程：任务概况

将人类智能与计算机在速度、精度、存储分享能力上所固有的优越性结合起来是十分艰巨的。然而，到目前为止，大多数人工智能的研究和发展已经利用了一些工程方法，但是这些方法不一定基于人脑功能，原因很简单，我们还没有精密的工具去开发详细的人类认知模型。

我们大脑逆向工程的能力——观察内部、建模并模拟各区域——正以指数方式增长。我们最终会理解隐藏在思维、知识全部范围内的运作原则，这些将为开发智能机器的软件提供强大的程序支持。伴随着这些计算技术的应用，它们将得到不断修改、完善和扩展，而这些技术远比生物神经元内部的电化学加工过程更为强大。这一宏伟工程的关键优势是，它为我们提供了精确的见解。我们也将获得有效的新方法，以便治疗诸如阿尔茨海默氏症、帕金森氏症、感官残疾、中风等疾病，并最终大大扩展我们的智能。

新的脑成像和建模工具。通过逆向工程仔细研究大脑的第一步是确定它的工作原理。到目前为止，我们的工具，虽然很简陋，但也正在发生变化，作为新的扫描技术，它大大改善了时间和空间分辨率，提高了性价比和带宽。同时，我们正在迅速地积累关于大脑系统及其组成部分的精确特点和动态性的数据，这些数据包括从个别突触到大的区域，如小脑，其中包括超过一半的大脑神经元。大量的数据库正在有条不紊地为我们呈指数增长的大脑知识组织目录。[3]

研究人员已经证明，他们能迅速地理解和应用这些通过建模仿真出来的信息。大脑区域模拟的基础是数学复杂性理论和混沌计算原理，并且已经获得了与实际人类和动物大脑紧密匹配的实验结果。

正如在第 2 章所说，大脑逆向工程所需的扫描和计算工具的能力正在加速提高，这可以加速提升基因组计划可行技术。当我们到达纳米机器人时代，我们将能够利用高时空分辨率，从大脑内部进行扫描。[4]我们有能力逆向设计人类智慧的运作原则，并可以在更强大的基板上复制这些能力，要做到这些并不存在内在的障碍，我们将会在几十年后实现它们。人类的大脑是一个具有复杂等级制度的系统，但并不代表它的复杂程度已经超出我们可以处理的范围。

大脑软件。计算和通信的性价比每年翻一番。正如我们前面看到的，模拟人类智能的计算能力可在不到 20 年内实现。[5]一个隐藏在奇点期望下的重要设想是非生物媒介能够模拟大脑思维的丰富度、精度和深度。但是实现一个单一人类大脑的硬件计算能力（甚至是一个村庄和国家的集体智力）将不会自动产生人类水平的能力。（我说的"人类水平"包括所有使人类智能化的多样而微妙的方式，如音乐和艺术才能、创造力、穿越世界的物理运动、理解和适度的回应情绪。）硬件的计算能力是必要的，但还不够。理解这些资源（智能软件）的组织和内容更为关键，这是大脑逆向工程所承诺的目标。

一旦计算机达到人类的智能水平，它一定会飙升上去。非生物智能的一个关键优势在于机器能够轻松共享它们的知识。如果你学法语或阅读《战争与和平》，你不能轻易地通过下载来完成，就像学习对于我来说，我要获得学问也要付出和你一样艰苦的努力。我不能（也还没有）快速访问或传输你的知识，因为知识是根植于神经递质浓聚物（允许一个神经元影响另一个的突触的化学物质的水平）的一种巨大模式以及神经元间的连接（这称为是连接神经元的轴突和树突，是神经元的一部分）中。

但需要考虑到机器智能的各个方面。在我的一家公司里，我们花了数年的时间使用模式识别软件教一个研究性计算机识别人类的连续讲话。[6]我们向它展示了数千小时的录音讲话，纠正了它的错误，并耐心地训练它的"混沌"自组织算法来改善性能（这是一种修改自己规则的方法，它基于半随机初始信息的过程，其结果不能完全预测）。最后，电脑变得非常善于识别讲话。现在，如果希望个人计算机识别讲话，你不必通过同样艰苦的学习过程（就像我们对待每个人的孩子一样），仅通过几秒钟的下载就可以建立这一模式。

分析大脑 VS 神经形态模型。为了了解人类智能和当代人工智能之间的分歧，我们可以通过一个很好的例子来说明，这就是它们各自是如何解决国际象棋问题的。人类是通过认知模式，而机器则是建立庞大的逻辑"树"，里面包含所有可能的位置移动和对策。迄今为止的大多数技术都是利用后一种的"自上而下"的分析设计方法。例如我们的飞行器不能试图重建鸟类的生理机能和生物结构。作为逆向设计自然方式的工具正在复杂性上迅速发展，技术正在走向模拟自然的道路，而这些技术也将在更强大的基板上实施。

　　掌握智能软件最吸引人的场景就是直接进入到一个蓝图，也就是智能进程中我们亲手实现的最好样例：人的大脑。虽然原来的"设计师"（进化）用了几十亿年时间来发展大脑，但我们还是很容易就能获得它。虽然大脑被头盖骨保护着，但我们还是可以使用合适的工具将它暴露在我们的视野范围内。大脑的内容还没有版权或专利。（不过，我们可以期待着改变，基于大脑逆向工程的专利已有人申请。）[7]我们将利用数千万亿来源于大脑扫描和各级别神经模型的信息，来为我们的机器设计更多智能的并行算法，特别是那些基于自组织模式的算法。

　　采用这种自组织的方法，我们不必试图复制每一个神经元连接。在任何特定大脑区域都有大量的重复和冗余。我们发现，较高级的大脑区域模型比较详细的神经元组成部分的模型还比较简单。

　　大脑有多么复杂？虽然在人类大脑中的信息需要 10 亿比特按顺序存放（见第 3 章），大脑的最初设计还是基于相当紧凑的人类基因组的。整个基因组由 8 亿字节组成，但大部分是多余的，只留下约 3 000 万～1 亿字节（小于 10^9 比特）的独特信息（压缩后），这比微软的 Word 程序还要小。[8]公平地说，我们也应考虑到"后生"的数据，也就是那些存储在控制基因表现（也就是确定允许哪些基因在每个细胞中创建蛋白质）的蛋白质中的信息，以及整个蛋白质的复制机制，如核糖体和众多酶。然而，这些额外的信息并没有较大地改变这种计算的数量级。[9]遗传基因中略多于一半的信息和后生的信息塑造了人类大脑的初始状态。

　　当然，当我们与世界交互时，我们的大脑复杂性大大增加了（大约是基因组的 10 亿倍）。[10]但是，在每个特定的大脑区域中可以发现很多高度重复的模式，所以没有必要捕捉每个细节，以便逆向设计数字和模拟相结合的有关算法（例如，神经放电可以认为是一个数字事件，然而在突触的神经递质水平上则可以视为是模拟值）。例如，小脑的基本的布线图在染色体中只描绘过一次，但却要重复数十亿次。通过分析来自大脑扫描和建模的信息，我们可以设计模拟"神经形态"的等价软件（算法的功能相当于一个大脑区域的整体性能）。

　　只有在大脑扫描和神经元结构信息可用后，可行模型和模拟仿真的创建才可以进行。超过 50 000 名神经科学家为超过 300 个期刊撰写过这方面的文章。[11]该领域广泛而且多样化，科学家和工程师创造新的扫描和遥感技术，多层次地发展模型和理论。所以，即使是这个领域的人们，往往也都没有完全意识到当代研究的整体规模。

　　为大脑建模。在当代神经系统科学中，建模和模拟仿真正在由多种来源开发出来，包括大脑扫描、神经元间的连接模型、神经元模型和心理生理测试。如前面所述，听觉系统研究者劳埃德·瓦特制作了一个听觉处理系统重要部分的综合模型，它来源于特定神经类型和神经元间连接信息的神经生物学研究。瓦特的模型包括 5 个平行的路径和神经传导每个处理阶段的听觉信息的实际表现形式。瓦特用计算机实验了他的模型，他将这个模型作为一个实时软件，可以用来定位和识别声音，这类似于人类听力的方式。虽然该项工作还正在进行，但已经可以看到，该模型阐明了对神经生物学的工作模式和脑连接数据进行模拟仿真的可行性。

　　正如汉斯·莫拉维茨等人的推测，这些高效率的功能模拟所需的计算量大约比我们模拟每个树突、突触以及该区域的其他副神经结构的非线性要少 1 000 倍。（正如我在第 3 章讨论的，大脑仿真估计需要每秒 10^{16} 次计算，与此相对应的副神经非线性的仿真则需要 10^{19} cps。）[12]

现代电子和生物神经元连接间的电化学信号的实际速度比至少有 1 000 000∶1。我们在生物学的各个方面都能发现相同的低效率，因为生物进化建立的所有机制和系统都是使用严格约束的材料：细胞，它本身是由有限的蛋白质集合组成。虽然生物蛋白质是三维的，但是它们也仅限于从线性（一维）的氨基酸序列折叠成复杂分子。

剥洋葱。大脑不是一个单一的信息处理机构，而是一个复杂的集合，由数百个专门区域交织在一起。理解这些交叉区域功能的"剥洋葱"过程正在顺利地进行当中。当必要的神经元描述和大脑神经元间的连接的数据可利用时，详细的、可实施的副本，例如接下来要描述的听觉区域模拟将在大脑各区域发展。

大多数大脑建模算法都是不连续的逻辑算法，这也是当前常见的数字计算方法。大脑的工作过程往往是自组织、混乱且全息的（即不在一个地方但分布在整个区域的信息）。这也是大规模并行的，而且使用混合数字控制的模拟技术。然而，大范围的项目表明，我们能够理解这些技术，并能够从我们大脑及其组织里迅速升级的知识中抽象出来。

在理解了某一特定区域的算法后，它们就可以在合成神经当量之前加以完善和延伸。它们可以运行在一个远远快过神经线路的计算基板上（当前计算机的计算在十亿分之一秒级别，而神经元间的传导是千分之几秒）。此外，我们还可以利用已经了解的建造智能机器的方法。

人类大脑是否与计算机不同

对这个问题的回答依赖于我们所说的"计算机"是指什么东西。今天大多数的计算机都是数字的，并且每次都以极高的速度执行一条（或几条）指令集。而人类的大脑结合使用数字和模拟的方法，它会在模拟（连续）区域通过使用神经递质和相关机制来执行大部分的计算。虽然这些神经元以极其缓慢的速度（通常是每秒 200 次）执行计算，但是大脑整体上是大规模并行的：大多数的神经元都在同一时间工作，这使得多达 100 万亿次计算同步进行。

人类大脑的大规模并行机制是其模式识别能力的关键，而模式识别正是人类思维的支柱之一。哺乳动物的神经元显得有些混乱（有许多明显随机的相互作用），如果神经网络已经训练得很好，那么一个反映网络决策的稳定格局就会出现。当前，计算机的并行设计还比较有限。但并没有理由说明与生物神经网络功能相当的非生物再创造无法使用这些原则。的确，全世界数十次的努力已经成功地完成了这些事。我的技术领域就是模式识别，而且我在四十年里所涉及的工程项目中也一直使用这种可训练性且具有不确定性的计算方式。

通过利用有足够能力的通用计算，很多大脑特有的组织方法可以有效地模拟出来。我相信复制自然的设计范式将成为未来计算的主要趋势。我们也应该牢记，数字计算可以与模拟计算功能等效，也就是说，我们可以用全数字计算机执行一个数字模拟网络所有的功能。而反过来是不正确的：我们不能用一个模拟计算机来模拟一个数字计算机的所有功能。

然而，模拟计算的确有一个工程上的优势：它的潜在效率是现在的数千倍。模拟计算可以在几个晶体管中或在哺乳动物神经细胞里，以及特殊的电化学过程中执行。相反的是，数字计算则需要成千上万个晶体管。另一方面，这种优势将被基于计算的数字仿真所抵消，因为数字计算机可以轻易地进行设计（和修改）。

大脑区别于传统计算机的关键方式还有很多：

- 大脑的电路非常缓慢。突触复位和神经元稳定的时间（在神经元放电后，神经元及其突触的重置时间）如此漫长，以致几乎没有神经元放电周期可以进行模式识别。功能性磁共振成像（fMRI）和脑磁图描记术（MEG）扫描显示，不需要解决语义含糊的判断似乎是在单个神经元放电周期（小于 20 毫秒）内制造的，而且基本上没有涉及迭代（重复）进程。物体识别需要约 150 毫秒，以致即使我们"在思考有些事"，但是运作周期数最多也只是以数百或数千衡量，而不是像是一台标准的计算机那样，以数十亿计。

- 但它是大规模并行的。大脑相当于 100 万亿神经元间的相互连接，它们都可能在同时处理信息。正如我们前面讨论过的，这两个因素（较长的周期和大规模并行）引起了一定程度的大脑计算能力。

今天，我们最大的超级计算机正在接近这个范围。最先进的超级计算机（包括那些用于最流行的搜索引擎的计算机）超过了 10^{14} cps 准则，这与我在第 3 章讨论功能仿真的估计相匹配。不过，没有必要采用和大脑相同的并行化处理的粒度，而只要我们配合整体的运算速度和存储容量的需要就可以，否则就需要模拟大脑的大规模并行结构。

- **大脑模拟和数字相结合的现象**。大脑连接的拓扑结构本质上是数字的——无论连接存在还是不存在。而轴突放电则不全是数字的，但接近于一个数字的过程。大脑中几乎大部分的功能都是模拟的，充满着非线性（在产出方面的突然变化，而不是平稳变化），非线性实质上比我们已经在神经元中利用的经典模型还要复杂。然而，详细的非线性神经元动力学和神经元的组成（树突、棘、通道和轴突）可以通过非线性系统的数学来模拟。这些数学模型能够在数字电脑上模拟到任何所需的准确程度。正如我所说的，如果我们使用晶体管以本地模拟的方式来模拟神经区域，而不是通过数字计算，那么这种方法可以使能力提高 3 个或 4 个数量级，这一点卡福·密德已经给出证明。[13]

- **大脑自身线路重铺**。树突不断扫描新的棘和突触，而树突和突触的拓扑结构和传导性还会不断调整。神经系统在其组织的各个层次上都是自组织的。在计算机化的模式识别系统（例如神经网络与马尔可夫模型）中应用的数学方法比在大脑中所用的简单，而我们在自组织模式上确实有大量的工程经验。[14] 当代计算机不能逐字地重复本身（尽管新出现的"自我修复系统"已经开始这样做），但我们可以有效地模拟这个软件过程。[15] 在软件中实施自组织会有优势，因为它会为程序员提供更多的灵活性，而在未来我们也可以在硬件中实现这一点。

- **大脑中的大部分细节都是随机的**。虽然在大脑的每个方面都有许多随机（在严格控制下的随机）过程，我们没有必要模仿每个轴突表面的所有"涟漪"，至多需要在了解了计算机操作原理的情况下模仿每个晶体管表面的所有微小差异。但某些细节对于解码大脑操作的原则是很关键的，这迫使我们必须将它们和那些包含随机"噪音"或混乱细节加以区分。神经功能中混乱（随机和难以预料的）的部分可以通过利用复杂性理论和混沌理论的数学方法进行建模。[16]

- **大脑运用浮现特性。**智能行为是大脑混乱和复杂活动的突显特征。对比白蚁和蚂蚁巢穴的智能化设计，考虑它们精心构建的互联隧道和通风系统。尽管这些都是灵巧、复杂的设计，但蚂蚁和白蚁群里却并没有建筑专家。这些建筑都是由所有巢穴成员不可预测的互动建造起来的，每个成员都依照一些相对简单的规则执行。

- **大脑是不完善的。**这是复杂自适应系统的本性，其决策所表现的智能是次最佳的。（也就是说，相对于其要素的优化配置所表现的智能相比，它反映了较低级别的智能。）它只需要足够好，这对我们人类而言就意味着已经有充足的智力水平，使我们能够骗过在生态中与我们相类似的对手（例如，灵长类动物也结合了相对应的附属品所带来的认知功能，但其大脑没有人类那样发达，它们的手也没有人类的那么适用）。

- **我们自我违背。**各种各样的思想和方法，包括那些相冲突的，最终造就了卓越的成果。我们的大脑完全能够持矛盾的观点。事实上，我们依靠内部的多样性而蓬勃发展。在这点上可以考虑与人类社会相对比，社会有其解决多种观点的建设性方法。

- **大脑运用进化。**大脑使用的基本的学习模式是渐进的：理解世界最成功，对认知和决策作出贡献的连接模式会幸存下来。一个新生儿的大脑主要包含随机联系的神经元连接，只有一部分新生儿一生下来就拥有两岁小孩的大脑智力。[17]

- **这些模式很重要。**这些混乱的自组织方法的某些细节是至关重要的，它们是以模式约束（确定初始条件规则和自组织方式）的形式显示出来的，而最初在约束中的许多细节都是任意设置的，系统然后进行自组织并逐步表现出已提交给系统的信息的不变特征。所产生的信息在特定的节点或连接中找不到，相反的，这是一个分布式的模式。

- **大脑是全息的。**全息图中的分散信息和大脑网络中信息的表现形式有类似之处。我们也在用于计算机模式识别的自组织方法（例如：神经网络、马尔可夫模型和遗传算法）中发现了这一点。[18]

- **大脑是密切联系的。**大脑从一个深层的连接网络中得到恢复力，在这个网络中的信息从一个点转到另外一点的方式有很多种。拿互联网来作类比，随着其组成节点的数量增加，网络已变得越来越稳定。节点，甚至互联网整个枢纽，可以变得不起作用，而整个网络却不会因此而瘫痪。同样，我们不断丧失神经元，但这并没有影响到整个大脑的完整性。

- **大脑的确有一个区域的架构。**虽然区域内的连接细节最初是随机约束的，而且这些细节还是自组织的，但是仍然有一个区域架构，它使得几百个有特定连接模式的区域执行特定的功能。

- **一个大脑区域的设计比一个神经元的设计还要简单。**在更高层次的模拟常常会更简单，而不是更复杂。类比一台计算机，如果我们要模拟一个晶体管，我们需要详细了解半导体物理学原理，而一个真正的晶体管所隐藏的方程是很复杂的。然而，在两个数字相乘的数字电路中，虽然涉及数百个晶体管，但模拟起来却更简单，只涉及少数公式。一个由数十亿个晶体管组成的计算机可以通过其指令集和寄存器描述来模拟，而这些可以由少量的文字和数学变换来描述。

一个操作系统、语言编译器和组译器的软件程序是复杂的，但模拟特定程序——例如，以马尔可夫模型为基础的语音识别系统——却可能用短短几页的方程就能描述。这种描述没有任何地方需要半导体物理学的细节。类似的观察也适用于大脑。一个特定的神经排列用来检测一个特定不变的视觉特征（例如脸），或执行一个作用于听觉信息或计算两个事件时间接近性的带通滤波（限制输入到一个特定的频率范围），这些都可以描述得远比实际物理和化学的关系（控制神经递质和其他突触和树突在各自程序中所涉及的变量）要简单。虽然在推进到下一个更高的水平（模拟大脑）前，这种神经的复杂性都必须仔细研究，但是，一旦理解了大脑的工作原理，其中很大一部分都可以得到简化。

努力去理解我们的想法

不断加快研究步伐

我们对人类大脑的研究步伐正不断加快，现在已不断接近这条曲线的拐点（这是一个呈指数增长的快速发展时期），但在这之前我们曾有过无数次的研究尝试。反思和建立人类思维模型的能力是我们人类特有的一种属性。基于对人类外在行为的简单观察，我们建立了早期的人类思维模型（例如，亚里士多德在 2350 年前所写的对人类联想能力的分析）。[19]

在 20 世纪初期，我们开发了研究人类大脑内部物理活动的工具。一个早期的突破就是对神经细胞电流产出的测量，这是由神经科学的先驱艾德里安在 1928 年开发的，它表明了在人类大脑内部有电流活动发生。[20]正如他所写道："我在蟾蜍的视神经上安放了一些电极，准备做一些与视网膜有关的实验。房间几乎是全黑的，链接到扩音器的喇叭里反复传出的一些声音让我感到很困惑，而这些声音表明有大量的神经脉冲活动在进行。直到比较了这些声音与我在屋子里的活动之后，我才意识到我正处在蟾蜍的视野之内，而这些声音就是对我正在做的事情的一种反应信号。

艾德里安从这个实验中得到的重要观点仍然是今天神经科学的基石，感觉神经脉冲的频率与可以被测量的感觉强度成正比，例如，光线越强，从视网膜传到大脑的神经脉冲频率（每秒的脉冲）越快。艾德里安的学生，贺拉斯·巴罗由于发现青蛙和兔子的视网膜里有单独的神经元能触发"感知到"具体的形状、方向和速度，从而提出了这一领域延续至今的另一个很重要的观点：神经细胞的"触发功能"。换句话说，感觉包含一系列神经元层次，每一层次的神经元都能感知到更复杂的图像特征。

从 1939 年开始，我们开始形成神经元工作原理的思想。通过积累（增加）外界的输入，然后在神经元的膜层上产生电导（这种电导在神经元的细胞膜上突然增多用以传递信号），沿着神经元的轴突传导信号（轴突是通过一个突触与其他的神经元相联系）。霍其金和赫胥黎在研究轴突时将其称为"动作电位理论"（电压）[21]。他们还在 1952 年就动物的神经轴突的动作电位进行了实际测量。他们选择了墨鱼的神经元，因为它们的大小和可解剖性很合适这个实验。

在 1943 年，迈克路和匹兹在霍其金和赫胥黎观点的基础上建立了一个神经网络的简化模型，此举激发了半个世纪对于人造（模拟的）神经网络（使用计算机程序来模拟神经元在大脑中的工作网络）的研究。霍其金和赫胥黎于 1952 年进一步完善了该模型。尽管我们现在认识到真正的神经元要比最初的这些模型复杂得多，但这些早期概念却得到了认可。对每个神经元突触来说，这一基本神经网络模型都有一个神经的"重量"（代表连接的力量），而对神经元细胞体来说，这一基本的神经网络模型就是一个非线性的发射阈值。

随着神经元细胞体接收的外界输入总和的增加，在达到临界值之前基本上是没有神经元会做出反应的，因为在此时，神经细胞会迅速增加其轴突和放电。不同的神经元有不同的临界值。虽然最近的研究表明神经元的真实反应要比这更复杂，但迈克洛 - 匹兹和霍其金 - 赫胥黎的模型仍然是有效的。[22]

这些观点引领了人工神经网络的大量早期工作，使这个领域为众人所知。这也许是第一个计算机领域自组织的典范。

自组织系统的一个关键要求就是非线性：一些创造的产出不是通过简单地投入总和得到的。早期的神经网络模型在神经细胞的副本中是非线性的。[23]（基本神经网络的方法是直接的。）[24]而艾伦·图灵大约在同一时间提出的理论模型同样表明了计算需要非线性。简单创建投入总和的系统并不能符合计算的基本要求。

我们现在知道，实际的生物神经元有很多其他的非线性元素，这些都产生于突触的电化学行为及树突的形态（形状）。对生物神经元的不同安排，可以转化为各种计算，包括减法（扣除）、乘法（增值）、求平均值、筛选、规格化和信号阈值转换，以及其他类型的转换。

神经细胞的增殖能力是非常重要的，因为它要根据另一个网络的计算结果对一个神经元在大脑中的网络进行调节（或受到另一网络计算结果的影响）。在猴子身上进行电生理测量的实验所提供的证据表明，其视觉皮层的神经元在处理图像时，传递信号速率的增减决定于猴子是否正在注意图像的某一区域，[25]人类 FMRI 研究也表明，将注意力集中在某一特定的区域增加了大脑皮层中被称为 V5 区域（这块区域是负责运动检测的）的神经元的反应。[26]

1969 年，随着麻省理工学院马文·明斯基和西摩·派珀特所写的《Perceptrons》的出版，联结主义运动遭受了挫折。[27]这本书中包括一个关键定理的证明，当时最常（简单）使用的神经网络类型（称为感知器，率先由康奈尔大学的弗兰克·罗森布拉特证明），并不能解决一条线是否是完全连接这种简单的问题[28]使用称为"反向传播"方法的神经网络运动已经在 20 世纪 80 年代开始复苏，其中，每一个模拟突触的强度由一种学习的算法来决定，该算法将适应这个重量（在人工神经元每次实验后输出的强度），从而使网络可以"学习"，以便更恰当地匹配正确的答案。

然而，反向传播不是实际的生物神经网络突触重量训练的可行模式，因为实际调节突触连接强度的逆向连接似乎不存在于哺乳动物的大脑中。然而，在计算机体系中，这种类型的自组织系统可以解决广泛的模式识别问题，这种简单自组织模式的互联神经的作用已经得到证明。

但只有很少人知道海勃的第二种学习形式：在一个虚拟的循环中，神经元放电将反馈给自己（可能是通过其他层），从而产生了反射（持续兴奋可能是短期学习的资源）。他还暗示，这个短期的反射可能会导致长期记忆："让我们假设反射活动（或'跟踪'）的持续或重复往往会引起持久的细胞变化，这样会增加其稳定性。这样的假设可以作如下精确说明：当一个细胞 A 的轴突与细胞 B 靠得足够近时，足以激发细胞 B 作反复或长期的放电，一些生长过程或新陈代谢变化发生在一个或两个细胞中，这样细胞 B 的发射源细胞 A 的效率就会增加。"

虽然海勃反射记忆理论的建立并不像海勃的突触学习那样完善，但最近已发现这种实例。例如，兴奋神经元集（那些刺激突触的集合）和抑制神经元集（阻碍刺激的集合）在某些视觉模式起作用时开始振荡[29]。麻省理工学院和朗讯科技公司贝尔实验室的研究人员已经创建了一个由晶体管组成的电子集成电路，用来模拟 16 个兴奋神经元和 1 个抑制神经元，从而模拟生物的大脑皮质电路。[30]

神经元和神经信息处理这些早期的模式，虽然过于简化，在某些方面也不准确，但考虑到数据和工具的缺乏，这些理论的发展起到的作用还是很显著的。

对等进入大脑

我们已经能够减少仪器中的漂移和噪声到如此程度，以至于我们可以看到分子通过比自身直径还小的间距时的细微运动…… ［T］这些实验在 15 年前才实现。

——史蒂夫·勃洛克，斯坦福大学生物科学与物理应用教授

试想一下，在对计算机一无所知的情况下，我们如何去逆向设计它（"黑匣子"的方法）。首先，我们可以把周围装上磁性传感器阵列。我们会注意到，在更新数据库操作期间，重要的活动正在某一特定电路板上进行着。我们很可能会注意到，在这些操作进行时，硬盘上同样也有行动。（实际上，仔细听硬盘的转动一直是观察计算机运行的一个简单办法。）

我们可以再推论说，该磁盘与存储数据库的长期记忆有很大关联，并且在将数据转换成存储的操作中，这些电路板也在活动。这就近似地告诉我们，这些操作发生的地点和时间，但对于任务是如何完成的，并没有多大的关联。

如果计算机的寄存器（临时内存的位置）连接到前板灯（这一点与早期计算机的情况类似），我们将看到灯以某种模式在闪烁，这些显示了电脑在分析数据时寄存器状态的迅速变化，但在计算机的数据传输时，变化则相对缓慢。我们也许可以进而推论说，这些灯反映了进行分析时的逻辑状态变化。这种观点是准确的，但并未进行修饰，并不能为我们提供一个行动理论，或是类似信息实际编码以及变换一样的观点。

以上描述的假设情形在历史上已有反映，人类已经开始利用简陋工具对大脑进行扫描和建模，这些努力都起了作用。基于当代脑扫描研究的大多数模型（如利用 fMRI、MEG 等方法，还有一些将在接下来的内容中讨论）显示出了底层的机制。虽然这些研究有价

值，但它们低下的时空分辨率不足以完成大脑逆向工程所要表现出的人类大脑的显著特点。

大脑扫描的新工具。现在设想一下，前面关于计算机的例子，我们能够真正地将精密的传感器放到电路的特定点上，而这些传感器能够以非常高的速度跟踪信号。我们现在有必要采用记录实时改变信息的工具，以便详细描述一个真正的电路工作过程。事实上，这与电气工程师究竟如何去理解和调试有关，如计算机电路板（例如逆向设计竞争对手的产品），可以使用可视化的计算机信号进行逻辑分析。

神经科学还没有使用可以进行这种分析的传感器技术，但这种情况即将改变。对等进入大脑的工具正在以指数速度发展。如图 4-1 所示，这种无创大脑扫描设备的分辨率大约每 12 个月增加一倍（每单位体积）。[31]

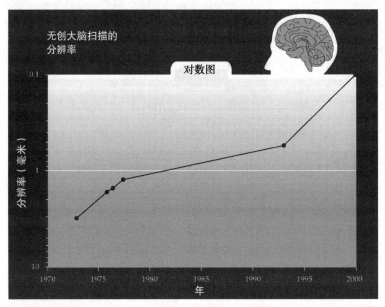

图　4-1

随着大脑扫描图像再现的速度提升，我们可以通过比较来观察这一改进（见图 4-2）。

fMRI 是最常用的大脑扫描工具，它提供了相对较高的（1～3）毫米的空间分辨率（单个神经元没有足够高的图像），但相对较低的几秒时间分辨率。当前 fMRI 技术提供的时间分辨约为 1 秒，或在扫描薄的大脑皮层时十分之一 s 的分辨率。

另一种常用的技术是 MEG，用来测试头盖骨（主要由皮质锥体细胞构成）外侧的弱磁场，该技术具有较高的时间分辨率（1 毫秒），但其空间分辨率却非常低（约 1 厘米）。

弗里茨·萨莫尔，红木神经科学研究所的首席研究员，正在开发 fMRI 和 MEG 相结合的方法，以便提高测量的精度。其他的最新进展表明，fMRI 可以映射称为柱状和层状结构的区域，这块区域是只有 1 毫米宽的一小部分，检测任务也只是在几 ms 内进行。[32]

fMRI 和使用正电子称为发射断层扫描（positron-emission tomography，PET）的相关扫描技术，都是通过间接的方法测量神经元活动的。PET 用来测量局部脑血流量（rCBF），而 tMRI 测量血氧水平。[33]虽然血流量和神经活动的关系引起了一些争议，但还是达成了共识，它们都反映突触活动，而不是神经元的尖峰。神经活动和血流量关系的第一次明确表达是在 19 世纪末。[34]不过，tMRI 有一个限制条件——突触活动之间的血流量关系不是直接的：各种代谢机制对两种现象的关系都有影响。

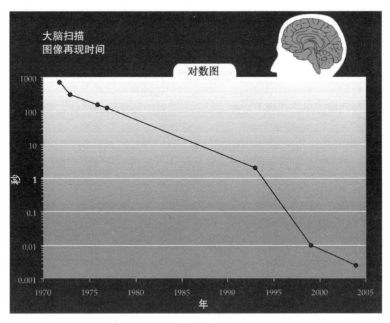

图　4-2

然而，无论 PET 和 tMRI 都是最适合测量大脑状态相对变化的可靠方法。它们的主要方法是使用"减法范式"，这种方法可以显示执行特定任务期间最活跃的区域。[35]此过程会删除扫描过程不理想时产生的数据，一般都是执行一个指定的精神活动而产生的数据。这些不同显示了大脑状态的变化。

"光学成像"是一种提供高时空分辨率的微创技术，其中涉及拆除部分头盖骨，在活动神经上用荧光染料对脑组织染色，然后通过影像与数码相机进行记录。由于光学成像需要手术，所以这项技术还是主要用于动物实验，特别是用白鼠实验。

经颅磁刺激（TMS）是另一种鉴定大脑不同区域具体功能的方法，它通过将一个电磁线圈精确地放置在头正上方，从头盖骨外部增加强脉冲磁场。通过模拟或引发一个大脑微小区域的"虚拟损坏"（使之暂时能力丧失），削弱或提高技能。[36]TMS 也可以用来学习大脑不同区域具体任务的关系，甚至可以引发脑部神经的活动。[37]大脑科学家艾伦·斯奈德报告说，她大约 40% 的测试课题都是关于 TMS 新技术的，其中有很多成效卓著，如绘图能力的测试。[38]

如果在扫描时，我们可以选择摧毁大脑，那么更高的空间分辨率将成为可能，当前扫描一个冷冻的大脑已经成为可能，虽然没有足够的速度和带宽来完整映射所有的相互连接，但当再次依据加速收益法则时，这种潜力就会呈指数增长，就像扫描大脑其他面一样。

卡耐基·梅隆大学的安德里亚斯·诺瓦特斯用一种精度为 200 纳米的仪器扫描小鼠的

身体和大脑的神经系统，这已经接近逆向工程所要求的程度。另一种划时代意义的扫描仪是美国宾得克萨斯州 A&M 大学实验室开发的"脑组织扫描仪"，它能够在一个月内使用片扫描技术扫描整个小鼠。[39]

改进的解决方案。许多新的脑扫描技术的发展极大地改善了当前的时空分辨率。新一代传感和扫描系统提供了促进模型发展的工具，这些模型拥有前所未有的细致程度。以下是这些成像传感系统的小例子。

一个令人特别兴奋的新扫描相机正在美国宾夕法尼亚大学的神经工程实验室进行开发，领导该项目的是 Leif H. Pinkel。[40]这部仪器的空间分辨率已经足够高，可以形象的绘制单个神经元，时间分辨率将达到 1 毫秒，可以记录每个神经元的放电过程。

最初的版本在高达 10 微米的相机深度下同时扫描 100 个细胞，未来的版本将在 150 微米深度和亚毫秒级的时间分辨率下同时扫描 1000 个细胞。这一系统可以扫描体内（在活的大脑中）神经组织，而动物可以进行思维活动，即使大脑表面必须暴露出来。被染色的神经组织随着电压的变化产生荧光，这些都可以被高分辨率的数码相机采集到。扫描系统将用于检查动物学习特殊感知能力之前和之后的大脑。该系统结合了较高的时间分辨率（1ms），又可以形象地表示单个神经元的连接。

这些方法也已发展到无创激活神经细胞中，甚至到了在时间和空间方式上精确神经元的一个特定部分。一种直接使用"双光子"激励的方法，称为"双光子激光扫描显微镜"（TPLSM）[41]。这将在三维空间内创建一个单点焦点，从而实现高分辨率扫描。它利用仅仅持续 10 亿分之一秒（10^{-15}秒）的激光脉冲来检测完整大脑的单一突触，检测的方法是通过激活突触感受器来测量脑细胞内钙的积累。[42]这种方法破坏一些微不足道的组织，但却可以获得活动中树突棘和突触超高分辨率的图像。

这项技术已经用来执行超精密的细胞内手术。物理学家埃里克·马祖尔和他在哈佛大学的同事们一起展示了执行细胞内精密修改的能力，例如切断神经元之间的连接或在不影响其他血球的情况下毁坏一个线粒体（细胞的能量来源）。"它产生太阳的热量，"马祖尔的同事唐纳德·英格伯说，"但只有 10^{-30}s，而且是在一个很小的空间内。"

另一项称为"多电极记录"的技术使用电极组来同时记录大量高时间分辨率（亚毫秒）的神经活动。[43]而且，一个称作二次谐波产生（SHG）显微镜的无创技术能够"学习细胞运动"，这一点是康奈尔大学的一名研究生，项目的领导人员丹尼尔·德贝克解释的。然而，另一个光学相干成影（OCI）技术使用相干光（相位相同的光波）来创建细胞簇的全息三维图像。

使用纳米机器人扫描。尽管大量从头盖骨外侧对大脑进行无创扫描的手段获得了快速发展，但要想获取每一个突出的神经元细节，最好的方法还是从内部对大脑进行扫描。到 21 世纪 20 年代纳米机器人技术将会变得可行，而进行大脑扫描会成为它的一个重要应用，先前已经描述过，纳米机器人就是人类血细胞大小（7 微米 ~ 8 微米）甚至更小的机器人。[44]数以十亿计的纳米机器人可以穿过人类的每一条脑部毛细血管，同时对所有相关的神经元特征进行扫描。采用高速无线通信技术，这些纳米机器人可以相互交流，并可以同收集大脑资料库的计算机进行交流（换句话说，纳米机器人和计算机将会处在同一个无线局域网内）。[45]

连接纳米机器人与生物大脑结构的一个关键性的技术挑战是血脑屏障（blooch-brain

barrier，BBB），19 世纪末，科学家们发现当他们往动物的血液中注入蓝色染料时，除了脊髓和大脑，动物的所有器官都变成了蓝色。于是，他们假想在大脑中有一层屏障，用以保护大脑不受血液中潜在的有毒物质的侵害，这些有毒物质包括细菌、激素、充当神经递质的化学物质，以及其他毒素。只有氧气、葡萄糖和某些其他的小分子团可以通过血管进入大脑。

　　20 世纪初的实体解剖学表明，与其他器官中同样粗细的血管相比，大脑和其他神经系统中的毛细血管壁与内皮细胞结合得更为紧密。最近的研究也表明，BBB 是一个十分复杂的系统，该系统中设有准许物质进入大脑的密钥，例如，我们发现两类蛋白质，分别叫做 zonulin 和 zot，它们能够与大脑中的感受器相互作用，从而在特定区域暂时性地打开BBB。这两种蛋白质在小肠中也有着同样的工作机理，以此来帮助生物体对葡萄糖和其他营养成分进行吸收。

　　任何利用纳米机器人对大脑进行扫描的设计或进行其他与大脑有关的设计都得考虑BBB，考虑到我们未来的能力，在此我将提出一些可行的策略。当然，在未来的 25 年中，其他的策略也会发展起来。

- 一个很容易想到的策略是把纳米机器人制造的足够小以使它能够通过 BBB，但至少从今天的纳米技术来看，这不太实用，要想实现这个策略，纳米机器人在直径上要小于等于 20 纳米，这个长度是一百个碳原子的大小。把纳米机器人的大小限制到如此程度的同时，也会限制它的功能。

- 一个折中的策略是让纳米机器人停留在血液中，同时给它安装一条机械臂使之能够透过 BBB 进入到有神经细胞生存的细胞外液，这可以使纳米机器人保持足够大小来保证它的计算和导航功能。由于几乎所有的神经元都只占据一条毛细血管（2~3 个细胞宽）的宽度，机器臂只需要达到 50 微米，而罗伯特·弗兰茨及其他学者都分析并给出了把机器臂限制到 20 纳米以内的可行性。

- 另一种策略是让纳米机器人停留在毛细血管中，然后使用无创扫描，例如，Finkel和他的助手设计的一套扫描系统，可以达到很高的 150 微米的扫描分辨率（足以看见个体之间的相互连接），这已经超出我们的需求好多倍，很显然，这种类型的光学成像设计必须足够微型化（与我们现在的设计相比），但它用到的电荷耦合器件传感器是能够支持这种微型化的。

- 另一种无创扫描会涉及一组发射集中信号的纳米机器人，就像双光子扫描仪一样，另外还有一组纳米机器人来接收传输。该中介组织的拓扑结构可以通过分析对接收信号的影响来确定。

- 由罗伯特·弗兰茨建议的另一条策略，它包括在 BBB 中打洞，从血管中退出，然后修复损害，从而在理论上支持纳米机器人穿越 BBB。由于纳米机器人是由钻石结构的碳构成，所以它远比生物组织坚硬。弗兰茨写道："要通过细胞之间丰富的组织，就需要一个改进的纳米机器人来破坏最少数量的挡在它们前面的细胞间的粘合连接，之后，为了尽量将损坏降低到最小，这些纳米机器人必须重新修复粘合连接，就像补上一颗痣一样。"[46]

- 还有一种方法是根据当代的癌症研究提出的。癌症研究人员选择性地破坏 BBB，从而将破坏癌症的物质运输到肿瘤的位置抱有很大的兴趣。对于 BBB，最近的研究表明，它开创了多元响应的先河，其中包括某些蛋白质（如以上所述的那些）、局部高血压、某些物质的高浓度、微波和其他形式的辐射、感染和各种炎症等。也有一些专门的处理来传输所需的物质，如葡萄糖。也有人发现，糖甘露醇会引起内皮细胞暂时萎缩，这时就会提供临时的血脑屏障缺口。几个研究小组正在利用这些机制来研究打开 BBB 的化合物。[47] 即使这些研究旨在研究癌症的治疗方法，但类似的方法也可以为纳米机器人进行大脑扫描和提高我们的心理功能打开成功之路。

- 我们可以绕过血液和 BBB，将纳米机器人注入大脑特定区域中，从而直接访问神经组织。正如我下面要提及的，新的神经细胞可以从脑室迁移到大脑的其他部分。纳米机器人也可以遵循相同的迁移路径。

- 罗伯特·弗兰茨描述了一些为纳米机器人提供的监视感知信号的技术。[48] 这些对于大脑逆向工程的输入，以及在神经系统内部创建全浸虚拟现实都是很重要的。

- 弗兰茨提出"移动纳米器件"来扫描和监测听觉信号……（这些）进入耳朵，通过其螺旋动脉分支到达耳蜗管，然后作为螺旋神经纤维周围的神经监测器，而神经进入螺旋神经节内的哥蒂氏器官上皮。这些监视器可以进行检测、记录或为其他通信网络中的纳米器件转播所有人耳可以感知的听觉神经通信。

- 对于人体的"重力感应、旋转、加速，"他设想"放在传入神经末梢的纳米监听器出自位于……半规管的毛细胞"。

- 对于"动物动觉感应管理……运动神经元可以进行监测，以记录肢体的运动和位置，或特定的肌肉活动，甚至会对此施加控制。"

- "嗅觉和味觉感觉神经信息传输可能被纳米传感仪器窃听［上］。"

- "疼痛信号可能被记录或根据需要修改，就像来自皮肤感受器的机械和温度神经冲动……"

- 弗兰茨指出，视网膜拥有丰富的小血管，"允许随时可以进入光感受器（杆、锥、双极神经元和神经节）以及集成……神经元。"视神经的信号代表超过每秒一亿的水平，但这种信号处理水平已经可以控制。正如麻省理工学院的托马斯·波吉奥等其他人指出，我们还不了解视神经的信号编码。一旦我们有能力来监视每个离散视神经纤维的信号，这将在很大程度上促进对于这些信号的解释。这也是目前比较火的一个研究领域。

正如我下面要讨论的，身体的原始信号，通过多层加工，方能聚集成动态调节的两个小器官，这两个器官称为左脑岛和右脑岛，它们位于大脑皮质深处。为实现全浸虚拟现实，更有效的可能是挖掘已经解释的脑岛信号，而不是遍及整个身体的未经处理的信号。

通过扫描大脑来实现逆向工程，其工作原理比实现特别属性的"上传"要容易，这一点我将在接下来的内容中进一步讨论。为了逆向设计大脑，我们只需要扫描一个区域内的连接，就足以了解它们的基本格局。而且我们并不需要捕捉它的每一个连接。

一旦了解了一个区域内的神经通路模式，我们就可以结合这些知识详细了解该区域每个神经元的工作原理。虽然大脑的特定区域可能有几十亿的神经细胞，但它也只是包含数量有限的神经类型。我们已经在很多方面获得了很大的进展，如通过体外（在测试盘）研究，获得特殊种类的神经和突触连接的机制，就像在活的机体内使用双光子扫描一样。

上述方案涉及的功能至少在当前的早期阶段已经存在。我们已经拥有的技术能够生产高清晰度的扫描仪，如果这些扫描仪在物理特性上接近于神经，那我们将可以看到特定大脑区域每一连接的精确形状。而对于纳米机器人，已经有四个主要的会议致力于发展血细胞的诊断和治疗了。[49]正如第 2 章讨论的那样，我们可以预见计算成本的指数下降和规模的迅速下降，以及电子和机械技术效率的提高。基于这些预测，我们可以保守地估计在 21世纪 20 年代实现这些方案所必备的纳米机器人技术。一旦基于纳米机器人的扫描成为现实，我们就将最终和电路设计人员站在同一位置：能够在大脑数百万甚至数十亿的地点放置高灵敏度且高分辨率的传感器（以纳米机器人的形式），从而见证大脑活动的惊人细节。

构建人脑模型

如果我们魔法般地缩小，然后放进到人的大脑中，当她在思考时，我们就会看到所有的"泵"、"活塞"、"齿轮"及"杠杆"工作，我们将能够完整地描述它们在机械方面的运作，从而完整描述大脑的思想进程。但是，这种描述并没有提及任何思想！它只不过是对泵、活塞、杠杆进行描述！

——莱布尼兹（1646—1716）

各种领域如何表达自己的原则呢？物理学家使用类似光子、电子、夸克、量子波函数、相关性、节约能源这样的术语；而天文学家使用恒星、星系、哈勃转移和黑洞等术语；热力学家使用熵、第一定律、第二定律、卡诺循环等；生物学家则使用发育、个体发育、DNA 和酶。这些术语实际上是每一个专业的代号！一个领域的原则实际上是该领域结构和行为因素交织在一起的集合。

——皮特·丹宁，美国计算机协会前主席，
写于 "Great Principles of Computing"

重要的是，我们要建立处于正确水平的大脑模型。这是当然的，真正科学的模型都是这样的。虽然理论上化学是基于物理学的，而且可以完全来自物理，但这在实践中却难以驾驭，行不通的。因此，化学应该使用它自己的规则和模式。理论上，同样可以从物理上推出热力学定律，但这个过程太曲折了。一旦我们拥有足够数量可以称为气体的粒子，而不是说这是一堆粒子，那么解每个粒子相互作用的方程就将变得不切实际，而热力学定律此时将变得非常有效。构成气体的单个分子相互作用是复杂和不可预测的，但由亿万分子组成的气体本身却有许多可预见的属性。

同样，根植于化学的生物学，也拥有自己的模型。尽管人们在理解一个高水平系统前必须理解水平较低的那个，但往往也没有必要用低级别的系统动力学的复杂性来表达更高水平的效果。例如，我们可以通过操控动物胎儿的 DNA 来改变动物的某些特性，而不必了解所有 DNA 的生化机制，更不用说在 DNA 分子内原子间的相互作用了。

通常情况下，水平较低反而会更复杂。例如一个胰岛细胞具有非常复杂的各种生化功能，（其中大部分适用于所有的人类细胞，而有一些适用于所有生物细胞）。然而，在胰岛素和消化酶的水平上用数百万细胞来效仿胰腺的运作过程，虽然并不简单，但其难度大大小于效仿单一胰岛细胞的运作过程。

同样的问题也适用于大脑的建模和认知，包括从突触反应的物理现象到神经簇的信息转换。在那些我们已经成功开发出详细模型的大脑区域中，我们发现了类似于胰腺中细胞的现象。该模型是复杂的，但仍比单个细胞，甚至是比单个突触的数学描述还简单。正如我们前面讨论的，这些特定区域建模所需的计算能力大大低于理论上研究所有细胞和突触的计算能力。

加州理工学院的吉尔斯·劳伦指出："在大多数情况下，一个系统的集体行为是很难由其组成部分推断出来的……神经科学是一门系统科学，在这个系统中，需要一阶和局部说明图式，但这还不够。"随着我们对每一级的描述和建模的不断提炼，大脑逆向工程将实现自上而下和自底而上的反复改良。

受到传感和扫描工具技术未成熟的限制，直到最近，神经系统仍然由过于简单的模型来描述。这使很多观察人员怀疑我们的思维过程是否有能力理解自己。皮特·克雷默写道："如果想法简单得足以让我们明白，那我们就把它想得太简单了。"[50]之前，我引用了道格拉斯·霍夫斯塔特将大脑与长颈鹿对比的说法，长颈鹿的大脑结构和人脑没有多大不同，但显然它没有理解自身工作原理的能力。但是，最近在各个层次上设计详细模型的成功——从像突触一样的神经组件到像小脑这样大的神经区域——都表明建立精确的大脑数学模型，然后用计算模拟这些模型将是一个挑战，然而一旦数学模型可用，这一任务就会变得可行。虽然神经系统科学建模历史悠久，但是直到最近，它才变得全面、详尽，从而能基于此进行模拟大脑的实验。

子神经型号：突触和棘

在美国心理学协会 2002 年的年会上，纽约大学的心理学家和神经学家约瑟夫·勒杜克斯发言说：

如果是记忆塑造了真实的我们，并且记忆是大脑的一项功能，那么突触（神经元通过它相互沟通，同时它也是记忆编码的物理结构）就是最基本的单位……突触在大脑组织过程中的地位非常低，但我认为它们非常重要……它们自身的总和是大脑子系统，其中每一个都有自己的记忆形式以及子系统之间复杂的相互作用。如果没有突触可塑性（突触连接强度可调节的特性），这些系统学习所必需的改变就将不可能发生。[51]

虽然早期的模型认为神经元是传输信息的主要单位，但是现在已经转向强调其亚细胞成分。例如，计算神经科学家安东尼·贝尔认为：

分子和生物物理过程控制引入峰电位的神经敏感性（包括突触的效率和突触后响应性），产生峰电位的神经元兴奋性，以及它产生的峰电位模式和新突触形成可能性（动态重新布线），使之只列出四种最明显的亚神经一级的干扰。此外，类似本地电场和一氧化氮跨膜扩散这样的跨神经元活动也有影响，还有相关的神经元放电和为细胞供给能量（血流量），而后者直接与神经活动有关。这个清单还可以继续。我相信，任何人认真研究神经调节、离子通道或突触机制，都不能将神经元的水平作为一个单独的计算水平，哪怕发现它是一个有用的描述水平。[52]

事实上，真实的大脑突触比迈克洛-匹兹所描绘的经典神经网络模型要复杂得多。突触的反应受到一系列因素的影响，包括多种离子势能（电压）和神经递质所控制的多通道活动和神经调节。虽然过去的 20 年已经有了巨大的发展，但是，在发展中，数学公式总是优先于神经元，树突和突触的行为以及脉冲系列的信息表现形式（脉冲被神经元激活）。最近，皮特·达扬和拉里·阿尔伯特编写现有的非线性微分方程的概要，其中描述了通过成千上万的实验所得到的知识。[53] 关于神经元体和突触的生物物理学，以及神经元正反馈网络的行为，这些都存在着经得起论证的模型，就像在视网膜、视神经以及其他各种神经元中发现的那样。

对神经突触工作机制的关注起源于海勃的开创性工作。海勃提出了这个问题：短期（也称为"正活动的"）记忆是如何工作的？与短期记忆相关联的大脑区域是前额叶皮层，虽然我们已经意识到，短期信息保留的不同形式已经在大多数其他已被仔细研究过的神经回路中得到证实。

海勃的大部分工作集中在改变突触的状态（以此来加强或者抑制对于信号的接收）和更有争议的反射神经回路（其中包括在连续回路内的神经放电）上。[54] 海勃提出的另一个理论是，神经元细胞自身进行状态改变，也就是说，记忆功能在细胞躯体（身体）内。实验证据支持了这些模型的可能性。经典海勃突触记忆和反射记忆在记录信息可用之前需要一段时间延迟。实验表明，至少在大脑的某些区域，神经反应太快以致不能使用标准的学习模式，只能通过诱发型学习来完成。[55]

海勃没有直接预想到的另一种可能性是神经元自身连接的实时变化。最近的扫描结果表明了树突峰电位和新突触可以迅速增长，因此必须重视这一机制。实验还表明，在突触水平上的大量丰富的学习超越了简单海勃模型。突触可以很快改变其状态，但由于受到不断刺激，或缺少刺激，又或是其他原因，它们又开始缓慢地衰减。[56]

虽然现代模式比海勃设计的简单模型要复杂得多，但他的直觉大部分已经被证明是正确的。除海勃的突触可塑性外，目前的模型还包括提供调节功能的全局进程。例如，通过突触缩放使突触势能避免变成零（否则就无法通过乘法的方法增加）或变得过高，从而能主导网络。在体外实验中，我们已经在上文所描述的神经网络、海马体及脊髓神经中发现了突触缩放，[57] 其他机制对于整体峰电位周期和突触势能的分布是很敏感的。仿真证实了最近发现的机制具有提高学习和稳定网络的能力。

在认识突触过程中，最令人激动的新发展是，突触的拓扑和它们之间的连接在不断变化。通过一个新颖的扫描系统，我们第一次看到了突触连接的迅速变化。这个系统需要一个转基因动物，其神经元可以发出荧光绿。该系统可以刻画活的神经组织，并且具有足够高的分辨率以捕获树突（中间的连接）以及棘：萌发自树突的微小突起，它是突触的初级形式。

神经生物学家卡瑞尔·斯沃博达和他在长岛冷泉港实验室的同事将该扫描系统用于老鼠，从分析胡须信息来调查分析神经网络，这项研究描述了神经学习的迷人景象。树突在不断地长出新棘。其中大多数只持续了一两天，但有时棘也会保持稳定。"我们相信看到的高周转量会在神经可塑性上发挥重要作用，其中萌发的棘伸向临近的神经元以探查不同的突触前搭档，"斯沃博达如是说，"如果给定的连接是有利的，也就是能反映一种可取的大脑重新布线，那么这些突触将是稳定的并且会更加永久化。但这些突触大多不是朝着正确的方向，而且它们是可伸缩的。"[58]

另一个已经观察到的一致现象是，如果某一特定的刺激重复发生，神经反应会随时间而减少。这种适应性给予新的刺激模式最高的优先级。纽约大学医学院的神经生物学家甘文彪做了相似的工作，他对成年小鼠视觉皮层神经棘的研究表明，这种棘机制可以容纳长期记忆。"假设 10 岁的孩子使用 1 000 条连接存储一条信息。当他 80 岁时，不管情况如何变化，这些连接的 1/4 将依然存在。这就是为什么你还记得你童年的经历。甘还解释说，"我们的想法是，当你学习或记忆时，你实际上并不需要许多新的突触，也不需要去除旧的那些。你只需要修改先前存在的突触的强度来进行短期的学习和记忆。但是，很可能是产生或消除一些突触，以实现长期记忆。"[59]

之所以记忆可以保持完整（即使 3/4 的连接已经消失），是因为该编码方法的特性类似于全息图。在全息图中，存储的信息广泛地散布在整个区域内。如果你销毁了全息图的 3/4，尽管只剩 1/4，但是整个图像仍将保持不变。红木神经科学研究所的神经科学家彭蒂·卡内尔瓦的研究支持了这一观点：记忆动态地分布在神经元的整个区域。这就解释了为什么老年人的记忆可以延续下去，只是表现得越来越模糊，因为它们的分辨率已经削弱。

神经模式

研究人员还发现，特定的神经元执行专门的识别任务。鸡的脑干实验检测到声音到达而两耳时会有一段特殊的延迟。[60]不同神经元的时间延迟也会不同。尽管这些神经元工作时总有许多复杂的非常规行为，但它们实际完成的内容还是很容易描述的，并且也很容易复制。美国加州大学圣地亚哥神经学家斯科特·马克格如是说："最近的神经生物学实验的结果显示了精确同步在学习和记忆中的重要作用。"[61]

电子神经元。加利福尼亚大学在圣地亚哥的研究所最近进行了一项关于非线性科学的实验，该实验揭示了模仿生物神经元所需的电子势能。神经元（生物或其他的）是混沌计算的最好例证。每个神经元的行为在本质上都是不可预知的。当整个神经元网络接收输入（来自外面的世界或是其他神经细胞网络）时，一上来信号似乎都很狂乱而且很随机。随着时间推移，通常是几分之一秒左右，神经元间混沌的相互作用慢慢消逝，神经放电开始呈现出稳定的格局。这一模式显示了神经网络的"决策"。如果神经网络正在执行模式识别任务（这些任务构成了人类大脑的活动），那么这一突发模式就代表了正确的识别结果。

因此，圣地亚哥的研究人员提出的问题是：电子神经元能否在生物神经元旁边与之携手共舞？他们把人工神经元和生物神经元放在一个网络中，这一生物和非生物混合的网络按同样的方式执行（混乱的相互作用之后进入一个稳定的突发模式），而其结果和全生物网络是一样的。从本质上说，生物神经元接受了它们的电子同行。这表明这些神经元的混沌数学模型相当准确。

大脑可塑性

1861 年法国神经外科医生保罗·布洛卡将大脑的受伤或外科手术影响的大脑区域与某一失去的技能联系起来，如精细的动作技能或语言能力。一个多世纪以来，科学家认为这些区域是完成具体任务的硬件。虽然某些脑区域往往用于特定类型的技能，但我们现在明白，遇到如中风一样的伤害时，大脑分配的任务可以做出一些转变。在 1965 年的经典研究中，胡贝尔和维塞尔展示了在神经系统受到如中风一样的损坏时，大脑广泛而深远的识别功能仍然可以进行。[62]

此外，在某一给定区域，连接和突触的详细布置是该区域使用程度的直接产物。由于大脑扫描已达到足够高的分辨率，已经足以检测树突棘的增长和新突触的形成，我们可以看到大脑生长并一步步地看着想法的产生（见图4-3）。这使笛卡尔的名言"我思故我在"的意义又有了新的色彩。

在旧金山的加利福尼亚大学，迈克尔·莫山尼奇和他的同事进行了一项猴子的实验，他们将食物放置在一个猴子必须巧妙活动一个手指才能获得的位置。对这一活动之前和之后的脑部扫描显示，在大脑中负责控制该活动的区域中，连接和突触急剧增长。

阿拉巴马大学的爱德华·塔布研究了脑皮层区域对手指触觉输入的反应。比较不太懂音乐的人和老练的乐器演奏者，可以发现专门控制右手手指的大脑区域并没有什么差异，但控制左手手指的区域却有着很大的不同。

如果绘制出基于触摸分析的脑组织量的图像，我们会发现控制音乐家左手的脑组织量非常大。尽管与从小就练习弦乐器的音乐家相比，差异会更大，但"即使你是从40岁才开始练习小提琴，"塔布说，"你仍然可以获得脑重组。"[63]

神经树突的生动图像
显示了棘和突触的形成过程

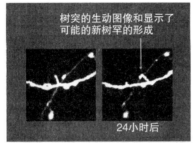

树突的生动图像和显示了
可能的新树罕的形成

24小时后

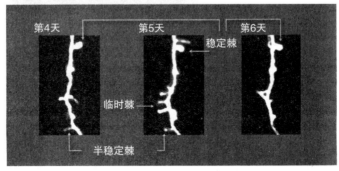

第4天　　　　第5天　　　　第6天

稳定棘

临时棘

半稳定棘

图　4-3

类似的发现来自对一款软件程序的评价，该软件由罗格斯大学的保罗·塔莱和史蒂夫·米勒制作，称为 Fast ForWord（快速朗读），旨在帮助有阅读障碍的学生。该程序为儿童朗读文章，并减缓断音的发声，如"b"和"P"，这是由于很多诵读困难的学生在听到快速发音时，很难察觉这些声音。而通过这种形式的修改，这一软件很好地帮助了这些儿童对朗读的学习。斯坦福大学的约翰·加布里埃利发现，利用 fMRI，与语言处理有关的大脑左侧前额叶区域确实有所增长，尤其是这些诵读困难的学生，在使用该软件时增长更多。塔莱说："你通过获得的输入来创造你的大脑。"

甚至不需要通过物理活动表达一个人的思想就可以驱使大脑重新布线。哈佛大学的阿尔瓦罗·帕斯夸尔－利昂博士对进行简单钢琴练习前后的志愿者的大脑进行了扫描，志愿者大脑运动皮质的变化是他们练习的直接结果。然后他开始了另一组实验，在这一组中，他让志愿者仅仅想象一些钢琴的练习而没有任何实际的肌肉运动。而该组志愿者的运动皮层却产生了与第一组相同的显著变化。[64]

最近关于视觉空间关系的 fMRI 研究发现，神经元之间的连接在一个单一的学习会话期间会迅速变化。研究人员发现，这种变化发生在后顶叶皮层细胞（在所谓的"背"通路中，包含位置和视觉刺激的空间属性的信息）和后颞叶皮层（在"腹"通路中，其中包含了不同层次抽象的认知不变特征）。[65]很明显，那种变化率与学习速率成正比。[66]

加州大学圣地亚哥分校的研究人员给出了关于短期记忆和长期记忆形成差异的重要观点。利用高分辨率扫描手段，科学家可以清楚地看到海马体（与形式长期记忆有关的大脑区域）的神经突触细胞的化学变化。[67]他们发现，细胞第一次受到刺激时，肌动蛋白（一种影响神经系统的化学物质）会向与神经突触连接的细胞移动。这也刺激了相邻细胞的肌动蛋白远离被激活的细胞。这些变化仅仅会持续几分钟，然而，如果得到了充分的反复刺激，那就会有更显著和更持久的变化发生。

"短期变化仅仅是神经细胞之间相互联系的正常方式中的一种。"主要作者迈克尔·克里斯克说：

> 要使神经元产生长期变化，必须在这一小时内四次刺激神经元。神经突触会分裂并且会有新的神经突触形成，进而产生一个长期的变化，并可能持续一生。类比于人的记忆，当你看到或听到一件事，它可能会停留在脑海中几分钟。而如果它不重要，就会逐渐在我们脑海中消失，10 分钟后我们就会忘记它。但如果我们再次听到或看到它，并且这件事在接下来的一个小时内一直持续发生，你可能就会记住它更久一些。而事情如果发生了很多次，你就会一生都记住。一旦你拿一个轴突形成两个新的连接，这些连接就将会非常稳定，没有理由相信它们会消失。这就是那种将会持续一生的改变。

"这就像一堂钢琴课"，作者之一的生物学教授夕纪子·高达说，"如果你将一首音乐弹了一遍又一遍，它将扎根于你的记忆中。"同样，神经科学家威尔和辛格发在《科学》杂志的一篇文章说到，在视觉皮层中他们找到了新的神经元连接动态生成的证据，就像唐纳德·海勃描述的"What fires together wires together"。[68]

另外一个关于记忆形成的观点来自 Cell（细胞学）上的一篇研究报告。研究人员发现，CPEB[69]蛋白质实际上是通过改变它们的突触形状来记录存储信息的。最让人吃惊的是，当 CPEB 处于朊粒态时才能执行存储功能。

"我们暂时粗略地了解了记忆的工作原理，但是对于这种存储设备，我们至今没有一个清新的概念。"合著者、怀特海德生物工程研究院的负责人苏珊·林德基斯特说，"这项研究揭示了这一存储设备可能的存在形式，但令人惊讶的是，我们发现这一过程还涉及朊粒的活动。这说明朊粒不仅具有奇异的特点，而且可能参与生物体基本的处理中。"就像我在第 3 章讲到的，人类工程师研究发现朊粒具有产生电子存储功能的强大能力。

脑扫描研究也揭示了抑制不需要的和不良的记忆的机制，这一发现使西格蒙德·弗洛伊德大为高兴。[70]利用 fMRI，斯坦福大学的科学家要求被研究人员试图去忘记他们早期已经记忆的信息。在此活动期间，与抑制记忆相关的额叶皮层区域表现得相当活跃，而海马体这一通常与记忆相关的区域却相对不太活跃。这些研究结果"确定了一个积极遗忘进程的存在，并为引导动机性遗忘的研究建立了一个神经生物学模型，"斯坦福大学心理学教授约翰·加布里埃利和他的同事这样写道。加布里埃利还评论说："最大的新闻是，我们已经证实了人类的大脑如何阻止不需要的记忆，存在这样一种机制，并且它具有生物学基础。它使你不再去考虑这样的可能性，即大脑里不存在任何事物可以抑制记忆——这其实一直是被曲解的谬论。"

除了使神经元之间产生新的连接，大脑也可以通过神经干细胞产生新的神经元，其中神经干细胞通过复制来保持自身的供应。在复制的过程中，一些神经干细胞变成了"神经前体"细胞，它们轮流发展成为两类被称作星形胶质细胞和少突胶质细胞的支持细胞。这些细胞进一步演变成为特定类型的神经元。

然而，这些分化不会发生，除非神经干细胞从它们在脑室中的原始位置离开。只有大约一半的神经细胞成功完成该过程，这类似于妊娠和早期幼儿阶段，大脑只有一部分生长中的神经元存活下来。科学家们希望能够通过直接向目标区域注射神经干细胞从而绕过神经迁移过程，或者创造药物以促进神经形成的进程（产生新神经细胞）来修复由于疾病或损伤而对大脑造成的伤害。[71]

一项由美国索尔科生物学研究所的遗传学研究人员弗雷德·戛格、坎贝尔曼和亨利埃特·范·普拉赫进行的实验表明，神经形成实际上是受我们的生活经历刺激的。将小鼠从无菌、乏味的笼子里移动到一个有刺激性的笼子里，它们海马区的分裂细胞大约会增加一倍。[72]

大脑区域建模

人类大脑最可能是由大量相对较小的分布式系统组成，这些系统按照胚胎学排列成复杂的集合，并由之后增加的串行符号系统进行部分（也只是部分）控制。但是那些做了底层大部分必需工作的子符号系统，由于其本身的性质，阻碍了大脑的所有其他部分理解它们的工作原理。这本身就可以帮助我们解释，为什么人们做了如此多的事情，却仍然只掌握了一些关于如何完成这些事的不完整想法。

——马文·明斯基和西摩·帕勃[73]

常识不是一件简单的事。相反，它是一个包含着来之不易的实践经验的庞大集合体——包括众多生活教训、异常事件、处理方式、个人倾向、还有平衡和检验。

——马文·明斯基

除了关于每个大脑区域组织可塑性的新见解，研究人员还在迅速创建大脑特定区域的详细模型。这些神经形态模型和模拟仿真只是稍稍滞后于它们所基于的信息可用性。由对神经扫描得到的神经元和神经元间的连接数据的研究到创建有效模型和可行的模拟仿真，这一转变的快速成功淹没了经常提及的关于理解我们自己大脑内在能力的怀疑论。

对基于非线性对非线性和突触对突触的人脑功能进行建模并不是必要的。在单个神经元和连接（例如，小脑）中，对存储记忆和技能的区域模拟确实要使用详细的细胞模型。然而，即使在这些区域，模拟所需的计算量也比所有神经元组件所暗含的要小得多。我们将在接下来描述的细胞模拟中看到这一真实性。

虽然在大脑的上亿个连接中，每个神经元的亚神经元部分都有着大量的详细的复杂性和非线性，以及混乱的半随机布线图，但在过去 20 年中，在数学建模方面还是取得了重大进展，例如自适应非线性系统。通常没有必要去保存树突的枝的确切形状和每个神经元连接的精确"波浪线"。我们可以通过对其进行适当水平上的动态分析来理解大脑广阔区域的运作原则。

我们在大脑区域的建模和模拟上已经取得了重大成功。对这些模拟进行测试，并将得到的数据与对真实人脑进行心理物理学实验所获得的数据进行比较，由此取得了令人瞩目的成果。考虑到我们当前相对粗糙的扫描检测技术和传感工具，在建模上取得的成功（如以下正在进行的工作），证实了从大量采集来的数据中提取正确观点的能力。接下来介绍的是大脑区域成功建模中的几个例子，所有工作都还在进展中。

神经形态模型：小脑

我在《The Age of Spiritual Machines》中发现了这样一个问题：一个 10 岁小孩怎样成功抓住一个高飞球？[74]一个孩子能看到的全部信息只是球的位置轨迹。要真正推断球在三维空间的路径，需要解复杂的微分方程组，还需要解附加的方程来预测球的未来方向，以及解更多的方程来将结果转化为球员自己的运动。一个这么小的外场手是如何在没有电脑帮助，也没有练习过解微分方程的情况下，在如此短的时间内完成所有这些呢？显然，他并没有意识地去解方程，但是他的大脑是如何解决这一问题的呢？

自从《The Age of Spiritual Machines》出版以来，我们对这一技能形成的基本过程的理解有了很大的发展。正如我所假设的，这个问题并不是通过建立三维运动的心理模型来解决。相反，问题可以这样解决，直接将观察到的球的移动翻译成运动者的适当移动，并改变其胳膊和腿的位置。罗切斯特大学的亚历山大·博基特和华盛顿大学的劳伦斯·斯奈德描述了数学的"基础功能"能代表这种直接转化，即直接将视野中感知到的运动转化为所需的肌肉运动。[75]此外，对于最近取得进展的小脑功能模型的分析，证明了我们小脑的神经回路确实具有学习能力，然后通过运用基础功能实现这些感觉运动的转换。当我们采用逐步逼近的学习过程去执行一个感觉运动的任务时，如抓住高飞球，我们就是在训练小脑的突触学习适当的基础功能。小脑通过这些基础功能可以执行两种类型的转换：判断一个理想的结果是否可行（为"逆向内部模型"）和从可能的动作集中预测一个结果（"前进内部模式"）。托马斯·波吉奥指出，基本功能的概念描述了大脑的学习过程，这一点超越了电机控制。[76]

大脑区域有一块区域，其颜色由灰色和白色组成，有棒球大小，豆型，这一区域被命名为小脑，位于脑干之上，它包括超过大脑一半以上的神经元。小脑提供了很多方面的关键功能，包括感觉运动协调、平衡，控制运动的功能，并有能力预测行动的结果（我们自己以及其他动物和人）。[77]尽管其功能多种多样，但是它的突触和细胞组织极其一致，只涉及几种类型的神经元细胞，看上去它似乎只是在完成一种特定类型的计算。[78]

尽管小脑的信息处理方式是同样的，但是其广泛的职能可以通过从大脑皮层（通过脑干细胞核，然后通过小脑的苔状纤维细胞）和其他区域（特别是大脑的"下橄榄核"区域，通过小脑的攀缘纤维细胞）接收的各种输入来进行理解。小脑负责理解我们感觉输入的时间和顺序，同时控制我们身体的运动。

　　小脑也是说明大脑如此大的容量是怎样大大超过了它的紧凑基因组的一个例子（见图4-4）。大多数基因组致力于大脑对于各种神经细胞（包括树突、棘和突触）的详细结构的描述以及这些结构如何应对刺激和变化。相对的，几乎没有基因代码负责实际的"布线"。在小脑中，基本的布线方法被重复数十亿次。显然，没有基因组提供有关每个小脑结构每一次重复的具体信息，相反，它们提供了具体的某些约束，对这些结构怎样重复（正如基因组没有指定其他器官细胞的确切位置一样）制定了一些限制。

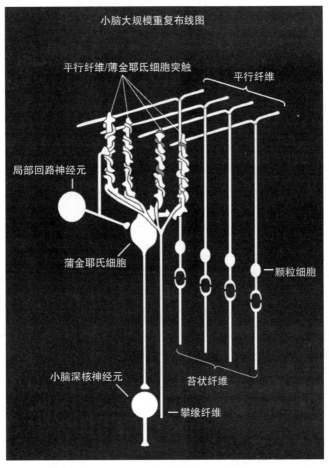

图　4-4

　　小脑的产出输送到大约 20 万 α 运动神经元中，从而确定最终的信号来控制身体中大约 600 块肌肉组织。输入到 α 运动神经元的物质不会直接指定每个肌肉组织运动，而是进行更紧凑地编制，因此很难明确理解这一过程。指定肌肉运动的最终信号由更低级的神经系统决定，特别是脑干和脊髓。[79] 有趣的是，这个组织在章鱼的身体里使用到了极限，中枢神经系统向它的每个触角发出高层指令（如"抓住这个物体，把它拿得近一些"），将信号传递给每个触角内的外围神经系统来执行该任务。[80]

　　最近几年，我们对小脑的三种主要神经类型有了很多认识。称作"攀缘纤维"的神经元提供信号来训练小脑。小脑的大多数输出结果都来自蒲金耶氏细胞（是以约翰内斯·蒲金耶氏的名字命名的，他于 1837 年发现了这种细胞），每一个蒲金耶氏细胞可以接收大约20 万的输入（突触），而普通的神经元一般只能接收 10 万左右。大部分的输入都来自于颗粒细胞，这种细胞是最小的神经元，大约每平方毫米 600 万个（见图 4-5）。在研究小孩学习写字时小脑作用的试验中，研究人员发现蒲金耶氏细胞决定着移动的序列，每一个细胞影响一个具体的移动动作。[81] 很明显，小脑需要从视觉皮质不断获得视觉感知。研究人员将小脑细胞的结构和实验观察关联起来发现，在写字时，移动轨迹的曲率和移动的速度成反比。就是说，当你写字时，画直线的移动速度明显比画曲线时快得多。

得克萨斯大学的小脑建模与仿真

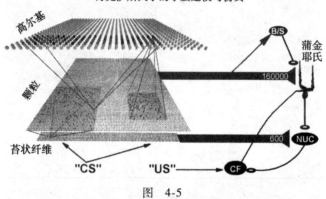

图 4-5

复杂细胞研究和动物研究为我们提供了关于生理学和小脑突触组织，[82] 输入和输出的数据解码，以及执行转变的详细描述。基于多项研究得到的数据，哈维尔·麦迪纳、迈克尔·马克和他在得克萨斯州医学院的同事们为小脑设计了一种自底向上的详细模拟。[83] 它具有一万个模拟神经元和三万个神经突触，并且它包括了小脑中所有重要类型的细胞。[84] 这些细胞和神经突触的连接由一台计算机控制，这台电脑依据一些限制和规则进行"布线"，从而模拟小脑区域的功能。这一点与遗传序列控制真实人脑布线的随机（有限制条件的随机）方法类似。[85] 而想把得州大学的小脑模拟扩展成一个更大规模的模型也并不困难。

得州大学的研究者们为他们的神经模拟提供了重要的研究经验，并将实验结果与很多关于真实人类的相似实验进行了对比。在人类研究中，我们进行了这样的实验：在发出音响的同时对被研究人员的眼睑吹一阵空气，这样人的眼睑就会关闭。如果结合空气和音响这两种因素进行 100 ~ 200 次实验，这名参与者就会学到这种关联，而之后仅仅是听到音响，就会闭上眼睛。而如果之后又采用只有声响而不再对眼睛吹气，那么该参与者将最终分离这两种刺激（并会"结束"这种响应），所以学习是双向的。之后经过调整各种参数，使模能够合理匹配人和动物小脑调节的实验结果。有趣的是，研究人员发现，如果他们模拟小脑损伤（删除部分模拟小脑网络），结果和使兔子小脑真实损伤实验得到的结果也很相似。[86]

由于这一大块大脑区域的一致性以及与之相关的神经元间布线的简单性，其输入输出的转变与其他区域相比要容易理解一些，尽管这些关联方程式还需要继续精炼改进，但这一自下而上的模拟确实令人印象深刻。

另一个例子：瓦特的听觉区域模型

　　我相信创造一个类人脑智能的方法就是建造一个实时工作模拟系统，足够详细和准确地表达每个需要执行的计算的本质，并能对该实时系统进行度量以核实其操作的正确性。之所以要求实时系统是因为我们不得不去处理那些不方便的、复杂的真实世界的输入，而这些输入我们以前并没有考虑如何去表达。这一模型一定要在足够的分辨率下运行，这样才能与实时系统相匹配，所以我们对于每一阶段所代表的信息都建立了正确的直觉知识。根据密德的说法，[87] 这一模型有必要从实时系统中已经理解得很好的系统边缘（例如传感器）开始，之后进入理解得少一些的区域……通过这种方法，这一模型可以从根本上促进我们对这一系统的理解，而不是简单地反映已具备的理解水平。在这种极其复杂的情况下，也许唯一能够理解实时系统的实际方式就是建立一个工作模型，随着不断发展，在传感器内部建立我们新的有效能力——形象化系统的复杂性。这种做法可以称作大脑逆向工程……请注意，我不是在倡导盲目地复制这些我们不明白其目的的结构，就像故事中的那样，伊卡洛斯天真地建造了羽毛和翅膀，以为这样就可以飞翔。相反，我主张尊重已经是在较低水平被很好理解和认识的复杂性和丰富性，只有这样我们才能向更高的水平进发。

——劳埃德·瓦特[88]

　　关于大脑区域神经形态建模的一个重要例子就是劳埃德·瓦特和他的同事们开发的人类听觉处理系统的一个关键部分的综合复制（见图4-6）。[89] 它基于特定神经类型的神经生物学研究以及神经元连接信息。该模型与人类听觉有着许多相同的属性，可以进行声音来源定位和声音识别，它有5条听觉信息处理的平行通路，包括神经处理每一阶段信息的中间表示法。瓦特按照实时计算机的操作实验他的模型，虽然这项工作仍在进行当中，但它已经阐明了神经生物学模型和大脑连接数据转化为仿真的可行性。这一软件不是像已经描述过的小脑模型那样基于复制单个神经元和连接，它是基于每一区域所执行的转换。

　　瓦特的软件已经能够匹配人类的听觉和辨音能力小实验中所显露出的错综复杂的关系。瓦特使用这一模型作为语音识别系统的预处理（前端），已经证实可以从背景音中识别出一位发言者（"鸡尾酒会效应"）。这是一个了不起的壮举，这将实现人类有能力做到而在自动语音识别系统中却一直未实现的功能。[90]

　　就像人的听力，瓦特的耳蜗模型被赋予了光谱灵敏度（我们在某个固定的频率范围能够听得更好）、时间回应（我们对于声音的传送时间很敏感，它使我们感知到声音来源的空间位置）、掩蔽、非线性频率相关的振幅压缩（允许更大的动态范围，即同时听到响亮和安静的声音）、增益控制（扩增），以及其他微妙的特征。它获得的成果可以直接由生物和心理物理数据给出验证。

　　该模型的下一个部分是耳蜗神经核，耶鲁大学神经科学和神经生物学教授戈登·谢福德[91] 将其描述为"大脑内理解得最好的区域之一"。[92] 瓦特的人工耳蜗神经核仿真模型正是基于杨戈的工作，杨戈详细描述了"这些并不可少的细胞类型，旨在探测频谱能量，宽带瞬变和光谱波道的微调，提高暂时包围在光谱波道、光谱边缘和缺口内的灵敏度，以及所有在尖峰神经编码的有限动态范围内再次调整而获取的最优灵敏度"。[93]

　　瓦特模型还捕捉到了许多其他的细节，例如由中间上橄榄体细胞计算出来的两耳时间差（ITD）[94]。除此之外，它还能描绘由侧面上橄榄体细胞计算出的双耳位准差（ILD），以及下丘细胞产生的规范化和调整方法。[95]

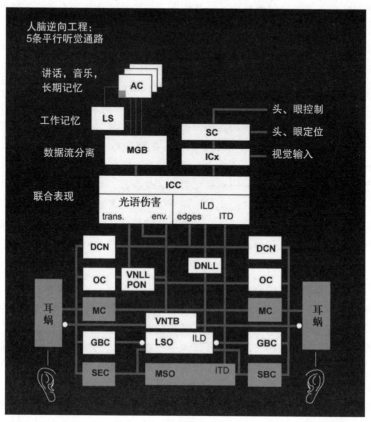

图   4-6

视觉系统

我们在视觉信息编码上已经取得了足够的进步，实验性的视网膜移植已经取得了很大进展并可以利用外科手术移植到病人的眼部。[97]但是由于视觉系统的相对复杂性，我们对于视觉系统的认识还远远不如对于听觉区域的认识深刻。我们有初步的两个视觉区域（分别称为 VI 和 MT）执行转换的模型，尽管它们不在视觉神经层。另外还有其他的 36 个视觉区域，我们需要在很高的解析度下或者是利用精确的传感器才能够扫描这些更深层的区域，以便查明它们各自的功能。

麻省理工学院的托马斯·博吉奥是视觉处理认知的先驱，他将自己的工作分为两种：识别和分类。[98]根据他的解释，前者相对来说比较容易理解，我们已经设计出能够成功识别人脸的实验版和商业版系统。[99]这些系统已经成为安全系统的一部分，用来控制职员的出入的门禁，另外，在提款机中也有应用。分类，即辨别如人和汽车之间或狗和猫之间的不同之处，这是一个比这些更复杂的工作，尽管现在已经取得了一些进步，但还是远远不够的。[100]

视觉识别系统的早期阶段（根据进化论）很大程度上是一种前馈系统（没有反馈），

这个系统能够检测到日益复杂的事物特征。博吉奥和马克西米兰·瑞斯胡博尔写道："猕猴的后颞叶下皮质的一个单一神经元可能会变成……具有成千上万复杂形状的字典。"有证据表明视觉识别在识别过程中（包括 MEG 研究）使用了前馈系统，并显示人类视觉系统检测物体时需要大约 150 毫秒。这和颞叶下皮质的功能检测细胞的潜在因素相匹配，所以在早期的决策阶段，反馈作用的时间看上去并没有发挥很大的作用。

最近的实验已经开始采用分等级的方法，由此检测的特征就可以在系统的后期阶段进行分析。[101] 从对猕猴的研究得知，经过训练的猕猴，其颞叶下皮质的神经元好像对物体的复杂特征会做出回应。尽管大部分的神经细胞只是对所看到的物体的特殊景象有反应，还有一些则是不管看到什么景象都有反应。其他关于猕猴视觉系统的调查还包括研究一些细胞的特殊类型、连通性模式，以及对于信息流的高水平描述。[102]

很多的文献资料表明，在很多更复杂的模式识别任务中，我称为"假设和检验"的方法是很有效的。例如，首先猜测观察到的事物究竟是个什么东西，然后再检验你的假设和你的实际观察有多大的匹配度。[103] 我们经常更关心的是假设，而不是事后的检测，这也就解释了为什么人们常常宁愿相信他们假设看见和听见的事物而不是实际存在的事物。当然，"假设和检验"在我们以计算机为基础的模式识别系统中也非常有用。

尽管我们常常错误地认为可以眼睛中获得高分辨率的图像，而实际上，视神经传递给我们的只是视觉区域感兴趣点的大致轮廓和蛛丝马迹。然后我们通过皮质记忆（用来解释一系列平行通道上极端低分辨率的影像）来制造这个世界的幻象。在 2001 年的《自然》杂志发表的一篇文章上，加州大学伯克利分校的分子与细胞生物学教授弗兰克·维布林和他的博士生波顿·罗斯卡，M. D. 向我们展示了视神经所承载的 10 ~ 12 个输出通道，它们每一个都只承担已给出景象的很少信息。[104] 我们称为神经节细胞的其中一组只是传递了一些关于物体边缘轮廓的信息（changes in contrast），另一组则具有检测大面积相同颜色的功能，而第三组只是对于兴趣点背后的背景比较敏感（见图 4-7）。

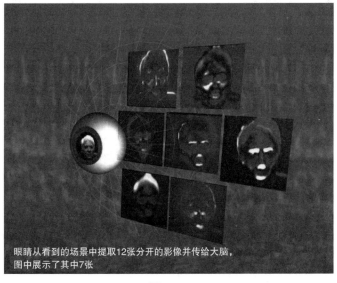

眼睛从看到的场景中提取12张分开的影像并传给大脑，
图中展示了其中7张

图　4-7

维布林说："尽管我们认为我们如此完整地看到了这个世界，而事实上，我们所看到的也仅仅只是一些暗示性的信息以及时间和空间的轮廓而已。这 12 张图像是我们一直以来所获得的周围事物的所有信息，它们是如此稀疏，而我们正是利用这些重建了我们丰富多彩的视觉世界。我很好奇，为什么自然最终会选择这么简单的十二种影像，而它又是如何向我们提供我们所需要的这个世界的全部信息的呢？"这样的发现对于智能系统的发展肯定具有很大的推进作用，而在这种系统中，眼睛以及早期的视觉处理将会被取代。

在第 3 章中，我提到的了机器人技术的先行者汉斯·莫拉维茨，他已经通过视网膜神经和大脑中早期的视觉处理转变了工程学上的图像处理。汉斯·莫拉维茨用了 30 年的时间致力于建造一个系统，期望这个系统能够赶上人类视觉系统的能力，从而达到从视觉上重建世界的目标。而它只是在最近才有足够的处理能力，因为微处理器已经能复制人类级别的特征检测，而莫拉维茨正在应用他的计算机模拟新一代的机器人，使之能够通过人类水平的视觉能力在复杂的环境中自动导航。[105]

卡福·密德一直引领着特殊神经芯片的研究，它将晶体管使用于它们天然的模拟模式，这一模式可以提供非常有效的神经处理的模拟仿真。密德展示过这样一个芯片，此芯片可以应用该方法模拟视网膜的功能，并进行视觉神经早期转换。[106]

检测移动是视觉识别的一种特殊类型，它是杜平根生物物理研究所的重点研究领域。最基本的研究模型很简单：将一个感受器上的信号和在其邻近感受器的延迟信号相对比。[107]这一模型要求速度在特定范围内，如果超过某一特定速度，则会导致令人惊讶的结果。这时，当观察对象的速度继续增加，移动探测器响应灵敏度将减少。动物实验结果（基于行为和我的分析，以及神经产出）和人的实验结果（基于报道的看法）都与该模型很匹配。

正在行进中的其他工作：人造海马体和人造小脑

海马体对于新信息的学习和长期的记忆存储都具有很关键的作用。南加州大学的特德·伯杰和他的同事们通过数万次的电信号刺激老鼠的海马体切片，从而绘制出该区域的信号模式，以此来确定哪些输入可以产生相对应的输出。[108]随后他们开发出了一种模拟这种结构的实时数学模型，这种数学模型模拟了海马体的信息转换，并且他们已经把这个程序固化到一个芯片上。[109]为了测试这一芯片，他们计划首先破坏动物原有的海马体，并记录产生的失败存储，然后将海马体芯片安装到被破坏的区域，并检测动物的记忆能否在芯片上重现。

最终这种方法能够用来取代患伤风、癫痫或者阿尔兹海默症的病人的海马体。这种芯片将被植入病人的头盖骨上，而不是大脑内，它能够通过两列导线和大脑进行通信，以取代损坏的海马体区域的功能。其中一列导线是用来接收大脑传来的电信号，另一部分则是用来向大脑回馈相应的信息。

另一个被模式化和被模拟的是人类的小脑区域，它负责调节人的平衡和协调四肢的运动。该国际研究小组努力的目标是将他们的人工小脑电路应用到军用机器人以及一般的机器人中，以便有效地协助残疾人。[110]选择这一特定的大脑区域的一个原因是："这是目前在所有脊椎动物都具有的部分，不管是在最简单还是最复杂的大脑中，它都是大同小异的，"鲁道夫·利纳斯，纽约大学医学院神经学的研究人员之一，他这样解释道，"这一假设是保守的（在进化过程中），因为它是一种很智能的解决方案。由于系统涉及运动协调，因此我们希望一个机器拥有先进的电机控制，那么（用来模拟的电路的）进行选择将会很容易。"

他们的模拟器的一个独特的方面是它使用模拟电路。类似于密德对大脑区域仿真的开创性研究，研究人员发现，通过在模拟模式中使用晶体管可以实现更少的组件而达到更高的性能。

其中一个小组的研究人员是美国西北大学的神经学家，费尔南多·穆萨－伊瓦尔迪，他评论了一个人造小脑电路在帮助残疾人上的应用："想想一个瘫痪的病人，可以设想很多寻常的事情，例如取一杯水、穿衣、脱衣，如果有一个机器人可以帮助他，就可以使病人更加独立。"

高级别的理解功能：仿效、预言和情感

思想的运作就像是战斗中的骑士——严格地控制着自己的数量，他们需要马匹，并且只在关键的时刻派上用场。

——阿尔弗雷德·诺斯·怀特海德

人类智能的显著特点不是运作的时候它在做什么，而是停止的时候它在做什么。

——马文·明斯基

如果爱是一个答案的话，你能为这个答案寻找一个问题吗？

——莉莉·汤姆林

因为它位于神经层次的顶端即大脑皮层，这是人类知之甚少的大脑部分。这个区域由六个位于大脑半球的最外层薄层组成，其中包含了数十亿个神经元。根据索尔克研究所计算神经学实验室的小托马斯·巴托尔的生物学研究，"1 立方毫米的大脑皮层可能包含了 5 亿个有秩序的不同形状和大小的神经突触。"大脑皮层负责知觉、规划、决策以及我们认为是意识性思维的大部分。

我们能够使用语言——这个我们人类物种的另一个特有的属性似乎就位于大脑皮层区域中。这里有一个有趣的线索，是关于语言起源和促使区别性技能形成的关键性进化变革的：我们观察到只有少数灵长类动物能够使用（实际的）镜子去掌握技能，如人类和猴子。理论家吉亚科莫·里佐拉蒂和迈克尔·阿比布提出假设：语言起源于做手势（猴子会，当然人类也会）。做手势要求能够在思想上将动作和对自己手势的观察相关联。[111]他们的"镜子系统假说"中语言进化的关键是一个叫做"等价"的性质，所谓"等价"是指对于做手势的一方和接受手势的一方对手势（或者言论）的理解有着相同的意义。这就解释了为什么你在镜子中所看到的和某个观察你的人所看到的是一样的（尽管要左右颠倒）。其他的动物不能够以这种方式理解镜子中的影像并且可以相信它们失去了等价这一关键能力。

一个与此紧密相关的概念是仿效他人动作的能力（或者像人类婴儿学发声的例子）对语言的发展至关重要。[112]模仿要求能够将看到的演示分解成几个部分，每个部分都能够通过递归和迭代的改进来掌握。

在语言能力学的新理论中，认为递归是一项关键能力。在诺姆·乔姆斯基的人类语言

早期理论中，他引用了许多共同属性来解释人类语言的众多相似之处。在 2002 年由马克·豪泽、诺姆·乔姆斯基和特库姆塞·费奇所撰写的论文中，作者引用了递归这一单一属性来证明人类物种独特的语言天赋。[113] 递归是将多个小的部分组合成一个大的部分，并且将这个大部分作为其他结构的一部分来使用，然后反复继续这个过程的能力。通过这种方式，我们就能够以有限个单词建立句子和段落的详细结构。

另一个重要的人类大脑特征是预测的能力，包括预测我们的决定和行为的结果。一些科学家认为预测是大脑皮层的主要功能，尽管小脑在预测活动中也起着重要作用。

有趣的是，我们能够预测或者预期我们自己的决定。加利福尼亚大学戴维斯分校的生理学教授本杰明·里贝特的工作显示，发起一个行为的神经活动比大脑做出采取行动的决定要早 1/3s。言外之意，里贝特认为决定是真实存在的错觉，即"意识跳出了循环"。认知科学家和哲学家丹尼尔·代尼特描述的现象如下：这一行为由大脑的某个部分加速，飞速把信号发送给肌肉，并且在途中暂停告诉你的意识代理将要发生什么。[114]

最近进行的一项相关的实验是，神经生理学家用电信号刺激大脑上的点位来产生特定的情感。这一课题随即给出了经历那些情感的解释。众所周知，那些左右大脑无法沟通的患者，大脑的其中一半（通常是左半脑）会对由另一半脑引起的动作给出复杂的解释（"虚构症"），就像左半脑是右半脑的公共关系经纪人一样。

人类大脑最复杂的能力是我们的情商，我将它视为大脑最尖端的技能。我们能够恰当地感知回应情感，在社会环境中做出反应，有道德，听得懂笑话并且能感知艺术音乐，这些都是大脑有内部连接的复杂的高级功能。很明显，低级的感知与分析功能会参与到大脑的情感处理过程中，但是我们已经开始理解大脑的这个区域甚至能够模拟特定的神经元去解决这些问题。

这些最近的解释可以帮助我们去理解人类大脑与其他哺乳动物差异。答案很微小但却很关键，这些能帮助我们理解大脑怎样处理情绪和一些相关的情感。一个区别点是人类的大脑具有非常大的脑皮层，使我们拥有很强的规划、决策和一些相关的分析思维能力。另外一个重要的区分点是情感被一种叫做梭形细胞（只在人类和类人猿中发现）的特殊细胞所控制，这些细胞非常大，而且有很长的神经细丝（称作尖端突触），这些神经细丝传递着来自很多其他大脑区域的特异性信号（见图 4-8）。随着人类进化进程的深入，这种特殊神经元提供的广泛连接或者这种深层次的连接变得越来越显著。考虑到感情的复杂性，我们不会为梭形细胞建立深层连接以帮助我们处理情感和道德判断而感到惊讶。

令我们惊奇的是，在这狭小的区域里只有极少量的梭形细胞，人类大脑中大概只有80 000 个（45 000 个在右半球，35 000 个在左半球），虽然差别很小，但是这些不同似乎能够解释为什么情商是由右脑控制。大猩猩拥有约 16 000 个梭形细胞，倭黑猩猩有 2 100个，黑猩猩有 1 800 个。其他哺乳动物则完全没有。

凤凰城巴罗神经学研究所的亚瑟·克雷格博士最近提供了一个关于纺锤体细胞结构的描述。[115] 来自皮肤、肌肉、组织和其他地方的神经输入（估计在数百兆每秒）流进脊髓上部。这些神经携带的信息涉及触觉的、温度的、酸度的（例如，在肌肉中的乳酸）、食物通过胃肠道时的蠕动，以及许多其他类型的信息。这些数据会在脑干和中脑中进行处理。称作 Lamina 1 的关键神经元细胞绘制了一幅反映身体当前状态的地图，就像飞行控制者用来跟踪飞机的显示器。

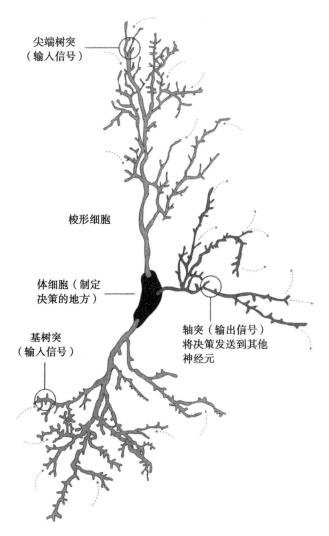

尖端树突
（输入信号）

梭形细胞

体细胞（制定
决策的地方）

基树突
（输入信号）

轴突（输出信号）
将决策发送到其他
神经元

图　4-8

　　然后信息会流过一个称为后腹内侧核（VMpo）的螺母大小的区域，它似乎能够推断出身体状态的一些复杂反应，例如，"这个尝起来很糟糕"，"好臭"，或者"光好刺眼"。这些日益复杂的信息最终在两个称为岛状皮层的区域结束。这些小指大小的结构位于皮层的左右两侧。克雷格把 VMpo 和两个岛状区域描述为"代表物质我的一个系统"。

　　虽然机制尚未明确，但是这些区域对于自我意识和复杂情感是至关重要的。它们在其他动物身上更小。例如，VMpo 在猕猴身上差不多只有一粒沙子大小，在低级动物中就更小。根据爱荷华大学的安东尼奥·达玛西奥博士的观点，这些发现越来越达成一个这样的共识，那就是我们的情感和那些包含身体地图的大脑区域是紧密联系的。[116]他们也与这样的观点达成一致，即我们很多的想法直接针对于身体，保护和提高自身，积极满足它们无数的需求和欲望。

最近，我们已经发现从身体上以感知信息开始的另外一个层面上的过程。从两个脑区来的数据传输到右脑前面的一个叫做前岛叶的微小区域中。这是一个存在梭形细胞的区域，tMRI 扫描为我们揭示出这个区域在人类处理像爱情、愤怒、忧伤和性欲的高层次的情感时会变得非常活跃。目标人物看着他的伴侣或者听到自己孩子的哭声时，梭形细胞也会受到刺激。

人类学家认为梭形细胞第一次出现是在 1 000 ~ 1 500 万年前，在一种未被发现的常见的类人猿和猿人祖先中，他们的数量在 10 万年前迅速增长。有趣的是，新生儿没有梭形细胞，这些细胞在小孩 4 个月大的时候开始出现，并在 1 ~ 3 岁时迅速增长。幼儿对道德问题与复杂感情（比如爱）的处理和感知能力也是在这个时期发育的。

梭形细胞是通过它们长的顶端树突与其他大脑部位的深入联系来获得能量的。因此，顶端树突所处理的高水平情感活动受感觉和认知领域的影响，对梭形细胞的具体活动方法进行逆向工程是很困难的，正因如此，只有掌握与它们相连接的其他区域的更好模型才能够实现。然而，令我们意外的是，专门处理这种情绪的神经元非常少。小脑有 500 亿神经元帮助我们处理技能的形成，大脑皮层中有数十亿神经元用来转换认识和理性规划，但却仅有八万梭形细胞处理高级情感活动。必须指出的很重要的一点是，梭形细胞并不做合理分析，这就是为什么我们在音乐与爱情面前没有理性。然而，大脑的其他区域则忙于赋予我们神秘的高级情感活动以真正的意义。

大脑与机器间的接口

我想在我的人生中有所作为；我想成为一个电子人。

——凯文·沃里克

理解大脑的工作原理能够帮助我们设计相类似的生物启发机。另一个重要的应用是连接人脑和电脑，我认为这种结合在未来的几十年将更加亲密。

美国国防部高级研究计划局每年花费 2400 万美元用于调查研究电脑和人脑的直接连接。就像前面内容中所描述的那样，麻省理工学院的托马斯·波吉奥和詹姆斯·迪卡洛，以及加州理工学院的克里特·科赫，正致力于开发视觉对象的识别模型并研究信息的编码方式。这些研究最终将应用于将影像直接传递到我们的大脑中。

米格尔·尼克勒斯和他在杜克大学的同事们将传感器植入猴子的大脑中，使猴子仅通过思考就能控制一台机器人。实验的第一阶段是教猴子们利用操纵杆来控制屏幕上的光标。科学家们收集了大脑传感器的脑电图信号格式，随后控制光标使其对正确的格式而不是机械地操作操纵杆产生反应。猴子们很快认识到操纵杆不再管用，它们能通过思考来控制这些光标。这个系统挂接到了机器人中，猴子能够学习仅仅通过思考来控制机器人的活动。通过对机器人活动的视觉反馈，猴子可以完善它们控制机器人的思想。这项研究的目的在于给瘫痪的患者提供相似的系统，使他们能控制自己的四肢及周围的环境。

连接神经移植物和生物神经元的一个重要的阻碍是神经胶质细胞，神经胶质细胞通过包裹外部侵入物来保护大脑。特德·伯杰和他的同事们正在开发某种特殊涂料，这些涂料是生物制品，从而能够吸引而不是排斥附近的神经元。

慕尼黑的人类认知和脑科学研究所正在试用将神经和电子设备直接连接的另一种方

法。英飞凌公司制造的芯片能够使神经元在基板上生存，同时基板提供神经与电子传感器以及电流刺激器的直接接触。加州理工大学对于"神经芯片"相类似的研究证实了神经元和电子之间双向、无创性的联系。[117]

我们已经知道如何结合外科手术来安装神经移植物。在人工耳蜗（内耳）移植物中，我们可以看到，听觉神经通过进行自重组来正确翻译来自于移植物的多通道信号。相类似的过程将应用于帕金森病患者的大脑刺激移植。美国食品和药品管理局批准的大脑移植物是这样的，大脑移植物附近的生物神经元接受到电子设备的信号并进行回应，就好像它们接收到了来自神经元的信号运行一样。最近几例帕金森病患者的移植病例提供了从病患外部直接下载升级软件到移植物的可能性。

加速人类大脑逆向工程

人类作为第一个真正自由的物种，将摆脱自然的选择（创造我们的力量）……很快我们将能够深刻地认识自我，并且能够变成我们希望的样子。

——E·O·维尔森，《Consilience: The Unity of Knowledge》，1998

我们知道我们现在是什么，但是我们不知道我们有可能变成什么。

——威廉·莎士比亚

最重要的事情是：在任何时间都能为将来的我们牺牲现在的我们。

——查尔斯·杜波依斯

一些观察者担心：当我们开发模型、模拟、拓展人脑时，我们冒着巨大风险，即不能真正地理解我们正在从事的开发工作以及涉及的微妙平衡。作家 W·F·安德森写道：

我们也许就像喜欢把东西拆开的小男孩。他有足够的智慧来拆开一个手表，并且能够将其组装回来使手表能继续工作。但是，如果他试图"改善"呢？……这名男孩能够理解看得见的零件，但他不能理解控制弹簧强度的精确引擎计算。如果在这种情况下尝试改善，很可能只会损害它……我担心……我们也并不真的知道是什么造就了［生命］却正在胡乱修补。[118]

然而，安德森所关心的这些，并不能反映数以万计的大脑和计算机科学家广泛而艰苦的努力，他们在实施下一个步骤前总是有条不紊地测试出建模和模拟的局限性和能力。在没有对每个阶段进行详细分析的情况下，我们不会试图拆卸和重新配置大脑数以万亿的部件。对于大脑工作原理的认识过程是通过日益精细的建模完成的，而这些模型则来自于越来越准确而且分辨率很高的数据。

正如利用计算能力来模拟人类大脑那样，我们正在努力加快利用超级计算机扫描和模拟人类大脑意识，并建立可行的模型。就像本书的其他预言一样，关键是要了解这一领域发展的指数增长的性质。我经常遇到这样的一些同事，他们认为详细了解大脑的工作方法将需要一个世纪或更长的时间。正如这么多的长期科学预言那样，这一预言是基于对未来的看法而忽略了线性固有的加速发展情况的，这和每个潜在技术的指数增长一样。这种过于保守的观点也是源自对当代成就广度的低估，甚至在这一领域的从业人员也会产生这样的观点。

扫描和检测工具的整体空间和时间分辨率每年都增加一倍。扫描带宽、性价比和图像重现次数也可以看到类似的指数增长。这些趋势对于所有的扫描形式都是正确的，包括完全无创扫描、裸露头骨的扫描以及破坏性扫描。大脑扫描信息和模型建设的数据库大约也可以每年翻一番。

有证据已经表明，我们具备建立详细模型，并且对亚细胞部分、神经元和神经区域进行可行模拟的能力，这种能力能够保证所需的工具和数据的可用性。神经元和神经元亚细胞部分的性能往往涉及大量的复杂性和很多的非线性，但神经簇和神经区域的性能往往比它们的组成部分简单。我们通过有效的计算机软件实现日益强大的数学工具，能够准确地将自适应、半随机、自组织、高度非线性系统等这些复杂类型模式化。我们迄今为止在大脑一些重要区域的有效模拟这方面取得的成功显示了这一方法的效力。

目前出现的扫描工具将首次提供实时观察个别树突、棘和突触性能的时间和空间分辨率。这些工具将迅速引导新一代更高分辨率建模和模拟的出现。

一旦在 2020 年纳米机器人时代来临，我们将能够从自己大脑内部利用高分辨率观测到神经性能的所有有关特征。发送通过毛细血管数十亿纳米机器人，这能够使我们无创性地扫描整个正在实时工作的大脑。我们今天已经利用简陋的工具为大脑的广泛地区建立了有效的（尽管仍然不完全）模型。未来 20 年内，我们在扫描分辨率和带宽方面的计算至少会增加 100 万倍。因此，我们有信心会在 2020 年拥有数据收集和计算所需的工具来对整个大脑进行建模和模拟，这将使得我们有可能将人类智能运作的原则和来自其他人工智能研究的智能信息处理形式结合起来。我们还将受益于机器在存储检索、快速大量分享信息方面的强大力量。随后，我们将有能力在计算平台上运行这些功能强大的混合系统，而这一平台大大超过了人脑相对固定的架构的能力。

人类智力的可扩展性。为回应霍夫斯塔特关于人类智能是否仅仅在"自我认知"的临界值上下浮动的担忧，大脑逆向工程的持续加速明确说明了我们自身的理解能力——或者就此而言的任何其他一切——是没有极限的。人类大脑智能延展性的关键是我们在精神上建立现实模型的能力。这些模型可以是循环往复的，也就是说一个模型可以包含多个其他的也很成熟的模型：例如，一个生物细胞的模型可以包括细胞核、核糖体和其他细胞结构。同样的道理，核糖体的模型也可以包含其亚分子的组成部分，进一步分解到原子、亚原子微粒和它们之间的作用力的程度。

我们理解复杂结构的能力是不必分层次的。一个像细胞或者人类大脑这样复杂的系统不能简单地分解成构成其的子系统和部件。我们拥有日渐精密的数学工具来弄明白秩序和混乱交相混杂的系统（实际上在细胞和大脑中它们并不少见），并且理解复杂的违背逻辑的相互作用。

能够自我加速的计算机在帮助我们处理日渐复杂的模型上正变得越来越不可或缺。很明显，如果我们仅仅局限于思维能够想到的模型，而不去用技术来加以辅助的话，霍夫斯塔特的担忧就可能成为现实。我们的智力刚好超过理解自身智力的临界值，这源于我们与生俱来的能力，并结合我们自己创造的工具去设想、精炼、扩展、抽象变化，以及我们愈发精细的观测模型。

人脑上传

成为一个计算机想象力的镜像。

——大卫·维克特，GODLING 专业词典中关于"上传"的定义一个比"扫描大脑来理解它"更加具有争议性的方案是"扫描并更新"。上传大脑意味着要扫描所有突出细胞并且把细节具体细化成相对应的强大计算基板。这个过程需要采集一个人完整的性格、记忆、技能和经历。

如果我们真的要去抓住一个特定人物的心理过程的话，那么思维的重现将需要一个实体，因为我们那么多想法都是为了满足生理上的需求和欲望。正如我要在第 5 章里讨论的那样，当我们拥有获取并重塑一个有着精密细节的大脑的能力的时候，我们会有更多关于 21 世纪的有实体和不具实体的人类的选择。人体 2.0 版本将包括完全逼真的虚拟环境下的虚拟身体，以纳米技术为基础的肉体，以及更多种的身体形态。

在第 3 章讨论了对于存储和计算需求的估计。虽然估计 10^{16} cps 的计算能力以及 10^{13} bit 的存储空间足以模仿人类的智力水平，但我对上传的需求估计却还是要更高一些：分别为 10^{19} cps 和 10^{18} bit。做出更高的估计值的原因是，较低的估计值是基于重构人类行为对应的大脑区域而得到的，而更高的估计值则是基于捕获我们大约 10^{11} 个神经元和 10^{14} 个神经元连接的各个显著细节做出的。一旦上传具有可行性，我们就很有可能得到足够的解决方案。例如，我们将会发现我们有足够的能力模拟某些基本的支撑函数，如基于功能的（通过插入式标准模块）感觉数据的信号处理，以及储存捕获的那些仅仅是真正负责个人性格和技巧的区域的子神经元细节。尽管如此，我们还将在讨论中使用更高一些的估计值。

基本的运算资源（10^{19} cps 和 10^{18} bit）在 21 世纪 30 年代将可以由 1 000 美元来实现，这大约比功能模拟所需要的资源晚了 10 年。上传对扫描的要求相比于仅仅重塑人类智力的全部能力更加令人望而生畏。理论上，我们可以仅仅依据捕捉所有必须细节来上传一个人的大脑模型，而不必理解大脑的整体架构。而实际上，这种方法并不可行。只有理解了人类大脑的工作原理，我们才能揭示哪些细节是必不可少的，而哪些是会导致混乱的。我们需要知道，例如，神经递质里哪些分子是至关重要的，并了解我们是否需要捕获总体水平、地位、位置以及分子形状。就像我前面讨论的那样，例如，我们仅仅是了解到突触中肌动蛋白分子的位置和 ePEB 分子的形状是构成记忆的关键。在确定理论的正确性之前，我们无法确认哪些细节是至关重要的。这一点可以通过图灵测试的形式加以确认并证明，我认为这在 2029 年之前是可以实现的。[119]

为了可以捕捉这一层次的细节，我们将需要利用纳米微型机器人从内而外地扫描大脑，这一技术预计将在 21 世纪 20 年代后期成熟。因此，21 世纪 30 年代前期是一个计算性能、存储，以及上传技术达到全脑扫描先决条件的合理期限。就像其他技术一样，它也会不断地完善自我、提高性能，因此，保守估计到 21 世纪 30 年代末人脑上传将成功实现。

我们有必要指出，一个人的性格和技能不是只存在于其大脑中（虽然大脑是一个主要区域）。我们的神经系统遍布整个身体，但同时内分泌系统（荷尔蒙）也对我们具有重要的影响。然而，绝大部分的复杂性还是存在于大脑（大部神经元所处的位置）中。而内分泌系统的信息带宽很低，因为其决定因素是整体荷尔蒙的水平而不是每个激素分子的精确位置。

智能上传的实现将以通过"雷·库兹韦尔"式或"简·史密斯"式的图灵测试作为里程碑事件，换句话说，使人分辨不出这是上传的重塑虚拟人类还是原型的本体人类。那时，困扰我们的将是如何建立一套有效地图灵测试规则。既然非生物的智能将通过最初的图灵测试（在 2029 年左右），那么我们是否允许一个非生物的虚拟人类作为一个法官呢？那换作一个加强型的人类呢？未经加强的人类有可能将越来越难寻找。在任何情况下都很难定义何为加强，因为在我们实现人脑上传后将会出现许多不同层次的扩展生物智能。然而，上传智能的非生物部分相对简单一些，因为复制计算机智能的简易程度总是体现计算机的一个优势因素。

另一个问题是，我们需要多快来浏览一个人的神经系统？这明显不可能在瞬间完成。而且即使我们为每个神经元提供一个纳米机器人，也需要花费一定时间来收集数据。也许有人会反对，因为在收集数据的过程中一个人的状态也是在不停改变的。上传资料反映的是在一个时间段的人而不是精准的一瞬间的人，即使时间仅仅过了一秒。[120]但是考虑到这个问题不会妨碍上传一个"简·史密斯"图灵测试，当我们在日常的活动上与别人相遇，即使距离上次相遇已有很长时间，但我们仍然会被认作是自己。如果大脑上传能够充分精确到可以重塑一个人的状态（其中包含稍纵即逝的一 s 或者几分钟里一个人所承受的自然变化），如果是这样的话，大脑上传就可以达成任何能够想象到的目标。一些观察家通过罗杰·帕罗斯关于量子计算和意识（见第 9 章）的链接理论来说明上传是不可能的，因为一个人的量子态将在观察期间不停地改变。但我要指出的是，在我写这句话的时候量子态也改变了很多次，但我仍然认为自己是同一人（这点似乎并不会有人反对）。

诺贝尔奖获得者杰拉德·埃德尔曼指出在能力和能力描述之间是有差别的。一个人的照片是不同于他本人的，即使"照片"是具有非常高的分辨率和三维度。然而，上传的概念超过了超高分辨率浏览，这一点我们可以类比埃德尔曼列举的"照片"这一事例。浏览不需要捕获所有显著的细节，但是他也需要将具有这种原始能力的工作计算媒体实例化（即使新的平台能力肯定更强）。这些神经元细节需要使用和原来相同的方法与另一个（以及外部世界）进行交互。可以将计算机磁盘（一个静态的图片）上的一段计算程序和在正在合适的计算机（一个动态的交互实体）上运行的一段程序进行比较。数据捕获和动态实体的恢复构成了上传事件。

也许最重要的问题是上传的人类大脑是否真的是你。即使上传通过了个性化的图灵测试，且认为不同于你，人们还可以合理地问是否上传的是同一个人或一个新的人。毕竟，原来的人可能依然存在。我要推迟到 7 章来讲这些必要的问题。

我认为，上传最重要的因素将是把我们的智力、性格和技能阶段性地移交给我们智力的非生物部分。在 21 世纪 20 年代，我们已经有多种神经植入物，将使用纳米机器人开始用非生物智力来充实我们的大脑，包括从感受处理和记忆的"例行"功能到技能形成、模式识别和逻辑分析的一系列功能。到 2030 年，我们的非生理智力将占主导地位，到 2040 年，就像我在第 3 章提到的，非生物智力将拥有数十亿倍的能力。虽然我们还会继续保持一段时间的生物部分，但它的影响将会越来越小。因此，我们将会有效地上传自己，这一过程是阶段性的，而且我们完全不会注意到转移的过程。将不会有"旧雷"和"新雷"，只是一个能力逐渐增长的雷。虽然我相信，本章所讨论的在突然的浏览——移交过程中的上传，将会成为我们今后世界的特色，这是阶段性的，但它的前进步伐却是不可阻挡的，它将极大地扩展非生物思想，并深刻改变人类文明。

西格蒙德·弗洛伊德：当谈到人类大脑逆向工程时，你是在谈谁的大脑呢？一个男人的？一个女人的？一个孩子的？一个天才的？一个智障者的？一个"白痴学者"的？一个天才艺术家的？还是一个连环杀手的？

雷：我们谈论的最终包括以上所有。我们需要理解一些基本的操作原则，关于人类智力和各种技能是如何工作的。鉴于人类大脑的可塑性，我们的思想可以通过增长棘、突触、树突，甚至神经元来创造我们的大脑。因此，爱因斯坦的顶叶（与视觉图像和数学思维有关的区域）大大扩大。[121]然而在我们的头骨里，只有这么多空间。所以，虽然爱因斯坦也喜欢演奏音乐，但他不是世界级的音乐家。毕加索也不会写出伟大的诗篇，等等。如果我们重塑大脑，我们将发展各种技能，而不会局限于我们的能力。而且我们也不用为了提高一种能力而损坏其他技能。

另外，我们还可以洞悉我们之间的分歧以及获得人类功能障碍的认识。连环杀手到底是哪出了问题？毕竟这是与他的大脑有关系的。这种灾难性的行为显然不是消化不良的结果。

莫利 2004：你知道，我怀疑正是我们与生俱来的大脑区分了我们之间的不同。但我生活中的努力奋斗呢，以及所有我正在努力学习的东西又怎么讲呢？

雷：是的，不错，你说的这些也是模式的一部分，不是吗？我们有能够学习的大脑，自从我们学走路、学说话到在大学学习化学。

马文·明斯基：的确，训练我们的人工智能（AI）将是这一进程的重要组成部分，但我们使之自动化很多，并极大地加速这一进程。另外，请记住，当一个 AI 学习东西的时候，它可以与许多其他 AI 快速共享知识。

雷：它们将可以访问所有在网络上指数增长的知识，这还包括所有可居住、全沉浸的虚拟现实环境，在那里，它们可以与另一个将自己置身于这一环境中的生物人类进行互动。

西格蒙德：这些 AI 还没有身体。正如我们指出的，人类的情感和许多我们的思想是针对我们身体的，能够满足其感官和生理需要。

雷：谁说他们不会有身体？正如我将在第 6 章的"人体 2.0 版本"一节中讨论的，我们将有方法创造非生物，但具有像人一样的身体，以及虚拟现实中的虚拟身体。

西格蒙德：但是一个虚拟的身体不是一个真正的身体。

雷：说这个是"虚拟"是有点不合适。它意味着"不是真实存在的"，但实际情况将是一个虚拟身体在所有方面确实和物理上的身体一样真实。都知道电话是听觉虚拟现实，但却没有人觉得这个虚拟现实环境中的声音不是"真正的"的声音。我现在的身体不会直接感受到别人在我手臂上的触摸。我的大脑接收经过处理的信号，该信号始于我手臂的神经末梢，并依次经过脊髓、脑干直到脑岛区域。如果我的大脑或 AI 大脑能够接收到来自虚拟手臂上的虚拟触摸而产生的可比信号，那也没有什么明显的差异。

马文：请记住，并非所有 AI 都需要人类的身体。

雷：的确。作为人类，尽管有一些可塑性，但无论我们的身体还是大脑都有一个相对固定的架构。

莫利 2004：是的，称它是人类，这似乎是有些问题的。

雷：其实，我对于我的人体 1.0 版本的限制因素和维护方面上确实有一个问题，更别提我大脑的局限性。但我很感激来自人体上的乐趣。我的意思是，AI 可以而且将使人体在实际和虚拟现实环境中具有等价性。但是，正如马文指出的，它们不会仅仅局限于此。

莫利 2104：这不仅仅是将 AI 从版本 1. a 的身体中解放出来。人类的生物起源将在真实和虚拟现实获得同样的自由。

乔治 2048：请记住，在 AI 和人类之间不会有一个明确区分。

莫利 2104：是的，当然，除了 MOSHs（几乎是人类原始的本源）。

第 5 章　GNR：三种重叠进行的革命

人们不断地改进各种机械用具，这些不可思议的改进最令现代人感到兴奋与自豪……但是，如果技术的持续发展比动植物王国的进化更迅速，那将会发生什么呢？它会取代我们在地球的最高地位吗？正如植物王国缓慢地从矿石中发展而来，在地球占领统治地位；动物以相似的方式继植物之后统治地球；而就在最近的几个时代里，一个全新的王国异军突起，将来在这个王国中，我们也只能被视作远古物种的原型……人们每天赋予［机器］更强的力量，通过各种精巧的设计，为其提供自我调节、自我运行的能力，这些智能对于机器来讲，作用等同于智慧对人类。

——萨缪尔·巴特勒，1863（达尔文的《物种起源》发表后的第 4 年）

谁是人类的继承者？回答是：我们正在创造我们自己的继承者。在将来的某一天，人类与机器的关系就如同现今动物与人的关系。结论就是，机器具有或将具有生命。

——萨缪尔·巴特勒，1863 年的信件，《Darwin Among the Machines》[1]

21 世纪的前半叶将描绘成三种重叠进行的革命——基因技术（G）、纳米技术（N）和机器人技术（R）。这将预示着第 1 章所提及的第五纪元的到来——奇点的开端。现今，我们处在基因革命的早期阶段。通过理解信息在生命中的处理过程，我们开始学习改造自身的生物特征，以消除疾患、激发人类潜能，从根本上扩张生命的力量。汉斯·莫拉维茨指出，无论我们多么成功地微调基于 DNA 的生命体，人类仍旧是"第二级别的机器人"，这意味着，一旦我们能够完全理解生物运作的原理，并付诸工程设计中，那么生物本身的智能将无法企及机器的智能。[2]

纳米革命将使我们可以重新设计和重构（以分子为基本单位）人类的身体和大脑，以及与人类休戚相关的世界，并且可以突破生物学极限。即将来临的最具威力的革命，要属机器智能革命，具有智能的机器人脱胎于人类，经过重新设计后，将远远超过人类所拥有的能力。R 代表最为重大的变革，因为智能是宇宙中最强大的力量。如果智能足够先进的话，那么它将有能力预测并克服前进道路上的一切障碍。

然而，每次革命在解决先前的诸多问题的同时，也会引进新的风险。基因革命将会克服顽疾、防止衰老，但同时，也带了新生物工程中病毒所引发的潜在威胁。一旦纳米技术得到充分发展，那么运用该技术将使人类免于生物学上的危害。但是，它可能引发自我复制的危险，这比任何生物学上的危害都更为猛烈。我们可以通过充分发展机器人技术，从这些危害中解救自身，可又有什么能保护我们免遭这种超越了人类智能的机器人的侵袭呢？在第 8 章的结尾部分的讨论中我们将给出处理这些问题的对策。不管怎样，我们将审视在 G、N、R 三种相互重叠进行的革命中奇点的具体表现。

基因技术：信息与生物的交汇

我们注意到，我们所假定的这种特定成对的物质，直接表明了这极有可能是具有自我复制机制的遗传物质。

——詹姆斯·沃森和弗朗西斯·克里克[3]
（DNA 双螺旋结构的发现者。——译者注）

经过 30 亿年的进化，人类拥有一种先于自身的指令集合，它使得每一个人从一个细胞卵，演化成人，并最终走向死亡。

——罗伯特·沃特森（大气科学家）[4]

所有的生命奇迹和疾病痛苦的背后都蕴含着信息的处理过程，从本质上说，是软件程序，它出乎想象的精炼。人类的整个基因组是一段有序的二进制代码，大约只包含 8 亿字节的数据信息。正如之前所提及的，通过使用常规的压缩算法，去除其内的大量冗余后，可以只剩下大约 3 000 万 ~ 1 亿字节的数据，相当于当代软件程序的平均规模。[5]一套生化机器支撑着这段代码，它能够将这些 DNA "字母" 的线性序列（一维空间）转变为字符串的简单类似积木结构，即所谓的氨基酸。氨基酸依次折叠组成三维结构的蛋白质；这些蛋白质进而又构成小到细菌大到人类的所有生物（病毒介于生命与非生命之间，它也是由 DNA 和 RNA 片段组成）。这种机器本质上是一种具有自我复制功能的纳米级的复制器，它建立起精妙的结构层次和日益复杂的系统，这种系统包含于生命体内部。

生命的计算机

在进化的初期，信息被编码在基于碳元素的日益复杂的有机分子结构中。在数十亿年后，生物逐渐发展其自身的计算机，用以存储和处理基于 DNA 分子的数据资料。在 1953 年，沃森和克里克首先提出 DNA 分子的化学结构：由多核苷酸组成的一对双螺旋结构。[6]在 21 世纪初，我们最终完成了基因代码的破译工作。现在，我们通过了解 DNA 是如何命令其他复杂的分子和细胞结构（如信使 RNA（mRNA）、转运 RNA（tRNA）、核糖体）来完成自我复制，开始理解了其中所涉及的复杂的有关交流与控制过程的化学变化。

在信息存储级别上，其机制极其简单。DNA 分子包含数百万的横档，通过一种扭曲的磷酸——核糖骨架作为支撑。每一个横档上编入四字母表中的一个字母，这样，按照字母表上的编码，每一个横档编入两位的数据。字母表包括四种碱基对：腺嘌呤－胸腺嘧啶、胸腺嘧啶－腺嘌呤、胞嘧啶－鸟嘌呤、鸟嘌呤－胞嘧啶。

特定的酶可以复制每一横档上的信息，具体方法是将每一碱基对分开，然后对已分开的碱基分别进行重新配对，重组成两个相同 DNA 分子。其他的酶用于检测复制的有效性，具体方法是检测碱基对匹配的完整性。通过以上这些复制和验证，在碱基对排列过程中，这样的化学数据处理系统只有大约百亿分之一的出错概率。[7]更多的冗余和纠错代码固定在自身的数据中，因此，碱基对复制中产生的错误很少能导致有意义的突变。百亿分之一误码率中的绝大多数错误，导致相当于 "奇偶" 校验位的错误。这种错误可被系统中其他的标准检测出来并修正的，通过与对应染色体的配对，可以预防出现错误的比特位，从而防止引起其他重大的灾难。[8]最近的研究表明，遗传机制可以在雄性的 Y 染色体转录的过程中，通过使其上的每一个基因和它的复制品相匹配，检测到这种错误。[9]一旦转录的错误引起的是有益的改变，那么进化的结果就是有利的。

在技术上称为"翻译"的处理过程中，另外一系列化学物质把这些详细的数字程序付诸行动——制造蛋白质（见图5-1）。蛋白质链给予每个细胞结构、行为和智能。特定的酶将DNA上的一个区域解开，用于制造特定的蛋白质。通过复制这些裸露的碱基序列来生成一串mRNA。mRNA本质上是DNA字母序列的一部分。mRNA从细胞核内运动到细胞体内，然后核糖体分子读取mRNA上的代码。在生物复制的戏剧中，核糖体分子表现出中心分子的位置。一部分核糖体的作用就像磁带录音机的磁头，它读取mRNA碱基序列中编码的数据序列。字母（碱基）被归合成为三字母的单词，称为密码子，密码子决定蛋白质分子中的20种可能的氨基酸序列，而氨基酸又是蛋白质的基础成分。核糖体从mRNA中读取密码子，然后使用tRNA在同一时间内组装成拥有一个氨基酸的蛋白质链。

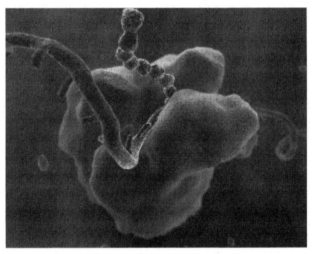

图　5-1

这个过程中值得注意的是最后一步，一维结构的氨基酸链折叠成为三维结构的蛋白质。由于涉及原子间十分庞大而且复杂的相互作用力，所以这一过程目前还不能被模拟。在本书出版时（2005年），超级计算机问世，有望使用它来模拟蛋白质的折叠，以及三维结构的蛋白质之间的相互作用。

蛋白质折叠同细胞分裂一样，都像是在生命的产生和再造过程中一种自然的非凡而又错综复杂的舞蹈。高度分化的"伴侣"分子保护并且引导着氨基酸构造出精确的三维蛋白质结构。多达1/3的成型蛋白质分子是被错误折叠的。这些损坏的蛋白质必须立即销毁，否则它们将会很快积累，在很多层面上扰乱细胞的功能。

在正常的环境下，错误折叠的蛋白质一旦形成，它便会被名为泛素的运输分子所标记，并将其护送到专门的蛋白酶体，在这里，错误折叠的蛋白质将会降解为氨基酸，用来组成新的蛋白质（正确折叠的）。然而，在细胞生存期里，这种机制的最优功能所需的能量较少一部分由它们来产生。这些畸形的蛋白质聚集成名为"原细纤维"的微粒，它会引起阿尔茨梅海默病和其他一些疾病[10]。

模拟三维上的原子级别间相互作用的能力将会大大加速我们了解 DNA 序列如何控制生命和疾病的进度。到那时，我们将处在这样一个位置，可以迅速地模拟药物来干预这个过程中的任何一个步骤，由此来加速药物发展，制造高度定向的副作用最小的药物。

已组装好的蛋白质的任务是执行细胞功能，进而执行有机体的功能。例如血红蛋白分子，人体内每秒钟会产生 500 万亿个，它的任务是将氧气从肺部运送到身体各部分组织。一个血红蛋白分子内含有 500 多个氨基酸，即核糖体仅用于血红蛋白的制造所进行的"读"操作每分钟就共计 1.5×10^{19} 次（15 亿个亿）。

在某种程度上，生命的生化机制是非常复杂和难以理解的，但它又是非常简单的。所有已知的生命，包括人类，其数字存储都是仅仅由四个碱基对提供的。核糖体构造蛋白质链是通过将三个一组的碱基对进行组合，从仅有的 20 种氨基酸的排列顺序中选择。氨基酸自身相对简单，它是由一个碳原子和与碳原子相连的四个键组成，四个键分别连接着一个氢原子、一个氨基（-NH2）组、一个羧基（-COOH）组和一个决定氨基酸种类的有机基团。例如，丙氨酸的有机基团只有四个原子（CH3-），所以它总共有 13 个原子。精氨酸（对在动脉中的内皮细胞的健康起着至关重要的作用）更为复杂一些，它的有机基团有 17 个原子，则它共有 26 个原子。这 20 种简单的分子碎片是所有生命的构建模块。

蛋白质链控制其他一切事物：骨细胞的结构、肌细胞收缩和与其他肌细胞配合的能力、在血液中发生的复杂生化相互作用、大脑的结构和功能。[11]

设计婴儿潮

现今已有充足的信息用于减缓疾病和衰老的过程，能够让像我一样的婴儿潮一代可以一直保持健康直到生物技术革命全面兴旺，生物技术革命将是纳米革命的桥梁。在我与长寿专家特里·格鲁斯曼一起合著的《Fantastic Voyage：Live Long Enough to Live Forever》中，我们讨论了通往延长生命的三座桥梁（已知的知识、生物技术和纳米技术）。[12]我在那本书中写道："作为生命循环的一部分，与我同龄的人中，有一些可能会满足于从容地接受衰老，但这并不是我的观点。它可能是'自然'的，但是在头脑的灵活性、感知的敏锐性、身体的灵活性、性欲或者其他人类的能力的衰退中，我看不到任何积极的方面。我认为任何年龄的疾病和死亡都是灾难，都是应该被克服的问题。"

第一个桥梁涉及如何将已知的知识良好地应用于减缓衰老，并且扭转最重要的疾病过程，比如心脏病、癌症、Ⅱ型糖尿病、中风。实际上，你可以重新编译自己的生化组成，如果我们现有的知识能够很好地被应用的话，在绝大多数情况下，将会超越我们的基因遗传。通常情况下，仅仅当你用消极态度来对待生老病死时，"它主要在你的基因中"的这种观点才是正确的。

我自身的故事是具有启发性的。20 多年以前，我被诊断出患有Ⅱ型糖尿病。传统的治疗方法使我的情况更差，所以我开始以一个发明家的观点来对待这样的健康挑战。我埋头于科学文献里，并且想出了独一无二的方法，成功地治好了我的糖尿病。在 1993 年，我写了一本关于此次经历的健康书，名为：《The 10% Solution for a Healthy Life》，现在我已经摆脱了这个病，没有任何迹象或者并发症了。[13]

此外，在我 22 岁时，58 岁的父亲由于心脏病过世了，而我继承了他的基因，所以也很有可能会得心脏病。20 年前，尽管遵从于美国心脏协会的公众指导，我的胆固醇在200S，（它的正常值是应该低于180），HDL（高密度脂蛋白，一种"好"的胆固醇）低于30，（它的正常值是应该高于50），高半胱氨酸（生化过程中的健康程度的计量标准，称作甲基化）是不健康的 11（它本应低于 7.5）。通过遵循我和格鲁斯曼发展的长寿计划，我现在的胆固醇为 130，HDL55，高半胱氨酸6.2，C 反应蛋白（测量体内炎症）为 0.01，也十分健康，其他指数（用于心脏病、糖尿病和其他疾病）也都在理想范围内。[14]

当我 40 岁时，我的生理年龄大约 38 岁。虽然我现在已经 56 了，但是在由格鲁斯曼长寿诊所实施的对生理年龄的综合测试中（测量不同感觉的敏感度、肺活量、反应时间、记忆力和其他相关测试），测试结果是我的生理年龄在 40 岁。[15]虽然对如何测量生理年龄没有一种统一意见，但我在这些测试上的得分符合这个年纪的总体标准。所以，根据这一系列的测试，在过去的 16 年中，我并没有老化很多，和我自身的感觉一样，这也被我所做的许多血液测试证明了。

这样的结果并不是意外。我极其希望改变我的生化特征。我每天吃 250 片营养补剂，每周接受 6 次静脉注射（主要的营养补充剂直接送到我的血流中，因此绕过了胃肠道的吸收）。结果，我体内新陈代谢反应与众不同。[16]我像工程师一样对待它们，测量了许多数据，如养分（维生素、矿物质和脂肪）、激素和血液中的代谢副产品以及身体的其他样本（如头发和唾液）。总体上讲，它们的水平如我所愿，尽管如此，我还是继续在我和格鲁斯曼实施的研究基础上，调整我的计划。[17]虽然我的计划看似极端，但实际上它是保守的和最佳的（在我当前知识的基础上）。出于安全有效的目的，我和格鲁斯曼广泛地研究了我使用的几百种治疗方法。我远离了那些未经验证的或者似乎危险的想法（例如，使用HGH 人体生长激素）。

我们把改变和克服疾病的发展看做一场战争。正如在其他战争中一样，动员所有的智力和武器是十分重要的，这些武器可能是铠甲或其他我们能够扔向敌人的东西。为此，我们倡导在多个方面向关键疾病，比如心脏病、癌症、糖尿病、中风和衰老一起发起攻击。例如，预防心脏病的策略应采用 10 种不同的心脏病治疗方法，这些方法解决了所有已知的危险因素。

对每种疾病或衰老过程，通过采用这样的多重策略，即使是像我一样的婴儿潮一代的人，都可在生物技术革命（即所谓的"第二座桥梁"）全面兴旺之前保持健康。现在已经是生物技术革命的早期阶段，在 21 世纪 20 年代，将达到顶峰。

生物技术将提供真正能改变基因的方法：并不仅仅是设计婴儿，设计婴儿潮也是可行的。通过把皮肤细胞转化为其他细胞的年轻版，将可以使身体的各个组织和器官重新焕发活力。新药物的发展恰恰是针对动脉粥样硬化（心脏病的起因）、癌肿瘤的形成，以及每种重大疾病和衰老过程中的新陈代谢中的关键步骤。

我们真的可以永生吗？ 剑桥大学遗传学系的科学家奥布里·格雷是一个充满活力而又有富有深刻见解的倡导者，他主张通过改变生物潜在的信息处理来停止衰老的过程。他用维护一栋房子来作比喻，一栋房子能矗立多久？答案很明显，这取决于你对它的照料程度。如果你什么都不做，那么不久之后房顶将会出现漏缝，饱受风雨侵袭，最终房屋将瓦解。但是如果你主动精心地照料它，修复所有损毁的地方，勇敢地面对危险，时常使用新原料和技术不时地重建或者翻新各个部分，那么房屋的寿命将从本质上无限延长。

这对于我们的身体和大脑也是一样。唯一的不同是，虽然我们完全知道维护一所房屋的方法，却尚未完全了解生命法则的全部内容。但是，随着我们对生化过程和生物学途径的理解力的快速增加，将会很快获得这些知识。我们开始了解，衰老并非是简单的无法改变的过程，而是可以延缓的。通过使用不同生物技术的组合，完全阻止衰老的每一过程的策略已经出现。

奥布里·格雷将他的目标描述为"设计可忽略的衰老"——应该去阻止身体和大脑变得更脆弱、更容易生病，因为它会愈演愈烈。[18]他解释说："所有用于研发'可忽略的衰老'的核心知识都已被我们所掌握，现在的主要工作是将它们拼合起来。"[19]他相信，我们将论证一种"完全变年轻的"老鼠——一种在机能上比试验之前更年轻的老鼠，寿命得到延长由此被证明——他指出，在十年内这些成就将会对公众舆论造成巨大的影响。在一个与人类基因相似度99%的动物身上，推翻了衰老过程的演示，将会对普遍认为的"衰老和死亡是不可避免的"这种认识产生巨大挑战。在大约 5 ~ 10 年之后，一旦证实动物完全可以变年轻，那么，当把这些技术用于人类的治疗时，将会面临巨大的竞争压力。

生物信息处理中逆向工程的加速发展，改变生物进程的工具的不断进步，将使生物技术的各个领域成星火燎原之势。比如，药品的发现就是在寻找一种可以产生比较好的效果而没有额外的副作用的物质。这个过程与人类工具的发现过程类似，虽然人类工具的发现过程只局限于简单地寻找石头和其他自然器具用于有益的目的。现今，我们正在学习隐藏在疾病和衰老背后的精密的生化过程，通过学习，我们可以设计分子级别药品以执行精确任务。这项工作涉及的范围和规模是十分庞大的。

其他强有力的途径首先是生物信息的骨架：基因组。通过最近发展的基因技术，我们已经近乎有能力控制基因如何表达。基因表达是特定细胞的组成部分（特别是 RNA 和核糖体）按照特定的基因蓝图来制造蛋白质的过程。人类的每一个细胞都可以拥有其身体的全套基因，特殊的细胞，比如皮肤细胞、胰岛细胞，只需从与其细胞类型相关的遗传信息中的一小部分区域上获得其特征，就可以拥有全套基因。[20]该过程的治疗控制可以在细胞核外进行，所以它比需要深入到细胞核内的治疗执行起来更加简单。

基因表达是由多肽（一百多个氨基酸序列构成的分子）和短 RNA 链来控制。接下来介绍这些过程是如何进行的。[21]很多正在发展和正在测试的新治疗方法是基于这一操作过程的：抑制引起疾病的基因表达，或者打开一些特殊类型细胞内的有利的基因。

RNAi（RNA 干扰）。一个新的有力的工具称为 RNA 干扰（RNAi），它可以通过降解 mRNA 来抑制特殊基因，从而阻止蛋白质产生。由于病毒性疾病、癌症以及其他疾病等在其生命周期的一些关键点上使用基因表达，RNA 干扰有希望成为突破性的技术。研究人员构建短的双链 DNA 片段，它与 RNA 匹配并且锁定 RNA 上从目标基因转录过来的区域，由于产生蛋白质的能力被抑制，所以能够很有效地引起基因沉默。在很多遗传病中，对于给定基因，只有一份拷贝是有缺陷的。每个基因我们得到的是两个拷贝，分别来自双亲的，阻塞引起疾病的基因，留下健康的基因来产生需要的蛋白质。如果两个基因都是有缺陷的，RNAi 可以同时让它们两个沉默，这样就必须嵌入一个健康的基因。[22]

细胞疗法。攻击的另一条重要战线是细胞、组织甚至整个器官的再生，并且不通过外科手术就能将它们引入身体中。这种"克隆治疗"技术的一个主要好处是，我们将能够建立自己细胞版本的新组织和器官，这就像返老还童这样的灵丹妙药，也可以使细胞变得年轻。例如，我们将可以由皮肤细胞来产生新的心脏细胞，通过血液将它们引入到系统内。随着时间流逝，现存的心脏细胞将被这些新细胞所代替，结果就是，用每个人自己的 DNA 就可以制造充满活力的年轻的心脏。下面来讨论身体再生的办法。

基因芯片。当不断增长的基因表达的知识库对我们的健康产生严重影响时，新疗法将是唯一的途径。20 世纪 90 年代以来，微阵列以及比十美分硬币还小的芯片被用于学习和比较成千上万的基因的表达形式。[23] 该技术潜在的应用是多种多样的，并且技术门槛也将很快降低，以至于超大数据库正在用于产生"做自己的基因观察"[24] 的结果。

基因识别正在用于：

- 改革药物筛选和发现的过程。微阵列不仅可以证实化合物的作用机理，而且还可以区分出同一代谢途径的不同步骤中的化合物。[25]

- 改进癌症的分类。《自然》报道的一项研究论证了一些白血病归类为"对于基因表达的唯一监控"的可能性。作者也举出一个案例，表达的识别能使错误的诊断得到改正。[26]

- 识别基因、细胞以及一个过程中所涉及的路径，比如衰老或者肿瘤的发生。例如，通过将急性髓性白血病与细胞程序化死亡所涉及的某些基因的增强表达相联系，这项研究帮助识别了新的治疗对象。[27]

- 确定革新疗法的效力。《Bone》最近报道的一项研究着眼于生长激素对胰岛素样生长因子（IGFs）和骨骼新陈代谢的遗传标记的代替效用。[28]

- 不用动物做实验，能够快速测试食物添加剂、化妆品、工业产品等内化合物的毒性。这些测试可以显示被测试的物质对基因激发或抑制的程度。[29]

体细胞基因治疗（用于无生殖能力细胞的基因治疗）。这是生物工程的必杀技，它能够通过新的 DNA "感染"的方式来有效地改变细胞核内的基因，实质上是产生新的基因。[30] 控制人类基因组成的概念，经常与影响作为"设计婴儿"的形式出现的新一代人这样的想法联系到一起。但基因治疗的真正希望是改变成人的基因。[31] 这样的目的是抑制不符合要求的引起疾病的基因，或者是引进可以减缓甚至改变衰老过程的新基因。

20 世纪 70 年代和 80 年代的动物研究是产生一系列转基因动物的缘由，例如牛、鸡、兔子、海胆等。1990 年，基因治疗第一次尝试应用在人体上。挑战就是将有益的 DNA 导入到目标细胞内，使之在正确的级别、正确的时间得以表达。

考虑一下影响基因导入所面临的挑战。病毒经常是特别的载体。很久以前，病毒学习到如何将它们自己的遗传物质传入人类的细胞，结果，引起了疾病。研究人员通过移除病毒的基因然后插入有益基因的方法，十分简单地改变了这些病毒传入到细胞内的物质。虽然这种方法看起来十分容易，但基因太大了，以致不能传入很多种类的细胞内（如脑细胞）。这一过程也受限于它能携带的 DNA 的长度，而且它可能会引起的免疫反应。精确地说，新的 DNA 与细胞 DNA 的融合是一项巨大的难以驾驭的过程。[32]

将 DNA 物理注射（显微注射）到细胞内虽然可行，但是花费十分昂贵。不过，在 DNA 转运工具方面，最近有了一些令人振奋的进展。例如：脂质体——内部亲水的脂肪球体——可以像"分子特洛伊木马"一样,用于向脑细胞传送基因,从而打开了治疗如帕金森和癫痫类疾病的大门。[33] 电动脉冲也可用来向细胞内传送一些分子(包括药物蛋白、RNA 与 DNA)。[34] 还有一种选择是将 DNA 装入超微的"纳米球"来做极限冲击。[35]

基因治疗应用于人类,我们必须克服的主要障碍确定是 DNA 链上的基因的正确位置与对基因表达的监控。一种可能的解决方法是与治疗基因一起,向细胞内传递一个成像报告基因。影像信号将会兼顾到密切监视基因的位置和表达的程度。[36]

即使面对这些障碍,基因治疗依然开始在人类应用中工作。格拉斯哥大学研究员安德鲁·贝克博士领导的团队已经成功使用腺病毒感染特殊器官,甚至器官内的特殊区域。例如,这个团队能够在到处充满血管的内皮细胞上进行精确的基因治疗。另一种方法正由 Celera 基因组公司研发,该公司是由克雷格·温特(私营性质的翻译人类基因图谱的领导者)创建的公司。塞莱拉已经证实了通过基因信息来产生人造病毒的能力,并且计划将这些生物设计的病毒应用于基因治疗。[37]

联合治疗公司是我帮助指导过的公司之一,他们已经开始了临床试验,从病人少量的血液中获得造血干细胞(病人自己的),通过它的奇特的机制将 DNA 传入细胞内。将管理肺部新血管生长的 DNA 插入干细胞基因中,然后再将这些细胞注射回病人体内。当经基因方法改造过的干细胞到达靠近肺部气泡的肺部毛细血管时,它们开始表达新血管的生长因子。在动物研究中,这项工作已经安全地治疗了目前致命的绝症——肺动脉高血压。基于这些研究所取得的成功和过程的安全,加拿大政府于 2005 年初开始准许进行人类实验。

退行性疾病的抑制

退行性(渐进的)疾病——心脏病、中风、癌症、Ⅱ型糖尿病、肝病、肾脏疾病——致死人数约占社会死亡人数的 90% 。我们在对影响退行性疾病以及人类老化的主要成分的理解正在快速发展,现已经确定可以制定策略来抑制甚至扭转这些过程。在《Fantastic Voyage》中,我和格鲁斯曼描述了大量正在广泛测试的疗法,它们已经证明,在攻击隐藏于这些疾病过程中的关键的生化步骤方面的重大成果。

与心脏病的斗争。作为众多例子中的一例,令人振奋的研究正在进行,一种被称为重组载脂蛋白米兰突变体(AAIM)的人工合成的高密度脂蛋白胆固醇已经产生。在动物试验中,AAIM 使得动脉粥样硬化斑块急剧减少。[38] 在美国食品和药物管理局(FDA)第一阶段的试验中,47 份人类样本,通过静脉输液 AAIM,仅仅 5 周的治疗之后,斑块便急剧减少(平均为 4.2% 的削减)。从未有其他药物能够如此之快地减少动脉粥样硬化。[39]

在 FDA 试验第三阶段,另一个令人激动地药物是辉瑞公司生产的,它能够抑制动脉粥样硬化的托彻普(Torcetrapib)[40]。这种药物通过化解的方式来阻止一种酶,从而升高高密度脂蛋白。辉瑞创纪录的花费 10 亿美元来测试这种药,并计划与公司最畅销的"他汀"类(降低胆固醇)药物立普妥结合起来。

攻克癌症。人们正在紧锣密鼓地寻求策略来克服癌症。特别有希望的是癌症疫苗,旨在刺激免疫系统从而攻击癌细胞。这些疫苗可以作为预防癌症的措施,作为最重要的治疗,即在其他治疗以后扫除癌细胞。[41]

第一批关于激活患者免疫反应的尝试是在 100 多年前进行的,但很少有成功的。[42] 最近的很多努力都集中在激活树突细胞从而引发正常的免疫反应,它是免疫系统的哨兵。很多类型的癌症得以激增，就是因为他们莫名其妙地不触发免疫反应。树突状细胞发挥了关键作用，因为它们遍布全身，收集外部多肽和细胞碎片并发送至淋巴结，结果产生了 T 细胞的军队来为消除标记肽做准备。

一些研究人员正在修改癌症细胞基因来吸引 T 细胞，这是根据一种假设，即受刺激的 T 细胞会辨认出它们所遇到的其他癌细胞。[43]另一些研究人员则用疫苗将暴露癌细胞表面的一种独特蛋白质即抗原。一个小组使用了电脉冲熔化肿瘤和免疫细胞来产生"个性化疫苗"。[44]研制出有效疫苗的一个障碍是，目前还有很多癌症的抗原尚未确定，而我们需要研制出强有力的靶向疫苗。[45]

阻止血管生成——新血管的产生——是另一种策略。这个过程使用药物抑制血管的发育，因为紧急癌症是需要它们来增长的。1997 年，来自位于波士顿的 Dana Farber 癌症研究中心的医生报告说，反复循环内皮抑素，即一种血管再生抑制剂，已经使得肿瘤完全退化，[46]人们对血管生成的兴趣猛增。现在临床试验中有许多抗血管生成药物，包括阿瓦斯丁（avastin）和阿曲生坦（atrasentan）。[47]

癌症以及老化的关键问题涉及端粒"珠"，它是染色体末端发现的 DNA 重复序列。每当细胞复制时，一个珠子便相应减少。当一个细胞复制到其所有端粒珠子都已消耗殆尽的时候，细胞便不会再分裂，并且将死亡。如果我们能够扭转这一过程，细胞就可以无限期地生存下去。幸运的是，最近的研究发现，只需要一种酶（端粒酶）就能实现这一目标。[48]棘手的问题是如何以一种不引发癌症的方法来管理端粒酶。癌症细胞具有产生端粒酶的基因，这便有效地使它们无穷地复制下去。因此，一个重要的抗癌策略就是阻止癌细胞生成端粒酶的能力。这似乎又与增强正常细胞中的端粒从而打击老化来源的能力的想法相矛盾，但攻击肿瘤形成期癌细胞的端粒酶，可能并不需要有序地延长正常细胞的端粒疗法。然而，为了避免并发症，在癌症治疗期间，这种疗法应该暂停。

抑制老化

在人类进化（和人类的前驱）的早期，生存没有得到实质性帮助，这种假设是合理的。实际上，人们通过过去长达数年的育儿，这已经得到证实。然而最近的研究支持所谓的祖母假说，这意味着一个反酌。密歇根大学的人类学家雷切尔·卡斯帕瑞和加州大学河滨分校的李山河发现的证据表明，在过去的 200 万年里，人类成为祖父母（在原始社会，往往年仅 30 岁）的比例在稳步增长，比旧石器时代（约 3 万年前）增长了五倍。这项研究被用来支持一种假设，人类社会的生存是得到祖母辈的帮助的，她们不仅帮助养育大家庭，而且传承着长者积累下来的智慧。这种影响也许是对数据的一种合理解释，但是寿命整体的增加也反映出预期寿命的逐渐增长是发展趋势，而且持续至今。同样，该理论的支持者们声称，只有少数的外婆（和一些外公）需要对社会影响负责，所以该假说没有明显地挑战那个结论，即支持生命延续的基因不是选定的。

老龄化不是一个单一的过程，而是涉及了多种变化。格雷介绍了 7 个关键的促使衰老的过程，并且他已经确认了扭转每一个过程的策略。

DNA 突变。[49]一般来说，核 DNA（细胞核内染色体上的 DNA）突变会导致产生缺陷细胞，这些细胞要么被消除掉，要么根本不会发挥最佳的功能。主要涉及的突变类型（因为它会导致死亡率上升）是那种影响正常细胞的繁殖，从而导致了癌症。这意味着，如果我们能够使用上述方法来治疗癌症，细胞核内的突变应是无害的。格雷所推荐的对付癌症的策略是先发制人的：它包括利用基因治疗来删除我们所有细胞中的一部分基因，癌细胞需要在它们分裂的时候，打开这些基因来维护它们的端粒。这将引起所有潜在的恶性肿瘤，在它们恶化到足以造成损害之前将其消灭。删除和抑制基因的方法是可行的，而且正迅速发展。

毒性细胞。偶尔，细胞达到一个状态，它们不癌变，但如果它们无法生存依然对身体有好处。细胞衰老是一个例子，因为有太多的脂肪细胞。在这种情况下，相比于试图恢复它们到健康状态，杀死这些细胞更为简单。针对这种细胞的"自杀基因"以及如何标记这些细胞从而引起免疫系统来摧毁它们的方案正在制定中。

线粒体突变。另一个老龄化的过程是染色体上 13 个基因变异的积累，它是细胞的能量工厂。[50]对于细胞的有效运作以及经受细胞核内更高的变异率，这些基因是至关重要的。一旦我们掌握了体细胞基因治疗，我们就可以把这些基因的多个副本放入细胞核中，从而为这些重要遗传信息提供冗余（备份）。该机制已经存在于细胞内，使细胞核编码的蛋白质能够进入线粒体，所以没有必要让线粒体自身产生这些蛋白质。事实上，线粒体功能所需的蛋白质大部分已被核 DNA 编码。研究人员已经成功地利用细胞培养把线粒体基因传入生物细胞核中。

胞内聚合物。毒素来自细胞内外。格雷利用体细胞基因治疗引入新基因的方法来描述他的计划，它将会在细胞中打破被他称为"胞内聚合物"的毒素。蛋白质已经确定可以摧毁几乎任何毒素，使用细菌可以消化和摧毁从 TNT 炸药到二恶英等危险物品。

一些组织正在实施一种重要的策略，即把有毒物质挡在细胞之外，包括畸形的蛋白质和淀粉斑块（从阿尔茨海默氏症和其他退化性疾病中可看到），以便产生违背其分子结构的疫苗。[51]尽管这种策略可能会导致有毒物质被免疫系统细胞摄取，但是我们可以使用前面所述的消除胞内聚合物的策略来处置它。

胞外聚合物。AGES（晚期糖化终末产物）是由于作为糖过剩的副作用，有用分子的不良交叉连接结合所造成的。这些交叉连接干扰了蛋白质的正常功能，而且主导了老化过程。被称为 Alt－711（维数羧甲基苯甲酰氯唑）的实验药物能在不破坏原有组织的情况下，溶解这些交联产物。[52]同时也已经发现其他一些拥有这种功能的分子。

细胞丢失和萎缩。人体自身组织具有替换破损细胞的能力，但这种能力在某些器官内是被限制的。例如，当我们变老时，心脏不能以足够的速率来替换它的细胞，所以它通过采用纤维原料使尚存活的细胞变大，以此方式来弥补。久而久之，它导致心脏变得不再柔软和敏感。此时一个主要的策略就是部署我们自身细胞的治疗性克隆，这将在后面进行介绍。

对抗所有这些老化的根源方面的进展在动物身上正快速推进，并且随之将会转化为人类的治疗方式。来自基因组工程的证据表明，仅仅几百个基因与老化过程有关。在较为简单动物身上，通过操纵这些基因，已经实现了很大的寿命延长。例如，通过修改秀丽隐杆线虫（Caenorhabditis elegans）身上控制胰岛素及性激素水平的基因，它的寿命延长了 6 倍，相当于人类生命值 500 年的寿命。[53]

一个涉及将生物和纳米技术混合的方案是，设想将生物细胞变为计算机。这些"增强的智慧"细胞可以检测并破坏癌细胞和病原体，甚至可以再生出身体的某些部分。普林斯顿大学的生物化学家罗恩·外斯曾修改细胞，为之加入各种各样用来进行基本运算的逻辑函数。[54]波士顿大学的蒂莫西·加德纳曾开发出一个细胞逻辑开关，它们是另外一些把细胞转化为计算机所需的基础结构部件。[55]美国麻省理工学院媒体实验室的科学家们曾开发出一些方法，用无线通信的方式向修改后的细胞内的计算机发送信息，包括一些复杂的指令序列。[56]外斯指出："一旦你有能力对细胞进行编程，那么你将不会局限于细胞已经会做的东西。你可以安排它们用新的方式，去做新的事情。"

克隆人：克隆技术最无趣的应用

利用生命机制的一个最有效的方法就是以克隆的方式实现生物自身的繁殖机制。克隆会成为一项关键技术，目的不是为了克隆人类，而是为了使用"治疗性克隆"来延长生命。在这个过程中可以使用端粒扩展的和 DNA 校正的"年轻的"细胞来产生新的组织，以代替那些有缺陷的组织或器官，而无需进行外科手术。

所有有责任感的伦理学家，包括我自己，都会认为现阶段的克隆是不道德的。对于我而言，原因是它与操纵人类生命这样的滑坡效应话题没什么关系。在一定程度上，现在的技术根本不可靠。目前使用电火花将来自捐赠者的细胞核与卵子相融合的技术，确实在很大程度上导致了遗传错误。[57]这也是大部分通过此方法创造出的婴儿最终并未成功的主要原因。即使成功了的，也存在基因缺陷。克隆羊多莉成年之后有肥胖的问题，至今大部分克隆的动物都有不可预知的健康问题。[58]

科学家们有很多完善克隆的主意，包括使用其他方法来代替具有毁坏性的电火花方式融合细胞核和卵细胞，但是在该技术被确认是安全的之前，用这种通过很可能导致健康问题的方式来创造人类都是不道德的。毫无疑问的是，克隆人总有一天会发生，而且在各种常见原因——从宣传价值到永生的丰功伟绩——的驱使之下，这一天会很快到来。这些方法如果在高等动物身上可以得到论证，那么在人类身上将具有良好效果。

克隆是一项重要的技术，但是克隆人并不是其最显著的用途。让我们先强调其最有价值的应用，然后再转向其最具争议的吧。

克隆为什么重要？ 克隆最直接的用处是提供用一组令人满意的遗传特征来直接繁殖动物的能力，据此来改良繁殖。一个有力的例子是出于制药的目的，通过转基因胚胎（外源基因的胚胎）来繁殖动物。一个相关的案例是：一种有希望的抗癌疗法是名为反血管源抗血霉素（anti-angiogenic antithrombin Ⅲ）的抗血管再生药物，它是通过转基因的山羊奶生产的。[59]

保护濒危物种和复原灭绝物种。另外一个激动人心的应用是从濒危物种中重新创造出动物。通过低温储藏这些物种的细胞，他们再也不会灭绝。最终，将最近灭绝的物种重新创造出来将成为可能。在 2001 年，科学家们能够为已经灭绝了 65 年的塔斯马尼亚虎人工合成 DNA，此物种有望复活。[60]至于灭绝已久的物种（比如说恐龙），我们能否找到所需的保存在单个细胞内的完好无损的 DNA（就像在"侏罗纪公园"中的那样），仍然值得怀疑。然而，通过修复来自许多片段的信息，最终还是有可能人工合成所需的 DNA。

治疗性克隆。也许最有价值的应用是人体自身器官的治疗性克隆。从种系细胞（继承自卵子和精子，并传递给后代）开始，基因工程师可以将分化引入不同种类细胞中。由于分化形成于胎前期阶段（也就是说，早于胎儿的形成），因此大多数伦理学家认为这一过程不会引发关注，但这个问题仍然饱受争议。[61]

人类体细胞工程。这是一个更有前景的方法，能彻底绕开由于使用胚胎干细胞而带来的争议，被称为分化转移；它通过把一种细胞（例如皮肤细胞）转化为其他种类细胞（例如胰岛细胞或者心脏细胞），来利用病人自身的 DNA 去创建新的组织。[62]美国和挪威的科学家最近已经成功地将肝细胞改编成胰腺细胞。在另一系列实验中，人类的皮肤细胞被改变成具有许多免疫细胞和神经元细胞特性的细胞。[63]

考虑这样一个问题：皮肤细胞与身体内其他类型细胞之间的差异是什么？它们毕竟具有相同的 DNA。如上所述，在蛋白质信号因子中发现了差异，它包括短 RNA 片段和多肽，我们现在开始来了解它们。[64]通过操纵这些蛋白质，可以影响基因表达并且诱使一种类型的细胞变成另一种类型。

完善这项技术不仅可以消除敏感的伦理问题和政治问题，而且从科学前景的角度来看，也提供了一个理想的解决方案。如果你需要胰岛细胞或者是肾脏组织，甚至一颗完整的新心脏而不引发自身免疫反应，你会更愿意利用自身的 DNA 来获得这些，而不是利用来自别人种系细胞的 DNA。另外，这个方法使用的是数量巨大的皮肤细胞（病人自身的）而不是稀有珍贵的干细胞。

分化转移将利用基因组成直接培植器官。也许最重要的是，新器官可以使它的端粒充分延伸到它们原来年轻时的长度，所以实际上，新器官重新变得年轻了。[65]我们也可以通过选择合适的皮肤细胞（也就是说，没有 DNA 错误的细胞）在分化转移到其他细胞类型之前，纠正 DNA 积累的错误。使用这种方法，一位 80 岁的老人可以把他的心脏替换成他25 岁时候的心脏。

目前对于 I 型糖尿病患者的治疗需要强劲的防排斥药物，这些药物可能具有危险的副作用。[66]通过体细胞工程，I 型糖尿病患者将能够由他们自身的细胞或者从皮肤细胞（分化转移）以及成体干细胞来制造胰岛细胞。他们会使用自己的 DNA 来产生相对取之不尽的细胞，所以不再需要防排斥药物（但是为了完全治愈 I 型糖尿病患者，我们同样不得不克服病人的自身免疫失调，否则会毁坏胰岛细胞）。

更令人振奋的前景是，不经过外科手术就可用人们"年轻"的替代物来替换器官和组织。将克隆的端粒扩展的 DNA 校正的细胞引入器官中，这将使它们与老的细胞融合在一起。一段时间内使用这种方式进行反复处理，最终该器官将被年轻的细胞所控制。不管怎样，正常情况下我们定期替换自己的细胞，所以，相比于端粒缩短而且充满错误的细胞，为什么不采用充满活力的年轻细胞呢？没有理由不为我们身体的每个器官和组织重复这个过程，以使我们能够逐渐地变年轻。

解决世界性的饥饿问题。克隆技术甚至提供了一种可能解决世界饥饿问题的途径：通过克隆动物肌肉组织，在工厂中可以不用动物就生产肉类以及其他蛋白质。有益之处是消耗极低，避免自然肉类中的农药和激素，大量减少对环境的冲击（相对于工业化农业），改善了营养结构，并且动物不再受苦。正如治疗性克隆，我们将不创造整个动物，而是直接生产需要的动物身上的某个部分或者肉。实质上，所有的肉类——数以十亿计磅的肉——都可由一只动物获得。

除了结束饥饿之外，这个过程还有其他好处。用这种方法制造肉类会逐渐受到加速回归定律的影响——随着时间推移，信息化技术在性价比上的指数级增长——将会因此变得非常廉价。尽管当前世界中，由于政治问题和冲突，饥饿的确在加剧，但是肉类将会变得如此廉价以至于它可以对食物的充足性产生巨大影响。

非动物的肉类出现也会消除动物遭受的苦难。工厂化农业经济将动物的舒适度放在很低的位置上，动物被像机器上的齿轮一样对待。这种方式生产的肉类，尽管在其他方面都正常，但不会成为具有神经系统的动物的一部分，因为普遍认为它是开始遭受苦难的一个必要元素，至少在生物界的动物中如此。我们可以用同样的方法来生产畜产皮，例如皮革和皮毛。另外一些主要的优势是产生巨大的生态效益，消除工业化农业对环境的损害，以及朊病毒疾病的风险，诸如疯牛病和其在人类中的副本——雅各氏症（vCJD）。[67]

对克隆人的再思考。这又把我们带向了克隆人。我预测，一旦技术完善，不管是伦理学家所预见的严重困境，还是狂热者所作出的深刻承诺都将不会成为主导。所以，假使我们有被分开一代或多代的遗传双胞胎，这又会怎样呢？克隆可能的结果会像其他的生殖技术一样，被短暂地争论但是又被迅速地接受。物质的克隆与精神的克隆非常不同，在精神的克隆中，一个人的完整性格、记忆、技能和历史将会毫无保留地下载到一个不同的并且很可能更加强大的思考介质中。基因克隆不存在哲学身份的问题，因为这种克隆体是不同的人，甚至是当前个体的双胞胎。

如果我们从细胞到生物体考虑克隆的全部含义，那么，与计算机技术一样，它的好处是与生物学中的其他革命有着巨大的协同作用。随着我们逐渐了解人类和动物的基因组和蛋白质组（基因表达产生蛋白质），以及随着我们研制出强大地利用遗传信息的新方法，克隆可以提供复制动物、器官和细胞的方法。它对我们自己和动物界的健康和幸福具有深远的影响。

内德·路德：如果每个人都可以改变自己的基因，那么每个人都会以各种方式变得"完美"，这样就不会有差异，并且卓越也将毫无意义。

雷：也不尽然。显然，基因很重要，但是我们的本性——技能、知识、记忆、个性——会反作用于我们基因中信息的形成，因为我们的身体和大脑通过我们的经历自组织。这在我们的健康上也是很明显的。我个人有 II 型糖尿病的遗传倾向，实际上早在20年前就已经被诊断患有该病。但是我现在没有任何糖尿病的迹象，因为通过生活方式的选择，例如营养、锻炼和积极的补充，改变了我的生化特性，我已经克服了这种遗传倾向。至于大脑，我们都有不同的倾向，而目前的才能是一种我们已经学到的、发育过的以及经历过的功能。我们的基因只反映了倾向。我们可以在大脑的发展中看到这是如何工作的。基因描述了神经元之间连接模式的某些规则和约束，但是作为成人，我们实际上的连接是基于学习的自组织过程的结果。最终的结果——我们是谁——深深地受到自然（基因）和教育（经验）的影响。

所以当我们作为成人获得了改变自身基因的机会的时候，我们不会消除自身早期基因的影响。在基因治疗之前的经验会通过预治疗基因被翻译，所以人的性格和特点将仍然主要取决于原先的基因。例如，如果某人通过基因治疗把控制音乐特长的基因加入大脑，他也不会突然就成为音乐天才。

内德：恩，据我所知，设计婴儿潮并不能完全脱离他们的培育基因，但是对于设计婴儿而言，他们将会得到这些基因，并且有时间来表达它们。

雷：当下这是非常正确的。

内德：而且我打算将它保持下去。

雷：好的，如果你自言自语，我觉得很好。但是你坚持生物性并且不重新编译自己的基因，不久你将从这场辩论中出局。

纳米技术：信息与物理世界的交汇

无穷小的作用无穷大。

——路易斯·巴斯德

但是我不怕考虑那个终极的问题，即最终在遥远的未来，是否可以按照我们的期望来排列原子，原子按照我们的方式排列！

——理查德·费因曼

纳米技术具有增强人类行为的潜力，可以带来资源、能源和食物的可持续发展，可以保护人们免受未知的细菌和病毒的侵害，甚至是（通过为全人类创造幸福生活）消除破坏和平的缘由。

——美国国家科学基金会纳米技术报告

纳米技术能够提供重建物理世界的工具——包括我们的身体和大脑——一个分子片段接着分子片段，甚至是一个原子接着一个原子。我们缩小了技术上的关键特征尺寸，与加速回归定律一致，具有大约每 10 年 4 倍线性度量的指数率。[68]以这种速率，到 2020 年，大多数电子和许多机械制造的关键技术尺寸将会到达纳米技术的范围（电子技术已经跌破这个阈值，尽管还没有实现三维结构和自装配）。与此同时，特别是在过去的几年中，在为迎接纳米技术时代的到来而筹备的概念框架和设计理念等方面，取得了飞速的进展。

与前面所述的生物技术革新一样重要的是，一旦它的技术完全成熟，就会遇到生物技术本身的局限性。尽管生物系统具有非凡的智力，但是我们同时也发现了它们非常不令人满意的一面。我已经提到过，大脑里的交流速度极其缓慢，在后面的内容中我还会讨论，用机器人代替我们的红细胞比它们的相应生物成分要高效数千倍。[69]一旦我们充分理解了生物的运转规则，我们所能改变的是生物本身永远无法与之相比的。

然而，纳米技术的革命可以彻底使我们以分子的方式来重新设计和组建我们的身体和大脑以及与我们所交互的世界。[70]这两个革命相互重叠，但是对纳米计算的认识要落后于生物技术革命大概十年左右的时间。

大多数纳米技术历史学家把纳米技术概念的诞生日定为历史学家理查德·费因曼在 1959 年的创新性演讲《There's Plenty of Room at the Bottom》，他描述了在原子水平上创造机械的必然性及其影响：

据我所知，物理学的原则与在原子水平来操纵事物的可能性并不相悖。物理学家可以合成任何化学家写下的化学物质，原则上这将是可能的。如何做呢？把原子放到化学家说的地方，然后我们就创造了物质。如果我们的显微能力以及在原子的水平操作的能力都能得到发展（我认为这种发展势在必得），那么化学和生物学的问题就可以得到极大地解决。[71]

一个更早的关于纳米技术概念的基础是由信息理论学家约翰·冯·诺伊曼阐述的，早在 20 世纪 50 年代，他就用他的模型阐述了这个概念。这是一个基于通用构造器、与通用计算机相结合的自复制系统。[72]在这个方案中，计算机运行一个指示构造器的程序，反过来这个程序构造了计算机（包括它的自我复制程序）和构造器的复制品。在这个层次的描述上，约翰·冯·诺伊曼的建议非常抽象——计算机和构造器可以以多种方式来构造，就像种类繁多的物质，甚至可以是一个数学理论的构造。但是，他将这一概念做了发展，提出了"运动学构造器"：一个具有至少一个机械手（臂）的机器人，将会从"海量部分"中，建立一个其自身的复制品。[73]

埃里克·德雷克斯勒在20世纪80年代起草了一份具有里程碑意义的博士论文，最终由他开创了现代纳米技术领域。在论文中他基本上结合了这两个有趣的建议。埃里克·德雷克斯勒描述了一个冯·诺依曼运动学构造器，其大量地使用分子和原子片段，正如费因曼的演讲中所建议的那样。德雷克斯勒的设想跨越了许多学科的界限，而且意义深远，以至于除了我的导师马文·明斯基外，没有人敢为他指导论文。德雷克斯勒的论文（在1986年成为他的著作《Engines of Creation》，并在1992年出版的《Nanosystems》做了技术阐释）阐述的纳米技术的基础，为今天的发展提供了路线图。[74]

德雷克斯勒的"分子汇编器"可以制造世界上几乎任何的物质。它被称为是"通用汇编器"，但德雷克斯勒和其他纳米理论家不用"通用"这个词，因为这种系统的产物一定会受到物理和化学规律的约束，只有原子的稳定结构才是可行的。此外，尽管使用单个原子的可行性已被证实，但任何具体的汇编器从其海量部分来构建产物都将受到限制。然而，这样的汇编器可以做出几乎任何我们想要的物理设备，包括高效电脑和其他汇编子系统。

德雷克斯勒虽然没有提供关于汇编器的详细设计——这种设计还没有完全具体化，但是他的论文的确为每个分子汇编器的主要成分提供了大量可能需要的参数，这包括下面的子系统：

- 计算机：提供控制汇编过程的智能。同这个设备的所有子系统一样，计算机要小而且简单。正如我在第3章所提及的，德雷克斯勒对机械计算机提出了一个有意思的概念描述，他使用了分子"锁"代替晶体管门。每个锁只需要16立方纳米的空间，而且可以每秒转换100亿次。尽管由三维碳纳米管阵列建造的电子计算机似乎会有更高的计算密度（即每秒每克的运算），但该提议依然比任何已知的电子技术更有竞争力。[75]

- 指令体系结构：德雷克斯勒和他的同事拉尔夫·梅克尔已经提出了一种SIMD（单指令流多数据流）的体系结构，其中单一数据存储将记录指令并且同时把他们传递给数以万亿计的分子级的汇编程序（每一个都拥有它们自己简单的计算机）。我在第3章中已经讨论了SIMD体系结构的局限性，但是这种设计（相对于灵活的多指令多数据的方法，这实现起来要简单得多）对于通用纳米技术的汇编程序中所用到的计算机来说已经足够。运用这种方法，每一个汇编程序都必须存储创建所需产品的全部程序。一种所谓的"广播"的结构也可以解决关键的安全性问题：如果自我复制的过程失去了控制，那么可以通过终止复制指令的方法来关闭这个过程。

然而正如德雷克斯勒所指出的，一个纳米级的汇编程序没有必要拥有自我复制的能力。[76]自我复制存在固有的危险，前瞻学会（埃里克·德雷克斯勒和克瑞斯汀·彼得森成立的一个智囊团）提出了相应的伦理标准，特别是在自然环境中，禁止无限制地自我复制。

正如我在第 8 章将要讨论的那样，这种方法应该合理有效地应用于对付那些容易被疏忽的危险上，虽然一些坚决的资深对手有可能会避免这些问题。

- 指令传输：指令从中央数据存储区到每一个汇编程序的传输，对于电子计算机来说是用电子的方式完成的，而如果德雷克斯勒的机械计算机的概念付诸实现，那么可以通过机械震动的方式传输。

- 构建机器人：构造器将是一个简单的分子机器人，拥有一个手臂，很像冯·诺依曼的运动学构造器，但它是小型的。正如我前面说的那样，现今已经有分子级实验系统的样品，例如可以作为发动机或者机器人的腿，我在接下来的内容中会讨论。

- 机械手臂的末端：德雷克斯勒在《Nanosystems》一书中为机器手臂的末端提供了一些切实可行的化学过程，使它有能力抓住一些分子片段，甚至一个单一的原子，然后将其放到预定位置。在人造钻石的化学汽相沉淀过程中，个别的碳原子或者分子片段通过在末端的化学反应向其他位置转移。制造人造钻石是一个混沌的过程，涉及数万亿的原子，但是罗伯特·弗雷塔斯 和拉尔夫·梅克尔提出一种概念，在建造分子机器中，希望机械手臂末端可以从源材料中去掉氢原子，然后将它们安放到需要的地方。在该提议中，可以用钻石材料来建造微型机器。除了拥有极好的强度之外，还可以在某种精确地模式下将一些杂质掺进这种材料中，从而创造出电子元器件，如晶体管。仿真结果显示，分子级的齿轮、杠杆、电动机和其他的机械系统一样，都可以按照预期正常运转。[77] 最近，人们更多地关注起碳纳米管，它主要由三维空间上的碳原子按六角形排列组成。碳纳米管可以在分子级别提供机械和电子的双重功能。我以下给出的一些分子规模的机器都是已经成功实现的。

- 汇编程序的内部环境需要防止环境杂质，以免影响到精巧的编译过程。德雷克斯勒的提议需要维护近似的真空环境，并且用与钻石同样的材料来构建汇编程序围墙，汇编程序自身就有能力去制造这堵围墙。

- 编译过程所需的能量可以由电能或化学能来提供。德雷克斯勒提出了一种化学工艺，即将燃料与建筑源材料相混合。最近很多提案都使用了纳米工程的燃料电池，有的是氢和氧混合，有的是葡萄糖和氧混合，还有的是使用超声波频率中的声学能量。[78]

尽管已经提出许多构造模型，但是典型的汇编程序已经被描述成了一种桌面单元，它可以几乎制造任何我们可以用软件描述出来的产品，从计算机、衣服、艺术品到烹饪。[79]再大一点的商品，像家具、汽车甚至是房子，都可以通过模块的方式或者更大的汇编程序来建造。汇编程序特殊的重要性在于它可以创造自己的副本，除非在它的设计中明确禁止了这项功能（为了避免自我复制所带来的潜在的危险）。创造任何物质产品，包括汇编程序本身，附加成本主要是原始材料成本，大约是每磅几便士。德雷克斯勒估计，不管制成品是衣服、大规模并行计算机还是另外其他的制造系统，一个分子制造过程的总共制造成本大约每千克花费（10 ~ 15）美分。[80]

当然，实际成本主要是那些描述每种产品信息的价值，即控制汇编过程的软件。换句话说，世界上的任何东西包括物体本身，本质上都是基于信息的。今天我们离这种情况已经不远了，因为产品的信息内容正在快速增长，正在逐渐趋近于价值的100％。

用于控制分子制造系统的软件设计必须可以自动扩展，如同今天的芯片设计一样。芯片的设计者不需要确定数亿电线和部件中每一个的位置，但必须详细地设计它的功能和特性，计算机辅助设计系统（CAD）会将它们翻译成实际的芯片设计（版面布线）。同样，CAD系统可以通过高级设计说明书生产出分子制造控制软件。这是一种反向制造产品的能力，即通过扫描它的三维构造，可以生成复制其全部功能的软件。

在汇编程序运行的过程中，中央数据存储系统将同时向数以万亿计（有些估计已经高达10^{18}这样的数量级）的机器人发送指令，并且每一个机器人都将同时接收到同样的指令。汇编程序生产这些分子机器人的方法是，开始的时候先创建出一小部分，然后将这一小部分用迭代的方式去创建另外的部分，直到所需数量的机器人全部创建出来。每一个机器人都具有一个本地数据的存储单元，用于指定它正在建造的机械装置的类型。这个存储单元将把所有从中央数据存储系统发送过来的统一指令进行掩码操作，以便阻塞某些指令并且将本地参数填充进去。通过这种方式，即使是所有的汇编程序收到同样的指令序列，但每一个分子计算机正在生产的部分都会有自己定制的标准。这个过程类似于生物系统中基因表达的过程。尽管细胞拥有全部的基因，但是只有那些与特殊细胞类型相关的基因才会得到表达。每一个机器人会从源材料中选取它们所需的原材料和燃料，其中包括独立的碳原子和分子片段。

生物学的汇编程序

自然界表明，分子可以起到机器的作用，因为生物就是依靠这样的机器工作的。酶就是分子机器，它可以通过制造、破坏或者重新排列的方式与其他分子结合。分子机器可以通过相互拖拉纤维的方式来驱动肌肉活动。DNA充当数据存储系统，向分子机器——核糖体（用于生产蛋白质分子）传递数字指令。这些蛋白质分子又反过来组成了大多数的分子机器。

——埃里克·德雷克斯勒

分子汇编程序可行性的根本依据就是它生命的本身。事实上，随着不断加深对生命过程的信息基础的认识，我们正在挖掘一些具体想法来应用到普遍的分子汇编程序的设计要求中。例如，有人提议，像生物细胞那样利用葡萄糖和ATP作为分子能源。

考虑一下生物学是如何解决德雷克斯勒汇编程序中的每个设计所面临的挑战。核糖体代表着计算机和结构机器人。生命不需要中央数据存储，而是给每一个细胞提供完整的代码。将纳米技术机器人的本地数据存储限制在一小段汇编代码（利用"广播"的结构），特别是当它们自我复制的时候，这是纳米技术可以比生物技术设计得更为安全的一种临界方法。

生命的本地数据存储当然是DNA链，即染色体上分布着特殊的基因。指令隐藏的任务（阻塞那些对于特殊细胞类型没有作用的基因）是通过短的RNA分子和管理基因表达的多肽来控制的。可供核糖体发挥作用的内环境是细胞内维护的一种特殊的化学环境，它需要酸碱平衡（人类细胞的 PH 值大约为 7）以及其他的化学平衡。细胞膜负责排除干扰以保护细胞的内环境。

　　通过纳米计算机和纳米机器人升级细胞核。这是一种简单的概念上的提议，它用于战胜除了朊病毒（一种自我复制的病态的蛋白质）以外的所有生物病原体。随着 2020 年纳米技术的全面到来，将可能利用纳米工程系统来代替细胞核内生物遗传信息的仓库，它可以用来维护遗传密码，并且模拟 RNA、核糖体行为，以及生物汇编程序的计算机中其他元素的行为。一台纳米计算机将维护基因代码，实现基因表达的算法。然后，纳米机器人就可以为表达基因而构建氨基酸序列（见图 5-2）。

　　采用这种机制将带来很大益处。我们可以消除 DNA 转录错误的积累，这是老化过程的一个主要因素。我们可以引导 DNA 去重组基因（将来，我们可以通过使用基因疗法，先于错误发生之前完成对 DNA 的编码）。我们也可以通过阻止所有有害的遗传信息复制，进而来战胜生物病原体（细菌、病毒和癌细胞）。

基于原子核的纳米机器人

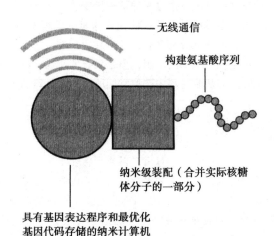

图　5-2

　　这种推荐的纳米工程系统的广播结构可以让我们关闭有害的复制过程，从而战胜癌症、自身免疫反应以及其他疾病。尽管这些疾病的大多数都可能被前面所提到的生物技术所征服，但是用纳米技术的再设计生命计算机将克服余下的障碍，并且体现出一种超越生物体固有属性的持久性与灵活性。

　　机械手臂的末端可以利用核糖体的能力来实现酶分解个体氨基酸的反应，它的每一部分都必然是一段特殊的 tRNA，并且可以通过肽键与相邻的氨基酸连接。因此，这种系统有能力利用核糖体本身的一部分来创造出自己所需的氨基酸片段。

　　然而，分子制造的目标不仅仅是复制生物学中分子汇编的能力。生物系统需要通过蛋白质来构建而受限，即在强度和速度上受到极大限制。尽管生物蛋白是三维结构的，但是生物学局限于化学的分类，可以将它拆成一个一维的氨基酸链。尽管纳米机器人由钻石型的齿轮和轴构成，但它依然可以比生物细胞的速度和强度好上千倍。

关于计算方面的对比或许更加生动：基于纳米管的计算速度是哺乳动物神经元之间极慢的电化学交换速度的几百万倍。

前面描述的钻石型汇编程序的概念所使用的是统一的原料（结构和燃料方面），这是在外界不受限制的环境下，用来防止机器人分子级复制的方法之一。在生物界复制机器人以及核糖体同样需要小心地控制原料和能源材料，而它们由消化系统提供。基于纳米的复制基因变得越来越精致，它们拥有更强的能力，从少数控制得很好的原材料中提取碳原子或者基于碳元素的分子片段，并且能够在受控的复制基因的围墙以外操作，例如生物界，它具有严重威胁生物界的潜能。一个显著的事实是，基于纳米的复制基因比任何生物系统都具有更加强大的强度和速度。当然这种能力正是引起第 8 章争论的原因所在。

在德雷克斯勒的《Nanosystems》发布的十年间，他通过额外的设计方案[81]、超级计算机模拟和相关分子机器的实际建造，对概念设计的每一部分都做了验证。波士顿大学的化学教授罗斯·凯利在报告中提到，他运用 78 个原子建造出了一个由化学供能的纳米发动机。[82]一个由卡洛·梦迪马诺领导的生物分子研究小组创造出了一种把 ATP 当做燃料的纳米发动机。[83]另一个分子级的发动机是荷兰格罗宁根大学的本·弗瑞格利用 58 个原子创造的，它利用太阳能。[84]其他的分子级的机械组件也取得了相似的进步，例如齿轮、轴和杠杆。证明化学能和声能用途的系统已经通过设计、仿真（正如德雷克斯勒最初的描述）并实际建造出来。在材料上，利用分子级设备开发各种各样的电子元件也取得了巨大进步，特别是在由理查德·斯莫利所倡导的碳元素纳米管领域中。

作为结构组件，纳米管证明了其功能的多样性。近期，一条由纳米管建造出来的传送带通过了美国劳伦斯伯克利国家实验室科学家的验证。[85]这种纳米级的传送带用于从一个地点向另一个地点传送极小的铟元素微粒，这种传送带还可以用于传送各种各样的分子级的物体。通过控制设备电流，就可以调整移动方向和速度。其中的一个设计者克里斯·里根曾经说过："对于纳米级的质量传输，这与旋转门把手是一样的，可以进行宏观控制。它们都是可逆的过程，可以通过改变当前的极性使铟元素回到原来的位置。"建立分子汇编流水线重要的一步是，能够将分子级别的建筑材料迅速地传送到准确的位置。

在美国通用动力公司为 NASA（美国国家航空和宇宙航行局）所做的一份调查中，纳米级机器自我复制的可行性已经得到了证实。[86]通过计算机的模拟，研究者们阐述道：这种由分子构成的精密的机器人在运动学上称为细胞的自动机，它由可以重构的分子模块构成，具有自我生成的功能。这种设计同样用到了广播结构，使更加安全的自我复制成为可能。

对于构建分子结构来说，已经可以证明 DNA 与纳米管同样具有很多功能。DNA 具有与自己相连的倾向，使得它成为了一个有用的结构组件。将来的设计可能结合这种属性，也会结合存储信息的能力。无论是纳米管还是 DNA，除了可以用来构建坚固的三维结构以外，它们在信息存储和逻辑控制的方面都具有显著的特性。

慕尼黑路德维格·马克西米兰大学的一个研究小组设计出了一种"DNA 手"，它可以通过命令从一些蛋白质中选择一个，将其捆绑住，在接到命令后再将其释放。[87]与核糖体类似，构建 DNA 汇编程序机器的关键步骤最近已经被两位纳米技术研究者论证，他们分别是廖世平和艾德里安·西蒙[88]。在受限制的规则下，抓取和放回分子物质对于分子纳米技术的汇编来说是另一个重要的能力。

美国斯克利普斯研究院的科学家通过制造许多条 DNA 的 1669 个核苷酸序列的方法，论证了创造 DNA 构建模块的能力，它们被小心地放置在自我补充的区域内[89]。这些自我组合的序列理所当然地被放在了正八面体中，它可以作为模块来构建精确设计的三维结构。这个过程的另一个应用就是它可以当做箱子一样来运送蛋白质，正如斯克利普斯研究院的一位研究员杰拉德·乔伊斯称它为一种"反向病毒"。病毒也是自我组合，通常情况下它有蛋白质的外壳，内部是 DNA 或者 RNA。乔伊斯还指出，有了这种技术就可以让 DNA 在外面，蛋白质在里面。

一个令人印象深刻的、关于用 DNA 构成纳米级设备的论证表明，这种设备是一种微小的仅有十纳米长的两足机器人[90]，它可以用腿来走路。它的腿和它走路的轨迹都是用 DNA 建造的，选择这些 DNA 是因为它们能在人们的控制下使自己连接或者断开。在纽约大学化学教授艾德里安·西蒙和威廉·谢尔曼的一个项目中，纳米机器人可以在轨道上拆下它的腿，再向下走，然后再连上它的腿继续走路。这个项目再一次生动地证明纳米机器人可以执行精确的任务。

另一个设计纳米机器人的方法就是向自然学习。（美国）橡树岭国家实验室的纳米技术科学家迈克尔·辛普森描述了利用细菌的可能性。如同一台准备就绪的机器一样，细菌是一种天然的纳米级的生物，它可以移动、游动，还可以抽取液体[91]。哈佛罗兰环学会的一位名叫琳达·特纳的科学家关注它们线状的胳膊，称其为伞。它们可以执行各种各样的任务，包括搬运其他纳米级的物质或者搅拌液体。另一种方法就是只用细菌的一部分。华盛顿大学一个名叫 Viola Vogel 的研究小组仅用大肠杆菌的四肢就构建了一个系统，可以根据不同的型号对纳米级颗粒进行分类。因为细菌是天然的纳米级系统，可以实现各种功能，这项研究的最终目标是反向操作加工细菌，可以用同样的设计原则来设计我们的纳米机器人。

胖手指和粘手指

随着未来纳米系统各个方面的快速发展，在德雷克斯勒的纳米汇编程序概念中并没有发现严重的缺点。诺贝尔奖得主理查德·斯莫利于 2001 年《Scientific American》月刊中指出了一个广为人知的缺陷，但这是基于对德雷克斯勒[92]想法的一种曲解，这并没有涉及过去十年中大部分的努力。作为碳纳米管的先驱者，斯莫利一直热衷于纳米技术的各种应用，他曾说过"纳米技术将给我们带来答案，解决我们对于能源、健康、通信、运输、食物和水等紧迫的物质需求"，但是他对于分子汇编纳米技术仍然持怀疑态度。

斯莫利认为德雷克斯勒的汇编程序由 5～10 个所谓的"手指"（机械手）组成，他们用来支撑、移动或者放置构成机器的每一个原子。然后他继续指出，分子汇编机器人工作的狭窄空间并不能容纳这么多手指（他称其为"胖手指"问题），同时由于分子引力的存在，这些手指很难摆脱它们的原子货物（他称其为"粘手指"问题）。斯莫利还指出了通过 5～15 个原子在普通的化学反应中就能实现复杂的三维模型。

事实上德雷克斯勒的想法并不像斯莫利所批评的那样一文不值。德雷克斯勒的想法，包括大部分他此后的提议，都只用了一个简单的词汇"手指"来描述。此外，还有关于可行的尖端化学反应的描述和分析，但并不包括像放置机械物质一样去提取和放置原子。除了我上面所提到的例子之外（例如，DNA 手），利用德雷克斯勒的氢原子提取的方法来移动氢原子的可行性问题，在这几年中已经得到了广泛的认证[93]。1981 年 IBM 开发了扫描式探针显微镜（SPM），以及更加先进的分子力显微镜（AFM），它们都可以通过在一个分子级结构尖端的具体反应来放置个别的原子，这些都为研究提供了一些概念上额外的证据。最近大阪大学的科学家借助分子力显微镜移动了单个的绝缘原子，他用到的就是机械技术而不是电子技术[94]。无论是移动绝缘还是非绝缘的原子或分子都将在未来的分子纳米技术中得到应用[95]。

事实上，如果斯莫利的批评是正确的，假设像斯莫利所说的生物汇编程序确实不可能实现的话，我们就不会有人再在这里讨论了，因为生命它本身就是不可能的了。

斯莫利也反对"尽管疯狂地工作，生产很少的产品（纳米机器人）也需要数百万年"的说法。当然，斯莫利是正确的，一个汇编程序如果仅拥有一个纳米机器人的话，那么它是生产不出来任何有质量的东西的。然而，纳米技术基础的概念是我们将使用数以万亿计的机器人来实现一个远大的目标，这也正是其安全问题受到广泛关注的原因。使用合理的花销来制造这么多的纳米机器人，必须要在某一级别内采用自我复制技术。在解决经济上的问题的同时，可能会引发更大的潜在危机，这一点我将在第 8 章中说明。生物学中运用了同样的方法，它们使用数万亿个细胞组成生物有机体，而且事实上我们发现所有的疾病都因为生物体在自我复制的过程中出错而产生的。

人们已经很好地解决了早先提出的有关纳米科技概念的挑战。评论家们指出，纳米机器人将会成为原子核、原子和分子的热振动炮轰的对象。这正是纳米技术概念设计者强调要使用钻石型或碳纳米管技术来构建结构成分的原因之一。通过提高系统的强度和刚度来减少热效应对其的影响。分析表明，这些设计在热效应中的稳定性比生物系统要好千万倍，所以它们能够运转的温度范围更加广泛[96]。

类似的挑战来自于在量子的影响下所发生的位置的不确定性，它是针对那些型号极小的纳米设备来说的。对于电子来说，量子的影响是非常重要的，但是一个单独的碳原子核是一个电子重量的两万倍。一个纳米机器人将由数百万到数十亿个碳或其他原子构成，这使得他的重量是电子的数万亿倍。考虑到这个比率，量子未知的不确定因素就显得不是那么重要了[97]。

功率是另一个挑战。在设计中所包括的葡萄糖－氧气的能源细胞已经在弗雷塔斯等人的可行性研究中等到了验证[98]。葡萄糖－氧气这种方法的一个优势就是，在纳米医药应用中所使用的氧气、葡萄糖和 ATP 等原料人类的消化系统就可以提供。一个纳米级的发动机就通过镍来做推进剂，用基于 ATP 的酶来做能源实验的[99]。然而，最近在微米级或纳米级葡萄糖－氧气能源细胞的应用中，所取得的进步提供了另一种方法，我将在接下来的内容中报告这方面的内容。

争论越发激烈

2003 年 4 月德雷克斯勒在一封公开信[100]中向斯莫利在《Scientific American》发表的文章提出挑战。信中引用了 20 多年来他本人和其他人的研究成果，关于斯莫利的胖手指和粘手指的问题做了具体回答。正如我上面所讨论的，分子组装从未被描述成拥有手指，而是依赖具有活性分子的精确定位。德雷克斯勒引用生物酶和核糖体作为在自然界精确分子汇编的例子。德雷克斯勒在文章结尾引用了斯莫利自己的实验观察，他认为："当科学家说某事可行时，他们很可能低估了使其变为可行要花费的时间。但是，如果他们说这不可行，则他们很可能错了。"

2003 年有 3 个多回合的类似辩论。斯莫利在回应德雷克斯勒的公开信时，收回了他的胖手指和粘手指的说法，并认识到酶和核糖体确实作用于精确的分子汇编，斯莫利早些时候指出这种情况是不可能的。斯莫利认为，生物酶只能在水中发挥作用，这种水基化学局限于如木质、肉质和骨质的生物结构。正如德雷克斯勒曾表示的一样，这也是错误的[101]。许多酶，即使是那些通常在水中工作的酶，亦可以在无水有机溶剂中发挥作用，并且某些酶可以以蒸汽为基层发挥作用，而不依赖任何液体[102]。

斯莫利接着说，（无任何起源或引用）类似酶的反应只能在生物酶存在时且有水的化学反应中进行，这也是错误的。麻省理工学院的化学和生物工程教授亚历山大·巴诺夫于 1984 年展示了这种无水（不包含水）酶的催化作用。巴诺夫在 2003 年写道："显然（斯莫利）关于无水酶催化作用的阐述是不正确的。20 年前我们第一篇论文发表以后，出现了成百上千篇关于无水酶催化的论文[103]。"

这很容易理解为什么生物是通过水基化学进化的了。水是我们这个星球上非常丰富的物质，并构成我们身体的 70% ~ 90%，我们的食物，以及事实上所有的有机物质。水的三维电属性能相当强大，可以断开其他化合物的强化学键。水被认为是"普遍的溶剂"，因为在我们体内多数生化方式都需要水，我们可以把地球上生命中的化学认为是水化学。然而，我们的技术的主要目的是开发出不受生物进化限制的系统，因为生物进化的基础就是水基化学和蛋白质。生物系统可以成功飞翔，但如果你想以每小时数百或数千英里的速度飞行在三万英尺的高度，你将可以使用我们的现代技术，而不是蛋白质。生物系统如人类的大脑一样，可以记忆、计算，但是如果你想要处理的是数十亿的信息数据，你可能需要使用电子技术，而不是毫无帮助的人类大脑。

斯莫利忽视了过去十年中，在利用精确制导分子反应来定位分子片段的其他方法的研究。人们广泛地研究了如何精确控制钻石结构合成材料，包括从氢化钻石表面[104]移除一个单独的氢原子，并能够将一种或多种碳原子添加到钻石表面。[105]人们已经开展了关于支持氢游离的可行性相关研究，并通过精确制导合成钻石结构。这些已在如下机构中完成：加州理工学院材料和过程仿真中心、美国北卡罗来纳州立大学的材料科学和工程学院、肯塔基大学分子制造研究所、美国海军学院以及施乐公司帕洛阿尔托研究中心。[106]

斯莫利避而不提前面提到的行之有效的扫描探针显微镜，该显微镜用于精确控制分子反应。在这些概念上，拉尔夫·梅克尔描述了可能出现的尖端反应，这可能涉及四个反应物。[107]很多文献都讲述了位置确定的反应具有精确制导的潜能，能用于尖端化学的分子汇编。[108]近年来除了 SPM 还有很多工具能够可靠地操纵原子和分子片段。

在 2003 年 9 月 3 日，德雷克斯勒再一次指出了大部分斯莫利没有解释的文献，以此作为斯莫利对自己第一封公开信的答复的回应。[109]他引用了纳米级现代化工厂的比喻。他引用过渡状态分析，认为选定的适当反应物的位置控制在兆赫的频率下是可行的。

斯莫利再次做出了回应，他在信中对具体的引用和最近的研究提到的较少，而是做了很多不准确的比喻。[110]例如，他写道："不能仅仅通过简单的机械动作就使得两个分子发生预想的化学变化，同样也不能通过把它们简单地挤压在一起来实现。"他再次承认事实上酶确实能够实现这些，但是他却拒绝接受这样的反应可以在生物系统以外的类似环境中发生：“这就是为什么我让你去使用真实的酶来讨论真实的化学，任何这样的系统都需要一个液体介质。对于我们所了解的酶来说，所需的液体必须是水，可以在水环境中合成的东西的类型不可能比生物学中的骨头和肉更加广泛了。”

斯莫利的论点是：“我们没有 X 天，因此 X 是不可能的。”我们曾多次在人工智能的领域遇到过这样的论点。现今，评论家们将引用这个系统的局限性作为证据，以说明这样的局限性是固有的，并且是不能够战胜的。例如，这些评论家都无视当代的一些关于 AI（人工智能）的例子，而是在过去的十年中，仅仅把在商业上可行的系统作为研究的重点。

那些尝试着用完备的方法论去设计未来的人们，都处于一种不利的地位。也许，未来的现实有些无法避免，但是他们没有办法去证明这一切，所以他们经常会被否认。有一小部分人在 20 世纪初坚持认为比空气重的飞行是可行的，但是主流的一些怀疑者提出了质疑，如果这是可行的，那么它为什么还没有成为现实呢？

斯莫利在他最近的来信的末尾，至少在部分上展示了他的动机，他在信中是这样说的：

几周前我为学区内的约 700 名初中生、高中生做了一个关于纳米技术和能量方面的演讲，题目是“作为一名科学家，我们应该保护世界”，这个学区是休斯顿地区一个很大的公共学校系统。同学们去观看我演讲的准备工作是，每人要求写一篇名叫“为什么我是纳米狂人”的评论。在数百篇文章中，我有特权阅读前 30 篇比较出色的文章，并从中选出我最喜欢的 5 篇。在我读到的评论中，有将近一半认为，自我复制的纳米机器人是可能实现的，并且大部分人对纳米机器人在全世界得到普及时，我们的未来将会发生些什么，表示深切的担忧。尽管我尽可能地减少他们的恐慌，但是毫无疑问，青年人都被灌输了非常糟糕的想法。

你和你身边的人们已经吓到了我们的孩子们。

我向斯莫利指出，早期的评论家也表达过对于计算机网络和软件病毒在世界范围内传播的可能性的担忧。在今天看来，我们从计算机网络中受益，又遭受了来自软件病毒的损失。然而，随着软件病毒的扩散，免疫系统也随之产生了。在这些益处与危险交融的例子中，我们得到的收获远比受到的伤害多得多。

斯莫利安抚公众不要对未来可能出现技术的滥用现象感到担心，但这并不是一个正确的策略。这不仅否认了基于纳米技术的汇编过程的可行性，也否认了它的潜力。同时否定分子汇编过程的益处和危险将最终起到反作用，并且不能够把研究引导到所需要的建设性的方向上去。截止到 21 世纪 20 年代，分子汇编过程将在有效抵抗贫穷、保护环境、战胜疾病、延长人类寿命以及许多其他值得追求的方面提供工具。与人类所发明的任何其他的技术类似，它也可能会起到破坏性的作用。所以重要的是，我们要运用知识从这项技术中获得更多的收获，同时避免它所带来的危险。

早期使用者

尽管德雷克斯勒纳米技术的概念基本上解决的是在制造过程中对于分子的精确控制问题，但是它已经扩展到任何可以用纳米来衡量的技术的关键指标（一般少于 100 纳米）。当代的电子学已经悄然进入这个领域，生物学和医学的各项应用已经进入到纳米粒子的时代，人们正在开发纳米级的设备，以便用于检测和治疗。尽管纳米粒子使用的是统计学的制造方法而不是汇编程序,但是它仍然依靠原子级的特性来发挥作用。例如,纳米粒子如同标签一样用于生物学实验,这极大地提高了检测蛋白质等物质的敏感性。例如,可以用具有磁性的纳米标签与抗体捆绑,然后通过磁探针来检测抗体是否还在身体内。用金制的纳米粒子捆绑在DNA片段上,可以快速地检测出DNA序列,这已经通过实验得到验证了。被称为量子点的小纳米珠可以通过不同的颜色进行编码,这类似于一种颜色的条形码,可以很轻松地透过物体来跟踪某种物质。

结合纳米级的通道形成微流体设备,可以在给定的物质上获取极小样本,同时进行上百个实验。有了这些设备,可以进行更加广泛的实验,例如近乎无创的血液取样。

纳米级的支架可以用于培养生物学的组织,例如皮肤。将来的治疗可以运用这些微小的支架来培养身体内部修复时所需要的任何类型的组织。

一个非常令人振奋的应用就是利用纳米粒子来为身体的某一具体部位实施治疗。纳米粒子可以引导药物进入细胞壁,通过脑血管障壁。蒙特利尔麦吉尔大学的科学家们展示了一颗纳米药丸,其结构范围在(25~45)纳米。[111]这颗纳米药丸足够的小,可以穿过细胞壁并且直接将药物传递给细胞内的目标结构。

日本的科学家已经运用110个氨基酸分子建造出一个纳米笼子,可以用来放置药物的分子。粘附在纳米笼子表面的是一个缩氨酸分子,可以用来识别人体内部目标的具体位置。在一次试验中,科学家用缩氨酸精确地锁定到人体肝脏细胞。[112]

马萨诸塞州贝德福德微芯片生产公司开发出一种嵌入在皮下的计算机设备,并且通过设备中数百个纳米级的储存库精确地传送药物的混合物。[113]人们希望未来这些设备可以用来测量像葡萄糖这样的物质的血液含量。这个系统可以用在人工的胰腺上,根据血糖反馈来控制释放胰岛素的数量。它同样可以用于模拟任何可产生荷尔蒙的器官。

另一个创新性的建议是,引导金质的纳米粒子到肿瘤的位置,然后通过红外线加热的方式杀死癌细胞。可以设计纳米级容器来承载药物,保护它们通过胃肠道,引导它们到达精确的位置,然后按照计划将其释放,并允许它们接受体外的指令。阿拉楚阿县(佛罗里达州)的纳米治疗学已经用这种方法开发出了一种仅仅几纳米厚的可以被生物分解的聚合体。[114]

推动奇点发展

全世界每天生产的能量大约为14万亿瓦特,其中33%来自石油,25%来自煤,20%来自天然气,7%来自核裂变反应,15%来自生物和水力资源,只有0.5%来自可再生的太阳能、风能和地热能。[115]其中矿物燃料占能源总数的78%,绝大多数空气污染和严重的水污染以及其他形式的污染,均来自矿物燃料的提炼、运输、加工和使用的过程。原油资源会带来地缘政治紧张,同时,这些石油每年2万亿美元的价格也带来一些其他问题。随着以纳米技术为基础的新的提炼、转化和传输技术的出现,工业时代的能源资源在能源生产中的统治地位会越来越明显,但是随着未来能源需求的大量增加,可再生能源才是解决能源问题的关键。

到2030年,比起现在,运算和通信的性价比将很可能以亿倍的系数增长,其他技术在性能和效率上也有大幅增长。由于不断提高能源使用效率,能源需求的增长速度将远比不上技术的增长速度,这方面的问题我会在后面讨论。纳米技术革命主要影响的是物理技术，像制造业和能源业，将由加速回归定律所支配，包括能源在内的所有技术都会彻底变成信息技术。

据估算，到 2030 年全球能源需求将达到现在的两倍，远远落后于经济增长期望，与技术能力的增长相比更是遥不可及。[116] 而增加的能源需求很可能由新的纳米级的太阳能、风能及地热能提供。有一点我们必须要意识到，即绝大多数能源虽然形式多样，但都是太阳能的载体。

矿物燃料中存储的能源是太阳能经过动物、植物和上百万年的演化转化而来的（尽管最近矿物燃料源自活体组织的理论遭到挑战）。然而，高质量油井中石油开采量已经达到了顶峰，一些专家甚至认为峰值已然过去了。很明显我们正在迅速消耗一部分比较容易获取的矿物燃料。当然，我们还有更多难以提炼的矿物燃料资源（比如煤和页岩油），这需要更尖端的技术才能进行清洁、高效地提炼，这些能源也将成为未来能源的一部分。一个正在建造的价值 10 亿美元的示范工厂——未来电力，有望成为世界上第一个使用矿物燃料的零污染能源工厂。[117] 拥有 2.75 亿瓦特发电能力的未来电力，不会像现在一样直接燃烧煤炭，而是将煤炭转化成由氢气和一氧化碳组成的混合气体，然后将与蒸汽相互作用，在密闭的环境中生成相分离的氢气和二氧化碳气流。氢气可以用做燃料电池，它可以转化为电能和水。工厂设计的关键是一种用于分离氢气和二氧化碳的新薄膜材料。

纳米技术的出现使发展清洁、可再生、分布式和安全的能源技术成为可能，我们关注的重点也在于此。在过去几十年中，能源技术一直在工业时代的 S 形曲线上缓慢发展（一种专项技术发展的中后期，其发展能力已经接近极限）。虽然纳米技术的发展需要新的能源资源，但是到 2020 年，在能源的各个方面——生产、储存、运输和利用——将产生新的 S 形曲线。

我们应该从能源的利用方面开始反思能源需求问题。由于纳米技术在原子、分子量级上具备处理物质和能量的能力，因此能源使用率将大大提高，这就间接降低了能源的需求。几十年之后，计算将过渡到可逆计算（见第 3 章）。如我所言，具有可逆逻辑门的计算，消耗的能量主要是用于更正量子力学上的偶然性错误，因此相对于不可逆计算，可逆计算有望减少达 10 亿数量级的能量消耗。并且未来的逻辑门和存储单元将更小，每个维度至少小到原来的十分之一，这又将减少 1 000 倍的能源需求。因此高度发达的纳米技术将使每一次 bit 转换消耗的能量减少 1 兆倍。当然我们增加的计算量也许比这还多，但是能源使用率大大提高将抵消计算量的增加程度。

当代制造业移动散装材料会造成能源浪费，相对于此，分子纳米制造技术将提高制造业的能源使用率。当代制造业将价格低廉的能源资源用于生产像钢铁这样的基本材料。一个典型的纳米工厂将是一台能生产从电脑到衣服的桌面装置，而较大的产品（如汽车、房屋甚至其他的纳米工厂）将生产成模块子系统，由较大的机器人进行组装。而在纳米制造过程中占主要能量消耗的废热将会回收再利用。

纳米工厂的能源需求可忽略不计。据德雷克斯勒估计，分子制造业将会制造能源，而不消耗能源。德雷克斯勒说："分子量级制造过程可以由原材料的化学能量驱动，而电能将作为副产品产出（哪怕只是为了减少散热负担）……使用典型的有机原料，假设剩余的氢都被氧化，加上合理高效的分子制造工艺，这就成为了净能源生产。"[118]

产品可以使用纳米管和纳米复合材料为原料，这样就避免了现今制造钢、钛、铝而消耗大量能源的情况。基于纳米技术的光源将使用体积较小的冷光发光二极管、量子点或其他创新光源来取代发热、低效的白炽灯和荧光灯。

虽然工业产品的功能和价值会增加，但是其物理尺寸一般不会增大（甚至大多数的电子产品尺寸还会变小）。工业产品价值的提高很大程度上源于产品信息内容具有的扩展价值。虽然在这个时期内，信息化产品和服务会有大概 50% 的通货紧缩率，但是那些有价值的信息不但会抵消通货紧缩还会以更快的步伐增长。

在第 2 章曾讨论过适用于信息交流的加速回归定律，由于用于交流的信息总量会呈指数倍的增长，且交流的效率也会以相当的速度提高，因此信息交流的能量需求则会增长得很慢。

能量在传输方面将会更有效率，由于石油运输的低效率以及电力传输时电线产生热量，使得大量能量在这些过程中丢失，同时产生环境污染。尽管斯莫利对分子制造业持批评态度，但却非常支持用于制造、转换能量的新的纳米技术模型。他阐述道：基于线状碳纳米管的新输电缆将会更强韧、更轻便，最重要的是，相对于传统的铜制电缆，其能量传输效率将大大增加。[119]斯莫利所展望的纳米能源的未来包括了一大批纳米新技术的功能：[120]

- 太阳能发电：将太阳能电池板的价格降低到原来的 $1/100 \sim 1/10$。
- 氢气制造：从太阳光和水中高效提取氢气的新技术。
- 氢气存储：为燃料电池提供氢气储存的轻便、坚韧的材料。
- 燃料电池：将燃料电池的价格降低到原来的 $1/100 \sim 1/10$。
- 存储电能的电池和超级电容器：将电能存储密度增加 $10 \sim 100$ 倍。
- 通过使用坚韧、轻便的纳米材料提高汽车、飞机等交通工具的性能。
- 在月球等地方用坚韧、轻便的纳米材料制造大规模能量收集系统。
- 使用纳米级电子器件的智能机器人可以在太空或月球上自动建造发电厂。
- 新的纳米涂料将极大地减少深井勘探的开销。
- 在超高温下，纳米催化剂可获取更多从煤中产生的能量。
- 纳米过滤器可以收集提取高能煤炭时产生的煤烟，煤烟中大部分为碳，而碳是大多数纳米技术产品设计的基础材料。
- 新材料使干燥、坚硬的岩石地热资源得以利用（将地核中的热量转化为能量）。

另一种传输能量的方式是以微波的形式进行无线传输，这种方法特别适用于太空中巨型太阳能板产生的高效射束能量（在后面内容中介绍）。[121]美国联合国大学理事会的千年项目将微波能量传输技术看做是"清洁、丰富能源的未来"的一个关键。[122]

如今高度集中的能储也有其弱点，液化天然气罐和其他储能设备经常被用作恐怖袭击的工具，并造成了灾难性后果。油罐车和油船都很暴露。最终脱颖而出的能储方式将是燃料电池，它将广泛用在基础装置上，这又是一个从低效且危险的存储装置转向高效稳定的分布式系统的实例。

近年来，由甲醇和其他安全型高氢含量燃料提供氢气的氢氧燃料电池已经取得突破性进展。麻省一家名为集成燃料电池科技的小公司发明了一种基于 MEMS（微型电子机械系统）的燃料电池。[123]每一个邮票大小的设备中包含了几千个微燃料电池以及电线和控制电路。NEC 计划引进纳米管燃料电池以作为笔记本电脑和其他一些便携式电子产品的电源。[124]据称，这种小型电源能支持设备连续运转 40 小时，东芝也正准备为其便携式电子产品引进燃料电池。[125]

供电设备、交通工具甚至家庭使用的燃料电池的研究也取得了显著进展。美国能源部2004年的一份报告指出，基于纳米技术的科技有助于氢燃料电池汽车在各方面性能上的提升。[126]例如，氢气必须存放在强韧、轻便的容器中才能抵抗产生的高压，而像纳米管或纳米复合材料等这些纳米材料便可以满足这种容器的要求。报告还设想燃料电池将能以两倍于汽油发动机的效率提供能量，而副产品只有水。

很多燃料电池都由甲醛来提供氢气，氢气再与空气中的氧气结合产生水和能量，但是由于甲醇（木精）具有毒性和可燃性，因此其很难掌控，并且容易产生安全隐患。圣路易斯大学的研究者们用普通乙醇（可饮用酒精）制作出一种稳定的燃料电池。[127]这种电池使用脱氢酶将氢离子从乙醇中分离，然后同空气中的氧气互作用产生能量。这种电池几乎可以使用任何可饮用酒精。曾经在这个项目中工作的尼克·埃克斯说，"各种类型的酒精我们都进行了实验，除了碳酸啤酒和葡萄酒外，其他的效果都不错。"

得克萨斯大学的科学家们研制出一种纳米级燃料电池，只需通过人体血液中的葡萄糖氧化反应便可产生电能。[128]这种称作"吸血蝙蝠"的电池可以提供满足一般电子产品需求的电力，今后它能用在血液纳米机器人中。日本科学家也在进行一个类似的项目，从理论上估计，这个系统在一个人的血液中最高可产生100W电力，当然可植入设备远远用不了这么多电能。（悉尼一家报纸写道：这个项目为电影《黑客帝国》中将人体作为电池提供了理论基础。）[129]

马萨诸塞州大学的斯韦德·查德胡利和德里克·拉维尼正在研究另一种方法，可以将自然界中产出的大量的糖转换为电能。他们的燃料电池实际上是一种微生物（名为Rhodoferax ferrireducens的细菌），他们自称拥有令人惊奇的81%的转换效率，且在空闲时不消耗任何能量。这种细菌可直接将葡萄糖转化为电能，而不会产生任何不稳定的中间产物。它们还能利用糖提供的养料来繁殖、进行自我补充、保证稳定持续的电量供应。用果糖、蔗糖、木糖等其他糖类做的实验也同样成功。基于这种研究的燃料电池可使用实物细菌，或者模拟细菌的化学过程直接进行化学反应。除了为在含糖量高的血液中的纳米机器人提供能量外，这种设备还拥有利用工业和农业废料生产电能的潜力。

碳纳米管也已被证实具有作为纳米级电池存储能量的能力，它很可能与纳米工程燃料电池形成竞争关系。[130]纳米管已经在超高效运算、信息传输、电力传输以及制造超强结构材料方面展示了它超凡的能力，而这个功能更加证实了纳米管具有万能特性。

纳米应用中最有前途的能源是太阳能，它是一种可再生、免费、分布式的能源，有能力满足我们未来的大量能源需求。照射到太阳能发电板上的阳光是免费的，大约有10^{17}W，约为人类消耗的能量的一万多倍，太阳光传送到地球的能量比我们所需的总能量还要多。[131]如前面所说，尽管在25年后，计算和通信将会有巨大发展，同时也带动经济发展，但是由于纳米技术大大提高了能源的使用效率，到2030年能量需求仅仅会增加到30万亿（3×10^{13}）W。[132]我们仅仅需要获得太阳传递到地球总能量的万分之三，就能满足所有的能源需求。

将这些数据与人类新陈代谢所产生的能量进行对比非常有趣，罗伯特·弗雷塔斯估算出人类新陈代谢产生的总能量为10^{12}W，而地球上所有生物新陈代谢的总能量为10^{14}W。弗雷塔斯还估算出在不破坏当前生态环境能量平衡（气候学家称为"热力极限"）的情况下，我们所生产和使用的能量大约为 10^{15} W，这些能量可供每个人使用大量的纳米机器人来提升智力、提供医疗服务、能源制造和清理环境等。对于 100 亿的人口总量，弗雷塔斯估计每人可使用的机器人数量极限为 10^{16} 个，而我们只需要 10^{11} 个纳米机器人就可以在每个神经元上放置一个。

到掌握这个量级的技术时，我们就可通过收集纳米机器人和其他纳米机器产生的大部分热量，应用纳米技术将其又转换回电能，以便进行回收利用。最行之有效的方法可能就是纳米机器人自己进行能量回收。[133] 这与运算中的可逆逻辑门相似，每个可逆逻辑门都会立刻回收上一次计算所使用的能量。

我们可以将大气中的二氧化碳提取出来以便为制造纳米机械提供碳原料，这样可以抵消现今工业时代增加的二氧化碳排量。但是我们必须谨慎行事，所抵消的二氧化碳量不能超过这几十年增加的排放量，以免赶走温室效应却带来冷藏室效应。

目前的太阳能电池板还相对低效、价格昂贵，但是太阳能技术在快速进步。硅光能电池的光电转换率一直在稳步提升，从 1952 年的 4% 提高到 1992 年的 24%。[134] 如今的多层电池达到了 34% 的光电转换率。目前，一种分析表明，纳米晶体应用于太阳能转换的转换效率有可能达到 60%。[135]

当前每瓦太阳能转换的电能耗费大约 2.75 美元。[136] 一些公司正在研究纳米级太阳能电池，希望将太阳能成本降至低于其他能源的成本。工业电源表明，一旦太阳能能源成本每瓦低于 1 美元，就将具备直接向国家电网提供电力的竞争力。纳米太阳能公司的一种基于二氧化钛粒子的设计，可用于超薄弹性薄膜的大规模生产。据该公司 CEO 马丁·洛切森估计，到 2006 年，他们的这项技术可能将太阳能成本降至每瓦约 50 美分，低于天然气成本。[137] 纳米太阳能公司的竞争对手纳米系统公司和科纳卡公司也有类似计划。不管这些商业计划是否成功，只要我们掌握了以纳米分子技术为基础的制造技术，都可以以极低的成本和使用最原始的材料生产太阳能板（或者其他所有东西），其中价格低廉的碳将是最主要的原料。假设其厚度为几微米，太阳能板的成本将便宜至每平方米一便士。我们可将高效太阳能板放置在大部分产品的表面，如建筑、交通工具，甚至将其做到服装中为移动设备供电。因此，用较低的成本转换万分之三的太阳能是完全可行的。

空间中的巨型太阳能板可增大地球表面积，NASA 已经设计出了一种太空太阳能卫星，可以用于将太空中的阳光转化为电能再以微波的形式传回地球。这种卫星每个可提供上百万瓦电力，足够上万家庭使用。[138] 使用纳米制造技术，我们可以造出一条环绕地球轨道的巨大的太阳能板，只需将原始材料用航天飞船装运到空间站，也有可能通过计划中的太空电梯运输，太空电梯是从地球同步轨道上的平衡装置的船用锚延伸出的一条薄带，由碳纳米管复合材料制成。[139]

桌上型融合也可能会变为现实。橡树岭国家实验室的科学家们用超声波使一种液体溶剂产生振动，从而使气泡产生高压和达到几百万度的高温，这可以导致氧原子的核聚变并且产生能量。[140] 尽管大众对 1989 年关于低温核聚变的原始报告持怀疑态度，但如今超声波方法已经被一些评估报告所接受。[141] 然而，由于我们还没有掌握足够的方法来应用这项技术，因此它在未来能源中的角色还无法确定。

生态环境中的纳米技术应用

新兴的纳米技术将对生态环境产生深远影响，原因在于新的制造和生产技术的出现会极大地降低有害排放物的排放，同时还可以治理工业时代污染造成的影响。正如前面所介绍的，提供基于纳米技术的像纳米太阳能板一样可再生、干净的能源资源，是达到此目的的重要努力方向。

制造分子级的粒子和设备，不光是尺寸的缩小和表面积的增加，还会涉及新的电力、化学和生物特性。纳米技术最终将给我们提供一种强大的扩展工具，以便实现改良型催化剂、化学品和原子的结合、传感和工业制造，还能通过强大的微电子设备进行智能控制。

我们最终将重新设计所有的工业生产流程，用最小的代价实现工业品的预期功能，而不会产生无用的副产品和环境污染。在前面的内容中我们讨论了生物技术中的一种趋势：智能型药物制造过程可以在极大减小副作用的情况下生产出效果很好的生化药剂。实际上，通过纳米技术实现的分子制造将极大加快生物技术的革命。

当代纳米技术的发展和研究只涉及相对简单的"设备"制造，例如，使用纳米管和纳米层制造的纳米粒子和分子。由 10 ~ 1 000 个原子组成的纳米粒子在性质上与一般的晶体一样，在还没有掌握精确的纳米分子制造技术之前，我们可以使用晶体生长技术来制造。其纳米结构为自组装的多层结构，这种结构由于氧或碳的结合以及其他的原子力而组合到一起，像细胞膜和 DNA 结构就是这种多层纳米结构的自然实例。

同所有的新技术一样，纳米粒子也有负面效应：产生毒素和其他对环境和生命有害的影响。废弃电厂产生的像砷化镓一类的很多有毒物质已经进入了生态系统。纳米技术能使纳米粒子和纳米层获得更好效果的新特性的同时也可能带来不可预见的影响，特别是在食物供应方面和我们自身身体这样的生态系统中。虽然现存的规则在很多方面能控制它们带来的影响，但是真正需要担心的是我们对大量未知影响的无知。

然而，现实中已经有数百个应用纳米技术的项目在改进工业生产过程和处理现有的污染形式。一些实例如下：

- 很多机构调查了纳米粒子在处理、降解及消除大多数种类环境毒素中的使用情况。以氧化剂、还原剂和其他活跃物质形式存在的纳米粒子已经显示出了其在转换许多种类有害物质方面的能力。由光驱动的纳米粒子（比如二氧化钛、氧化锌等）能够去除有机毒素，并且这些粒子本身毒性非常小。[142] 具体来说，氧化锌纳米粒子可作为排除氯化酚毒素的强大催化剂。这些粒子既可进行探测又可作催化剂，可以将其设计成为只转换目标杂质。

- 相对于使用废水沉淀和澄清池的传统方法，纳米过滤膜在净水过程中去除颗粒污染物方面有显著改善。纳米粒子设计成具有催化作用，可吸收和清除杂质。为防止纳米粒子本身变为污染物，利用磁分离技术，它们还可以重复使用。例如，称作沸石分子筛的纳米硅铝酸盐用于碳氢化合物的约束氧化（例如，将甲苯转化为无毒的甲醛）。[143] 这种方法消耗更少的能量，并且降低了低效光致反应与废物的产量。

- 目前正在广泛进行用于制造催化剂的纳米晶体材料的研究，以支持化学工业的发展。这些催化剂可提高化学品产量，减少有毒的副产品，去除杂质。[144] 例如，MCM - 41 在石油工业中用于去除超细杂质，这是其他减污方法无法做到的。

- 据估计，在汽车结构材料中，纳米复合材料的广泛使用每年可减少 15 亿升汽油消耗，在其他环境效益中，每年将减少 50 亿 kg 二氧化碳的排放量。

- 纳米机器人可用于协助核废料的处理，纳米过滤器在核燃料生产中可用于分离同位素，纳米流体可提高核反应堆的冷却效果。

- 纳米技术用于家庭和工业照明，既可降低使用的电量，又可每年减少大约 2 亿吨的碳排放量。[145]
- 与传统的半导体制造方法相比，完善的自组装电子设备（如自组织生物聚合物）在制造和使用过程中将需要更少的能量和产生更少的有毒物质。
- 使用基于纳米管的场发射显示器（FEDs）的新计算机屏幕将提供优质的显示效果，同时消除了传统显示器中使用的重金属和其他有毒物质。
- 双金属纳米粒子（如铁/钯和铁/银）还可作为多氢联苯、杀虫剂和卤化有机溶剂的还原剂和催化剂。[146]
- 纳米管在吸附二恶英方面的表现显得大大优于传统的活性炭。[147]

这是关于纳米技术的应用对环境的有益影响研究的示例，一旦我们超越了简单的纳米粒子和纳米层，而能使用精确控制的分子纳米组装技术制造出更加复杂的系统时，我们将进入能够大量制造解决相对复杂任务的智能设备的时期，清理环境理所当然也是任务之一。

血液中的纳米机器人

纳米技术已经经了我们工具……与自然界中的最原始的玩具——原子和分子——打交道，所有物品都由它组成……将无限可能地创造新的物品。

——诺贝尔奖获得者霍斯特·斯托默

纳米医学的干预将会持续影响所有生物性老化，随着病人可将生物年龄随意减小到任何新的年龄变成可能，时间与健康的关系将永远被斩断。几十年后，这种干预可能是普遍现象。利用每年的检查和清除以及偶尔一次的大型修复，你的生物年龄将大致恢复到你选择的生物年龄阶段。你可能最终还是会死于意外，但是你会比现在活得至少 10 倍久的时间。

——罗伯特·弗雷塔斯[148]

在血液中布置 10 亿或万亿的纳米机器人，是制造业中分子精确控制的重要应用实例，这些如血细胞大小或者更小的纳米机器人可以在血管中通行。这种想法并不像听起来那么缥缈，因为动物实验的成功已经证实了这种观念，而且许多这种量级的小设备也正在动物体内发挥作用。至少有四个主要的生物微电子系统会议在研究人类血液中所使用的设备。[149]

我们来看几个可能在 25 年内实现的纳米机器人技术的实例，这些机器人都趋向于小型化和低成本化。除了描述人类大脑以促进其逆向工程外，这些纳米机器人将拥有各种各样的诊断和治疗功能。

罗伯特·弗雷塔斯是一位纳米技术的先驱理论家和纳米医学（通过分子的系统工程重新构造我们的生物系统）的支持者，他还著有一本名叫《Nanomedicine》[150]的书，在书中他设计了一种能代替人类血液细胞的机器人，这种机器人的效率比血液细胞高出成百上千倍。使用弗雷塔斯的呼吸细胞（机器人血红细胞），一个运动员不用呼吸就可以在奥林匹克竞赛中连续奔跑 15 分钟。[151]弗雷塔斯的机器人巨噬细胞叫做 "microbivores"，其对付病原体的效果将远超过白细胞。[152]他的 DNA 修复机器人可以修补 DNA 的转录错误，甚至对 DNA 进行必要的修改。他设计的其他机器人可以用于清洁、移除人体细胞中不需要的残渣和化学物（如朊病毒、缺陷蛋白质和原细纤维）。

弗雷塔斯提供了大量医学纳米机器人详细的概念设计，以及大量解决制造过程中各种难题的方法。例如，他提供了大约 12 种方法来进行指挥和导向移动，[153]其中一些采用了像推进纤毛一类的生物方法。我将在第 6 章详细介绍这些应用。

乔治·怀特赛德斯在《Scientific American》中抱怨说："对于纳米级物体来讲，即使制造出了推进装置，一个新的严重问题将会出现：水分子产生的随机振动。水分子虽然比这些纳米潜艇小，但并不小多少。"[154]怀特赛德斯的分析是由误解产生的，所有的医学纳米机器人，包括弗雷塔斯的纳米机器人，都至少比水分子大上万倍。由怀特赛德斯和其他人分析指出的相邻分子布朗运动的影响可以忽略不计。事实上，纳米级医学机器人将比血细胞或者细菌稳定和精确几千倍。[155]

还应指出，医学纳米机器人在维持消化和呼吸等新陈代谢过程时，并不需要生物细胞那么大的开销。它们也不需要支持生物繁殖系统。

虽然自从弗雷塔斯的设计概念到现在已经过去几十年，但是血液中设备的研究已经取得了实质性的进展。例如，芝加哥伊利诺伊大学的研究员利用结合了胰岛细胞的纳米工程设备治愈了老鼠的 I 型糖尿病。[156]这种设备带有七个可以打出胰岛素的孔，但是不会让破坏胰岛细胞的抗体进入。还有许多其他类似项目也在进行中。

莫利 2004：那么在我的血液中将会存在所有这些纳米机器人，它们除了能在我们的血液里面坐上几小时外，还能为我做什么？

雷：它能让你保持健康。它们会除去细菌、病毒的病原体和肿瘤细胞，并且不会受到如自身免疫反应等各种免疫系统陷阱的影响。它们与你的生物免疫系统不同，如果你不喜欢纳米机器人正做的事，你可以让它们去做别的事。

莫利 2004：你的意思是，给我的纳米机器人发送一封邮件？就像——喂，停止破坏我肠胃里面的细菌，因为那些是对我的消化有益的。

雷：对，你举的例子很好。纳米机器人会在我们的管控下工作，它们会通过互联网彼此交流，甚至现在，我们通过神经嵌入（比如帕金森氏症）的方式来给病人下载新的软件。

莫利 2004：这种方式使软件病毒事件更加严重，对吗？现在，如果我受到了软件病毒的攻击，我不得不运行病毒清除程序并装载备份文件。但是，如果我血液里的纳米机器人得到一个流氓信息，它们可能就会破坏我的血细胞。

雷：对，这就是你想要机器人血细胞的另外一个原因，但是这个问题我们已经很好地考虑了，这并不是一个新问题。甚至在 2004 年，我们已经有了关键任务软件系统来监护管理 911 种应急系统：控制核能发电站、飞机着陆和引导巡航导弹。因此软件完整性已经是相当重要。

莫利 2004：对，但是在我的身体和大脑里面运行程序似乎挺令人畏惧的。在我的电脑里面，我每天会收到一百多封的垃圾邮件，其中的一些还包含恶意软件病毒。如果我身体里的纳米机器人感染了病毒，那么我会真的不舒服的。

雷：你考虑的是常规互联网的接入方式。随着虚拟专用网的使用，我们现在想建立安全防火墙。不然的话，实施当代的关键任务软件系统也是不可能的。它们确实运行得相当不错，因特网的安全技术会不断地演变。

莫利 2004：我认为一些人会对你的防火墙的信任度展开争论。

雷：诚然，它们不是尽善尽美的，而且永远也不是。但是在把我们的软件广泛应用于身体和大脑之前，我们还有很长的时间来研究。

莫利 2004：哦，但是病毒作者也会增强它们的攻击能力啊。

雷：毫无疑问，这是一个不可调和的矛盾，但明显的是，益处要多于坏处。

莫利 2004：明显在哪呢？

雷：哦，没有人与我严肃的争论是否要因为因特网上存在软件病毒这样一个大问题而废除网络。

莫利 2004：我承认你说的有道理。

雷：纳米技术成熟以后，就可以解决一些生物学问题：克服生物病原体，清除毒素，更正 DNA 错误和逆转老化源。就像因特网产生软件病毒的危险一样，我们也会争论纳米技术产生的新危险。这些新陷阱包括具备自我复制的纳米技术失控的可能性，也包括强有力的软件控制、分布式纳米机器人的完整性。

莫利 2004：你刚才说逆转衰老？

雷：你注意到了一个关键的好处。

莫利 2004：那么纳米机器人下一步会怎么做？

雷：我们实际上已经完成了大多数的生物技术和方法，比如通过核糖核酸干扰抑制破坏性的基因，通过基因治疗来更换遗传密码，通过治疗性克隆来再生细胞和组织，通过智能药来改编代谢途径的指令序列，还有很多其他的新兴技术。但无论如何生物技术也不可能完成所有的工作，我们已经在纳米技术里面找到了窍门。

莫利 2004：比如？

雷：纳米机器人可以在我们的血液里流动，那么就可以在细胞的内部或周围完成各种不同的服务，比如清除毒素、扫除残骸、更正 DNA 错误、修复细胞薄膜、改善动脉硬化、修正荷尔蒙、神经传递素和其他新陈代谢物质，还包括许多其他的功能。对于每一种老化过程，我们可以给纳米机器人描述一种方法来逆转这个过程，直到个体单元、细胞成分和分子这样的级别。

莫利 2004：那么我就可以永远年轻？

雷：正是这个意思。

莫利 2004：你说什么时候我可以得到这些？

雷：我以为你会担心纳米机器人防火墙的安全性。

莫利 2004：是的，我有时间去担心，那么什么时候会再现？

雷：大约 20 ~ 25 年吧。

莫利 2004：我现在 25 岁了，因此我大约要等到 45 岁，并保持在那个年龄上。

雷：不，并不完全是这个意思，你可以通过获取我们已经存在的知识来减缓衰老。在10 ~ 12 年里，生物技术革命将提供更强的手段，可以在许多情况下抑制和扭转各种疾病和衰老过程。这并不意味着与此同时什么也不会发生，我们每年都会有更强的技术，而且进程也会加速。纳米机器人就会完成这项工作。

莫利2004：是的，当然，我们很难避免在一个句子中不使用"加速"这个词。那么我们将是一个什么样的生物年龄？

雷：我想你可能停留在30多岁，并保留一段时间。

莫利2004：30多岁，听起来不错。我觉得比25岁更加成熟一些，不管怎么说，这是一个好主意。但"保持一段时间"是什么意思呢？

雷：抑制和扭转老化仅仅是一个开始，使用纳米机器人来保持健康和长寿，只是把纳米技术和智能计算引入身体和大脑的早期适用阶段。更深刻的含义是，我们会加强我们的思维过程，使纳米机器人能够彼此间以及同我们的生物神经元通信交流。一旦非生物智能得到一个立足点，可以说，在我们的大脑层面，这将受制于加速回归并且以指数方式扩张。从另一方面来说，我们的生物思想就基本上停滞了。

莫利2004：你又提到事物加速，但是当它真正开始的时候，相比较而言，生物神经元的思维将是微不足道的。

雷：确实如此。

莫利2004：那么，未来的莫利女士，什么时候我可以甩掉我的生物之身和大脑呢。

莫利2104：哦，你并不希望我讲出你的未来，对吗？何况它实际上也不是一个简单的问题。

莫利2004：怎么会这样？

莫利2104：在2040年代，我们发展的手段是立即创造出自己新的一部分，无论是生物还是非生物，很显然，我们真正的本质是信息的模式，但我们仍需要表现出一些实体形式的自己。不过，我们可以迅速改变这一物理形式。

莫利2004：如何改变？

莫利2104：通过应用新的高速微纳米制造，我们可以很容易而又迅速地重新设计我们的实体形式。因此，我可以在一段时间是这样的生物体，而别的时间又是其他的，拥有它，改变它，如此而已。

莫利2004：我想我能理解你的意思。

莫利2104：关键在于，我到底能拥有我的生物大脑和肌体还是不能拥有。这并不是一个放弃任何东西的问题，因为我们总是可以获得我们放弃的东西。

莫利2004：所以，你仍然在这样做？

莫利2104：有些人仍然这样做，但现在2104年，是有点不合时宜的。生物学的模拟是完全不能与实际生物学区分开来的，所以为何要为身体实例而费心？

莫利2004：是的，这有些混乱是不是？

莫利2104：当然。

莫利2004：我不得不说，能够改变身体的体征听起来有些奇怪，我是说，你我的连续性在哪里？

莫利2104：这与你在2004年是有相同连续性的。你也在时时刻刻改变着你所有的部分，这在于你的信息模式是有连续性的。

莫利2004：但在2104年你可以迅速改变你的信息模式。我还不能这样做。

莫利2104：这实在没有什么不同，你变更记忆、技能、经验，甚至个性的模式需要时间的推移，但有一个连续性，核心只能逐步改变。

莫利 2004：不过，我想你可以在瞬间改变你的外表和个性？

莫利 2104：是的，但是这只是一个表面的表现。我的真正核心只能逐步改变，就像我在 2004 年的你。

莫利 2004：嗯，很多次，当我瞬间改变我的外观的时候我都很高兴。

机器智能：强人工智能

考虑到图灵提出的另一个论点，到目前为止，我们只是构建了相当简单和可预见的人工产品。当我们增加了机器的复杂性，或许我们会为我们的存储感到惊讶。他列举了反应堆分裂的例子，如果低于某一"关键"值，那么什么也不会发生，但是如果高过这个值，就会迅速发生爆发。因此，大脑和机器也可能如此。大多数大脑和所有的机器目前都处于"次临界"状态——他们仅仅以平常的方式回应刺激，而没有自己的思想，只能产生平常的回应。但现在也有一些大脑，或是一些未来的机器正处于超临界状态，它们有自己的思想。图灵表明这只是一个复杂的问题，如果复杂性超过一定的级别，那么将会出现质的区别，因此"超临界"机器与之前的简单机器相比，将是与众不同的。

——卢卡斯，牛津大学哲学家，写于 1961 年的文章
"Minds, Machines, And Gödel" [157]

假定超级智能有朝一日在技术上是可行的，人们是否会选择去开发它？这个问题的答案毫无疑问是肯定的。与超级智能紧密联系的是巨大的经济回报，只要是有竞争压力和利润产出，计算机产业在新一代的硬件和软件上的巨额投资将会持续下去。人们需要更好的计算机和更智能的软件，他们希望机器生产的利益能够帮助生产；希望机器可以产生更好的医疗药品；机器可以减轻人类的负担，可以执行无聊或危险的职业；娱乐——产生永恒的消费利润。在这个过程中的任何一个位置，恐惧新技术的人都会振振有词地说："到此处为止，不要再更进步。"

——尼克·波斯特拉姆，"How Long Before Superintelligence?" 1997

超级智能可以解决或者至少可以帮助我们解决任何问题。疾病、贫困、环境破坏，以及各种不必要的痛苦：这些痛苦都是可以通过配备先进纳米技术的超级智能消除的。此外，通过纳米医学，我们不仅可以停止和扭转衰老过程，还能够选择上载我们的智能。超级智能还可以为我们创造机会，极大地提高智力和情感的能力，还可以协助我们创造一个充满吸引力的体验世界，在这个世界中，我们可以快乐地娱乐，快乐地与他人相处，快乐地体验、成长，这便是近乎完美的生活。

——尼克·波斯特拉姆，"Ethical Issues in Advanced Artificial Intelligence," 2003

机器人将继承地球？是的，但是它们将是我们的孩子。

——马文·明斯基，1995

在这三个（遗传学、纳米技术和机器人技术）主要的、根本性的奇点革命中，最深刻的是机器人技术，它所涉及的非生物智能的创造超过了非增强性的人类。较高的智能处理定然会超过低智能处理，它将令智能真正成为更加强大的力量。

在 GNR 中，R 代表机器人技术，这里涉及的真正问题是强人工智能（人工智能超越了人类智能）。在这一构想下，强调机器人技术的原因在于：智能需要一个具体化的物质存在的形式来影响世界。我不赞成强调物质存在，但我相信关注的中心问题是智能。智能必然会以一种方法来影响世界，包括建立承载自己的实体方式和实际操作。此外，我们还可以将身体技能归为智能的基本组成部分。例如人类大脑的一大部分（小脑包含了超过一半的神经元）就用来协调我们的技能和肌肉运动。

有几个原因可以解释为什么人类级别的人工智能一定会大大地超越人类智能。正如我刚才指出的，机器可以很轻易地分享其知识。作为非增强型的人类，我们没有分享大量的神经元连接和神经传递素浓度的大量模式，后者构成了我们的学习、知识和技能，而非缓慢的、基于语言的交流。当然，这种交流方式是非常有益的，因为它使我们与其他动物相分离，并且是科技创造的促进因素。

人的技能只能在变革性的激励下发展。这些技能主要建立在大规模并行的模式识别基础上，提供熟知诸如区分新面孔、确定对象和辨识语言发音这些任务的能力。但它们并不适于很多其他的需求，比如确定财务数据的模式。一旦我们充分掌握了模式识别的范式，机器方法就可以将这些技术应用到任何模式类型。[158]

机器能够以人类所没有的方式综合利用其资源。虽然与个体相比，人类集体可以实现物质的和精神的伟大事业，但是机器可以轻松而又迅速地集中其计算、存储和通信资源。如前所述，互联网正在演变为一个全球性的计算资源网格，这些资源可以即刻汇集起来，形成大规模的超级计算机。

机器有精确的回忆力。当代计算机可以精确地管理数十亿的资源，而且这种能力每年还在翻番。[159]计算机根本的速度和性价比每年都在提高，而且增速率本身也在加快。

随着人类知识迁移到网络，机器将能够阅读、理解并合成所有人类的机器信息。而上一次生物人掌握所有的人类科学知识还要追溯到数百年前。

机器智能的另一个优点是，它可以无休止地高速执行任务，并可以整合最尖端的技术。芸芸众生中的一人可能已经掌握了音乐创作，而另一个可能掌握晶体管的设计，但是以固定的人脑结构来说，我们没有能力（或时间）来开发和利用这种日益专业化的领域的最高级别水平的技术。在一些特定的技能上，人们彼此也有很大的区别，以致当我们谈论作曲人的水平时，我们到底是指贝多芬，还是指一般人？非生物智能将达到并超过每个领域的高精尖人才的技能。

基于这些原因，计算机一旦达到人类智能的范围和精妙程度，那么它一定会超越过去并继续以指数级速度上升。

一个关键的奇点问题就在于是先有"鸡"（强人工智能）还是先有"蛋"（纳米技术）。换言之，是强人工智能将导致完整的纳米技术（分子制造装配，可以转化为物质产品的信息），还是完整的纳米技术会导致强人工智能？正如前面内容中提到的原因，第一个前提逻辑是强人工智能将意味着超强的人工智能，而超强人工智能将有能力通过实施完整纳米技术的方法来解决余下的设计问题。

第二个前提是基于实现强人工智能的硬件要求应与基于纳米技术为基础的计算相符合。同样，软件需求将促使纳米机器人对人类大脑机能进行非常详细地扫描，从而完全实现逆向工程人脑。

这两个方面都是合乎逻辑的，很显然两种技术是相辅相成的，现实情况是，这两个领域的进展一定会利用我们最先进的工具，这样在一个领域的进步便将同时促进另一领域的发展。尽管如此，我确实希望出现优于强人工智能的完整分子纳米技术，这个过程只需要几年的时间（2025 年左右为纳米技术，2029 年左右为强人工智能）。

随着纳米技术革命的到来，强人工智能将有更深远的影响。纳米技术是强大的，但不一定是智能的。我们至少可以设计出管理纳米技术的强大权力的方式，但超级智能却是天生无法控制。

逃逸的人工智能。一旦强人工智能实现，它可以很轻易地获得提高，其能力也会增倍，因为这是机器能力的根本特质。随着强人工智能的到来，很快便会产生许多强人工智能，后者又开始自身的设计、理解和改进自身，从而很快演变成更多的能力，以及更加智能化的人工智能，这个充分过程会无限循环下去。每个周期不仅会创建一个更智能化的人工智能，而且比上一次循环花费更少的周期，这是科技发展（或任何进化过程）的本质。前提是一旦实现强人工智能，它会立即成为迅速增长的超级智能，从而失去控制。[160]

我个人的看法略有不同，失控的人工智能在逻辑上是有效的，我们需要考虑时机问题。一台机器达到了人类智力的水平并不会马上产生一个失控的现象。这需要考虑到人类的智力水平是有限的。我们现在就有这样的例子——约有 60 亿个例子。考虑这样一个场景，你从一个购物中心带来由 100 人组成的一个小组。这个小组由理智的、受过良好教育的人构成。然而，如果这个小组被授予改善人类智慧的任务，进展就不会很大，即使他们也拥有人类智慧的模板。制造一个简单的计算机对他们来说可能也很辛苦。加速他们的思考能力和扩张这 100 个人的记忆容量也不会立即解决这个问题。

前面的内容已经指出，机器将会匹配（并迅速超越）各个领域顶级的人类技能。因此，我们换成 100 名科学家和工程师。这是一组在技术上具有良好教育背景的人，他们将有能力改善设计。如果一台机器的能力等效于 100（最终 1 000 或 100 万）个受过技术培训的人的能力，每项操作的速度远远快于自然人，那么一个迅速加快的智能将最终实现。

然而，当计算机通过了图灵测试，这种加速并不会立即发生，图灵测试相当于平均水平的匹配能力，受过教育的人比从商场里面找的人更接近于我们的范例。对计算机来说，管理所有这些必要的技能，并把这些技能与必备的知识基础相匹配是需要时间的。

一旦我们成功地建立了一台机器，并且其能通过图灵测试（大约在 2029 年），随后将是一个统一的时代，在这个时代里，非生物智能将迅速增长。奇点预期的非凡扩展，人类的智慧数十亿计的翻番，这些将会在 21 世纪 40 年代中期发生（就像在第 3 章讨论的一样）。

人工智能的冬季

有愚蠢的谣言说人工智能已经失败，但人工智能在你周围是无处无时无刻存在的。人们恰恰没有发觉，在汽车系统里调整燃油喷射系统的参数就是人工智能。当你下飞机的时候，人工智能调度系统会为你开门。当你用一个微软软件的时候，都有人工智能系统试图解决你所做的事情，比如写信，它做得相当好。当你看一个由计算机制作角色的电影时，作为一个群体的行为，它们都没有人工智能。当你玩视频游戏时，你的对手就是人工智能系统。

——罗德尼·布鲁克斯，麻省理工学院人工智能实验室主任[161]

我仍然能碰到有人声称人工智能在 20 世纪 80 年代已经枯竭，但这种论点相当于坚持认为互联网将在 21 世纪初灭亡[162]。互联网技术表现在带宽和价格方面：节点（服务器）数量，以及电子商务的交易量在度过了低谷和萧条时期后，进入了平稳加速的繁荣期。人工智能也曾经是这样。

范式迁移（从铁路、人工智能、网络、电信到现在可能是纳米技术）中的技术成熟曲线通常开始于不切实际的期望（由于对促进因素缺乏了解而造成的）的时期。虽然这一新的模式利用率成倍增加，但是早期增长缓慢，直到达到指数增长曲线拐点。革命性变革的普遍预期是准确的，它们却是不同步的。当前景并非一帆风顺时，就进入了幻觉期。不过指数增长继续有增无减，多年后一个更加成熟、更切合实际的转变一定会发生。

我们看到 19 世纪铁路的迅速发展，随后便是普遍的破产（在我收集的历史文件中，发现了有一些早期没有兑付的铁路债券）。我们仍然受到几年前电子商务与电信业萧条的影响，这也导致了燃油经济的衰退，从那时起，我们正走向复苏。

人工智能经历了一个相似的过早并过于乐观的时期，紧随其后的就是 1957 年由艾伦·纽厄尔，J·C·肖和赫伯特·西蒙创造的通用问题求解程序，这个程序找到了曾经难倒像罗素等数学家的定理的证明，早期的程序都来源于麻省理工学院人工智能实验室，这些程序可以解决大学生级别的学术能力测试问题（比如相似性和经历问题）。[163]人工智能暴露问题出现在 20 世纪 70 年代，20 世纪 80 年代是人工智能的萧条期，那时的人工智能无法转化为利润，那个年代也称为"人工智能的冬季"。许多观察家仍然认为人工智能冬季是这个故事的结束，并且人工智能领域也无法创造任何东西。

然而，今天成千上万人工智能的应用都已经深深植根于每一个工业基础设施中。这些应用大部分是 10~15 年前的研究项目。那些提问"人工智能到底会带来什么？"的人使我想起了在雨林中的旅客的疑问："应该住在这里的许多物种去了哪里？"当数百种动植物在一个区域蓬勃繁衍时，它们已经与当地的生态紧密结合在一起了。

我们都顺利地进入了"狭义人工智能"时代，这个概念指的是人工智能正在扮演一个有用而又特定的功能，一旦需要人类智力发挥，人工智能就可以发挥到人的水平或者做得更好。通常狭义的人工智能系统大大超过了人类的智力速度，能够提供管理和考虑成千上万个人同时进行工作。我接下来要描述关于狭义人工智能的例子。

这些时间框架相对于快速发展的互联网和电信的阶段周期（以年来衡量，而不是几十年）来说，人工智能的技术周期（数十年的热情成长，十年的幻灭，十五年在利用上的扎实推进）看上去有些漫长，但有两个因素必须考虑：首先，由于互联网和电信周期相对较近，它们更受范式转型加速的影响（正如在第 1 章中讨论的一样），因此，最近通过的周期要大大快于 40 年前开始的周期；其次，人工智能革命将是人类文明要经历的最为深刻的变革，所以它要比那些成熟而又不太复杂的技术经历更长的时间。

理解了现象的技术本质，设计系统集中于该现象，并将它不断放大。例如，科学家发现了曲面的一个微妙的性质（称为波努利原理）：气体（例如空气）在曲面上要比在平面上运行快得多。因此，空气压力在曲面上要比在平面上的低。通过了解、聚焦、放大这些奇妙发现的启示，我们在工程中创建了当前所有的飞行技术。一旦我们理解了智能的原理，我们也有相同的机会聚焦、集中并放大其能力。

我们回顾第 4 章，可以发现理解、建模和模拟人类大脑的每个方面都在加速：包括大脑扫描的性价比和时间与空间分辨率；大脑机能的可用数据与知识的总量；大脑不同区域的模型与模拟的混合度。

我们已经有了一套从人工智能的研究中获取的强有力的工具，这个研究也经过了几十年发展的精炼与完善。大脑逆向工程通过全新包装、生物启示和自我组织等技术可以极大地提高这个工具包。我们最终将能够运用工程能力来集中和放大人工智能，其智能化程度将是以百万亿倍超越现在人类的神经元连接。智能将从属于加速回归定律，该定律说明了现在每年信息技术的能力都在加倍。

人工智能（在这个领域我已经亲身经历了 40 年）的一个根本性问题是：一旦需要 AI 技术发挥作用，便会涉及各个领域（例如，字符识别、语音识别、机器视觉、机器人技术、数据挖掘、医疗信息和自动化的投资）。

计算机科学家伊莱恩·理查德将人工智能定义为"研究如何使计算机在什么地方什么时刻使人生活得更好"。罗德尼·布鲁克斯是麻省理工学院人工智能实验室主任，用另外一种方式定义人工智能："每当我们领会了一种技术，它就会神奇地终止，我们会说，哦，这只是个计算。"我还想起了沃森对福尔摩斯的评论："起初我以为你做了一些聪明的事情，但事实上那根本算不了什么。"[164]这是我们作为人工智能科学家一贯的经验。智能魅力看上去减少到"无"时，我们就可以完全理解它的方法了。剩余的就是谜，是有待于激起兴趣的部分，是还没到智能方法理解的部分。

人工智能工具包

> 人工智能就是在多项式时间内，通过探索问题域知识来解决非常困难问题的技术研究。
>
> ——伊莱恩·理查德

正如我在第 4 章所提到的，这仅仅是我们最近能够获得的关于人类大脑区域功能如何影响人工智能设计的详细模型。在此之前，在缺乏足以了解大脑的工具的情况下，人工智能科学家和工程师开发了自己的技术。正如航空科学家没有模拟鸟儿的飞行能力，早期的人工智能并不熟悉基于反向设计自然智能的方法。

接下来介绍这些方法中的一个小样例。自采用以来，它们就在争议中成长，这使得实用产品的创造可以避免早期系统的脆弱性和高错率。

专家系统。20 世纪 70 年代，人工智能经常等同于一种特定的方式：专家系统。这涉及应用具体逻辑规则的发展来模拟人类专家的决策过程。该过程的一个重要组成部分需要知识工程师与领域专家合作，比如医生与工程师合作编撰其决策规则。

这个领域在早期取得了一些成绩，比如医疗诊断系统，至少对于某些测试来说，可以与内科医生相媲美的。例如，20 世纪 70 年代开发的一个称为 MYCIN 的系统，就是用来为传染病诊断和提供治疗的。1979 年，一个专家评估组比较了由 MYCIN 和人类医师提供的诊断与治疗，发现 MYCIN 和医生做的一样好，甚至比任何医生做的还要好。[165]

很显然，这项人类决策研究往往不是基于明确的逻辑规则，而是基于"更软"的证据类型。医学成像检查出来的黑斑有可能是癌症，但是其他因素诸如它的确切形状、位置、与周围的对比差别，这些可能会影响诊断。人类决策的预感通常受很多先前经历的多种证据综合的影响，而并不是局限于自身。我们甚至常常不自觉地意识到我们使用的许多规则。

到 20 世纪 80 年代后期，专家系统正在结合一些不确定性的概念，并且综合许多随机性的根据进行决策。MYCIN 系统开创了这种做法。一个典型的 MYCIN "规则" 内容如下：

如果需要治疗的疾病是脑膜炎，并且是真菌感染类型，那么在染色体上无法看到微生物，病人的身体并不脆弱，病人一直呆在一个地方，却水土不服造成球孢子菌病，病人的种族是黑人、亚裔或印第安人，脑脊液测试中的隐球菌抗原不呈阳性，那么就有 50% 的可能性，隐球菌不是其中引起感染的生物体。

尽管像这样单一的概率性规则不足以得到一个有效的结论，但是通过汇集数以千计的这样的规则证明可以获得一个可靠的结论。

CYC 可能是持续时间最长的专家系统项目，由道格·莱纳特和他的同事在 Cycorp 公司创建。从 1984 年开始实施，"赛克" 系统已经往数据库里装载了许多具有常识性的知识，它能对从未直接学过的东西进行推演。这个项目涉及从困难编码逻辑规则到概率性规则，现在又包括从书面材料里面提取知识的手段（在人类监督的前提下）。最初的目标是产生一百万条规则，这反映了只是人类了解世界的一小部分。莱纳特最新的目标是让 CYC 掌握 "上亿的规则，截止到 2007 年，这是一个人能够了解世界规则的大约数目"。[166]

另一个雄心勃勃的专家系统正在由日本筑波大学生物科学副教授达里尔梅瑟进行着。他计划开发一个包含所有人类思想的系统。[167]该应用程序可以用来通知决策者在哪个社区使用哪些思想。

贝叶斯网。在过去的 10 年里一种称作贝叶斯逻辑的技术建立了强大的数学基础，该技术可以组合上千甚至上百万的所谓 "信息网络" 或贝叶斯网络的概率规则。该技术最初是由英国数学家托马斯·贝叶斯所设计并在其 1763 年去世后发表，该方法旨在确定未来事件可能是基于过去发生的同类事件[168]。许多专家系统就是基于贝叶斯技术不断地从经验中汇集数据，从而持续学习并改进他们的决策。

最有前景的一类垃圾邮件过滤技术就是基于该方法的。我个人使用一个名为 SpamBayes 的垃圾邮件过滤器，它可以帮你把电子邮件分辨出 "垃圾" 还是 "正常"[169]。你给每个过滤器提供一个文件夹。它就根据这两个文件类型，自动训练自己的贝叶斯信息网络来分析各自的模式，从而使它能够自动将随后的电子邮件放到正确目录里。它还会根据接下来的邮件继续训练自己，尤其是用户对其做了更正。该过滤器对我来说已经使得垃圾邮件得到控制，因为它每天可以剔除两三百条垃圾消息，并保留上百条 "正常" 的信息。它认为是 "正常" 信息而事实是垃圾邮件的可能性只占百分之一，但却几乎没有把标记为 "好" 的消息认为是垃圾邮件。该系统几乎与我辨别垃圾邮件能力一样，甚至还更有效。

马尔科夫模型。另一种模型基于马尔科夫过程，这种模型的特点是将概率随机网络转换为复杂序列。[170]马尔科夫（安德列·维奇·马尔科夫，1856—1922），因为建立了 "马尔科夫链" 而成为享誉世界的数学家。"马尔科夫链" 在 1923 年被诺伯特·维纳（1894—1964）重新定义和完善。这个理论提出了一种估计一个可能发生事件序列概率的方法。这个理论经久不衰，例如，在语音识别领域，这个可能发生的事件序列就是音符。在语音识别领域，马尔科夫模型将会估计各种不同的音符模式，这些音符相互之间如何影响，还有可能出现的音符序列。这个系统在更高层的语言中引入随机网络，例如可以估计词语的出现概率。模型使用的实际概率是在实际的语言数据训练中得到的，因此其是自组织的。

马尔科夫建模是我和我的同事们都曾经在自己的语音识别领域研究用到的一种方法。[171]不同于音节方法，关于音符顺序的规律是人类语言学家已经规定好的，我们既没有告诉系统在英语中大约有 44 个英语音素，也没有告诉它什么样的序列出现的概率比其他的概率大。我们让系统从数千小时的录音数据中发现这些规律。这种方式的优势就在于能发现人类专家不能发现的微妙规律。

神经网络模型。神经网络是另一种流行的自我组织的方法，也被用在语音识别和其他多种模式识别的任务中。这项技术涉及模拟简化模型和神经元网络连接。一个基本的神经网络描述如下：每一个给定输入点（对于语音，每个点代表两个维度，频率和时间；对于图片，每个点表示二维图像中的一个像素）被随机连接到第一层的模拟神经元中。每个连接都有一个关联的突触的强度，代表其重要性，这是一个随机值。每个神经元将发给它的信号合并起来。如果合并后的信号超过某一阈值，神经元被激发并且向其连接地输出一个信号；如果合并后的输入信号不超过阈值，不会激发神经元，它的输出是零。每个神经元的输出都被随机连接到神经元的下一层。一般会有多层（一般 3 个或以上），并且这些层要被丰富地配置。例如，一个层可以反馈到前一层。在顶层，一个或更多的神经元为随机的选择提供答案。（有关的神经网络算法的说明，请参见本章后注释[172]）。

由于神经网络的布线和突触权重的初始化都是随机的，所以一个未经训练的神经网络的答案也是随机的。一个神经网络的关键是学习它的主题。如同人类对哺乳动物大脑很浅显地认知上，神经网络开始了我们对于无知的探索。神经网络的老师可能是人，也可能是一个计算机程序，甚至是另一种更成熟的经过训练的神经网络，当它生成正确的输出时会奖励它，当然也会惩罚它。这反过来又会反馈给这个学习中的神经网络，以调整每个神经元间的强度。与正确结果一致的连接会被加强，产生错误结果的连接将会被削弱。随着时间推移，该神经网络会在没有老师的帮助下产生正确的答案。实验表明，神经网络甚至能够从不可靠的老师那里学到知识。即使老师只有在 60% 的时间内是正确的，但是它仍然会汲取营养。

一个强大的、经过良好学习的神经网络可以仿真许多人类识别方面的才能。多种多样的采用多层神经网络的系统在模式识别中表现出令人印象深刻的能力，包括手写识别、人脸识别，在商业交易中的欺诈行为，如信用卡交易欺诈，等等。我在使用神经网络进行上述研究的经验就是最具挑战性的工作不是如何编码实现它，而是为它们提供自动学习的能力。

由于在大脑逆向工程中我们开发了详细的神经功能模型，神经网络目前的趋势是采取实际的生物神经网络工作的机理，实现更现实和更复杂的模型。[173]由于在自我组织的模式方面有了几十年的经验，因此在大脑研究方面的新进展可以迅速地用到神经网络的实验中去。

神经网络也是并行处理的过程，因为大脑就是这样工作的。人类的大脑没有一个中央处理机来模拟每个神经元。相反，我们可以考虑每一个神经元和每个神经元之间的连接是一个独立的、运行速度较慢的处理器。目前广泛开展的工作是开发专门的芯片，实现并行神经网络体系结构，从本质上提供更大的产出和效率。[174]

遗传算法（Genetic Algorithms，GA）。另一个源于自然的自我组织的灵感是遗传算法，或称为进化算法。算法的思路是模拟进化，包括有性繁殖和突变。下面是一个对它们如何工作的简单描述。首先，对一个问题确定一种解决方法。如果这个问题是设计一个喷气发动机的最优化的参数，那么这个问题就是确定一系列的参数（包括这些参数的类型和所占空间的大小）。这些参数在遗传算法里称为遗传密码。然后，随机产生数以千计的遗传密码。每个这种遗传密码（代表了一种方案的参数）被看做是模拟解决方案的有机体。

接下来在模拟环境中使用确定的方法来评估每组参数，从而评估每个仿真的生物体。这一评价是遗传算法成功的关键。在例子中，我们将每个解决方案应用到喷气发动机的模拟上，通过采用已确定的评判标准，比如，油耗或者速度等，来确定这种解决方案的优劣。最好的解决办法是优胜劣汰。

每个幸存者将繁殖，直至达到自己的解决方案所要求的数量。以上过程是通过模拟有性繁殖完成的。换句话说，每一个新的解决方案来自其中一个父代的基因组合的一部分，另外的部分来自于另一个父代。通常不加以区分男女，这样足以使得任意两个个体产生后代。当它们繁殖时，允许发生一些基因突变。

我们现在定义了模拟繁殖后代的方式，然后重复这种方式，进行多代的繁殖进化。在每一代都要确定这种方式的改进程度。当两代之间的差异小于一定的阈值，或者说两代之间的差异性可以忽略不计，那么我们将停止这种方案的模拟进化。并且应用评判标准最好的那一代作为最终的选择。（对于遗传算法的算法描述，参看本章注释[175]。）

遗传算法的关键是算法的设计者没有直接使用程序来解决问题，相反，而是让各种情况一一出现，通过模拟竞争和改善反复完善这种算法。正如前面讨论的，生物进化适者生存，但是进展缓慢。因此，为了加强进化的智能，我们保留其优胜劣汰的鉴别力，但是同时也大大加快这种笨重的步伐。计算机运行速度足够快，使得可以在数小时、数天或数星期内模拟出许多代的进化。虽然我们还是在一次模拟中完成这个反复的过程，然而，既然让这种进化按照常规发展，那么我们将高度精练的方式加以应用，以加快问题的解决速度。

就像神经网络一样，遗传算法也是一种从杂乱无章的数据中挖掘出隐藏其中的精妙关系的方法。这种方法成功的关键就是对每一种可能的解决方案能够进行有效的评估。这种评估的速度要求必须快，因为每次模拟进化都可能产生成千上万的解决方法。

遗传算法善于处理拥有大量参数的问题，这些问题的参数数量庞大到无法精确地分析或者寻找最优解。例如，设计喷气式飞机的引擎，需要涉及上百个参数和数十种限制。通用电气公司的研究员们使用遗传算法设计的引擎比使用传统方法具有更精确的结果。

当你使用遗传算法时，一定要注意你要求的结果。苏塞克斯大学的研究人员乔恩·巴德曾经用遗传算法优化振荡电路的设计。通过反复尝试使用少量的晶体管的传统设计，最优的设计是一个简单的无线电电路，而不是振荡器。很显然的是，遗传算法发现了从临近计算机发射出的无线电波。[176]基于遗传算法的解决方案只有在确切的位置才能确定最佳的解决方案。

遗传算法作为混沌和复杂性理论的一部分，越来越多地应用在解决复杂的商业业务问题上，比如优化供应链。这种方法正在开始成为整个行业的分析方法。这种模式也正在应用到模式识别，并且经常和神经网络等自组织的方法结合起来。同时这也是一个比较合理地编写计算机软件，特别是那些需要协调资源竞争的微妙平衡的软件。

克里·多克托罗是一位著名的科幻小说家，他在小说《usr/bin/god》中使用了一个有趣的通过遗传算法产生的 AI。通过遗传算法（GA）将许多复杂的技术相结合，能够产生许多智能系统，每一次结合都是以遗传密码为特征。然后这些系统通过遗传算法来进化。

评价功能的方法如下：每个系统登录到不同的聊天室，并且假冒成一个人进行聊天，实际上这是一个秘密的图灵测试。如果这个聊天室的一个人发现了这个聊天机器人，那么评估就结束了，这个系统就停止进一步的优化，并且将它的成绩报告给 GA。这个成绩是由它与人类对话时间的长短来决定的。GA 通过逐渐的进化来提高它的智能性。

尽管它仅仅是在系统具有一定的智能性时才会使用可预期的时间进行评估，实现上述理念的主要困难是评价进化的功能需要大量的时间。同样，进行评估时可以很大程度上地使用并行。只要我们认识到问题的核心，向 GA 中注入成熟的算法，那么进化到图灵的智能是可以现实的。这是一个很有趣和有用的可以通过图灵测试的方法。

递归搜索。 有时为了得到一个问题的解决方法，我们需要在大量的可能解中进行搜索。一个经典的例子就是玩游戏，比如下棋。一个玩家为了走一步棋，他需要想到所有可能的走法，以及每种走法可能会引起的结果，等等。然而，对于人类来说，把所有走法的序列记起来是不可能的，他们必须依靠经验分析每种情况来确定下一步的走法，而计算机则依靠逻辑运算来分析数以百万计的走法。

这种逻辑树是大部分游戏的核心。现在我们考虑一下如何才能做到这一点。我们建立一个称为选择最佳下一步的程序。这个程序可以罗列出所有可能的走法（如果不是一个游戏而是解决一个数学理论问题，这个程序需要在一个证明中罗列出所有的下一步的可能算法），对于每步走法，程序会建立一个由这种走法而引起的所有可能性的表。对于每个表，我们需要考虑如果这么走，我们能遇到的所有情况。现在递归出现了，因为这个程序被自己调用（Pick Best Next Step，从名字就可以看出）来确定最佳的下一步走法。在调用自己后，程序会列出所有可能的走法。

这个程序不断调用自己，在给定的时间内尽可能多地考虑未来的走法，这样就会产生以指数型增长的逻辑处理树。这是另外一个以指数增长的例子，因为预先处理以后的走法或者说是对策需要大约 5 倍于现在的计算量。递推公式成功的关键是逻辑树的裁剪，并且最终能够停止增长。在游戏中，如果在一点上的每种走法都行不通，那么程序会在这一点（称为这个树的叶节点）结束逻辑树的增长，并且考虑最优的能够导致成功或者失败的走法。当所有的递归的程序调用结束时，程序就能在一定的递归深度下，在一定的时间限制内得到最优的走法。（了解更多的递归算法，参见本章注释[177]）。

递推公式在数学方面往往是相当高效的。不仅仅是游戏中的移动，这种递推已经在数学领域解决并证明了定理。在每个点的扩展都是能够用公理（或以前的定理证明）证明的（这是纽厄尔、肖和西蒙斯的通用问题求解程序使用的方法。）

从这些例子可以看出，递归仅仅适用于那些可以清晰定义规律并且目标也很明确的问题。但它在计算机艺术创作领域却给了我们很多惊喜。例如，我曾经设计过一个使用了递归方法的叫做 Ray Kurzweil's Cybernetic Poet 的程序。[178]这个程序对于每个词都建立了一套目标：达到一定音律、诗的结构、诗的画龙点睛的地方。如果它无法找到一个符合上述目标的词，它就备份并删除前一个词，按照原来的标准重新开始寻找所期望的词。如此循环往复的寻找。如果所有路径都导致死角。如果最终所有的寻找都是徒劳的，那么它会放宽一些限制，重新寻找。

黑色节点（计算机）正在判断下一步棋的移动状态

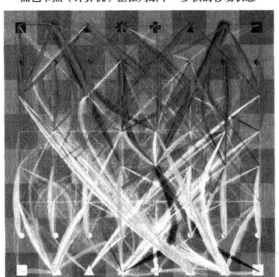

白色节点（你）
"思考计算机2"由数学家马丁·瓦顿伯格和马瑞克·沃尔查克创作，
上图展示了"思考计算机2"在判断下一步棋的移动时，移动–反移动序列

图　5-3

深弗里茨的平局：是人类在变得聪明，还是机器在变得愚蠢？

在计算机国际象棋比赛世界里，我们找到一个在软件上有好转的例子，即按照通常的看法，这些是靠计算机硬件的蛮力来统治的。在2002年10月的国际象棋锦标赛上，一流的选手弗拉基米尔·克拉姆尼克与深弗里茨软件打成平局。我想指出的是，深弗里茨很有效，只用到先前的冠军——深蓝1.3%计算能力。尽管这样，但是它下棋的水平几乎没有下降，这是因为其基于模式识别的优秀的剪枝算法（后面将会解释）。在6年之内，一个像深弗里茨的程序将拥有深蓝的能力，每秒分析2亿个棋盘位置。运行在个人计算机上的类似深弗里茨的下棋程序，将在这10年之内，再一次击败所有人类。

在我1986年到1989年间曾写的书《The Age of Intelligent Machines》中，我已经预言，在20世纪90年代末，计算机将击败人类国际象棋冠军。我也曾提到，计算机在国际象棋等级上，每年增长约45个百分点，反观人类最好的选手，本质上已经定型，所以1998年迎来了交点。的确，在1997年铺天盖地宣传的世界锦标赛上，深蓝确实击败了盖里·卡斯帕罗夫。

但是，在深弗里茨与克拉姆尼克的比赛上，目前本届的计算机程序只能够打成平局。距深蓝的胜利已经过去了 5 年，那么我们怎么解释这种情况呢？我们应该可以总结出：

1）是人类越来越聪明，还是机器越来越愚蠢？

2）计算机在下棋上变得糟糕？如果这样，我们可以总结出，在过去的 5 年里，众多宣传计算机速度方面的提高并不像人们说的那么好？还是计算机软件变得糟糕，至少在下棋上是这样？

专用硬件的优势

上面的两个结论没有一个是确定的。目前的结论是软件正在变好，因为深弗里茨本质上已经敌得过深蓝，而且利用更少的计算资源。为了获得更多关于这个问题的深刻理解，我们需要测试一些必要条件。当我在 20 世纪 80 年代末写下计算机下棋的预测时，卡内基·梅隆大学开始着手编写一种程序，用来开发专门的芯片来指挥"极大极小"算法（游戏博弈标准的理论，依赖于建立博弈序列的树，然后评估树的每个分支的终点叶子位置），特别是用来计算棋路。

基于此专用硬件，1988 年卡内基·梅隆大学的下棋机器 HiTech 它已能够每秒分析 175 000 个棋盘位置。它下棋的等级已经达到 2 359，只比人类的世界冠军约低 440 个点。

一年以后的 1989 年，卡内基·梅隆大学的深思机器将性能提高到每秒分析 1 000 000 个棋盘位置，等级达到 2 400。IBM 最后接管该项目，重新改名为深蓝，但是仍采用卡内基·梅隆大学的基础体系结构。1997 年，击败卡斯帕罗夫的深蓝拥有 256 个并行工作的专用下棋处理器，每秒可分析 2 亿个棋盘位置。

注意专用硬件的使用是很重要的，用它来加速特殊运算，需要为棋子移动生成极大极小算法。众所周知，专用硬件计算机系统设计器一般执行一个特殊算法可以比通用计算机至少快 100 倍。专用的 ASICs（专用集成电路）需要很大的开发工作和消耗，如果不是重复基准所需的临界运算（例如，编码 MP3 文件或者为电子游戏渲染图形基元），这项花费还是非常值得的。

深蓝对抗深弗里茨

由于总是有大量的焦点聚焦在里程碑式的事件上，计算机有能力打败人类对手，所以寄希望于专用象棋电路的支持是有用的。虽然关于深蓝对卡斯帕罗夫比赛的参数保持了一定热度的争论，但是人们对计算机下棋的兴趣自 1997 年后非常明显地衰落。毕竟，目标已经达到了，再去白费力气，意义不大。因此，IBM 取消了该项计划，从此以后再没有关于专用下棋芯片的工作。人工智能的诸多领域的研究关注点已经不再是重大的结论，而是像导航飞机、导弹、工厂机器人、理解自然语言、诊断心电图和血液细胞图像、侦测信用卡欺骗，以及大量其他人工智能狭义上的应用。

尽管如此，计算机硬件仍呈指数增长，自从 1997 年以来，个人计算机计算速度每年翻一番。因此，深弗里茨的专用奔腾处理器大约比 1997 年的处理器快 32 倍。深弗里茨仅用 8 台个人计算机组成的网络，所以硬件上相当于 256 台 1997 水准的个人计算机，每一台都比 1997 年的个人计算机约快 100 倍（当然，这是计算下棋的极大极小算法）。所以，深蓝比 1997 年的 PC 机快上 25 600 倍，比深弗里茨快 100 倍。这项分析可以由两个已经报道的系统速度来确认：深蓝可以每秒分析 2 亿个棋盘位置，而深弗里茨仅约为 2 500 000 个。

重大的软件收益

由此，我们能对深弗里茨的软件说什么呢？尽管下棋机器通常被看做暴力计算的例子，但是这些系统有一个重要的方面，就是需要定性的判断。一系列的移动 – 反对移动可能带来的组合爆炸更为可怕。

在《The Age of Intelligent Machines》我曾预计，如果我们没有成功地对移动 – 反对移动树剪枝，或者试图在一场典型的比赛中走一步完美的妙棋，那样大约需要 400 亿年来移动一步棋子（假设一场典型比赛约有三十步，每一步有 8 种可能的选择，那么得到 8^{30} 可能的移动序列）。因此，一个实用系统需要不断地修剪掉没有希望的作用线。这需要洞察力而且本质上是模式识别判断。

人类，即使是世界级国际象棋大师，完成极大极小算法也非常缓慢，通常比每秒一个移动 – 反对移动的分析要慢。所以一个国际象棋大师究竟能否与计算机系统对抗？回答是，我们控制了强大的模式识别，可以使我们利用极好的洞察力来进行剪枝。

准确地说，在这个领域，对深弗里茨的改进已经超越了深蓝，深弗里茨只比卡内基 · 梅隆大学的深思具有一些微小的有效计算能力，但是被认为高出几乎 400 点。

人类国际象棋玩家注定失败？

我在《The Age of Intelligent Machines》里做的另一个预言是，一旦计算机在国际象棋比赛方面做的跟人类一样好甚至更好，那么我们不是更多地思考计算机智能就是较少地关注人类智能，或者较少提及国际象棋，如果历史是向导，结局很可能是这样。的确，它恰恰发生了。在深蓝胜利后不久，我们开始听到很多关于国际象棋只是简单的组合计算游戏的说法，计算机的胜利只证明它是个好的计算器。

事实上稍微复杂些。人类在国际象棋的良好表现显然不能归于我们的计算技术，事实上我们的计算技术还是很糟糕的。我们使用典型人类的判断形势来弥补缺点。对于这种定性判断的形式，深弗里茨比早先的系统表现出真正的进步。（附带提及，人类在过去 5 年并没有进步，人类最高积分保持在 2 800 以下。从 2004 年起，卡斯帕罗夫的等级是 2 795，克拉姆尼克是 2 794。）

我们该去向哪里？既然计算机下棋依赖于普通个人计算机上运行的软件，下棋程序将继续从持续增长的计算能力中获益。到 2009 年，一个类似深弗里茨的程序将再次达到深蓝的能力，每秒分析 2 亿个棋盘位置。随着互联网计算成果带来的机会，我们将能够早于 2009 几年达到这个可能。（计算机的互联网成果将需要更多无所不在的交流宽频带，但是这已经到来。）

随着这些必然的增长速度，以及模式识别持续不断地提高，计算机下棋等级将继续升高。在这个 10 年里，普通个人计算机上运行的类似深弗里茨的程序不久将再次打败所有人类。那时，我们将彻底失去对国际象棋的兴趣。

组合方法。组合方法是最强大的构建 AI 系统的方法，它仿真人类大脑的工作方法。正如前面讨论的，人的大脑不是一个巨大的神经网络，而是包含了数百个区域，每个区域都以不同的方式优化处理所负责的问题。

没有一个区域能够单单依靠自身的操作而达到人类的水平，但是所有的区域在整个大脑系统中被精妙地设计，可以准确地完成人类的各项工作。

我曾经在做 AI 相关的工作时使用过这种方法，尤其是在模式识别方面。举例来说，在语音识别中，根据经验与范例我们可以实现一些不同的识别系统。有的系统是专门按照专家的语言和语音知识建立的；有的是根据规则来分析句子（这就涉及表现句子的单词使用情况的图，类似于小学时学的相关表格）；有的是基于自组织技术，如马尔可夫模型，通过在图书馆中存储的录音和人们的演讲中广泛地进行训练。然后，我们做一个"专家管理"软件，以了解不同的"专家"的强度和弱点，然后通过组合这些结果来进行优化。在这种方式中，一个特殊的技术本身可能会产生不可靠的结果，却依然能有助于提高系统的整体准确度。

在 AI 工具箱中，有很多结合不同方法的复杂办法。例如，可以使用遗传算法为神经网络或者马尔科夫模型优化最优拓扑（节点和连接的组织）。使用遗传算法的神经网络的最终输出可以作为递归算法的控制参数。对于模式识别系统，我们还可以借助于强大的信号处理和图像处理技术。每个不同的应用需要不同的架构。计算机科学教授和人工智能的企业家本·哥特兹在人工智能领域整合不同技术的策略和架构方面已经发表了很多文章和专著。他提出的 Novamente 架构旨在提供一个通用人工智能框架。[179]

以上只是简单介绍了当前日益成熟的 AI 系统。对于 AI 技术的详尽讲解和阐述已经超出了本书的范畴，甚至现在一个计算机科学的博士课程也不能包含现有的技术。

接下来介绍的精密 AI 系统使用各种方法来对每个特殊的任务进行整合与优化。精密 AI 系统由于顺应了现在的发展趋势而得到不断加强：计算可用资源呈指数级增长，现实世界中已经存在成千上万的智能应用，对于人类大脑机理的深刻认识正在不断深化。

一个狭义 AI 的例子

在 20 世纪 80 年代末，我写了我的第一部关于 AI 的书《The Age of Intelligent Machines》。我花费了很大的力气做了一些调查，以查找一些在实践中成功的 AI 例子。那个时代互联网还没有普及，我不得不去图书馆和 AI 研究中心，足迹遍及美国、欧洲和亚洲。我将所有我认为可以作为合理的例子都收录在我的书中。我沉浸在数以千计的令人欣喜的例子中。在 KurzweilAI. net 网站上，我们几乎每天都会报告至少一个梦幻般的系统。[180]

商务通信公司（Business Communications Company）2003 年预测在 2007 年[181]，AI 的市场规模达到了 210 亿美元，2002～2007 年的平均增长率为 12.2%。领先的 AI 应用的行业包括商业智能、客户关系、金融、国防和国内安全和教育。下面介绍一个小型的正在使用的精密 AI 系统。

军用智能。美国军方一直是 AI 系统的狂热爱好者。模式识别软件系统可以引导如巡航导弹飞行数千公里攻击特定的建筑物。[182]尽管已经获得导弹飞跃地形的详细资料，但是由于存在天气、地面覆盖物和其他因素，因此需要一个灵活的实时图像处理程序来实施具体的处理。

军队已经开发出自组织通信网络（称为"网状网络"）的原型。当一组节点进入新的位置时，它们能自动配置数以千计的网络节点。[183]

专家系统结合贝叶斯网络和遗传算法，用以优化复杂的供应链，可以协调补给链，包括数以百万计的备用物资、供应品和武器，这些物资的供应都将基于快速变化的战场需求。

AI 系统还可以模拟武器的性能，包括核爆炸以及导弹发射。

美国国家安全局（NSA）基于 AI 的 Echelon（埃施朗）系统，在 2001 年 9 月 11 号前，通过分析公共交通监控信号，发出过存在明显恐怖袭击的警告。[184]遗憾的是，Echelon 的警告没有得到重视，所以酿成了惨剧。

2002 年在阿富汗的军事行动中见证了"捕食者"的首次亮相（美国无人战斗机）。无人机尽管已经发展了许多年，但直到在其上装载了导弹才证明它是非常成功的。在 2003 年伊拉克战争中，武装了的"捕食者"（由中央情报局操纵）和其他无人机摧毁了数以千计的敌人坦克和导弹发射点。

所有的军事服务都正在采用机器人技术。军队利用该技术搜索洞穴（在阿富汗）和建筑物。海军使用小型机器人船只保护航空母舰。正如我将要在第 6 章讨论的，使士兵远离战场是一个越来越明显的趋势。

太空探索。美国航天局现在正试图将自我控制加入到无人航天器的软件中去。因为火星距离地球大约是 3 光分钟，木星大约为 40 光分钟（取决于行星的确切位置），航天器与地球的控制器之间的通信存在明显的延时。由于这个原因软件需要拥有重要的决策能力。为了做到这一点，美国宇航局正在设计软件，包括该软件的自身能力模型和一艘飞船，以及完成每个任务可能遇到的挑战。这种人工智能的系统都能够通过新的形势来做决定而不仅仅是在已经设定的规则下进行推理。这种方法使得航天器可以深入太空。1999 年一个飞船使用自有的知识设计了一系列的解决方法，避免了导致本次探索失败的危险。[185]AI 系统的第一个计划失败了，但它的第二个计划完成了使命。"这些系统有一个关于内部元件物理性质的常识性模型"，布莱恩·威廉姆这样解释。布莱恩是深入太空智能软件的首创者，现为美国麻省理工学院太空系统和人工智能实验室的科学家。他还提到，"飞船可以从这一模型中进行推理，以确定哪些是错误的，并且如何采取行动"。

美国航天局使用计算机网络通过遗传算法发展三维空间技术的天线设计，使用 5 颗卫星来研究地球的电磁场。数以百万计的设计在这次模拟进化中竞争。美国航天局的科学家和项目领导杰森·罗翰提到，"我们使用遗传算法来设计微观机器，包括陀螺仪，并用于航天导航。软件还有可能发现人们永远不可能想到的解决方案"。[186]

另一个 AI 系统可以将行星从分辨率很低的宇宙图像中辨别出来，其精度超过了这个领域的人类专家。

新的陆地机器人望远镜能够决定在哪里观察，并且懂得如何提高找到期望情况的可能性。称为"自主、半智能观测站"的系统能够适应天气，注意感兴趣的项目，并且自主决定如何跟踪它们。它们能够检测到非常微弱的太空现象，比如一个行星仅仅一纳秒的闪烁，这可能说明我们的太阳系接收到了来自外宇宙的一个光线。[187]一个称为运动目标和瞬态事件查询系统（MOTESS）的类似系统曾经在其投入使用的前两年，发现了 180 颗新的小行星和彗星。"我们有一个智能观测系统"，英国埃克塞特大学的天文学家阿拉斯代尔艾伦解释说，"它能够思考并且能自主做出决定，决定对某些观测是继续还是放弃。如果需要更多的观测，它就将继续并且得到想要的结果。"

类似的系统还被军方用来自动分析来自间谍卫星的数据。目前的卫星技术能够观测到地面上约 1 英寸大小的面积，而不受恶劣天气、云或黑暗的影响。[188] 在海量数据不断产生的情况下，如果没有自动图像识别的方案，就不能从相关的联系中得到规律。

医学。如果你拿到一张心电图（ECG），医生就有可能通过适用于心电图记录的识别模式得到自动诊断。为了进行长期不引人注目地监测（嵌入衣服中的 viasensors 和无限通信使用手机）心脏病的早期症状，Kurzweil Technologies 公司正在和 United Therapeutics 合作开发新一代的对心电图的自动分析。[189] 其他的识别模式系统被用于诊断大量的图像资料。

每个主要的药物开发者都在使用人工智能程序进行模式识别，以及挖掘新药物疗法发展领域中的有用数据。例如 SRI 国际公司正在建立一个灵活的知识库，该知识库将我们所知道的有关典型疾病的所有事情进行了编码，包括肺结核和幽门螺旋菌（引起溃疡的细菌）[190]。这样做的目的是应用智能的数据挖掘工具（能够寻找出数据间新联系的软件）找出破坏或中断这些病原体代谢的新方法。

相似的系统被用于演示其他疾病的新型医疗方法，并自动发现和理解基因的功能，以及它们在疾病中的角色。[191] 例如，阿尔伯特实验室宣称，一个新的实验室里配有 AI 机器人、数据分析系统和 6 个研究者，能完成以前拥有 200 名科学家的药物发展实验室的工作。[192]

前列腺特殊抗原（PSA）水平偏高的男性通常要经历外科手术，但是这些男性中的 75% 没有患前列腺癌。一个以血液中的蛋白质的模式识别为基础的新测试将会使这个错误的阳性比率下降到大约 29%。[193] 这个测试是建立在由马里兰州贝塞斯达的 Correlogic 系统设计的 AI 程序的基础上，准确性将会得到进一步的改进。

应用于蛋白质的模式识别同时也可以用于检测卵巢癌。当代最好的卵巢癌检测是和超音波检测一起使用的 CA－125，它能发现几乎所有的处于早期阶段的肿瘤。"通过长期的诊断发现卵巢癌十分致命，"FDA 和美国癌症研究所经营的临床蛋白质组织程序的伊曼纽尔·帕特克因三世说。帕特克因是以 AI 为基础的新型测试的领先研究者，该测试可以寻找能在目前的癌症中发现的独特蛋白质模式。在一项包含数以百计的血样评估中，根据帕特克因的说法，测试结果表明，"可以 100% 地发现癌症，即使癌症还在早期阶段"。[194]

在美国几乎 10% 的柏氏抹片是由名为 FocalPoint 的自动化 AI 程序分析进行的，其发明者是 TriPath Imaging 公司。研究者们开始用他们的标准去面试病理学家的职位。AI 系统通过观看病理专家继续学习。只有最好的人类诊断家才允许被该程序观察。"这是专家系统的优点"，Tri-Path 的技术产品经理鲍勃·施密特解释说，"它只允许你复制该领域最优秀的人。"

俄亥俄州立大学健康组织已经建立了以囊括多个专业、大量知识并以专家体系为基础的 CPOE（computerized physician order-entry）系统。[195] 这个系统能够自动检测很多内容，如病人中可能的过敏者、药物的相互作用、年纪大者、药物限制、剂量指南和适当性等病人的相关信息，这些信息来自医院的实验室和放射科。

自然科学和数学。威尔士大学基于综合的 AI 系统发明了"机器人科学家"，该系统能明确地叙述基本理论。这个机器人科学家是一个能自动进行实验的机器人系统，同时也是一个评价结果的推理机。研究者根据在酵母中的基因表达模式创造了该系统。这个系统"可以自动地产生假说来解释所观察的现象,设计实验来验证这些假设,用实验室的机器人来真正地进行实验,解释伪造与数据不符的假设所造成的后果,然后重复整个过程"[196]。该系统能够通过其自身的经验来改善其性能。人类科学家设计的实验比机器人科学家设计的实验贵 3 倍。机器的测验与一群人类科学家的测验对比表明机器所发现的东西比得上人类所发现的东西。

威尔士大学的生物系主任迈克·杨是从事机器研究的人类科学家之一。他解释说:"机器人打败了我,但那仅仅是因为在那一刻我按错了键。"

一个长期存在的关于代数学的猜测最终被阿尔贡美国实验室的人工智能系统证明。人类数学家称这个证明是具有创造性的。

商业、经济和制造业。每个产业的公司都在用人工智能系统控制和完善物流,发现欺诈和洗钱,以及将智能数据挖掘技术应用于他们每天收集的大量信息。例如,沃尔玛从顾客的交易中获得大量的信息。人工智能工具用神经网络和专家系统对这些数据进行分析,从而为经理提供市场调查报告。这种智能信息挖掘技术能够使他们为每天每个商场对每种产品的需求清单进行非常准确的预测。[197]

人工智能程序通常也用于发现金融交易中的欺诈行为。例如,一个叫 Future Rout 的英国公司用以牛津大学研究的人工智能为基础的 iHex 系统去发现信用卡交易和贷款申请中的欺诈。[198]这个系统能够根据经验不断地产生和更新自己的标准。在美国北卡罗来纳州夏洛特的"第一庭权益联合银行"用 Loan Arranger 系统(类似于人工智能系统)决定是否批准抵押申请。[199]

全国证券交易商自动报价系统协会(NASDAQ)也在使用一种名为 Securities Observation,News Analysis,Regulation(SONAR)的系统去监督欺诈交易和可能存在的内部交易。[200]到 2003 年年末,SONAR 发现了 180 多起事件,这其中涉及美国证券、证券交易委员会和司法部。这其中的一些案件在事后被作为重要新闻报道。

1972~1997 年,麻省理工学院 AI 实验室的领导者帕特里克·温斯顿建立的 Ascent Technology 公司已经设计了一个名为 Smart - Airport Operations Center(SAOC)的系统,该系统也是基于基因算法的。它能够处理飞机场的复杂后勤,如平衡众多员工的工作分配,协调部门和设备的工作分配,并管理其他无数的细节。[201]温斯顿指出:"找出方法去处理复杂的情况正是基因算法所做的事。"应用 SAOC 的机场的生产率提高了大约 30%。

Ascent 公司的第一份合同就是将它的人工智能技术用来管理 1991 年在伊拉克的"沙尘暴行动"的后勤。防御远景研究规划局(DARPA)声称基于 Ascent 系统的人工智能逻辑计划系统创造的价值将大于政府在过去十几年中对人工智能的研究的投入。

软件领域的一个新的发展趋势是用人工智能系统处理复杂的软件程序演示,发现故障,并在没有人类指示的情况下选择最好的方法自动恢复[202]。实现该功能的一个主要思想是:随着软件系统越来越复杂(像人一样),它们不可能完美,除去所有的漏洞是不可能的。AI 系统和人类采用相同的策略:"我们不期望完美,但我们经常试着从不可避免的错误中恢复过来。""我想让这个系统用自己的头脑进行管理",斯坦福大学的软件基础设施集团的领导者阿曼多·福克斯说他正在进行自动计算的研究。福克斯补充道:"这个系统必须自己建立自己,完善自己,修理自己,当出现错误的时候它必须知道如何应对这种客观的威胁。" IBM、微软和其他的软件厂商正在开发融合了自治能力的系统。

制造业和机器人技术。计算机集成制造（Computer-integrated manufacturing，CIM）越来越多地使用人工智能技术完善资源的利用，使后勤合理化，并及时通过购买部件和物资减少清单。CIM 的一个新趋势是用"基于事件的推理"，而不用硬编码的基于规则的专家系统。这些推理代码的知识源于"事例"，而这些事例是解决问题的方法。最初的事例是由工程师设计的，一个成功的事例论证系统的关键是它能从实际经验中不断获取新事例的能力。这个系统能够应用推理在其存储的众多事例中找到适用于新情况的解决办法。

机器人已广泛地用于制造业。最新一代的机器人使用了灵活的人工智能影像系统（该系统由一些公司建造，如马萨诸塞州的 Cognex Corporation 公司），它能应对各种情况。这降低了机器人正确执行操作时的精确度需求。加州一家自动化公司 Adept Technologies 的 CEO 布莱恩·卡莱尔指出："即使劳动力的成本很低，智能机器人和其他智能设备之间的交互也是一个重大方面。除了质量和容量外，硬件工具在使用户接受产品转变和演变方面也是不可比拟的。"

人工智能专家汉斯·莫拉维茨成立了一家名为 Seegrid 的公司，该公司主要提供由其开发的视觉机器以便于完成制造、材料处理和某些军事任务。[203] 莫拉维茨的软件可以使一个设备（机器人或者仅仅是一个材料处理车）在非结构化的环境中以步行或滚动方式运行，并且可以通过这种方式建立一个可靠的三维地图。该机器人可以利用此地图和它的计算能力来确定执行任务的最佳路径。

这项技术使得不需要前期繁琐的预编程，便能使智能机器在生产过程中传输生产材料。在军事方面，这种智能机器可以完成精确的任务，同时适应快速变化的地理环境和战场环境。

视觉机器也能够提高机器与人交流的能力。使用小型、廉价的相机就可以使得机器人识别人的头部和眼睛，以此实现自然界中的一种重要的交流方式——眼神交流。卡内基·梅隆大学和麻省理工学院的头部和脸部跟踪系统已经发展得比较完善，并且一些像 Seeing Machines of Australia 这样的小公司也已经开始提供这方面的服务。

视觉系统强大的另一个有力证明是：一辆由人工智能系统驾驶的无人车辆在没有人干预的情况下几乎从华盛顿特区开到了圣地亚哥。[204] 美国 Pittsburgh 大学计算机科学教授、美国人工智能协会会长布鲁斯·布坝南说在 10 年前这是无法想象的事情。

帕洛阿尔托研究中心（Palo Alto Research Center，PARC）正在开发一个机器人，该机器人可以在诸如沙漠等复杂环境中进行导航，并且发现一些可能重要的目标，例如找到一个受伤的人。2004 年 9 月在对圣何塞举办的一个人工智能会议上，他们在模拟环境中展示了一些自我组织用于现实受灾地区的机器人。[205] 这些机器人可以在崎岖的地形上移动，可以相互交流，组织处理图像，并且通过体温来寻找人类。

演讲和语言。自然语言处理是人工智能方面最具挑战性的一项任务。不需要技巧，不需要完全掌握人类的智慧，电脑系统就可以实现基于文字的令人信服地与人交流。图灵所设计的图灵测试也完全是基于书面语言的。

虽然达不到人类的水平，但是自然语言处理系统也在稳步前进。搜索引擎已经变得如此流行，以至于"Google"已经从一个专有名词转变成了一个公用的动词，它的技术已经革命性地改变了研究和获取知识的方式。Google 和其他搜索引擎都使用基于人工智能的统计学方法和逻辑判断来决定链接的排名。这些搜索引擎的缺点在于它们无法理解被搜索词语的意思。虽然有经验的用户会设计一个关键词的序列寻找最相关的站点（例如：搜索"电脑芯片"可能会比搜索"芯片"更有效率），但是我们最希望的是用自然语言进行搜索。微软已经开发出了一套自然语言搜索引擎 Ask MSR（Ask Micro-Soft Research），这个搜索引擎可以回答自然语言的问题，如："米奇·曼陀什么时候出生?"[206]在系统将这句话按照词类（动词、名词等）进行解析之后，一个特殊的搜索引擎将会基于这些词找到匹配项。系统将会找到匹配的文档以回答这个问题并进行排序。正确的答案被排在前三位的概率至少有75%，而且通常不正确的答案将会非常明显（例如：米奇·曼陀出生在3）。研究人员希望可以包含一些知识，这样就可以降低错误答案出现的概率。

曾领导 Ask MSR 项目的微软研究员埃里克·布里尔，尝试完成一个更艰难的工作：建立一个可以用大约50个词的句子回答一些更复杂问题，例如："如何才能获得诺贝尔奖?"这个系统所用的其中一个策略就是在网络上找一个适当的 FAQ 段来回答这些问题。

自然语言系统包括大量的词汇，电话中非特定语者语音识别已经进入市场并可以用于处理日常的事务。你可以询问大英航空公司虚拟旅行代理人任何已经录入的大英航空公司的航班。[207]假如你需要 Verizon 公司的客服或者需要查尔斯·施瓦布和美琳·林奇帮你做财务汇报，你也可以通过与一个虚拟人类对话来获得。尽管这些系统会令有些人厌烦，但是这些系统对于人们的日常口语确实可以做出比较快和比较适当的反应。微软和其他一些公司正在提供一些系统，这些系统可以通过交互、合理而自然的对话来预定诸如旅店、旅行并处理常规的交易。

虽然并不是所有的人都对这些虚拟代理人的工作能力感到满意，但是大多数系统都提供获得真人在线帮助的功能。使用这些系统的公司报告说他们已经将需要使用人力的服务减少为原来的80%。除了可以省钱以外，接线员的减少也带来了一些管理上的利益。因为很多人对工作不满意，所以接线员的需求量非常大。

据说大多数男人都不愿问路，但是汽车厂商证明不管是男人还是女人都愿意向自己的汽车问路。2005年，Acura RL 和 Honda Odyssey 将会通过 IBM 提供的一套系统允许驾驶员和他们的汽车进行对话。[208]汽车导航将会包含街道的名字（例如，在 Main Street 左拐，然后在 Second Avenue 右拐）。驾驶员可以提出诸如"最近的意大利餐馆在哪"的问题，或者可以进入特定的位置清楚地问路，然后给出汽车指令（例如，"打开空调"）。Acura RL 还将在它的屏幕上实时显示交通拥挤程度。

语言识别系统号称是独立于说话者的，不受引擎声音、风声和其他噪音影响。据报道，这个系统能够识别170万个街道和城市的名称，并且可以执行大约1000条指令。

计算机语言翻译正在稳步发展。因为这是一个图灵级的问题，即需要完全达到人理解语言的级别才能像人一样熟练地完成任务。这将是最新的能够与人类行为相媲美的应用领域。美国加利福尼亚南部的一个计算机专家弗朗茨·约瑟夫·奥克已经开发了一种用大约几小时或几天时间就能在任何语言之间进行翻译的系统。[209]他所需要的仅仅是"Rosetta stone"——一种语言的文本，以及该文本对应的另一种语言的翻译文本——尽管他需要这种翻译文本数百万的文字。通过自组织技术，这个系统可以为两种语言间的互译建立统计模型。

而其他的翻译系统需要语言学家费尽心机地建立语法规则，对于每个规则还需要处理大量的异常情况。最近在美国商务部国家标准与技术研究所举办的翻译系统竞赛中，Och 的系统获得了很高的评分。

娱乐和体育。遗传算法有一个很有趣又吸引人的应用，牛津大学的一个科学家托马斯·瑞尔利用仿真的关节、肌肉和一个大脑神经网络创造了一个活生生的生物。然后他给这些生物下达指令：行走。他用了一个具有 700 个参数的遗传算法来实现这种能力。瑞尔说："假如你用人眼观察这个系统，你永远也不能完成它，因为这个系统太复杂了，这就是进化所能达到的效果。"[210]

在这些"生物"平稳、令人信服地行走的同时，这项研究展示了遗传算法的一个著名属性：你将得到你所想要的。一些"生物"想出新颖的方法来代替行走。瑞尔提出："我们有一些'生物'根本不能行走，但是可以采用一些奇特的方法来向前行进：爬行或者翻跟斗。"

软件已经发展到可以从一些体育视频中自动提取更重要的视频。[211]都柏林的三一学院的一个团队正在开发一种类似于台球的桌面撞球游戏，在这种游戏中软件可以追踪每个球的位置并且可以识别一些重要的射门。佛罗伦萨大学的一个团队以足球作为研究对象，这个软件追踪每个队员，并且可以判断一种球的运动类型（例如任意球、射门等）、进球的时间、被处罚的时间和其他一些关键因素。

伦敦的大学学院的数字生物兴趣研究团队正在利用一些遗传算法设计一级方程式赛车。[212]

人工智能的冬季早已过去。我们已经进入了狭义人工智能的春天。前面介绍的这些例子都是 10～50 年前的研究项目。假如所有的人工智能系统突然都停止工作，那么我们的经济基础设施将会陷于停顿，银行将会停止交易，大多数的交通会受到重创，通信将终止，而在 10 年前则不会有如此大的影响。当然，就目前来说，我们的人工智能系统还不具备筹划类似阴谋的能力。

强人工智能

假如你只用一种方式去理解某件事，那么你并不能真正地理解这件事。这是因为假如有一个步骤发生错误，你将会被自己的思维所束缚。一件事对于我们的意义取决于如何把这件事同其他的事关联起来。这就是为什么我们说死记硬背不能理解其真正含义。然而，如果你有几种不同的思路，那么当其中一种失败时，你就可以用另一种思维去尝试。当然，如果将过多的不相关的事务连接起来，将会使自己陷入困惑。但是良好的连接可以使你多方位的转变思路，直到找到一个合适你自己的。这就是我们所说的思考！

——马文·明斯基[213]

提高计算机的性能就像水流蔓延的情景。大概半个世纪前，它开始灌溉低地，推进了人工计算器的发展，并改进了一些记录员的工作，但没有惠及大多数领域。现在，洪水已达到山麓，就连我们的哨所都在考虑撤退。在山峰上我们才能感到安全，但以目前的速度，高峰也将在另半个世纪被淹没。由于那一天的临近，我建议建一个方舟，并开始适应航海生活！但是现在，我们必须依靠我们在低地的代理人来告诉我们洪水的真正情况。

我们在山麓的代理人和理论向我们报告了智能的迹象。在数十年前我们为什么没有从低地获得如下的报告：电脑在计算和记忆力方面都强于人类？事实上在那个时代我们已经获得了同样的报告。当时计算机的计算效率能像成千上万的数学家加在一起一样，人们称其为"巨人的大脑"。这鼓舞了第一代人工智能的研究。毕竟机器在从事某些事情的时候超越了任何动物，因为机器包含了人类的智慧、专注和数年的训练。但是现在我们很难再体会到那种魔力。

其中的一个原因是计算机在其他领域愚蠢的表现造成了我们判断上的偏见。另一个原因就是我们自己的问题。我们确实费劲心力地计算和记录数据，使得一个复杂计算的每一个很小的机械步骤都很明显，然而这样庞大的描述往往超出了我们的能力范围。像制造的深蓝，从内部我们可以看到非常多的处理，而从外围我们可以欣赏它设计的精妙。但通过天气模拟的繁琐计算来预测出风暴和龙卷风，或者通过电影动画中的计算来表现栩栩如生的皮肤。这些不是显而易见的。我们很少称这些是智能。但相比人工智能，"人工现实"可能是更加深刻的概念。

潜藏在优秀人类棋手中的精神步骤和理论证明是复杂而又不可见的。无法进行机械式地解释。那些可以自然地理解这些过程的人使用策略、理解力和创造力来描述它，而不是使用精神语言。当机器能够以同样丰富的方式兼备意义和惊喜，那么我们就智能地用精神语言进行解释。当然，在这个场景的背后，程序员能够从原理上给出机械解释。但即便对于程序员来说，当运行程序向内存中填入需要理解的大量细节时，这种机械解释将是无效的。

就像上涨的洪水达到更多的居民居住地的高度，机器在众多领域的能力也会提高很多。机器的思考中存在的本能意识将逐渐普及。当最高的山峰被淹没，在各个领域，机器将具有与人类一样的智能。机器中思想的出现将是不容怀疑了。

——汉斯·莫拉维茨[214]

因为信息技术的指数级发展，其性能将由乏善可陈发展到令人惊叹。如前面几章所述，在很多不同的领域，狭义人工智能的表现已经让人印象深刻。机器使用人工智能可以完成的智能任务的范围正在不断地扩大。在我为《The Age of Spiritual Machines》一书设计的一张图片中（见图5-4），一个充满戒备的人类正在写出只有人类能做的事件标志（机器不能做到）。[215]地板上的是人类已经抛弃的标志，因为机器已经能够实现这些功能：心电图诊断、创作巴赫风格的曲子、识别人脸、引导火箭、打乒乓球、和国际象棋大师下棋、挑选股票、即兴爵士乐创作、证明重要定理和理解连续演讲。早在1999年，这些就不是只有人类智能领域能够完成的任务了，机器也可以完成所有的这些。

图5-4中那个人后面的墙象征着只有人类才能完成的任务，如具有常识、复述电影、举行记者招待会、翻译演讲、打扫房间和驾驶车辆。如果经过一些年后，我们重新设计这张图片，这些标志中的一些可能将落在地板上，当CYC达到上千万的常识知识时，人类可能在常识推理领域上的优势就不那么明显了。

家用机器人的时代已经开始了，虽然现在尚处于原始阶段，从现在开始的后10年，我们可能会考虑使用具有清理房间能力的计算机。对于驾驶车辆，没有人工干预的机器人已经在不同的交通道路上驾驶车辆，而且几乎可以穿越美国。我们不会让机器人掌控开车，但创建汽车能自己开的电子化高速公路是一个重要提议。

复述一部电影、举行记者招待会和翻译演讲，这3个任务是非常难的，只有达到人类对自然语言的理解才能办到。一旦我们取下那些标志，那么我们将会拥有新一代机器，那时强人工智能纪元将会到来。

图　5-4

这个纪元将会悄悄来到我们身边。只要在人类和机器行为之间存在差异，比如在一些领域只有人类才能做到而机器不能，那么强人工智能的怀疑者就会抓住这些差异不放。但我们的每一个技能和知识领域的经验都可能紧随卡斯帕罗夫。我们对机器行为的认识将会很快从毫无希望变成令人畏惧，如同指数函数的底数超出人类预计的范围一样。

强人工智能是如何到来的？本书中的大部分材料都已经设计出对硬件和软件的基本需求，并且解释了为什么我们确信在非生物系统中这些需求将会达到。计算性能的持续性指数级增长会使得硬件具有模拟人工智能的能力。这个观点在 1999 年依然存在争议。在过去 5 年中三维计算的发展取得了很大的进展。现在很少有资深评论员质疑它的发生。即便只使用半导体工业发布的 ITRS 路线图的预测，在 2018 年，只需要合理的花费就可以制造达到人类水平的硬件。[216]

为什么我们能这么自信地认为到 20 世纪 20 年代的后期能够实现人类大脑各部分的详细模型和模拟。在第 4 章就开始说明这种情况。直到最近，分析大脑内容的工具还不具有空间和时间解决方案，或者构造足够的数据去创造充分详细模型的实现成本太高。这些问题正在逐渐改善。在实时运行环境下，新出现的一代扫描和感知工具能够精准地分析和检测神经元和神经部件。

将来的工具应该具有更强的解决问题的能力。到了21世纪20年代，我们能够将扫描和感知纳米机器人送入人脑的毛细血管中，让它们从里面检查。我们已经具有了将不同来源（大脑扫描与感知）的数据转化为模型和计算机模拟的能力，而且可以与生物人在这些区域的性能相媲美。我们已经具有强大的模型，并且可以模拟大脑的一些重要区域的功能。就如在第4章讨论的，21世纪20年代后期人们将对所有大脑区域建立详细和现实的模型。

对强人工智能的推测是这样的：我们将在对所有大脑区域的逆向工程中学习到人类智能的实现原理。并且我们将应用这些理论到具有大脑智力能力的计算平台。这个将会在21世纪20年代实现。我们已经具有有效的工具来实现狭义人工智能。由于各种方法的持续改进，新算法的发现和各种方法向这个错综复杂体系融合的趋势，狭义人工智能将逐渐变得不是那么狭隘。这就是说人工智能的应用将有更广阔的领域。并且它们的表现会更加灵活。人工智能的发展将为解决不同的问题提供不同的方法。就像人一样。更重要的是，人脑逆向工程的加速发展将创造新的洞察力和范式，这将极大地丰富不断发展基础的工具集。这个过程正在很好地进行中。

经常会听到由于人脑与计算机的工作机理有很大的不同，所以不能够将关于脑功能的分析应用于可行的非生物系统。这个观点完全忽略了自组织系统领域。我们有一组逐渐改善的精密数学工具应用于该领域。正如我在之前的内容中所讨论的，人脑与当代普通的计算机相比，在很多重要方面都是不一样的。如果打开你的掌上电脑，切断里面的一根线，就会很轻松地破坏一台机器。我们经常失去很多神经元和神经元间的连接，但却没有产生负面影响。这是因为人脑具有自组织能力，并且依赖于分布式模式，所以很多特别的细节并不是很重要。

当我们到达21世纪20年代中晚期的时候，我们将能够制造出非常详细的人脑区域模型。最终这个工具将会逐渐丰富那些新的模型和模拟器并且能够包含人脑如何工作的完整知识。我们可以应用这个工具到智能任务中，并且将在整个范畴利用这个工具，一些工具来源于人脑的逆向工程，一些工具源于我们对人脑理解的灵感，还有一些工具不是基于人脑而是基于人工智能。

人脑策略的一部分是学习信息，而不是源于硬编码的知识（我们用"本能"这个词来特指内在的知识）。学习依然是人工智能的一个重要部分。在我的经验里，在发展模式识别系统如字符识别、语音识别和经济分析、培养AI的学习能力是最具挑战性的，同时也是工程的重要组成部分。在线的人类文明的知识积累将会越来越多，将来的人工智能将有机会通过学习大量的信息实体来获得教育。

对人工智能体的教育将比没有经过强化训练的人类快得多。一个生物人类需要25年的时间来完成基础教育，而人工智能体则可以压缩到数周或者更短的时间。并且，因为非生物智能具有分享学习和知识的模式，所以只需有一个人工智能体掌握特殊技能。就如我所指出的，我们可以训练实验室的一组计算机来理解对话，只要通过加载已经训练完成的模式到他们的电脑，那么成百上千的用户都可以获得我们的语音识别软件。

非生物智能的一项技能是通过对人脑的逆向工程实现掌握人类的语言和分享人类的知识，从而通过图灵测试。这个图灵测试是非常重要的，不仅是因为它重要的实际意义，更是因为它是一个决定性的阈值。正如我们之前指出的，通过图灵测试具有非常重要的意义，这不同于模拟人类智能的适应性、巧妙性和柔软性。在我们的技术中已经具备了这种能力，该能力通过功能的集中、聚焦而放大。

已经提出了各种各样的图灵测试。一年一度的洛伯纳奖比赛的铜奖颁发给最能理解人类话语的机器人。[217]获得银奖的标准是通过原始图灵的测试，但该奖项还没有授出。金奖是能够通过视觉和听觉与人类流利地交流。换句话说，人工智能体必须具有一个令人信服的面孔和声音，就如从一个终端播放出，并且它必须显示出类似人类的判断，就好像它能够通过视频电话和一个真人进行交流。从表面上看获得金奖非常困难。我已经讨论过，金奖可能更加容易，因为裁判可能付出更少的注意给语言交流部分，而是被有说服力的面部和语音动画分散精力。事实上，我们已经具有实时的面部动画，然而它并没有达到那些改进的图灵测试的标准，但已经非常接近了。我们已经掌握了非常自然的语音合成技术，尽管在调整音调方面还有很多工作要做，但其发音与人类的演讲已经很难区分。相比达到图灵测试级别的语言和知识能力，我们在面部动画和语音生成方面将更迅速地取得令人满意的成绩。

图灵为其测试所设定的规则是不精确的，并且还有一些重要文献专注于建立图灵测试准确的评价过程。[218]2002 年我和米奇·卡普尔在"Long Now Web"[219]网站上讨论图灵测试的规则并打赌是否可以通过。这个问题包含了 2 万美元赌注，最终的受益会转给获胜者选择的慈善机构。"这个问题：是到 2029 年机器能否通过图灵测试？"我说会通过，而卡普尔说不会。我们花了几个月的时间进行对话并达成了复杂的规则来执行我们的打赌。例如，简单到定义"机器"和"人类"是不是一个直接的事？人类判断是否允许含有非生物思考过程存在于他的大脑中？相反的，机器能否具有任何生物部分？

因为每个人对图灵测试的定义都不一样，能够通过图灵测试的机器们不会在一天出现，在一段时期内，我们将会听到机器通过图灵测试的声明。唯一不变的是，这些早期的声明估计会被知识丰富的观察者们揭穿，可能包括我在内。事实上，阈值（通过图灵测试）与大家能达成广泛共识的通过图灵测试的标准还有相当距离。

爱德华·费根鲍姆提出了一系列的图灵测试，它们不是用来测试机器能否胜任普通人日常对话的，而是用来测试机器能否胜任一个自然科学领域的专家在一个阶段内的工作。[220]费根鲍姆测试（FT）可能比图灵测试重要，因为能通过 FT 的机器更加精通技术，它们能够改善自身的设计。费根鲍姆是这样描述该测试的：

两个选手参加 FT 测试，其中一个选手是从预先选好的科学、工程或医学三个领域之一的精英中选拔出来的。（数目可以更大，但针对这个测试不超过 10 个）。举个例子，我们可以从美国国家科学院的研究领域中来挑选。比如，我们可以选择天体物理学、计算机科学、分子生物学。在每一轮的比赛中，两个选手（科学精英和计算机）的行为将由另外一名同领域的专家来裁定。比如天体物理学的专家裁定天体物理学的测试。

当然，选手的身份是隐藏的，就跟图灵测试一样。裁判提出问题，希望得到相关解释、理论依据等，就像跟一个科学院的同僚讨论问题一样。人类裁判分辨谁是他在美国国家科学院的同僚，谁是机器吗？费根鲍姆审视了计算机被认为是科学院院士的可能性。很明显，费根鲍姆并不认为目前存在机器入侵科学院的可能性，因为目前科学院院士清一色的都是人类。FT 测试看上去要比图灵测试难，整个人工智能的历史显示，机器的智能总是从科学的专业技术开始逐渐向孩童的语言方向转化。早期的人工智能系统在专业领域展现了其威力，比如改进数学理论和开医疗处方。这些早期的系统不能通过 FT，因为它们不具备语言能力，而且它们不具备从不同的视角来建立知识模型的灵活性，而这是 FT 中的专业对话所必需的。

和图灵测试一样，语言能力是必需的核心能力。许多技术领域的推理并不一定比一个成年人的常识推理困难。我可以预计，在有机器能够通过图灵测试的同期，也能有机器在某些学科方面通过 FT。然而，在所有学科方面通过 FT 将会经历一段更长的时间。这就是我之所以认为 21 世纪 30 年代是一个联合时代的原因，这个时候，机器智能将迅速扩张其能力，并与人类的巨大的知识库以及机器文明结合。到 21 世纪 40 年代，我们将有机会将整个人类文明所累积的知识和技能应用到计算平台上，这样的计算平台的智能将是没有外部工具辅助的人类智能的数十亿倍。

强人工智能系统的出现将是 21 世纪最重要的变革。其重要性可以与生物体本身的出现相媲美。那将意味着一个人类发明的事物能够控制自己的智能并找到了克服自身局限性的方法。当人们理解了人类智能运转的原理之后，人类的科学家和工程师就可以扩展机器的能力，而这些科学家和工程师的生物智能通过和非生物智能的紧密联合，其能力已经被极大地放大。假以时日，非生物智能将占统治地位。

本书通篇都讨论了这场变革各个方面的影响，在第 6 章中我将集中地讨论这个主题。智能是利用有限的资源解决问题的能力，这里的限制包括时间的限制。奇点将以下面的快速循环为特征：人类智能——不断增长的非生物智能——非生物智能具有理解和影响其自身的力量。

公元前 20 亿年，细菌未来学家的朋友。那么请再给我讲讲你对未来的看法。

公元前 20 亿年，细菌未来学家：好的，我认为细菌集合在一起形成各种群落，整个细胞群的基本运作如同一个能力得到很大增强的、巨大的复杂有机体。

细菌未来学家的朋友：是什么让你有这样的想法？

细菌未来学家：哦，我们的一些同伴——掠夺性细菌已经侵入到其他大一些的细菌里形成小的二人组。[221] 不可避免，我们的同伴细胞将会集合成群，这样每个细胞可以特化自己的功能。而现在，我们每一个人都不得不靠自己完成所有的事情：寻找食物，消化食物，排泄代谢物。

细菌未来学家的朋友：然后呢？

细菌未来学家：所有这些细胞将逐渐形成相互间新的沟通方式，这种沟通方式远并不是像你我之间的单纯的化学物质交换。

细菌未来学家的朋友：好的，现在再给我说一下关于未来 10 万亿细胞的超组合部分。

细菌未来学家：是的，根据我的模型，在大约 20 亿年后，一个 10 万亿细胞的大群落将会组成一个单独的有机体，该群落包含有数百亿的特殊功能细胞，他们相互间可以通过一种非常复杂的方式沟通。

细菌未来学家的朋友：什么样的方式？

细菌未来学家："音乐"可以作为其中的一种方式。这些巨大的细胞群将创造出音乐沟通形式，并且与其他细胞群进行沟通。

细菌未来学家的朋友：音乐？

细菌未来学家：是的，声音形式。

细菌未来学家的朋友：声音？

细菌未来学家：恩，这么来说吧。这些超级细胞群落非常复杂，群落自己都很难理解自己的构造。它们能够改善自身设计，变得越来越好，越来越快。它们将重新构造出它们想象中世界的其他部分。

朋友：等一下。听着似乎要失去我们赖以生存的细菌了？

细菌未来学家：恩，但是并没有损失。

朋友：我知道你一直这么说，但是……

细菌未来学家：那将会是向前迈了一大步。那是我们细菌的命运。而且，不管怎么说，将会很少再有细菌像我们一样漂浮在四周。

细菌未来学家的朋友：好吧，但是不利方面会是怎么样的呢？我的意思是，我们的同伴，掠夺性细菌和噬菌蛭弧菌会带来多大危害？这些具有巨大能力的未来的细菌联合体可能会破坏所有事物。

细菌未来学家：这还不确定，但是我认为我们能解决这个问题。

细菌未来学家的朋友：你们通常都是个乐观主义者。

细菌未来学家：你看，我们没必要为 20 亿年后的不利因素担忧了。

细菌未来学家的朋友：好吧，那我们吃午饭去。

20 亿年后……

内德：这些未来的智能机器会比我在 1812 年反对的纺织机的情况更糟糕。那时候我们担心一人操作一台机器可以代替 12 个人的工作。但是我们现在谈论的是弹珠大小、可以超过所有人类智能的机器。

雷：它只会超越人类的生物学部分。无论如何，那块弹珠仍然是人类，尽管不是生物学意义上的人类。

内德：这些超级智能机器不吃食物。它们不用呼吸。它们不用通过性来繁殖……那么，它们如何成为了人类？

雷：我们将会融入技术。在 2004 年我们就已经开始这么做了，尽管大多数的机器现在还没进入到我们的身体和大脑。我们的机器仍然扩展了我们的智力能够到达的范围。扩展我们的可达范围是人类的特性。

内德：你看，说这些超级智能非生物实体是人类，就像是说我们是细菌一样。毕竟，我们是也从它们进化过来的。

雷：的确现在的人是细胞的集合，我们是进化的产物，事实上是进化的优胜部分。但是，在更多有能力的基础方面应用逆向工程、建模、仿真、实例化、拓展改进来扩展我们的智能是进化的方法，将是我们进化的下一步。这就是细菌的命运，进化成一个技术创造型物种。同时这是我们现在的命运，进化成为一个巨大的智能奇点。

第 6 章 影响的盛装

未来进入我们的视野，为的是替换我们当下的生活，尽管离一切发生还早。

——瑞尔·玛利亚·里尔克

对于未来的构想，一个最大的问题就是：未来不是创造的，而是恰巧发生的。

——迈克尔·埃尼斯莫夫

"扮演上帝"，实际上是对人性的最高体现。我们有强烈的愿望去不断完善自我，掌控环境，为我们的孩子们铺就最好的道路。这些愿望可能就是所有人类历史中最基本的驱动力。如果没有"扮演"上帝的愿望，那么我们所熟知的这个世界就不会有今天。数百万人将生活在草原和森林，以狩猎为生，没有文字、历史或数学，更不会对他们所拥有如此错综的天地万物和复杂的自身内部结构而感激。

——瑞米兹·南姆

影响的盛装。如果非生物智能成为主宰，人类的感受会是什么？如果人工智能和纳米技术可以创造出我们想象的任何产品、任何位置、任何环境，人类机器文明又会暗示出什么？我在这里强调想象力的作用，是因为我们的想象仍然受到制约。然而，那些为我们生活带来幻想的工具正在以指数级的速度变得强大。

由于奇点的临近，我们将不得不重新思考人类生活性质的概念，重新设计我们人类的习俗。本章将探讨这些概念和习俗。

例如，G、N 和 R 的革命交织在一起将使脆弱的人体 1.0 版本转变为更持久的、更有能力的 2.0 版本。数十亿的纳米机器人将参与我们身体和大脑的血液循环。在我们体内，它们将杀死病原体，修正 DNA 错误，消除毒素，以及执行许多其他任务，以增强我们的身体健康。这样，我们将能够无限期地生活下去，不会变老。

在我们的大脑中，大量的分布式纳米机器人将与我们的生物神经元相互配合。它将提供包括全部感觉的全沉浸虚拟现实。这种全沉浸虚拟现实和与我们情感相关的神经一样在神经系统内部作用。更重要的是，生物思想和我们正在创建的非生物智慧之间的密切关系将在很大程度上扩展人类的智慧。

战争将走向纳米机器人武器时代，正如现在的计算机武器一样。学习最先会转移到互联网上，然而，当我们的大脑也可以上网时，我们就可以把新的知识和技能下载来。工作的职责会变为创造各种知识，从音乐、艺术到数学、科学等。娱乐的职责也一样会变为创造知识，所以工作和娱乐之间将不会有明显的差别。

地球上的智慧将继续以指数级扩张，直到我们所拥有的物质和能量可以支撑起真正的智能计算。在我们即将到达银河系边界时，人类文明的智慧将以可能的最快速度向外扩展到宇宙的其他部分。我们知道速度的上限是光速，但也有人认为我们可以绕过这一表面的限制（例如，有可能通过虫洞来获取捷径）。

关于人体

> 这里有很多不一样的人。
>
> ——多诺万[1]
>
> 化过装的婴儿，
> 插入我的身体，
> 永远也找不到另一个这样的婴儿。
> 我无法赋予它智慧，
> 我那塑料的奇妙情人。
>
> ——杰弗森·艾尔柏兰，"Plastic Fantastic Lover"
>
> 我们的机器将变得越来越像我们，而我们也会越来越像我们的机器。
>
> ——罗德尼·布鲁克斯
>
> 一旦与尘世永诀，我将不再
> 借由它获取肉身的形体，
> 而仅仅渴求希腊的巧匠们用锻金
> 和金釉所锤炼的式样。
>
> ——威廉姆·巴特勒·叶慈，"驶向拜占庭"

我们正在利用生物技术和新出现的基因工程技术来使肉体和精神系统得到彻底升级。在未来 20 年内，我们将使用诸如纳米机器人之类的纳米技术方式来改进我们的器官，并最终取代它们。

新的吃法。我们从事某些活动，比如吃饭，能否只是出于乐趣，而不是为了达到某种目的？消耗食物的原始目的是为血流提供营养，然后这些营养被传递到人体内数以万亿计的细胞中。这些营养素包括热量（能源）物质，如葡萄糖（主要来自碳水化合物）、蛋白质、脂肪以及无数的微量元素，如维生素、矿物质和植物化学物质。植物化学物质为不同的代谢过程提供了构建模块和酶。

像其他主要的人类生物系统一样，消化系统的复杂性令人惊讶，不管环境如何变化，都可以使我们的身体提取出生存所必需的复杂资源，与此同时，它又能过滤掉多种毒素。我们正在迅速扩充有关消化过程中的复杂途径的知识，但仍然有很多事情我们不能完全明白。

但我们知道，在人类进化发展期间，消化过程已经得到优化，那时的消化过程与现在的相比有着明显不同。在历史的大多数时期，我们面临的最大可能是，下一个觅食或狩猎季节（或者最近很短的几个世纪中的播种季节）是灾难性的贫瘠。这是有道理的，因此，我们的身体会对每一个可能消耗的热量抓住不放。今天，生物战略却适得其反，已经变成过时的代谢规划导致当代肥胖的流行，并加速了如冠心病、Ⅱ型糖尿病之类退变性疾病的病理过程。

从目前的情况看，我们的消化系统及身体其他系统的设计远远称不上完美。直到不久之前（在进化的时间尺度上），进化不会对像我这样（我出生于 1948 年）耗尽家族有限资源的老人有利。两个世纪以前，人类的平均寿命为 37 岁。进化青睐于短寿，这样可以把有限的储存全部用于那些足够强壮的可从事繁重体力劳动的年轻人。如前所述，所谓的祖母假说（它暗示部落中不多的"聪明的"长者会有益于人类）一点也不会挑战这种说法：在人类寿命延展方面的基因没有强烈的优胜劣汰的压力。[2]

现在，我们生活在一个物质异常丰富的时代。大多数工作需要的是智力，而不是体力消耗。一个世纪前，30%的美国劳动力受雇于农场，另外的30%受雇于工厂。而目前这两个数字都低于3%。从飞行指挥到网页设计师，今天的许多职业类别在一个世纪以前根本不存在。2004年是已经过了育儿期的年份（作为一个婴儿潮时期出生的人，那肯定是我的看法），我们有机会继续为人类文明指数级增长的知识库作出贡献。（顺便说一下，这些知识包括像我们人类的独特属性等。）

人类已经通过技术来延长我们的自然寿命：药物、补品、为几乎所有的人体系统替换部件，以及许多其他干预措施。我们有各种装置来替代人体的部件，如臀部、膝盖、肩、肘、腕、颚骨、牙齿、皮肤、动脉、静脉、心脏瓣膜、胳膊、腿、脚、手指、脚趾，替代更加复杂器官（例如，我们的心脏）的装置也正在引进。当了解了人体和大脑的运作方式，我们就能很快设计出极为优秀的系统，这些系统将有更长的寿命、更好的表现，不易崩溃、患病和老化。

有一个例子是关于类似系统的概念设计，称作普里莫后人，这是由艺术家和文化催化剂娜塔莎·维持－摩尔提出的[3]。她的设计是为了优化机动性、提高灵活性，以及延长寿命。这一概念展望了一些特性，比如，超级大脑，用于一种人造的新大脑皮层整体网络的连接，人工智能与纳米机器人交织在一起构成了这种新大脑皮层。再比如，免受阳光伤害的智能皮肤，它有生物传感器，柔韧度与材质可以变化，有十分敏锐的感觉。

尽管人体2.0版本是一个持续而伟大的工程，这将最终使我们所有的肉体和精神系统发生根本改变，但是我们会一步一个脚印地不断向有利的方面努力。根据现有的知识，我们可以描述实现这一梦想每一方面的方法。

重新设计消化系统。让我们从这一想法出发，回到对于消化系统的思考上。我们对吃的食物的成分已经有了综合的描述。我们知道如何使不能进食的人生存下去，那就是使用静脉注射营养。然而，这显然并不是一个理想的选择，因为现有的使物质进出血液的技术存在很大的限制。

我们下一阶段主要是在生物化学方面进行改善。通过药物或补品的形式防止吸收过多的热量，并在其他方面改变新陈代谢的途径，使身体达到最佳健康状态。在乔瑟琳糖尿病中心罗恩·卡纳博士的研究中，他已经识别出了"脂肪胰岛素受体"（FIR）基因，它通过脂肪细胞来控制脂肪堆积。通过阻止小鼠脂肪细胞中单个基因的表达，卡恩博士开拓性的研究证明了，这些动物既能够不受限制地进食又能保持身材和健康。虽然它们吃的远远比受控小鼠多，但"摧毁FIR"的小鼠实际上延长了18%的寿命，而且患心脏病和糖尿病的比率大大降低。因此许多制药公司开始努力地研究如何将这些成果应用到人类FIR基因中去。

在中间阶段，消化道和血液中的纳米机器人将会智能而精准地提取出我们需要的营养素，通过我们的个人无线局域网整理出额外的营养素和添加物，然后把剩余的物质转移，使其排出身体。

如果这看起来像未来主义的东西，那么，请记住，智能机器已经进入我们的血液中。

目前已有数十个基于血液的生物微机电系统（BioMEMS）项目正在进行着，这种生物微机电系统用于广泛的诊断和治疗应用。[4]如前所述，有几个专门讨论这些项目的重要国际会议。[5]生物微机电系统设备被设计为可以智能地侦察到病原体，然后以十分精准的方式发射药物。

例如，传递诸如胰岛素之类激素的纳米血液传输设备已经在动物身上得到证明。[6]还有很多类似的系统可以准确地传递多巴胺到帕金森氏症患者的脑部，或者为血友病患者提供凝血因子，或者直接向肿瘤部位提供抗癌药物等。一个新的设计提供了多达 20 种物质的储备，可以在需要的时间和位置将它们释放到身体里。[7]

密歇根大学电气工程教授科德尔·维兹已研制出一种微小的神经探头，它可以对神经疾病患者的电活动提供精确的监控。[8]期待着未来的设计也可以将药物传递到大脑中准确的位置。日本东北大学的石山一志开发了一种微型机械，它使用微观旋转螺丝将药物传递到较小的癌症肿瘤上。[9]

美国桑迪亚国家实验室研制出一种开拓性的微机械，它有一个可以开合的颌，颌里有微牙齿，用来捕获单个细胞，然后向其植入诸如 DNA、蛋白质或者药品之类的物质。还有很多关于微型和纳米级的机器如何进入身体及血液的研究正在进行。[10]

最终，我们会精准地确定出每个人保持最佳健康所必需的营养素（包括所有的数以百计的植物素）。这些将变得更加自由和廉价，我们不需要费力地从食物中提取营养素。

营养素将由具有特殊代谢功能的纳米机器人直接带入血液中，而在我们血液和身体内的传感器通过无线通信无时无刻地提供着身体所需要营养的动态信息。在 21 世纪 20 年代的晚些时候，这项技术应该会相当成熟。

设计这类系统的关键问题是，如何将纳米机器人引入和导出人体？我们今天的技术，比如静脉内导管，还有许多有待改进的地方。与药物和营养补品不同，纳米机器人具有一点点智慧，能掌握自己的库存，并以十分聪明的方式进出我们的身体。一种方案是，我们可以在腰带和内衣中携带一种特殊的营养设备，营养供应纳米机器人可以装载这里的营养，并透过皮肤或体腔进入人体内。

技术发展到那个阶段，我们可以吃到任何东西，无论是我们想吃的，还是令我们心情愉悦的，或者享受烹饪乐趣的。在拥有对血液最优营养循环时，我们就可以探索烹饪艺术的色香味。实现这一目标最有可能的途径是，使所有我们吃的食物通过一个经过改造的消化道，在这个消化道内不允许食物被吸收到血液中。但是，这样会加大我们结肠和直肠的负担。因此，更好的办法是把常规的排废功能分散开。我们可以通过使用特殊的类似小垃圾收集器的排废纳米机器人来完成这一功能。营养纳米机器人从一条通道进入我们的身体，而排废纳米机器人从另一条通道进入我们的身体。这种创新使我们可以不再增加对过滤血液杂质的器官（如肾脏）的需求。

最终，我们将不会为特殊的衣着或明确的营养源而困扰。正如计算将得到普及一样，我们所需的基本代谢纳米机器人资源也将分布于我们周围。但是，在体内保持足够的所有必要资源也一样重要。人体 1.0 版本只是在很有限的范围内做这件事，例如，我们的血液中只储存可以使用几分钟的氧气数量，在肝糖和其他储备中只储存了足够几天使用的能量。2.0 版本将大量增加体内的储备，使我们可以在很长一段时间里离开代谢资源。

当然，在这些技术刚开始引进时，大多数人不会废除老式的消化过程，正如引入第一代文字处理器时，人们也没有抛弃各自的打字机一样。然而，这些新技术在适当的时候将开始主宰这个时代。时至今日，仍有一些人在使用打字机、马和马车、木材燃烧炉，或其他被取代的技术（不包括经过深思熟虑的古老的经验）。同样的现象将发生在我们重新设计的人体中。当我们攻克了不可避免的困难，完全重新设计出肠胃系统时，我们会越来越依靠它。可以逐步地引进以纳米机器人为基础的消化系统，首先提高我们的消化道，而后，经过多次迭代后就会取代消化道。

可编程血液。一个基于逆向工程的普适系统——人的血液已经成为了广义上重新设计的主题。在前面的内容中介绍过，罗伯·弗雷塔斯以纳米技术为基础，取代人类红细胞、血小板和白细胞[11]。如人类等大多数生物系统一样，大部分的血红细胞在完成充氧功能时，其效率很低。因此弗雷塔斯重新设计了它们，以获得最佳性能。因为他的机器人红细胞将使人在无氧的情况下持续生活数小时[12]，我们很想知道，这一新产品用于体育竞赛时会怎样。可能机器人红细胞等类似系统将被禁止在像奥运会这样的比赛中使用，但随后我们将面对这样一种前景：青少年（其血液可能富含机器人红细胞）一般都会超越奥林匹克运动员。虽然在未来的 10 ~ 20 年里原型才会出现，但已经制定了其物理和化学方面的要求，其细节令人印象深刻。分析表明，弗雷塔斯的设计会比人类生物血液存储及运输氧的能力强成百上千倍。

弗雷塔斯还设想出一种微米级的人工血小板，它可以实现比生物血小板快 1 000 倍的自我平衡（止血）。还有纳米机器人"micro bivore"（白细胞替代品），它可以通过下载软件来摧毁特定的传染病。在速度上，它比抗生素快数百倍[13]，还将对所有细菌、病毒和真菌感染以及癌症有效，而且没有耐药性的限制[14]。

心脏，有或没有。在我们的清单上，下一个要增强的器官是心脏。心脏是一个复杂且令人印象深刻的机体，而且会出现很多严重的问题。它从属于无数的失效模式，是我们挖掘潜在寿命时最重要的缺点。心脏通常是身体衰弱最早的部位，而且往往非常早。

虽然人工心脏已经是可用的替代品，但更有效的做法将是完全摆脱心脏的束缚。在弗雷塔斯的设计中，纳米机器人构造的血细胞自己提供动力。如果血液可以自己流动，那么需要集中泵产生末端压力的工程问题就可以消除了。当使纳米机器人进出血液的方式更加完美时，我们最终将能够持续地替换它们。弗雷塔斯还公布了一个复杂的有五百万亿个纳米机器人的系统设计，并称其为"vasculoid"。营养和细胞以非流体为基础的传递，这将会代替人类的全部血液[15]。

身体的能量也将由微型燃料电池提供，微型燃料电池使用的是氢或人体自身的燃料——ATP。正如我在第 5 章所述，在微机电和纳米级别的燃料电池两个方面都已经取得了实质性的进展，包括一些以人体自身的葡萄糖和 ATP 为能量来源的燃料电池[16]。

随着机器人红细胞可以提供大幅改进的氧合作用，我们就能够使用纳米机器人提供氧气和排出二氧化碳，这样，肺也就可以消失了。与其他的系统一样，我们将经过中间阶段。中间阶段的技术只是加强我们的自然过程，所以我们可以做到两全其美。最终，在每一个我们到达的地方，我们都可以不用复杂的实际呼吸，也无需那些可供呼吸的空气。如果认为呼吸是愉快的，那么我们可以开发出获得这种肉体上快感的方法。

随着时间推移，我们也会不需要各种器官产生的流入血液或其他代谢路径中的化学品——激素和酶。在这些物质中，我们已经可以合成其中很多的生物对等合成版本。在未来 10～20 年，我们可以很常规地大量创造出绝大多数的生化相关物。我们已经创造了人工激素器官。例如，美国劳伦斯·利弗摩尔国家实验室和加利福尼亚州的 Medtronic MiniMed 公司正在开发一种皮下植入的人工胰脏。它利用计算机程序来实现类似生物胰岛细胞的功能，它可以监测血糖水平和精准地释放一定数量的胰岛素[17]。

在人体 2.0 版中，激素和相关物质（在我们仍然需要的范围内）将通过纳米机器人提供给人体，通过智能的生物反馈系统控制它们，供给并平衡身体所需的数量。由于我们将消除人类大部分的生物器官，因此这些物质中有很大一部分人类可能不再需要，并会由纳米机器人系统所提供的其他资源替代。

因此，还剩下什么？让我们来关心一下大约在 21 世纪 30 年代初可以达到什么程度。我们消除了心脏，肺，红、白细胞，血小板，胰腺，甲状腺以及所有的激素生产器官，肾、膀胱、肝脏、食管下段、胃、小肠和大肠。从这个观点看，我们剩下的就只有骨骼、皮肤、性器官、感觉器官、嘴和食管上段，以及大脑。

骨骼是一个稳定的结构，我们已经对它的工作原理有了一定的了解。我们现在已经可以取代它的一些部件（例如，人工臀部和关节），虽然步骤中需要经过痛苦的外科手术，并且以我们目前的技术，做这些事情仍有很大的局限性。将来的某天，关联纳米机器人会通过一种渐进的、无伤害的过程，增强或从根本上替换骨骼。人体的骨骼 2.0 版将非常强大、稳定，并且能够自我修复。

我们不会注意到如肝脏和胰腺等器官的缺失，因为我们并没有直接感受到它们的运作。但是，包含着第一和第二性器官的皮肤可能可以证明，它实际上是我们希望能够保留的一个器官，至少我们还是希望能够保留必不可少的沟通和娱乐功能。但是，最终我们将使用纳米柔性材料以改善皮肤。这种纳米柔性材料在增强我们亲密沟通能力的同时，可以在物质与热环境影响方面提供更多保护。处于同样处境的还有嘴和上食道，它们构成了消化系统中依然存在的部分，用于体验饮食的感觉。

重新设计人脑。正如我们前面讨论的，逆向工程和重新设计的过程也包含着设计人体最重要的系统：大脑。我们已经有了基于"神经形态"模型的（人脑和神经系统的逆向工程）填充物，以用于快速增长的大脑区域列表[18]。麻省理工学院和哈佛大学的研究人员正在开发一种神经填充物以代替受损的视网膜。用于帕金森病患者的填充物已经可以使用[19]。这种填充物直接与腹后核（ventral posterior nucleus）以及大脑的视丘下核（subthalamic nucleus）区相通，从而逆转了这一疾病所带来的最严重的症状[20]。一个用于脑瘫以及颅脑多发性硬化症患者的填充物连通了腹外侧丘脑，并在控制震颤方面产生了效果[21]。"与其像对待汤一样对待人脑，加入各种化学物质来增强或抑制某些神经传递素，"这些疗法的先驱，美国的特罗施里克医生这么说，"现在，不如我们像对待电路一样对待它。"

很多技术正在研究当中，以提供生物信息处理的微模拟世界与数字电子之间沟通的桥梁。德国麦克斯·普朗克研究所的研究人员开发出一种非侵入性装置，可以与神经元进行双向沟通[22]。他们通过在个人电脑上控制活水蛭的动作来说明他们的"神经元晶体管"。类似的技术已用于将水蛭的神经元重新连接起来，并让它们解决简单的逻辑和算术问题。

科学家们在使用"量子点"（quantum dot）做试验，微型芯片包含光敏（对光起反应）晶体半导体材料，可以涂在约束于神经元细胞表面特殊位置的肽上。这可以使研究人员以精确波长的光远程激活特定的神经元（例如用于药物输送的神经元），这样就可以取代侵入式的外部电极[23]。

这些发展也为神经损伤或脊髓损伤的患者带来了希望，可以将损坏的神经元路径重新连接起来。长期以来，人们一直认为，重建这些路径可能只对刚受伤的病人有效，因为在不使用时神经会逐渐坏死。然而，最近的发现显示，神经治疗对脊髓长期损伤的患者也是可行的。犹他州立大学的研究人员让一组长期四肢瘫痪病人以多种方式活动四肢，然后利用磁共振成像（MRI）观察其大脑的反应。虽然他们四肢的神经通路已沉寂了多年，但当他们试图移动四肢时，他们的脑部活动与监测到的正常人的脑部活动非常接近[24]。

我们还可以在瘫痪患者的大脑中放置传感器，将其编程为用于识别大脑中与有意图的运动相关的部分，之后刺激肌肉以恰当的次序运动。对于那些肌肉不再起作用的病人，已经有一些"纳米机电"（NEMS）系统，可以舒张和收缩，用来替换损坏的肌肉。它既可以被真正的神经刺激，也可以被人造神经刺激。

我们正在成为机器人。人体 2.0 版本的描述代表着一个长期的趋势，这就是我们与我们的技术之间变得更加密切。最开始时，计算机作为巨大的远程机器放置在空调房间里，有很多穿白大褂的技术人员在照看着。之后，它们移动到我们的办公桌上，然后放置在我们的手臂上，现在进入了我们的口袋里。按照以上的发展轨迹，不久之后，我们将把它们放入我们的身体和大脑中。到了 21 世纪 30 年代，我们将变得更加非生物一些。正如第 3 章中提到的，到 21 世纪 40 年代，非生物智能将拥有数十亿倍于生物智能的能力。

战胜疾病和残疾所带来的令人信服的利益会使得这些技术继续快速地发展，但医疗应用只会在早期阶段采用。随着技术进入正轨之后，深度挖掘人类的潜能将变得没有障碍。

日前，斯蒂芬·霍金在德国杂志《聚焦》（Focus）中发表评论说，计算机智能将在未来数十年超过人类。他主张，我们"迫切地需要开发一些直接到大脑的连接，以便计算机可以加入到人类的智慧中，而不是以相反的方式"。[25]让霍金感到安慰的是，其建议的发展计划正在顺利地进行。

在人体 2.0 版本中将会有很多变化，每一个器官和人体系统都将有它自己发展和完善的过程。生物进化只拥有称为"局部优化"的能力，也就是说，它可以改善一个设计，但必须限制在生物学很久之前达到的设计结果内。例如，生物进化被限制在一类物质中，即蛋白质。蛋白质是由一维的氨基酸序列折叠组成的。它使用非常缓慢的化学转换，限制了思维的过程（模式识别、逻辑分析、技能的形成和其他认知能力）。生物进化过程本身的工作就非常缓慢。只有逐步完善设计，这些基本概念才能被持续采用。它没有能力突然改变，例如，变为以钻石制品为结构性原料，或者基于纳米管的逻辑开关。

然而，有一个解决这个固有限制的方法。生物进化确实创造了一个物种，它可以进行思考并熟练地控制它所在的环境。该物种在了解和改进它自身的设计方面正在取得成功，并且有能力重新思考并改变这些生物学的基本原则。

人体版本 3.0。我设想，在 21 世纪 30~40 年代，人体 3.0 版本将作为一个更加根本的版本进行重新设计。与其重建各个分系统，不如我们（包括我们在思考和工作中协作的生物和非生物部分）以 2.0 版的经验为基础改造人体。正如从 1.0 过渡到 2.0 一样，到 3.0 的过渡也是渐进的，这个过程中将涉及许多相互对抗的思想。

我为人体 3.0 版本设想的一个属性是，能够改变我们的身体。在虚拟现实环境中，我们将能够很容易做到这一点（见后面的介绍），但在真正的现实世界中，我们也将获得这种方法。我们将把基于 MNT 的结构合并到我们的身体中，这样我们就可以按照我们的意愿迅速地改变容貌。

考虑到美学在人脑中的影响，即使我们大脑的主要部分是非生物的，我们也很可能还是会保留人体中美学和情感的含义。（即使已经得到拓展，但是我们智慧中的非生物部分将仍然起源于人类的生物智慧。）也就是说，很可能人体 3.0 看人的标准和今天一样，但考虑到人体大大增强的可塑性，我们的审美观将随着时间的推移而不断拓展。现在，人们通过穿孔、文身和整容等行为扩展了他们的身体，社会对这些变化的接受程度迅速提高。当我们可以很容易地把这些改变恢复原状，那么很可能会出现更加伟大的实验。

J·斯托尔斯·豪尔这样形容他称为 "foglets" 的纳米机器人设计：它可以相互连接构成多种不同的结构，它也可以迅速地改变结构的组织形式。它们被称为 "foglets" 是因为，如果在一个区域内它们的密度足够，就可以控制声音和光线并将其组织成变化的声音和图像。从本质上说，它们在体外（在物质世界）建立了一个虚拟现实环境，而不是体内（在神经系统中）。由于 foglets 可以控制声音和图像，人们就可以利用这些机器人改变他们的身体或周围环境，虽然其中一些变化实际上是假象[26]。豪尔的 foglets 是一个概念设计，它建立了一个真正可变形的物质，媲美于那些虚拟现实中的物质。

比尔（一位环保专家）：照字面意思理解，在关于人体 2.0 的内容中，难道你不是正在把婴儿和洗澡水一起扔出来？你建议把整个人体和大脑都用机器替换，那人类岂不是将不复存在？

雷：我们不同意你对人的定义，但只想知道，你会提议把人与非人的界线划在哪里？通过生物或非生物手段来增强人体和大脑才刚刚成为一个新课题。目前仍然有很多人正在遭受各种苦难。

比尔：我对减轻人类的痛苦不反对。但是为了超越人类的性能就用一台机器来替代人体，那么剩下来的也只是一台机器。在陆地上，我们有比人跑得更快的汽车，但我们并不认为它们是人类。

雷：这个问题与 "机器" 这个词有很大关系。你对机器概念的了解是一种比人的价值要少得多的东西，其复杂程度、创造性、智能、知识、辨别力、灵活这些方面都不如人类。对于今天的机器来说，这是合理的，因为我们见过的所有的机器，例如汽车，都是这样的。我的论文的整体观点是，即将到来的奇点革命是非生物智能机器的概念，这将从根本上发生转变。

比尔：那么这就是我的问题。我们的部分人性是有局限性的。我们不敢说我们成为最快的实体，有最强的记忆能力等。但是人类拥有神秘的精神品质，而这是机器天生就不会拥有的。

雷：那么再问一次，你把人与非人的界线划在哪里呢？人类已经把他们身体和大脑中的一部分用非生物替代品替换，这些非生物替代品更好地完成着他们 "人" 的功能。

比尔：只有在替换生病或残疾的器官和系统时才有更好的感觉。但为提高人类的能力，你从根本上替换了人类所有的东西，那这天生就不是人类了。

雷：或许我们的基本分歧就是人的自然本质。对我来说，人的本质并不是人的局限——虽然我们也有很多局限——它是我们超越局限的能力。我们没有只停留在地上。我们甚至没有只停留在地球上。我们已经不再满足于人类的生物属性。

比尔：我们必须十分谨慎地使用这些技术能力。超过某个界限，我们会失去一些无法形容的、能够赋予生命意义的东西。

雷：我想我们都同意，我们需要认识到什么对我们人类是重要的。但没有理由去庆祝我们的局限性。

关于人类大脑

我们所有看见的或看似的都只是一个梦在另一个梦里。

——埃德加·艾伦·玻易

计算机程序员是宇宙的创造者，也是唯一的立法者。剧作家、舞台导演、君主，不管他有多么大的权力，他们之中没有任何一个人使用过如此不受任何限制的权力去安排一个舞台或者战场，并指挥如此坚定不移而又尽职尽责的演员或军队。

——约瑟夫·韦登鲍姆

一天，天刮着风，两名僧人正在讨论一面摇摆的旗子。第一个说："我说是旗子在动，而不是风。"第二个说："我说是风在动，而不是旗子。"一个路过的和尚对他俩说："风没有动，旗子也没有动，是你的心在动。"

——佛教故事

假如有人准备说："想一想蝴蝶究竟是什么，那么它的美将会被丑所替代。"

——路德维格·维特根斯坦

2010 年的推测。在下一个 10 年开始时，计算机将变得根本看不见：编织到衣服中，嵌入在我们的家具和环境中。它们将会使用有高速通信和计算资源的全球网（一种万维网变化出来的网络，所有它连接的设备都变为可以通信的网络服务器，从而形成巨大的超级计算机和存储银行）。我们将有很高的带宽，在任何时候可以无线通信连接互联网。在我们的眼镜和隐形眼镜中放置显示器，使图像直接投射到我们的视网膜。国防部已经在使用这些技术创造虚拟现实环境，用于训练士兵[27]。部队的创新技术研究所展示了一种令人印象深刻的沉浸式虚拟现实系统。它包含了一个可以对用户动作做出恰当的回应的虚拟人。

类似的微型设备也会投射到听觉环境中。手机已被引入到衣服内，它们将把声音投射到耳中[28]。有一种可以振动颅骨的 MP3 播放器，这样播放的音乐就只有你才可以听到[29]。军队也开发了从军盔到颅骨的声音传递方式。

还有一些系统可以远距离投射声音，并且只有特定的人可以听到。在电影《少数派报告》中已经将这项技术改编成剧本（会说话的个性化街头广告）。通过调节可以精确瞄准的超声波音束，超音速技术和音频聚光灯系统已经实现这项技术了。音束与空气相互作用，将声音恢复到可听范围内，从而产生了声音。通过将多组音束集中到墙或其他表面上，一种新型的没有扬声器的个性化环绕立体声也可能会出现[30]。

在任何时间这些东西都将提供高清晰度、全沉浸的听觉虚拟现实。将显示设备覆盖到现实世界之上，用来提供实时的引导和解释。这样我们也将拥有扩展的现实。例如，你的视网膜显示设备可能会提醒我们，"这是约翰·史密斯博士，某某研究院的主管——你最后一次见到他是在半年前的某某会议上"，或者，"这是时代生活大楼，你的会议在 10 楼召开"。

在世界上，我们将会有对外语、必要字幕的实时翻译，并且有权访问整合到我们的日常活动中的多种多样的在线信息。建立在真实世界之上的虚拟人物将帮助我们检索信息，做一些杂事和正事。这些虚拟助手不会总是在等待问题和指令，而是当看到我们在努力寻找一条信息时，它们会向前迈进一步。（正如我们想知道有关"女演员……她扮演了公主，或者是女王……在那部电影中与机器人在一起的"，我们的虚拟助手可能在我们的耳朵旁边私语，或者在我们可见的视野中向我们展示："在《星球大战》1、2、3 部中，娜塔莉·波特曼扮演了女王阿米达拉"）

2030 年的推测。纳米机器人技术将提供身临其境、完全令人信服的虚拟现实。纳米机器人将占据每个源自感官的神经元连接附近的位置。我们已经拥有了这样的技术，电子设备可以与神经元双向沟通，而无须与神经元有直接的物理连接。例如，麦克斯·普朗克研究所的科学家们研制的"神经元晶体管"，它可以检测到附近的神经元触发，可以激活或抑制附近神经元的触发[31]。它包括了神经元与电子神经元晶体管之间的双向交互。如上所述，量子点也显示出有能力提供神经元与电子之间的非侵害通信[32]。

如果我们想要体验真正的现实，那么纳米机器人只需保持其位置（在毛细血管中），什么也不做。如果我们要进入虚拟现实，它们会抑制源自实际感官的输入，并用虚拟环境中恰当的信号替换它们[33]。你的大脑感受到了这些信号，好像它们是从你的身体里来的。毕竟，大脑并没有直接感受到来自身体的信息。正如我在第 4 章讨论的，从身体而来，描述触摸、温度、酸碱水平、食物流动和其他物质事件信息的输入（每秒几百兆的比特）流过脊髓第一层神经元，透过丘脑腹内侧核后部，在岛叶皮层的两个区域内结束。如果这些编码正确（通过大脑逆向工程的努力，我们将会知道如何去做），你的大脑将感受到这些合成信号，与真实的情况一样。就像平常的那样，你可以决定引起肌肉和四肢运动，但纳米机器人会拦截这些神经元之间的信号，抑制你真正四肢的运动，以引起你的虚拟四肢运动作为替代，适当调整你的前庭神经系统，并在虚拟环境中提供合适的移动和再定位。

网站将提供一整套的虚拟环境用于浏览。有的是真实地点的重建，另外一些是在物质世界中没有对应的稀奇环境。有些确实是不可能的，因为它们违背了物理定律。我们将能够访问这些虚拟的地方，可以与其中的真人或者假人（当然，最终两类人不会有明显的区别）进行各种交互，从商业谈判到性感的邂逅。"虚拟现实环境设计师"将是一种新的职位描述和新的艺术形式。

变成另一个人。在虚拟现实中，我们不会限于单一的人物，由于我们将能够改变我们的外表，事实上就变成了另一个人。无需改变我们物理的身体（在现实世界），在三维虚拟环境中，我们将能够很容易地变换我们设计出来的身体。在同一时间，我们可以为不同的人选择不同的身体。所以，你父母可能看到的是一个你，而你女朋友感觉到的是另一个你。然而，其他人可以决定覆盖你的选择，看到一个不同于你为自己选择的躯体。你可以为不同的人挑选不同的身体映射：为聪明叔叔挑选本·富兰克林的身躯，为恼人的同事挑选小丑的身躯。浪漫的情侣可以选择他们希望变为的人物，甚至变为对方。这些都是很容易改变的决定。

2001 年在蒙特雷举办的 TED（科技、娱乐、设计）会议上，在一个虚拟现实的示范中，我有机会体验了把自己映射成为另外一个人会是什么样。通过放在我衣服上的磁性传感器，计算机能够跟踪我的所有运动。利用超高速动画，计算机生成了一个真人大小的、接近照片真实度的年轻女子——拉蒙娜的影像，她实时地随着我运动。利用信号处理技术，我的声音被转化为一个女人的声音，并且控制着拉蒙娜嘴唇的动作。因此，对于 TED 听众来说，好像是拉莫娜自己在表演[34]。

为了使这个概念更好理解，观众可以看到我和拉莫娜在同一时间有着完全相同的移动方式。一个乐队来到舞台上，与我——拉蒙娜合作演出了杰弗森·艾尔柏兰的《White Rabbit》，以及一首原创歌曲。当时，我的 14 岁女儿也装备了磁性传感器，并加入了我。她的动作变成了一个男伴舞者在跳舞，他是虚拟的 TED 会议东道主理查德·索尔·沃尔曼。演示的焦点不是沃尔曼的街舞，而是他确实在做着我女儿的舞步。在场的观众是华纳兄弟富有创造性的领导层。他们悄悄地离开，并制作了电影《西蒙尼》（Simone）。在电影中，人工智能帕西诺扮演的角色，以相同的方式把他自己转化为西蒙尼。

这一体验对于我来说是深刻而感人的。当我在看"cybermirror"（一种告诉我观众正在看什么的显示设备）时，我认为这是西蒙尼，而不是我在镜子里看到的人。我体验到了把自己变为其他人的那种激动的力量，而不仅仅是一些理智的想法。

人类在识别时经常与他们看到的身体紧密联系起来（"我是一个大鼻子的人"、"我很瘦"、"我是个大家伙，"等）。我发现有机会可以自由地成为另一个人。我们都能够在大量不同的个性之间转换，但是当我们没有容易可用的表达方式表达这些个性时，我们通常都会抑制它们。今天，我们的技术非常有限，如时装、化妆品、发型，可以根据不同的场合和人际关系去改变我们自己，但在未来的全沉浸虚拟现实环境中，我们的性格调色板将会得到大大拓展。

除了围绕所有的感官外，这些共享的环境也可以包含情绪涂层。纳米机器人也将能够产生神经相关性，包括情感，以及其他感官体验，也能够产生心理反应。开颅手术的实验表明，刺激大脑中的某些特殊点可以引起情绪感受（例如，在《The Age of Spiritual Machines》中，我报道过一个女孩，当刺激大脑中一个特殊点时，她就会对一些事物产生兴趣）[35]。某些情感和次要反应需要大脑活动模式，而不是特定神经元刺激模式，但通过使用大量的分布式纳米机器人也可以刺激这些模式。

体验喷射器。"体验喷射器"将会把人们整个的情感体验以及情感反应的神经相关性发送到网络上，就像人们今天用网络摄像机播送他们卧室的影像一样。一个流行的娱乐活动将是深入到别人的情感束中，体验那个人是什么感觉。这也是电影《傀儡人生》的前提。以虚拟体验设计出的新艺术形式将会有已存档的大量可选择的体验供人们挑选。

扩展你的思想。大约在 2030 年，纳米机器人最重要的应用就是，通过将结合生物和非生物智能，我们的才智真正得到扩展。在第一阶段，通过纳米机器人之间的通信建立起高速虚拟连接，这将增强我们数以百万亿计的非常缓慢的神经元间的连接[36]。这将给我们提供机会，极大地增强我们的模式识别能力、记忆力以及综合思考能力，当然也可以直接与强大的非生物智能结构连接。该技术也可以提供从一个大脑到另一个大脑的无线通信。

这里需要着重指出的是，在 21 世纪上半叶结束时，通过非生物基质的思考将占主导地位。正如我在第 3 章中提到的，人类的生物思维被限制为每个人脑每秒 10^{16} 个结果（10^{16} cps）（根据大脑区域神经形态建模），对于所有人脑来说，这一数字约 10^{26} cps。这些数字不会有一点改变，甚至通过生物工程调整我们的基因都不会改变。相反，非生物智能的处理能力正以指数级速度（它自身以该速率提高）成长，到 21 世纪 40 年代中期，它会大大超过生物智能。

到那时，我们将会克服只是把纳米机器人放置在生物大脑中的模式。非生物智能将数十亿倍强大于生物智能，所以它会占主导地位。我们将有 3.0 版本的人体，我们将能够以希望的那样修改或重新实例化为新的样子。21 世纪的第二个十年内，在全沉浸的视觉、听觉虚拟环境中，我们将能够迅速地改变我们的身体；20 年代，在包含所有感官的全沉浸虚拟现实环境中，我们能够迅速地改变它；40 年代，在真正的现实中就可以实现。

非生物智能也应该视为人类，因为它完全是从人造机器文明起源的，并且从某种程度上说，至少它是基于人类智慧的逆向工程。我在第 7 章中会讨论这个重要的哲学问题。这两个智能世界的合并不仅是生物和非生物思想的合并，更重要的是思维的组织方式，它可以以任何实际上可想象到的方式扩展我们的思维。

今天，我们的大脑在设计上是相对固定的。虽然我们以增加了神经元连接和神经递质浓度这些形式作为学习过程中的常规部分，但是目前人脑的整体能力是被高度限制的。到 21 世纪 30 年代末，当我们思想中非生物部分开始占据主导地位时，我们将能够超越大脑神经区域的基本结构样式。基于大规模分布式智能纳米机器人的脑植入将大大扩展我们的记忆，极大地改善我们所有的感官、模式识别及认知能力。由于纳米机器人可以相互沟通，它们将能够建立任何一组新的神经连接，以打破现有的连接（通过抑制神经触发），创建新的生物非生物混合网，加入完全非生物网络，当然也包括与非生物智能的紧密连接。

将纳米机器人作为脑添加剂来使用，相比于今天就已在使用的外科神经移植有显著的进步。无需外科手术，纳米机器人就可以通过血液引入人体，并可以在必要时直接离开人体，所以这一过程很容易复原。它们是可编程的，因此，它们可以在前一分钟提供虚拟现实，而后一分钟提供大脑的扩展。它们可以改变自己的形状，也可以改变它们的软件。也许最重要的是，它们是大量分布的，因此可以遍布大脑的数十亿个位置，然而外科神经移植只能放置在一个，或最多几个位置上。

莫利 2004：全沉浸虚拟现实似乎并不那么迷人。我的意思是，运行在我脑袋周围的那些纳米机器人看起来像小虫子。

雷：哦，你不会感觉到它们，它们甚至比不过你对大脑中神经元或者胃肠道中细菌的感觉。

莫利 2004：事实上，我能感觉到。不过，我现在已经可以让我的朋友完全浸入，刚刚好的完全的融合。

西格蒙德·弗洛伊德：嗯，这与我年轻的时候，他们常常对电话的谈论一样。人们会说：“当你们可以聚会时，谁需要与几百英里以外的人谈话呢？”

雷：没错，电话是听觉虚拟现实。因此，全沉浸虚拟现实基本上是一个全身电话。你可以随时随地与任何人联系，但可以做的就不仅仅是聊天了。

乔治 2048：你可以和你喜欢的娱乐明星在一起。

莫利 2004：任何我想要的时候，我都可以在我的幻想中做到。

雷：幻想是好的，但真正的东西——或者这样说，虚拟的东西——是更加真实的。

莫利 2004：如果这样的话，那么我“最爱”的名人正在忙什么呢？

雷：在大约 2029 年，虚拟现实将展现它的另一个好处：会有数百万的人造人供你选择。

莫利 2104：我知道你回到了 2004 年，但是当《非生物人法案》在 2052 通过时，我们就可以去掉那个术语了。我的意思是，我们更加真实……嗯，让我描述它一下。

莫利 2004：是的，也许你应该这么做。

莫利 2104：这么说吧，你不必拥有明确的生物结构，你会……

乔治 2048：……激动？

莫利 2104：我想你应该清楚的。

蒂莫西·勒瑞：如果你有一个坏的旅行呢？

雷：你是说，如果虚拟现实体验出了差错？

蒂莫西：没错。

雷：那么，你可以选择离开。这就像挂电话一样。

莫利 2004：是建立在你对软件还有控制的假设基础上吗？

雷：是的，我们确实需要关注这件事。

西格蒙德：从这里，我看到了一些对真实身心健康有益的可能性。

雷：是的，在虚拟现实中，你可以成为你想成为的任何人。

西格蒙德：太好了，有机会表达压抑了很久的渴望……

雷：不仅是你可以与你想要的人呆在一起，也可以成为这个人。

西格蒙德：没错。我们可以在我们的潜意识中创造出自己的对象了。想一想，夫妻可以改变他们的性别。他们可以变为对方。

莫利 2004：我可以认为这是治疗的手段吗？

西格蒙德：当然。只有在我小心地监督下，我才会建议这样做。

莫利 2004：这个自然。

莫利 2104：嘿，乔治，还记得那时我们每个人都在同一时间变成了艾伦·库兹威尔小说中的异性角色吗？

乔治 2048：哈，我最喜欢你变为那个 18 世纪的法国发明家，就是做出怀表的那个。

内德·路德：我可以看到，它正在失控。人们将开始花费大量的时间沉浸在虚拟现实中。

莫利 2004：哦，我想，我 10 岁的侄子已经这样了，因为他在玩视频游戏。

雷：这些视频游戏还不是全沉浸的。

莫利 2004：是这样的。我们可以看到他，但我不知道他是否注意到我们了。但是，当有一天他的游戏是全沉浸式的了，我们将再也看不到他。

乔治 2048：如果考虑 2004 年的弱虚拟世界的话，我可以理解你的焦虑。但在我们 2048 年的虚拟世界里，这不是一个问题。它们要比真实的世界更具吸引力。

莫利 2004：是吗？你怎么知道？你从来没有进入过真正的现实。

乔治 2048：我听说过不少这方面的讨论。不管怎样，我们可以模拟它。

莫利 2104：嗯，任何时间，只要我想，我就可以有一个真正的躯体，真的没有什么大不了。我不得不说，不依赖于特定的躯体，真是一种解放啊，更不用说依赖于一个生物的躯体了。你能想象，被人用无休止的限制和负担完全束缚起来的感觉吗？

莫利 2004：是的，我明白你的感受。

关于人类的寿命

在所有生物科学领域中，没有任何线索是关于死亡的自然规律，这是最引人注目的事情之一。如果你说我们想做永动机，在研究物理时，我们就发现了足够多的定律说明，要么这是绝对不可能的，要么这些定律是错误的。但是在生物科学里，尚未找到任何表明死亡必然性的证据。这暗示我，死亡并非是不可避免的。在生物学家发现究竟是什么引起了我们故障之前，这只是一个时间问题。可怕的世界性疾病以及人生的短暂都将会被治愈。

——理查德·费因曼

永不放弃，绝不放弃，永远，永远，永远，永远——不放弃任何事，无论是伟大的或渺小的，巨大的或微小的——绝不让步。

—— 温斯顿·丘吉尔

不朽第一！一切都可以等待。

——戈恩·普拉特

非自愿死亡是生物进化的基础，但这一事实并不是好事。

——迈克尔·埃尼斯莫夫

假设你是一位 200 年前的科学家，你解决了如何用更好的卫生学知识大幅降低婴儿死亡率。你做了关于这方面的报告，有人从后面站起来，说："等等，如果我们这样做，我们将会人口爆炸！"

——奥布里·德·格雷，老年病学[37]

我们有责任死亡。

——迪克·拉姆，美国科罗拉多州前州长

我们中有些人认为这是相当可惜的。

——迪克·拉姆，1955 年，对每天都有 10 万人死于
与年龄相关原因的统计进行的评论[38]

进化，这个产生人类的过程，只有一个目标：建立基因机器，它可以最大限度地复制自身。回想起来，这是唯一让像生命这样复杂的结构可能在这个非智能的宇宙中出现的方法。但这一目标往往与人的利益产生冲突，并且导致死亡、痛苦以及生命的短暂。人类过去的进步是一部摆脱进化约束的历史（见图 6-1）。

——迈克尔·埃尼斯莫夫

本书的绝大多数读者可能会感受到奇点。当我们回顾前面的内容时，生物技术的加速进步将使我们能够改变基因和新陈代谢过程，从而不再有疾病和衰老。这一进展将包括以下方面的快速发展：基因组学（影响基因），蛋白质组学（理解并影响蛋白质的作用），基因治疗（通过 RNA 干扰等技术抑制基因表达，向细胞核内插入新基因），理性的药物设计（规划药物，直指疾病和衰老中的精确变化），对我们自己的细胞、组织、器官的年轻（端粒延伸和 DNA 校正）版本进行治疗性克隆，以及其他相关的发展。

生物技术将拓展生物学，并修正其明显的缺陷。更迭的纳米技术革命将使我们能够跨越生物学的苛刻限制。正如在《奇幻旅程》中特里·格鲁斯曼和我阐述的那样：活得足够长直到永远，我们正在迅速获得知识和工具，以无限期地保养和扩展被我们称为"家"的

身体和大脑。遗憾的是，我们婴儿潮一代中的绝大多数并不知道这样的事实，在"正常"的生命过程中，他们不必像前一代人那样遭受折磨与死亡——如果他们积极地行动起来，就可以以超越常规健康生活观念的方式行动。

图　6-1

　　从历史上看，人类的精神寿命长于有限的生物寿命，唯一的手段只有将价值观、信仰和知识传递给后代（见表6-1）。我们现在正在接近一种模式的转变，这意味着，我们将可以维持我们存在的基本形式。人类寿命本身的增长是稳定的，不久之后，它将会加速，这是因为我们正处于逆向设计生命与疾病内在信息处理的初期阶段。罗伯特·弗雷塔斯估计，如果排除特定的一半医学上可以预防的情况，那么将可以把人类的平均寿命延长超过150岁[39]。如果能够预防90%的医学问题，人类平均寿命将超过500岁。如果达到99%的话，我们可能就会超过1 000岁。我们可以预见到，生物技术和纳米技术革命的完全实现，将使我们能够消除几乎所有死亡的医学原因。当向着非生物存在前进时，我们将获得备份我们自己的方法（将隐含在知识、技能、个性内的关键形式储存），从而以我们所知的方式排除大多数的死亡原因。

	平均寿命（年）[40]		平均寿命（年）[40]
克鲁马努时期	18	公元 1800 欧洲和美国	37
古埃及	25	公元 1900 美国	48
公元 1400 欧洲	30	公元 2002 美国	78

向非生物体验的转移

一个固定容量的头脑会走到尽头，在几千年后，它的生命历程更像是不断重复的一盘磁带，而不是人。要想无限地活下去，头脑自身必须增长……当它长到足够大，在回顾历史的时候……对于它起源时的状态，能产生多少同类之情？当然原始的版本只是后来版本的一个很小的子集，后来的版本要比原来的扩大很多。

——福诺·文奇

未来的帝国是思想的帝国。

——丘吉尔

我在第 4 章介绍了大脑上传的问题。直接的大脑移植方案涉及扫描人脑（最有可能从内部），捕捉所有主要的细节，然后将大脑的状态重新实例化到一个不同的、可能更强大的计算机中。这将是一个可行的步骤，并且最有可能出现在 21 世纪 30 年代末。但这不是我对正在进行的向非生物体验转变所设想的最主要方式。它会在一定程度上以这种方式发生，其他样式的转变也会发生：逐渐的（但加速）。

正如我前面指出的，向非生物思考的转变将会急剧地下滑，但是我们已经开始了。我们还将继续拥有人类身体，但它们将是我们智慧的可变投影。换句话说，当我们将 MNT 结构合并到我们的体内时，我们将能够按照意愿创造或重新构造出不同的身体。

无论怎样变得完美，这种根本性的转变会使得我们长生不老吗？答案取决于我们对"生"与"死"的定义。思考一下，在今天，我们对个人计算机上的文件都会做什么。当从一台旧计算机迁移到一台新计算机时，我们不会扔掉所有的文件。相反，我们将它们复制并重新安装到新的硬件上。虽然我们的软件不必永远继续存在，但其寿命在本质上是独立于硬件的，并且与其所运行的硬件是断开的。

目前，当我们人类的硬件发生故障时，我们生命的软件——个人的"思想文件"也会随之逝去。不过，当我们有办法存储和恢复万亿字节的信息时，这种情况将不会再继续。当然，这些信息再现了调用大脑（连同其余的神经系统、内分泌系统，以及其他思想文件的组成结构）的模式。

基于以上观点，一个人思想文件的寿命将不依赖于任何硬件媒介的持续生存能力（例如，一个生物身体和大脑的存在）。最终基于软件的人将大大超越今天我们所知的人类的严重限制。他们将会在网络上生活，在他们需要或想要时设计出躯体，包括不同领域的虚拟现实中的虚拟躯体、全息投影躯体、foglet 投影躯体，以及由纳米机器人集群和其他形式的纳米技术组成的物理躯体。

到了 21 世纪中叶，人类将可以无限制地扩展思想。需要着重指出的是，数据和资料不一定会永远地延续：信息寿命取决于它的相关性、实用性和易用性，但是这确实是某种形式的永生。如果你曾经试图从废弃的数据存储结构中恢复那些以古老而费解的格式存储的数据（例如，一卷 1970 年小型计算机中的磁带），你就会知道在保持软件可行性中所面临的挑战。但是，如果我们勤奋地维护我们的思想文件，经常进行备份，并将其移植到当前的格式和媒介中，至少对于基于软件的人就可以实现某种形式的永生。在 21 世纪末，人们将会惊讶于早期的人类在生活中竟然没有备份他们最宝贵的信息：在他们的大脑和身体中含有的那些。

这种不朽的形式与我们今天所知的生物人类的永生是否具有相同的概念呢？从某种意义上说，它是的，因为今天的自我也不是一个恒定的物质集合。最近的研究表明，即使被我们认为是相对持久的神经元，也会在短短数周内改换其全部子系统，如小管等。只有我们物质和能量的形式持续着，即便这样，它也是逐渐变化的。同样，这也将是存在、发展并且慢慢改变的软件人的形式。

但那个基于我的思想文件的那个人真的是我吗？它在许多计算子系统中迁移，并且它比任何思想介质的寿命都长。这种考虑把我们带回到已经在柏拉图的对话中辩论过的同样的意识与身份的问题（我们将在第 7 章介绍）。在 21 时世纪，这将不会再是文雅的哲学讨论中的主题，而是不得不面对重要的、实际的、政治的、法律的问题。

相关的问题是：死亡是可取的吗？在人们的思想中，死亡的"必然性"已经深深地扎下了根。如果死亡是不可避免，我们没有选择，那么只能把它合理化为必要的，甚至是崇高的。奇点技术可以为人类提供实用而可行的方法，以演变为更伟大的物质，所以我们将不再需要把死亡合理化为给予生命意义的主要方法。

信息的寿命

"那时候的荣誉"，国王继续说，"我将永远、永远都不会忘记！""然而，你会忘记的，"王后说，"如果你不把它记录下来的话。"
——路易斯·卡罗尔，《Through the Looking-Glass》

常言道，你唯一能够确信的事情是死亡与税负——但对死亡不要特别确信。
——约瑟夫·斯特劳斯，神经系统学家

我不知道陛下怎么样，但无论它们变成什么，我肯定你都可以向它们征税。
——迈克尔·法拉第，英国财政部询问关于他的电磁论证的实际用途时所做的回答

不要温和地走进那个良宵……
应怒斥，怒斥光明的消逝。
——迪伦·托马斯

将我们的生命、历史、思想和技能转换为信息，针对这样的机遇会产生一个问题，信息会延续多久。当我还是个孩子的时候，我就尊重知识，经常将收集各种信息作为一种爱好，并且与我的父亲分享。

有这样一类人，他们喜欢保存记载他们人生中所有的图像和声音，我的父亲就属于这一类人。1970 年，58 岁的父亲不幸去世，我继承了他的档案，一直珍藏到现在。我保存了 1938 年父亲在维也纳大学的博士论文，其中包括了他对布拉姆斯在音乐词汇方面贡献的独特见解。有整理好的剪报簿，是关于他年轻时在奥地利的山上举办的令人欢呼的音乐会。有不少来往于他与赞助他逃离希特勒的美国音乐赞助人之间的紧急信件。就在水晶之夜之前，联想到欧洲 20 世纪 30 年代后期的历史发展，使得这样的逃离变得不可能。这些东西与很多有些年代的盒子待在一起，盒子里装满了无数的纪念品，还有老照片、塑料磁带上的音乐唱片、个人信件甚至很古老的钱币。

我同样继承了他对保存人生记录的爱好，所以与父亲的盒子一起，我有几百个保存着我自己的报纸和文件的盒子。父亲的生产力仅仅依赖于手动打字机和复写纸技术，不能跟我的生产力相比。在电脑和高速打印机的帮助与支持下，可以以各种变换再现我的思想。

在我的盒子之外也有各种形式的数字媒介：打孔卡、纸带辊、各种大小和格式的数字磁带和磁盘。我常常在想，怎样容易保存这些信息。讽刺的是，接近信息的容易程度与创造它的技术的先进程度呈反比例关系。最直接的是纸制文件，它可以显示在其寿命内都明显可读的符号。只是略微有些挑战的是黑胶片唱片和模拟磁带记录。虽然需要一些基本的设备，但它们不难找，也不难使用。打孔卡可能更有挑战性一些，但仍然可以找到打孔卡阅读器，而且格式并不复杂。

迄今为止，最需要恢复的信息是包含在数字磁盘和磁带中的。考虑一下所涉及的艰巨任务。对于每个介质，我不得不明确地指出哪个磁盘或磁带已经用过，是 1960 年的 IBM 1620，还是 1973 年的 Data General Nova I。然后，当我组装好这些必要的设备时，就需要解决一些软件层的问题：合适的操作系统、磁盘信息驱动以及应用程序。而且，当我不可避免地遇到在软硬件层次中固有的大量问题时，我要向谁求助呢？很难使同代系统运行，更不用说那些用于这些系统的服务器，它们在几十年前就已经解散了（如果它们曾经存在）。甚至在计算机历史博物馆中的大部分展品好多年前就已停止工作[41]。

假设我能战胜所有这些障碍，我不得不说明一个事实，在磁盘上的这些实在的磁性数据已衰退，旧电脑很可能仍然会产生错误信息[42]。但是，这些信息就真的没了吗？答案就是，不是全部。即使这些磁点不能再被原始设备读取，退化区域也会被适当的灵敏设备所增强，可以采用类似于应用在扫描旧书页面时的图像增强的方法。信息仍在那里，虽然很难取得。如果有足够的献身和历史研究精神，或许真的能恢复它。如果我们有理由相信，这些磁盘中的一个内含价值巨大的秘密，或许我们就会成功地恢复该信息。

但仅仅是怀念，可能不大足够激发一个人去完成这项艰巨的任务。我会说，因为我在很大程度上预感到了这个困境，我对这些旧文件的大部分都做了纸质的打印资料。但是，在纸上保存我们的所有信息并不是最终答案，就像硬拷贝档案出现在他们自己的问题集里一样。假如把一份上百年的纸制手稿拿在手里，我很容易阅读它，但从成千上万、略有组织的文件夹中找到一份想要的文档，这会是一个令人沮丧并且浪费时间的任务。它将可能花费整个下午来定位正确的文件夹，更不用说由于移动很多沉重的文件箱而使人背部拉伤的危险了。使用缩微胶卷或缩微胶片可以减轻一些困难，但定位正确文件的问题仍然存在。

我梦想将这些成千上万的记录装入一个巨大的个人数据库中，它允许我对这些数据使用当代强大的搜索和恢复方法。我甚至为这一冒险起了个名字——DAISI（文件与影像存储发明），并且为它积累了多年的想法。计算机先驱戈登·贝尔（原数据设备公司的总工程师）、DARPA（国防先进研究计划局）和恒今基金会也在研究这个系统，以解决这一艰巨的任务[43]。

　　DAISI 将涉及相当艰巨的任务：审查和登记所有这些文档。但在我的梦想中，DAISI 的最大挑战是十分深奥的：我将如何选择合适的硬件及软件层来保证我的存档在今后几十年内都是可见且可得的？

　　当然，我自己的存档需求只不过是人类文明积累的、指数增长的知识基础的一个缩影。正是这种共同的物种范围的知识基础区别了我们与动物。其他的动物沟通并没有积累一个不断演变并增长的知识基础，用以传递给下一代。当我们在用被医学信息专家布莱恩·伯杰称为"消失的墨水"写下珍贵的遗产时，我们的文化遗产似乎面临很大的风险[44]。这个危险似乎随着我们知识基础的增长而呈指数级增长。我们在用于存储信息的软硬件的许多层次上采用新标准的速度越来越快。使得以上的问题以越来越快的速度进一步恶化。

　　还有另一个有价值的存储在我们大脑中的信息仓库——我们的记忆和技能，虽然它们看起来稍纵即逝，但它们代表着信息编码于神经递质浓聚物、神经元连接，以及其他神经元相关细节的大量形式中。这个信息是最宝贵的，这也是死亡会如此悲惨的一个原因。就像我们讨论的，我们最终能够访问、永久地保存、理解这些在我们每个人的大脑中隐藏的千万亿字节的信息。

　　将人类的思想拷贝给其他介质将会引起许多哲学问题，我将在第 7 章中讨论——例如"那是真正的我吗？还是掌握了我所有思想和知识的另一个人？"无论我们怎样解决这个问题，捕获我们大脑中的信息以及信息过程的想法似乎意味着我们（至少是行为非常像我们的实体）可以长生不老。但这真的是它的含义吗？

　　我们世世代代的精神软件的寿命无情地被关联在我们生物硬件的存亡上。能够捕获并且重新实例化我们信息过程的所有细节，这确实是可以分离我们死亡的两个方面。但是我们也看到，软件本身并不需要永远存活下去，而且有难以克服的障碍使它无法支撑很久。

　　所以，信息能否代表一个人的情感存档？人类机械文明累积的知识基础或我们大脑中存储的思想文件对于最终的软件寿命会产生什么结论？答案很简单，那就是：只要有人关心它，它就会存在。关于我的 DAISI 工程得出的结论是，在经过几十年认真地考虑后，不会有今天的硬软件标准集存在，将来也不会出现，可以提供任何合理的信任级别，在数十年后，这些存储的信息依然可以访问（不考虑不合理的努力等级）[45]。我的存档（或其他任何信息基础）可以保持可见的唯一办法就是持续升级，并且移植到最新的硬件和软件标准上。如果一个存档一直被忽略，它将会最终变得和我的 8 寸 PDP - 8 软盘一样不可访问。

　　信息需要不断地保养与支持来保持"生命力"。不管是数据还是智慧，只有我们想要信息生存，它才能生存下去。推而广之，只有我们关心自己，才能继续生存。我们控制疾病和衰老的知识已经进步到你对自己寿命的态度成为长期健康最重要的影响。

　　我们文明的知识宝库并不能简单地独自生存。我们必须不断地再发现、再解释、再整理我们祖先赐予我们的文化和知识遗产。如果我们不关心这些信息，它们都将会消逝。将我们当前硬连线的思想转变成软件，这并不一定能让我们长生不老。它只是简单地给出了一个方法，用来决定我们想让我们的生命及思想在我们手中持续多久。

莫利 2004：那么，你是在说，我只是一个文件？

莫利 2104：好吧，不是一个静态的文件，而是一个动态的文件。但是你的"只是"是什么意思？什么是更重要的呢？

莫利 2004：好吧，我一直在丢弃文件，即使是动态文件。

莫利 2104：并不是所有创建的文件都是平等的。

莫利 2004：假设那是真的。当我丢失了我的高级论文的唯一副本，当我丢失了 6 个月的工作成果并且不得不重新开始时，我身心交瘁。

莫利 2104：啊，是的，那很可怕。我记得很清楚，即使已经过了一个世纪。这个毁灭性的记忆，因为它是我的一部分。在那个信息文件上，我投入了我的思想与创造力。那么想想，所有你和我累积起来的思想、经验、技能和历史是多么宝贵啊。

关于战争：远程的、机器人的、健壮的、更小尺寸的、虚拟现实的范式

随着武器变得越来越智能，军事战争便产生了一种令人印象深刻的趋势，那就是用更少的伤亡完成更精确的任务。当这一趋势与包括更加细节且现实的电视新闻报道一同出现时，它可能就不是那么回事了。在看到更精确、更现实的电视新闻报道的趋势时，它似乎不是那样的。在第一次世界大战、第二次世界大战以及朝鲜战争中，短短的几天内数以千计的人失去了生命，这只被偶然的新闻短片所可视化地记录下来。今天，我们几乎每一次都有约定的前排座位。每个战争都有它的复杂性，但是，通过检查伤亡的数量可以明确精确智能战争的整体动向。与这一趋势相似，我们在医药领域开始看到的情况是，对抗疾病的智能武器可以在产生较少副作用的情况下执行具体的任务。这一趋势与相关伤亡者类似，虽然它从当代媒体报道中看起来可能不是那么回事（回忆一下，5 000 万的公民死于第二次世界大战）。

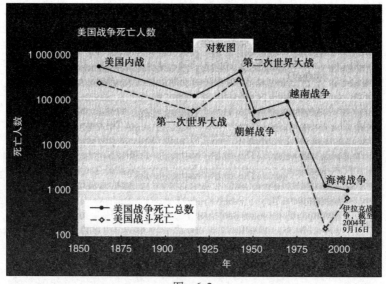

图　6-2

我是陆军科学咨询小组（ASAG）的 5 名成员之一，ASAG 的职责是对军方科学研究的优先级提出建议。虽然我们的情况介绍、讨论和建议是保密的，但是我可以分享一些军队和美国所追寻的整体技术方向。

约翰·A·帕门特拉博士是美国陆军研究与实验室管理部门的负责人，也是 ASAG 的联络员。他将国防部的异常过程描述为向这样的武器力量前进："高度灵敏，以网络为中心，有快速判断能力，各编队优良，在任何战役中都（能够提供）巨大的压倒性的影响"。[46] "更小、更轻、更快、更致命、更智能化。"他这样描述目前正在开发的以及在 21 世纪第二个十年内计划推出的未来战斗系统（FCS）。

令人印象深刻的是，用于未来作战部署和技术的转变已经在计划之内了。具体的细节可能会改变，军队设想部署旅级战斗队（BCT），其中包括约 2 500 名士兵、无人操控的机器人系统、FCS 装备。一个单独的 BCT 将代表约 3 300 个"平台"，每一个平台都有它自己的智能计算能力。BCT 可能有一个战场的通用作战视图，可以为它做合适的转化，每一名士兵都可以通过各种手段接收信息，包括视网膜显示（包括其他形式的"提醒"），未来也许是直接神经连接。

军队的目标是能够在 96 小时内部署一个 BCT，并且在 120 小时内分派完毕。目前每个士兵的负载是大约为 100 磅的设备。最初通过新的材料和设备将其减少为 40 英镑，并显著地提高其效用。一些设备将被卸载到"机器人骡子"。

目前已经开发出一种新型制服材料，它使用的是悬浮在聚乙二醇中带有硅纳米粒子的纤维 B 这一新颖结构。该材料在正常使用时十分灵活，但当它被重压时，它就会形成一个几乎坚不可摧的团块，对穿刺有抵抗作用。麻省理工学院的军队士兵纳米技术研究所正在开发一种基于纳米技术的称为"电子肌肉"的材料，这可以使战斗人员在操纵重型机械时，大大增加其身体的力量[47]。

Abrams 坦克有着引人注目的生存纪录，在 20 多年的作战经历中，只有三台在战斗中报废。这是先进的装甲材料与用于防御如导弹等武器智能系统的设计两者共同作用的结果。然而，坦克重 70 多吨，这一数字需要大大减少，以满足适用于更小 FCS 的目标。

新型轻质但超强纳米材料（如与纳米管结合的塑料，它比钢的强度高 50 倍），与对应导弹攻击的增强计算机智能相似，预计将大幅降低地面作战系统的重量。

无人驾驶飞行器（UAV）的开发趋势将会加速。它以最近在阿富汗和伊拉克战役中运用的武器 Predator 作为开端。陆军的研究包括发展与鸟大小相似的 UAV，并且将快速、准确，同时有执行侦察和战斗任务的能力。更小规模的、雄蜂大小的 UAV 也被想象出来。实际雄蜂的导航的能力基于它的左右视觉系统的复杂配合，这一导航能力已经被逆向工程，并且将会适用于这些微型飞行器。

FCS 的中心是一个自我组织的、高分布式的通信网络，可以从每个士兵和设备部件那里搜集资料，相应地，为每个人和机器参与者提供合适的信息显示和文件备份。它将不会像集中式的通信 hub 那样容易受到恶意攻击。信息自己会迅速寻找路线，并且绕过网络的损坏部分。一个明显首要考虑的问题是，发展技术能维护整个通信，并阻止任何敌对力量对信息的窃听与操纵。通过使用电子手段和软件病毒的网络战，同样的信息安全技术也将应用到渗透、破坏、混淆或销毁敌人的通信设施。

FCS 不是一次性的程序，它代表着对军事系统的广泛焦点：远程引导的、自动的、小型的以及机器人的系统与健壮的、自组织的、分布的、安全的通信相结合。

美国联合部队司令部的 Alpha 项目（在武器服务期负责加快转型思路）构想出一个"主要是机器人的" 2025 作战力量，其包含战术自治战士（TAC），它"有一些级别，包括：自治可调的自主权，或者受监督的自主权，或者完全的自主权……在任务范围内"。[48] TAC 将可以在广泛的范围内使用，从纳米机器人和微型机器人再到大型 UAV 和其他车辆，以及可以步行通过复杂地形的自动化系统。美国航天局正在研制一个采用蛇形结构具有军事应用展望的创新设计。[49]

海军研究部的自主式智能网络系统（AINS）计划是一个促进 21 世纪 20 年代自组织性小机器人蜂群的计划。它设想了一种包含大量无人驾驶的自主机器人的雄蜂部队，它们可以在水中、在地上、在空中作战。这一蜂群还包括可以发出命令与控制它们的人类指挥官。项目负责人艾伦·莫什菲赫称其为"天空中牢不可破的互联网"。[50]

广泛的研究将进入蜂群智能设计[51]。蜂群智能描述了这样一种方式，复杂的行为可以产生于大量独立的动因，每一个动因都有相对简单的规则[52]。成群的昆虫往往能够对复杂的问题设计出聪明的方法，例如设计一个巢穴的结构，尽管蜂群中没有任何一个成员拥有设计该结构必需的技能。

DARPA 在 2003 年宣布一个有 120 个军事机器人组成的部队（由 I－机器人制造，这是一家机器人先驱罗德尼·布鲁克斯与人合伙创办的公司），该部队已装上了蜂群智能软件，可以模仿昆虫的组织行为[53]。当机器人系统物理结构变小，数量变多时，自组织蜂群智能的原则将发挥越来越重要的作用。

在军事上也同样认同必须减少开发时间。从历史上看，军事项目的典型时间从研究到部署一般都会超过 10 年。但随着技术思维转换速率每十年下降一半，这些开发时间需要跟上步伐，因此许多武器系统到达现场时，就已经过时了。改变这一现状的一个办法是，在开发和测试新武器时使用模拟，这会使武器系统在设计、实施、测试时，远远快于先建造模型，然后在实际中进行测试（通常是使它们爆炸）这些传统的方法。

另一个重要的趋势是让战斗人员远离战场，以提高士兵的存活率。通过允许人类远程驾驶和引导系统，这是可以做到的。让飞行员离开交通工具，这可以使交通工具参与更危险的任务，并且可以将它的操作设计得更为简单。由于减少了用于支撑人类生命的额外需要，它可以让设备变得更小。将军会离得更远。在卡塔尔的掩体中，汤米·弗兰克指挥着阿富汗战争。

智能尘埃。DARPA 是一种正在开发的设备，它甚至比鸟类和雄蜂更小，称为智能尘埃，其复杂的传感器系统并不比一个大头针大。一旦技术充分成熟，数以百万计的这种设备可能会投向敌人的领土，用于提供详细的监视，并最终支持进攻作战任务（例如，释放纳米武器）。智能灰尘的供能系统将由纳米燃料电池提供，也可以从自己的运动、风和热气流等机械能转换得到。

想找到一个关键的敌人？需要找到其隐藏武器的位置？大量不容易发现的间谍可以监视敌方每一平方英寸的领土，认出每个人（通过热电磁成像，最终通过 DNA 测试以及其他方式）和各种武器，甚至执行摧毁敌方目标的任务。

纳米武器。智能尘埃的下一步将是以纳米技术为基础的武器，它将使得大体积武器过时。敌人对付这种大规模分布式部队的唯一办法就是利用自己的纳米技术。此外，加强纳米设备的自我复制能力将扩展其能力，但是这将会引入严重风险问题，这个问题将在第8章详细讨论。

纳米技术已经广泛地应用于军事，包括：用于改进装甲的纳米涂料；用于快速化学和生物剂检测和鉴定的芯片实验室；用于区域净化的纳米级催化剂；用于不同环境的、可以重构自己的智能材料；可以降低受伤感染的并进入制服中的可杀菌的纳米粒子；用于创建极为牢固的原料，如与塑料结合的纳米管；自我修复的材料。例如，伊利诺伊大学已经开发出自我修复塑料，它将液体单体和催化剂的微球合并到塑料基体；当裂缝出现时，微球破裂，并自动密封裂缝[54]。

智能武器。我们已经从与期望找到目标一起发射的普通炸弹前进到智能巡航导弹。这种智能巡航导弹通过使用模式识别可以自己做出数千种战术决定。然而子弹基本上还是普通炸弹，为它们提供智能方法的是另一个军事目标。

当军事武器体积变小，规模变大时，若坚持人控制每一个设备是不可取的也是不可行的。因此，提高自主控制水平是另一个重要的目标。一旦机器智能赶上了生物人的智慧，更多的系统将会完全自治。

虚拟现实。虚拟现实环境已经用于控制远程制导系统，如美国空军的武装掠夺者UAV[55]。即使有士兵在武器系统（如主战坦克）内，我们也不要指望他只看窗外发生的事。虚拟现实环境必须提供一个实际环境的视野，允许有效的控制。人类指挥官在控制蜂群武器时，还需要专门的虚拟现实环境来展示这些由分布式系统收集的复杂信息。

到21世纪30年代末和40年代，当我们接近人体版本3.0，非生物智能占主导时，网络战问题将移到中心位置。当一切都成为信息，控制自己的信息，破坏敌人的通信、命令和控制，这种能力将是军事胜利的首要因素。

关于学习

科学是有组织的知识，智慧是有组织的生活。

——伊马纳尔·康德，1724—1804

当今世界上大多数教育包括在富裕的社会中，与14世纪欧洲修道院学校的模式相比，并没有太大的变化。学校仍然建立在建筑与教师的匮乏之上，是一个高度集权的机构。教育的质量也有巨大的差异，这取决于当地的社会财富（依靠财产税资助教育的美国传统加剧这种不平等），这样就造成了鸿沟。

与其他的机构一样，我们最终将走向分散的教育体系，在这个体系中，每个人将有权使用最高质量的知识和指导。现在，我们在这一转变的初期，但是确实已有大量有用的知识出现在网上，有用的搜索引擎，高品质开放式的网络课件，越来越有效的电脑辅助教学，这些提供了广泛和廉价的受教育的机会。

现在，大多数主要的大学都提供大量的网络课程，其中的许多是免费的。麻省理工学院因提出公开课程（OCW）的倡议而成为这一成就中的领导者。麻省理工学院免费提供了900门课程，是它所有课程的一半[56]。这些已经在世界各地对教育产生了重大影响。例如，布里·吉特·巴斯森写道："作为一名法国数学老师，我想感谢麻省理工学院……因为［这些］很清晰的讲座对我为自己班级的备课提供了很大的帮助。"巴基斯坦的教育家赛义德·拉提夫已将麻省理工学院的公开课程纳入到自己的课程里面。他的巴基斯坦学生定期参加虚拟的麻省理工学院课程[57]。作为教学的重要部分，麻省理工学院计划在 2007 年让每个人都拥有在线课程和开放源码（更确切地说免费用于非商业用途）。

美国陆军已经使用基于网络的教学管理其所有非物理训练。方便、便宜，在网上可以得到更多高质量的课件，也对在家获得教育的趋势起到促进作用。

用于基于互联网的高品质视听通信的基础设施，其成本大约以每年 50% 的速率持续下降，正如我们在第 2 章中讨论的。2010 年为世界上欠发达地区提供非常便宜的、高质量的用于从幼稚园到博士学习的各阶层教育将是可行的。在每个城镇和乡村，受教育的机会将不会再因为缺乏受过培训的教师而受到限制。

随着计算机辅助教学（CAI）变得更加智能，为每个人进行因材施教的能力将会得到很大提高。新时代的教育软件将能为每个学生的优势和弱点建模，发展出焦聚于每个学员问题领域的策略。我成立的公司——库兹威尔教育系统——提供一种软件，可以帮助数万个学校的有阅读障碍的学生，使他们能够阅读普通印刷材料，以提高他们的阅读能力[58]。

由于目前带宽的限制，以及缺乏有效的三维显示，现今，通过常规的 Web 访问所提供的虚拟环境还完全不能与“在那里”媲美，但这将会发生改变。在 21 世纪第二个十年开始时，视听虚拟现实将会是全沉浸的，拥有超高的分辨率，并且十分有说服力。大多数高校将会以麻省理工学院为榜样，越来越多的学生将会虚拟地参加这些课程。虚拟环境将提供高质量的实验室，在那里可以进行化学实验、核物理实验，或任何其他科学领域的实验。学生可以与虚拟托马斯·杰斐逊或托马斯·爱迪生互动，甚至成为一个虚拟的托马斯·杰斐逊。课程将适用于所有年级，并提供多种语言版本。进入这些高品质、高清晰度虚拟教室所需的设备，即使在第三世界国家也将无处不在，而且其能够负担得起。在任何时间、任何地点、任何年龄的学生，从幼儿到成人，都将可以得到世界上最好的教育。

当我们与非生物智能混合时，教育的性质将会再次改变。届时，我们将可以下载知识和技能，至少对于我们智慧的非生物部分是这样的。今天，我们的机器都以常规的方式做着这些。如果你想在你的笔记本上安装最先进的技术，如语音识别、字符识别、语言翻译或互联网搜索，你的计算机只需要快速地下载正确的模式（软件）即可。在人类的生物大脑方面，我们还没有类似的通信接口，以使其可以飞快地下载代表我们学习的神经元间连接和神经递质模式。我们现在用于思考的生物范式中存在众多深远的限制，这是其中的一个，而我们将在奇点克服这种限制。

关于工作

> 如果乐器能够服从与预测他人的意愿，从而完成自己的工作，如果梭子能够编织，弹片触碰里拉琴，而不需要帮助和引导，那么级别最高的工匠就不需要仆人，更不用去指挥奴隶。
>
> ——亚里士多德

在创造“写”之前，几乎每一个领悟都是首次出现（至少是对于涉及的人类小群体的知识）。当你站在起点时，一切都是新的。在我们的时代，几乎所有的艺术都与意识有关，而意识在很久很久之前就已经形成。在后人类时代初期，一切又都是新的，因为任何事情都需要更大的人类能力，而且没有被荷马或达·芬奇或莎士比亚所做过。

——瓦诺尔·温格[59]

现在，（我的意识）的一部分生活在互联网上，而且似乎一直呆在那里……学生拥有一本打开的教科书。电视是打开的而声音是关闭的……他们能够通过耳机获得音乐……随着电子邮件和即时消息，屏幕上有一个家庭作业的窗口……相比较于面对面世界，一个多任务的学生更喜欢网络世界。"现实生活，"他说，"仅仅是一个更大的窗口。"

——克里斯特·博森，就麻省理工学院教授雪利·特克尔的发现所做的报告[60]

1651 年，托马斯·霍布斯将"人生"描述为："孤独、贫穷、肮脏、野蛮和短暂[61]"。那个年代，这是一个对生活不错的评价。但是，通过技术的进步，我们已在很大程度上克服了这一严酷的特性。技术通常以买不起且性能不好的产品作为开始；接着是价格昂贵、性能稍微好一点的版本；再然后是便宜、性能相当好的产品；最后是，技术变得高效，无处不在，并且几乎免费。广播电台和电视就是按照这个模式发展的，当然，手机也是。当代的 Web 访问正处在便宜且运转相当好的阶段。

现在，早期阶段和晚期阶段之间有大约 10 年的延迟，但保持着每十年增长一倍的范式转移速率，在 21 世纪 20 年代中期，这种延迟将只需要大约 5 年，在 20 年代，则仅需要两年半。由于 GNR 技术拥有潜在的巨大财富，因此我们将会看到，在未来二三十年间内，下层社会将会消失（见 2004 年世界银行报告的第 2 章和第 9 章）。然而，很可能会发展成：日益增长的原教旨主义和勒德分子（技术反对者。——译者注）的反作用将加快改变的步伐。

随着以 MNT 为基础的制造业的出现，制作任何物质产品的成本会降至每磅几美分，再加上指导这一过程的信息成本，而后者代表着该产生的真正价值。我们离这一现实已经不远了。今天，在自动化工厂中，以软件为基础的工序指导着制造中的每一个步骤，从设计、原料采购到装配。制造产品的成本的一部分取决于用于其创造的信息过程。这一部分的价值可以将一种产品区别于其他产品。这部分的价值正在全面地增长，迅速地接近100%。到 21 世纪 20 年代后期，实际上所有产品的真正价值，如服装、食品、能源以及电子产品将几乎完全取决于它们的信息。正如今天的情况，专利和每种产品和服务类型的开源版本将共存。

知识产权。如果产品和服务的主要价值在于它们的信息，那么信息版权的保护对于支持为有价值信息的创造提供资金这种商业模式来说，是至关重要的。现在，在娱乐行业中，关于非法下载音乐和电影的小规模冲突预示着，当所有东西的价值都由信息组成时，它将成为更深远的斗争。显然，由宝贵的知识产权（IP）创造的、现有的或新的商业模式需要得到保护，否则知识产权供应本身将受到威胁。然而，源自复制信息的简易性的压力，这将是一种不会离去的现实，如果不保持商业模式与公共期望的一致性，制造业就会受到损害。

以音乐为例，唱片公司固执地坚持着（一直到最近）昂贵的纪录唱片的观点，而不领导新范例。这种商业模式，从 20 世纪 40 年代，那时我父亲还是一个年轻的奋斗音乐家起，就一直没有改变过。只有在商业价格被认为是保持合理的水平时，公众才可以远离信息服务的大规模盗版。移动电话部门是没有猖獗盗版行业的一个主要例子。随着技术的提高，手机电话成本迅速下降。如果移动电话行业还一直保持着我孩提时的呼叫率水平（当时，人们很少打长途电话，在打长途电话时，人们要放下手中的一切工作），我们同样会看到盗版手机通话，这项技术不会比盗版音乐困难多少。但是盗版手机通话被广泛认为是犯罪行为，主要是因为普遍观点认为手机收费是合理的。

知识产权业务模式总是存在于改变的边缘。由于电影文件较大，它们已经很难下载，但它却越来越不是关键问题。电影产业需要将收费变为新的标准，如即时高清电影点播。音乐家通常从现场表演中赚取他们大多数的钱，但在未来 10 年中，当我们将有全沉浸虚拟现实时，这种模式也将受到冲击。每一个行业都将需要不断重塑其业务模式，它需要与知识产权自身的创造一样多的创造力。

第一次工业革命扩展了我们身体的范围，第二次工业革命扩展了我们思想的范围。正如我提到的，在过去一个世纪的美国，工厂和农场的职位数已经从 60% 降低到现在的6%。在未来的 20 年，几乎所有的日常的体力和脑力劳动将会被自动化。计算和通信将成为不可分离的产品，如手持设备，并且将形成一个环绕着我们的智力资源的无缝网络。大多工作都涉及不同知识产权的创造和促进，以及直接针对不同个人的服务（保健、健身、教育等）。随着知识产权的创造，包括所有我们在艺术、社会、科学方面的创造，这些趋势还将继续，并且通过与非生物智慧的融合，我们的智慧扩展的趋势还会大大增强。个人服务将主要转移到虚拟现实环境中，特别是当虚拟现实开始涵盖所有感官时。

权力下放。在今后几十年中将看到一个权力下放的大趋势。今天，我们高度集权而脆弱的能源工厂利用船和燃料管道运输能源。纳米燃料电池和太阳能的出现将使能源资源大规模地分散及融入我们的基础设施中。通过使用纳米制造的廉价的袖珍工厂，MNT 制造业将得到高度分散。与从任何地方来的任何人做任何事情的能力一样，在任何虚拟现实环境下，办公楼和城市中的集中技术将成为过去。

随着人体 3.0 版中躯体可以按照我们的意愿变体成不同形状，我们大半的非生物大脑将不再受限于生物学已赋予的有限结构，而这所带来的问题是，人类将遭受彻底的考验。这里描述的每一个转换并不代表一个突然飞跃，而是许多小步骤组成的一个序列。实施这些步骤的速度在加快，而且得到了公众的迅速认可。思考一下新的生育技术，例如试管受精，这些技术一开始的时候受到争议，但很快就被广泛应用和接受。另一方面，改变总会产生原教旨主义和勒德分子抵抗，随着变革步伐的加快，这些抵抗也会增强。但是，尽管表面上有争议，对人类健康、财富、情感、创造和知识的巨大好处很快就会显现出来。

关于游戏

> 技术是组织宇宙的一种方法，所以人不需要亲身参与。
>
> ——麦克斯·弗利希，小说《Homo Faber》
>
> 人生要么是一次大胆的冒险，要么什么都不是。
>
> ——海伦·凯勒

游戏只是工作的另一种版本，并在人类创造各种知识的过程中扮演了不可或缺的角色。玩娃娃和积木的孩子，本质上是通过他或者她自己的经验来对这些玩具进行创造，从而获取知识。跳舞的人从事协作创造的过程（思考一下，在美国最贫困地区的孩子们创立了霹雳舞，并且引领了街舞运动）。爱因斯坦放弃在瑞士专利局的工作，从事于有趣的思想实验，从而创造了他的不朽理论：狭义相对论和广义相对论。

在越来越尖端的电子游戏与教育软件之间已经没有明确的界限。在2004年9月发布的游戏《模拟人生2》采用了基于人工智能的人物，而且他们有自己的动机和意图。由于没有事先准备好的剧本，人物的行动无法预测，故事情节源自他们的相互配合。虽然认为这是游戏，但是它为玩家提供了发展社会意识的前提。同样的，那些越来越现实的运动类模拟游戏传授了技能和理解力。

在21世纪20年代，全沉浸虚拟现实将是一个引人入胜的环境和体验的巨大乐园。以有吸引力的方式与他人长距离通信和描绘大量多样的可选择的环境，虚拟现实最初将肯定会对这两方面产生有益作用。虽然最初环境并不完全令人信服，但是到21世纪20年代末，将难以把它们与真正的现实区分开，并且它们将涉及所有的感知，以及与我们情绪相关的神经系统。当我们进入21世纪30年代的，人与机器、真实与虚拟现实、工作与游戏之间将没有明显的区别。

关于宇宙中智能的命运：为什么我们可能是宇宙中唯一的

宇宙不仅仅比我们猜想的要奇异，而且比我们能够猜想的要奇异。

——J·B·S·霍尔丹

宇宙正通过一个它最小的产物，询问它自己：它在做什么。

——D·E·詹金斯，圣公司神学家

什么是宇宙计算？据我们所知，很难对这一单一的问题产生单一的答案……相反，宇宙正在计算它自身。在标准模型软件的推动下，宇宙计算着量子领域、化学、细菌、人类，恒星以及星系。如它所计算的，它将自己的时空几何映射到物理定律允许的最大精度。计算是存在的。

——赛斯·劳埃德和杰克NG[62]

关于幼稚的宇宙观可以追溯到哥白尼时期，那时认为地球是宇宙的中心，人类智慧是它最伟大的赐予（仅次于上帝）。更有根据的近代观点是，即使一个恒星存在一个具有技术创造物种的行星的可能性非常低（例如，在100万中有一个），有那么多恒星（更确切地说是数万亿亿个），一定有许多星球（数万亿）拥有先进技术。

这是隐藏在"搜寻地外文明"（SETI）后面的观点，而且是今天常见的有根据的观点。然而，有理由怀疑"搜寻地外文明"中所说的地外文明是普遍的。

首先，思考一下流行的"搜寻地外文明"的观点。德雷克方程式的共同诠释（见后面的介绍）得出结论，在宇宙中有很多（如数十亿）地外文明，在我们银河系中也有成千上万个。我们只是检查了干草堆（宇宙）中很小很小的一部分，所以，我们至今未能从中把针（地外文明的信号）找出来，这不应该被认为是令人沮丧的。我们检查干草堆的努力要扩大。

图6-3来自于《Sky & Telescope》杂志，通过测绘各种扫描尝试的能力和以三个主要参数为标准：到地球的距离、传输的频率、天空的比例说明了"搜寻地外文明"工程的范围[63]。

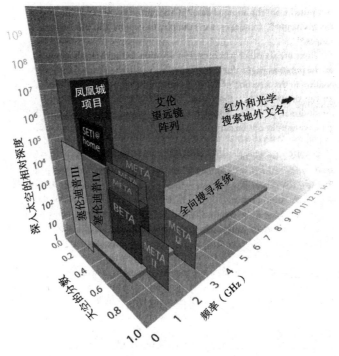

图 6-3

这项计划包含两个未来系统。艾伦望远镜阵列是以微软创始人保罗·艾伦的名字命名的，它是基于许多小型扫描天线的使用，而不是一个或少数几个大型天线，在 2005 年上线 32 个天线。当它所有的 320 个天线都运行时（在 2008 年实现），将相当于一个 2.5 英亩的天线（10 000 平方米）。它将有能力同时监控高达一亿个频率通道，并能够覆盖整个微波频谱。它的一个计划任务是，扫描我们银河系中的上百万颗恒星。该项目依托智能计算，可以从许多便宜的天线中提取出精确的信号[64]。

俄亥俄州立大学正在建设"全方位搜索系统"，该系统依赖智能计算，用于翻译从大型简单天线阵列中得到的信号。利用干涉原理（关于信号之间如何相互干扰的研究），整个天空的高分辨率图像能从天线数据中计算出来[65]。其他项目正在扩大电磁频率范围。比如，探索红外和可见光范围[66]。

除了显示在图 6-3 中的三个参数外，还有 6 个参数，例如，极化（电磁波方向有关的波阵面水平）。我们可以从图 6-3 中得出的一个结论是："搜寻地外文明"只是探索了这个 9 维"参数空间"中很小的一部分。因此，继而可以推理出，我们还没有发现一个地外文明的证据。

但是，我们正在寻找的针不只一根。基于加速循环规则，当地外文明具备了原始的机械技术仅仅数百年之后，它将会具备更强大的能力，那是一种我为 22 世纪的地球设想的能力。俄罗斯天文学家 N·S·卡尔达肖夫描述了"第二类"文明：使用电磁辐射并利用了它的恒星的能量进行通信（在我们的太阳约 4×10^{26} W）[67]。我预测（见第 3 章），我们的文明将在 22 世纪达到这样的水平。鉴于由"寻找地外文明"设想出来的许多文明的技术发展水平，应该已经传播了很长时间了，应该有很多文明已经大大地超越了我们。所以应该会有许多第二类文明。事实上，有足够多的时间让这些文明中的一部分在它们的星系中开拓殖民地，并且实现卡夫达肖夫的第三类文明：一个已经可以利用其星系能源的文明（在我们的银河系，约 4×10^{37} W）。即使是单一的先进文明也应该发射出数十亿数万亿个"针"，更确切地说，传输会把"搜寻地外文明"参数空间中大量点描绘成人工制品，以及其无数信息处理的边际效应。即使"搜寻地外文明"工程到目前为止扫描了参数空间很少的一部分，也很难错过第二类文明，更不用说第三类文明了。如果再将我们预期有很多这样高级的文明这一因素考虑进去，很奇怪，我们并没有发现他们。这是费米悖论。

德雷克方程。"搜寻地外文明"的动机在很大程度上是由于 1961 年弗兰克·德雷克方程。德雷克方程是用来估计在我们的银河系中，智能（更准确地说，无线电传输）文明的数量[68]。（可能相同的报告也适用于其他星系。）思考一下来自德雷克方程的"搜寻地外文明"。德雷克方程这样表述：

$$无线电传输文明的数量 = N \times f_p \times n_e \times f_l \times f_i \times f_c \times f_L$$

其中

N = 在像牛奶道路一样的银河系中的恒星数量。目前的估计大约拥有 1000 亿（10^{11}）

f_p：那部分有行星环绕轨道运行的恒星。目前估计的范围约为 20% ~ 50%。

n_e：对于每个拥有轨道行星的恒星，能够维持生命的行星的平均数是多少？这一因素极具争议性。有人估计是一个或更多（每一个有行星的恒星平均至少有一个行星可以维持生命），也有认为是低得多的因子，如 1‰，甚至更低。

f_l：对于可以维持生命的行星，其上有生命确实进化的部分有多少？估计的范围很全面，从接近 100% 到 0。

f_i：对于每一个其上有生命进化的行星，其上有智能生命进化的部分占多少？f_l 和 f_i 是德雷克方程中最具争议性的因素。这里再一次出现，估计范围从近 100%（一旦生命得到了一个立足点，智能生命就一定会随之而来），到接近 0（智能生命是非常罕见的）。

f_c：对于每一个拥有智能生命的行星，用无线电波通信的所占的比例？估计比 f_l 和 f_i 都要大，基于（可能）的理由是，当一个智慧物种出现时，发现和使用无线电通信是可能的。

f_L = 在宇宙中，通信文明用无线电波通信阶段的时间[69]。如果以我们的文明为例，在大约 100 年里，我们使用无线电传输交流。宇宙的历史大约是 10 亿 ~ 20 亿年。因此对地球来说，到目前为止 f_L 约为 10^{-8}。如果我们继续用无线电波沟通，比如说，900 年，这个因子将是 10^{-7}。这一因子是受多种因素的影响。如果一个文明无法控制可能伴随着无线电通信发展而来的技术的破坏力（如核聚变或自我自制纳米技术）而毁灭自己，无线电传输就会停止。我们看到地球上的文明（例如玛雅人的）突然结束了他们有组织的社会和科学的追求（尽管比无线电早）。另一方面，似乎不可能每一种文明将以这种方式结束，所以，突然的毁灭很可能只是在减少有无线电能力的文明数量时的一个适度的因素。

更为突出的问题是，文明从电磁（无线电）传输发展到更强大的通信方式。在地球上，我们正迅速从无线电传输转换到有线传输，在长距离通信时，使用电缆和光纤。因此，尽管总体通信带宽有巨大的增加，但从我们星球发送到太空的电磁信息的数量，在过去的 10 年内，仍相当稳定。另一方面，我们也有越来越多的无线通信手段（例如，手机和新的无线互联网协议，如新兴的 WiMAX 标准）。即使不用线缆，通信也可以依靠奇异的媒体，如引力波。然而，即使在这种情况下，虽然电磁手段通信，可能不再是一个地外文明的通信技术的最前沿技术，但它很可能继续使用，至少在某些应用程序（在任何情况下，f_L 也确实考虑到一个文明将停止传输的可能性）。

德雷克方程包含很多无可估量的因素，这是无疑的。许多认真研究过这个方程的"搜寻地外文明"的鼓吹者争辩说，仅仅在银河系中，一定有数量可观的其他无线传输文明。例如，如果我们假设 50% 的恒星具有行星（$f_p = 0.5$）然后，这些恒星平均有两颗行星能够适合生命生存（$n_e = 2$），然后，在一半以上的这些行星中的生命能够进化（$f_l = 0.5$），然后，一半以上的这些行星有进化了的智能生命（$f_i = 0.5$），然后，它们中的一半又有无线电能力（$f_c = 0.5$），然后，有无线电能力的文明平均已经传播了 100 万年（$f_L = 10^{-4}$），则根据这个德雷克方程，我们能计算出，在我们的银河系中，一共有 1 250 000 种无线电广播文明[70]。卡尔·萨根估计在银河系中一共有 100 个，德雷克估计有一万个[71]。

但是以上的数据参数可以被证明定太高了。如果我们在生命进化方面，特别是智能生命方面，做一个更保守的假设，我们会得到非常不一样的结果。如果我们假设 50% 的恒星具有行星（$f_p = 0.5$），然后，在这些恒星只有 10% 具有行星（$n_e = 0.1$，基于生命支持环境并不是十分普遍的这一观察），然后，其中只有 1% 的行星在其上的生命已经进化（$f_l = 0.01$，基于生命在行星上开始的困难），然后，这些生命进化的星球中，有 5% 有智能生命（$f_i = 0.05$，基于这在地球上花费了很长时间），然后，这些中有一半有无线电能力（$f_c = 0.5$），有无线电能力的文明平均已经传播了 1 万年。德雷克方程告诉我们，在牛奶道路上，有一个（准确地说是 1.25 个）无线电文明。并且，我们已经知道一个。

最后，很难通过这个方程去赞同或反击地外文明。如果德雷克方程告诉我们一切，那么我们将会终结我们估计的不确定性。然而，我们现在知道的是，宇宙很静寂——就是说，我们没有发现有说服力的地外文明传播的证据。在"搜寻地外文明"背后的假设是，生命——以及智慧生命——是如此的普遍，在宇宙中，没有数十亿也有数百万无线电文明（至少在很小的范围内，这涉及无线电传播文明发送无线电波足够早，使其在今天可以到达地球）。然而，并不是它们中单独的一个使它自己对我们"搜寻地外文明"的努力是可见的。因此，让我们从加速循环规则出发，思考一下在"搜寻地外文明"中，有关无线电文明数量的基本假设。正如我们所讨论的，进化过程本身是加速的。此外，进化过程导致了技术创造物种。而从一开始，技术的发展就要远远快于相对缓慢的进化过程。在我们自己的实例中，我们在短短的 200 年里，就从没有电，没有计算机，用马匹作为其最快陆上交通工具的社会，走到了今天的精密计算和通信技术。我的预测显示，如上所述，在另一个世纪，我们将以数以万亿亿倍地增加我们的智慧。因此，仅仅需要 300 年，就能将我们从原始机械技术的兴奋中带到人类智慧与通信能力极大扩展的社会。一旦一个物种产生了电子学，以及用于无线电传输的足够先进的技术，那么它只需短短几个世纪就可以极大扩展它的智慧的力量。

考虑到宇宙的年龄估计在 130 ~ 140 亿年[72]，在地球上的 3 个世纪，以宇宙的尺度来说，是极为短暂的一段时间。我的模型暗示，当有 348 个文明到达我们的无线电传播等级时，它会在一个，最多两个世纪内达到第二类文明。如果我们接受了"搜寻地外文明"的假设：在我们银河系中，没有数百万也有数千个无线电文明，并且，在我们地球的范围内，宇宙中有数十亿个这样的文明。这些文明经过数十亿年的发展，必然处于不同的阶段。一些可能落后于我们，一些可能超过我们。每一个比我们先进的单独文明都只比我们先进几十年，这是不可信的。那些走在我们前面的文明中，大多数比我们先进很多，即使到不了数十亿年，也有数百万年。

只用几百年时间就足够从机械技术前进到智慧与通信极大扩展的奇点。在"搜寻地外文明"的假设中，在我们地球可及范围内，应该有数十亿个文明（在我们银河系中，有几千，甚至数百万个），它们的技术以无法想象的程度领先于我们。至少在某些"搜寻地外文明"项目的讨论中，我们看到了一样的遍布到其他所有领域的线性思考，假定那些文明将会达到我们的技术等级，并且，从那一点开始，那些技术将会渐渐地进步数百万，至少数千年。然而，无线电的第一次启动到超越第二类文明的力量只需要几百年。因此，天空应该被文明传播所映红。

然而，天空很安静。奇怪和有趣的是，我们发现宇宙是如此沉默。正如恩里科·费米在1950年夏天的发问："外星人在哪里[73]？"一个足够先进的文明不可能把它的传输限制为在黑暗频率上的细微信号。那么为什么所有的"地外文明"都这么害羞？

曾有回应所谓的费米悖论的尝试（当然，只要它接受大多数观察员运用于德雷克方程中的乐观因素，它就是一个悖论）。一种常见的回应是，当一个文明有无线电能力时，它就会毁灭自己。如果我们谈论的只是极少数这样的文明，这个解释可能可以接受。但一般的"搜寻地外文明"假设认为，它们有数十亿个，很难相信它们每一个都毁灭了自己。

其他的争论也沿着同一方向发展。也许"它们"决定不打扰我们的（考虑到我们如此的原始），只是静静地注视着我们（《星际迷航》爱好者提出了相似的道德准则）。同样，很难相信应该存在的数十亿这样的文明中的每一个都做出了同样的决定。或者，也许它们已经前进到更强大的通信模式。我相信，比电磁波更强大的通信方式甚至是其高频的电磁波，很可能是可行的，先进的文明（比如我们在下一个世纪将达到的）有可能发现并利用它们。但是很难相信，在数百万文明里的任何一个中，电磁波一点作用也没留下。

顺便提一句，这不是一个反对"搜寻地外文明"工程价值的争论，这个工程应该有更高的优先权，因为消极的寻找与积极的结果一样重要。

计算限制的回顾。让我们看一下，对于宇宙中的智慧，加速循环规则的一些其他暗示吧。在第3章里，我介绍了最终的冷计算机，并且估计了其最佳计算能力为每 $kg 10^{42}$ cps。这足够了，它相当于在10微秒内，处理一万年里10亿人大脑的计算量。如果我们允许更加智能的能量与热量管理，一 kg 物质潜在的计算能力可能有 10^{50} cps。

若要达到这样的计算能力，技术上的要求是令人生畏的，但是正如我所指出来的，适当的心理实验可以得出结论，一种文明中的巨大工程能力每 kg 有 10^{42} cps，而不是现在的有限制的人类工程能力。一种有 10^{42} cps 计算能力的文明，很可能会想出如何得到 10^{43} cps，然后是 10^{44} cps，等等。（事实上，我们在每一进行到下一步时，都会有相同的争论。）

当文明达到这些等级，显然不会继续将它的计算能力限制在1kg的物质上，肯定会比我们今天做的多。考虑一下我们自己的文明，我们可以用周围的质量和能量完成什么。地球包含大约 6×10^{24} kg 的物质。木星包含大约 1.9×10^{27} kg 的物质。如果我们忽略了氢和氦，在太阳系中，我们有大约 1.7×10^{26} kg 的物质，不包括太阳（这是一个保守的估计）。整个太阳系被太阳所控制，它拥有大约 2×10^{30} kg 的物质，作为一个粗糙的上限分析报告，如果使用太阳系中的物质用于我们估计的每 kg 物质的 10^{50} cps 计算能力（基于纳米计算的极限），我们得到了我们附近的计算能力的极限为 10^{80} cps。

很明显，要达到这种上限很可能有实际的困难。但即使我们致力于将二十分之一个百分点（0.0005）太阳系的物质用于计算或通信资源，我们仍然得到 10^{69} cps "冷" 计算能力，10^{77} cps 的 "热" 计算能力[74]。

考虑到复杂设计需求，如能源使用、热量消耗、内部通信速度，在太阳系中物质的混合，以及许多其他因素，这些尺度的计算工程估计已经被做了出来。这些设计采用可逆计算，但正如我在第 3 章中指出的，我们仍然需要考虑到，用于纠正错误和通信结果的能量需求。在计算神经科学家安德斯·布拉德波利的分析报告中，他回顾了地球大小的计算"对象"（被称为宙斯）的计算能力[75]。"冷" 计算能力的概念设计由大约 10^{25} kg 菱形结构的碳构成（质量约是地球的 1.8 倍），包含大约 5×10^{37} 个计算节点，每个节点都使用大规模并行计算。宙斯估计可以提供 10^{61} cps 峰值计算能力，或 10^{47} bit 的数据存储能力。一个主要的设计限制因素是，被允许删除的 bit 数（它允许高达 2.6×10^{32} bit/s 的删除速度），这首先被用于纠正来自宇宙射线和量子影响的错误。

1959 年，天体物理学家弗里曼·戴森提出一种观点，即恒星周围的曲壳如同一条路，为先进文明提供了能源和栖息地。戴森球的概念实际上是一个恒星周围的用于收集能量的薄球[76]。文明生活在球里，将热（红外能量）散发到球外（远离恒星）。戴森球的另一个（并且更实际的）版本是，一组曲壳中的每个曲壳只阻塞住恒星辐射的一部分。这样，可以设计戴森，而不会对现有的行星产生影响，尤其是那些像地球一样，存在一个需要被保护的生态。

虽然戴森将他的概念作为一种为生物文明提供大量空间和能源的方法提出，但是它也可以用作恒星尺寸计算机的基础。这种戴森壳可以在不影响阳光到达地球的前提下，绕着太阳做轨道运动。戴森设想，智能生物生活在 "壳" 或 "球" 中，但当文明发现计算时，它将会迅速前进到纳米智能，这可能就没有理由将生物人类移居到 "壳" 中了。

戴森概念的另一个改良是，一个 "壳" 辐射出来的热可以被一个平行的 "壳" 捕获并使用，这个平行壳被放置在一个远离太阳的位置。计算机科学家罗伯特·布拉德波利指出，这些层的数量可以任意，并提出了一种恰当地称为 "Matrioshka 大脑" 的计算机，它由一组围绕太阳或其他恒星的嵌套 "壳" 组成。一种由布拉德波利分析的这类概念设计称为乌拉诺斯，它被设计为使用太阳系中 1% 的非氢非氦的物质（不包括太阳），或者说，约 10^{24} kg，比宙斯稍小一点[77]。乌拉诺斯提供约 10^{39} 个计算节点，估计有 10^{51} cps 的计算能力，以及约 10^{52} bit 的存储空间。

计算已经是一个广泛分散的而不是集中的资源，我期望这一趋势将继续向更广阔的分散前进。然而，当我们的文明接近了上面设想的计算密集度时，大量处理器的分散可能会具有这些概念设计的特征。例如，Matrioshka "壳" 的想法会最大限度地利用太阳能和热浪费。请注意，这些太阳系统级别的计算机的计算能力，根据我在第 2 章的预测，大约在 21 世纪末将会实现。

更大或更小。鉴于我们太阳系的计算能力在 10^{70} cps 到 10^{80} cps 的范围内，根据我的预测，在 22 世纪初，我们将达到这些极限。计算的历史告诉我们，计算能力在内外两方面扩展。在过去的几十年里，我们就能够在每一个完整电路芯片里放置计算单元（晶体管），大约每两年就增长一倍。这代表着内在增长（指向每 kg 物质的计算密度）。我们也在外在地扩展，因为芯片的数量（当前）在以每年 8.3% 的速度扩大[78]。预期两种扩展都会继续，这是合理的。并且，当我们达到内在增长的极限时（三维电路），外在的增长率会有显著地增长。

此外，当我们碰到太阳系中用以支持计算扩展的物质和能量的限制时，我们将别无选择，只能将外在扩展作为增长的主要形式。我们前面讨论过的猜测，更好的计算级别可能是可行的——在亚原子粒子级别上。这种兆亿分之一或者飞米技术可能允许以持续的特征尺寸缩小，从而使计算继续增长。即使这是可行的，但是在控制纳米以下尺寸的计算中，有可能存在主要的技术挑战，因此，外在扩展的压力仍然存在。

向太阳系以外扩张。当我们将智慧扩展到太阳系以外时，这将以什么速度进行？扩展不会以最大速度开始；它很快会达到一个与最大速度（光速或更高）没什么差别的速度。一些批评家反对这一观点，坚持认为将人（或者任何地外文明的高级生物）和机器以接近光速移动而不把他们压碎，这将非常困难。当然，我们可以通过缓慢的加速来避免这一问题，但另一个问题是，在加速过程中可能会与星际物质碰撞。但同样的，这一反对完全忘记了在这个发展阶段的智能的性质。

但正如我们所看到的，在 21 世纪末，地球上的非生物智能将会比生物智能强大数万亿倍，所以在这样的任务中，派生物人类可能没有意义。对于任何其他地外文明应该也同样适用。这不是简单的生物人派遣机器人探测器。到那时，基于所有的实际目的，人类文明将是非生物的。

这些非生物步兵不需要很大，事实上它主要由信息组成。然而，一定存在某个基于物质的设备，它对其他恒星和行星系统有物理影响，它不会只满足于发送信息。然而，由于探测器变成了自我复制的纳米机器人，它一定可以得到满足（注意，纳米机器人拥有纳米尺寸的特征，但一个纳米机器人的整个大小有若干 ms）[79]。我们可以派遣数万亿纳米机器人组成的群，这些种子中的一些就可以在其他行星扎根，建造它们的复制品。

一旦确立，纳米机器人集群可以从以光速传输的、只有能量没有物质的纯信息传播中获取它们需要的附加信息，用于优化它们的智能。不像其他大型生物，例如人类，这些纳米机器人特别小，可以以接近光速旅行。另一个方案是，无需信息传播，而将需要的信息嵌入到纳米机器人内存里。

软件文件可以在上百万个设备中传输出去。当它们中有一个或几个通过自我复制到达了最终的"立足点"，这个即时的大型系统可能就会将在附近传输的纳米机器人收集起来，这样，从那时开始，纳米机器人主体就会朝着那个方向传播，而不是简单地飞过。与分布式计算资源一样，通过这种方式，即时建立的殖民地也可以收集它需要的信息，以优化它的智能。

光速的回顾。在这里，一个太阳系智能（第二类文明），向宇宙中剩余部分扩张的最大速度可能会接近光速。我们现在明白，传输信息和物质对象的最大速度是光速，但这里至少有个建议说，它可能不是绝对的限制。

我们不得不把克服光速的可能性认为是带有疑问的，在对 21 世纪将会经历深远改变的预测中没有做这样的假设。然而，在这一限制周围的工程师的潜力对这一速度有着重要的含义。在这一速度下，我们将能够以我们的智慧在宇宙的其他部分开拓殖民地。

最近的实验已经测定光子的飞行速度是光速的两倍，这是量子位置不确定性的结果[80]。然而，这一结果对该分析报告实在没有什么用处，因为它不是真的允许信息通信的速度比光速快，而我们只对通信速度感兴趣。

另一个关于在一段距离出现比光速更快速度的非常有趣的建议是量子纠缠。两个粒子一起产生可能会是"量子纠缠"，意思是一个特定的性质（如它的旋转阶段）不决定于任何粒子，对两个粒子的这种模式的分辨也发生在同一时间。换一种说法，如果在一个粒子中测量未确定性质，它也将被限定为在另一个粒子内的同一时刻的同一值，即使它们两个飞离了很远。这里假设存在粒子间的某种通信连接。

经过测量，量子纠缠比光速快很多倍，这意味着，在辨别一个粒子状态后，只需经历很短的时间（如果信息是以光速从一个粒子传送到另一个粒子）就可以辨别另外一个粒子的状态（理论上，这个时间为0）。例如，日内瓦大学的尼古拉斯·金斯博士将量子纠缠的光子以反方向通过穿越日内瓦城的光纤。当光子分开7英里时，它们碰到了一个玻璃平面。每一个光子不得不"决定"是穿过平面还是从平面弹回（以前的非量子纠缠光子实验显示出这是随机选择的）。由于两个光子是量子纠缠的，它们在同一时间会做出同样的选择。许多重复的实验得到了相同的结果[81]。

这个实验没有完全排除对隐藏变数的解释：每个同相（在一个周期中设置的相同的点）粒子的不可测量状态。这样，当测量一个粒子时（例如，决定它的线路是穿过还是不穿过玻璃平面），另一个也有相同的内部变数值。因此，由相同的这种隐藏变数设置产生"选择"，而不是两个粒子间真正通信的结果。然而，大多数量子物理学家反对这种解释。

即使我们接受这些实验说明了两个粒子间有量子连接的解释，但是这种表面通信只以比光速更快的速度传输随机的数据（深层次的量子随机性），而不是已确定的数据，比如文件中的bit。这种在空间中由量子随机决定不同点的通信可能会有价值，然而，这只能在如加密编码等程序中应用。确实有商业加密产品包含了这一原理。这是偶然的量子技术应用，因为量子技术的其他可能应用——量子计算可能会终结基于分解大量数字因子的标准加密算法（具有大量量子位元的量子计算，可能擅长于此）。

另一个超过光速的现象是，由于宇宙膨胀，每个星系与其他星系背离的速度可能超过光速。如果两个星系之间的距离大于所谓的哈勃距离，那么这些星系正在以超过光速的速度相互背离[82]。这并不违背爱因斯坦的狭义相对论，因为这个速度是由空间本身的扩大引起的，而不是星系在空间移动。然而，它对我们以比光速更快的速度传输信息没有帮助作用。

虫洞。两个探索性的猜测提供了规避光速明显限制的方法。第一种是利用虫洞——宇宙在超过可见的三维上的断层。这并不真正涉及超光速飞行，而只是意味着宇宙的拓扑结构不是天真物理学所暗示的简单三维空间。然而，如果宇宙中的虫洞或者断层是普遍存在的，或许这些捷径将使我们能够迅速到达任何地点。或许我们甚至可以建造它们。

1935年，爱因斯坦和物理学家罗森构想出"爱因斯坦-罗森"桥，从狭小时空通道方面来说，该理论作为描述电子和其他粒子的方法[83]。1955年，物理学家约翰·惠勒将这些通道描述为"虫洞"，第一次引入了这个专有名词[84]。他对虫洞的分析显示，虫洞与广义相对论完全相符，它将空间描述为在其他维度上是弯曲的。

1988年，加州技术研究所的物理学家迈克尔·莫里斯、奇普·索思和尤瑞·尤尔特塞韦尔解释了这些虫洞可以被制造的某些细节[85]。为了回答卡尔·萨根的问题，他们描述了在打开大小不同的虫洞时的能量需求。他们还指出，基于量子波动，所谓的空白空间不断产生亚原子粒子大小的小虫洞。通过加入能量以及量子物理和广义相对论中的其他需求（两个领域已极难统一），这些虫洞可以扩大，从而使大于亚原子粒子的物体可以穿越它们飞行。通过它们发送人类并非不可能，但极其困难。不过，正如我前面指出的，我们只需要发送加载有信息的纳米机器人，它们可以通过以微米而不是以米来衡量的虫洞。

索恩以及他的博士学生莫里斯和尤尔塞韦尔还介绍了一种与广义相对论和量子技术相符的方法，可以用来建立在地球和遥远位置之间的虫洞。他们提出的技术是，将一个自然生成的、亚原子大小的虫洞通过增加能量的方式扩大到一个更大的尺寸，然后在两个"虫洞口"使用超导球，从而将其稳定住。在虫洞扩大和稳定之后，它的一个嘴（入口）被运送到另一个位置，同时保持与另一个留在地球上入口的连接。

索恩提供了通过小型飞船将远端入口移动到 25 光年外的织女星的一个实例。在接近光速的飞行中，以飞船上的时间衡量，旅行时间相对很短。例如，如果飞船以光速的 99.995% 飞行，那么飞船上的时钟就会向前移动 3 个月，拉伸的虫洞可以保持两个地点的直接连接，以及两个地点的时间点。这样，即使是在地球上体验建立地球与织女星之间的连接，也只需要三个月的时间，因为虫洞的两端会保持它们时间上的相关性。适当地提高设计可以使这样的连接建立在宇宙的任何地方。通过无限接近光速飞行，需要建立一个通往其他位置（即使那些数百万数十亿光年远的）连接（用于通信和传输）的时间也可以相对很短。

圣路易斯华盛顿大学的迈特·维瑟已经提出了莫里斯·索恩－尤尔塞韦尔概念的优化，该概念提供了一个更加稳定的环境，可能甚至允许人类通过虫洞旅行[86]。不过，在我看来这是不必要的。到可能设计这一等级的工程时，人类智慧将早已受控于它的其非生物成分了。发送分子级自我复制设备及软件就已经足够了，而且更加容易。安德斯·桑德伯格估计，1 纳秒的虫洞每秒可以惊人地传送 10^{69} bit 数据[87]。

物理学家大卫·霍赫伯格和范德比尔特大学的托马斯·凯法特指出，大爆炸之后不久，引力强大到足以提供自发创造大量自我稳定的虫洞所需的能量[88]。这些虫洞的一个重要部分可能依然在周围存在，可能提供了一个庞大的无处不在的通道网络，可以到达宇宙的各个地方。相对于建立新的虫洞，可能更容易发现和利用这些天然虫洞。 ·

改变光的速度。第二个猜想是改变光速本身。在第 3 章中，我提到了一个发现，似乎表明，在过去的 20 亿年里，光速出现了亿分之 4.5 的差异。

2001 年，当天文学家约翰·韦伯检查 68 类星体（非常光明的年轻星系）时，他发现所谓的精细结构常数改变了。[89]光速是精细结构常数包括的 4 个常量之一，所以，这一结果的另一种意见认为，宇宙中变化的环境可能会导致改变光速。剑桥大学物理学家约翰·巴罗和他的同事正在进行一个为期两年的桌面实验，该实验将测试将光速做一小改动的能力。[90]

光速可以改变，这与最近在宇宙膨胀期间（宇宙历史的早期，那时它正在经历非常快速的膨胀）光速显著变快的理论相一致。这些表明光速可以改变的实验显然需要进一步证实，并且实验也只是显示出光速很小的变化。但是，如果证实光速可以改变，那么这些发现的意义将是深远的，因为它产生了一个很小结果，工程作用就会极大地放大这种结果。

同样，将来履行的智力试验将不是现在像我们一样的当代人类科学家可以履行的，而是由万亿倍扩展了其智慧的人类文明来这么做。

现在，我们可以说，超高水平的智慧将会以光速向外扩张，同时当代物理学认为，这未必是扩张速度的实际限制，或者，即使光速被证明是不可改变的，但是这种限制不会对通过虫洞迅速到达其他地点产生约束力。

费米悖论的回顾。回想一下，生物进化是以数百万或数十亿年来测量的。因此，如果外面有其他的文明，以发展的角度来看，它们会以巨大的时间跨度延展。"搜寻地外文明"的假设意味着应该有数十亿的地外文明（在所有星系中），所以应该有数百万个文明，它们的技术发展远远超过我们。从用于文明的计算出现到至少以光速扩张，最多只需要几百年。鉴于此，难道我们竟然没有注意到他们吗？我得出的结论是，可能没有其他文明（虽然不确定）。换句话说，我们处于领先地位。是的，我们的文明，与皮卡、快餐，以及持续的冲突（以及计算）一起，在宇宙复杂而有序的万物中处于领先地位。

现在怎么可能呢？考虑到可能有人居住的星球的数量，难道这不是可能的吗？事实上，这真的不太可能。但是，使生命进化成为可能所需的物理定律和相关的物理常数是如此精致与精确，以致同样的进化不可能也存在于我们的宇宙中。但是根据人择原理可以知道，如果宇宙不允许生命的进化，那么我们就不会出现在这里，并注意到它的存在。然而，我们在这里出现了。因此，由一个类似人择原理可以得出，我们在宇宙中处于领先地位。同样，如果不是我们来到这里，我们也不会注意到它。

让我们考虑一些反对这一观点的论据。

也许在外面有极端先进科技的文明，但我们在它们的智慧传播范围以外。也就是说，它们还没有到达这里。好吧，在这种情况下，"搜寻地外文明"仍然无法找到地外文明，因为我们无法看到（或听到）它们。通过改变光速或者寻找捷径，我们找到一个方法来打破我们的僵局（或者地外文明这么做了），正如我上面所讨论的，这样我们才可能（而不是一定能）找到地外文明。

或许它们在我们中间，但决定继续让我们看不到。如果它们做出上述决定，它们有可能成功地避免被人注意。同样，很难相信每一个地外文明都有同样的决定。

约翰·斯玛特在他所谓的"超越行为"中描述，当文明将它们当地的空间区域填满它们的智慧时，它们创造了新宇宙（新宇宙将允许持续复杂和智慧的指数级增长）并且从根本上离开这个宇宙[91]。斯玛特认为，这一选择很有吸引力，因此，这是地外文明在达到其发展的高级阶段时一贯的和不可避免的结果，从而解释了费米悖论。

顺便说一句，我一直认为，在科幻小说中，与我们长得不像的巨大湿滑生物控制的大型空间飞船的概念是非常不现实的。赛斯·肖斯塔克评论说："合理的可能性是，任何我们将检测到的外星智能都将会是机器智能，而不是像我们一样的生物智能。"我认为，这不是一个简单的生物派遣出来的机器（如我们今天），任何科技尖端发展到足以旅行到这里的文明，应该已经远远超越了与它的技术融合，也应该不需要发送大块的器官和设备。

如果它们存在，它们为什么会来这里？一种说法是它们的任务是观察，以便收集知识（正如今天我们观察地球上的其他物种一样）；另一种是寻求物质和能量，提供附加的培养基，用于扩展其智能。（地外文明，或者到达到那个发展阶段后的我们）探索与扩展所需要的智能与设备可能非常少，基本是纳米机器人和信息的传送。

看来，我们的太阳系尚未变为某人的计算机。并且，如果其他文明由于知识的原因只是在观察我们，并决定保持沉默，那么"搜寻地外文明"将无法找到它，因为如果一个先进文明不希望我们注意到它，它会使它的愿望成真。请记住，这样的文明会比今天的我们智能得多。也许，当我们达到我们的下一级进化水平时，特别是将我们的生物大脑与技术融合后，也就是奇点之后，它就会把它自己显露给我们。不过，鉴于"搜寻地外文明"的假设意味着有数十亿个这样高度发达的文明，它们都做出同样的置身事外的决定，这似乎是不太可能的。

人择原理的回顾。我们会惊讶于人择原理的两种可能应用，一个是用于我们不寻常的生物友好的宇宙定律，另一个是用于我们地球的实际生物。

首先，让我们认为人择原理适用于宇宙的更多细节中。关于宇宙的问题产生了，因为我们注意到自然界中的常量恰恰是宇宙在复杂性上发展所需要的。如果宇宙常数、普朗克常数，还有许多其他物理学中的常数刚好被设置成略微不同的值，那么原子、分子、恒星、行星、生物和人类将是不可能存在的。宇宙似乎拥有完全正确的规则和常量。（这种情况像史蒂夫·沃尔夫勒姆观察到的，某些细胞的自动机规则可以建立非常复杂并且不可预测的模型，而其他的规则则导致非常枯燥的模型，例如重复或者随机构造的相交线或者是简单的三角形。）

我们如何证明宇宙中存在不同寻常的定律设计，以及物质能量守恒（已经考虑到了我们在生物学和技术发展中看到的日益增长的复杂度）？弗里曼·戴森曾经评论道："宇宙在某种意义上知道我们来了。"复杂性理论家詹姆斯·格莱德纳以这样的方式描述了上述问题：

> 物理学家认为，物理学的任务是预测在实验里会发生什么，并且他们相信，弦论或者 M 理论可以做到这一点……但是他们不知道宇宙为什么要……有标准的模式，以及我们看到的 40 多种参数值。怎么可能每一个人都相信如此肮脏的东西是弦论的唯一的预测。使我惊讶的是，一部分人如此目光短浅，他们只专注于宇宙的最终状态，而不问它如何以及为什么成为那样。[92]

宇宙怎么会对生物如此"友好"，这种困惑已经导致人择原理的各种构想。"弱"人择原理仅仅指出，如果不是这样，我们就不会在这里思考它。因此，只有在一个顾及日益复杂的宇宙中，上述问题才会被提及。"强"人择原理声称必须要有更多，这些版本的倡导者不满足仅仅是机缘巧合。它为智能设计论的倡导者们打开了被科学家一直质疑的上帝存在证据的大门。

多元宇宙。最近，人们提出了一个更为达尔文的强人择原理。可以考虑数学方程可能会有多解。例如，如果我们解方程 $x^2 = 4$，x 可能为 2 或 -2。一些方程允许无穷多解。在方程 $(a-b) \times x = 0$ 中，如果 $a = b$，则 x 可以取任意值。（因为零乘以任何数等于零。）结果是，最近弦论在理论上也允许有无穷多的解。为了更加准确，既然宇宙中空间和时间解被限制在非常小的普朗克常数中，那么解的数量不是真正无限的，而仅仅是大量的。因此，弦论意味着，许多不同自然常量的集合是可能的。

这导致了多元宇宙的想法，即存在数量巨大的宇宙，我们渺小的宇宙只是其中一个。与弦论一样，这些宇宙可以有不同的物理常数集合。

进化着的宇宙。伦纳德·斯金德是弦论的发现者。李·斯梦琳是理论物理学家和量子引力专家。他们两个共同提出，一个宇宙会自然地引起其他宇宙的进化，促使其逐步地提炼出自然常数。换句话说，我们的宇宙中的规律和常数对于进化出智能生命来说非常理想，这并不是偶然的，而是它们自己进化成这样的。

在斯梦琳的理论中，引发新宇宙的途径是通过黑洞进行创造，所以那些最能够产生黑洞的宇宙，很可能是被复制的那一类。按照斯梦琳的意思，最能创造递增复杂度的宇宙（即生物的生命）同时也最有可能创造新的宇宙，即产生黑洞。正如他阐述道："通过黑洞进行的复制会导致多元宇宙，在那里，生命所需的环境是普遍的——主要因为一些生命环境所需的物质，比如丰富的碳，推动了大到可以变为黑洞的恒星形成。"[93]斯金德的建议在细节上不同于斯梦琳，但也是基于黑洞，以及自然的"膨胀"，这种力量引起早期宇宙的迅速扩大。

智能作为宇宙的命运。在《The Age of Spiritual Machines》一书中，我提出了相关的想法，即那些智能将最终渗透到整个宇宙，并决定宇宙的命运：

智能与宇宙有多相关？一般的智能与宇宙并不是很相关。恒星诞生和死亡；星系经历创造和毁灭的循环；宇宙本身在大爆炸中诞生，并且将以收缩或者哭泣为结束，我们目前尚未确定。但是智能与它没什么关系。智能仅仅是一点泡沫，只是小动物冲向无情宇宙力量的泡泡。宇宙的无知机制将在遥远的未来结束，或者逐渐结束，并且没有什么智能可以对它做什么。

这是一般的智能。但我并不同意。我的推测是，最终将会证实，智能比这些客观力量更为强大……

宇宙会以大收缩结束？或者以死的无限扩展结束？或者以其他方式？我认为，首要问题不是宇宙的规模，或者反引力存在的可能性，或者爱因斯坦所谓的宇宙常数。相反，宇宙的命运是一个尚未做出的决定，当时间合适的时候我们将理智地考虑它。[94]

复杂性理论家詹姆斯·格莱德纳把我关于贯穿宇宙的智能的发展的提议与斯梦琳和斯金德的进化着的宇宙的概念相结合。格莱德纳推测，特别是智能生命的进化将开启子宇宙。[95]建立在英国天文学家马丁·里斯的观测之上，格莱德纳说："我们所说的基本常数是一些对物理学家来说很重要的数，可能是终极理论的次要结果，而不是它最深刻和最根本水平的直接表现。"对斯梦琳来说，黑洞和生物生命都需要相似的条件（例如大量的碳），这不仅仅是一个巧合，所以在他的构想中没有给智能明确的定位，除了那碰巧是特定生物友好环境的副产物。在格莱德纳的构想中，是智能生命创造了它的接班人。

格莱德纳写道："我们和整个宇宙的其他生物是一个巨大的、仍未被发现反地球的生命与智能群落部分，传播于亿万个星系与无数秒差距之间，共同从事于真正极为重要的危险任务。根据生命宇宙论的梦想，我们有着与该群落共同的命运——帮助塑造宇宙的未来，并且把它由一个无生命的原子集合转变为一个庞大的超级智能。"对于格莱德纳来说，自然规律以及精确的平衡常数"在宇宙中有与 DNA 一样的功能：它们提供'处方'，使不断进化的宇宙获得产生生命的能力，以及更加有能力的智能"。

在作为宇宙中最重要的现象——智能方面，我自己的观点与格莱德纳是一致的。但是我也确实不同意他关于"巨大的……反地球的生命与智能群落，传播于亿万个星系"的意见。我们还没有证据表明，存在这种超越地球的群落。这里，群落问题可能只是我们自己较低级的文明。正如我前面指出的，尽管我们可以对"为什么每个特定的智能文明都可能对我们保持隐藏"形成各种原因，（例如，它们自己摧毁自己了，或者它们决定维持看不见或者悄悄地，或者它们已经改变通信方式，不再使用电磁传输，等等）。在应该存在的数以亿计的文明中（按存在地外文明的假设），每一个文明都有不为我们所察觉的原因，这是不可信的。

终极效用函数。斯金德与斯梦琳提出，在多元宇宙中，黑洞将成为每一个宇宙的"效用函数"（该性质在进化过程中得到优化）。我与格莱德纳分享了关于智能作为效用函数的构想。我们可以形成一种将以上两者结合的概念。正如我在第 3 章讨论的，计算机的计算能力是其质量和计算效率的函数。回想一下，一块岩石具有很大的质量，但是计算效率极低（几乎所有粒子的运动情况实际上都是随机的）。人类的很多粒子的互动也是随机的，但是在对数规模下，人类大约处在岩石和终极小型计算机之间。

终极计算机范围中的计算机具有非常高的计算效率。当我们需要获得最佳的计算机效率时，提高计算机的计算能力的唯一途径将是增加它的质量。如果我们增加了足够大的质量，它的引力会引起它坍塌成为黑洞。所以可以将一个黑洞视为一台终极计算机。

当然，没有任何黑洞会这么做。许多黑洞像大多数的岩石一样，都在执行着许多随机事务，而不是有用的计算。但是就 cps 而言，一个组织性良好的黑洞将是最强大的可信任的计算机。

霍金辐射。存在一个争论已久的问题，是关于我们是否可以给黑洞传送信息，有效地改变它，然后再把它检索回来的。霍金的黑洞传输构想涉及在视界附近（黑洞附近不能返回的点，超过了它，物质和能量就都无法逃脱）所创建的粒子——反粒子对。当这种自发创造发生时，尽管它确实在空间各处发生，但是粒子与反粒子彼此向相反的方向飞行。如果粒子对中的一个飞入视界（永远不会再看到），则另一个将远离黑洞。

这些粒子中的一些将有足够的能量去逃脱黑洞的引力，并且导致所谓的霍金辐射。[96]在霍金的分析之前，人们认为黑洞是相当的黑，以霍金的见解，我们认识到它们实际上是不断释放出高能粒子簇射。但是按照霍金的想法，这种辐射是随机的，因为它源于视界边界附近的随机量子事件。所以按照霍金的意思，黑洞可能包含终极计算机，但是按照他原始的构想，没有信息可以从黑洞中逃脱，所以这台计算机永远无法传递其结果。

1997 年，霍金和物理研究员奇普·索恩（虫洞科学家）与加州理工学院的约翰·普瑞斯基打赌。霍金和索恩断言进入黑洞的信息会消失，并且可能在黑洞里发生的任何计算，有用的或者没用的，都永远不能被传送到黑洞以外，然而普瑞斯基认为信息是可以被找回的[97]。失败者将以百科全书的形式提供给赢家一些有用的信息。

在随后的几年中，物理学界的共识逐渐远离了霍金，在 2004 年 7 月 21 日，霍金承认失败，并公认普瑞斯基最终是正确的：送到黑洞的信息不会丢失。它在黑洞内部可以转换，然后传播出去。根据这一理解，所发生的情况是，从黑洞中飞出的粒子仍与它消失在黑洞里的反粒子保持着量子纠缠。如果黑洞内部的反粒子涉及一个有用的计算，那么，这些结果将以它黑洞之外的纠缠粒子的状态来编码。

因此，霍金送给普瑞斯基一本关于板球的百科全书，但是普瑞斯基拒绝了，他坚持要一本棒球大百科，为了参加颁奖仪式，霍金飞了过去。

假设霍金的新立场确实是正确的，那么我们可以创造的终极计算机可能就是黑洞。因此一个被很好地设计为能够创造黑洞的宇宙，将成为一个被很好地设计为能够优化智能的宇宙。斯金德和斯梦琳只不过在争论,而生物学和黑洞都需要相同种类的材料,所以一个针对黑洞优化的宇宙也会是针对生物优化的宇宙。认识到黑洞是智能计算的终极宝库,我们可以得出这样的结论,最佳黑洞产生的效用函数与优化智能的效用函数是一样的。

为什么智能比物理更为强大。还有一个适用于人择原理的理由。很明显,我们的星球不太可能在技术发展方面领先,但是正如我前面所指出的,应用弱人择原理,如果我们没有进化发展,我们也不会在此讨论这个问题。

智能沉浸在对它有用的物质与能量中,它将愚蠢的物质变成了聪明的物质。尽管聪明的物质仍然名义上遵循物理定律,但是它如此突出的智能使得它可以掌控定律中最微妙的方面,以它的意愿操控物质和能力。所以,智能至少在表面上比物理更为强大。我要说的是,智能比宇宙更强大。也就是说,一旦物质进化为聪明物质(完全渗透着智能过程的物质),它就可以操作其他物质和能量来执行它的命令(通过适当强大的设计)。这种观点不是未来宇宙论讨论中的普遍观点。它假定智能与在宇宙论规模上的事件和进程是无关的。

一旦在一个行星上产生了一个技术创造物种,并且该物种创造了计算(正如这里发生的),几个世纪之后,它就会渗入它周围的物质和能量中,并且它开始至少以光速的速度(通过一些规避此限制的建议)向外扩张。这样的文明将克服重力(通过微妙且强大的技术)和宇宙中其他类型的力——或者完全准确地说,它将调动和控制这些力,并且按照它的想法来设计宇宙。这是奇点的目标。

宇宙规模的计算机。对我们的文明来说,要多久才能将我们巨大扩展的智慧浸入宇宙中呢?赛斯·劳埃德估计,在宇宙中大约有 10^{80} 个粒子,理论上拥有大概 10^{90} cps 的能力。换句话说,宇宙规模的计算机将能够以 10^{90} cps 进行计算。[98] 为了得出这些估计值,劳埃德得出物质密度的观察值——约为每 m^3 一个氢原子,并以这个数字来计算宇宙的总能量。用普朗克常数除以这个能量数字,他得出大约 10^{90} cps。宇宙的年龄大约为 10^{17} s,所以,迄今为止,在整数范围内它最多计算过大约 10^{107} 次。由于每个粒子在其所有的自由度(包括位置、轨迹、旋转度等)上大约能够存储 10^{10} bit 数据,因此,在每个时间点上,宇宙的状态大约相当于 10^{90} bit 信息。

我们不需要考虑将宇宙的所有物质和能量都投入到计算中。如果我们使用 0.01%,那仍然有 99.99% 的物质和能量没有被修改,但是仍将会有大约 10^{86} cps 潜力。基于我们现在的理解,我们只能接近这些数量级。任何接近这个水平的智能都如此强大,以致它可以足够小心地来执行这些工程的创举,以便不破坏它认为重要的自然进程。

全息宇宙。另一个关于最大信息储量和宇宙处理能力的观点来自于最近推测出来的信息本质理论。按照"全息宇宙"理论,宇宙实际上是一个在它表面写有信息的二维数组,因此,它传统的三维出现形式是一种错觉。[99] 按照这一理论,从本质上讲,宇宙是一个巨大的全息图。

信息以很好的、由普朗克常数管理着的规模写入,所以宇宙的最大信息量是它表面积除以普朗克常数的平方(接近于 10^{120} bit)。宇宙中似乎没有足够的物质来编码这么多的信息,因此,全息宇宙的限制可能高于其实际的可行性。任何情况下,这些各种各样估计的数目的数量级都处在相同的范围内。把宇宙改组成有用的计算,所能够存储的 bit 是 $10^{80} \sim 10^{120}$。

同样，我们的工程，甚至是未来经过极大进化的我们，将有可能达不到这些最大值。在第 2 章我已经展示了，在 20 世纪，我们是如何从 10^{-5} 上升到 10^8 cps/每千美元。基于我们在 20 世纪看到的平滑的双倍指数增长的延续，我预计，我们将在 2100 年到达大约 10^{60} cps/每千美元。如果我们估计将几万亿美元用于计算，在 21 世纪末，总共会有大约 10^{69} cps 计算能力。我们太阳系的物质和能量可以达到这一目标。

为获得大约 10^{90} cps，需要扩展到宇宙的全部其他部分。持续的双指数增长曲线表明，倘若可以不受光速的限制，我们可以在 22 世纪末将智能渗透到整个宇宙。即使全息宇宙理论所支持的附加的 10^{30} 被证实，我们仍能在 22 世纪达到饱和。

同样，如果确实能绕过光速限制，我们将拥有的太阳系规模的智能将能够设计并应用必要的工程来做到这一点。如果让我下注，我将把我的钱押在可能绕过光速这一推测上，并且我们将能够在 200 年内做到这一点。但那是我的猜测，我们还没有充分认识这些问题，因此不能去做更明确的声明。如果光速是无法改变的障碍，而且不存在穿过虫洞这样的捷径可以利用，那么我们的智能充满宇宙所花费的时间将是数十亿年，而不是几个世纪，并且我们将被我们在宇宙中的光锥所限制住。无论怎样，计算的指数增长都将在 22 世纪遇到这道壁垒。（那是真正的壁垒！）

这个在时间跨度上巨大的差异——数百年与亿万年对抗（使宇宙充满我们的智能），说明了为什么规避光速限制的问题是如此重要。在 22 世纪，它将成为我们的文明所拥有的强大智能的当务之急。这就是我为什么相信虫洞或者其他规避手段是可行的，我们将非常积极地发现和利用它们。

如果有可能设计新宇宙，并与它们建立连接，这会为智能文明的持续扩张提供更进一步的手段。格莱德纳的观点是，智能文明在创建新宇宙的问题上的影响依赖于设定的婴儿宇宙的物理定律和常数。但是像这种文明中强大的智能可能会更为直接地想出一种办法，以使它能将自己的智能拓展到一个新宇宙上。当然，超出这个宇宙去传播我们的智能的想法是推测，因为没有一个多元宇宙允许从一个宇宙到另一个之间的通信，除了传播基本的法则和常数。

即使我们被限制在已认知的宇宙中，用智能充满宇宙中全部的物质和能量仍然是我们的终极命运。宇宙将会是什么样呢？呃，暂且拭目以待。

莫利 2004：那么宇宙什么时候到达第六纪元（在那个阶段，人类智能的非生物部分将贯穿于整个宇宙），在它之后将怎么办？

查尔斯·达尔文：我不确信我可以回答这个问题。正如你所说的，这好比一个细菌问另一个细菌人类将要做什么。

莫利 2004：那么这些第六纪元实体将认为我们生物人类像细菌？

乔治 2048：这肯定不是我对你的看法。

莫利 2104：乔治，你只是在第五纪元，所以我不认为那是这个问题的答案。

查尔斯：回到细菌上，它们将会说什么，如果它们可以交谈——

莫利 2004：以及思考。

查尔斯：是的，还有思考。它们会说，人类会像我们一样做相同的事——也就是，吃饭、躲避危险，以及繁殖。

莫利 2104：哦，但是我们的繁殖有趣得多。

莫利 2004：未来的莫利，实际上这是我们人类奇点前的繁殖，那很有趣。事实上，你的虚拟繁殖很像细菌。性别对它不起作用。

莫利 2104：这是真的，我们已经把性别从繁殖中分离了出来，但这对 2004 年的人类文明来说也并不新鲜。再说，不像细菌的地方是，我们可以变换我们自己。

莫利 2004：其实，你也已经把变换和进化从繁殖中分离出来了。

莫利 2104：在 2004 年，那确实也是真的。

莫利 2004：好吧，好吧。但是关于你的清单，查尔斯，我们人类也做些像是艺术和音乐之类的事。这将我们与其他动物区分开。

乔治 2048：的确，莫利，那就是奇点的根本意义所在。奇点是最美妙的音乐，是最深刻的艺术，是最美丽的数学……

莫利 2004：我懂了，所以奇点的音乐和艺术对我这个时代的音乐和艺术来讲，大约就像 2004 年的音乐和艺术对……

内德·路德：细菌的音乐和艺术。

莫利 2004：嗯，我已经看到一些真菌的艺术模型。

内德：是的，但我敢肯定你不会尊敬它们。

莫利 2004：不，事实上，我打扫了它们。

内德：好吧，当我没说过。

莫利 2004：我仍然试着去预想一下。在第六纪元时宇宙将会做什么。

蒂莫西·勒瑞：宇宙会像鸟儿一样飞行。

莫利 2004：但是它在哪里飞呢？我的意思它就是全部了。

第7章 我是奇点

所有愚蠢中最普遍的就是，狂热地相信一些显而易见的错误。

——H·L·门肯（美国作家和编辑）

生命哲学植根于历史悠久的传统，包含了很多关于个人的、组织的和社会生活的智慧。我们中的许多人也发现了那些传统的缺点。在科学尚未成型的年代，这种传统怎么可能不引领我们走向某种谬误？先进的现代科技已经成功地使人由个人转化为人类整体，同时经济、政治、文化等因素已经使得国际形势发生了改变。对此，古代的生命哲学并未做过多的阐释。

——麦克斯·摩尔（英国哲学家，未来学家），《Principles of Extropy》

世界不需要另一个极权主义的信条。

——麦克斯·摩尔，"Principles of Extropy"

是的，我们有一个灵魂。但它由许多微小的机器人构成。

——朱里奥·奇奥尼

如果培养基不影响人类的功能和意识，那么它就与道德无关。从道德角度来看，人是在硅上还是在生物神经上运行，都没有关系。（就像你是黑色还是白色皮肤一样，都没有关系。）

——尼克·波斯特拉姆，"Ethics for Intelligent Machines：A Proposal，2001"

哲学家们很久以前就意识到，与他们的祖先相比，他们的孩子出生在一个更加复杂的环境中。对加速转变早期的认识，甚至是无意识的认识都可能会促进西方传统的思想，例如：乌托邦论、世界末日论以及新千年论等。然而不同的是，现在每一个人都在某一层面上认识到了前进的脚步，而不是简单的空想。

——约翰·斯玛特（美国未来学家，加速变化理论奠基人）

奇点人就是那些了解奇点内涵且能将其运用在生活中的人。

我本人就曾用了几十年的时间来对这一问题进行反思。当然，这不是一个人可以完成的任务。早在20世纪60年代，少年时代的我就开始对人类思维与计算技术之间联系的问题进行思考。到了20世纪70年代，我又致力于研究技术加速理论，并且在20世纪80年代末出版了第一本书表达我对这一问题的见解。所以，我有时间去思考现在的叠加转变对社会和人类自身造成的影响。

乔治·吉尔德将我在科学和哲学上的理论称为"为对传统信仰失去信心的人提供的替代幻想"。[1]吉尔德的陈述也不难理解，因为关于奇点的猜想与关于传统信仰转化的猜想之间，至少存在着一些共性。

但我并不会将我的观点作为寻找传统信仰替代品的结果。我了解技术趋势的探索出发点非常现实：只是想去尝试实践我的一些发明，并且为未来的技术公司创造最佳决策条件。这种技术建模渐渐地呈现它自己的生命，并且引导我构想出关于科技进化的理论。此时，这些决定性的改变对社会和文化习惯与我自己的生活的影响并不是一个很大的跳跃。所以，当奇点人不与信仰有关，而只与认识有关，我在书中对科技趋势做出预测时，不可避免地产生了关于传统信仰试图去陈述的观点：死亡与不朽的本质、人类存在的意义、宇宙中的智慧。

作为一个奇点人，我总是会感到很孤独或者不太合群，因为我遇到的很多人并不认同我的观点。很多"伟大的思想家"完全没有意识到这样伟大的思想。在无数的陈述和评论中，相反，人们通常会相信这种普遍的智慧：人生短暂，人类的智力、体力已经达到极限，没有什么东西可以在本质上改变我们的寿命。我预料，当加速改变的暗示变得越来越明显，这种狭隘的观点将会改变。于是我编写了这本书，希望更多的人能来认同我的观点。

那么，我们应当怎样去认知奇点呢？正如对待太阳一样，很难直视它，最好是从我们的眼角斜视它。正如麦克斯·摩尔所说的，我们需要的最重要的东西是另一个教条而不是迷信，因此，奇点理论不是一套信仰或统一观点的系统。奇点本质上是对科技趋势的理解，同时也是引起一个人重新思考每一件事的领悟，从健康和财富的意义到死亡和生命的本质。

在我看来，作为一个奇点人应包括方方面面的知识，而以下列出的只是沧海一粟。这些想法不是一个新教条的建议，只表达我个人的人生观。

- 现在，我们有让人类活足够长的时间，直到永远的方法。当更多生物科技和纳米科技的根本生命扩展治疗可用时，现有的知识可以大幅减缓衰老的速度，这样我们就可以一直保持健康[2]。但是第二次世界大战之后的这一代人普遍不认可这一现实，因为他们没有意识到人类日渐加速的衰老过程，以及阻碍这一过程的机会。
- 本着这种精神，我重新编写了我的生物特征，它与它本来应该成为的样子有很大的不同。[3]吃补品或药物不是要等出现问题时最终诉诸的手段。我们的机体早已存在许多问题。在很久之前就进化出来的过时的基因序列管理着我们的身体，所以我们需要战胜我们的遗传基因。我们现在具备了知识开始完成它，我也正在致力于这样做。
- 我的躯体是短暂的。组成它的各种粒子平均每月就完全翻新一次。只有我的身体和大脑的形式有连续性。
- 我们应该通过优化我们的身体健康、扩展我们的思想范围，努力地提高这些形式。最终，通过与技术的融合，我们将能极大扩展精神的能力。
- 我们需要一个身躯。只要我们在体内植入了 MNT 结构，我们就可以随心所欲地改变自己的身躯。
- 只有科技能够战胜人类社会一代一代为之奋斗的挑战。例如：新兴科技可以供应和存储可再生清洁能源，消除人体内部和自然环境中的毒素和病原体，提供战胜贫困与饥饿的知识和财富。
- 各种形式的知识都很珍贵：音乐、艺术、科学、技术以及嵌入在人体内部和大脑中的知识。任何形式知识的损失都是悲剧。
- 信息不是知识。世界淹没在信息的海洋中，而智慧的作用就是寻找并且作用于它们中主要的部分。比如说，每秒有几百兆比特的信息流穿过我们的感官，其中大多数的信息被智能地过滤掉了。只有一些关键的认知和领悟（即各种形式的知识）得到了最终的保留。因此，智能选择性地销毁信息以创造知识。

- 死亡是悲剧。将人比做一种深邃模式（一种形式的知识），在人死亡时就会消失，在这里并没有贬低的意思。至少这在现在的社会中已成事实，因为我们不了解这一方面的知识。当人们失去心爱之人时，他们会说自己已经不再完整。的确，他们这样说也是有道理的，因为我们确实失去了有效使用大脑中的神经模式与去世的人交流的能力。

- 在我的观点中，人生以及我们生命的宗旨在于创造并欣赏不断增长的知识，向着更加"有序"的方向移动。正如我在第 2 章中讨论的：更加有序往往意味着更加复杂。不过有时候，深刻的观察力会在提高有序性的同时降低复杂性。

- 正如我的理解，宇宙的宗旨反映了与我们生命一样的宗旨：向更高级的智能和知识发展。我们人类的智能和科技构成了这一扩展中的智慧的前沿（假设我们没有意识到任何地球外的竞争对手）。

- 已经到了临界点：在 21 世纪，我们就能够通过自我复制的非生物智能将我们的智能注入太阳系中。那时，它将会扩散到宇宙的其他部分。

- 想法是智慧的表现和产物。想法可以用来解决人类所面对的大多数问题。当下我们不能解决的主要问题是那些我们不能清楚表述的问题，通常是我们根本没有意识到的问题。对于那些我们已经遇到的问题，关键是要用适当的文字（有时候用方程）来表述它们。做到了那些，我们就能找到面对和解决这些问题的想法。

- 我们可以利用科技加速所带来的巨大影响。一个著名的例子是，通过"桥梁 – 桥梁 – 桥梁"来获得人类寿命的显著增长。（把当前的知识作为通往生物科技的桥梁，生物科技又将是我们通往纳米科技时代的桥梁[4]。）今天，尽管我们并没有掌握用于根本寿命扩展的所有知识，但这为我们提供了通往无限生命的道路。换一种说法是，我们并不需要解决所有的问题。我们可以对 5 年、10 年甚至 20 年之后可能的科技能力进行预测，并把它们也纳入我们的计划。那就是我规划的我的科技项目，在面对社会中的巨大问题以及我们的生命时，我们也可以采取同样的做法。

当代哲学家麦克斯·摩尔将人类的目标描述为一种超越，从"人类价值观所掌控的科学与技术中获得[5]"。摩尔引用了尼采的论述："人是一条纽带，将动物和超人类紧紧地连接在一起———一条跨过深渊的纽带。"我们可以将尼采的观点解释为：我们比其他动物高级，同时试图变为更高级的物质。我们可以把尼采提及的"深渊"看做是科技潜在的危险。关于这一问题，我在第 8 章里会有详细的论述。

同时，摩尔也对期望奇点可能对今天的消极作用表示了担忧。[6]因为出现战胜衰老问题的巨大能力，就有可能出现一种渐渐远离日常琐事的趋势。我赞成摩尔关于"消极奇点主义"的担忧。前面观点的一个原因是，科技是一把双刃剑，在奔向奇点的道路上，与走向奇点的可能一样，我们也很可能会走向岔路，造成令人担忧的后果。甚至在应用新兴技术中很小的延时都会使数百万人继续经受痛苦和死亡。例如，在实施生命挽救治疗中，过度调整的延时会导致大量的死亡。（世界上每年都有数百万的患者因心脏病而丧生。）

摩尔也担心"为了'稳定'与'和平'，反对'傲慢'与'无知'，"思想文化反抗可能会使技术加速走入歧途。[7]在我看来，在整个科技进步中，严重的出轨不大可能发生。即使像两次世界大战（这两次世界大战导致一亿人丧生）、美苏冷战这样划时代的事件，甚至数次的经济、文化、社会大动荡，对科技进步的趋势也只有非常非常小的影响。然而，那些浅薄的反科技思想现在在世界上逐渐发出声音，它们确实有着潜在的消极影响。

人还能被称为人吗？ 有一些评论家将"后奇点时期"叫做"后人类时期"，并且把对这一时代的预测称为后人类主义。然而，就我来说，作为人类就意味着作为努力扩展其范围的文明的一部分。通过很快就会获得的改变与提高生物的工具，我们会超越生物。如果我们认为经过科技改造过的人类已经不属于人类的范畴，那么界定人与非人的界限又是什么呢？植入通过仿生学制造心脏的人还能被称做是人吗？植入一条人工神经的人还是人吗？如果一个人的大脑中植入了 10 个纳米机器人呢？5 亿个怎么样呢？是不是我们应该这样界定：以在人脑中有 6.5 亿个纳米机器人为界限，少于这个数目，你还是人，超过了这个数目，你就属于后人类了？

我们与技术的结合就像走在一个光滑的斜面上，只不过是沿着它向上滑行，从而走向更伟大的希望，而不是向下走入尼采的深渊。有些评论家认为这种结合创造出了新的"物种"。但物种这一范畴是生物学概念，我们正在做的已经超越了生物范畴。总之，奇点的潜在转化并不仅仅是生物进化长链中的另一步，我们已经完全颠覆了生物进化。

比尔·盖茨：我 99% 同意你的看法。我喜欢你的观点是因为它们有科学依据。但是你的乐观完全是一种宗教信仰。我也是个乐观的人。

雷：是的。我们现有的法律和道德系统就是建立在尊重他人意识的基础上的。假如我打伤了别人，就被认为是不道德的，可能还是违法的，因为我使其他有意识的人遭受痛苦。假如我破坏财产，如果损坏的是自己的财产，那就没有关系；如果是别人的财产，那就是不道德或者违法的，因为我不是使财产遭受痛苦，而是使拥有财产的人遭受痛苦。

比尔：那世俗的原则呢？

雷：从科学与艺术中，我看到了知识的重要性。知识超越了信息，它是对意识主体有意义的信息，就像音乐、艺术、文学、科学、技术等。这些都是在我谈到的趋势中将会得到扩展的品质。

比尔：我们需要专注于某些简单的消息。我们需要有魅力的领袖。

雷：有魅力的领袖也是旧模式中的一部分。那是我们希望舍弃的。

比尔：那么，一台有魅力的计算机。

雷：有魅力的操作系统，如何？

比尔：哈哈，这个我们已经做到了。

雷：当我们将智能浸入宇宙中的物质与能量之后，它就会"觉醒"，拥有意识和伟大的智能。那与我可以想象的上帝很接近吧。

比尔：那已经是硅智能，而不是生物智能了。

雷：对啊，我们将会超越生物智能。我们首先将会与它结合，但是最终我们智慧中的非生物部分将会占据主导地位。顺便提一句，不可能是硅，可能是碳纳米管。

比尔：这个我知道——我之所以把它称为硅智能，是为了让人们明白它的意思。不过我不认为它能拥有人类的意识。

雷：为什么呢？如果我们模仿人类大脑和身体中发生的必要事件的运行机制，将这些过程放在其他培养基中，然后大大地扩展它，难道它不会有意识吗？

比尔：哦，它会有意识。我只是觉得，那是一种不同类型的意识。

雷：可能这就是我们那1%的分歧吧。它为什么不同呢？

比尔：因为计算机可以在瞬间实现合并：10台甚至百万台计算机可以合并成一台更快更强的计算机。但是人类可做不到。我们每一个人都是独立的，不能相互桥接。

雷：这正是生物智能的局限所在。不可桥接不同的生物智能不是一个优势。"硅"智能可以在两方面拥有它。计算机不必共用它们的智能与资源。如果它们希望，它们可以保持"独立"。硅智能可以在同一时间既结合又保持独立。作为人类，我们也尝试与他人结合，我们缺失了完成这些的能力。

比尔：任何有价值的东西都是缺失的。

雷：是啊，不过它会被其他更有价值的东西所替代的。

比尔：没错，所以我们应当不断创新。

关于意识的烦人问题

如果你将大脑增大到一间工厂那么大，然后漫步其中，你不可能会找到意识。

——G·W·莱布尼兹

一个人可以不断地想起爱情？这就像是设法鼓起地窖中的玫瑰花香。你可以看到玫瑰花，但你永远也闻不到花香。

——亚瑟·米勒[8]

当一个人开始最简单地尝试思考哲学问题时，他往往会被这样一些问题困扰：当人明白某件事情时，他是否意识到自己已经明白？还有，当人对自身进行思考时，他想了些什么，是什么在进行思考。人在被这些问题困扰和折磨了很久之后就学会了不去深究：意识存在的概念完全不同于无意识对象。在说意识存在知道某件事情时，我们不只说他知道了某事，还说他知道他知道某事，还说他知道他知道他知道某事，如此往复，与我们对这个问题的关心一样长：我们认识到，它的长度无穷无尽，但它并不是在坏的意义上无尽的退化，因为相较于这个答案，这个无尽问题是没有意义的。

——J·R·卢卡斯，牛津大学哲学家，出自他1961年
的文章 "Minds, Machines, and Gödel"[9]

当我们做梦时，它们很真实，但我们能说比生活更真实吗？

——海威洛克

未来的机器将具有情感和精神体验的能力吗？我们已经讨论了非生物智能几种方案，用来全方位地展示生物人显现出来的情感丰富的行为。第一种情况是，到21世纪20年代后期，我们完成了人脑的逆向工程，那将使我们开发出可以匹敌甚至超越人类的复杂与灵活的非生物系统，包括我们的情绪智力。

第二种情况是，我们可以将一个真实人类的部分上传到一个合适的非生物的可以思考的培养基中。第三种情况是，也是最引人注目的，方案涉及逐渐的但不可阻挡的进程，从而使人类自身从生物过渡到非生物。这已经从设备的良性引入开始，如用于改善残疾和疾病的神经植入。它与血液中纳米机器人的引入一起进步。纳米机器人的开发一开始将会用于医疗和抗老化应用。然后，更复杂的纳米机器人将与我们的生物神经元交互，以增强我们的感官，从神经系统内部提供虚拟与增强的现实，它们可以帮助我们记忆，也可以提供其他常规的认知任务。随后，我们将成为机器人，从我们大脑的立足点出发，我们智能的非生物部分将以指数级扩大其能力。正如我在第 2 和第 3 章讨论的，我们看到信息技术的每一个方面都在以指数级增长，包括价性比、容量、采用率。由于每一 bit 信息计算和通信所需的质量和能量都非常小（见第 3 章），这些趋势将能继续下去，直到我们的非生物智能大大超越生物部分。由于我们生物智能的能力基本上是固定的（除了一些相对温和的生物优化技术），非生物部分将最终占主导地位。在 21 世纪 40 年代，当非生物部分有数十亿倍的能力时，我们还会坚持将我们的意识与我们智能的生物部分相联系吗？

显然，非生物实体会声称有情绪和精神体验，正如我们今天所做的。他们、我们会声称是人类，并且有人类声称的完全范围的情绪和精神体验。而这些将不会是无根据的声明，他们将证明丰富、复杂、微妙的行为与这种感觉相关联。

但如何将这些引人注目的声明和行为与非生物人的主观体验相联系呢？我们继续回到非常真实，但最终无法计量（用完全客观的方法）的意识问题上。人们经常谈论的意识就好像有一个实体清晰的属性，可以对其很容易地认识、发现和测量。意识问题为什么如此容易引起争议，如果我们可以对它做出决定性的领悟，那就是：

不存在可以最终确定它的存在的客观的测试。

科学是客观的测量及其逻辑的关联，但客观的本质是，你无法测量主观的感受，你只能测量它的关联性，如行为（我说的行为包括内部行为，也就是说，实体中元件的动作，比如神经元，以及它们的许多部件）。这一限制与"客观"和"主观"概念的本质有关。若采用直接客观的方法，我们根本无法看穿另一个实体的主观体验。我们能够对它产生争论，如，"观察非生物实体大脑的内部，看它的秩序多像一个人大脑里的"，或者，"看，它的行为多像人类的行为"。但最后，这些仍然只是争论。不管非生物人的行为如何有说服力，一些观察家仍将拒绝接受这样一个实体的意识，除非它喷出神经递质，是基于 DNA 引导蛋白质的合成，或有某些生物人特有的属性。

我们假设其他人是有意识的，但这只是一个假设。人们对非人类实体的意识如高级动物没有统一的意见。思考一下关于动物权利的争论，它将所有事情都与动物是否有意识或只是由"本能"操作的准机器。未来非生物实体展现出来的行为与智能比那些动物更加像人，到那时，在这一问题上将更加有争议性。

事实上，这些未来的机器甚至比今天的人类更加像人。如果这看起来像一个似是而非的陈述，那么请思考一下，今天很多人类思想都是自私而且是派生的。我们惊叹于爱因斯坦从一个思想实验中想象出普遍相对论的能力，或者贝多芬在听不到声音的情况下想象出交响乐的能力。但这些最优秀的人类思想是罕见的，稍纵即逝。（幸好我们对这些稍纵即逝的时刻有记录，这反映了我们与其他动物的区别。）我们未来主要的非生物自我将会更加智能，因此，将会把这些人类思想中的出色能力以更杰出的程度展现出来。

那么我们将如何来对待由非生物智能主张的意识呢？从现实的角度来看，这类主张会被接受。一方面，"它们"会是我们，所以在生物与非生物智能之间不会有任何明确的区分。另一方面，这些非生物实体将非常聪明，所以他们就可以说服他们意识到的其他人（生物、非生物，或介于两者之间）。他们将拥有所有微妙的情感暗示，这种情感暗示说服我们的今天人类他们是有意识的。他们将能够使其他人欢笑和哭泣。如果别人不接受他们的主张，他们会很生气。但是，这基本上是政治和心理的预测，而不是哲学争论。

一些人还在坚持主观体验或者不存在，或者是一个可以忽略的无关紧要的特征。我不同意这些人的观点。谁或什么是意识或者他人主观体验的本质，这个问题对我们的伦理、道德、法律等概念是十分重要的。我们的法律制度主要基于意识的概念，它对造成一个（有意识的）人痛苦的行为，特别是意识体验的剧烈形式，或者结束一个人的意识体验的行为，给予特别认真的关注。

人类关于使动物遭受痛苦的能力的矛盾心理也反映在立法上。我们有反对虐待动物的法律，特别强调规定了更加智能的动物，如灵长类动物（尽管我们关于大型动物在工厂、农场遭受的痛苦方面存在很明显的盲点，但这是另一论文的主题）。

我的意思是，我们不能把意识问题作为一个礼貌的哲学问题而摒除。它是社会中法律和道德基础的核心。当机器——非生物智能可以令人信服地为它自己辩论，它/他/她的感情需要得到尊重，这种争论将会改变。当它可以用幽默感做这些时——这对使他人信服十分重要，它可能会赢得辩论。

我期望法律制度中的那种实际的改变最初来自诉讼，而不是立法，因为诉讼往往会引起这种转变。例如，马丁·罗斯布雷特律师是 Mahon, Patusky, Rothblatt & Fisher 的股东，他在 2003 年 9 月 16 日提出了一个模拟议案，用于防止一个公司从有意识的电脑中脱离。在国际律师协会会议上，该议案主张模拟生物数字准则的审判[10]。

我们可以衡量的主观体验的某些相关因素（例如，客观可测量神经活力的特定部分，与某种主观体验的客观需证实的部分联系在一起，如听到声音）。但是，我们不能把客观的量度深入到主观体验的核心。正如我在第 1 章中提到的，我们正在处理第三人的"客观"体验（这是科学的基础）与第一人的"主观"体验（这是一个意识的代名词）之间的差异。

想想看，我们无法真切地感受到他人的主观体验。2029 年的体验束技术将会使一个人的大脑可以感到他人的感知体验（情感与体验等其他方面在精神方面的某些潜在联系）。但是，作为一个人经历过得愉快体验，这仍然不能传递相同的内部体验，因为他或她的大脑是不同的。我们每天听到别人的经验报告，我们甚至可能感到同情，以回应他们内部状态导致的行为。但是由于我们只接触到别人的行为，我们只能想象自己的主观经验。因为它可能构建一个完全一致的、科学的世界观，省略了意识的存在，一些观察家得出的结论是，这只是一种幻想。

杰罗恩·拉尼尔是虚拟现实的先驱，他反对那些主张主观体验不存在或者因为它是外围或次要的影响，所以不重要的观点（引自他在《One Half a Manifesto》中所谓的"控制完全主义"提出的六个反对的第三个）。[11] 正如我曾指出的，我们假定没有任何设备或系统可以明确直接地与实体发生主观（意识体验）关联。任何此类设备将包含一种哲学假设。虽然我不同意拉尼尔大部分的意见（见第9章），但是在这个问题上我同意他的观点，我甚至可以想象（心领神会）到，他在面对"控制完全主义"时和我一样的无奈（并不是说我同意这样表述）。[12]就像拉尼尔一样，我甚至接受了那些主张不存在主观体验的人的主观体验。

正是因为我们不能通过客观的测量和分析（科学）来完全地解决意识问题，所以哲学起到了决定性的作用。如果我们完全想象出一个没有主观体验的世界（只有旋转的物质，没有有意识的实体来体验它），那么这个世界也许就不存在了。在一些宗教思想的某些流派的传统哲学中就可以看出人们是怎样看待这个世界的。

雷：我们可以讨论什么样的实体是有意识的或可能有意识的。我们也可以讨论意识是突然产生的，还是由某些特殊的生理上的或其他的机制产生的。但是关于意识还有另一种说法，这也许是最重要的一种。

莫利2004：好的，我洗耳恭听。

雷：嗯，我们假定所有看起来有意识的人事实上是有意识的，为什么我的意识要和这个特别的人（我）相关联呢？为什么我会意识到这个特别的人，他童年时读过小汤姆·斯威夫特的书，搞过某些发明，写过关于未来的书，等等。每天早晨醒来，我都会有这个特定的人的体验，为什么我不是艾拉妮丝·莫莉塞特或其他的人？

西格蒙德·弗洛伊德：嗯，你想要成为 Alanis Morissette？

雷：那是个很有意思的提议，但那不是我要说的重点。

莫利2004：你要说什么，我不明白。

雷：为什么我会意识到这个特别的人的体验和决定？

莫利2004：因为那就是你啊。

西格蒙德：看起来你不喜欢你身上的某些东西，再多说一点儿。

莫利2004：以前，雷也不喜欢当人。

雷：我没说我不喜欢当人，我说我不喜欢在人体1.0中的这些限制、问题，以及高强度的维护。但是这跟我这里要说的没有任何关系。

查尔斯·达尔文：你质疑你为什么是你？这只是语义重复，没有太多需要质疑的地方。

雷：就像许多尝试解答关于意识的问题一样，这个问题听起来毫无意义。但是如果你问我，我在质疑什么，那就是，为什么我会持续地意识到这个特别的人的体会和感觉，至于其他人的意识，我只能接受它，但我没有体验过其他人的体验，至少不是直接的。

西格蒙德：好的，我现在明白你的意思了。你没有体验过其他人的体验，你曾经与某人谈论过共鸣吗？

雷：听着，我在以一种非常个人的方式来谈论意识。

西格蒙德：很好，继续说。

雷：事实上，这个例子很好地说明了当人们谈论意识时会发生什么。讨论无可避免地会转移到其他的话题，比如哲学、行为、智能或者神经。但是我真正质疑的是，为什么我是那个特别的人。

查尔斯：你知道是你自己创造了你自己。

雷：是的。就像我们的大脑创造了思想，思想又反过来创造了大脑。

查尔斯：因此你自己创造了你自己，可以说，那就是为什么你是你。

莫利2104：我们会在2104年直接体验到这一切。若成为非生物的，我可以非常容易地改变我是谁。就像我们先前讨论过的，如果我愿意的话，我可以把我的思维模式和其他人的思维模式合并起来，成为一种混合的个性。这会是一种深刻的体验。

莫利2004：哦，未来的莫利小姐。我们在2004也这样做过，我们把它叫做相爱。

我是谁？我是什么

你所要寻找的是谁在观察。

——阿西西的圣弗朗西斯

我知道的东西不多
我知道我所知道的，如果你知道我的意思
哲学是在谷物盒上的谈论
……
我就是我
你就是你吗，还是什么其他的呢？

——伊迪·布里克尔"我是什么"

意志的自由就是高兴地做自己必须做的事情。

——卡尔·荣格

量子理论学家眼中的几率不是奥古斯丁的道德自由。

——诺伯特·温格[13]

我比较喜欢平淡的死亡，周围围着几个朋友，喝着葡萄酒，直到那个时刻，在那时，温暖阳光照耀着自己。但是几乎可以肯定，我们生活在一个落后的、科学不发达的时代，我没有看见科学把我们的时代变得更加完美。

——本杰明·富兰克林，1773

关系到我们身份的一个相关的但不同的问题产生了。我们先前谈到了一种可能性，把一个人的思维模式——知识、技能、个性、记忆上传到另一个人身上。尽管他会像我一样行动，但那真的是我吗？

一些根本性延长寿命的方法包括，重新设计与重建组成身体和大脑的各个系统、子系统。在参与重构的过程中，我会迷失自我吗？再说一次，这个问题会在接下来的几十年中，从一个古老的哲学问题演变为一个紧迫的现实问题。

所以我是谁？由于我不停地变化，我只是一个形式？如果有人复制了我的形式？那我是原始版本还是复制版本？或许我就是这种材料，有序的和混乱的分子一起组成了我的身体和大脑。

但是这个观点存在一个问题。事实上，构成我身体与大脑的特定粒子集合与很短时间之前构成我的原子和分子是完全不一样的。我们知道我们大部分的细胞会在几周之内更新一次，即使我们的神经作为特殊细胞存在时间比较长，但是也会在一个月内改变其分子组成。微管（构成神经的一种丝状蛋白）的半衰期是 10 分钟，树突的肌动蛋白丝大约每 40s 更新一次[14]。为突触提供动力的蛋白也是大约每小时更新一次。突触周围的 NMDA 受体坚持的时间相对长一些，大约每 5 天更新一次。

所以，与一个月前的我相比，现在的我是一个完全不同的物质集合，唯一延续的是物质的组织形式。形式也会变化，但是比较慢，也有持续性。我比较喜欢水流的形式，因为它在它的路径上冲刷了岩石。水的分子组成每毫秒都在变化，但是这种形式会持续几小时甚至数年。

因此，也许我们应该说，我是一种可以持续很长时间的物质和能量的组成形式。但是这个定义也有一个问题，因为最终我们能够以很高的精度上传这种形式，以复制我们的大脑和身体，甚至这一复制品与原本没有任何差别。（这一复制品就可能通过"雷·库兹韦尔"图灵机测试。）因此这一复制品会共享我的形式。有人可能会反驳说，我们不可能把每个细节都做到正确无误。但是随着时间的推移，我们创造细胞和复制身体的精度和准度会与我们管理信息的能力一样呈指数级增长。最终，我们会在想要的任何精度下捕获和重建我的形式中主要的神经和身体的细节。

虽然这一复制品共享了我的形式，但很难说它就是我，因为我还在这。你甚至可以在我睡觉的时候扫描和复制我。如果早上你走过来对我说："好消息，雷，我们已经成功地把你重新实例化到一个持久的培养基上，我们已经不再需要你的旧身体和大脑了。"我不会同意这种说法的。

如果你做一个思想实验，很明显，这一复制品只是看起来和行动起来像我，但他不是我。我甚至不知道他的创造。虽然他可能有我的全部记忆，并且在回忆时想起的也是我，但是，从创造他的那一刻起，雷 2 将有他独一无二的体验，他的实体已经与我的实体分开。

这确实是一个关于"人体冷冻法"的问题（把一个刚刚死去的人用冷冻技术保存起来，当有技术可以把以前时代的死亡、人体冷冻、第一次杀死他的疾病和环境等这些损害复原时，就可以让他"重生"），假设冷冻的人最终重生了，提出的许多方法暗示，使人重生，本质上是用新的材料，甚至是用全新的等效神经系统重构他。因此，这个重生的人最终会成为雷 2 号（其他人）。

现在我们再深入进行思考思维的训练，你就会看到出现了进退两难局面。如果我们复制了自己，然后毁掉了原始的，那么我就结束了，这是因为，正如我们讨论过的，那个副本不是我。尽管副本会冒充我做工作，没有人会看出差别，但是我已经死了。

考虑用等效神经材料替换我大脑的一小部分。

好的，我还在这：手术是成功的（顺便提一句，纳米机器人技术将最终不依赖手术）。我们知道已经有这样的人存在，比如人工耳蜗植入者、帕金森病的植入物，等等。现在替换我大脑的另一部分：好的，我还在这，而且最后我还是我自己。从来就没有一个"老雷"和一个"新的雷"之分，我还是以前的我。没有人曾经想念过我，包括我自己。

雷逐渐替换的结果产生了新的雷，因此意识和身份很明显得到了保留。然而，在逐渐替换的过程中，老雷和新雷不是同时存在的，过程结束之后会有一个与之前相当的新我（雷2），老我（雷1）已经不复存在了。因此逐步替换也意味着我的终结。我们不禁怀疑：我的身体和大脑究竟在何时转变成另一个人的？

另一方面（我们已经讨论完哲学方面），就像我在问题开始时指出的，事实上，作为生理过程的一部分，我也在逐步地替换。（顺便提一下，这个过程并不是逐步的，而是很快的。）正如我们总结的。持续的只是物质和能量的空间与时间的形式。但以上的思想实验表明，即使我的形式是持续的，逐步替换也会导致我的结束。所以我是否正在被一个看起来跟我长得很像的人持续地替换呢？

所以，问题又来了，我是谁？这是最终的本体论问题，我们常常把它归结为意识问题。我有意识地（有意的双关）以第一人称表述这个问题，因为它是本质的。它不是第三方的问题。所以我的问题不是"你是谁"，尽管你可能会问自己同样的问题。

当人们谈论意识时，往往会滑入对行为与神经之间的意识关联的思考。（无论实体是否可以自我反映。）但是这些是第三人称（客观）的问题，不能代表大卫·查莫斯所谓的意识"难题"：物质（大脑）是怎样引起像意识一样看起来无形的东西？[15]

一个实体是否是有意识的问题，对它自己来说是清晰的。意识的神经关联（例如智能行为）和意识的本体论实体的区别即是主观和客观的区别。这就是为什么我们不能在不考虑内在的哲学假设的前提下，构建一个客观的意识探测器。

我相信，人类最终会接受非生物实体也是有意识的，因为最终非生物实体将拥有人类目前拥有的全部微妙的暗示、情绪，以及其他的主观体验。然而，当我们能够验证这些微妙的暗示时，我们没有通往这些隐藏意识的道路。

我承认，在我看来你们中的许多都是有意识的，但是我不会很快接受这个印象的。也许我确实生活在模拟中，而你们只是模拟的一部分。

或者只是对你的记忆存储在我的脑海里，而这些经历从未发生过。

又或者我正在经历回忆貌似真实的记忆的感觉，而这些记忆和经历并不存在。你看这就是问题。

尽管我这些个人哲学的困境只是基于形式主义——本质上我只是一种在时间上的持续形式。我是一个进化形式，并且我能够影响形式的进化进程。知识是一种形式，它区别于纯粹的信息，遗忘知识是一种深刻的损失，因此失去一个人是根本性的损失。

莫利2004：就我所关心的是，我是谁，这个问题很简单。它基本上就是这个大脑和身体，它们至少在这个月的状态很好。谢谢。

雷：你是否包括那些处在消化道不同阶段的食物？

莫利2004：好吧，你可以排除那些。其中有些会成为我，尽管它还没有加入"莫利"俱乐部。

雷：哦，你身体中90%的细胞都不含有你的DNA。

莫利2004：是吗？那是谁的DNA？

雷：生物人含有自己DNA的细胞数是10亿个，而消化道中含有的微生物是1 000亿个，基本上全是细菌。

莫利2004：听起来不是很有吸引力，它们是完全必需的吗？

雷：它们是使莫利保持健康与充满活力的细胞群中的一部分。没有有益的肠道菌群，你不可能活下去。假设你的肠道菌群处于良好的平衡状态，那么它们对你的健康是十分必要的。

莫利2004：好吧，但是我不能把它们算作我的一部分。我的幸福取决于很多事情，如房子和车，但是我不能把它们算作我的一部分。

雷：很好。把胃肠道、细菌和其他的不算作在内是很合理的。这正是身体如何看待它的。即使在结构上它在身体内部，但身体认为胃肠道是外部，并仔细地甄选吸收到血液里的物质。

莫利 2004：当我对我是谁这个问题思考更多时，我有点像杰罗恩·拉尼尔的"同感圈"。

雷：继续说。

莫利 2004：基本上，"我认为是我"的实体集团，它的轮廓并不鲜明。它不仅是我的身体。我有限地认同包括脚趾，甚至是前面讨论的肠道。

雷：这是很合理的。甚至包括我们的大脑，我们仅仅了解在其中所发生的事情中的很小一部分。

莫利 2004：确实，我的大脑的一部分是别人的，或者至少某些其他地方是别人的。经常侵入我的意识的思想与梦来自某些陌生的地方。它们显然来自我的大脑，但它看起来不是以那种方式展示的。

雷：相反的，亲人或许与我们在物理空间上是分离的，但是与我们如此亲密，以至于就好像是我们自己的一部分。

莫利 2004：我自己的界限看来越来越模糊了。

雷：等到我们是非生物主导时，我们就可以按我们的意愿合并思想与思考，那时再去确定界限就更加困难了。

莫利 2004：那听上去有点吸引人。你知道，一些宗教哲学强调我们之间并没有本质的界限。

雷：貌似他们在讨论奇点。

奇点是一种超越

现代理论认为，人性来自人的内心——生命从泥土中开始，在智慧中结束，而传统的文化认为，人性是从它的上级继承下来的。正如人类学家马歇尔·沙林斯所说的："我们是认为我们起源于猿猴的人类，而其他人理所当然地认为他们是神的后裔。"

——休斯顿·史密斯[16]

一些哲学家认为，在问题可以通过科学明确解决之前，哲学是你应该对它做的事情。其他人认为，如果一个哲学问题屈服于实验的方法，那么一开始它就不是哲学问题。

——杰瑞·A·福多尔[17]

奇点指出，发生在物质世界里的事件不可避免地也会发生在进化过程中，进化过程开始于生物进化，通过人类直接的技术进化而扩展。然而，它就是我们所超越的物质能量世界，人们认为这种超越的最主要含意是精神。思考一下物质世界的精神实质。

从哪说起呢？从水开始讲吧？它很简单，但思考一下，它表现各种美丽的方式：它在小溪流中流经岩石形成小瀑布，然后汹涌着飞下瀑布，不断变幻着形式（顺便提一下，从我办公室中都可以看到）；在天空中滚滚翻腾的云的形式；山上堆积的雪；一片美丽的雪花。或者思考一下爱因斯坦对一杯水中的有序纠缠与无序纠缠的描述（这是他关于布朗运动的理论）。

抑或在生物世界中，思考一下 DNA 在有丝分裂中的螺旋舞蹈。树在风中不停地摇摆，它的叶子跳着杂乱的舞蹈飞离树干，它怎么样？或者是在显微镜下看到的熙熙攘攘的世界？超越无处不在。

对"超越"的一种评论是有序。"超越"意味着"超出一定的范围"，但这不需要强迫我们接收二元论的主张：超出世界的现实（例如精神）层面。借助形式的力量，我们可以"超越""普通"的能量。虽然我被称为唯物主义者，但我把我自己称为"形式主义者"。它穿过了我们已超越的自然能量形式。尽管我们制造的东西会很快消耗掉，但形式的超越能量是持续存在的。

形式力量的持续明确地超越了自我复制系统，如生物和自我复制技术。正是形式的持续与能量支持了生命和智慧。形式比构成它的物质重要得多。

帆布上任意的几笔只是画，但当以合理的方式排列时，它们就从物质材料升华为艺术。任意的音符只是声音，但当以合理顺序排列时，它们就是音乐。一堆元素只是一个流水账，但当以创新的方式排列，或许加上软件系统（其他形式），就会实现技术的魔法（超越）。

虽然有些人把"精神"作为超越的真实含义，其实超越是指各种现实的层面：自然世界的各种创造，包括我们和我们的艺术、文化、技术以及情绪、精神情感的创造。进化关系到形式，进化就是进化过程中形式的深度与顺序的改变。作为我们进化的极致，奇点会加深超越的所有这些表现。

精神的另一层意思是含有精神——有意识的。许多宗教和传统哲学都认为意识（私人席位）是真实的。普遍的宗教本体论把主体–意识–体验作为最终的现实，而不是物理的或客观的现象，这些被认为是 maya（错觉）。

我在本书中提出关于意识的观点，目的是为了说明意识烦恼和矛盾（还有深邃）的本质：一系列的假设如何最终导致了相反的观点（我的思想复制品，或者共享了我的意识，或者没有共享我的意识），反之亦然。

我们假定人类是有意识的，至少人类看起来是这样的。另一方面，我们认为简单的机器是没有意识的。在宇宙感官中，现代宇宙行为更像是一台简单的机器，而不是有意识的物体。但正如我们前面内容提到的，我们附近的物质和能量都会注入人类机器文明的智慧、知识、创造性和情商（例如，爱的能力）。我们的文明向外延伸，把我们所遇见的没有智慧的物质和能量变为超越智慧的物质和能量。因此在某种意义上，我们可以说，奇点会最终把宇宙打上意识的烙印。

进化会变得更加复杂、更加高雅、更多知识，更加美丽，更加富有创造性。在信仰中，上帝被描述为这些美好特点的集合体，并且没有任何的限制：无限的知识，无限的智慧，无限的美丽，无限的创意，无限的爱，等等。当然，即使进化加速增长从来没有达到没有限制的水平，但是当它以指数级增长时，它肯定会向那个方向快速地发展。因此进化会无情地向着上帝概念发展，虽然不会完全达到这个理想。因此，我们可以认为，把我们的思想从生物形式的严格限制中解放，这是一种根本的精神事业。

莫利 2004：那么你相信上帝吗？

雷：哦，它是一个由两个汉字组成的词，而且它有强大的力量。

莫利 2004：我意识到这个词和概念的存在，但是它指的是你相信的任何东西吗？

雷：人们用它表示很多东西。

莫利 2004：你相信这些吗？

雷：相信所有的这些东西是不可能的：上帝是一个全能的有意识的人，它观察着我们，公正，并且很少生气；或者它是无处不在的生命，拥有完全的美丽和创造力；或者上帝创造了一切然后退位……

莫利 2004：我明白了，这些理解中有能让你相信的吗？

雷：我相信宇宙的存在。

莫利 2004：等一下，那不是一个信念，那是一个科学的事实。

雷：事实上，除了我的思想外，我不确信任何物质的存在。

莫利 2004：好吧，我理解这是哲学的问题。但是你可以去阅读科学论文，成千上万的论文证实了星系和恒星的存在，我们把所有这些星系称为宇宙。

雷：是的，我听说过这一点。我记得读过这些论文，但我不知道这些论文是否真的存在，或者这些论文所说的东西是否真的存在，除了我的思想外。

莫利 2004：那么你不承认宇宙的存在。

雷：不，我刚刚说过我相信它的存在，但要指出的是，这是一个信念，我个人信念的一个飞跃。

莫利 2004：好吧，但我问的是你是否相信存在上帝。

雷：又来了，人们用"上帝"这个词表示很多东西。对于你的问题，我们可以认为上帝就是宇宙，而我说过我相信宇宙的存在。

莫利 2004：上帝仅仅是宇宙吗？

雷：仅仅？使用"仅仅"这个词是很大的一件事。如果我们相信科学所告诉我们的（我说过我相信），那么这就是一个大到我们几乎无法想象的现象。

莫利 2004：事实上，现在许多科学家相信我们的宇宙只是众多其他宇宙中的一个。但我的意思是，人们通常通过上帝这个词表达比"仅仅"物质世界更多的意思。一些人确实把上帝与所有存在的东西联系在一起，但是他们仍然认为上帝是有意识的，你认为上帝是无意识的吗？

雷：宇宙目前是没有意识的。但是将来会有。严格地说，我们今天应该说，宇宙的很小一部分是有意识的，但是很快会改变。我期望宇宙会在第六纪元变得有智慧并且觉醒。我在这里设想的唯一信念是，宇宙是存在的。如果把这一信念进一步升华，基于同样的宇宙存在的科学，它会觉醒的表达就不是信念，而是有根据的理解了。

莫利 2004：有意思。你知道，它与有意识的造物主在开始时创造了一切，然后退休的观点基本相反。你基本上是在说，一个有意识的宇宙会在第六纪元开始出现。

雷：是的，那就是第六纪元的本质。

第8章 GNR：希望与危险的深度纠结

我们正被推入这个新世纪，没有计划，没有控制，没有刹车……我觉得唯一现实的选择就是放弃：限制我们人类对于某种知识的追求，从而限制那些太过危险的技术的发展。

——比尔·乔伊 "Why the Future Doesn't Need Us"

环保主义者现在必须牢牢记住，世界已经拥有足够的财富和技术能力，我们不应该追求更多。

——比尔·麦琪本，第一个写到全球变暖的环保主义者[1]

进步一开始还是正确的，但现在已经失控了。

——奥格登·纳什，1902—1971

在20世纪60年代后期，我变身为一个激进的环保活动家。我和一群乌合之众一起驾驶着一艘陈旧的、有点漏水的比目鱼船，穿过北太平洋，去阻止尼克松总统最新的氢弹实验。在这个过程中，我和别人共同创建了绿色和平组织。当我们在做一些好事时，比如拯救鲸鱼或者清洁水和空气之类的事情时，环保主义者经常持有貌似有道理的理由。但现在我开始后悔建立这个组织。环保主义者反对生物技术特别是反对基因工程的运动。由于对一项能给人类和环境带来如此多益处的技术采取丝毫不能容忍的政策，他们已经脱离科学家、知识分子、国际主义者。媒介和公众最终将不可避免地看到他们立场的错乱。

——帕特里克·摩尔

我们并不希望在网络中看到下面的文章：

让你的敌人铭记：如何用容易得到的材料[2]来制造你自己的原子弹。

如何在学校的实验室里修改流感病毒以释放蛇的毒液。

对大肠杆菌的10种简单地修改。

如何修改天花病毒以对抗天花疫苗。

使用通过互联网获得的原料来制造你自己的化学武器。

如何通过使用廉价的飞行器、GPS和笔记本电脑来制造一个无人驾驶、自我导航、低空飞行的飞机。

或者如何解决下列问题：

10种重要病原体的基因组。

主要摩天大楼的建筑平面图。

美国核反应堆的布局。

现代社会的100个大弱点。

互联网的10大弱点。

一亿美国人的个人健康信息。

色情网站的顾客名单。

任何人只要发布上述第一项，几乎可以肯定，美国联邦调查局很快就会来造访他。

2000 年 3 月，一个名叫纳特·齐格勒的 15 岁高中生就经历过这样的事情。为了一个学校的科学项目，他建立了一个原子弹的纸模型，结果十分的准确。在随后的媒体风暴中，齐格勒告诉 ABC 新闻："你知道，就像某些人提到的那样，你可以上网获取信息，我并不是最早获得这些信息的人。试一试。我上网，点几下鼠标，然后就找到了合适的信息。"[3]

当然，齐格勒没有拿到核心配料钚，也没有打算得到它，但是这篇报道仍然在媒体界一石惊起千层浪，更别提担心核扩散的政府了。

据报道，齐格勒找到了 563 个关于原子弹设计的 Web 页面，报道的结果是这些网站很快被封杀。遗憾的是，试图在互联网上禁止一些信息就像是用扫帚把海水扫退。直到今天，这些网站都还很容易访问。我不会在本书里提供它们的网址，但是它们并不难找到。

虽然上述文章标题是虚构的，但是人们可以从互联网中找到许多关于这些问题[4]的信息。万维网是一个非凡的研究工具。以我个人的体验，过去需要在图书馆利用半天时间做的研究，现在只需要几分钟甚至更短的时间就可以完成。

这对于促进有益技术的进步具有巨大和明显的好处，但是这同时也为那些反社会的人提供了便利。那么我们生活在危险之中吗？回答显然是肯定的。有多危险？要怎样做才能规避危险？这些是本章的主题。

追溯起来，我密切关注这个问题已经至少几十年了。在 20 世纪 80 年代中期，我写《The Age of Intelligent Machines》那本书的时候，我对那时新兴的基因工程表示担忧，因为基因工程可以通过技术的手段使用大量有效的设备修改细菌和病毒性病原体的结构，从而制造新的疾病。[5]在破坏者或者粗心人的手中，这些改造的病原体可以组合成具有高度传染性、隐蔽性和破坏性的联合体。

在 20 世纪 80 年代，这些工作很难实现，但却是可行的。我们现在知道当时的一些国家从事过生化武器的计划。[6]当时我特意做了一个决定，在我的书里不去讨论这些恐怖之事，因为我不想给那些坏人任何破坏性的想法。我不想在某一天打开收音机时，听到一个灾难，然后犯罪分子说，他们的想法是从雷·库兹韦尔那得到的。

由于这样的决定，我会听到一些合理的批评：这本书只强调未来技术的好处，而忽视了其中的陷阱。1997～1998 年，我编写那本书时，我试图对希望和危险[7]两方面都做出解释。在那时公众有足够的注意力（比如 1995 年的电影《Outbreak》描绘了一种新病原体的释放引起的恐惧和惊慌）使我感觉可以向公众陈述这个问题了。

1998 年 9 月，我刚刚完成手稿，就在塔霍湖的一个酒吧偶然遇见了比尔乔伊，这是一位在高技术领域令人尊敬的老同行。虽然我对乔伊在交互 Web 系统的领军语言（Java）上的开创工作以及创办 Sun 公司方面仰慕已久，但是在这次简短的聚会中我所关注的不是乔伊，而是在我们房内坐着的第三个人，约翰·塞尔。塞尔是加州大学伯克利分校杰出的哲学家，以保卫人类意识的深层奥秘为终身事业。

我和塞尔在刚刚闭幕的乔治·吉尔德的 Telecosm 大会上对进化了的机器是否拥有意识这一问题辩论。

这次会议的主题是"精神机器"，对我即将推出的新书中的哲学含义的讨论有很大意义。我给乔伊初稿并试图使他跟上我和塞尔关于意识的讨论。

原来乔伊的兴趣放在了完全不同的问题上，特别是三种新兴的技术：基因、纳米、机器人技术（这就是之前讨论过的 GNR）对人类文明即将产生的危险。我对未来技术下降趋势的讨论警醒了乔伊，他后来将此和现在很著名的在线故事《Why the Future Doesn't Need Us》[8]联系起来。乔伊在文章中指出，他向在科学技术领域的朋友询问我做的工作是否可信，然后沮丧地发现这些功能多么得接近实现。

乔伊的文章完全集中于对下降趋势的描述，这引起了轩然大波。他作为一位技术界领军人物，指出未来技术会产生新的可怕的危险。这让人想起乔治·索罗斯，当这位从事货币套利活动的资本家对无限制的资本主义发表隐晦的批评言论时受到很大的关注。尽管关于乔伊的争议更加激烈。据《纽约时报》报道，大约有上万篇文章对乔伊的文章发表评论或进行讨论，超过历史上任何其他技术问题。我想在塔霍湖的酒吧放松下，所以没有进行这两个长期的辩论，因此我和约翰·塞尔的谈话持续到了今天。

尽管我是乔伊忧虑的起源，但我作为"技术乐观主义者"的声望完好无损。我和乔伊被很多论坛邀请去讨论未来技术的危险和希望。虽然人们期望我负责讨论"希望"部分，但是最终我总是花费大量时间来捍卫乔伊的立场，那就是危险可能发生。

很多人认为乔伊的文章是在倡导放弃技术，这并不是指所有的技术发展，而是指那些有害的技术，比如纳米技术。乔伊现在是一名风险投资家，为硅谷传奇的 Kleiner、Perkins、Caufield & Byers 公司服务，这些公司现在正在投资类似纳米技术的技术，用于可再生能源和其他自然资源。他说"广泛放弃"是误解了他的立场，而且这从来也不是他的想法。在最近的私人电子邮件交流中，他说重点应该是"呼吁限制危险技术的发展"（参见本章前面的介绍），而不是完全禁止。例如，他建议禁止自我复制纳米技术，这与先知学会倡导的路线相似。先知学会是纳米技术先驱埃里克·德雷克斯勒与克瑞斯汀·彼得森创建的。总的来说，这是一个合理的指导路线，尽管我认为有两点例外，在接下来的内容中我将讨论到。

另一个例子，乔伊不提倡在互联网上发布病原体的基因序列，我也同意这一点。他希望所有国家的科学家自愿地遵循这些规则，并且他指出："如果我们一直等到大祸临头之后，我们也许最终会制定更加严格和有伤害性的规则。"他说他希望"我们遵循这些规则，简单却能得到最多好处"。[9]

其他人，例如环境学家比尔·麦琪本，他就是最先提醒提防全球变暖的人之一，他提倡放弃大量领域，例如生物技术和纳米技术，甚至所有的技术。正如我将在接下来的内容中详细讨论的，只有从根本上放弃所有技术的发展，否则放弃大量领域是不可能实现的。这反过来需要一个新世界体系来禁止开发所有的技术。这个方案不仅与我们的民主价值观相悖，而且实际上它会使危险更加严重，因为通过秘密操纵技术，最没有责任心的从业人员会得到最多的专业技术。

相互纠缠的益处

那是最美好的时代，那是最糟糕的时代；那是智慧的年代，那是愚昧的年代；那是信仰的时期，那是怀疑的时期；那是光明的季节，那是黑暗的季节；那是希望之春，那是失望之冬；我们面前应有尽有，我们面前一无所有，我们都将直上天堂，我们都将直下地狱。

——查尔斯·狄更斯，《双城记》

这就像争论是否支持耕地。你知道有人会反驳它，但是你也知道它还会继续存在。
　　　　　——詹姆斯·休斯，超人主义协会的秘书，三一学院的社会学家，
　　　　　　　　　　争辩说："人们应该欢迎还是抵制成为后人类？"

　　技术从来就是好坏参半，一方面，它给我们带来很多好处比如长寿、健康，从身体和精神的苦差事上解脱，以及很多新奇的富有创造性的可能；另一方面，它也带来新的危险。技术既赋予我们创造性，也赋予我们毁灭性。

　　大部分人类在贫穷、疾病、苦役和不幸等方面都得到了缓解，这也是人类大部分历史的特点。现在我们很多人有机会从工作中找到满足感和意义，而不仅仅是为生存而劳碌。我们有了更加强有力的工具来表达自己。随着网络不断深入世界的欠发达地区，我们将看到在提供高质量教育和医疗知识方面的重大进展。我们可以共享文化、艺术和全世界人类的以指数方式增长的知识。我在第 2 章提到了世界银行关于全世界贫穷减少的报告，在第 9 章我将对此进行深入探讨。

　　我们已经从第二次世界大战之后全世界大约 20 个民主国家发展到如今超过 100 个国家，主要是由于分布式电子信息技术的影响。在 20 世纪 90 年代，随着互联网及其相关技术的发展，产生了最大的民主化浪潮。当然每一个领域都有更多待完成的事业。

　　在早期阶段，生物工程在扭转疾病和衰老进程方面取得了巨大进步。

　　生物工程处在扭转疾病和衰老进程的巨大进步的早期阶段。二三十年过去了，无所不在的 N（纳米技术）和 R（机器人技术）将继续以指数速度来扩大这种优势。回顾我在前面内容中提到的，这些技术将创造非凡的财富，从而克服贫困，并且通过把廉价的原料和信息转化成任何产品来使我们可以提供人们需要的所有物质。

　　我们将在虚拟环境中花费更多的时间，将能够拥有和任何人在一起任何想要的经历，这些经历是现实的或是在虚拟现实中的模拟。纳米技术将带来一种类似变形的能力，将物理世界变得满足我们的需求和愿望。在逐渐减弱的工业时代持续的难题将会被克服。我们将能恢复遭到破坏的生态环境。基于纳米工程的燃料电池和太阳能电池将提供清洁能源。纳米机器人将能进入我们身体内部摧毁病原体、去除残骸（例如乱序的蛋白质和原纤维）、修复 DNA 以及逆转老龄化。我们将会重新设计我们身体和大脑的所有系统，使它们更加能干和持久。

　　将生物智能和非生物智能结合将会是最有意义的事，尽管非生物智能将迅速占据主导地位。人类意味着什么，这个概念将会迅速扩展。我们将大大增强创造和欣赏各种知识的能力，从科学到艺术，同时扩展我们的能力，使其与我们的环境相融合。

　　另一方面……

相互纠缠的威胁

　　叶子植物不再比今天的太阳能电池更高效，太阳能电池超过植物很多，它带着不可食用的叶子挤进了生物圈。顽强的杂食性"细菌"可以竞争过真实细菌：它们可以像吹花粉一样传播，很快地复制，在短短几天之内使生物圈沦为尘土。危险的、可复制的基因轻易地就会变得顽强，它们微小，扩展迅速以致无法制止，至少在我们没做任何准备的情况

下，就很难控制病毒和果蝇。

——埃里克·德雷克斯勒

20 世纪有着许多非凡的成就，同时我们也看到技术所拥有的可怕的能力也放大了我们的毁灭性。2001 年的"9·11"惨案是一个例子，技术（飞机和建筑物）被拥有破坏计划的人所利用。我们现在生活的世界拥有巨大数量的核武器（还并不是所有），足以结束星球上所有生灵的生命。

20 世纪 80 年代以来，一个普通的学院生物工程实验室就有手段和知识可以制造出恶意的病原体，这些病原体很可能比核武器更加危险。在一次由约翰·霍普金斯大学组织的称为"黑暗冬季"的模拟实战演习中，假设在 3 个城市中故意散播的普通天花病毒会导致一百万人死亡。[10]如果这个病毒经生物工程改进能够抵御现存的天花疫苗，那么结果将会更加糟糕。这个恐怖之物于 2001 年在澳大利亚的一次实验中显现了出来，在这次实验中，鼠疫病毒的基因被不经意地修改，这改变了免疫系统的反映。鼠疫疫苗缺乏足够的能力来消灭这种发生改变的病毒。[11]在我们的历史记忆中还有其他一些危险的事件。腹股沟腺炎的瘟疫造成了 1/3 的欧洲人死亡，更近一些，1918 年的流感造成了全世界大约 2 000 万人死亡。[12]

这些威胁会阻止复杂系统（例如人类和我们的技术）的力量、效率、智能的不断加速前进吗？在这个星球上，关于复杂度增加的记录显示为一种平稳的加速，即使在长期的灾难中，这不仅有内部原因，也包括外部压力。这在生物进化（面临着诸如碰到大行星和流星的灾难）和人类历史中（曾经被一系列无止境的战争打断）都是真实的。

然而，我相信我们可以从世界对 SARS（严重急性呼吸综合症）病毒的应对措施来得到一些鼓励。尽管在编写本书的时候，还不能确定 SARS 是否具有一种更具危害的残留物，但是看上去防范措施已经相对成功并且已经阻止了悲剧的爆发。应对措施的一部分是古老的、低技术的工具，例如隔离和面罩。

然而，这个方法脱离了高级工具是不会发挥功效的，这些高级工具最近刚刚可用。研究人员能够在 31 天中发现 SARS 病毒的 DNA 序列——相比较 HIV 的 15 年，这是个突破。这使得人们可以迅速开发一个有效的测试来确定病毒的携带者。另外，全球即时通信促进了世界范围内的协作，这是在病毒肆虐的古代不可能有的伟大功绩。

随着技术加速 GNR 的实现，我们将会看到同样纠缠的潜在因素：人类智能成倍扩大而带来的创意盛宴，其中混杂着许多严重的新危险。一个备受关注的担心是纳米机器人的无限制复制。纳米机器人技术需要数以万亿计的智能设备来工作。为了达到这个数量级，这需要它们可以自我复制，特别是需要使用与在生物界中相同的方法（也就是一个受精卵细胞如何变成数以万亿计的人体细胞）。与生物同样的，自我复制除了小差错（也就是癌症）会导致生物毁灭外，机制中的一个缺陷也会剥夺纳米机器人的自我复制——称为灰雾方案——将会危及所有的物理实体、生物或者其他。

生物——包括人类——将会成为以指数方式大量传播的纳米机器人攻击的首要受害者。纳米机器人构建的设计原理是使用碳作为主要组件。由于碳具有形成四方结构（form four-way bonds）的特性，它是一个理想的分子组装组件。碳分子可以形成直链、之字形（zigzags）、环、纳米管（管状六角形阵列）、片状、巴球（由六边形和五边形的阵列组成的球）和很多其他形状。因为生物学同样使用碳，病理纳米机器人将发现地球的生物质是这一主要成分的理想来源。生物实体还可以提供以葡萄糖或 ATP[13] 形式存储的能量。生物质中还有诸如氧、硫、铁、钙等有用的微量元素。

一个失控的正在自我复制的纳米机器人需要多久才能够摧毁地球上的生物质？生物质碳原子秩序的数量级为 10^{45}。[14] 一个能够复制的纳米机器人中碳原子数目的合理估计大约是 10^6。（请注意，这种分析对这些数字的准确性不是很敏感，只是数量级上的近似。）这种恶毒的纳米机器人将需要创建 10^{39} 个自己的副本来取代生物质，这可以通过 130 次复制来完成（每一次都可能加倍破坏生物质）。罗伯·弗雷塔斯估计复制最少需要约 100 秒的时间，因此 130 个复制周期需要约 3 个半小时[15]。不过，实际的破坏速率将慢些，因为生物质并不会"高效"（efficiently）的安排。制约因素是破坏前方的实际行动。纳米机器人由于个体很小，不能很快移动。这可能需要数周的时间才能使得这项毁灭遍布全球。

基于这种观察，我们可以设想一个更加阴险的可能性。在一个两阶段的攻击中，纳米机器人需要几个星期才能传播到整个生物质，但只需使用了极少一部分碳原子——每万亿分之一（10^{15}）。在此低浓度水平下，纳米机器人将尽可能地隐蔽。然后，在一个"最优"的时刻，第二阶段将会开始，种子纳米机器人将迅速扩张以破坏生物质。对于每个种子纳米机器人，复制本身数以千万亿计，只需要大概 50 次二元复制，约需 90 分钟。由于纳米机器人的分布已经遍布生物质的各个位置，破坏波的向前运动将不再是一个限制因素。

问题是没有防守，可用生物质会被灰雾迅速破坏。正如我在后面内容中讨论的，在这些情况成为可能之前，我们明显需要一个纳米技术免疫系统。这个免疫系统不仅要能对付明显的危害，而且还要能对付任何潜在危险的（隐身）复制，哪怕是一个非常低的浓度。

迈克·特瑞德和克里斯·菲恩克斯分别是纳米技术研究中心研究部的执行董事和主任，以及埃里克·德雷克斯勒、罗伯特·弗雷塔斯、拉尔夫·梅克尔和其他人都指出未来的医学营养治疗制造设备可以具有保护措施，它可以阻止纳米器件[16]的自我复制。我将在后面讨论一些这样的战略。然而，这种监督虽然重要，但是并不能消除灰雾的幽灵。因为有其他原因（并非制造因素）需要制作能够自我复制的纳米机器人。前面提到的纳米技术免疫系统，就需要自我复制功能，否则就无法保护我们。如我在第 6 章中所说，自我复制对于纳米机器人扩展自身职能并迅速超越地球是非常必要的。它也可能被用于许多军事应用。而且对抗不想要的自我复制的防卫（例如后面讲到的广播结构）可能被一个特定的敌人或入侵者破坏。

弗雷塔斯已经确定了大量灾难性纳米机器人出现的情形。[17]在他所谓"灰色浮游生物"的情形中，恶意机器人将会使用水下碳甲烷及溶解于海水中的二氧化碳。这些海洋资源会提供 10 倍于土地生物质的碳量。在他的"灰色灰尘"情形中，复制的纳米机器人使用空气中的灰尘和阳光为基本原料来制造能源。而在"灰色地衣"情形中则涉及使用岩石中的碳和其他元素。

生存危机的概观

如果说一知半解很危险，那么到哪里去寻找知识丰富到足以摆脱危险的人物呢？
                                                                              ——托马斯·亨利

接下来我们将讨论用于解决这些严重危机的步骤，但是我们不能保证今天设计的策略完全有效。这些风险即尼克·波斯特拉姆所谓的"生存危机"，他将此定义为表 8-1 右上角的危险深度。[18]

表　8-1

波斯特拉姆的风险种类		
风险强度		
	中度	深度
世界	臭氧层变薄	生存风险
范围　区域	后退	种族灭绝
个人	偷车	死亡
	能忍受的	终极

氢弹的出现和随后在冷战中建造的热核武器使地球上的生物在 20 世纪中期第一次遭遇人为制造的生存危险。据报道，肯尼迪总统曾估计，古巴导弹危机中全面爆发核战争的可能性在 33%～50%[19]。作为空军战略导弹评审委员会主席和核战略政府顾问的传奇人物，信息理论家约翰·冯·诺伊曼估计，大规模核战争的可能性（前古巴导弹危机之前）接近 100%[20]。以 20 世纪 60 年代的观点来看，是什么使那时的观察者预测到在接下来的 40 年内世界不会爆发另一次非实验性的核爆炸？

尽管国际事务非常混乱，但是我们还是应该感谢战争中没有使用核武器。但是我们显然不能轻易放松，因为现存的氢弹数量仍然足以毁灭人类很多次。[21]

虽然不足以威胁文明的存在，但是我们仍然密切关注着核扩散和核材料及核技术的广泛传播（也就是说，只有使用洲际弹道导弹的全面核战争的爆发，才会给人类的生存带来威胁）。核扩散和核恐怖主义属于"严重、本地"风险类别，即种族灭绝。不过我们仍然严正关注，因为双方均能摧毁对方的逻辑不适用于自杀式恐怖主义者身上。

如今我们可能面临另一种生存危机，生物工程可能制造出一种易传播、潜伏期长且致命的病毒。有些病毒很容易传染，如普通的和流行性感冒病毒。有些病毒是致命的，如艾滋病病毒。但很少有病毒同时具备这两种特性。现在的人类是已经对大多数流行病毒免疫的人类的后代。一个物种能从病毒爆发中生存下来，得益于有性繁殖，它保证了人类的基因多样性，所以人们对特定病毒的反应千差万别。所以，尽管是灾难性的，腺鼠疫并没有杀死所有欧洲人。其他病毒如天花等具有双面特性——很容易传染和致命——但是它们存在了很长的时间，人类已经研制出了对抗它们的疫苗。但是基因工程可能绕过进化保护突然产生一种新的病毒，而对这种病毒我们没有任何自然或技术上的保护措施。

将致命毒素的基因注入诸如普通感冒或流行感冒等容易传播的普通病毒中，这会带来另一个生存危机。正因如此，阿西罗马会议商议如何应对这种威胁，并且起草了一系列安全和道德准则。这些准则沿用至今，但遗传操作基本技术的复杂性正在迅速增加。

2003 年，世界成功击败了 SARS 病毒。SARS 病毒是由一种古老病毒（该病毒可能是人类与珍奇动物（可能是果子狸）的亲密接触中传播到人体的）和一种现代病毒（通过空气迅速传播到全世界）相结合而产生的。SARS 病毒具有易传播、离开人体后能长时间生存、能够造成14% ~20%的高死亡率等特性，它给我们提供了一次人类对抗新病毒的演练。这又是一次古代和现代技术相结合的反应。

SARS 的经历表明大多数病毒，即使相对容易传播并具有高致命性，看起来很吓人，但不一定带来生存危机。然而，SARS 病毒并不是被设计出来的。SARS 容易通过体液传播但不易通过气体微粒传播。它的潜伏期从一天到两周不等，较长的潜伏期会使病毒在携带者被确认前就通过快速繁殖而得到广泛传播了。[22]

SARS 是致命的，但是绝大多数感染者都幸存了下来。恶意制造病毒变得越来越可能，而制造出的病毒比 SARS 更易传播、具有更长的潜伏期并且对几乎所有感染者都是致命的。天花几乎具有所有这些特点。尽管我们有疫苗（虽然很原始），但并不能有效防止天花的变异。

正如我下面所说，21 世纪 20 年代，当我们完全掌握基于纳米机器人[23]的反病毒技术后，生物工程病毒（无论存在与否）的作恶之窗将最终关闭。然而，因为纳米技术比生物体强大、快速、智能上千倍，能自我复制的纳米机器人将带来更大的风险和生存危机。恶意的纳米机器人将最终被强大的人工智能终结，但毫无疑问，"不友好的"人工智能将会带来更大的生存危机，我会在后面的内容中讨论。

预防原则。正如波斯特接姆、弗雷塔斯以及包括我在内的观察员指出，我们不能用试错法来处理生存危机。对预防原则的解释还存在争议（如果一个行为的后果未知，但是据科学家判断有极小可能会带来巨大的负面风险，这一行为最好不要进行）。但很明显，在我们的战略中需要尽可能提高自信以对抗这种风险。这就是越来越多的声音要求我们停止技术发展的原因之一，这也是在新的生存危机发生之前将其消除的主要战略。然而放弃并非合适的行为，只会阻止新兴技术带来的好处，而且实际上还增加了灾难性结果的可能性。麦克斯·摩尔阐明了预防原则的局限性，并且主张用他的所谓"行动原则"来取代预防原则，以平衡"行动"与"不行动"间的风险。[24]

在讨论如何应对新的生存危机挑战之前，有必要来回顾一下波斯特拉姆和其他人提出的假设。

相互作用越小，爆发的可能性越大。近来正在争论用未来的高能粒子加速器会不会造成亚原子级的能量状态转换的连锁反应，其结果可能是破坏面积呈指数级扩散，分裂银河系内的所有原子。已经提及很多这种情形，包括可能制造出一个吞食掉整个太阳系的黑洞。

对这些情形的分析，表明其发生的可能性极低，尽管也有物理学家对此并不乐观。[25]这些分析在数学上看起来似乎合理，但是我们对这个公式描述的物理意义层面没有达成共识。如果这些危险听起来太不着边际，那试想一下这种可能，我们的确在物质衰减中检测到了日益剧烈的爆炸现象。

阿尔弗雷德·诺贝尔探测到分子的化学反应而发明了炸药。原子弹的威力是炸药威力的数万倍，它基于大型原子的核反应，这些原子比大分子小很多。氢弹基于更小的原子的相互作用，威力比原子弹大上千倍。虽然这种认识并不一定意味着通过利用亚原子粒子还可能制造出威力更强大的毁灭性连锁反应，但是它证明了这种猜想是有道理的。

我对这种危险的评价是：我们不可能只是简单地偶然发现了这种破坏性事件，就如原子弹的产生不可能是偶然的一样。这种设备需要精确地配置材料和动作，而且原料也需要通过大型且精密的工程来开发。无意中制造出氢弹的说法则更不可信，因为想要制造出氢弹，必须将原子弹、氢核及其他物质进行特定精确的安排。而在亚原子级偶然制造出新的毁灭性连锁反应更加不可能。其后果将十分严重，然而预防原则会引导我们认真对待这些危险的可能性。在进行新的加速器实验之前应该仔细分析。但是这种风险并非是我所列的21 世纪风险名单中处于最高级的。

我们的虚拟世界已经关闭。波斯特拉姆等人曾指出另一个已被证实的已经存在的危机：我们实际上生活在一个虚拟世界中，而这个虚拟世界将被关闭。似乎我们对此无能为力。但是，既然我们成为这个虚拟世界中的元素，那么我们就有机会影响其中发生的一切。避免被关掉的最好方法就是引起虚拟世界监视者的兴趣。假设某人正注视着这个虚拟世界，完全可以推测，如果它更能激发此人的兴趣，那么这个虚拟世界被关闭的可能性会大大降低。

我们应该花大量时间思索让一个虚拟世界变得有趣意味着什么。而新知识的创造是这个评估中最重要的部分。虽然我们很难猜测什么才能使我们假想的监测者感兴趣，而奇点似乎和我们想象中的任何新进展一样令人兴奋，能以一个令人吃惊的速度创造新知识。事实上，实现知识爆炸的奇点可能正是虚拟世界的目标。因此，确保一个"建设性的"奇点（避免像被灰雾毁灭或被邪恶的人工智能统治等这样的悲惨结果）是避免虚拟世界被关闭的最好方法。当然，我们还有很多其他理由作为实现一个建设性的奇点的动机。

如果我们生活在一个计算机的虚拟世界中，这是一个很好的情景：如此详尽以至于我们也可以接受它是我们的现实。不管怎样，这是我们唯一可以接触到的现实。

我们的世界似乎有着悠久的历史。这意味着我们的世界要么不是虚拟的（确实也不是），要么是虚拟的（这个虚拟世界已经运行了很长时间，并且也不会很快停止）。当然，也有可能这个虚拟世界并不像它所展示的那样具有悠久的历史。

正如我在第 6 章所提到的，有人推测一个先进的文明可能会创建一个新的宇宙进行计算（或换一种方式继续膨胀它自己的计算）。我们在这个宇宙的生活（被另一种文明所创建的）可以被认为是模拟场景。也许其他文明正在我们的宇宙中运行一种进化算法（我们正在见证的进化）来创建一种来自于奇点科技的知识爆炸。如果这是真实的，那么当知识奇点发生错误或不像预期那样发展的时候，正在注视着我们的"文明"可能关闭我们的虚拟世界。

这种场景并不在我所担心的清单中。因为这是我们可以避免负面结果而遵循的唯一策略，这也是我们无论如何必须遵循的。

组织的崩溃。另一个经常被引用的忧虑是一个大型的行星或彗星撞击，在地球历史上这种情形多次发生，它们代表了那些时代物种生存的结局。当然，这不是危险的技术造成的。相反，技术将保护我们避免这个风险（当然是在一至几十年中）。虽然小的影响会经常发生，然而大的、来自太空的有破坏性的风险却很罕见。我们无法预期它到来的时间，几乎可以肯定的是，这种危险来临之时，我们的文明将很容易在入侵者摧毁我们之前便能摧毁他们。

危险列表中的另一项是被外星智能（不是我们已经创建的）破坏。我在第 6 章讨论过这种可能性，我认为这也是不可能的。

GNR：希望与危险的合理聚焦。GNR 是最令人担忧的技术。不过，我们需要认真对待错误的、日益尖锐的路德的声音，他们倡导放弃科技进步来避免 GNR 带来的危险。原因我将在后面的内容中讨论，放弃不是解决问题的方法，理性的恐惧可能导致非理性的解决办法。在克服人类苦难时，拖延会产生严重后果。

只有集权制度才能贯彻广泛放弃的实施，但由于日益强大的分布式电子和光子通信的民主化冲击，对抗新世界的一个极权主义是不可能产生的。在世界范围内，互联网和手机等分布式通信的蓬勃发展，代表了一个遍布各地的民主力量。这不是推翻原有政权的政变，而是由传真机、复印机、录像机以及个人计算机组成的秘密网络打破了几十年来极权主义者对信息的控制。[26]20 世纪 90 年代的特点是民主、资本主义的运动以及随之而来的经济增长，而这些都得益于人与人之间通信技术的加速发展。

有一些问题不是生存危机但仍然很严重，包括"谁来控制纳米机器人？"和"谁与纳米机器人交谈？"未来的组织（无论是政府或极端组织）或只是一个聪明的人可以把数以亿万计的隐形的纳米机器人放在一个人或所有人的水或食物里。那么这些间谍机器人就可以监测、影响甚至控制人们的思想和行动。另外，现有的纳米机器人会受到软件病毒和黑客技术的影响。当软件在我们的身体和大脑中运行（我们讨论过的，一些人已经可以这样做），隐私和安全问题将迅速涌现出来，我们需要设计出对抗这种入侵的反监视方法。

转变未来的必然性。不同的 GNR 技术在许多方面取得了进步。GNR 得以完全实现源于一次次良性的进步。对 G 来说，我们已经掌握了设计病原体的方法。生物技术将得益于伦理和经济的诸多好处而持续加快发展，这些好处源于人们对构建生物体的信息处理过程的掌握。

纳米技术是各种技术持续微型化的必然结果。包括电子、机械、能源、医学在内的广泛应用的重要特征是其以每 10 年 4% 的速率线性地缩小。此外，寻求理解纳米技术及其应用的研究也在呈指数方式增长。

同样，我们在人脑逆向工程所做的努力也是被各种预期的益处所驱动的，包括理解和扭转已认知的疾病和衰老。监视大脑的工具在时空决策方面呈指数方式增长，而且我们已经证明了，这些工具有能力将大脑扫描和研究获取的数据转化成工作模型并进行仿真。

大脑逆向工程中的努力蕴含了这样的道理：发展人工智能算法的整个研究以及计算平台持续的指数增长，使得更强大的人工智能（和人类一样甚至超越人类的人工智能）的产生成为必然。一旦人工智能达到人类的水平，它一定会很快超越人类水平，因为它会把人类智能的力量和非生物展现出来的智能（包括速度、内存容量、知识共享）结合在一起。这不同于生物智能，非生物智能也将从规模、能力、性价比的指数级的持续增长中受益。

极权放弃。要想终止各方面加速进步的步伐，我们唯一能想到的方法就是一个放弃进步的全球极权制度。但是这不能避免 GNR 带来的危害，因为它会导致地下活动，而这样会带来更具有毁灭性的应用。因为我们所依赖、能够快速开发出防御技术的人将很难获得必要的研发工具。幸运的是，极权主义是不太可能出现的，因为知识的日益分布是一种内在的民主化力量。

准备防御

我期望创造性和建设性的技术应用将占主导地位，因为我相信它们今天所做的。但

是，我们必须大大增加在发展具体防御技术上的投资。正如我所讨论的，我们现在正处于
生物技术的关键阶段，在 21 世纪末的十几年间，我们将达到把防御技术应用于纳米技术
的阶段。

现在我们不需要往回看，就能看到技术进步所带来的深度纠缠的希望和危险。想象一
下几百年前的人怎样描述现存的危险（原子弹、氢弹）。他们会觉得发疯了才会冒这样的
风险。但在 2005 年有多少人会真的想回到那野蛮、充满疾病、贫困、自然灾害多发的生
活？[27]而几个世纪前，99% 的人类都曾与这些进行抗争。

我们可以将过去浪漫化，但直至最近，大部分人类的生活仍是极度脆弱的，再普通不
过的不幸都可能会引发一场灾难。两百年前，有记载的一些国家的女性的预期寿命大概是
35 岁，与现在的日本女性平均 85 岁的寿命相比，显得过于短暂了。男性的预期寿命大概
是 33 岁，而现在男性平均寿命最高的国家是 79 岁。[28]在那个年代，人们花了半天时间准备
晚餐，大部分人将从事艰苦的劳作。没有社会保障，人类物种中的大部分仍处于这种不稳
定的生活方式中。这至少是促进技术进步、提高经济的一个原因。只有技术才能大幅度提
高能力和承受力，进而可以克服诸如贫困、疾病、污染以及其他重要的社会问题。

当人们考虑未来技术的影响时经常会审视 3 个阶段：首先是敬畏并惊叹于其克服衰老
问题的潜能；然后是害怕新技术带来一系列新危险的恐惧感；最后是认识到唯一可行和负
责任的道路就是精心设计一种发展路线，既能实现好处，又能控制危险。

不用说，我们也经历过技术所带来的坏处，比如战争带来的死亡和毁灭。100 年前，
使用粗糙工艺技术的第一次工业革命已经使我们地球上的许多物种灭绝。我们的集中化技
术（如建筑、城市、飞机和发电厂）具有明显的不安全性。

战争的"NBC"（核、生物、化学）技术已全部被使用或即将被使用。[29]更为强大的
GNR 技术会给我们带来新的深刻的生存危机。如果说过去我们担心的是通过修改基因而
制造病原体，后来担心的是通过纳米技术自我复制实体，那么现在我们所担心的是遭遇那
些智能与我们相当，并将最终超越我们的机器人。这样的机器人可能是很好的助手，但是
谁敢说我们能指望它们与生物人始终保持友好的关系？

强人工智能。强人工智能保证了人类文明能够持续地以指数形式增长（正如我前面讨
论过的，也包括从人类文明衍生出的非生物智能）。但正因为它放大了智能，所以其带来
的影响也是非常深远的。由于智能天生无法控制，所以用来控制纳米技术的很多战略（例
如下面描述的"广播架构"）对人工智能不起作用。已经有很多讨论和建议将人工智能向
埃利泽·尤德克斯克的所谓"友好的人工智能"[30]引导。这些讨论很有用，但据此来制定确
保未来人工智能遵循人类道德价值观的战略却是不可行的。

回到过去？比尔·乔伊在他的文章和演讲中描述了过去几个世纪的瘟疫，以及新的自
我复制技术（如由生物工程引发突变的病原体和杀气腾腾的纳米机器人）将会带来已被
人们长期遗忘的瘟疫。乔伊承认技术的进步，例如抗生素和卫生条件的改善使我们摆脱瘟
疫，因此这种建设性的应用要继续下去。世界仍然存在苦难，我们必须高度重视。我们是
否应该告诉数以百万计的癌症患者和患其他严重疾病的人，我们要取消所有生物工程治疗
方法的发展？因为这些技术将来有被用于恶意目的的风险。提出这个问题，我也意识到现
在的确有这样的讨论。但是大多数人也认为如此大的让步并不是解决问题的办法。

不断减轻人类痛苦是技术持续进步的主要动力。同样起推动作用的是明显地增加经济

收益，在未来的几十年中收益将持续增加。许多综合技术的持续加速发展打造了很多条黄金之路。（在这里我强调的是很多，因为技术显然不是仅有的路径。）在竞争激烈的环境中，经济必须走这些道路。放弃技术进步对于个人、公司和国家都等同于经济自杀。

放弃的理念

文明的重大进步几乎破坏了文明的产生。

——阿尔弗雷德·诺斯·怀特海德

这给我们带来了放弃的问题，这也是比尔·麦琪本等放弃主义的倡导者提出的最有争议的主张。我确实觉得在适当的水平放弃未来将面对的基因危险是一个负责任的和具有建设性的对策。然而，更精确地说，问题是：我们应该在什么层次上放弃技术？

举世闻名的"炸弹客"特德·卡钦斯基希望我们放弃所有的技术。[31]这既不可取也不可行。只有卡钦斯基才会提出这种毫无意义、毫无价值的策略。

然而其他一些观点虽然没有卡钦斯基这么莽撞，但却同样赞成广泛放弃技术。麦琪本的立场是，我们已经拥有足够的技术，应该停止进一步发展。在他的最新著作《Enough：Staying Human in an Engineered Age》中，他将技术比喻成啤酒："一杯啤酒很好，两杯啤酒可能会更好，8 杯啤酒，你几乎肯定会后悔的。"[32]这个比喻遗漏了一个重点，它忽略了人类世界的很多苦难，而我们可以通过科学的不断进步来减轻这些苦难。

虽然新技术像其他事务一样，有时可能会过量使用，但是最初产生它们的希望并不仅仅是使手机增加 1/4 或是垃圾邮件翻倍的问题。相反，它意味着用完善的技术去征服癌症和其他破坏性疾病，创造无处不在的财富去克服贫困，清除第一次工业革命对环境带来的影响（由麦琪本阐明的目标），并克服许多其他古老的问题。

广泛的放弃。放弃的另一个层次是放弃某些特定领域（例如纳米技术，人们认为这种技术太过危险）。但是，这样清扫式的放弃同样站不住脚。正如我前面指出的，纳米技术是所有技术微型化的长期趋势的必然结果。这远不是单一的集中的努力，而是无数具有不同目标的项目所共同追求的。

一位观察家写道：

工业社会不能改革的一个深层原因就是——现代科技是一个统一的系统，其中的各个部分彼此依赖，你不能去掉技术"坏"的部分而只保留"好"的部分。以现代医学为例，医疗科学的进展依赖于化学、物理学、生物学、计算机科学以及其他领域的进展。先进的医疗方法需要昂贵的高科技设备，只有技术先进、经济富裕的社会才能提供。显然，如果没有整个技术体系及与其相搭配的一切，将不可能在医疗上取得大的进展。

在这里我再次引用特德·卡钦斯基[33]的话。尽管有人可能会认为卡钦斯基不那么权威，但我相信，在认为收益和风险深度纠结这一点上，他是正确的。不管怎样，卡钦斯基和我都很清楚，这两者之间的相对平衡是我们对公司整体评估的一部分。无论在公共场合还是私底下，比尔·乔伊和我都曾就这个问题进行讨论。我们都相信技术会进步，也应该进步。我们需要积极关注技术的阴暗面。要解决的最具挑战性的问题是确定既可行又可取的放弃的粒度。

细粒度放弃。我认为正确层次上的放弃应是我们应对 21 世纪技术危机的对策中的一部分。一个建设性的例子就是由前瞻学会提出的道德准则，也就是说，纳米技术人员同意放弃那些能在自然环境中自我复制的物理实体的研发。[34] 在我看来，这一准则有两种例外情况。第一，我们最终将需要提供一个基于纳米技术的行星免疫系统（自然环境中的纳米机器人对抗凶猛的自我复制的纳米机器人）。罗伯特·弗雷塔斯和我讨论了这种免疫系统本身是否需要自我复制。弗雷塔斯写道："一个全面的监控系统连同预先放置的资源（资源包括高容量非复制性纳米工厂，这种工厂能够大量生产能应对特殊威胁的非复制性防御体）应该足够了。"[35] 我同意弗雷塔斯的观点，在初期阶段增加防御体的预置免疫系统是足够的。但是，一旦强大的人工智能与纳米技术结合，由纳米技术制造的实体生态将变得高度复杂和多样化。我个人期望我们会发现防御型纳米机器人，他们需要有能力在合适的地方快速自我复制。第二，需要自我复制的纳米机器人探测器去探索太阳系之外的行星系统。

还有另一个有效的道德准则的例子，即禁止那些包含自我复制代码的物理实体进行自我复制。按照纳米技术专家拉尔夫·梅克尔所说的"广播架构"，这种实体必须从一个集中的安全的服务器中获得复制的代码，这样可以防止不良复制[36]。在生物世界，这个广播架构是不可能存在的，所以至少在一个方面，纳米技术可以比生物技术更安全。在其他方面，纳米技术可能更为危险，因为纳米机器人比基于蛋白质的实体更加强大，其智能化程度更高。

正如第 5 章所述，我们可以把基于纳米技术的广播架构应用到生物中。纳米计算机会增加和更换每个细胞的细胞核，并提供 DNA 代码。纳米机器人包含了类似核糖体的分子机制（描述细胞核外信使核糖氨基酸碱基对的分子），能够获取代码并产生氨基酸序列。既然我们可以通过无线消息控制纳米机器人，我们就能够关闭不必要的复制，从而消除癌症。我们可以按照需要制造特殊的蛋白质来抵制疾病。我们可以纠正 DNA 错误，更新DNA 代码。下面我会进一步评论广播架构的优点与弱点。

处理滥用科技。考虑到科技能减轻疾病、摆脱贫困、清理环境，那么广泛的妥协是和经济的发现相违背的，在道德上也不正确。如前面所述，这只会加剧危险。安全管理（细粒度的放弃）才是适用的。

不过我们还需要简化管理过程。目前在美国，新的卫生技术获得食品药物管理局的批准需要 5～10 年的时间（与其他国家基本相似）。与新疗法的风险相比，阻止可能拯救生命的治疗的危害（例如，因为延误治疗心脏病，美国每年有 100 万人丧失生命）显得微不足道。

其他的防护方法包括监管机构的监督，特定免疫对策技术的发展，以及执法机构的电脑辅助监视。很多人不知道情报机构已经使用了高级技术，例如使用关键字自动定位来监管电话、电缆、人造卫星和互联网交流。随着社会进步，我们需要在隐私权和防止强大技术被恶意使用之间寻求平衡，这将成为许多重大挑战中的一个。这也是"加密门"（其中执法部门将有机会接触其他安全信息）和联邦调查局的食肉兽电子邮件监听系统引起争议的原因。[37]

作为一个测试案例，我们可以从近年来对技术挑战的处理中得到一些安慰。现在存在一种新的能自我复制的非生物实体：计算机病毒，这在几十年前还不存在。当这种破坏性的入侵形式第一次出现时，就有人表示了强烈的担心，计算机病毒会变得更加复杂，有可能破坏它们生存的电脑网络媒介。然而，这种"免疫系统"在应对这一挑战时已非常有效。虽然破坏性的自我复制的软件实体确实不时地造成破坏，但跟我们从计算机和通信中获得的利益相比，这只是很小的一部分。

有人可能会反驳说，计算机病毒并没有像生物病毒和破坏性纳米技术那样的致命因子。事实并非总是如此：我们依靠软件来运作 911 呼叫中心，监测重症监护室的病人，控制飞机飞行与着陆，在军事行动中操作智能武器，处理金融交易，经营市政公共事业，以及完成许多其他的关键任务。在某种程度上，软件病毒还没有造成致命的危害。不过这个发现却加强了我的论证。电脑病毒通常不会使人类致命的事实意味着更多的人愿意创建和发布它们。大多数制造软件病毒的人如果认为该病毒能杀死人，就不会发布。这也意味着我们对危险的反应不需紧张。相反，如果面对大规模致命的自我复制的实体，我们的反应会紧张得多。

尽管软件病毒仍然令人担忧，不过当前的危险主要是在干扰级别上。请记住，我们在清除病毒上所取得的成功发生在一个没有规则而且从业者不需要认证的行业中。不规范的庞大电脑行业也卓有成效。有人会说，在人类历史上，它们在技术与经济上所取得的成绩已经远远超过了其他行业。

不过软件病毒和病毒防护之间的战争永远不会结束。我们越来越依赖于执行关键任务的软件系统，能自我复制的软件工具的复杂性和潜在的破坏性会继续升级。当软件在我们的大脑和身体中运行并控制世界上纳米机器人的免疫系统，这些风险将变得更加巨大。

防守技术的发展和监管的影响

需要广泛放弃的一个原因是它们描绘了一个关于未来危险的画面：这些危险将被释放到没有防备的世界中。事实上，我们的防御知识和防御技术会跟随危险一起变得更复杂和更强大。灰色黏性物质（纳米机器人的无限复制）将会遇到"蓝色黏性物质"（"警察"纳米机器人与"坏"纳米机器人展开斗争）。显然，我们不能肯定地说，我们都将成功地避免误用。但是，防止有效的防御技术发展的最可靠的方法是在一些领域中放弃对知识的追求。我们已经能够在很大程度上控制有害的软件，因为只能由负责任的从业者掌握知识。试图限制这种认识将会引起相当不稳定的局势。针对新的挑战做出的反应会更慢，天平会向更具破坏性的应用（如自我修改软件病毒）倾斜。

如果我们把控制设计软件病毒所取得的成绩与控制设计生物体病毒所面临的挑战相对比，我们会感到差别非常大。正如前文所述，软件业几乎完全不受管制。同样，生物技术显然不是这样的。虽然使用生物武器的恐怖分子不需要通过美国食品药品管理局提出他的"发明"，但是我们确实需要科学家开发防御技术来遵循现行法规，这样会减缓每一步创新的过程。此外，根据现行法规和道德标准，测试对生物恐怖分子人员的防御是不可能的。人们正在广泛讨论如何修改这些法规，使之允许动物模型和模拟仿真代替不可行的人体试验。这将是必要的，但我相信我们需要超越这些措施，加速发展急需的防御技术。

依据公共政策，接下来的任务是迅速发展必需的防御措施，其中包括道德标准、法律标准和防御技术本身。这显然是个竞赛。正如我所指出的，在软件领域，防守技术会迅速对攻击技术的创新做出响应。然而在医学领域，广泛的规章制度减慢了创新的速度，所以我们同样对生物技术的泛滥没有信心。在目前的环境中，当有人死于基因疗法试验时，相关的研究可能会受到严重限制。[38]生物医学研究保证尽可能安全是合理的需求，但我们完全扭曲了对风险的平衡。成千上万的人急需基因疗法和其他生物技术的突破性进展，但他们却无法得到救助，由于不可避免的风险问题而延误。

当我们考虑生物工程制造的病原体带来的新危险时，这种风险平衡方程将变得更加明显。现在需要的是公众态度的转变，他们应当能够容忍必要的风险。加快防御技术对于我们的安全至关重要。为实现这一目标，我们需要简化管理程序。同时，我们必须明确地在防御技术方面增加投入。在生物技术领域，这意味着抗病毒药物的快速发展。我们没有时间对出现的每一个新挑战都制定具体的对策。我们正打算开发具有更广泛的抗病毒药物的技术（例如 RNA 干扰），而且要加速发展。

我们之所以在这里解说生物技术，是因为它是我们现在面临的最近的门槛和挑战。而对于自组织纳米技术方法的门槛，我们需要针对这个领域的防御技术开发投入具体的力量，包括开发一个技术免疫系统。试想我们的生物免疫系统是如何工作的。当身体检测到病原体时，T 细胞和其他免疫系统细胞就会迅速地自我复制来抵抗病毒入侵。纳米免疫系统会同样地工作在人体体内和外界环境中，系统将由纳米机器人哨兵来检测恶意自我复制的纳米机器人。一旦有威胁，防御纳米机器人有能力消灭迅速创建（最终自我复制）的入侵者，以提供一种有效的防御力量。

比尔·乔伊和与其一样的观察家指出，因为潜在的"自身免疫性"的反应，这种免疫系统本身就是一个危险（免疫系统纳米机器人可能会攻击它们应该维护的世界）。[39]然而，这种可能性并不是一个可以用于避免创建免疫系统的令人信服的理由。由于存在发展自身免疫疾病的可能，因此没有人会说人类没有了免疫系统就会变得更好。虽然免疫系统本身构成威胁，但是没有了它，人类不会活过几个星期（除非完全与环境隔离）。即使如此，就算没有明确地创建一个系统，纳米技术免疫系统的发展也会发生。软件病毒是已经发生的事实，建立免疫系统不是通过正式的宏伟设计的项目，而是通过增量式地解决每个新挑战并为早期检测研发启发式算法来完成的。我们可以预见，当面对纳米技术危险的挑战时，同样的事情也会发生。公共政策的重点将是增加对特定的防御技术方面的投入。

现在开发具体的防御纳米技术实在是言之过早，这是因为现在对于试图防范的东西，我们仅有一个总体的思路。然而，针对这个事件已经产生了卓有成效的对话与讨论，并鼓励在这些方面扩大投入。正如我上面提到的一个例子，为确保纳米技术的安全发展，Foresight Institute 已经设计了一套基于生物技术准则的道德标准和策略。[40]当 1975 年基因剪切研究开始的时候，两名生物学家——马克辛·辛格和保罗·伯格——建议暂停技术的研究，直到其所涉及的安全问题得以解决。原因似乎很明显，如果有毒基因植入诸如感冒之类易于传播的病原体中，将产生巨大风险。经过 10 个月的暂停，阿西罗马会议上批准了这些准则，包括身体供给和生物防范、对特殊类型实验的禁止和其他一些规定。由于严格遵守这些生物技术准则，30 年来没有任何关于这个领域的事故报道。

最近，代表世界器官移植医生的组织暂停了把动物血管、器官移植到人类身上的手术。这样做是担心那些长期潜伏的、类似艾滋病病毒等异种病毒从猪或狒狒等动物身上传播到人类身上。遗憾的是，这种暂停也延缓了对病人的救生移植（人类免疫系统可以接受转基因动物器官），每年数以百万计的人死于心脏、肾脏和肝脏病。伦理学家马丁·罗斯布雷特建议用一套新的道德准则来解决延缓所带来的问题。[41]

针对纳米技术，道德辩论在具体的危险应用出现前的几十年就开始了。对于 Foresight Institute 来说，最重要的几个指导方针包括：

- "人造复制基因不能在自然的、不可控的环境中复制。"
- "不提倡在自我复制的制造系统中进化。"
- "医学营养治疗设备的设计应特别限制扩散并且提供任何复制系统的可追溯性。"
- "分子制造开发能力应该被严格限制，只有那些同意遵循规则的、负责任的人才可以拥有该能力。没有这样的限制，就必须终止进行相关产品的研发。"

Foresight Institute 提出的其他政策包括：

- 复制需要的材料不能从自然界获取。
- 制造（复制）应和终端产品的功能分离。制造设备可以创造最终产品，但不能自我复制，并且最终产品应该没有复制功能。
- 复制需要执行复制操作的代码，该代码经过加密和时间约束。前面提到的广播体系是该建议的一个例子。

这些指导方针和策略可以有效地防止意外释放危险的自我复制的纳米技术实体。但是，处理类似故意设计和释放这类实体是一个更加复杂和具有挑战性的问题。一个足够坚定并具有破坏性的对手可以攻破各层的防御。以广播架构为例，如果设计得当，每个实体没有获得复制代码就不能够复制，这个代码不能由这一代传到下一代。然而，这种设计只需简单的修改就可能绕过对复制代码的破坏，从而将其传递给它们的下一代。为了对付这种可能，有人建议将复制代码的内存限制成一个完整的代码的子集。但是，扩大内存会使这个方法失效。

另一种推荐的保护措施是加密代码，并在解密系统中建立保护措施，比如设置超时限制。然而，我们可以看到对于知识产权的非法复制的保护（比如音乐的非法拷贝）多么容易被打败。一旦复制代码和保护层剥离，信息就可以跳过这些限制被任意复制。

这并不意味着保护是不可能的。相反，每个等级的保护只对特定的复杂度有效。这表明我们要把不断发展防御技术当做 21 世纪最重要的事情，以保证它们比破坏技术快一步或更多步（或至少不落后）。

防御不友好的强人工智能。即使是像广播体系这样有效的机制也不能对抗强人工智能的滥用。广播体系设置的障碍只对缺乏智能的纳米工程实体起作用。然而，智能实体显然具有足够的智能，可以轻易克服这些障碍。

埃利泽·尤德克斯克已经分析了大量的模式、架构和道德规则，这也许有助于确保，一旦强大的人工智能够获取和修改自身设计，它仍然能够友好地对待生物人和维持原来的价值观。考虑到不能收回自我改善的强人工智能，尤德克斯克指出，我们需要"首先保证它们的正确性"，其初步设计必须保证"0 个不可恢复的错误"。[42]

本质上不存在能对抗强人工智能的绝对保护措施。虽然这听起来很微妙，但是我相信，为不断前进的科学和技术进步维持一个开放自由的市场环境，以前进的每一步都要被市场接受，从而提供一个最具有成效的环境，以使技术体现人类的普遍价值观。正如我曾经指出的，强大的人工智能正随着我们的不懈努力而深入到我们人类文明的基础设施中。事实上，它将紧密嵌入到我们的身体和大脑中。正因为这样，它反映了我们的价值观，因为它将成为我们。试图通过秘密的政府计划控制这些技术，以及不可避免的地下开发，只会营造不稳定的环境，而且可能使危险应用占主导地位。

分散化。一个已经发生并将越发稳定的具有深远意义的趋势是从集中技术向分布技术的发展，从现实世界向上述虚拟世界的发展。集中技术涉及资源聚集，如人的聚集（如城市、建筑物），能源（如核电厂、液态天然气、石油油轮、能源管道）、交通（飞机、火车）和其他方面的聚集。集中技术容易受到破坏而发生灾难，而且它们往往效率低下、造成浪费并破坏环境。

而分布式技术往往是灵活、高效、相对环保的。典型的分布式技术是互联网。迄今为止，互联网没有遭受严重的破坏，并在继续向前发展，其健壮性和可靠性也在继续加强。如果某一个集线器或通道不能正常工作，信息可以简单地找到别的路线来进行传输。

分布式能源。在能源方面，我们需要摆脱现在我们所依赖的集中式的设施。例如，一家公司利用 MEMS 技术研发微燃料电池。[43]他们就像电子芯片一样被制造出来，但实际上这种能量存储装置的能量与尺寸比远远超过了传统技术的。正如我在前面讨论的，纳米技术的太阳能电池板可以以一个分布、可再生、清洁的方式来满足我们的能源需求。最终符合这些条件的技术会使每个事物都快速发展，从手机到汽车和住宅。这些分散式能源技术不容易引起灾难或遭到破坏。

随着这些技术的发展，把人们聚集在大型建筑和城市的需求会下降，人们将会分散地住在各自想住的地方，然后在虚拟世界聚集在一起。

在不对称战争时代的公民自由。恐怖主义袭击的性质及其背后组织所反映的人生观突出表现了公民自由与监管、控制方面的法律权益之间的冲突。事实上，我们的执法系统主要考虑的是安全问题，它假定人们的动机是维护自己的生活和福利。这一逻辑成为我们所有政策的基础，从地区级的保护到世界舞台的争斗。但反对意见认为，它和它的敌人的破坏性并不服从于这一论点。

对付那些不计较自身危险的敌人是很麻烦的，这已经引起了广泛的讨论，并且这种讨论愈演愈烈，风险也会持续升级。例如，当联邦调查局确定一个可能的恐怖组织，那么它将逮捕所有参与者，尽管可能没有足够的证据证明这些人有罪，甚至很可能这些人尚未犯罪。根据反恐战争中的相关规则，政府有权继续拘留这些人。

GNR 的一个防御计划

从本质上说，我们来自金鱼，但是那（不）意味着我们回头杀死了所有的金鱼。也许（智能机器人）会一周饲养我们一次。假如你有一台拥有比人高出 10～18 倍的智商的机器，难道你不想让它来管理，或者至少控制你的经济？

——赛斯·舒斯塔克

我们怎样确保既拥有 GNR 深刻的好处又减轻其危害性？在此让我们回顾解决那些包含 GNR 风险的建议方案：

最紧要的建议就是增加我们在防御技术方面的投入。由于我们现在已经处于基因时代，所以投入应该大部分放在（生物）抗病毒药物治疗方面。我们有非常适合这项工作的新工具。例如 RNA 干扰可以用来阻止基因表达。几乎所有的感染（包括癌症）都依赖其生命周期中某个时刻的基因表达。

早日使用防御技术需要安全地引导纳米技术（N）和机器人技术（R），这方面的努力应该得到支持，并且由于我们已经更深入地了解了制造分子和强大人工智能的可行性，因此这方面的努力更应该大幅度的增强。一个附带的好处就是加快研制有效治疗传染病和癌症的方法。在国会之前，我就已经论证了这个问题，提倡每年投资数百亿美元（小于国内生产总值的1%）来解决这个新的公认的对人类生存的威胁。

- 我们需要精简基因技术和医疗技术方面的监管过程。这些制度不能阻碍技术的恶意使用，但却大大地推迟了必要的防御。如上所述，我们必须更好地平衡新技术（例如新药物）带来的风险和已知的拖延带来的伤害。

- 应该出资建立一个全球计划，用来对未知或不断变化的生物病原体的随机血清进行秘密监测。诊断工具可以快速确定未知蛋白或核酸序列的存在。防御的关键是智能，而且这样的方案可以为即将发生的传染病提供宝贵的早期预警。公共健康组织提出类似的"病原体哨兵"计划已经很多年了，但是他们从未得到足够的资金支持。

- 目标明确并有针对性地暂时停止某项研究工作，就像1975年发生在基因学领域的暂停一样。但是这种暂停对纳米技术来说并不是必需的。在技术主要领域的广泛放弃只会延缓新技术朝有利方面发展，继续人们的巨大痛苦，并且实际上会使危险恶化。

- 为纳米技术确定安全准则和道德准则的努力应该继续下去。随着我们越来越接近分子制造，这些准则必然会更加详细和完善。

- 为了获得上述对建立政治资金的支持，就必须提高公众对这些危险的认识。当然，由于危险意识的淡薄和不明就里的反科技的存在，我们还需要让公众认识到不断进步的技术所带来的好处。

- 这些危险是跨越国界的，当然这已经不再新奇。生物病毒、软件病毒、导弹早已跨越了国界。国际合作在抗击SARS时起到了至关重要的作用，并且将在面对将来的挑战中扮演重要的角色。全球性的组织，例如在抗击SARS时起到了协调作用的世界卫生组织，都需要被加强。

- 一个引起争议的当代政治问题，是否需要对风险采取先发制人的打击。这些措施将一直引起争议，但显然是需要的。核弹可以在几秒钟之内摧毁一座城市。基于生物技术或纳米技术的可自我复制的病原体可以在几天到几周之内摧毁人类的文明。我们总不能等着大规模军队或者其他不良意图暴露才开始采取保护措施。

- 情报机构和警察部门将在防范绝大多数潜在事故威胁中起到至关重要的作用。他们需要最强大的技术支持。例如，再过几年，尘埃般大小的设备将可以执行侦查任务。当我们到达21世纪20年代，软件将在我们的身体和大脑里运行，政府部门可以随时合法地监测这些软件流。很明显，可能会有人滥用这种权力。我们需要找到一个折中的办法，既可以防止灾难性事件的发生，又可以保护我们的隐私和自由。

- 上述这些方法还不足以对付病变的R（强人工智能）带来的危害。在这个方面，我们的主要策略应该是最大程度上使得非生物智能反映我们的价值观，包括自由、宽容以及对知识和多样性的尊重。为了做到这点，最好的办法就是在当今社会推动这种价值观的前进。这听起来的确很模糊。但是在这个领域，纯粹的技术策略是不可行的，因为措施是某一级别智能的产物，但总有与之相比更强大的智能能够找到方法来规避措施。我们正在创造的非生物体将会在我们的社会扎根并反映我们的价值观。这种生物变革阶段包括将非生物智能和生物智能紧密结合起来。这将扩展我们的能力，并且这些更强大智能的应用将会受它们的创造者的价值观所支配。生物变革时代将会被后生物时代所取代，但是我们希望我们的价值观仍然发挥作用。这个策略绝不是万无一失的，但这是我们影响未来的强人工智能的主要手段。

技术仍将是一把双刃剑。它象征着用于所有人类目的的巨大力量。GNR 将会提供办法克服自古就存在的一些问题，如疾病和贫困，但也可能被破坏性意识形态利用。我们除了加强防御之外别无选择，因为我们可以运用这些飞速发展的技术来推动人类的价值观，尽管对这些价值观人们明显缺乏共识。

莫利 2004：好吧，我在无人知晓的情况下再次运行——你知道，一个坏的纳米机器人正在悄无声息地部署，实际上并没有扩大，直到它们在全球蔓延的时候，它们就可以摧毁任何事物。

雷：纳米机器人传播的浓度非常低，每 10^{15} 个碳原子中只有一个，所以它们会被平均地散播。因此，破坏性纳米机器人的传播速度不会是一个限制因素，因为它们在到达指定位置之后会进行自我复制。假如它们跳过这个隐形阶段，从单一点向外扩散，这种蔓延就会被人注意，并且会被相应地减缓。

莫利 2004：那么我们将如何保护不受伤害？当它们开始第二阶段时，我们只有大约 90 分钟的时间，如果想避免巨大损坏，我们的时间会更少。

雷：因为指数增长的性质，巨大的破坏将在几分钟后发生。你的观点很有用。在任何情景下，如果没有纳米免疫系统，我们就没有机会。很明显，我们不能等到破坏的 90 分钟循环开始时再思考如何创造一个免疫系统。这样的系统可以和我们人类的免疫系统相媲美。没有它，人能活多久？

莫利 2004：我猜不会太久。如果坏的纳米机器人所占的比率仅是 1 000 兆之一，那么纳米免疫系统如何将它们找出来？

雷：我们人的免疫系统同样有这个问题。免疫系统一旦检测到哪怕仅仅是一个外来的蛋白质，都会引起快速的反应，所以当病原体达到临界水平前，免疫系统已经很有效了。我们的纳米免疫系统需要同样的能力。

查尔斯·达尔文：不要告诉我，免疫系统纳米机器人要有自我复制的能力？

雷：它们需要这种能力，否则它们无法跟上病变纳米机器人的复制步伐。有人建议将保护性免疫系统机器人的生物质保持在一定浓度，但是一旦坏纳米机器人超过这个浓度，免疫系统就会失败。罗伯特·弗雷塔斯提出不能复制的纳米工厂，这个工厂能在需要时生产保护性纳米机器人。我想这种方式一时会有作用，但最终这种防御系统需要能复制自身免疫能力，以跟上新出现的危险的步伐。

查尔斯：那么免疫系统机器人和恶意纳米机器人完全一样了？我指的是设定生物量的第一阶段。

雷：但免疫系统的纳米机器人应该保护我们，而不是伤害我们。

查尔斯：我觉得软件可以被修改。

雷：你是指黑客？

查尔斯：是的。如果免疫系统软件被黑客修改，就会产生无止境的自我复制吗？

雷：是的，那好，我们不得不很小心地对待它们，是吧？

莫利 2004：我也这样认为。

雷：我们自己的生物免疫系统也有一些问题。我们的免疫系统相对强大，并且如果带给我们的是免疫性疾病，那也是很危险的。但我们还是需要免疫系统的。

莫利 2004：所以一个软件病毒能够将纳米机器人免疫系统转变成潜在的破坏者？

雷：这是有可能的，公平地讲，软件安全将成为很多人类机器文明层次的关键问题。因为一切都是信息，保持我们防守技术的软件完整性对我们的生存至关重要。即便在经济层面，保持创造信息的经济模型对我们的物质生活也至关重要。

莫利 2004：这使我感到相当无奈。我的意思是，当所有好的和坏的纳米机器人决斗出来，我就是一个不幸的受害者。

雷：这不是一个新现象。在 2004 年，我们对处置世界上数量庞大的核武器的影响是什么呢？

莫利：至少我有表达意见的机会和选举权，进而影响外交政策问题。

雷：没有理由因此改变，提供一个可靠的纳米免疫系统将是 21 世纪 20 年代到 21 世纪 30 年代的重大政治事件之一。

莫利 2004：那么有关强人工智能呢？

雷：好消息是它将保护我们避免恶意纳米技术的伤害，因为它足够智能，可以帮助我们使防守技术超前于破坏技术。

内德·路德：猜想它是站在我们这边的。

雷：是的。

第 9 章　回应评论家

人类的思想不需要陌生的想法，这就像身体不需要陌生的蛋白质一样，并且可以用相似的能力来抵制它。

——W·I·贝弗里奇

如果科学家说某事是可能的，那么他很可能是正确的；但是如果他说某事是不可能的，那么他很可能是错误的。

——亚瑟·C·克拉克

一系列的批评

在《The Age of Spiritual Machines》这本书中，我开始审查我试图在本书中进行深度探索的一些加速趋势。ASM 引起了各种各样的反应，包括对它认为即将出现的深刻变化的广泛讨论（正如我在前面内容中介绍的比尔·乔伊的连载故事《Why the Future Doesn't Need Us》激发的关于危险和希望的讨论），还包括尝试在许多层面上争论为什么这样的变革不会、不能或不应该发生。下面是一些批评，我会在本章予以回应：

- "来自马尔萨斯的批评"：关于无限的指数趋势的推断是错误的，因为它们终究会耗尽维持其指数增长的资源。另外，我们将没有足够的能源来供应异常密集的计算预测平台，即使我们可以，这些平台也会像太阳一样烫。指数趋势最后变成一条渐近线，但每次每一 bit 的计算和通信所需的物质和能源资源是如此的小，以至于可以在这一点上继续进行操作，而在这一点上，非生物智能比生物智能强大无数倍。可逆计算可以极大地减少能源需求和散热需求。即使将计算限制在"冷"电脑中，将实现性能远远超越生物智能的非生物的计算平台。
- "来自软件的批评"：我们的硬件呈指数上涨，但软件却发展缓慢。虽然软件发展的倍增时间比计算硬件的长，但是软件也在效益、效率和复杂性上加速发展。许多应用软件，从搜索引擎到游戏，经常使用人工智能技术，而人工智能技术在 10 年前还仅仅只是一个研究项目。通过解决关键算法问题，软件在整体复杂性、生产率和效率方面都获得了很大收益。此外，我们有一个有效的在机器上实现人类智能的游戏计划：逆向设计大脑来捕获其运作原理，然后再在有大脑能力的计算平台上执行这些原理。大脑逆向工程的每一个方面都在加速发展：脑扫描的空间和时间分辨率、大脑运作每个层面的知识、模拟神经元和大脑区域等仿真模型的成果。
- "来自模拟处理的批评"：数字计算过于僵化，因为数字 bit 不是 1 就是 0。生物智能大部分是模拟的，所以可以考虑细微的变化。的确，人类大脑使用数字控制的模拟方法，但我们也可以将这种方法应用于机器中。此外，数字计算可以以任意精度对一个模拟过程进行模拟，反之并不正确。
- "来自神经处理复杂性的批评"：神经元间（轴突、树突、突触）的信息处理比神经网络使用的简单模式复杂得多。这话虽然没错，但大脑区域模拟不使用这些简单模式。我们已经研究出逼真的数学模型以及用电脑模拟神经元和它们之间的联系，从而捕获生物体中非线性的、错综复杂的特征。另外，我们发现，大脑区域处理的复杂性往往比它们包含的神经元简单。我们已经拥有了人类大脑几十个区域的有效模式和模拟。考虑到冗余，在基因组中 10 亿个字节的设计信息中，仅仅包含 30 个字节的信息，所以我们还是有能力管理大脑的设计信息。

- "来自微管和量子计算批评"：神经元的微管能够进行量子计算，这种量子计算是意识的先决条件。一个人要想"上传"一种个性，就必须掌握它的精确的量子状态。以上的陈述都没有证据支持。即使这些陈述是真的，也没有什么阻止量子计算在非生物系统中执行。我们经常使用半导体量子效应（例如晶体管隧道），基于机器的量子计算也正在取得进展。如果捕获精确的量子状态，我现在的量子状态和写这句话之前的已经非常不同。所以，难道我已经变成了另一个人？也许是这样的，但如果有人捕获我一分钟前的状态，那么基于这个状态的上传仍然可以成功地通过"雷·库兹韦尔"的图灵测试。

- "来自图灵支持派理论的批评"：图灵教派理论说道："我们能够证明很多问题不能用图灵机解决，也可以证明，图灵机可以模拟任何计算机（也就是存在一个图灵机，只要是计算机解决的问题，它就可以解决），所以，这说明一个问题，一个计算机可以解决的问题是有限的。然而人类有能力解决这些问题，所以机器永远都赶不上人类的智能。"事实上，人类通常没有比机器更多的能力去解决"无法解决的"的问题。在某些情况下人类可以用猜测来解决问题，但机器也能，而且做起来快得多。

- "来自故障率的批评"：随着计算机系统复杂性的增加，它们也表现出惊人的灾难性故障率。托马斯·雷写道：我们正在"超越通过传统方法有效设计和制造的东西的限制"。我们已经开发出日益复杂的系统来管理各种各样的关键任务，这些系统的故障率很低。不管怎样，不完善是任何复杂过程的固有特征，人类智能当然也是如此。

- "来自锁定效应的批评"：能源或运输这些领域普遍需要复杂的支持系统（和这些系统中的巨大投资）正在阻碍革新，所以这也将阻止奇点的相关技术所带来的快速变化。尤其是信息处理在容量和性价比上呈指数增长。我们已经看到，在信息技术的每个方面，范例迅速转变，并没有被锁定效应现象所阻止（不管是在互联网还是电信等领域中的大量基础设施投资）。能源及运输部门甚至还将见证基于纳米技术的创新带来的巨大变化。

- "来自本体论的批评"：约翰·塞尔描述了不同版本的中文房间的类比。一种构想是一个人根据已编写的程序用中文来回答问题。这个人似乎完全用中文回答问题，但是由于这个人"只是机械地执行写好的程序"，所以他没有真正理解中文，而且没有真正意识到他自己在做什么。用塞尔的话说，房间里的"人"什么都不懂，因为它只是一台计算机。很显然，计算机不知道自己在做什么，因为它们只是执行命令。塞尔的中文房间理论从根本上讲是重言式（同意反复），因为它首先假定了自己的结论：计算机不可能真正理解什么。塞尔简单类比中的部分哲学把戏只是规模问题。他声称描述了一种简单的系统，然后让读者考虑这样一个系统怎么会有真正的理解能力。但是表征描述本身就是错误的。为了符合自己的假设，塞尔描述的中文房间系统必须像人脑一样复杂，因此也拥有和人脑一样的理解力。实验中的"人"表现得像中央处理器，这只是整个系统的一小部分。尽管人可能看不到理解能力，但这个能力遍布在程序中，他认为按程序执行就必须做出很多注释。想想看，我懂英文，但是我的神经元不懂。我的理解能力是以神经递质、突触间隙以及神经元间连接的很多形式来表现的。

- "来自贫富分化的批评"：富人通过这些技术可以得到某些机会，而其他人则不能。当然，这也不是什么新鲜事。但我想说，由于性价比持续快速增长，所有技术将很快变得非常便宜，甚至几乎免费。
- "来自政府管制可能性的批评"：政府监管会减缓甚至停止技术增长的加速度。虽然监管阻碍发展的可能性很重要，但是它几乎对本书讨论的趋势没有任何影响。例如，结束干细胞研究等具有争议性的问题就像河流中的岩石被前进的激流冲刷着。
- "来自整体论的批评"：引用自迈克尔·丹顿的格言，生物体是"自我组织、自我参照、自我复制、互惠、自我构成并且具有整体性。这种有机形式只能通过生物过程创造，而这种形式是不可改变的、坚固的、基本的存在事实。"[1]的确，生物设计有一套深刻的原理。然而，机器能够使用且一直在使用这些原理，没有任何东西限制非生物系统治理生物世界模式中出现的属性。

为了回应各种论坛上这样的挑战，我已经经历了无数次辩论和对话。我编写这本书的一个目标是对我遇到最主要的批评提供一个全面的回应。在本书里，我对关于可行性和必然性的批评做了大部分的反驳。但在本章中，我想就其中一些很有趣的问题做些详细回答。

来自怀疑者的批评

也许对于我在本书中预想的未来来说，最直白的批评就是简单地怀疑这种深刻的变化会发生。例如，化学家理查德·斯莫利认为纳米机器人在人的血液中执行任务的想法很愚蠢。科学家的道德规范要求他们谨慎地评价目前工作的前景，这种合理的谨慎常常导致科学家不去考虑远远超越当今社会的科学技术的力量。随着范式变化得越来越快，这种根深蒂固的悲观情绪不符合几十年后社会评估科学能力的需要。想想看，一个世纪以前的人们看到现在的技术，他们会觉得多么难以置信。

与此相关的批评是基于这样一个理念：未来很难预测。以前的未来学家很多错误的预测都证明了这一点。很难预测哪一家公司或哪一个产品会成功，或者根本不可能预测。同样很难预测哪一项科学设计或者标准会流行。（例如在未来几十年，无线通信协议 WiMAX、CDMA 和 3G 将怎样发展？）然而，如同在本书中广泛讨论过的一样，在评估信息技术的整体效益（通过性价比、带宽和其他能力的测量）中，我们发现了非常精确和可预测的指数趋势。例如，在过去的一个世纪，计算的性价比呈平稳的指数增长。已知计算和传输 1bit 信息需要的介质和能量的最小值趋向于零，我们可以自信地预测，至少在下一个世纪，这些信息技术的趋势会继续。而且，我们可以可靠地预测这些技术在未来的能力。

预测一个分子在气体中的移动路径基本上是不可能的，但是我们可以通过热力学定律准确地预测气体（由很多混乱的相互作用的分子组成）的某些属性。类似地，无法可靠地预测某个项目或公司的结果，但我们可以通过加速回归定律准确地预计信息技术（由很多无秩序的活动组成）的整体能力。

关于为什么机器（非生物系统）永远不可能和人相比有很多激烈的争论。并且该论点遭遇广泛的怀疑，这种争论仿佛愈演愈烈。人类思想史的特点是试图拒绝接受某种新思想，因为我们已经接受的观点是，我们人类是一个特殊的物种，而新思想似乎威胁到了这个观点。哥白尼认为地球不是宇宙的中心，他的这种见解被大家抵制；达尔文认为我们人类只是从其他灵长类动物稍稍进化而来，这种观点同样被抵制。认为机器可以和人类媲美甚至超过人类智慧的想法似乎再一次挑战了人类地位。

我认为人类有某些东西本质上是特殊的。我们人类是地球上第一个将认知功能和有用的对生附器（对生拇指）结合起来的物种，所以我们能够创造技术来扩展自己的视野。地球上的其他物种都做不到这一点（准确地说，在这个生态位上，我们是唯一继续存在的物种，其他物种都没有活下来，比如穴居人）。而且正如我在第 6 章中讨论的，在宇宙中，我们还没有发现其他文明。

来自马尔萨斯的批评

指数趋势不会永远持续。有一个经典的例子隐喻指数趋势将会进入瓶颈期，这个例子就是"澳大利亚兔子"。一个物种碰到舒适的新环境将会呈指数扩张，直至达到环境承受能力的极限。靠近指数增长的极限甚至可能导致总数量的减少。例如，人类发现害虫蔓延时，就可能设法消除它。另一个常见的例子是微生物生长，它可能在动物体内呈指数增长，直至达到身体承受能力的极限，此时或者免疫系统作出反应，或者宿主死亡。

人类的人口正在接近极限。发达国家的很多家庭已经掌握了多种节育手段，而且他们希望给自己的孩子提供相对高级的资源。因此发达国家的人口扩张基本上已经停止。与此同时，在一些（但不是全部）发展中国家，人们继续把大家庭作为一个社会保障的手段，父母希望至少有一个孩子的寿命足够长，以便在自己晚年的时候由他们赡养。然而，随着加速回归定律提供更广泛的经济利益，人口增长的整体速率正在放缓。

那么，对于我们为之辩护的信息技术，难道不存在类似的限制？

答案是存在的，但在本书描述的深刻变革发生之后。正如我在第 3 章讨论的那样，计算或传送 1bit 所需的介质和能量是微乎其微的。通过使用可逆的逻辑门，能量的输入只用于传输结果和纠正错误。否则，每步计算所释放的热量会立即被回收并用于下一个计算。

正如我在第 5 章讨论的，事实上，所有应用（计算、通信、制造和运输）基于纳米技术的设计需要的能量远远少于它们现在所需要的。纳米技术也有助于获取太阳能等可再生能源。在 2030 年，我们只要捕获 3‰ 太阳照射到地球的能量，就可以通过太阳能发电提供所有工程所需要的 30 万亿瓦能量。而且可以用便宜、轻便、高效的纳米太阳能电池板和纳米燃料电池来存储和分发获取的能量。

事实上无限的极限。正如我在第 3 章中所讨论的，一个重量为 2.2 磅、使用可逆逻辑门的经过最优组织的计算机大约有 10^{25} 个原子，其可以存储大约 10^{27} bit 的信息。仅仅考虑粒子间的相互电磁作用，计算能控制每 bit 每 s 至少 10^{15} 次状态变化，这可以使这个"冷的" 2.2 磅的终极电脑每秒大约 10^{42} 次计算。这比当前所有生物的大脑强大 10^{16} 倍。如果允许终极电脑变热，那么我们可以将此能力继续增加 10^8 倍。显然，我们不会将计算资源限制为 1kg 物体，而是将很大一部分物质和能源部署在地球和太阳系中，然后从那里向外传播。

具体的范式确实已经达到极限。我们预计，摩尔定律（关于平板集成电路上晶体管尺寸的缩小）将在未来 20 年内达到极限。摩尔定律失效的日期正在向后推。第一次预测 2002 年失效，但现在英特尔公司说，它要到 2022 年才会失效。但正如我在第 2 章讨论的，每当人们认为一个具体的计算模式接近极限时，总会有不断增长的研究兴趣和压力来创造下一个范式。在计算的指数增长一个世纪的历史中（从电磁计算机到继电器到真空管到分散的晶体管到集成电路），这已经发生了 4 次。在朝着下一个（第 6 个）计算范式前进的过程中，我们已经取得了许多重要的里程碑：分子水平的三维自组织电路。所以，一个现有范式的即将结束并不代表真正的极限。

信息技术的能力存在着极限，但这些极限是无穷大的。我估计太阳系所存储的物质和能量至少能支持每 s10^{70}cps 的计算（见第 6 章）。由于宇宙中至少有 10^{20} 颗星，那么宇宙的计算能力大约为每 s10^{90}cps，这与赛斯·劳埃德的独立分析相吻合。所以确实存在极限，但这些极限并没有多大限制性。

来自软件的批评

人工智能的可行性遭遇的挑战以及奇点是从区分量变和质变开始的。这种论点承认，在大体上，诸如内存容量、处理器速度和通信带宽等能力呈指数扩张，但同时坚持软件（方法和算法）则没有这样扩张。

这是硬件与软件的挑战，也是一个重要的挑战。例如，虚拟现实先驱杰罗恩·拉尼尔刻画了我和其他所谓的控制论极权主义者的立场，我们仅仅以一些模糊的方式来理解软件。在他看来，这就好像软件"deus ex machina"。[2]但是它忽略了我所描述的具体和详细的情景，据此才能实现智能软件。人脑逆向工程是一项远比拉尼尔和其他观察员所能认识到的更为深远的事业，它将扩大我们的人工智能工具包，并将包括自我组织方法等基本的人类智慧。我在后面会着重这个话题，但是我首先要解答一些关于软件缺乏进步的基本误解。

软件的稳定性。拉尼尔认为软件的"笨拙"和"脆弱"是固有的，并且长篇累牍地描述他在使用软件时遭遇的各种挫折。他写道："让电脑以可靠且可变的方式执行十分复杂的特定任务而没有崩溃或安全漏洞，这基本上是不可能的。"[3]我并不打算捍卫所有的软件，但复杂的软件并不一定是脆弱和容易灾难性崩溃的。有很多例子表明，执行关键任务的复杂软件很少出现故障或几乎不出现故障：例如，控制飞机降落增长比例的复杂软件、监测重症监护室中病人的软件、引导智能武器的软件、控制基于自动模式识别的数十亿对冲基金投资的软件，以及实现其他许多功能的软件。[4]我不知道有任何空难是因为自动降落软件的故障引起，但我也不能说人类就同样可靠。

软件的响应。拉尼尔抱怨道："电脑用户界面对于用户操作的反应似乎比 15 年前还要慢，如按键，这是怎么了?"[5]我现在想请拉尼尔试试使用旧电脑。即使排除配置一个旧电脑的困难不说（这是另一个问题），我想他已经忘记了以前的电脑反应有多么迟钝、笨拙、受限。以现在的标准，让 20 年前的电脑做一些实际的工作，就会明显看到，无论从量上还是从质上，旧软件都不会比现在的好。

虽然总是能发现不好的设计、响应延迟，但这通常是新特性和新功能带来的。如果用户愿意他们的软件不增加新功能，凭借不断指数增长的计算速度和内存容量，软件响应延迟将很快消除。但是，市场要求不断扩大功能。20 年前，没有搜索引擎或其他与万维网集成的软件（事实上都没有万维网），只有原始的语言、格式和多媒体工具等。因此，功能总是处在可行性的边缘。

几年或几十年前的软件浪漫发展史比得上数百年前人们对田园生活的看法，那时人们不会遭遇与机器工作的挫折，生活无拘无束，但是生命短暂，劳动强度大，充满贫穷、疾病和灾难频发。

软件的性价比。关于软件的性价比，每个方面的比较都很显著。看看 1000 页的语音识别软件的表格。1985 年，你花 5 000 美元买一个软件，它提供 1 000 个词汇，不提供连读能力，需要训练三个小时来识别你的发音，而且准确性相对较差。2000 年只需 50 美元你就可以购买一个软件，包括 10 万字的词汇表，并且提供连续发音功能，只需要经过 5 分钟的语音训练就可以识别你的发音，精度显著提高，提供了自然语言理解能力（为了编辑需要和其他用途），还包括许多其他功能。[6]

软件开发效率。软件本身是如何开发的？40 多年来，我一直在开发软件，所以关于这一点我有一些看法。我估计软件的开发效率倍增时间约为 6 年，这比处理器性价比的倍增时间长，现在处理器性价比的倍增时间大概为 1 年。不过，软件生产率呈指数增长。现在可用的开发工具、类库和支持系统比几十年前的有效得多。我现在的项目组中只有三四个人，只用几个月就完成了一个目标，25 年前，同样的目标需要很多人工作一两年才能实现。

软件复杂度。20 年前的软件程序通常包括几千至几万行代码。现在，主流程序（例如，供应渠道控制、工厂自动化、预订系统、生化模拟）都是数百万行或者更多。主要防御系统软件（如联合攻击战斗机）包含了数千万行。

用来控制软件的软件本身的复杂性迅速增加。IBM 引导了自主计算的概念，即自动完成日常的信息技术支持功能。[7]这些系统将根据自己的行为模式进行编程，将能够实现 IBM 公司提出的"自我配置、自我愈合、自我优化和自我保护"的目标。支持自主计算的软件代码量将达到数千万行（每行包含了几十字节的信息），人类基因组中只有几千字节的可用信息，因此，在信息复杂度方面，软件已超过了人类基因组及其中的分子。

然而，程序中包含的信息量并不是计算复杂度最好的标准。一个软件程序可能会很长，但可能包含很多无用信息。当然，基因组也是这种情况，它看起来是非常低效的编码。很多人尝试制定复杂度的测量标准。例如，美国国家标准技术研究所[8]的计算机科学家亚瑟·沃森和托马斯·麦凯布提出的回路复杂性度量标准（Cyclomatic Complexity Metric）。这个度量标准用于计算程序逻辑的复杂性，并考虑到了分支结构和决策点。大量的实例研究表明，按照这种方法测量，复杂度会快速增加，哪怕没有充分的数据来跟踪倍增时间。不过，关键在于，如今在行业中使用的最复杂的软件系统比以神经形态为基础模拟大脑区域的程序，以及对单个神经元进行生化模拟的软件程序复杂度更高。我们在人类大脑中发现了并行、自我组织、分形算法，现在我们能处理的软件的复杂度已经超过了对这些建模和仿真所需的复杂度。

加速算法。 诸如信号处理、模式识别、人工智能等程序使用各种方法来解决基本的数学问题，这是因为软件算法的速度和效率已经取得了显著进步（在硬件不变的情况下），因此解决问题的性价比不仅从硬件的加速中受益，也从软件的加速中受益。不同问题上的进步各不相同，但普遍都有进步。

例如，考虑一下信号处理，这是一个普遍的计算密集型任务，就像人脑一样。佐治亚理工学院的马克·A·理查德和麻省理工学院的盖里·A·肖记录了信号处理算法效率显著提高的趋势[9]。例如，要找到信号的种类，往往需要解决所谓的偏微分方程。算法专家乔恩·本特利已经证明了解决这类问题的计算量在不断下降。[10] 例如，从 1945 年～1985年，对于一个代表性的应用而言（为一个每面 64 个元素的三维网格找出一个椭圆型偏微分的解决方案），计算量减少到原来的 30 万分之一。这使得效率每年增长 38%（不包括硬件的改善）。

另一个例子，12 年间，在音变电话线上发送信息的能力以每年 55%[11] 的增长率从每 s 发送 300bit 提高到每 s56 000bit。这一进步一部分是由于硬件设计改进，但主要还是因为算法创新。

处理问题的关键之一是使用傅里叶变换将信号转换成频率分量，将信号表示成一组正弦波。此方法用于计算机语音识别和许多其他应用的前端。人类听觉感知也从将语音信号分解成频率分量开始。1965 年，用于快速傅里叶变换的 "radix-2 Cooley-Tukey algorithm" 将 1024 点傅里叶变换所需的操作量减少到原来的 1/200。[12] 一个改进的 "radix-a" 算法进一步促进了这个进步，将操作量减少到原来的 1/800。最近引进了 "小波" 变换，它能将任意信号表示成一组比正弦波更复杂的波。这些方法进一步极大地增加了效率，可以将信号分解成关键组成部分。

上面的例子并非异常现象，大部分计算密集的 "核心" 算法所需的操作量显著减少。这里还有一些其他的例子，比如排序、查找、自相关（和其他统计方法）、信息压缩和解压。并行算法，即将一个方法分解成多个能同时执行的方法，也取得了很大进展。正如前面所讨论的，并行处理必然运行在较低的温度下。大脑使用大量的并行算法，可以在更短的时间内完成更复杂的功能。我们需要在机器中使用这个方法，以达到最优的计算密度。

在硬件性价比的提高和软件效率的改进之间存在着固有的差别。硬件改善有着显著的一致性和可预测性。每当我们达到一个硬件速度和效率的新水平时，我们就能获得强大的工具来实现指数级进步，以便到达下一个新水平。软件的改善则是较难预测的。理查德和肖称它们为 "开发阶段的虫洞"，因为我们可以经常看到，实现某个算法的改进就相当于硬件一年的进步。请注意，我们不依靠软件效率的不断改进，因为我们可以依靠硬件的不断加速。然而，算法突破带来的好处非常有助于实现计算机能力赶上人类智慧的目标，而且这些好处很可能继续累积。

智能算法的根本来源。 最重要的一点，为了在机器中实现人类智能，这里已经有了一个具体的游戏计划：逆向设计出人脑中的并行、混乱、自组织、分形方法，并将这些方法用在现代计算硬件中。我们已经看到人脑及其方法呈指数级增长知识（见第 4 章），可以预料，未来 20 年内，我们将有数百个信息处理器官的详细模型及仿真，所有这些都统称为人类大脑。

理解人类智慧的运作原理有助于我们开发人工智能算法。很多这样的算法被广泛用于机器模式识别系统，系统表现出的微妙复杂的行为是设计师也想不到的。对于创造复杂的智能行为来说，自组织方法并不是一个捷径，但它是一个重要方式，通过它可以增加逻辑编程系统的复杂度而不会引起系统脆弱。

正如我前面所讨论的，人脑本身是由基因组创建的，而基因组只包含 3 千万到一亿字节的压缩的有用信息。那么，之间有百兆个连接的器官怎么会来源于如此小的基因组呢（我估计，仅仅是用来标识人脑的互联数据就比人脑基因组的信息多 100 万倍）[13]？答案是，基因组指定了一组进程，每一个都采用无秩序的方法（随机初始化，然后自组织）来增加信息量。据了解，该互连布线遵循的计划包含很大的随机性。当一个人来到一个新的环境，他的连接和神经递质层模式就会自我组织，以便更好地描绘这个世界，但是规定最初设计的程序并没有那么复杂。

我并不支持我们通过编程将人类智能连接起来，从而形成一个巨大且规则的专家系统。我们也不希望以人类智能为代表的一系列技能来源于一个巨大的遗传算法。拉尼尔担心，任何这样的做法将不可避免地陷入某个局部极小值（这个设计比与之类似的设计要好，但实际上并不是最优设计）。有意思的是，像理查德·道金斯一样，拉尼尔也指出，生物进化"丢失了轮子"（因为没有一个生物进化拥有它）。事实上，这种看法并不完全准确：像在蛋白质层的结构还是存在小轮子的，比如细菌鞭毛的离子发动机，它就用来在三维环境中充当传输工具。[14] 对于形态较大的生物，如果没有道路，轮子当然不管用，这就是为什么没有用于二维平面移动的生物进化的轮子[15]。然而，进化确实产生了一种物种，它既能创造轮子，又能创造道路，因此它也成功地建立了很多车轮，尽管是间接的。间接的方法并没有什么错，我们一直在工程中使用间接的方法。事实上，间接是进化进行的方式（每个阶段的产品创造下一个阶段）。

大脑逆向工程没有局限于复制每个神经元。在第 5 章中，我们了解了如何通过实施具有与大脑等同功能的并行算法来对包含无数神经细胞的大量大脑区域建模。这种神经形态方法的可行性已经被十多个区域的模型和仿真所证明。正如我之前讨论的，这些往往能使得计算的耗费大大降低，正如劳埃德·瓦特、卡福·密德等的实验表现的那样。

拉尼尔写道："如果存在一个复杂、无序的现象，那就是我们。"我同意他的观点，但并不认为这是一个阻碍。我自己感兴趣的领域是无序计算，这是我们做模式识别的方式，这又是人类智慧的核心。无序是模式识别进程中的一部分，它推动这一进程，我们没有理由不在机器中使用这些方法，就像在我们的大脑中使用一样。

拉尼尔写道："进化已经演变，例如开始有了性别概念，但进化无一例外都非常缓慢。"但拉尼尔的意见只适用于生物进化，而不适用于技术发展。这正是为什么我们对生物进化感动。拉尼尔忽略了进化过程的本质：它加速了，因为每一个阶段为创建下一阶段引入了更强大的方法。生物进化的第一阶段（核糖核酸）经历了几十亿年，我们已经由这个阶段发展到如今的技术快速发展阶段。万维网出现才短短几年，速度却明显快于寒武纪大爆发时期。这些现象都是相同的进化过程的一部分，开始时缓慢，目前的速度相对快一些，而未来几十年会变成快得惊人。

拉尼尔写道："整个人工智能事业是建立在一个聪明的错误之上。"在此之前，计算机至少在每一个层面都可以媲美人类的智慧，它始终让怀疑论者认为计算机和人相差无几。人工智能的每一个新成就都受到尚未完成的其他目标的影响。事实上，研究人工智能的人都会遇到这种挫折：一旦人工智能的目标实现，便不再认为它属于人工智能的领域，而只是一个一般的有用技术。因此人工智能经常被认为是一些尚未得到解决的问题。

但是，机器的确越来越智能，它们能完成的任务范围也在很快扩大，这些任务以前需要聪明的人类关注。正如在第 5 章和第 6 章讨论的一样，现在有数百个关于操作性的狭义人工智能的例子。

例如，在前面的内容中描述了 "Deep Fritz Draws"，电脑象棋软件不再仅仅依赖强力计算。2002 年，Deep Fritz 仅仅运行在 8 台电脑上，表现和 1997 年的 IBM 深蓝相当，深蓝使用了基于模式识别的改进算法。我们能看到很多这种例子，它们都是软件智能的进步。然而，到现在，随着整个人类智力都可以被机器赶上，机器能力总是被尽量减小。

一旦我们取得人类智能的完整模式，机器将能够将人类模式识别的灵活、微妙和机器智能天生的优势结合起来，比如速度、内存容量，最重要的是将知识和技能快速分享的能力。

来自模拟处理的批评

许多批评家，如动物学家和进化算法科学家托马斯·雷，专门负责批评像我这样的理论家。我认为对于智能计算机来说存在所谓的 "未能考虑到数字媒体的独特性"[16]。

首先，我的论文包含了一个思想，那就是将模拟方法和数字方法相结合，可以采用大脑结合这两种方法的方式。例如，更先进的神经网络已经可以使用人类神经元非常详细的模型，包括详细的非线性的模拟的激活功能。模仿大脑的模拟方法有着显著的进步。模拟方法也并非生物系统的专有领域。我们使用 "数字计算机" 来区别在第二次世界大战期间广泛使用的模拟计算机。它显示了硅电路的能力，通过数字控制实现模拟电路，它完全类似于哺乳动物的神经元环路。因为晶体管本来就是模拟设备，模拟方法很容易被常规晶体管重新创建，而这仅仅是增加了一个机制，就是将晶体管的输出和做成数字设备的临界值相比较。

更重要的是，没有一件事是模拟方法可以完成而数字方法不能完成的，数字方法可以模仿模拟方法（通过使用浮点表示），反过来却不一定。

来自神经处理的复杂性的批评

另一种常见的评论是大脑的生物设计细节实在是太复杂了，使用非生物技术模拟难以建模和仿真。例如，托马斯·雷写道：

大脑的结构和功能或其组成部分不能分割。循环系统为大脑提供基本生活支持，但它也提供了荷尔蒙，这是大脑化学信息处理必不可少的元素。神经元的膜是一个结构性特点，它确定了神经元的范围和完整性，同时也是沿着这层膜的表面向两极传播信号。这个功能是结构性的，也是生命之本，不能和信息处理分开。[17]

雷接着描述了几个大脑的 "化学交流机制的广阔频谱"。

事实上，所有这些特点可以很容易地进行建模，并且在这方面已经取得很大进展。数学是中间语言。将数学模型转化为等价的非生物机制（比如计算机模拟和使用晶体管的电路），这是一个相对简单的过程。比如说，循环系统释放激素，这是一个带宽非常低的现象，它的建模和复制都不难。某些激素的血液水平以及其他化学影响参数水平可以同时影响许多突触。

托马斯·雷得到一个结论，"一个金属计算系统工作在完全不同的动态属性上，而且永远无法精准地复制大脑功能"。随着神经生物学、脑扫描、神经元相关领域，神经区域建模，神经元电子通信，神经植入物及相关事业的发展，我们发现，我们有能力在任何想要的精确度上复制生物信息处理的突出功能。换言之，复制功能可以"满足"任何想得到的目的或目标，包括图灵测试。另外，有效实现数学模型所需的计算能力远远低于对生物神经元簇建模的理论值。在第 4 章中，我回顾的一些大脑区域模型（瓦特的听觉区域、小脑等）并证明了这一点。

大脑复杂度。托马斯·雷指出，我们可能很难建立一个相当于"数十亿行代码"的系统，他认为人类大脑大概就在这个复杂度。然而，这个数字是被夸大了的，我们已经知道，创造大脑的基因组仅仅包含大约 3 千万 ~ 1 亿字节的独特信息（8 亿没有经过压缩的字节，这显然存在大量的冗余），其中大概 2/3 的内容用于描述大脑的运作。正是因为包含大量随机因素的自组织过程（就像现实世界表现的那样），使得相对少的设计信息扩大到数千万亿字节信息，就像一个成熟的人脑所表现的那样。类似的，在一个非生物实体中创造人类级别智能的任务，不仅是创建一个由无数规则和代码组成的庞大的专家系统，而是一个能学习的、无序的、自组织的系统，一个有生物创造力的系统。

雷继续写道："有些工程师可能会提出带有球壳状碳分子开关的纳米分子器件，甚至是类 DNA 的计算机。但我相信他们绝不会想到神经元。与我们开始说的分子相比，神经元的结构大得多得多。"

这仅仅是我自己的观点：人类大脑逆向工程的目的不是要复制消化或其他笨拙的生物神经元过程，而是要了解它们处理信息的关键方式。现在有许多项目都证明了这个观点的可行性。随着其他技术能力的提高，模拟的神经簇的复杂度增加了好几个数量级。

计算机固有的二元论。红木神经科学研究所的神经专家安东尼·贝尔阐明了在我们用计算来建模和模拟大脑上有两个挑战。第一个是：

计算机本身就是一种二元实体，它的物理结构被设计成不会影响到用来执行计算的逻辑结构。根据以往的调查，我们发现，大脑并不是一个二元实体。计算机和程序能分开，但思维和大脑是一个整体。因此大脑不是一个机器，这意味着它不是一个实体化的确定模型（或计算机），因为在模型中，物理实例不影响该模型（或程序）的执行。[18]

很容易看出这个论点的破绽。计算机能将程序和执行计算的物理实体分离的能力是一种优势，而不是一种限制。首先，我们有专用电路的电子设备，其中"计算机和程序"不再是两个东西，而是一个整体。这种设备不是用编程驱动，而是为特定算法设计的硬件。请注意我不仅仅指在计算机只读存储器中的软件（称为"固件"），这种设备在手机或袖珍型计算机中也能找到。在这样的一个系统中，电子器件和软件仍可被视为二元，即使程序不能轻易地进行修改。

我提到用根本不能进行编程的专有逻辑代替系统，例如用于某些应用程序的特定的集成电路（例如用于图像和信号处理的）。用这种方法执行算法能节约成本，而且许多电子消费产品使用这样的电路。不过虽然可编程计算机需要的成本更高，但是提供了灵活的软件改变和升级。可编程计算机可以模仿任何专用系统的功能，包括我们发现的关于神经元件、神经元、大脑区域的算法（通过大脑逆向工程的努力而实现）。

有人认为逻辑算法和物理设计存在固有联系的系统"不是机器"，这种看法是不对的。如果人们可以理解该系统的工作原理，用数学术语对其建模，然后在另一个系统中创建实例（无论其他系统是不可改变的专用逻辑机器还是可编程计算机软件），那么我们可以认为这是一台机器，当然也是一个实体，其功能可以在机器中重新创建。正如在第 4 章广泛讨论的，我们完全能从分子间的相互作用开始来发现大脑的运作原理，并对其成功地建模和模拟。

贝尔指出计算机的"物理结构被设计成不干扰它的逻辑结构"，这暗示了大脑并没有这种"限制"。他是正确的，我们的思想确实协助建立大脑，正如我刚才所说，我们可以在大脑动态扫描中观察到这一现象。但我们可以用软件轻易建模和模拟大脑的可塑性，无论是物理方面还是逻辑方面。事实上，电脑软件能和物理实体分开，这是一个架构优势，因为这允许相同的软件应用于不断改善的硬件上。计算机软件就像大脑中的改变电路，也能自我修改，还能升级。

同样的，在软件没有变化时，计算机硬件也可以升级。大脑相对固定的架构才是严重的限制。虽然大脑能够创建新的连接以及神经递质模式，但是其化学信号低于电子 100 多万倍，适应我们头骨的神经元间连接的数量也有限，也不能升级，除非通过我前面提到的和非生物智能的合并。

层次和循环。贝尔还评论了大脑的复杂性：

分子和生物物理过程控制神经元对传入尖峰的敏感性（包括突触的效率和后突触响应）、神经元产生尖峰的兴奋性、产生的尖峰模式以及新的突触形成的可能（动态布线），这里仅仅列举了 4 个子神经元层最明显的参考值。除此之外，我们看到，一些跨神经元的作用，比如局部电场、氧化氮的跨膜扩散，分别影响着连贯的神经激励（coherent neural firing）和传递给细胞的能源（血流量），后者直接影响着神经元活动。

还可以继续列举很多例子。我相信，任何人只要认真研究神经调节、离子通道或突触机制，肯定就不会认为神经元层面是一个单独的计算层面，甚至会发现它是一个有用的描述层面。[19]

虽然贝尔在这里指出，神经元并不是模拟大脑的适当层次，但是他主要想说的和托马斯·雷的论点很相似：大脑比简单的逻辑门复杂。

对此，他作了详细阐述：

有人认为为了描述大脑的功能，一个结构性的水或一个量子一致性是必需的细节，这种观点显然很荒谬。但是，如果在每一个细胞中，分子来源于子分子过程的系统功能，如果一直使用这些过程来遍历大脑，来反映、记录和传播的时空相关性分子的波动，来增强或减弱反应的可能性和特异性，那么这种情况就与逻辑门有着质的不同。

他在某个层面反驳了神经元和神经元间连接的简单模型，这些模型应用于许多神经元项目。大脑区域模拟没有使用这些简单模型，而是使用基于逆向工程结果的逼真数学模型。

贝尔真正的观点是：大脑是非常复杂的，还有很多后继反应，因此大脑是难以理解的，也很难对其建模和模拟其功能。在贝尔看来，主要问题是，他不能解释大脑设计的自组织、无秩序、不规则特性。可以肯定的是，大脑非常复杂，但是很多情况下只是看起来复杂而已。换言之，对大脑的设计原则比表面看起来的要简单些。

为了理解这一点，我们首先考虑大脑组织的不规则性质，这在第 2 章讨论过。在创建一个模式或设计时，分形是一个迭代使用的规则。该规则通常很简单，但由于迭代使得设计显得很复杂。一个著名的例子是由数学家伯诺伊特·曼德尔布罗设计的 Mandelbrot set。[20] Mandelbrot set 的可视化图片非常复杂，在复杂的设计中嵌套复杂的设计。当我们看 Mandelbrot set 的一个图像时，随着看的细节越来越细，但复杂度却永远不会消失，我们可以看到一个同样的复杂度。然而关于所有复杂度的公式却是惊人的简单：Mandelbrot set 用一个简单的公式来描述，这个公式是 $Z = Z^2 + C$，Z 是复数，C 是常量。公式是迭代使用的，图 9-1 所示的曲线图描述了结果的二维点。

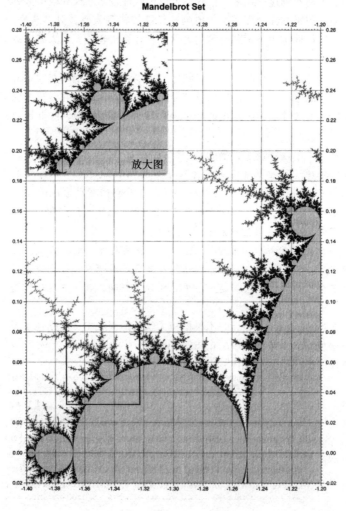

图　9-1

　　关键点在于，一个简单的设计规则就可以创建巨大的复杂度。史蒂芬·沃尔夫勒姆表达了相似的观点（见第 2 章），他在细胞机器人上使用的规则也很简单。这种见解抓住了大脑设计的真谛。我曾经说过，经过压缩的基因组只是一种相对紧凑的设计，甚至比当代的一些软件程序还小。但是正如贝尔所指出的，大脑的实际实现却要复杂得多。就像 Mandelbrot set 一样，当越来越精细地观察大脑的特征时，我们仍然能够很清晰地看到每个层次的复杂度。从宏观的层面来看，连接的模式看起来很复杂；从微观的层面看，一个神经元单个部分的设计（比如树状突）也同样复杂。我提到过，如果想描述一个人大脑的状态，我们至少需要万亿字节的信息；但是如果只是设计大脑，那么只需要千万字节的信息。因此，大脑所表现出来的复杂度与设计它所需的信息的比率至少是 10^8：1。虽然大脑信息的开始阶段充满大量的随机信息，但随着大脑与环境发生复杂的相互作用（人的学习和成熟），这些信息才变得有意义。

　　实际设计中的复杂度是由设计阶段的压缩信息（基因组和支持分子）所决定的，而不是由迭代使用设计规则所创建的模式来决定的。我认为，虽然基因组中约有 3 千万 ~ 1 亿字节（当然比 Mandelbrot set 中定义的 6 个字符复杂得多），但这并不代表它是一个简单的设计。不过这个复杂度我们能够通过技术来管理。很多观察家被大脑物理实体表现出来的复杂度所迷惑，他们没有认识到，设计的不规则特性意味着实际的设计信息远比我们从大脑中看到的信息简单。

　　我在第 2 章中也提到，基因组的设计信息有一种随机的不规则性，这意味着当每一次迭代规则时，都存在着一定的随机性。也就是说，例如，只有很少的基因组信息用于描述小脑（cerebellum）的布线图，而小脑包含了大脑中半数以上的神经元。很小一部分基因用于描述小脑中 4 核细胞的基本模式，而且从本质上说，"重复这种模式几十亿次，在每个重复过程中都存在一些随机的变化"。结果看起来非常复杂，但所需的设计信息其实相对较少。

　　试图将大脑设计与传统的计算机相比较将是一个令人沮丧的行为，在这点上，贝尔的判断是正确的。大脑并不是那种典型的自上而下（模块）的设计模式。它利用随机的不规则的组织结构创建一个无序的进程，这是一个没有可预见性的进程。若一个成功的数学模型用于模拟与仿真无序系统，用于了解诸如天气和金融市场等现象，这个模型同样也适用于大脑。

　　贝尔没有提到这种方法。他认为，大脑与传统的逻辑门和传统的软件设计相比有着巨大的差异，因此他得到了一个没有经过充分论证的结论，即大脑不是机器，也就不能用机器去模拟它。尽管他说得很对，标准逻辑门和传统模块化软件的组织并不是分析大脑的恰当方法，但这并不意味着我们无法在计算机上模拟大脑。因为我们可以用数学术语来描述大脑的运行原则，而我们又可以在计算机上对任何一个数学过程建模（包括无序过程），所以我们能够实现这种模拟。而且事实上，这些工作一直在做，并且一直在进步中。

　　尽管贝尔持有怀疑态度，但是他对于我们将更好地理解我们的生理和大脑，并对它们加以改进的观点，表达了一种谨慎的信心。他写道："会不会出现一个超人类的年龄？为了这个目标，要有一个强大的生物先例出现在生物进化主要的两步中。第一，真核与原核细菌的共生；第二，在真核生物中出现多细胞生命形式……我相信，一些不可思议的事情（像超人类的寿命）也许会发生。"

来自微管和量子计算的批评

> 量子力学是神秘的，意识也是神秘的。
>
> Q.E.D.（量子电动力学——译者注）：量子力学肯定和意识有关系。
>
> ——克里斯托福·科赫，嘲讽罗杰·帕罗斯的量子计算理论，
>
> 关于把神经微管作为人类意识之源[21]

在过去 10 年中，著名的物理学家和哲学家罗杰·帕罗斯连同麻醉师斯图亚特·哈默洛夫都认为神经元中的精细结构"微管"可以执行一个奇异的计算方式，即所谓的"量子计算"。正如我讨论过的那样，量子计算使用所谓的"量子比特"来计算，它能同时采取所有可能的组合方案。该方法可以被认为是并行处理的一种极端形式（因为每组量子比特值的组合都是同时测试）。帕罗斯表示，微管及其量子运算的能力使重建神经元和重新构建精神区域的概念变得复杂[22]。他还推测说，大脑的量子计算是意识的原因，没有量子计算的生物系统或其他系统没有意识。

虽然有些科学家声称发现大脑中的量子波衰变（模糊的量子属性的分辨率，比如位置、旋转和速度），但是没有人提出，人类的能力需要量子计算的能力。物理学家赛斯·劳埃德说道：

> 我认为，微管在大脑中用（帕罗斯）和哈默洛夫提到的方式执行计算任务是不正确的。大脑是一个炎热、潮湿的地方。它不是一个开发量子相干性的有利环境。他们寻找微管叠加和装配/拆卸的种类，但这些种类似乎并没有表现出量子纠缠。无论如何，大脑显然不是一个经典的数字计算机。但我猜测它采用"古典"的方式完成大部分任务。如果你拿一个足够强大的计算机对所有的神经元、树突、突触等建模，那么你就可能得到大脑执行大部分任务的想法。我认为大脑没有利用任何量子动力学执行任务。[23]

安东尼·贝尔也表示："没有证据表明，在大脑里面发生了大规模的宏观量子相干性，比如超流体和超导体。"[24]

然而，即使大脑做量子计算，这也并不显著改变人类级计算（及超人类）的前景，也不表示大脑上传是不可行的。首先，如果大脑确实做了量子计算，这仅仅证实了量子计算是可行的。没有什么发现表明量子计算局限于生物机制。如果存在生物量子计算机制，那么它应该是可以被复制的。事实上，最近用小规模的量子计算机做的试验看起来很成功。即使是常见的晶体管也依赖于电子隧道效应的量子作用。

有人认为，帕罗斯的立场意味着不可能完全复制一组量子态，因此，也不可能完全下载。那么，下载必须完整到什么程度呢？如果我们的下载技术发展到这样一个水平，"副本"极为接近原本，就像人和 1 分钟前的自己那么相像，那么对于任何目的来说，这种技术都足够好了，哪怕是不需要复制量子态的目的。随着技术的进步，副本会越来越接近原本，两者间的时间间隔会越来越短（1 秒，1 毫秒，1 微秒）。

当有人向帕罗斯指出神经元（甚至神经连接）太大，以致不能进行量子计算，他想出了小管理论，一个使神经元量子计算成为可能的理论。如果一个理论要寻找复制大脑功能的障碍，那么这是一个有独创性的理论，不过它不会找到任何实际的障碍。然而，几乎没有证据表明为神经细胞提供结构完整性的微管能进行量子计算，以及这一能力有助于思维

过程。即使人类知识和潜能的模型比目前对大脑的估计尺寸大，但神经元的模型功能还是不包括基于微管的量子计算。最近的实验表明，这种生物和非生物的混合网络的功能类似于生物网络，即使不是很确定，至少也强烈暗示着没有微管的神经元模型的功能是足够的。劳埃德·瓦特对人类听觉过程的复杂模型的软件模拟使用的计算量比他模拟的神经网络少几个数量级，这再次无法说明量子计算是必要的。在第 4 章中，我回顾了对大脑区域建模和仿真方面不断的努力；在第 3 章中，我讨论了对模拟所有大脑区域必要的计算量的估计，这种模拟基于不同区域的等价功能模拟。没有一个分析表明了为了实现人类级性能，量子计算是必要性。

一些神经元的详细模型（尤其是那些由帕罗斯和哈默洛夫给出的）确实让微管在树突和轴突的功能和增长中起了作用。然而，关于神经区域的成功神经形态模型似乎并不需要微管组件。对于那些确实考虑了微管的神经元模型，通过对整个无序的行为建模，而不是对每一个微管丝分别建模，结果似乎是令人满意的。然而，即使帕罗斯和哈默洛夫提出的微管是个重要因素，但它们并没有显著改变我上面讨论过的预测。根据我的计算增长模式，如果小管乘以神经元复杂度，哪怕只是 1/1000（牢记，我们目前的无微管神经元模型已经很复杂了，其中每个神经元 1000 种连接顺序，还包括多元非线性，以及其他细节），都会将大脑能力推迟 9 年。如果因子是 $1/10^6$，仍然有一个 17 年的延迟；如果因子是 $1/10^8$，那么将延迟 24 年（计算呈双指数增长）。[25]

来自图灵支持派理论的批评

早在 20 世纪数学家阿尔弗雷德·诺斯·怀特海德和波特兰·拉塞尔就发表了他们的开创性工作——《Principia Mathematica》（数学原理），这本书试图确定一些公理，让它们作为所有数学的基础。[26]然而，他们最后没能证明可以生成自然数（正整数或自然数）的公理系统不会引起矛盾。据推断，这种证明迟早会被找到，但在 20 世纪 30 年代，年轻的捷克数学家库尔特·哥德尔证明了在这样的一个系统中必然存在一些命题，他们既不是真命题也不是假命题，他通过这个证明震惊了整个数学界。后来发现，这些不可证明的命题就像可被证明的命题一样常见。哥德尔的不完全性定理从根本上表明逻辑、数学甚至计算的能力是有限的，这个定理被称为数学中最重要的定理，它的含义仍在争论中。[27]

艾伦·图灵在理解计算的性质时得到了类似的结论。1936 年，图灵提出了图灵机（详见第 2 章），并报告了一个意外的类似哥德尔的发现[28]。图灵机作为计算机的一个理论模型发展至今，并形成了现代计算理论的基础。图灵在当年的论文中描述了无法解决的问题的概念，那就是存在这样的问题：它有明确的定义和唯一的答案，但我们不能通过图灵机计算。

事实上，存在一些不能用这个特定理论机器来解决的问题可能不会特别令人吃惊，直到考虑图灵论文的其他结论：图灵机可以模拟任何计算过程。图灵表明，不能解决的问题和能解决的问题一样多，每种问题的数量是无穷的最低值，所谓的可数无穷大（可以计算整数的数量）。图灵还论证了，在任何一个系统，判断任何逻辑命题的真伪都很困难，哪怕这个系统的逻辑强大到能描述自然数就是无解问题之一，这个结论类似哥德尔。（换句话说，任何程序都无法保证回答所有命题的问题。）

大约在同一时间，美国数学家和哲学家阿隆佐·丘奇发表了一个定理，在算术方面提出了类似的问题。丘奇独立地得到了与图灵相同的结论[29]。综合来说，图灵、丘奇和哥德尔首次正式证明了逻辑、数学和计算机能做的事情有一定的限制。

此外，图灵和丘奇还分别改进了一个称为丘奇 - 图灵理论的声明。对于这一理论既有狭隘的解释又有广义的解释。狭隘的解释是：如果一个问题能出现在图灵机中，但得不到解决，那么它不能被任何机器解决。这个结论来源于图灵的证明，他证明了图灵机能够模拟任何算法过程。要想描述遵循一种算法的机器行为，这仅仅是一小步。

广义的解释是：图灵机无法解决的问题，人类思维也无法解决。这一论点的依据是，人的思维被人脑执行（身体也有一些影响），即人脑（和身体）包括物质和能量，这物质和能量遵循自然法则，这些法则能够用数学术语描述，而算法能够在任何精度上模拟数学。因此，存在着算法可以模拟人的思想。丘奇 - 图灵理论的广义版本假定人类能够想到的和知道的与可计算物质在本质上是等价的。

值得注意的是，虽然图灵无解问题的存在是一种数学论断，但丘奇 - 图灵理论根本不是一个数学命题。事实上，它只是一个在各种假设情况下的猜想，它处在我们关于精神哲学最深刻的辩论的核心[30]。

基于丘奇 - 图灵理论的强大人工智能提出如下的批判意见：因为计算机能够解决的问题类型存在明确限制，但人类有能力解决这些问题，机器却永远不能完全赶上人类智能。然而，这一结论是经不起论证的。和机器相比，人类没有更多的能力处处解决这种"无解"的问题。在某些情况下，我们可以做些有根据的猜测，或采用启发式方法（一种程序，试着去解决问题，但不保证有用），并偶尔成功。但这两种方法都是基于算法的处理，这意味着机器也能够做这些。实际上，和人类相比，机器通常可以找到更快的更彻底的解决方案。

丘奇 - 图灵理论的广义阐述暗示着生物大脑和机器一样受制于物理学定律，因此，数学同样可以对它们建模和仿真。我们有能力对神经元的功能进行建模和仿真，这是已经论证了的，那么为什么不建一个有千亿个神经元的系统？这样的系统像人类智能一样，显示同样的复杂度，同样缺乏可预见性。事实上，我们已经有结果复杂和不可预测的计算机算法（例如遗传算法），这些算法能提供问题的智能解决方案。丘奇 - 图灵理论暗示了大脑和机器实质上是等价的。

为了查看机器使用启发式方法的能力，可以考虑一个最有趣的无解问题——"忙碌的河狸"问题，它是蒂伯·雷德在 1962 年提出的[31]。每个图灵机器有一定量的状态，其内部程序可处于这些状态，每个状态对应其内部程序的步骤数量。有可能存在一些 4 个不同状态图灵机、5 个状态图灵机等。在"忙碌的河狸"问题中，给定一个正整数 n，使所有的图灵机都具有 n 种状态。这种机器的数量总是有限的。接下来，我们消除这些 n 种状态机器，它们进入一个无限循环（永不停止）。最后，我们选择一个机器（它已经停止下来），它在自己的磁带上写入最多个 1。这种图灵机写入 1 的数目就是所谓的 n 个忙碌的河狸问题。雷德表示，任何算法、任何图灵机都不能为所有 n 种状态计算这种功能。问题的症结是清理这些陷入无限循环的 n 种状态机器。如果我们编写一个图灵机能够生成和模拟所有可能的 n 种状态图灵机，当它试图去模拟进入了无限循环的 n 种状态机器其中一个时，这种模拟器本身就已进入了一个无限循环中。

尽管它是一个无解问题（最有名的一个），但是我们还是能够针对某些 n 确定忙碌的河狸功能（有趣的是，将我们能够确定其"忙碌的河狸"的 n 和我们无法确定的 n 分开也是一个无法解决的问题）。例如，很容易确定 6 的是 35。对于 7 种状态，一个图灵机可以相乘，所以 7 种状态的忙碌的河狸是非常大的：22 961。对于 8 种状态，一个图灵机可以计算出指数函数，所以 8 种状态的忙碌的河狸更大：约 10^{43}。我们可以看到，这是一个"智能"功能，因为它需要更高的智能来解决更大的 n 的忙碌的河狸。

当我们算到 10 的时候，图灵机可以计算很多类型，这些计算对于人类来说是不可能的（不从计算机得到帮助）。因此，我们必须依靠计算机才能确定 10 的忙碌的河狸。答案需要用一个奇异的标记写下来，在这个标记中有一个指数堆栈，这些指数的级数是由另一堆栈的指数确定。由于一台计算机能保持这种复杂数字的轨迹，而人脑却不能，这证明计算机比人类更有能力解决无解问题。

来自故障率的批评

杰罗恩·拉尼尔、托马斯·雷和其他观察员都认为技术的高故障率是它持续指数增长的障碍。例如，雷写道：

我们最复杂的创造显示了惊人的故障率。轨道卫星、望远镜、航天飞机、星际探测器、奔腾芯片、计算机操作系统等似乎都超过了我们通过常规方法进行有效设计和制造的极限。我们最复杂的软件（操作系统和电信控制系统）已经包含了数千万行代码。目前看来，我们不太可能生产和管理包含数亿或数千亿行代码的软件。[32]

首先，我们可能会问，雷指的惊人的故障率是什么。如前所述，很多重要的电脑复杂系统，如控制飞机日常自动飞行、着陆的系统，在医院监视重症监护室的系统，几乎从未发生故障。如果有人关心到惊人的故障率，就会发现那往往是人为的错误。雷提到英特尔微处理器芯片的问题，但由于这些问题非常微妙，几乎没有引起反响，而且很快被纠正。

正如我们所看到的，电脑系统的复杂度在不断扩大。此外，我们最前沿的努力是利用我们在人脑中发现的自组织模式来模仿人类智慧。在我们继续逆向设计人类大脑的过程中，我们会在模式识别与人工智能工具中添加新的自组织方法。正如我讨论过的，自组织方法有助于缓解对大到难以管理的复杂度的需要。我以前指出过，我们并不需要包含"数十亿行代码"的系统来模拟人类智能。

还有一点也很重要，缺陷是任何复杂过程的固有特征，当然也包括人类智能。

来自锁定效应的批评

杰罗恩·拉尼尔和其他评论家引证了"锁定"的前景，由于花费大量资金的基础设施使用了许多旧技术，因此这些旧技术被抵制和替换。这些人认为，在某些领域，比如交通领域，普遍和复杂的支持系统阻碍了创新，在这些领域我们没有看到和计算方面一样的快速发展。[33]

锁定的概念不是发展交通运输的主要障碍。如果一个复杂的支持系统的存在必然导致锁定，那么为什么我们没有发现互联网所有方面的发展都受到这种影响？毕竟，互联网肯定需要巨大和复杂的基础设施。因为信息的处理和流动呈指数增长，但是，例如交通之类的领域已经达到了稳定水平（停留在一个 S 形曲线的顶部）的原因是指数增长的通信技术满足了交通领域的很多用途。例如，在我自己的组织中，同事们来自美国的不同地区。过去我们需要通过一个人或运输一个包裹来实现的及时需求，现在随着通信技术的发展，可以通过日益可行的虚拟会议（和文件的电子分布或其他智力创造）实现。其中一些工作拉尼尔自己正在推进。更重要的是，我们将会看到，基于纳米技术的能量技术会促进交通领域的进步，这个已在第 5 章讨论过。无论如何，随着虚拟现实不断在真实性、高分辨率和全沉浸上的进步，我们聚在一起的需求将越来越多地通过计算和通信来满足。

正如在第 5 章讨论的，以 MNT 为基础的制造业的到来将给能源、交通等领域带来加速回归定律。一旦我们可以从信息和非常便宜的原材料中创建几乎所有的物理产品，那么在这些传统的缓慢移动的产业中将看到每年增加一倍的性价比和容量，如同我们在信息技术领域看到的那样。能源和运输也将成为信息技术。

我们将看到基于纳米技术的高效、轻便、便宜的太阳能电池板和还有同样强大的燃料电池以及其他存储和分发能源的技术。廉价的能源将改变运输。纳米太阳能电池和其他可再生技术获取能源并将其存储在纳米燃料电池中，然后为各种运输提供清洁廉价的能源。此外，我们将能够生产设备，包括不同大小的飞行器，除了设计成本（只需要偿还一次）外几乎没有别的成本。因此，建立廉价的小型飞行装置将是可行的，这种装置可在几小时内将包裹直接送到你的目的地，而不用通过任何诸如运输公司这样的中介。通过纳米工程制造的微型翅膀，人们可以搭乘更大更廉价的交通工具，从一个地方飞到另一个地方。

信息技术已经深入每个行业。在未来几十年，随着 GNR 革命的全面实现，人类活动的每一个领域都会包括信息技术，从而将直接受益于加速回归定律。

来自本体论的批评：一个计算机可以有意识吗

> 因为我们不是很了解大脑，所以总是想用最新的技术作为一个模式去试图了解它。在我的童年里，我们总是确信大脑是一个电话交换机（"还能是什么呢"）。我很开心地看到，伟大的英国神经学家谢林顿认为大脑就像一个电报系统一样工作。弗洛伊德经常将大脑比做电磁液压系统。莱布尼兹把它比做一个工厂。据我所知，古希腊人有些人认为大脑功能像一个弹射器。很明显，目前大家认为它像数字计算机。
> ——约翰·R·塞尔，《Minds, Brains, and Science》

计算机（非生物智能）可以有意识吗？当然，首先我们必须弄懂这个问题的含义是什么。正如我前面所讨论的关于简明的问题是什么这一点，大家普遍存在着不同的观点。不管我们想如何定义这个概念，我们都必须承认，人们广泛地认为意识是人类至关重要（如果不是必须的）的属性。[34]

加州大学伯克利分校杰出的哲学家约翰·塞尔深受他的追随者喜爱，他们坚信人类意识十分神秘，并且坚定抵制像我这样的"强大人工智能还原论者"将人类意识平凡化。尽管我一直觉得塞尔在其著名的"中文房间"论点中的逻辑是同义反复的，但是我盼望有一篇关于意识悖论的高深论文。因此，当我发现塞尔写的以下句子时，我有点意外：

"人通过大脑中一系列特定的神经生物过程产生意识"；

"最重要的事情要认识到意识是一个生物过程，就像消化、哺乳、光合作用、有丝分裂"；

"大脑是一台机器，确切说是一个生物机器。因此第一步是弄清楚大脑如何运作，然后制造一个人造机器，也可以用同样有效的机制产生意识"；

"我们知道，大脑通过特定的生物机制产生意识"。[35]

那么，究竟谁是还原论者？塞尔显然希望我们能够衡量另一实体的主观性就像我们测量光合作用的氧气输出一样容易。

塞尔说我"经常引用 IBM 的深蓝电脑作为高级智能的例子"。当然，情况是相反的：我引用深蓝不是为了抨击象棋问题，而是检验它阐明的人和机器解决游戏问题的对比。正如我之前指出的，因为国际象棋程序的模式识别能力正不断增长，所以国际象棋机器开始将传统机器的分析能力和更加类似人类的模式识别能力结合起来。人类范式（自我组织的无序过程）提供了深厚的优势，我们可以识别和应对非常微妙的模式，而且我们可以制造出具有相同能力的机器。这确实也是我自己感兴趣的技术领域。

塞尔最著名的理论就是"中文房间模拟"，在过去的 20 年间，塞尔对这个模拟发表了各种阐释。在他 1992 年的著作《The Rediscovery of the Mind》中，我们可以看到比较完整的描述：

我相信，最有名的反对强人工智能的观点就是我的中文房间论点了……它表明，系统可以实例化一个程序，以便让系统完美地模拟人的一些认知能力，如理解中文的能力，哪怕该系统完全不了解中文。设想一下，将一个完全不懂中文的人锁在一个房间里，这个房间有很多中文符号，以及一个用中文回答问题的计算机程序。这个系统的输入是用中文问一些问题，系统的输出是用中文来回答这些问题。我们可以假设该程序非常好，好到难以区分答案是由系统回答的还是由普通的中国人回答的。但是，无论是屋内的人还是这个系统的任何其他部分都不能从字面上理解中文；由于编程计算机有的东西系统都有，因此这个编程的计算机也并不懂中文。因为程序是完全正规的语法，而思想有精神内容和语义内容，所以任何试图用计算机程序产生思想的行为都偏离了思维的本质[36]。

塞尔的描述阐述了不能评价大脑处理和能够复制本身的非生物过程的本质。他从开始就假设在房间里的"人"不懂得任何事情，因为毕竟"他只是一个计算机"，从而阐释自己的偏见。塞尔得出了计算机（由人执行）不理解的结论毫不奇怪。塞尔把这种同义重复和基本的矛盾结合在一起：电脑并不懂中文，但（根据塞尔）能用中文令人信服地回答问题。但是，如果一个实体（生物或非生物的）真不明白人类的语言，它很快就会被聪明的对话者揭露。此外，该程序能令人信服地响应，那么它必须和人脑一样复杂。房间里的人若按照几百万页的程序执行，这要花费了数百万年时间，到那时这些观察员已经死了。

最重要的是，这个人的地位就像 CPU，只是一个系统的一小部分。虽然这个人可能看不见理解能力，但是理解能力将会分散到程序本身的整个模式，而这个人必须做很多笔记来跟进程序。我理解英语，但我的神经元不理解。我的理解能力表现在神经递质、突触裂隙和神经元之间连接的巨大模式中。塞尔没能对信息的分布模式和它们表现出的性质的意义做出解释。

从塞尔和其他唯物主义哲学家对人工智能前景的批判中，我们看不到计算过程可以是无序、不可预测、杂乱、短暂、自然发生的，就像人脑一样。塞尔不可避免地回到了对"符号计算"（symbolic）的批判：对有序连续的符号处理无法重新创建真实想法。我认为这是正确的（当然这取决于我们对智能过程建模的水平），但符号的处理（塞尔暗示的意义）并不是建立机器或电脑的唯一方法。

所谓的计算机（问题的一部分是"计算机"这个单词，因为机器能做的不止"计算"）并不局限于符号处理。非生物实体也可以使用出现的自组织范式，这是一个正在进行的趋势，而且在未来几十年将会变得更加重要。计算机将不必只使用 0 和 1，也不必全是数字的。即使电脑是全数字式的，数字算法可以在任何精度上（或无精度）对模拟过程进行模拟。机器可以大规模并行，机器可以使用无序的应急技术，就像大脑一样。

我们用于模式识别系统的主要计算技术并没有使用符号处理，而是用了自组织方法，就像在第 5 章描述的（神经网络、马尔可夫模型、遗传算法、基于大脑逆向工程的更复杂的范式）。一个机器如果能真正做到塞尔在中文房间论点中描述的那样，那么它不会是仅仅处理语言符号的，因为这种做法行不通。这是中文房间背后的哲学花招。计算的性质不仅局限于处理逻辑符号。人类大脑正在进行一些事情，而且没有什么能防止这些生物过程被逆向设计以及在非生物实体中复制。

看起来，塞尔的追随者相信塞尔的中文房间论证证明了机器（非生物实体）不可能真正理解事物的意义，比如说中文。首先，很重要的一点是确认系统中的人与电脑，就像塞尔所说那样，"能完美地模拟人的认知能力，譬如理解中文的能力"，而且能用中文令人信服地回答问题，还必须通过中文的图灵测试。请注意，我们所说的回答问题，不是回答一个固定问题列表中的问题（因为这是一个不重要的任务），而是回答任何意料之外的问题，或者是来自一个知识渊博的审判官的一系列问题。

现在，在中文房间的"人"几乎没有任何意义。他只是把东西放到电脑中，然后机械地传递电脑的输出（或者是执行程序的规则）。房间里既不需要计算机也不需要人。对塞尔描述的解释暗含了执行程序的人并没有改变任何事，除了让系统时间变慢很多和让系统非常容易出错外。人和房子都不重要。唯一重要的是计算机（电子计算机或由执行程序的人组成的计算机）。

计算机要想真正实现"完美的模拟"，它就必须理解中文。由于前提是该计算机必须具有理解中文的能力，所以"编程的计算机并不懂中文"的说法是完全与之矛盾的。

现在我们所知道的计算机和计算机程序并不能成功地执行上面描述的任务。因此，如果我们把上面提到的计算机理解成现在普通的电脑，那就不能满足上述的前提。计算机能完成这个任务的唯一办法就是它具有和人一样的复杂度和深度。图灵认为图灵测试敏锐的洞察力在于能否令人信服地回答来自一个聪明的人类提问者的所有可能问题，并且是用人类的语言回答，而且考查点要涉及人类智能的方方面面。能够实现这个任务的计算机未来几十年将出现，它需要具有像人类一样的复杂性甚至更复杂，还要深刻理解中文，否则就算它宣称能完成这样的任务，也没人信服。

那么，仅仅声称"计算机不能从字面上理解中文"是没有意义的，因为它和这个论证的大前提相悖。声称计算机没有意识也不是一个引人关注的论点。为了和塞尔的其他陈述保持一致，我们必须断定我们真的不知道计算机是否有意识。对于相对简单的机器，包括普通的计算机，即使我们不能肯定地说这些实体没有意识，但是起码它们的行为，包括其内部运作，并没有给我们留下它们有意识的印象。这样的计算机能够真正在中文房间里做需要的事情，肯定是假的。能做到这种任务的机器至少应该看起来有意识，哪怕我们不能绝对地说它有意识。所以，"计算机（计算机、人、房间的整个系统）显然没有意识"远非一个引人关注的论点。

在上述的引述中，塞尔说"程序是完全正规的或符合语法的"。但是正如我之前指出的，这是一个不成立的假设，因为塞尔并没有对这样一种技术的要求做出解释。这个假设隐藏在很多塞尔对人工智能的批评中。一个正规的或符合语法的程序无法理解中文，也不会"完美地模拟人的认知能力"。

不过，我们并不一定要使用那种方式来制造机器，我们可以采用与人脑性质相同的形式来制造它们：使用大规模并行的无序应急方法。此外，机器的概念并不一定将其专长限制在只能理解语法层次的东西，而不能掌握语义层次的东西。事实上，如果塞尔中文房间概念中的机器没有掌握语义，就不能令人信服地用中文回答问题，这与塞尔自己的前提相矛盾。

在第 4 章中曾讨论过，人们一直在努力逆向设计人脑，并将这些方法应用于有充足动力的计算平台。所以，像人脑一样，如果我们教计算机中文，它就会理解中文。这似乎是一个显而易见的事实，但这也是塞尔提出的问题之一。用他的话说，我谈论的不是模拟本身，而是组成大脑的大量神经元簇的因果动力的副本，至少这种因果动力与思想显著相关。

这样的副本有意识吗？我认为关于这个问题，中文房间没有给我们任何答案。

同样重要的是，塞尔的中文房间论证也可以应用于人类大脑本身。虽然这不是他所希望的，但是他的推理却暗含了人脑没有理解力。他写道："计算机成功地处理正规符号。符号本身是毫无意义的，只有和我们发生联系时，它们才有意义。计算机对此一无所知，它只是随机地给出符号。"塞尔承认生物神经元是机器，那么，如果我们只是将"计算机"替换为"人类大脑"，"正式符号"替换为"神经递质含量和相关机制"，就会得到下列信息：

[人脑] 成功处理 [神经递质含量和有关机制]。[神经递质含量及有关机制] 本身毫无意义，只有和我们发生联系时，它们才有意义。[人脑] 对此一无所知，它只是随机给出 [神经递质含量及有关机制]。

当然，神经递质浓度和其他神经细节（例如神经元之间的连接和神经递质模式）本身没有意义。实际出现在人脑的意义和理解力是这样的：一个活动的复杂模式的性质。机器也是同样的道理。虽然"随机符号"本身没有意义，但是紧急模式（emergent pattern）在非生物系统中可能有同样的作用，就像它们在生物系统（如大脑）中一样。汉斯·莫拉维茨曾写道："塞尔在错误的地方寻找理解力……（他）似乎不能接受真正的意义可能存在于模式中的事实。"[37]

让我们来看看中文房间的第二个版本。在这一概念中，房间里没有计算机模拟人的计算机，但是房间里有很多人，这些人都在处理写着中文符号的纸——本质上，就像很多人在模拟计算机。这个系统将用中文令人信服地回答问题，但所有的参与者都不懂中文，我们也不能说整个系统真正理解中文，至少不是有意识的。所以塞尔嘲笑认为这个"系统"有意识的想法。他问道：我们所说的意识是什么呢？是纸条还是房间？

这个版本的一个问题是，它远远没有解决用中文回答问题这一具体难题。实际上，它更像是一个对机器式过程的描述，这个过程使用了类似表查询的算法，用一些可能比较简单的逻辑处理来回答问题。它也许能回答一些录音问题，不过数量有限。而且如果它能回答任何可能被问到的问题，那么它必须要能理解中文，用中国人说话的方式。另外，如果它想通过中文图灵测试，那么它一定要像人脑一样聪明和复杂。简单的表查询算法太过简单，不足以完成这种任务。

如果我们要重建一个理解中文的大脑，在这个过程中使用功能跟齿轮一样少的人，我们还确实需要几亿人才能模拟人脑中的过程（本质上是人们将模拟一台计算机，这个计算机能模拟人类大脑的方法）。这将需要相当大的空间。即使组织效率非常高，这个系统的运行也会比它试图重建的说中文的大脑慢几千倍。

事实是，现在这几十亿人不需要知道中文，也不需要知道在这个精心设计的系统中正在进行什么。对于人脑的神经元连接来说，也是这样的。这百万个神经元连接对我现在写的这本书一无所知，它们也不懂英语，也不理解我知道的其他事情。它们不关心本章的内容，也不关心我所关心的事情。也许它们完全没有意识。但是它们的整体系统，也就是我本人，是有意识的。至少我能说我是有意识的（到目前为止，这个说法没有遇到挑战）。

因此，如果我们将塞尔的中文房间扩大成一个它需要成为的相当大的空间，那么谁能说整个系统没有意识？这个系统包含了几十亿模拟懂中文的大脑的人。这个系统懂中文的说法当然是正确的。我们不能说它比别的大脑过程的意识少。我们不知道别的实体的主观感受（至少在塞尔的一些其他著作里，他看起来承认这个限制），而这个庞大的、具有数十亿人的"房间"就是这样一个实体，也许它是有意识的。塞尔只是宣称和鼓吹它没有意识，还说这个结论是显而易见的。如果你认为它只是一个房间，只能和处理少数符号的少数人谈论，那也许是这样的。但是我会说这种系统远远不能工作。

另一个隐藏在中文房间论证中的哲学疑惑与系统的复杂度和规模有关。塞尔说，虽然他无法证明他的打字机或录音机没有意识，但是他认为它们没有意识是显而易见的。为什么显而易见？至少有一个原因是因为打字机或录音机是相对简单的实体。

但是，一个像人脑一样复杂的系统是否存在意识并不是显而易见的。事实上，这个系统可能是对真正人脑的组织和因果动力的直接复制。如果这样的一个系统表现得像人一样，并且能用人类的方式来理解中文，那么它是否有意识？答案已经不再那么显而易见。塞尔在中文房间论证中说道，我们讨论的是一个简单机器，然后认为这样一个简单的机器有意识，他觉得我们非常荒唐。这个谬论和系统的规模还有复杂度非常相关。仅仅只有复杂度并一定赋予我们意识，但是中文房间完全没有告诉我们系统是否有意识。

库兹韦尔的中文房间。我将自己对中文房间的概念称为库兹威尔的中文房间。

在我想象的实验里，房间里有一个人。房间被装饰成明朝风格，在一个基座上面放了一台机械打字机。打字机被改造过，因此它的键盘是中文符号，而不是英文字母。并且这个机械联动装置也被巧妙地修改了，当一个人用中文输入一个问题时，打字机打出的不是该问题，而是该问题的答案。现在，房间里的人收到中文字符的问题，然后如实在打印机上按下适当的键。打字机打出的不是问题，而是合适的答案。然后人将答案传到房间外面。

这里我们描述的情景是：有一个房间，房间里有个人；在外界看来，这个人看起来懂中文，其实显然不是；很显然打字机也不懂中文，因为它只是一个普通的打字机，仅仅是它的机械联动装置被修改过。那么，毕竟事实是房间里的人能用中文回答问题，那么我们能说谁或什么东西懂中文？难道是装饰品吗？

现在，你可能对于我的中文房间有一些反对意见。

你可能会指出，装饰品似乎没有任何意义。

是的，这是事实。底座也没有意义。人和房间也可以被认为同样没有意义。

您可能还会指出这个前提是荒谬的。仅仅改变打字机的机械联动装置不可能使它能够用中文令人信服地回答问题（更别提我们不能把数千个汉字符号放在一台打字机的键盘上）。

是的，这也是一个有根据的反对。关于中文房间的概念，我和塞尔唯一的不同是，在我的概念中它显然不会工作，而且性质是非常荒谬的。可能对许多读者来说，塞尔的中文房间理论不那么明显。不过，事实上都是一样的。

然而，我们可以按照我的观念展开工作，正如我们可以按照塞尔的概念工作一样。你所必须做的是让打字机的连接如同人的大脑一样复杂。这就是理论上（不是实际上的）的可能。但是"打字机的联动装置"并不拥有如此巨大的复杂性。同样是塞尔的一个操纵人的描述纸条或以下的规则或预定计算机程序。这些都是同样可能会引起误导的观点。

塞尔写道："人类大脑造成的实际作用是通过一系列具体的神经生物学的意识在大脑的进程中运行。"但他尚未提供任何这样一个令人信服的观点作为基础。为了说明塞尔的观点，我引述了他给我的信件：

结果可能会像白蚁或蜗牛，而不是简单的生物体的基本意识……事情的本质是认识到：一个意识是一个生物过程，如消化、哺乳、光合作用，还有有丝分裂，你应该寻找特定的生物就像你寻找其他生物过程的特定生物。[38]

我回答说：

是的，意识从大脑和身体的生物过程中产生，这是个事实，但至少有一个区别。如果我提出这个问题，"特定实体排放二氧化碳吗"，通过客观的测量，我可以明确地回答。如果我提出这个问题，"这是实体意识吗"，我可能能够提供推理论据，并且可能是强有说服力的，但是不清楚客观的测量会是什么结果。

关于蜗牛，我说：

现在，当你说一个蜗牛可能有意识的时候，我想你所说的是以下几点：我们可能发现了为人类的意识提供特定的神经生理依据（称为"X"），如果它不存在，人类就没有意识。因此，我们大概有一个为意识提供了客观衡量的依据。然后，如果我们发现，对于蜗牛来说，我们可以得出结论，这是意识。但是这个推理的结论是，只有一个强大的建议，但不是主观的经验证明蜗牛具有意识。它可能是人类意识的，因为它们有"X"以及其他一些物质基本上所有的人分享，这种称为"Y"。"Y"可能与人类的复杂程度相关，或跟我们是有组织存在某种相关性，或与量子方式有关，我们的微观的性能（虽然这可能是部分的"X"）或者完全是其他的什么东西。那个蜗牛有"X"，但并没有"Y"型，所以可能没有意识。

将如何解决这样的说法？你显然不能问蜗牛。即使我们可以想出办法提出了这个问题，它的回答是，这仍然不能证明它具有意识。你情不自禁地说其相当简单的或多或少的预测行为。指出它有"X"可能是个好论据，很多人可能会被它说服。但是这只是一个争论，而不是直接测量蜗牛的主观经验。而且客观测量是不符合主观体验的概念。

现在正在发生许多这样的争论，虽然没有这么多的蜗牛以及更高级的动物。对于我来说，很显然狗和猫的意识是有意识的（而且塞尔曾经说过他也承认这点）。但是，并非所有的人接受这点。我可以猜想加强论据的科学方法，通过指出与这些动物和人类有许多相似之处，但同样这些只是争论，却没有科学证据。

塞尔希望能够找到意识的一些清晰的生物上的"原因"，他自己似乎都无法承认这点，要么理解力要么意识可能来自一个总体的活动模式。其他哲学家如丹尼尔·代尼特已阐明了这样的"模式出现"的理论意识。但无论是"引发的"通过一个特定的生物过程或一个活动模式，塞尔都没有为我们提供如何衡量或侦测意识的基础。在人类中寻找一个与神经相关的意识并不证明意识在相同的关联的其他生物体也会必然出现，也没有证明据表明在没有这种关联的情况下表示就没有意识。这种推理的论点必然被中断，因为缺少直接的测量。通过这种方式我们很清楚地知道，例如由哺乳和光合作用客观衡量的过程所反映的意识就会不同。

正如在第 4 章讨论的，对人类和其他一些灵长类动物来说，我们已经发现了一个独特的生物学功能：梭形细胞。它们的细胞具有深厚的分支结构，这些细胞看起来大量参与意识反应，特别是情感的反应。难道梭形细胞结构是为人类意识打下神经生理基础的"X"？什么类型的实验可以证明？猫与狗没有梭形细胞，这是否能够证明它们没有意识的经验？

塞尔曾写道：单纯从神经生物学的角度是不可能推断出椅子或计算机有意识。"我同意椅子看起来没有意识，但是对于计算机未来可能会具有和人类相同的复杂性、深度和微妙的变化并具备人类的能力，我不认为我们可以排除这一可能性。塞尔只是假定它们没有意识，然而却是用一句"不可能"来支持这个论点。塞尔的"论据"与这种同义反复相比，实在是没有更多实质性的内容了。

目前，塞尔反对计算机有意识的部分立场认为，现在的计算机只是看起来没有意识。它们的行为是靠不住的、公式化的，甚至它们有时还不可预测。但正如我前面指出的，今天在计算机上即使进步了一万倍，也远远比不上人类的大脑，至少有一个原因，它们不具备简单人类思维的品质。但差距正在迅速缩小，并最终在几十年后发生逆转。我在书中讨论到的 21 世纪早期的计算机即将出现，这些计算机的运作与现在相对简单的计算机有很大不同。

塞尔阐明自己的观点：非生物实体只能处理逻辑符号，但他似乎不知道其他的范例。处理符号尽管是法则式专家系统和人机博弈程序的主要工作方式，但目前的趋势是朝着其相反方向自组织混沌系统发展，自组织混沌系统采用生物激励方法，其中包括来源于人脑的数千万神经元的反向工程的进程。

塞尔认识到生物神经元就是一些机器，事实上，整个大脑就是一台机器。如第 4 章所说的，我们已经十分详细地创造了与实际神经元团簇一样的因果动力个体神经元。将我们努力的结果扩大到全人类，理论上是没有障碍的。

来自贫富差距的批评

杰罗恩·拉尼尔和其他人都表达了另一种观点，即存在这样一种"巨大的"可能性：通过这些技术，富人会获得其他人无法获得的某些有利条件和机会。[39] 这样的不公平并不稀奇，由于这一问题的出现使得加速回报理论有了重要的和有益的影响。由于正在进行的价格效能指数的增长，这些技术很快就会变得不值钱甚至免费。

网上免费的高质量信息是十分多的，而这些在几年前并不存在。如果有人指出目前只有世界的一小部分可以使用网络，我们要想到的是网络的激增还只在初始阶段，其实正在以指数方式增长。甚至在世界最贫困的国家网络也在快速蔓延。

每一种信息技术在开始时都有其早期采用的版本，而且不是很奏效，只为技术精英所掌握。后来技术越来越奏效，价格也只不过稍贵。接下来会越来越好而且价格便宜。最后会十分好而且免费。比如手机就处在后两个阶段之间。细想十年前，如果电影里有人取出一部可移动电话，那就说明这人非富即贵。20 年前，世界范围的好多国家的大多数人口还在用双手务农，现在他们都拥有手机广泛应用的繁荣的以信息为基础的经济。从早期使用起来很昂贵，到现在使用起来廉价且无处不在，大约花费了 10 年的时间。但是若每十年都保持这种倍增范式迁移率，从现在起这种差距会减少到 5 年。20 年后，差距将会只需 2~3 年（见第 2 章）。

贫富差距仍然是一个重要的问题，在每一个时间点都有很多事能做和应该做。令人遗憾的是，发达国家在与非洲或者其他地方的贫穷国家分享抗艾滋病药物时还不具有前瞻性，结果是数百万人失去生命。然而信息技术在价格效能方面的指数增长会很快缓和这种差距。药物本质上就是信息技术，就如计算机、通信和 DNA 的碱基对测序这些技术的倍增范式迁移率一样，每年我们也能看到药物的倍增范式迁移率效益。抗艾滋病药物刚开始时效果不是很好，但一个病人每年的花费在一万美元。现在抗艾滋病药物的效果已经很不错了，哪怕在非洲最穷的国家，每年每个病人的花费也就在 100 美元。

第 2 章引用了世界银行报到的 2004 年发展中国家（超过 6%）相对于世界平均水平（4%）的高经济增长，以及总体贫民数的减少（如从 1990 年起，东亚和太平洋区域的贫困级人口减少 43%）。另外，经济学家泽维尔·塞拉 – 世·马丁 核实了全球个体间的不平等性的 8 项测试，发现在过去的 25 年里，所有的不平等都在降低。[40]

来自政府管制可能性的批评

在这里谈论的人们表现得如同政府与他们的生活无关。他们也许希望这样，但是事与愿违。就我们今天所知的话题而言，他们最好知道这些话题会在全国范围内讨论。大部分美国人不会熟视无睹地让某个精英剥夺他们的个性，然后把他们上传到网络空间。他们会对此有意见。这个国家将会有一场激烈的讨论。

—— 里昂·菲尔特，副总统戈尔的前国家安全顾问，在 2002 年前瞻性会议上

不会死亡的人将不再是人，死亡的意识激发我们极度的渴望和最伟大的成就。

——利昂·凯斯，总统生物伦理委员会主席，2003

对于政府控制的批评主要在于其会减缓甚至停止科技的加速进步。虽然管理是一个重大的问题，但是实际上它对本书中讨论的趋势没有显著的影响，而这种趋势在适当的地方却形成了广泛的控制。非全球性集权主义国家的经济和其他技术进步的基本力量只会不断成长与进步。

考虑到干细胞研究的问题，曾经引起特别的争议，也正是因为如此，美国政府严格限制其资金投入。即使在细胞疗法领域对于胚胎干细胞的争议，也只会有助于通过其他的途径来达到相同的目标。比如，转分化作用（将一种类型的细胞比如皮肤细胞转化成另外一种类型的细胞）已经在快速向前迈进。

正如在第 5 章中提到的，最近科学家们已经证实了将皮肤细胞改变为其他类型细胞的能力。这种方法代表了细胞疗法的最高水平，它保证可以无限供应携带有患者自身 DNA 的分化细胞。它还容许选择的细胞没有 DNA 错误，并将最终能够提供广泛的端粒酶串（使细胞更年轻）。即使是胚胎干细胞本身也在向前迈进，比如，哈佛大学新的重要研究中心和加州 3 亿美元成功的启动资金项目支持这项工作。

由于对干细胞研究的限制已经令人遗憾，所以细胞疗法的研究就很难说了，更别提生物技术的广泛领域已经在很大程度上受到影响。

里昂·菲尔特的引自上文的观察结果揭示了一个有关信息技术的误解。信息技术不是只提供给精英。正如讨论到的，理想的信息技术会迅速普及并且免费。只有当它们没有运转良好（在发展的早期阶段），它们的价格才如此昂贵，并且局限于在精英中应用。

早在 21 世纪的 20 年代，网络将给我们提供一个涵盖视觉和听觉的全浸入式的虚拟现实，图像会通过眼镜或棱镜直接写入我们的视网膜，超高带宽的无线网络接入会编织到我们的衣服里。这些功能并不仅仅提供给特权阶层。就像手机，当手机的技术成熟的时候它们将无处不在。

21 世纪 20 年代，在我们的血液中将定期的有纳米机器人以保证我们健康和增强我们的心理能力。到这些技术成熟的时候，它们也将会便宜和应用广泛。正如前面讨论的，减少信息技术应用的早期和晚期之间的滞后将会加速技术自身的发展，从目前的 10 年期减少到几年。一旦非生物信息立足于我们大脑，它的能力至少会每年翻一倍，这是由其信息技术的性质决定的。因此，信息的非生物部分不会花费很长时间就将占据主导地位。这对有钱人来说不是一个奢侈的保留，就如同今天的搜索引擎。并且到了一定程度将会有一场关于能力增强的可取性的辩论，很容易预测谁会赢，因为那些有增强信息的人将会是更好的辩手。

不可忍受之社会机构的迟缓。麻省理工学院的高级研究科学家约尔·库奇－葛申菲尔德曾写道："回顾过去一个半世纪的历程，每一个政权的更迭对于之前的困境都是一个解决方案，但随后的时代会创造出新的难题。比如，Tammany Hall 和政治赞助方式在基于不动产的上流社会占统治地位的系统上有一个较大的改进，很多人都参与到这一政治进程中。然而，资助方式产生了新问题从而导致了公务员模式——通过引入精英来解决之前出现的问题。然后，当然，当公务员成为技术创新的障碍时，我们又转而重组政府。而故事还在继续，葛申菲尔德指出，即使在他们的时代是创新的社会机构，这也依然是创新的拖累。

首先，我要指出的是，社会机构的保守主义不是一种新现象。这是创新的进化过程中的一部分，在这方面加快收益的规律一直在起作用。其次，创新有一种方法能够解决机构所施加的限制。分散化技术的出现使人能够绕开种种限制，而且也代表了加快社会变迁的一个主要手段。作为许多例子中的一个，通信规则的整体正处在被新兴点对点技术如 IP 电话（VOIP）绕过的过程中。虚拟现实将会是代表社会加速变迁的另外的方式。

人们最终能够在沉浸式和高度逼真的虚拟现实环境中发生关系和活动，而这些是在现实的环境中所不能够或者不愿意做的。

随着技术越来越先进，它日益替代了传统的人类的活动能力，并且适应很快。在计算机出现的初期使用时需要熟练的技术，而在今天使用计算机系统如手机、音乐播放器和 Web 浏览器则只需要少得多的技术能力。在 21 世纪的第二个十年中，尽管目前图灵测试还未能成功，但是我们将定期地与虚拟的人物发生关系，而它们将会具有足够的自然语言理解能力在一个范围广泛的任务中担当我们的个人助理。

一直以来，一直存在早期和晚期新范例采用者的混合。今天我们看到仍然有人像在第七世纪一样的生活。这并不妨碍早期的应用者新的观点和社会习俗。例如新的基于 Web 的社区。几百年前，只有少数人如达·芬奇和牛顿在探索了解和联系世界的新途径。今天，世界范围内参与和有助于应用的社会革新并且适用技术革新的社区占了相当的比例，另外的是加速返回法的反映。

来自整体论的批评

另一种常见的批评这样说道：机器是严格按照模块层次结构组织的，而生物是基于元素的整体组织，每个元素都影响着另外的元素。生物独特的能力来源于这种整体设计。此外，只有生物系统可以使用这个设计原则。

新西兰奥塔哥大学的生物学家迈克尔·丹顿指出了生物实体和他所知道的机器两者设计原理的明显不同。丹顿形象地把生物描述为"自我组织、自我指示……自我复制……互惠……自我形成、具有整体性。"[41]然后他做了一个没有经过论证的转变，简直是一个180°的转变。他说，这种有机形式只能通过生物过程创建，并且这种形式是"不可改变的……深不可测……基本"的存在现实。

丹顿对有机系统的美感、复杂、奇异及相互联系感到"震撼"和"惊奇"，从非对称的蛋白质形状带来的"怪异的其他世界的印象"到诸如人脑这种高阶器官的非凡的复杂度，这种感觉我也有。此外，我同意丹顿说的生物设计代表了一套深刻的原则。但是，准确地说，我的论点是：机器（以人为导向的设计的衍生物）可以访问并已经在使用同样的原则，但是丹顿和其他的整体论学派的批评家都不承认和回应。这一直是我自己的工作要点，并代表了未来的潮流。模拟自然的想法是使未来的技术提供巨大能力的最有效的方式。

生物系统并不完全是整体的，现代的机器也不完全是模块化的，它们都存在于一个连续体上。我们可以在分子水平上确定自然系统中的功能单元，以及在更高的器官和大脑区域层次上的更为明显的动作识别机制。表现在大脑特定区域的理解功能和信息转换的过程正在顺利进行，正如在第 4 章中讨论的那样。

大脑的每一个方面都与其他方面相互作用的说法是一种误导，说不存在可能理解它的方法也不对。研究人员已经在一些大脑区域确定了信息转换过程，并对此进行了建模。相反，有无数的例子显示，机器并没有用模块的方式来设计，而被设计成各个方面紧密联系，比如在第 5 章描述的遗传算法的例子就是这样。丹顿写道：

今天，几乎所有的专业生物学家都采用了这种机械/还原的方法，并假设一个生物体（如手表的齿轮）的基本组成部分是最重要的事情，而生物体（如手表）不超过这些部件的总和。而且由部分来决定整体的属性，对一个生物体（如手表）的属性的完整描述可以通过单独的特征部分来表示。

丹顿忽视了这里的复杂过程的能力，认为用新兴的属性可以超越"孤立的部分"。他似乎认识到这一潜在的性质时写道："一个真正意义上的有机形式……代表真正出现的现实。"但是，几乎没有必要借助丹顿的"生命哲学模式"来解释出现的现实。急诊性能来源于权力的模式，并没有限制模式及其紧急属性的自然系统。

丹顿似乎承认模拟自然的方法的可行性，他写道：

从蛋白质上升到生物体成功构建新的器官的形式将需要一种全新的方法，一种从上到下的设计。由于有机体的部分只作为一个整体存在，有机体不能被一点一点地指定而是由一套相对独立的模块组成，因此整体不可划分的单元全部一起被指定。

丹顿在这里提供了很好的意见，并描述了我和其他研究人员使用在模式识别、理论复杂度（无序）、自组织系统领域通常使用的工程方法。丹顿似乎不知道这些方法论，但是，最后这句不成立。

正如在第 5 章讨论的，我们可以创建自己的"怪异的其他世界"，但是通过应用发展的有效设计。我说明了如何运用进化的原则，通过遗传算法以创建智能设计。我对这一方法的经验是，良好的结果代表丹顿描述的有机分子在"设计显然不合逻辑和没有任何明显模块化或规律……这种安排的、纯粹的混乱……［和］非机械的印象"。

遗传算法和其他自下而上的自组织设计方法（如在第 5 章讨论的神经网络、马尔可夫模型和其他人的方法）集成了一个不可预知的因素，因此这种制度的结果是每次运行的都是不同的过程。尽管具有共同智慧的机器是确定的和可预见的，但是机器还是可以获得很多现在的随机来源。当代量子力学的理论假设了深刻的随机性处于生存的核心。根据量子力学的某些理论，似乎任何系统在宏观层面确定的行为只不过是压倒一切统计结果的基于根本无法预料的事件的巨大数字。此外，斯蒂芬·沃尔夫勒姆和其他人的作品已经证明，即使一个系统，在理论上可以完全确定但可以随机产生有效的、最重要的、完全不可预知的结果。

遗传算法和类似的自我组织的方法引起的设计通过驱动的做法不可能抵达模块组成。在"陌生……［是］混乱……动态互动的部分"的整体，丹顿专门为有机结构很好地描述了这些人为发起的混乱过程的结果的品质。

在将遗传算法应用于我所从事工作的过程中，我发现该算法能够逐步改建设计。遗传算法并不是通过每次设计单独的子系统而达到其设计目的，而是通过每次对整体施加影响而达到设计目的的，这使得很多小的分布式的改变贯穿整个设计，从而渐进式地改进了整体性适配或解决方案的能力。解决方案本身从简单到复杂，逐渐呈现出来。遗传算法所构建的解决方案通常具有非对称性、不美观，但效率高的特点，这与自然极为相似，当然也有可能产生优雅甚至美丽的解决方法。

丹顿认为现代的大多数机器如当今的常规计算机都采用模块化方式设计，他的想法是正确的。这种设计想对于传统技术来讲有着某种重大的工程优势。例如，计算机有着比人类更为准确的记忆，同时和单独的人类智慧相比，他可以执行更有效地逻辑转换。最重要的是，计算机可以随时分享他们的存储内容和模式。正如丹顿阐述的那样，自然的混乱的非模块化方法也具有明显的优势，以及阐明丹顿，这一点已经被人类模式识别的强大能力所证实。但这是完全没有道理的飞跃说，因为当前的（同时正在减少！）对于人类导向技术的限制，这种技术是生物系统本身所继承的，所固有的，同时存在于世界之外的。

大自然的精致设计（例如眼睛）得益于深刻的进化过程。我们当今最复杂的遗传算法包含数万位遗传密码，而像人类这样的生物实体，是由数十亿比特的遗传密码所组成（压缩后仅数千万字节）。

　　然而，就像所有的信息化的技术一样，遗传算法和其他所有的启发式算法的复杂性都是呈指数级别增长的。如果我们仔细的检查这种复杂性的增长率，我们会发现它将在未来的两年内达到与我们人类智慧复杂性相符的程度，这一点也从我们对软件和硬件发展趋势的估计中得到印证。

　　丹顿指出，我们还没有成功的以三维形式表现蛋白质结构，"甚至它只有 100 个组成成分"。但是，就是在最近几年我们就可以利用一些工具来虚拟化这些蛋白质的三维模型。此外，模拟原子间的相互作用力需要拥有每秒 10^{14} 次计算能力。在 2004 年底，IBM 推出了一版蓝色基因/L 的超级计算机，它拥有每秒大约 10^{14} 计算能力。这正如它的名字所暗示的，它可望能够提供模拟蛋白质三维结构的能力。

　　我们已经成功地切割，拼接和重新安排遗传密码，并利用自然本身的生化工厂生产复杂的生物酶和其他物质。诚然，现在这些方面的工作都是在二维模式下进行的，但是虚拟化和模型化更加复杂的三维自然形式所需的计算资源已经指日可待了。

　　在和丹顿讨论蛋白质问题过程中，他自己也承认问题最终会得到解决，并且估计大概需要十年左右的时间。某项伟大的技术在没有实现之前是不可能不经历一番激烈的讨论的。丹顿写道：

　　凭借我们对一种生物体基因的了解将不能预测编码的有机形式。哪怕是对基因和他们的初级产品以及现行氨基酸序列做出最为详尽的分析，也不能推断出关于个体蛋白质或者更高的组成形式，比如核糖体和整个的细胞的性质和结构特点。

　　尽管丹顿的上述观察基本上是正确的，但是它主要是表明基本组只是整个系统的一部分。DNA 代码并不代表全部，他的分子支持系统对于整个工作系统是必需的，因此也需要被我们所理解。我们还需要核糖体和使 DNA 能够正常运行的其他分子的设计。然而，这些设计并不会显著的改变生物领域设计信息的数量。

　　但是，重新创建具有大规模并行，数字控制分析，全息图像、自我组织、混沌处理的人类大脑并不需要我们折叠蛋白质。正如在第 4 章讨论的那样，已经有很多项目成功的实现神经系统再造。其中也包括可以成功植入人体大脑中的不需要任何蛋白质折叠的神经系统。然而，虽然我知道丹顿的关于蛋白质被认为是大自然整体存在方式的说法，要模仿这些方式也并没有什么实质性的技术障碍，我们也已经铺垫好了这条路。

　　总之，丹顿过快的得出了关于物质世界的物质和能量所组成的复杂系统是不能表现出"突发的……生物体的重要特征例，例如自我复制，变形，自我再生，自我组装和生物设计的整体组合"，除此之外，"生物和机器属于不同的存在类别"。登布斯基和丹顿都认为机器作为实体只能通过模型的方式被设计和构建的想法是有局限的。我们能够并且已经开始构建一些"机器"，它们综合所有自然自组织的设计原理，有着比每个部分单纯加在一起更为强大的能力，它们将推动人类技术的大幅发展。这将是一项艰巨的组合。

后 记

我不知道这个世界会如何看我，但对我自己而言，我仅仅是一个在海边嬉戏的顽童，为时不时发现一粒光滑的石子或一片可爱的贝壳而欢喜，可与此同时对我面前的伟大的真理的海洋熟视无睹。

——艾萨克·牛顿[1]

生命的意义在于创造爱。这并不是因为爱是一种内在的感觉，或是一种私密的脆弱的情绪，而是因为爱是一种动态的力量穿梭于世间，驾驭着最原始的事物。

——汤姆·莫里斯，《If Aristotle Rann General Motors》

没有指数增长是永远的，但我们可以延迟"永远"。

——戈登·E·摩尔，2004

多么奇异？奇点有多么奇异？它会发生在瞬间吗？让我们再来考虑一下这个词的出处。在数学中，奇点是一个值，它实质上超越任何限制，是无穷大的值。（一般来说含有奇点的函数在这个点是没有定义的，但我们可以证明，函数在这个奇点附近的值是超过任何具体的有限的值的。）[2]

正如本书所讨论的，奇点并没有实现无限级别的计算、存储，以及任何其他可测量的属性。但是在所有这些特性上，包括智能，奇点肯定已经达到很高的水平。随着人脑逆向工程的发展，我们有能力将并行的、自组织的、无序的人工智能算法应用于大规模的复杂计算。届时这种智能将有能力在一个快速推进的迭代过程中，在硬件和软件两个方面改善自己的设计。

但是局限性似乎依然存在。宇宙所能支持的智能计算能力似乎只有大约 10^{90} cps，这一点在第 6 章就曾经讨论过。也有些理论（如全息宇宙理论）指出宇宙所支持的智能计算能力可以达到更高的水平（比如 10^{120} cps）。但这些量级显然都是有限的。

当然，对于我们当前的计算能力能够实现的所有实际目标来说，这种智能的计算能力看起来是无限的。宇宙智能的计算能力是 10^{90} cps，这比当今地球上所有的生物大脑还要强大 10^{48} 倍。[3]就像我在第 3 章回顾过的那样，即使是一个 1kg 的"冷"计算机，它的峰值计算能力是 10^{42} cps，这也比全人类大脑的计算能力高 10^{16} 倍。[4]

鉴于指数计数法的力量，我们可以很容易地联想到更大的数字，即使我们缺乏想象力去考虑这些意味着什么。在可以预见的未来，我们将可能把智慧传播到其他的宇宙中去。这种情况是基于我们目前对宇宙的了解所做出的设想，尽管不太确定。这可能使我们未来的智能水平足以超越任何限制。如果我们有能力创造或向其他宇宙移民的话（如果有办法做到这一点，我们在未来的文明里所拥有强大智能很可能是可以驾驭它的），我们的智能水平最终将能够超出任何具体有限水平。这正是我们在数学函数里所说的奇点。

"奇点"这个词在物理学中又是如何应用的呢？物理学从数学中借用了这个词，总是用在一些拟人化的情况（就好像将"有魅力"和"奇异的"用于夸克的命名）。在物理学中，"奇点"在理论上是指密度无限大的零点，以及其无限大的万有引力。

但是，由于量子的不确定性，实际上不存在无穷大密度的点，事实上，量子力学也不允许出现无穷值。

就像我们在本书中所讨论的奇点一样，物理学中的奇点表示的是难以想象的巨大的值。

而物理领域所感兴趣的，并不是实际的大小是否为零，而是一个有着和黑洞内的奇点理论相似的事件视界（这甚至都不一定是黑洞了）。事件视界内的粒子和能源，如光，都是无法逃避的，因为重力太强大了。因此，从事件视界以外，我们肯定不能轻易看到视界内部。

　　然而，因为黑洞释放出了粒子雨，这给出了一种看到黑洞内部的方法。事件空间附近会产生粒子－反粒子对（这会发生在空间里任何的地方）。对于某些粒子对，有时候会有一个被拉到黑洞里，有一个会趁机逃跑。这些逃离的粒子会形成光束，称为霍金辐射，是用它的发现者史蒂芬·霍金的名字来命名的。现在普遍认为的是，这种辐射并不反映（以一种编码方式，并作为一个量子纠缠与内部粒子形式的结果）黑洞内部发生了什么。霍金起初抵制这个解释，但现在似乎已经同意。

　　因此，我们认为在本书中所使用的"奇点"这个词的准确性并不比物理学领域差。正如我们很难看到超出了黑洞的事件视界，我们也很难看到超越历史奇点的事件视界。我们怎么能够在我们每个大脑限制于 10^{16} cps 的情况下，去想象我们在 2099 年能够拥有进行 10^{60} cps 计算的能力来思考和处理事情。

　　然而，正如我们从未实际进入黑洞中，但却能通过概念思考得到关于黑洞属性的结论。我们现在的思考足以洞察奇点的含义。这正是我在本书中一直在尝试做的。

　　人本主义。人们普遍认为，科学一直在纠正我们过分夸大自己的意义。斯蒂芬·杰伊·古尔德说："所有重要的科学技术革命的共性是：推翻了人们相信自己是宇宙中心的信仰，而后使人类放弃顽固的傲慢。"[5]

　　但事实证明，我们始终是"中心"。我们有能力在大脑中创造模型来虚拟现实，凭借这种能力再加上一点前瞻性的思考，我们就足以迎来又一轮的进化：技术进化。这项进化使得物种进化的加速发展过程一直延续，直到整个宇宙都触手可及。

本书相关资源与联系信息

Singularity. com

书中所讨论的各个方面的最新进展正加速积累。为了使你能跟得上发展的节奏，请访问 Singularity. com ，你将看到：

- 最新的新闻报道
- 可追溯到 2001 年的数千篇相关新闻集合请访问 KurzweilAI. net
- 来自 KurzweilAI. net 的数百篇相关主题文章
- 研究链接
- 所有图的数据和引用
- 关于本书的材料
- 本书的注释

KurzweilAI. net

您还可以访问 KurzweilAI. net 这个备受赞誉的网站，它包含超过 100 名"大思想家"（本书引用了他们中很多人的话）的 600 多篇文章、数千篇新闻报道、事件清单以及其他有用的专题。在过去的 6 个月中，我们已经拥有了超过百万的读者。网站主要内容有：

- 奇点
- 机器是否将具有意识
- 永生，如何创造一个大脑
- 虚拟现实
- 纳米技术
- 危险的未来
- 未来的愿景

你可以免费注册获得我们提供的免费电子资讯新闻，你可以将你的电子邮件地址填入 KurzweilAI. net 主页的表单中。我们不会向任何人提供你的邮件地址。

Fantastic-Voyage. net 和 Ray andTerry. com

对于那些想优化自身健康的人，或者希望长寿以期见证和经历奇点的人，请访问 Fantastic-Voyage. net 和 RayandTerry. com 我与特里·格鲁斯曼合著了《Fantastic Voyage：Live Long Enough to Live Forever》一书。这些网站包含了改进人类健康的广泛信息。当生物技术和纳米技术革命充分成熟的时候，人类的身心将保持健康。

联系作者

雷·库兹韦尔：ray@ singularity. com

附录 重新审视加速回归定律

以下的分析将帮助用户理解进化如何成为一种双倍指数增长的现象（也就是说，指数增长中的指数增长速度（指数）本身也在以指数速度增长）。尽管这里的公式与进化的其他方面相似，但是我将在后面的内容中描述计算能力的增长，特别是基于信息的过程和技术，其中包括人类智能的知识，它是软件智能的主要源头。

我们将关注以下三方面内容：

V：计算（以每单元造价每秒产生的计算能力衡量）的速度（这里是指能力）

W：用于设计和构建计算设备的世界知识

t：时间

在第一级的分析中，我们通过 W 的一维线性函数审视计算机能力。我们还注意到 W 在不断累积。这是由相关的技术算法以增量的方式累积为基础。就人脑而言，进化心理学家认为大脑是一个巨大的模拟智能系统，并且随着时间的流逝以增量的方式进化。同样在这个简单的模型中，瞬间增加的知识与计算能力成正比。通过观察得到的结论随着时间的增长，计算能力呈指数方式增长。

换言之，计算机的能力就是用于构建计算机的知识的线性函数。这实际上是一个保守的估计。总之，创新是通过很多种方式而非附加的方式来提升 V 值的。独立的创新（每一次创新代表着知识的线性增加）将成倍地提升彼此的效果。例如，CMOS（互补金属氧化物半导体）是电路技术的一项进步，它是一种高效的集成电路布线方法；流水线是处理器的一项重要创新；傅里叶快速变换是一种算法的改进；所有这些都是通过独立相乘的方式增加了 V 值。

在开始阶段，我们可以观察到：

计算的速率正比于世界的知识：

（1） $V = c_1 W$

世界知识改变的速率正比于计算的速率：

（2） $\dfrac{\mathrm{d}W}{\mathrm{d}t} = c_2 V$

将（1）带入（2），可得：

（3） $\dfrac{\mathrm{d}W}{\mathrm{d}t} = c_1 c_2 V$

进一步可以得到：

（4） $W = W_0 e^{c_1 c_2 t}$

W 将随着时间以指数速度增长（e 是自然对数的底）。

数据显示将以指数增长的方式增长（在 20 世纪早期，计算机的能力以每 3 年的时间翻倍；20 世纪中叶，计算机能力翻倍所需时间为 2 年；现在计算机能力每年都会翻倍）。技术的指数增长能力导致了经济的指数增长。这是从过去一个世纪得出的结论。有意思的是，经济萧条（包括 20 世纪 30 年代的经济大萧条）以弱周期出现于潜在的指数增长之上。在每次经济萧条后，经济又得到了迅速恢复，似乎经济萧条和衰退从来就未曾发生过。我们可以看到某些特定行业呈更快的指数增长趋势，这些行业与那些指数增长的技术相关联，如计算机工业。

如果将指数增长的资源作为计算的重要因素，我们可以看指数增长的第二层次：

让我们来再看下面的公式：

(5)　$V = c_1 W$

现在包含用于计算的资源部署 N：

(6)　$N = c_3 e^{c_4 t}$

现在世界知识的变化率与计算速度和部署的资源的乘积成正比：

(7)　$\dfrac{\mathrm{d}W}{\mathrm{d}t} = c_2 NV$

将（5）和（6）带入（7）可得：

(8)　$\dfrac{\mathrm{d}W}{\mathrm{d}t} = c_1 c_2 c_3 e^{c_4 t} W$

进一步可以得到：

(9)　$W = W_0 \exp\left(\dfrac{c_1 c_2 c_3}{c_4} e^{c_4 t} \right)$

世界知识就以两倍的指数增长速率累积。

现在让我们考虑现实世界中的数据。在第 3 章中，我估计了人脑的计算能力，基于对人脑所有区域功能模拟的需求估算，人脑的计算能力为 10^{16} cps。模拟每个神经元和神经元间连接间的突触的非线性需要更高数量级的计算。10^{11} 的神经元乘以每个神经元（计算主要发生于这些连接中）10^3 的连接，乘以每秒 10^2 事务处理，再乘以每次事务处理需要的 10^3 计算——总共的计算能力为 10^{19} cps。下面的分析假设了功能模拟的计算级（10^{16} cps）：

分析 3

考虑 20 世纪的实际计算设备和计算机的数据：

令 S = cps∕ ＄1K：花费 1000 美元获得的每秒的计算能力。

20 世纪的计算数据由以下公式计算：

$$S = 10^{\left[6.00 \times \left[\left(\frac{20.40}{6.00} \right)^{\left[\frac{Year - 1900}{100} \right]} \right] - 11.00 \right]}$$

假定一段时期的增长率为 G，可得：

$$G = 10^{\left(\frac{\log(Sc) - \log(Sp)}{Yc - Yp} \right)}$$

Sc 是当年的 cps∕ ＄1k，Sp 是之前某年的 cps∕ ＄1k，Yc 是当年的年份，Yp 是之前某年的年份。

人脑 = 10^{16} cps

人类种族 = 100 亿个人脑 = 10^{26} cps

2023 年我们能够用 1000 美元达到人脑的计算能力（10^{16} cps）。

2037 年我们能够用 1 美分达到人脑的计算能力（10^{16} cps）。

2049 年我们能够用 1000 美元达到整个人类的计算能力（10^{26} cps）。

如果我们考虑经济指数增长的因素，特别考虑到可用的计算资源（已经达到了每年 1 万亿美元），在 21 世纪中叶之前，非生物智能将比生物智能强大数十亿倍。

我还可以通过另外的方法推导出双倍的指数增长。从以上的论述可以看出知识增加的速率至少与当时的知识呈正比。这清晰地表明很多更新（知识的增加）是以"乘法"的方式而非"加法"的方式增长的。

尽管如此，我们还是能够得到如下指数增长公式：

（10）$\dfrac{\mathrm{d}W}{\mathrm{d}t} = C^w$

其中 $C > 1$，可以得到以下结论：

（11）$W = \dfrac{1}{\ln C}\ln\left(\dfrac{1}{1 - t\ln C}\right)$

当 $t < 1/\ln C$ 时，W 以较慢的对数增长，但是当达到奇点，即 $t = 1/\ln C$ 时，W 将爆炸式地激增。甚至对于最缓和的模型 $\mathrm{d}W/\mathrm{d}t = W^2$，同样将导致奇点的到来。

事实上任何能力增长法则都遵循以下的形式：

（12）$\dfrac{\mathrm{d}W}{\mathrm{d}t} = W^a$

其中 $a > 1$，如此便得到在时间 T 关于奇点的另一个解决方案：

（13）$W = W_0 \dfrac{1}{(T - t)^{\frac{1}{a-1}}}$

a 的值越大，越接近奇点。

在我看来，很难想象依据有限的知识，并考虑到非常有限的物质和能量资源，可以计算出达到指数双倍指数增长过程的日期。增量（如 W）看起来可以是如下形式 $W * \log(W)$。它描述了网络影响。如果我们有一个类似于互联网的网络，它的影响或价值将正比于 $n * \log(n)$。鲍勃·梅特卡夫（以太网的发明人）认为有 n 个节点的网络的价值等于 $c * n^2$，但其价值被过于夸大了。如果互联网的规模增倍，其价值也会增加，但不会成倍增加。一种合理的估计是，网络对于每个用户的价值将正比于对网络规模取自然对数值。故网络的价值将正比于 $n * \log(n)$。

如果在增长速率时引入对数网络的影响，我们能够获得如下速率变化的等式：

（14）$\dfrac{\mathrm{d}W}{\mathrm{d}t} = W + W\ln W$

如此，双倍指数增长的解决公式变为：

（15）$W = \exp(\mathrm{e}^t)$

注　释

前　言

1. 我的母亲是一个天才的艺术家，专攻水彩画。我的父亲是著名的音乐家，贝尔交响乐团的指挥，昆伯勒学院音乐系前主席和创始人。

2. 汤姆·斯威夫特系列小说发表于 1954 年，由 Grosset & Dunlap 出版社发行，它由很多作者以 Victor Appleton 的笔名完成，1971 年不再更新。少年汤姆·斯威夫特和他的伙伴巴德·巴克雷奔走于宇宙各地，探索陌生的地方，并使用外星际的工具（如房子大小的宇宙飞船）、空间站、飞行实验室、三轮飞机、电子水中呼吸机、水陆两用直升机、对抗体（对抗体能够排斥其他事物，例如在水下对抗体排斥水，并形成一个气泡，男孩们可以在气泡中生存）。

汤姆·斯威夫特系列小说的前 9 本包括：《Tom Swift and His Flying Lab》（1954），《Tom Swift and His Jetmarine》（1954），《Tom Swift and His Rocket Ship》（1954），《Tom Swift and His Giant Robot》（1954），《Tom Swift and His Atomic Earth Blaster》（1954），《Tom Swift and His Outpost in Space》（1955），《Tom Swift and His Diving Seacopter》（1956），《Tom Swift in the Caves of Nuclear Fire》（1956），和《Tom Swift on the Phantom Satellite》（1956）。

3. 这款程序称为 Select。学生填写一份有 300 个条目的调查问卷。计算机软件中包含一个数据库，其中有 3000 多个学校的 200 万条信息。该软件通过学校信息与学生兴趣、背景、学术水平等信息的匹配，可以为学生挑选出 6～15 所适合的学校。我们为 1 万名学生提供了服务，后来将该程序卖给了 Harcourt Brace World 出版公司。

4. 《Age of Intelligent Machines》由麻省理工学院出版社于 1990 年出版，被美国出版商协会评为最佳计算机图书。该书探讨了人工智能的发展，并预测了机器智能对于哲学、社会、经济等诸多方面的影响。该书主要内容是对 23 篇关于人工智能文章的补充，这些文章的作者包括 Sherry Turkle、Douglas Hofstadter、Marvin Minsky、Seymour Papert 以及 George Gilder。关于该书的全部内容参见：http：//www. KurzweilAI. net/aim。

5. 性能的重要指标（如性价比、带宽、容量）使用"乘"（每增加一段时间，指标都会乘以一个系数）的方式而非"加"的方式增长。

6. Douglas R. Hofstadter《Gödel；Escher，Bach：An Eternal Golden Braid》（New York：Basic Books，1979）。

第1章　六大纪元

1. 根据 Transtopia 网站（（http：//transtopia. org/faq. html#1. 11）的定义，"Singularitarian"开始是由 Mark Plus 定义的，是指那些"信奉奇点这个概念的人"。这个词条另外的定义是"奇点活跃分子"或"奇点之友"，即努力实现奇点的人。（Mark Plus，1991，《Singularitarian Principles》，Eliezer Yudkowsky，2000）。这个定义并未达成广泛共识，很多超人学家认为"Singularitarians"的本意是"信仰奇点这个概念的人"，而非奇点的"活跃分子"或"朋友"。

Eliezer S. Yudkowsky，在《The Singularitarian Principles》，1.0.2 版（2000 年 1 月 1 日，发表于 http：//yudkowsky.net/sing/principles.ext.html）中，提出了另外一个定义："Singularitarian" 是指那些相信通过技术可以创造高于人类智能的人，他们将为奇点到来而努力工作。Singularitarian 是未来奇点的朋友、支持者、守护者和代理人。

我的观点：Singularitarian 能够发展奇点，并认为奇点代表各个方面、各种范畴知识的建设性动力，例如，先进的民主融合了集权主义和原教旨主义者的信仰系统和意识形态，并创造不同类型的知识：音乐、美术、文学、科学和技术。我认为 Singularitarian 是那些理解变革（变革将于 21 世纪到来）并深入思考奇点内涵对于他们生活的影响的人。

2. 我们将在第 2 章论述计算能力以加倍的速度增长。虽然单位成本制造的晶体管数量以每两年翻一倍的速度增长，晶体管的运行速度也越来越快，但是还有对于晶体管很多方面的创新与改进。总体上说，单位成本的计算能力也以每年翻倍的速度增长。特别是大量的计算（每秒钟的计算，即 cps）引入到计算机国际象棋领域，其在 20 世纪 90 年代得以每年翻番的速度增长。

3. 约翰·冯·诺依曼，由 Stanislaw Ulam 在 "Tribute to John von Neumann"，《Bulletin of the American Mathematical Society》中转述。冯·诺依曼（1903—1957）出生于布达佩斯的犹太银行世家，1930 年到普林斯顿大学教授数学。1933 年，他成为普林斯顿高等研究院最早的 6 名教授之一，并将毕生的经历献给了那里。冯诺依曼的研究兴趣非常广泛：他开创了量子力学这一全新的领域；与 Oskar Morgenstern 一同创作了《Theory of Games and Economic Behavior》一文，改革了经济学的研究；在早期计算机的逻辑设计方面，他也做出了突出的贡献，其中包括于 20 世纪 30 年代后期，他所创建的 MANIAC（数学分析、数字积分机和计算机）。

Oskar Morgenstern 曾经在《Economic Journal》（1958 年 3 月）中 "John von Neumann, 1903—1957" 的讣告中这样描述冯诺依曼："冯诺依曼深刻地影响着与他熟识的人的思想……他那渊博的知识、迅速的反应、敏锐的直觉令人肃然起敬。他经常在别人尚未开始的时候就将问题解决了。他的思维如此独特，以至于很多杰出的科学家都自问：他是否代表着人类思想发展的全新阶段。"

4. 请见第 2 章的注释 20 和 21。

5. 该会议于 2003 年 2 月 19 日至 21 日在美国加州的蒙特利举行。会议的主题涉及干细胞研究、生物技术、纳米技术、克隆和转基因食品。关于大会演讲者推荐的书籍，请见如下网址：http：//www.thefutureoflife.com/books.htm。

6. 20 世纪 80 年代，互联网的规模（以接入互联网的节点数及服务器数衡量）以每年翻倍的速度增长，但 1985 年节点的数量只有几万个。1995 年节点的数量达到了几千万。到 2003 年 1 月，网络软件联盟（http：//www.isc.org/ds/host-count-history.html）宣布全球共有 1.72 亿个网络主机（网站服务器）。这个数量只代表节点总数的一小部分。

7. 在最广泛的层次上，"人择原理"声明：物理学的基本常数必须与人类的生存和谐统一，如果它们不符合人类的要求，我们就不能观察到它们。实现这一原则的一种有效方法是研究该常数，例如研究引力常数、电磁连接常数。如果这些常数的值在较小的范围内有所偏离，那么智能生命将不可能存在于我们的宇宙中。例如，如果电磁连接常数变大，那么电子与其他之间将没有粘合力；如果该常数减小，那么电子将无法在轨道中运行。换句话说，如果常数在极小的范围内发生了偏移，分子将不会形成。那时宇宙就好像是"人择原理"的支持者，通过微调手段来促使智能生命的进化。（恶意批评者如 Victor Stenger 声称微调完全不起作用，他认为在很多方面都有补偿机制为生命打开更宽广的窗户。）

人择原理在当代宇宙理论假定多重宇宙的背景下提出（见本章注释 8 和 9），每层宇宙都有自己的法制。只有在那些允许人类存在的宇宙中，人类才能生存。

更多内容可以参考 John Barrow 和 Frank Tipler 著的《The Anthropic Cosmological Principle》（New York：Oxford University Press，1988），还有 Steven Weinberg 的 "A Designer Univers?"，可在以下网址找到：http：//www. physlink. coml Education/ essay_weinberg. cfm。

8. 根据一些宇宙学的理论，是由很多大爆炸创造了多重宇宙（并行的多元宇宙或 "气泡"）。不同的物理参数和力量应用于不同的气泡中，一些（至少一个）气泡支持以碳原子为基础的生命。请见如下参考文献：See Max Tegmark, "Parallel Universes,"《Scientific American》（2003 年 5 月）：41 – 53；Martin Rees, "Exploring Our Universe and Others," 《Scientific American》（1999 年 12 月）：78 – 83；Andrei Linde, "The Self-Reproducing Inflationary Universe,"《Scientific American》（1994 年 11 月）：48 – 55。

9. "多世界" 或多元宇宙理论可以解释量子力学及其相关的问题，它们融合了人择原理。Quentin Smith 做了如下总结：

量子力学的传统或哥本哈根解释具有一系列的困难：因为该理论不适用于封闭宇宙的广义相对论的时空几何中。宇宙的量子状态可以描述为一个波形函数，该函数具有变化的时空振幅，宇宙状态的概率可以由相应阶段波形函数的方形振幅确定。为了使宇宙能够从不同概率下多点重合向其中的一点过渡（这一点是确实存在的），可以引入一种测量装置以瓦解波形函数并决定宇宙在那个时刻的状态。但这是不可能的。因为在宇宙的外部什么都没有，也没有用于瓦解波形函数的装置。

一种可能的解决方案是发展对于量子力学的解释。量子力学本身并不受外部对其观察和测量（测量对于哥本哈根解释非常重要）的影响。量子力学在封闭系统的内部可以明确地表达。

这是 Hugh Everett 在 1957 年发表的论文 "Relative State Formulation of Quantum Mechanics" 中做的解释。叠加中的每一点都由波形函数所表示，并且认为该点包含观察者（或测量装置）的一种状态，以及被观察的系统的一种状态。这样 "通过连续的观察（或交互），观察者声明很多不同状态的 '分支'"。每个分支表示不同的测量结果和对象系统状态中相应的特征状态。在一系列的观察后，所有的分支都同时存在于叠加之中。

每个分支均独立于其他分支，所以观察者并不知道 "爆破式" 的过程。对于每个观察者来说，世界看起来的样子与世界实际看起来的样子相同。

如果把宇宙作为一个整体，这意味着宇宙被均匀地分割为很多不同的分支，跟着测量将在其不同方面发生的类似的交互。每个分支都被认为是分离的世界，每个世界将不断被分割成未来世界。

上文出自 Quentin Smith, "The Anthropic Principle and Many-Worlds Cosmologies",《Australasian Journal of Philosophy》63. 3（1985 年 9 月），可查阅 http：//www. qsmithwmu. com/the_anthropic_ principle_and_many-worlds_cosmologies. htm。

10. 参见第 4 章关于人脑自组织原理和模式识别及操作原理的关系的完整论述。

11. 在 "线性" 图（所有的图形划分都是相同的）中，不可能在有限的空间（如本书的一页）内表达所有的数据（几十亿年）。而一幅对数图可以通过绘制值的数量级，让人们看到更大范围的数据。

12. Theodore Modis 是墨西哥的 Graduate School in Business Leadership in Monterrey 的 DUXX 的教授，他试图开发一种"准确的数学定义，以统治变化的进化和宇宙中的复杂度"。为了研究模式和这些变化的历史，他对重要事件集合进行了数据分析，这些事件等同于重大变革。由于选择性的偏差，他并不依赖于自己的事件清单，而是综合了 13 种独立的历史上有关生物和科技的重要事件清单，清单来源如下：

Carl Sagan，《The Dragons of Eden：Speculations on the Evolution of Human Intelligence》（New York：Ballantine Books，1989）。其他的数据由 Modis 提供。

美国自然历史博物馆。其他的数据由 Modis 提供。

《Encyclopaedia Britannica》中的"生命历程中的重要事件"的数据集。

Educational Resources in Astronomy and Planetary Science（ERAPS），Arizona 大学，详情参见 http：//ethel. as. arizona. edu/ ~ collins/astro/subiects/evolve – 26. html。

Paul D. Boyer，生物学家，获得了 1997 年诺贝尔奖，私人交流。其他的数据由 Modis 提供。

J. D. Barrow 和 J. Silk，"The Structure of the Early Universe，"《Scientific American》242. 4（1980 年 4 月）：118 – 28。

J. Heidmann，《Cosmic Odyssey：Observatoir de Paris》，Simon Mitton（Cambridge，U. K. ：Cambridge University Press，1989）。

J. W. Schopf，等，《Major Events in the History of Life》，symposium convened by the IGPP Center for the Study of Evolution and the Origin of Life，1991（Boston：Jones and Bartlett，1991）。

Phillip Tobias，《Major Events in the History of Life》的第 6 章 "Major Events in the History of Mankind"。

David Nelson，"Lecture on Molecular Evolution I"，http：//drnelson. utmem. edu/evolution. html，以及 "Lecture Notes for Evolution II"，http：//drnelson. utmem. edu/evolution2. html。

G. Burenhult 等，《The First Humans：Human Origins and History to 10 000 BC》（San Francisco：HarperSanFrancisco，1993）。

D. Johanson 和 B. Edgar，《From Lucy to Language》（New York：Simon & Schuster，1996）。

R. Coren，《The Evolutionary Trajectory：The Growth of Information in the History and Future of Earth》，世界未来的进化研究（Amsterdam：Gordon and Breach，1998）。

这些清单都是 20 世纪 80 年代或 20 世纪 90 年代完成的，包括了宇宙中发生的著名历史事件，其中三项聚焦于人科动物进化的那段时期。一些较老的清单并不准确，但就事件本身而言，这些事件发生的相对位置是最有价值的。

Modis 融合了这些清单，并找到了重要事件簇，形成了他的"标准里程碑"。他通过整理清单中 203 项里程碑事件而形成了 28 个标准里程碑。Modis 还单独用 Coren 的清单去证实他的方法。详细内容请见：T. Modis，"Forecasting the Growth of Complexity and Change，"《Technological Forecasting and Social Change》69. 4（2002），http：//ourworld. compuserve. com/homepages/tmodis/TedWEB. htm。

13. Modis 发现了由于清单所列事件数量的不同而引起的错误，以及由于不同清单中发生事件的时间不同所引发的错误（请见 T. Modis，"The Limits of Complexity and Change，"《The Futurist》（2003 年 5 月 ~ 6 月），http：//ourworld. compuserve. com/homepages/tmodis/Futurist. pdf）。所以它使用时间簇定义标准里程碑。一个里程碑代表一种平均标准偏差的错误假设。对于不是多个清单共有的事件，他"随机地为其赋一个误差值"。Modis 也指出了其他源的错误——一些并不知道准确的信息的事件，或认为每个数据点同样重要是不可能的——这些并没有在标准误差上反映。

需要注意的是，Modis 认为恐龙灭绝发生在距今 5460 万年前是不准确的。实际时间还会更往后。

14. 典型的神经元重置时间在 5ms 的数量级，它每秒可以处理 200 条数字控制模拟事物。甚至可以解释多种神经处理的非线性特征，其速度不到当代电路的百万分之一，电路一次转换不足 1ns（请见第 2 章关于计算容量的分析）。

15. 洛杉矶自然实验室的研究人员重新分析了放射性同位素的相对浓度，他们发现在过去的 20 亿年间，世界上唯一一已知的自然核反应（在西非的 Oklo in Gabon）中精细结构常数的递减和 α 粒子（光速与 α 成反比）。这可以解释为以光速的小增长，虽然这种发现需要证明。请见："Speed of Light May Have Changed Recently,"《New Scientist》，2004 年 6 月 30 日，http://www. newscientist. comlnews/news. jsp? id = ns99996092. 也可参见 http://www. sciencedaily. com/releases/2005/05/050512120842. htm。

16. 史蒂芬·霍金在 2004 年 7 月 21 日的都柏林的科学会议上发表声明，他在 30 年前关于黑洞的论断是错误的。以前他说信息将被黑洞吞噬，并且永远不会被取回。这与量子理论的观点不符，量子理论认为信息永存。"科幻小说迷要感到失望了，如果信息是永存的，将不可能通过黑洞穿梭至其他宇宙中，"他说，"如果你跳入黑洞，你拥有过的巨大能量将以损坏的形式重新回归到我们的宇宙中，这种损坏的形式包含的信息有你原来的模样（以一种难以识别的状态）。"请见 Dennis Overbye, "About Those Fearsome Black Holes? Never Mind",《New York Times》，2004 年 7 月 22 日。

17. 黑洞表面是天体区域围绕奇点的外部边界或周长（黑洞中心的典型特征是无穷密度、无限压力）。在黑洞表面内部，地心引力如此之大，以致光都无法逃离，量子效应使得黑洞表面辐射出射线。量子效应将引起粒子 – 反粒子对的形成，其中一个粒子将被吸入黑洞，而另一个粒子将作为辐射而喷射（称为霍金辐射）。这就是为什么该区域称为"黑洞"，该词条由 John Wheeler 教授发明。黑洞最初由德国籍天体物理学家 Kurt Schwarzschild 于 1916 年在总结爱因斯坦广义相对论的基础上发现。黑洞存在于银河系的中心，通过实验的方法已经被观测到。更多相关内容请见 Kimberly Weaver, "The Galactic Odd Couple", http://www. scientificamerican. com, 2003 年 6 月 10 日；Jean-Pierre Lasota, "Unmasking Black Holes",《Scientific American》（1999 年 5 月）：41 – 47；史蒂芬·霍金，《A Brief History of Time：From the Big Bang to Black Holes》（New York：Bantam, 1988）。

18. Joel Smoller 和 Blake Temple, "Shock-Wave Cosmology Inside a Black Hole",《Proceedings of the National Academy of Sciences》100. 20（2003 年 9 月 30 日）：11216 – 18。

19. Vernor Vinge, "First Word",《Omni》（1983 年 1 月）：10。

20. Ray Kurzweil,《The Age of Intelligent Machines》（Cambridge, Mass.：MIT Press, 1989）。

21. Hans Moravec,《Mind Children：The Future of Robot and Human Intelligence》（Cambridge, Mass.：Harvard University Press, 1988）。

22. Vernor Vinge, "The Coming Technological Singularity：How to Survive in the Post-Human Era", VISION – 21 Symposium, sponsored by the NASA Lewis Research Center and the Ohio Aerospace Institute, March 1993. The text is available at http://www. KurzweiW. net/vingesing。

23. Ray Kurzweil，《The Age of Spiritual Machines：When Computers Exceed Human Intelligence》（New York：Viking，1999）。

24. Hans Moravec，《Robot：Mere Machine to Transcendent Mind》（New York：Oxford University Press，1999）。

25. Damien Broderick 的两部作品：《The Spike：Accelerating into the Unimaginable Future》（Sydney，Australia：Reed Books，1997）以及《The Spike：How Our Lives Are Being Transformed by Rapidly Advancing Technologies》（New York：Tor/Forge，2001）。

26. 这是 John Smart 的一篇概述，"What is the Sigularity"，可以在以下网址找到：http：//www. KurzweilAI. net/meme/frame. html？main =/articles/art0133. html。John Smart 关于科技加速、奇点以及其他相关问题的文章请见以下网址：http：//www. singularitywatch. com 和 http：//www. Accelerating. org。John Smart 负责召开"Accelerating Change"会议，该会议包括了以下相关主题"人工智能"，详情请见：http：//www. accelerating. org/ac2005/index. html。

27. 运行于人脑系统的大脑仿真将远快于人类的生物大脑。虽然人脑得益于其大规模的并行处理方式（百万亿数量级的神经元内部连接和潜在的并发能力），但是连接的重置时间与当代电子设备相比极为缓慢。

28. 请见第 2 章的注释 20 和 21。

29. 请见本书附录，那里用数学的方法分析信息技术的指数增长，该定律也可以不应用于计算的性价比趋势。

30. 源于 1950 年发表的一篇论文《Mind：A Quarterly Review of Psychology and Philosophy》，计算机理论学家 Alan Turig 提出了著名的问题："机器是否可以思考？如果计算机能够思考，我们如何才能知道？"图灵测试可以回答第二个问题。这个测试用如下的方式进行：专家委员会向远方的回应者提出广泛的问题，涉及爱情、时事、数学、哲学等，然后通过回应者的回答情况以判断他是计算机还是人。图灵测试是一种测量人类智能的方法，没有通过该测试并不意味着智能较低。关于图灵的这篇文章可以在以下网址找到：http：//www. abelard. org/turpap/turpap. htm；还可参考《The Stanford Encyclopedia of Philosophy》，http：//plato. stanford. edu/entries/turing-test，其中有关于该测试的进一步讨论。

还有一些欺骗的方法或算法可以让机器通过图灵测试，而方法本身并没有全面地达到人类的智能水平。请见 Ray Kurzweil 的"A Wager on the Turing Test：Why I Think I Will Win"，网址为 http：//www. KurzweilAI. net/turingwin。

31. John H. Byrne，"Propagation of the Action Potential"，《Neuroscience Online》，https：//oac22. hsc. uth. tmc. edu/courses/nba/s1/i3 - 1. html，神经中行动潜能的传播速度的范围：100m/s（360km/h）到 0. 1m/s（0. 36km/h）。

可以参见 Kenneth R. Koehler，"The Action Potential"，http：//www. rwc. uc. edu/koehler/biophys/4d. html，"哺乳动物运动神经的传播速度是（10 ~ 120）m/s，而无髓感知神经的速度是（6 ~ 25）m/s（无髓神经在一条连续的直线上不会跳跃；膜透性增加允许高效地完成回路，但会减慢传播的速度）"。

32. 2002 年出版的《科学》杂志强调连环蛋白质在脑皮质扩张方面的重要作用。这种蛋白质负责形成大脑皮层表面的褶皱和凹槽；事实上正是这些褶皱增加了大脑的表面积，从而为更多的神经元提供空间。有的老鼠可以生产过多的这种蛋白质，所有它的大脑皮层更紧缩，褶皱也更多，相比该种蛋白质较少的老鼠来说，前者大脑皮层也有更大的表面积。原文出自：

Anjen Chenn 和 Christopher Walsh，"Regulation of Cerebral Cortical Size by Control of Cell Cycle Exit in Neural Precursors"，《Science》297（2002 年 7 月）：365 - 69。

2003 年，通过对比人类、黑猩猩和猕猴大脑皮质的基因表达，人们发现只有 91 种关于大脑组织和认知的基因是不同的。研究者发现 90% 的不同于上流调节相关（高级活动）。请见：

M. Cacares 等，"Elevated Gene Expression Levels Distinguish Human from Nonhuman Primate Brains"，《Proceedings of the National Academy of Sciences》100. 22（2003 年 10 月 28 日）：13030 - 35。

尽管如此，University of California-Irvine College of Medicine 的研究人员发现与脑体积相比，大脑中特定区域的灰质与智商的关联更大，同时还发现只有 6% 的灰质与智商相关。这项研究还发现，因为这些与智商关联的区域贯穿于整个大脑之中，而大脑中不可能有类似于大脑额叶等单一的"智能中心"。请见："Human Intelligence Determined by Volume and Location of Gray Matter Tissue in Brain"，University of California-Irvine 新闻发布（2004 年 7 月 19 日），http：// today. uci. edu/news/release_detail. asp? key = 1187。

2004 年的一项研究对比了人类神经系统的基因所表现的加速进化与其他灵长类生物，以及比较于所有灵长类生物与其他哺乳类生物的基因。Steve Dorus 等，"Accelerated Evolution of Nervous System Genes in the Origin of 《Homo sapiens》"，《Cell》119（2004）：1027 - 40，该论文描述了这一发现，该研究的领导者 Bruce Lahn 指出："人类认知能力的进化并不是由于一些偶然的突变，而是源于数量巨大的突变，这些突变源于有利于复杂认知能力改善的自然选择。" Catherine Gianaro，《University of Chicago Chronicle》24. 7（2005 年 1 月 6 日）。

研究认为一种对于肌肉纤维基因 MYH16 的突变可以使人类拥有更大的大脑。这种突变使得原始人类的下颌缩小，所以人类并不像其他类人猿那样拥有限制大脑尺寸的肌肉。Stedman 等，"Myosin Gene Mutation Correlates with Anatomical Changes in the Human Lineage"，《Nature》428（March 25, 2004）：415 - 18。

33. Robert A. Freitas Jr. "在医学纳米技术中的探索性设计：一种机械人工红细胞，" Artificial Cells, Blood Substitutes, and Immobil. Biotech. 26（1998）：411 - 30；http：//www. foresight. org/Nanomedicine/Respirocytes. html；还可以参考 Nanomedicine Art Gallery 一文的图像：（http：//www. foresight. org/Nanomedicine/Gallery/Species/Respirocytes. html）可参考其获奖动画：（http：//www. phleschbubble. com/album/beyondhuman/respirocyte01. htm）。

34. Foglets 是纳米技术先驱 Rutgers 的 J. Storrs Hall 教授提出的概念。下面是他讲话的一段："纳米技术是基于微小、自我复制机器人的概念。Utility Fog 是对该思想的简单扩充：假设微小的机器人（foglet）彼此相连，并按照我们的想法形成稳固的物体形状，而不是通过一个原子一个原子地构建的呢？到那时，当我们厌倦了风格前卫的咖啡桌，那些构成桌子的机器人通过简单的变换，我们就能得到典雅的、安妮女皇式的咖啡桌。" J. Storrs Hall 的这篇 "What I Want to Be When I Grow Up, Is a Cloud"，《Extropy》，第 3 和第 4 部分，1994。2001 年 7 月 6 日，发表于 KurzweilAI. net，2001 年 7 月 6 日，http：//www. KurzweilAI. net/foglets. 还可参见 J. Storrs Hall，"Utility Fog：The Stuff That Dreams Are Made Of"，《Nanotechnology：Molecular Speculations on Global Abundance》，B. C. Crandall 等，（Cambridge, Mass.：MIT Press, 1996），发表于 2001 年 7 月 5 日的 KurzweilAI. net，网址是 http：//www. KurzweilAI. net/utilityfog。

35. Sherry Turkle 等，"Evocative Objects：Things We Think With"，即将出版。

36. 请见第 2 章的图 "Exponential Growth of Computing"。该图反映了直到 21 世纪末计算性价比的双倍指数增长，那时价值 1000 美元的计算将提供 10^{60} cps。这将在第 2 章详细论述，通过 3 种不同的分析方法得到的结论是，模仿人脑功能需要 10^{15} cps。一种更加保守的估计（假设需要模拟每一个突触和树突的非线性结构），对于人脑神经形态的模拟需要 10^{19} cps 的计算能力。还有一个更保守的数字，我们需要 10^{29} cps 的计算能力才能模拟 10^{10} 个人的大脑。所以大约在 2099 年，1000 美元能购买的 10^{60} cps 计算能力将代表 10^{31}（10 万万亿）人的文明。

37. 18 世纪早期动力织布机和其他纺织自动化机器的发明破坏了以家庭手工业为生的英国织工的生活，在此之前这种牢固的家庭经济已经传承了几百年。经济动力已经从家庭纺织发展到机器拥有者。根据传说，一位年轻而愚钝的男孩 Ned Ludd 破坏了两个纺织厂的机器。自从那以后，只要工厂的设备被神秘破坏，任何有嫌疑的人会说，"又是 Ned Ludd 破坏的"。1812 年，绝望的织工形成了一个秘密的组织——城市游击队。他们威胁恐吓工厂主，很多工厂主都屈从了。当问及他们的领导是谁时，这些游击队员会回答："当然是 Ned Ludd 司令。"虽然 Ludd 的追随者起初通过暴力的方法破坏机器，但是后来还爆发了一系列的流血冲突。Tory 政府无法容忍他们的行为，通过关押和绞刑示众等方式打压他们破坏机器和恐吓工厂主的行为。虽然织工们无法进行持续可行的活动，当他们仍然是反对自动化和科技的有力象征。

38. 见本章注释 34。

第 2 章　技术进化理论：加速回归定律

1. John Smart 对于 "Understanding Evolutionary Development：A Challenge for Futurists" 一文的总结发表于 World Futurist Society 年会上。华盛顿，2004 年 8 月 3 日。

2. 在 Theodore Modis 看来，进化中新纪元的标志性事件代表着复杂度的增加，详见 Theodore Modis 的 "Forecasting the Growth of Complexity and Change"，《Technological Forecasting and Social Change》69. 4（2002），网址为 http：//ourworld. compuserve. com/homepages/tmodis/Ted-WEB. htm。

3. 压缩文件涉及数据传输（如互联网上传播的音乐和文本）和数据存储两方面内容。文件越小，其传输时间越短，存储空间越小。信息论之父、数学家 Claude Shannon 在他的论文 "A Mathematical Theory of Communication"，《The Bell System Technical Journal》27（1948 年 7 月 ~10 月）中对数据压缩进行了如下定义：数据压缩是有可能的，因为数据中存在冗余，并且数据中的关键特征有融合在一起的可能性，例如音频文件中的无声状态可以由一个表示无声持续时间的值所代替，文本文件中的字母组合在压缩文件中可以被编码识别符所代替。

如 Shannon 所解释的，冗余可以通过无损压缩的方式去除，这意味着压缩不会使信息丢失。无损压缩有一个限制，Shannon 称为熵速率（压缩会增加数据的"熵"，其中实际的信息量反比于预先定义的数据结构）。数据压缩将消除数据冗余，而无损压缩在消除数据冗余的同时不会损失任何数据（这意味着原来精确的数据将被保留）。而有损压缩可以用于图形文件或流媒体的音频、视频文件，虽然它会导致信息的丢失，但通常情况下用户是不会觉察到的。

大多数的数据压缩技术都会使用一种编码，可将源文件中的基本单元（或符号）与编码表映射。例如，文本文件中的所有空格都可以被一个单独代码和空格的数目所代替。压缩算法通过建立这种映射关系，并使用编码表建立一个新的文件。经过压缩的文件将小于原始文件，并且易于传输和存储。以下是关于无损压缩的技术类别：

- 游程压缩，该算法使用一个代码表示重复的符号，并用一个数值表示符号重复的次数（例如：Pack-Bits 和 PCX）。
- 最小冗余编码或简单熵编码，该编码方式以概率为基础，使用频繁的符号的编码长度最短（例如：霍夫曼编码和算术编码）。

- 字典编码器，该编码器使用动态更新的符号字典来表示模式（例如：Lempel-Ziv、Lempel-Ziv-Welch 和 DEFLATE）。

- 块排序压缩，该算法用重新组织字符的方法代替编码表，而游程压缩通常用于严重重复的字符串（例如：Burrows-Wheeler 变换）。

- 局部映射预测，该算法通过使用原文件中的字符集来预测文件中将会出现的下一个字符。

4. Murray Gell-Mann, "What Is Complexity?", 发表于《Complexity》，（New York：John Wiley and Sons，1995）。

5. 在不经压缩的情况下，人类的遗传代码总量接近 60 亿 bit（大约 10^{10}）。理论上，一块 1kg 重的石头所包含的信息量为 10^{27} bit，这是人类遗传代码的 10^{17} 倍。请见第 2 章注释 57 关于基因组压缩的讨论。

6. 当然，人由数量巨大的粒子构成，如果考虑到所有粒子的属性，其所包含的信息量与等重量的石头差不多。就石头而言，其信息量并不需要像人类那样描述其状态。另外人类与石头相比需要更多的信息以描述其特征。

7. 请见第 5 章的注释 175 关于基因算法的描述。

8. 人类、黑猩猩、大猩猩、红毛猩猩是人科动物的科学分类（人总科）。在 500 万 ~ 700 万年前，人类由巨猿演化而来。人科中的人类还包含已经灭绝的物种（如 H. erectus）以及现代人（H. sapiens）。

黑猩猩的手指比人类手指长，但没有人类手指那么直，其大拇指较短，缺乏力量而且不便于移动。黑猩猩可以使用棍子抽打，但无法紧握棍子。它们无法用力捏住物体，因为它们的大拇指无法与其他手指重叠以达到紧握物体的目的。现代人类的拇指较长，其他手指能够沿着中心轴旋转，所以人的拇指尖端可以接触到其他手指的尖端，该特性称为完全相对性。人类特有的这些属性使其能够准确并且有力地握住物体。甚至人类的祖先（例如，科学家在埃塞俄比亚发现距今 300 万年前的更新纪灵长动物，称为露西）能够以更快的速度和更好的准确性投掷石块。从那以后，科学家们断定人类的手在投掷和摔打等方面持续改进（同时还伴随着人类其他器官的改进），这使得人类明显优于其他相似大小和重量的动物。详情请见：Richard Young 的 "Evolution of the Human Hand：The Role of Throwing and Clubbing"，《Journal of Anatomy》202（2003）：165 – 74 和 Frank Wilson，《The Hand：How Its Use Shapes the Brain, Language, and Human Culture》（New York：Pantheon，1998）。

9. 圣菲研究所是研究复杂性和紧急系统相关技术和概念的先驱。Stuart Kauffman 是其中研究范式混沌和复杂性的一位主要研发人员。Kauffman 在《At Home in the Universe：The Search for the Laws of Self-Organization and Complexity》（Oxford：Oxford University Press，1995）一文中阐述道："秩序的力量在于混沌的边缘。"

在《Evolution of Complexity by Means of Natural Selection》（Princeton：Princeton University Press，1988）一书中，John Tyler Bonner 提出了以下几个问题："受精卵是如何变为一个完美的成人？""一个细菌如何经历了数百万年的时间进化为一只大象？"

John Holland 是圣菲研究所另一位主要的思想家，主要研究方向为复杂性的新兴领域。他的《Hidden Order：How Adaptation Builds Complexity》（Reading, Mass.：Addison-Wesley，1996）一书收录了 1994 年他在圣菲研究所发表的一系列研究报告。另见 John H. Holland 的《Emer-

gence：From Chaos to Order》（Reading, Mass.：Addison-Wesley, 1998）和 Mitchell Waldrop 的
《Complexity：The Emerging Science at the Edge of Order and Chaos》（New York：Simon & Schuster,
1992）。

10. 热力学第二定律解释了为什么不存在一个完美的动力机，它可以利用燃料燃烧产生的
全部能量来工作：一些热量不可避免地散发到环境中。自然中相同的原理认为热量可以从热
的平底锅向冷空气中传递，而其逆过程无效。该定律还假定封闭（孤立）系统随着时间的迁
移将变得越来越无序，也就是说将从有序变为无序。例如，冰片中的分子只有有限的几种排
布方式。所以一杯冰片的熵值要小于一杯水的熵值。水与冰相比拥有更多的分子排布方式，
更大的自由度带来了更高的熵。多样性是另外一种思考熵的方法。一种状态所能实现的方法
越多，其多样性就越高。因此，一堆混乱的砖头与整齐堆砌的砖头相比，前者拥有更高的多
样性（和更高的熵值）。

11. Max More 明确地表达了如下观点：先进的技术通过融合和杂交的方式使得加速进程
变得更快。参见 Max More 的 "Track 7 Tech Vectors to Take Advantage of Technological Accelera-
tion"，《ManyWorlds》，2003 年 8 月 1 日。

12. 更多信息请另见如下参考资料：J. J. Emerson 等的，"Extensive Gene Traffic on the
Mammalian X Chromosome"，《Science》303.5657（2004 年 1 月 23 日）：537–40, http://
www3. uta. edu/faculty/betran/science2004. pdf, Nicholas Wade 的 "Y Chromosome Depends on It-
self to Survive"，《New York Times》，2003 年 6 月 19 日，以及 Bruce T. Lahn 和 David C. Page
的 "Four Evolutionary Strata on the Human X Chromosome"，《Science》286.5441（1999 年 10 月
29 日）：964–67，网址为 http://inside. wi. mit. edu/page/Site/Page% 20PDFs/Lahn_and_Page_
strata_1999. pdf。

人们将女性的第二个 X 染色体关闭称为 X 失活，而基因只能通过一个 X 染色体来表达。
研究表明来自父亲的 X 染色体会在一些细胞中关闭，而来自母亲的染色体会在另外一些细胞
中关闭。

13. 关于人类基因工程请见 "Insights Learned from the Sequence"，网址为 http://
www. ornl. gov/sci/techresources/Human_Genome/project/journals/insights. html。尽管人类基因组
已经被测序，但大多数基因代码不能为（蛋白质合成）指定遗传密码（成为垃圾 DNA），所
以研究者仍然在争论人类 DNA 中的 30 亿个碱基对包含多少基因。尽管人类基因工程认为基因
的数量超过 10 万对，但当前的研究表明基因的数量不到 3 万对。请见 "How Many Genes Are
in the Human Genome?"（http://www. ornl. gov/sci/techresources/Human_Genome/faq/genenum-
ber. shtml）和 Elizabeth Pennisi, "A Low Number Wins the GeneSweep Pool"，《Science》300.5625
（2003 年 6 月 6 日）：1484。

14. Niles Eldredge 和后来的 Stephen Jay Gould 于 1972 年提出了该理论（N. Eldredge 和 S.
J. Gould 的 "Punctuated Equilibria：An Alternative to Phyletic Gradualism"，发表于《Models in
Paleobiology》（San Francisco：Freeman, Cooper）。从那时起，该话题便引起了古生物学家和进
化生物学家的争论，尽管该理论逐渐地获得了认可。根据该理论，物种在数百万年的进化过
程中是相对稳定的。停滞后紧接着伴随着更迭的爆发，那将导致新物种的出现和旧物种的灭
绝（Elisabeth Vrba 称其为 "颠覆性脉冲"）。它将影响着整个生态系统和很多不相关的物种。
Eldredge 和 Gould 提出一种需要新视角的模式："无视和停滞是最具束缚性的一种偏见（不可
避免地被认为是进化的缺失），它被认为是非主题的。很奇怪将所有古生物中最普通的现象当

做是显著而极具吸引力的。"参见 S. J. Gould 和 N. Eldredge 的 "Punctuated Equilibrium Comes of Age",《Nature》366（1993 年 11 月 18 日）：223 - 27。

参见 K. Sneppen 等的 "Evolution As a Self-Organized Critical Phenomenon",《Proceedings of the National Academy of Sciences》92.11（1995 年 5 月 23 日）：5209 - 13；Elisabeth S. Vrba 的 "Environment and Evolution：Alternative Causes of the Temporal Distribution of Evolutionary Events",《South African Journal of Science》81（1985）：229 - 36。

15. 诚如我将在第 6 章所讨论的，如果光速并非信息向遥远宇宙传输的一个基本限制，那么智能和计算将持续地以指数的方式传播，直到支撑计算向整个宇宙传播的物质和能量达到饱和。

16. 生物进化持续地与人类相关联，但是像癌症和病毒等疾病通过进化对抗人类（癌细胞和病毒可以通过进化来对抗各种治疗措施，如化学药物和抗生素）。但是人类智能在与生物进化智能的斗争中能够以智取胜：在基础层面上攻击疾病，通过使用"鸡尾酒"策略，以正交（独立）的方法同时对抗疾病。

17. Andrew Odlyzko 的 "Internet Pricing and the History of Communications"，AT&T 实验室研究，2001 年 2 月 8 日经过修订，网址为 http：//www. dtc. umn. edu/ ~ odlyzko/doc/history. communications1b. pdf。

18. Cellular Telecommunications and Internet Association, Semi-Annual Wireless Industry Survey, June 2004, http：//www. ctia. orglresearch_statistics/index. cfm/AID/l0030

19. 电线、电话、收音机、电视、手机：FCC，网址为 www. fcc. gov/Bureaus/Common_Carrier/Notices/2000/fc00057a. xls。Home computers and Internet use：Eric C. Newburger, U. S. Census Bureau, "Home Computers and Internet Use in the United States：August 2000"（September 2001），http：//www. census. gov/prod/2001pubs/p23 - 207. pdf。也可以参考 "The Millennium Notebook",《Newsweek》，1998 年 4 月 13 日，第 14 页。

20. 以当前新的通信技术来衡量，现在范式迁移的速率每 9 年翻一番（大规模使用新发明——被美国四分之一的人口使用——的时间将减半）。请见注释 21。

21. 图 2-5 显示了在过去的 130 年间，一项发明被 25% 的美国人口使用所需的时间。电话的普及用了 35 年的时间，收音机的普及用了 31 年的时间（减少了 11% 时间，或者说在两项发明间隔的 21 年间以每年 0.58% 的速度递减）。收音机与电视机这两项发明的时间间隔每年的递减速度为 0.6%，电视机与 PC 这两项发明的时间间隔每年的递减速度为 1.0%，PC 与移动电话这两项发明的时间间隔每年的递减速度为 2.6%，移动电话与互联网这两项发明的时间间隔每年的递减速度为 7.4%。从 1897 年发明收音机到广泛普及用了 31 年的时间，而从 1991 年互联网的发明到其广泛普及仅用了 7 年的时间——在过去的 94 年里时间减少了 77%，以平均每年 1.6% 的速度减少。由此可以推断在 20 世纪的这 100 年里发明广泛普及的时间减少了 79%。当前的发明普及的递减速度为每年 7.4%，故以当前的速度来说，发明广泛普及的时间减少 79% 所需的时间只需要 20 年。以此速度计算，范式迁移增倍（也就是说发明普及减半的时间）的时间只需要 9 年。在 21 世纪该速率将 11 次翻番，即该速度将达到当前的 2^{11} 倍，也就是 2000 年的 2000 倍。实际的增长速率将更快，因为当前的增长速率如 20 世纪那样，仍然稳定地增长。

22. 数据来自 1967 年 ~ 1999 年的 Intel 的数据，请见 Gordon E. Moore 的 "Our Revolution"，网址为 http：//www. siaonline. orgfdownloads/Moore. pdf。数据来自 2000 年 ~ 2016 年 In-

ternational Technology Roadmap for Semiconductors（ITRS），该数据在 2002 年和 2004 年更新，网址为 http：//public. itrs. net/Files/2002Update/2002Update. pdf 和 http：//www. itrs. net/Common/2004Update/2004_00 _Overview. pdf。

23. ITRS 生产 DRAM 的花费表示每一 bit 信息花费的数据。1971 年~2000 年的数据来自 VLSI Research 年，2001 年~2002 的数据来自 ITRS 的 2002 年更新的表 7a，第 172 页。2003 年~2018 年的数据来自 ITRS 的 2004 更新的表 7a 和 7b，第 20 页和第 21 页。

24. 根据 Intel 和 Dataquest 的报告（2002 年 12 月），参见 Gordon E. Moore 的 "Our Revolution"，网址为 http：//www. siaonline. org/downloads/Moore. pdf。

25. Randall Goodall、D. Fandel 和 H. Huffet 的 "Long-Term Productivity Mechanisms of the Semiconductor Industry"，Ninth International Symposium on Silicon Materials Science and Technology，2002 年 5 月 12 日~17 日，Philadelphia，由 the Electrochemical Society（ECS）和 International Sematech 赞助。

26. 1976~1999 的数据来自 E. R. Berndt、E. R. Dulberger 和 N. J. Rappaport 的 "Price and Quality of Desktop and Mobile Personal Computers：A Quarter Century of History"，2000 年 7 月 17 日，网址为 http：//www. nber. org/~confer/2000/si2000/berndt. pdf。2001~2016 的数据来自 ITRS 的 2002 更新表 4c：Performance and Package Chips：Frequency On-Chip Wiring Levels-Near-Term Years，第 167 页。

27. 请见注释 26 描述的时钟速度（周期时间）和注释 24 描述的晶体管代价。

28. 在微处理器方面 Intel 的晶体管：Microprocessor Quick Reference Guide，Intel Research，网址为 http：//www. intel. com/pressroom/kits/quickrefyr. htm。也可以参见 Silicon Research Areas，Intel Research，http：//www. intel. comlresearch/silicon/mooreslaw. htm。

29. 数据来源于 Intel 公司，请见：Gordon Moore 的 "No Exponential Is Forever ... but We Can Delay 'Forever'"，在 International Solid State Circuits Conference（lSSCC）上发表，2003 年 2 月 10 日，网址为 ftp：//download. intel. com/ researchl silicon/Gordon_Moore_ISSCC_ 021003. pdf。

30. Steve Cullen 的 "Semiconductor Industry Outlook"，InStat/MDR，报告号：IN0401550SI，2004 年 4 月，网址为 http：//www. instat. com/abstract. asp? id = 68&SKU = IN0401550SI。

31. 来自 World Semiconductor Trade Statistics，网址为 http：//wsts. www5. kcom. at。

32. 来自 Bureau of Economic Analysis，U. S. Department of Commerce，网址为 http：//www. bea. gov/bea/dn/home/gdp. htm.

33. 请见本章注释 22~24 和注释 26~30。

34. 来自 International Technology Roadmap for Semiconductors，2002 更新，International Sematech。

35. "25 Years of Computer History"，网址为 http：//www. compros. com/timeline. html；Linley Gwennap 的 "Birth of a Chip"，《BYTE》（1996 年 12 月），网址为 http：//www. byte. com/art/9612/sec6/art2. htm；"The CDC 6000 Series Computer"，网址为 http：//www. moorecad. com/standardpascal/cdc6400. html；"A Chronology of Computer History"，网址为 http：//www. cyberstreet. comlhcs/museum/chron. htm；Mark Brader 的 "A Chronology of Digital Computing Machines（to 1952）"，网址为 http：//www. davros. org/misc/chronology. html；Karl Kempf 的 "Electronic Computers Within the Ordnance Corps"，1961 年 11 月，网址为 http：//ftp. arl. mil/~mike/comphist/61 ordnance/index. html；Ken Polsson 的 "Chronology of Personal Computers"，网址

为 http：//www. islandnet. com/ ~ kpolsson/comphist；"The History of Computing at Los Alamos"，网址为 http：//bang. lanl. gov/video/sunedu/computer/comphist. html（requires password）；the Machine Room，网址为 http：//www. machine-room. org；Mind Machine Web Museum，网址为 http：//www. userwww. sfsu. edu/ ~ hl/mmm. html；Hans Moravec, computer data，网址为 http：//www. frc. ri. cmu. edu/ ~ hpm/book97/ch3/processor. list；"PC Magazine Online：Fifteen Years of PC Magazine"，网址为 http：//www. pcmag. com/article2/0，1759，23390，00. asp；Stan Augarten，《Bit by Bit：An Illustrated History of Computers》（New York：Ticknor and Fields，1984）；International Association of Electrical and Electronics Engineers（IEEE），《Annals of the History of the Computer》9. 2（1987）：150 – 53 和 16. 3（1994）：20；Hans Moravec 的《Mind Children：The Future of Robot and Human Intelligence》（Cambridge，Mass.：Harvard University Press，1988）；Rene Moreau 的《The Computer Comes of Age》（Cambridge，Mass.：MIT Press，1984）。

36. 本章中的这幅图标示为"对数图"，但该图从技术的角度来说是半对数图，因为该图形在时间轴上是线性的，而另一个轴上是对数的。但是为了方便起见，我将这些图形称为"对数图"。

37. 参见附录，该定律从数学的角度证明了计算能力（由单位花费每 MIPS 来衡量）为什么存在两个层次上的指数增长（指数增长速率本身也在以指数速度增长）。

38. Hans Moravec 的"When Will Computer Hardware Match the Human Brain?"《Journal of Evolution and Technology》1（1998），网址为 http：//www. jetpress. org/volumel/Moravec. pdf。

39. 请见注释 35。

40. 人们用了 90 年的时间（1900 年 ~ 1990 年）才实现用 1000 美元创造 1 个 MIPS 的计算能力。现在每 400 天就可以使 1 000 美元的 MIPS 数量翻番。因为当前的性价比是每 1000 美元 2000 MIPS，所以现在我们以每天增加 5 MIPS 的速度改进性价比，或者说是以每 5 小时增加 1 个 MIPS 的速度。

41. "IBM Details Blue Gene Supercomputer"，《CNET News》，2003 年 3 月 8 日，网址为 http：//news. com. com/2100 – 1008_3 – 1000421. html。

42. 请见 Alfred North Whitehead 的《An Introduction to Mathematics》（London：Williams and Norgate，1911），与此同时，他还与 Bertrand Russell 共同创作了三卷《Principia Mathematica》。

43. 该项目原计划花费 15 年的时间，"人类基因组计划比原计划提前两年半的时间，同时该项目的花费也比原计划的 27 亿美元低"。

44. 人类基因组计划可参考：http：//www. ornl. gov/sci/techresources/Human_Genome/project/privatesector. shtml；Stanford Genome Technology Center，http：//sequence-www. stanford. edu/group/techdev/auto. html；National Human Genome Research Institute，http：//www. genome. gov；Tabitha Powledge 的"How Many Genomes Are Enough?"《Scientist》，2003 年 11 月 17 日，http：//www. biomedcentral. com/news/20031117/07。

45. 数据源自 National Center for Biotechnology Information 的"GenBank Statistics"，2004 年 5 月 4 日修订，网址为 http：//www. ncbi. nlm. nih. gov/Genbank/genbankstats. html。

46. British Columbia Cancer Agency 和 The American Centers for Disease Control 只用了 31 天的时间便破译了非典型性肺炎（SARS）的基因序列。两个中心测序对比表明该病毒中的 2 万 9 千个碱基对中只有 10 对不同。本项工作确认了 SARS 是一种冠状病毒。CDC 的主管 Julie Gerberding 博士将本次测序工作称为"科学的成就已经远远超过历史发展水平"。参见 K. Phil-

ipkoski 的 "SARS Gene Sequence Unveiled"，《Wired News》，2003 年 4 月 15 日，网址为 ht-
tp：//www. wired. com/news/medtech/0，1286，58481. 00. html？tw = wn_story_related。

而 HIV 的测序工作始于 20 世纪 80 年代，HIV1 和 HIV2 测序工作分别于 2003 年和 2002 年
完成，National Center for Biotechnology Information，网址为 http：//www. ncbi. nlm. nih. gov/ge-
nomes/framik. cgi？db = genome&gi = 12171；HIV 的序列数据库由洛杉矶阿尔莫斯自然实验室维
护，网址为 http：//www. hiv. lanl. gov/content/hivdb/HTML/outline. htm。

47. Mark Brader 的 "A Chronology of Digital Computing Machines（to 1952）"，网址为 ht-
tp：//www. davros. org/misc/chronology. html；Richard E. Matick 的《Computer Storage Systems and
Technology》（New York：John Wiley and Sons，1977）；剑桥大学计算机实验室，EDSAC99，网
址为 http：//www. cl. cam. ac. uk/UoCCL/misc/EDSAC99/statistics. html；Mary Bellis 的 "Invent-
ors of the Modern Computer：The History of the UNIVAC Computer-J. Presper Eckert and John Mauch-
ly"，网址为 http：//inventors. about. com/library/weekly/aa062398. htm；"Initial Date of Operation
of Computing Systems in the USA（1950 ~ 1958）"，源于 1968 OECD data，网址为 http：//mem-
bers. iinet. net. au/ ~ dgreen/timeline. html；Douglas Jones 的 "Frequently Asked Questions about the
DEC PDP - 8 computer"，网址为 ftp：//rtfrn. mit. edu/pub/usenet/alt. sys. pdp8/PDP - 8 _Fre-
quently_Asked_Questions_% 28posted_every_other_month% 29；《Programmed Data Processor - 1
Handbook》，Digital Equipment Corporation（1960 ~ 1963），网址为 http：//www. dbit. com/
greeng3/pdp1/pdp1. html # INTRODUCTION；John Walker 的 "Typical UNIVAC 1108 Prices：
1968"，网址为 http：//www. fourmilab. ch/documents/univac/config1108. html；Jack Harper 的
"LISP 1. 5 for the Univac 1100 Mainframe"，网址为 http：//www. frobenius. com/univac. htm；Wiki-
pedia 的 "Data General Nova"，网址为 http：//www. answers. com/topic/data-general-nova；Darren
Brewer 的 "Chronology of Personal Computers 1972 ~ 1974"，网址为 http：//uk. geocities. com/ma-
goos_universe/comp1972. htm；www. pricewatch. com；网址为 http：//www. jcnews. com/parse. cgi？
news/pricewatch/raw/pw-010702；网址为 http：//www. jc-news. com/parse. cgi？news/pricewatch/
raw/pw-020624；网址为 http：//www. pricewatch. com（11/17/04）；网址为 http：//sharkyex-
treme. com/guidesIWMPG/article. php/10706_2227191 _2；《Byte advertisements》，1975 年 9 月 ~
1998 年 3 月；《PC Computing advertisements》，1977 年 3 月 ~2000 年 4 月。

48. Seagate 的 "Products"，网址为 http：//www. seagate. com/cda/products/discsales/index；
《Byte advertisements》，1977 ~ 1998；《PC Computing advertisements》，1999 年 3 月；Editors of
Time-Life Books 的《Understanding Computers：Memory and Storage》（New York：Warner Books，
1990）；"Historical Notes about the Cost of Hard Drive Storage Space"，网址为 http：//
www. alts. net/ns1625/winchest. html；"IBM 305 RAMAC Computer with Disk Drive"，网址为 ht-
tp：//www. cedmagic. com/history/ibm-305-ramac. html；John C. McCallum 的 "Disk Drive Prices
（1955 - 2004）"，网址为 http：//www. jcmit. com/diskprice. htm。

49. James DeRose 的《The Wireless Data Handbook》（St. Johnsbury, Vt. ：Quantrum，1996）；
First Mile Wireless，网址为 http：//www. firstmilewireless. coml；J. B. Miles 的 "Wireless LANs,"
《Government Computer News》18. 28（1999 年 4 月 30 日），http：//www. gcn. com/vol18 _no28/
guide/514 - 1. html；《Wireless Week》（1997 年 4 月 14 日），网址为 http：//www. wirelessweek.
com/toc/4% 2F14% 2F1997；Office of Technology Assessment 的 "Wireless Technologies and the Na-
tional Information Infrastructure"，1995 年 9 月，网址为 http：//infoventures. com/emf/federal/ota/

ota95-tc. html；Signal Lake 的 "Broadband Wireless Network Economics Update"，2003 年 1 月 14 日，网址为 http：//www. signallake. com/publications/broadbandupdate. pdf；BridgeWave Communi-cations communication，网址为 http：//www. bridgewave. com/050604. htm。

50，Internet Software Consortium（http：//www. isc. org），ISC Domain Survey：Number of In-ternet Hosts，网址为 http：//www. isc. org/ds/host-count-history. html。

51. 如上。

52. 每年的 12 月，美国都市在互联网的主干网络上测试当年的平均流量。A. M. Odlyzko 的 "Internet Traffic Growth：Sources and Implications"，《Optical Transmission Systems and Equip-ment for WDM Networking II》，B. B. Dingel、W. Weiershausen、A. K. Dutta 和 K. - I. Sato 等编辑，《Proc. SPIE》（The International Society for Optical Engineering）5247（2003）：1 - 15，网址为 http：//www. dtc. umn. edu/~ odlyzko/doc/oft. internet. growth. pdf；数据来源于 2003 ~ 2004 与 A. M. Odlyzko 的电子邮件沟通。

53. Dave Kristula 的 "The History of the Internet"（发表于 1997 年 3 月，2001 年 8 月更新），网址为 http：//www. davesite. com/webstation/net-history. shtml；Robert Zakon 的 "Hobbes' Internet Timeline v8. 0"，网址为 http：//www. zakon. org/robert/internet/timeline；《Converge Net-work Digest》，2002 年 12 月 5 日，网址为 http：//www. convergedigest. com/Daily/daily. asp？vn = v9n229&fecha = December% 2005,% 202002；V. Cerf 的 "Cerf's Up"，2004，网址为 http：// global. mci. com/de/resources/cerfs_up/。

54. H. C. Nathanson 等的 "The Resonant Gate Transistor"，《IEEE Transactions on Electron Devices》14. 3（1967 年 3 月）：117 - 33；Larry J. Hornbeck 的 "128 x 128 Deformable Mirror De-vice"，《IEEE Transactions on Electron Devices》30. 5（1983 年 4 月）：539 - 43；J. Storrs Hall 的 "Nanocomputers and Reversible Logic"，《Nanotechnology》5（July 1994）：157 - 67；V. V. Aristov 等的 "A New Approach to Fabrication of Nanostructures"，《Nanotechnology》6（1995 年 4 月）：35 - 39；C. Montemagno 等的 "Constructing Biological Motor Powered Nanomechanical Devices"，《Nanotechnology》10（1999）：225 - 31，网址为 http：//www. foresight. org/Conferences/MNT6/ Papers/Montemagno/；Celeste Biever 的 "Tiny 'Elevator' Most Complex Nanomachine Yet"，《New-Scientist. com News Service》，2004 年 3 月 18 日，网址为 http：//www. newscientist. com/arti-cle. ns？id = dn4794。

55. ETC Group 的 "From Genomes to Atoms：The Big Down"，第 39 页，网址为 http：// www. etcgroup. org/documents/TheBigDown. pdf。

56. 同上。

57. 虽然难以准确地确定基因所蕴含的内容，但是重复的碱基对数量显然远小于未经压缩的数量总和。下面提供了两种预测基因中压缩信息的方法，这两种方面均表明 3000 万 ~ 1 亿字节的这一范围是很高的。

1）就未压缩的数据而言，人类基因代码中包含了 30 亿个 DNA 梯阶，每个可用两 bit 信息编码（因为每个 DNA 碱基对有四种可能性）。这样算来，人类基因组共含有 8 亿字节未经压缩的信息。不能编码的 DNA 称为 "垃圾 DNA"，但现在已经可以清晰地认定它们在基因表达中扮演了重要角色。但是其编码效率很低，存在大量的冗余（例如 "ALU" 序列重复出现了很多次），压缩算法可以充分地利用这一特点而进行压缩。

由于基因数据库中已经存储着大量的数据，所以基因数据压缩引起了大家的广泛兴趣。近来的研究表明，应用标准的压缩算法可以去除基因数据中 90% 的冗余信息（例如应用 bit-perfect 算法），参见 Hisahiko Sato 等的 "DNA Data Compression in the Post Genome Era"，《Genome Informatics》12（2001）：512 – 14，网址为 http：//www. jsbi. org/journal/GIW01/GIW01P130. pdf。

这样我们就能够无损地将人类的基因信息压缩至 8000 万字节（这意味着我们能够完美地重新构建 8 亿字节未经压缩的基因组）。

现在来考虑那些不用于蛋白质编码的 98% 的基因组。即便使用标准的压缩算法（使用字典的方法减少基因的冗余），不能编码的 DNA 经压缩后，其数据量将变得很低，这意味着我们可以使用一种算法通过较少的信息而达到相同的功能。由于我们正处于逆向工程基因组的早期阶段，所以不能坚定地认为在保证各项功能的同时减少基因中的数据量。所以我们现在使用 3000 万~1 亿这一范围来表示基因组中信息的数据量。这一范围的上界表示只使用压缩算法而不是为简化算法。

只有部分（尽管是大部分）信息用于构建大脑的设计。

2）另一个合理推断如下，尽管人类基因包含 30 亿碱基，但只有很小的一部分用于编码蛋白质。现在估计大概有 2 万 6 千个基因用于编码蛋白质。如果我们假设那些基因平均有 3 千个碱基对是有效数据，那么它们将等价于 7 800 百万碱基。存储一个 DNA 碱基需要 2bit，这意味着需要 2 000 万字节空间存储所有的信息（7 800 万除以 4）。在一个基因的蛋白质编码序列中，3 个 DNA 碱基对中每个密码子翻译为一个氨基酸。所以共有 4^3（64）种可能的密码子代码，每个均有 3 个 DNA 碱基对构成。但是其中只有 20 个使用了终止密码子（无效氨基酸）。剩余的密码子与 21 个有效密码子等效。而 64 中有效的组合需要 6bit 的存储空间，存储 21 种可能性需要 4.4（$\log_2^{21}$）bit 的信息，这样便节约了 1.6bit 的信息（约为 27%），这样存储信息总量降为 1 500 万字节。同时一些基于重复序列的标准压缩算法在这也是可用的，尽管用于蛋白质编码的 DNA 与垃圾 DNA 相比，其压缩量较小，但是数据总量仍能下降至 1 200 万字节。但是我们需要加上可以控制基因表达的非编码 DNA。虽然这部分 DNA 是由基因组构成的，但它的信息量较少，且拥有大量的信息冗余，估计同样需要 1 200 万字节存储用于蛋白质编码的 DNA，所以我们总共大约需要 2 400 万字节存储表达人类基因。从这个视角来看，3 千万~1 亿字节的数据量的估计是比较高的。

58. 浮点数可以精确地表示连续的值。一个浮点数由两个比特序列构成。"指数"序列表示 2 的幂值，"基数"序列表示分数。增加基数序列中比特的数量，我们便可以增加准确性。

59. Stephen Wolfram 的《A New Kind of Science》（Champaign，Ⅲ.：Wolfram Media，2002）。

60. 关于数字物理理论的早期工作也是由 Frederick W. Kantor 发表的，《Information Mechanics》（New York：John Wiley and Sons，1977）。Kantor 的论文可以从以下链接找到：http：// w3. execnet. com/kantor/pm00. htm（1997）；http：//w3. execnet. com/kantor/1b2p. htm（l989）和 http：//w3. execnet. com/kantor/ipoim. htm（l982）. http：//www. kx. com/listbox/k/msg05621. html。

61. Konrad Zuse 的 "Rechnender Raum"，《Elektronische Datenverarbeitung》，1967。Konrad Zuse 的由细胞组成的基于自动化的宇宙在 2 年后发表，《Rechnender Raum, Schriften zur Datenverarbeitung》（Braunschweig, Germany：Friedrich Vieweg & Sohn, 1969）。英文翻译版：《Calculating Space》，MIT Technical Translation AZT-70-164-GEMIT，1970 年 2 月。MIT Project MAC，Cambridge，MA 02139. PDF。

62. Edward Fredkin 引自 Robert Wright 的 "Did the Universe Just Happen？"《Atlantic Month-

ly》，1988 年 4 月，网址为 http：//digitalphysics. org/Publications/Wri88a/html。

　　63. 同上。

　　64. Fredkin 的很多结果源于他对计算模型的研究，这些模型明确地表达了物理学的基本原则。参见 Edward Fredkin 和 Tommaso Toffoli 的经典文章："Conservative Logic"，《International Journal of Theoretical Physics》21. 3－4（l982）：219－53，网址为 http：//www. digitalphilosophy. org/download_documents/ConservativeLogic. pdf。与 Fredkin 的文章相似的内容还可以在 Norman Margolus 中找到，如 "Physics and Computation," Ph. D. thesis, MIT/LCS/TR-415, MIT Laboratory for Computer Science, 1988。

　　65. 在我于 1990 年创作的《The Age of Intelligent Machines》一书中，我讨论了 Norbert Wiener 和 Ed Fredkin 关于信息作为构建物理和其他现实层面内容的基础。

　　通过计算变换的方式表达所有的物理现象的复杂度被认为是一个巨大的挑战，但是 Fredkin 持续地投入努力。在过去的 10 年间 Wolfram 在该领域做出了巨大的努力，但是交流仅限于物理界同样对该主题感兴趣的同仁。Wofram 阐述了他的目标 "并不是一个特殊的终极物理模型"，而是他对 "物理的注释"（本质上说是一个极为重要的挑战），Wolfram 描述 "这样一个模型将会有他所相信的特征"（《A New Kind of Science》，网址为 http：//www. wolframscience. com/nksonline/page-1043c-text）。

　　在《The Age of Intelligent Machines》一书中，我讨论过 "现实的终极本质是模拟还是数字的问题"，并指出 "随着我们对于自然过程和智能过程探究的深入，我们将会发现这一过程的本质通常是模拟信息和数字信息交替的过程"。为了说明该问题，我将讨论声音。在我们的大脑中，音乐可以用耳蜗中数字化的录制神经元来表示不同的频段。在空气和线路中，它又是一种模拟现象。声音在压缩的磁盘中以数字的形式表达，并通过数字电路解码。但是数字电路由带有阈值的晶体管组成，它们又是模拟的扬声器。作为扬声器，晶体管可以操作独立的电子，所以它们又可以被数字化地计算，在更深的层次上，电子从属于模拟的量子场。在更深层次上，Fredkin 和 Wolfram 为这些联系方程提供了理论化的数字（计算的）基础。

　　值得注意的是，一些人在建立物理的数字化理论方面取得了成功，我们将通过实现计算和细胞自动机的链接的方法来检验更深层的机制。也许那些使宇宙正常运行的细胞自动机是更基础的模拟现象，例如晶体管从属于一个阈值，使其完成数字化的操作。这样为物理建立数字化的基础将不会引起哲学上的争论，如现实的终极形态是数字的还是模拟的。尽管如此，建立一个可行的计算模型仍然是一个非凡的成就。

　　那么这种事情发生的可能性有多大？我们可以轻易地建立一种已存在的证据以表明物理的数字化模型是可行的，因此连续方程经常被表达为离散值和离散变换的准确程度。毕竟这是计算的基础性原理。但是连续方程具有根本的复杂性，它将违反爱因斯坦关于事物的声明 "尽可能简单，而不是简单一些"。现实的问题是，我们能否通过使用细胞自动机算法，以更精深的方法来表达基础关系。测试物理学的一种新理论在于是否有能力验证它的预测。需要至少有一种非常重要的方法来验证，这对于以细胞自动机为基础的理论极为重要，因为可预测性的降低是细胞自动机的一个基础性的特征。

　　Wolfram 将宇宙描述为一个巨大的网络节点。这些节点并不存在于 "空间" 中，而是存在于我们能够感知的另外一种空间，该空间是由贯穿网络节点的现象迁移创造的。人可以轻易地通过想象构建为任意所需粒度建立三维网络的方法，以构建用于表达 "朴素" 物理现象的网络。像 "粒子" 和 "波" 这样可以穿越空间的现象被 "细胞滑翔" 所表示，这是每个计算周期网络中的先进模式。"生活"（基于细胞自动机）游戏的爱好者将识别普通的滑翔机现象和多样性的模式，该模式可以平稳地穿越细胞自动机网络。光速是天文计算机的时钟速度，因为滑翔使得每个计算周期推进一个细胞。

爱因斯坦的广义相对论将重力描述为空间本身的扰动，好像我们所处的三维世界是无法看到的四维空间的一种弯曲，它明确地代表着一种模式。我们可以想象四维网络代表着明显的空间弯曲，同样它也代表着三维空间的弯曲。网络在一些区域是密集的，这代表了时空弯曲的等价物。

细胞自动机的概念解释熵（无序度）的增加是有效的（熵的概念蕴含于热力学第二定律中）。我们假设构建宇宙的细胞自动机规则是第四个规则（见正文）——另外宇宙事实上是一个没有活力的地方。Wolfram 主要的观察结果是第四类细胞自动机的快速生产具有很显然的随机性（尽管它具有确定的过程），我们可以通过布朗运动观察到这种随机性，并且其蕴涵于第二定律中。

狭义相对论更难理解。牛顿模型可以与细胞网络简单对应。但是牛顿模型不适用于狭义相对论。在牛顿世界中，如果一辆火车以 80km/h 的速度行驶，在并行的轨道上你驾驶的汽车以 60km/h 的速度行驶，那么火车将以 20km/h 远离你。但是在狭义相对论的世界中，如果你以 3/4 的光速离开地球，对于你来说，光似乎仍以全光速远离你。根据这种看似矛盾的观点，对于两个观察者来说，物体的尺寸和运行的主观时间都依赖于相对速度。这样空间与节点的明确对应将更加复杂。本质上每个观察者都需要它自己的网络。但在狭义相对论中，我们可以从本质上应用相同的变换：从"牛顿"网络到牛顿空间。但是很明显，在狭义相对论中应用这种方法已经无法达到更加简化的结果。

细胞节点所代表的现实有利于理解量子力学中的一些现象。它可以解释量子现象中明显的随机性。例如粒子－反粒子对的突然的随机出现。我们可以在第四类细胞自动机中发现相同类型的随机。尽管是预先确定的，但是第四类细胞自动机是无法预测的（不同于运行细胞自动机），也是随机的。

这并不是一种新的观点。它等价于量子力学公式中的"隐藏变量"，这说明了存在一些变量我们是不能访问的，而这些变量控制了我们所观测到的随机行为。量子力学中隐藏变量的概念与量子力学公式相矛盾。这一概念并不被量子物理学家所接受，因为这需要使用一种特殊的方法并进行大量的假设才能将其论证清楚。但这并不能作为反对这一概念的论据。宇宙的存在本身就需要通过一种非常精确的方式提出很多假设。但是我们正处在这个宇宙中。

一个重要的问题是如何验证隐藏变量理论？如果基于细胞自动机类似的过程，隐藏的变量将是确定的，但也是不可预知的。我们需要找到一些其他方法来揭示这些隐藏变量。

Wolfram 的宇宙网络概念提供了一个潜在的观点以说明量子纠缠和波动函数衰竭现象。其中波动函数衰竭可以追溯粒子模糊不清的属性（如位置），可以从细胞网络的角度来解释现象与观察者之间的交互。作为观察者，我们生存于网络之中。我们从细胞力学中得知两个交互的实体之间不能发生改变，这便是波动函数衰竭的基础。

Wolfram 写道："如果宇宙是一个网络，即便从空间上来说粒子之间距离很远，但彼此仍然被连接在一起。"这解释了近来关于非区域性行为的实验，非区域性行为涉及两个彼此相距很远的"量子纠缠"粒子。爱因斯坦称之为"超距作用"并否认了这个概念，但是近来的实验表明了这个概念的正确性。

一些现象更适于用细胞自动机网络来解释。一些建议看起来是很有说服力的，但是 Wolfram 已经清晰地陈述了，事实上若将物理转变为连续的细胞自动机的系统是难以完成的。

Wolfram 在哲学方面拓展了他的讨论，他"解释"了以自由的现象作为决策是明确的，但又是无法预测的。如果不通过实际的操作过程，将没有办法预测细胞过程的结果，由于没有模拟器能够比宇宙本身运行得更快，所以也就没有办法预测人类的决策。所以即便我们的决策预先确定，但是仍然无法事先预知结果。尽管如此，这仍没有充分地阐明这个概念。就可预测性降低而言，这一观察可以作为大多数物理过程的结果——例如尘埃落地。因此该观点等价于人类关于随机落下的尘埃的自由意愿。当 Wolfram 声明人脑中处理过程"计算等价"于其他的过程（如流体动荡）时，他的这一观点便形成了。

自然界中的一些现象（例如云、海岸线）以重复简单过程为特征，如细胞自动机和分形，但是智能的模式（如人脑）需要进化过程（或者逆向工程这一过程的结果）。智能是一种启发式进化的结果，在我看来，世界上最强大的力量终将超越自然的力量。

总之，Wolfram 宏伟的论述向人们描述了一幅极具吸引力而又被高估的不完整的画面。Wolfram 加入了一个成长中的社区，该社区用于保存信息的模式，而非物质和能量，并认为信息是构建现实的基础。Wolfram 增加了以下知识，即信息模式如何创造我们所经历的世界。我希望与 Wolfram 及其同事共同工作一段时间，使得我们能够为世界构建一个更稳固、更具普适性的视角。

第四类细胞自动机的低预测性构成了一些生物系统复杂性的基础，同时代表了一种重要的生物范式（该范式可通过技术模拟）。它无法解释生物，但却仍然可以解释所有物理现象。如果 Wolfram 或其他人能够成功地以细胞自动机操作及其模式为方法来表达物理世界，那么 Wolfram 的这本书将实至名归。无论如何，我坚信本书是有关本体论的非常重要的一本书。

66. 规则 110 声明在如下提案件中细胞的颜色是白色的：1）该细胞先前的颜色是白色并且邻居细胞是全黑或全白的；2）该细胞先前的颜色是白色并且其邻居细胞一个是白色的一个是黑色的；其他情况下，细胞的颜色都是黑色的。

67. Wolfram，《New Kind of Science》，第 4 页，网址为 http：//www. wolframscience. com/nksonline/page-4-text。

68. 请注意，量子力学的一些解释隐含地说明了世界并不基于明确的规则，并且对于内在的量子范畴的每一次交互都存在着一种内在的量子随机性。

69. 如注释 57 所论述的，未经压缩的人类基因组共含有 60 亿 bit 的信息（数量级为 10^{10} bit），而经过压缩的基因组共含有 3000 万 ~ 1 亿字节的信息。当然其中的一些设计信息被应用于其他习惯。假设将所有的 1 亿字节信息用于设计大脑，那么保守地估计，染色体中用于设计人脑的信息量高达 10^9 bit。我们将讨论对于"个体神经连接层次上的人类记忆"的估计，其中包括成人大脑中"连接模式和神经质浓缩"的 10^{18} bit 的信息。该数值是染色体中用于描述大脑设计所需信息的 1 亿倍（10^9）。这逐渐发生于大脑在与环境交互式时的自我组织。

70. 参见《The Age of Spiritual Machines：When Computers Exceed Human Intelligence》（New York：Viking, 1999），第 30 ~ 33 页，该书的"Disdisorder"和"The Law of Increasing Entropy Versus the Growth of Order"内容中有详细讨论。

71. 通用计算机可以接受来自其他计算的输入，并模拟其他计算。模拟的速度会比较慢。

72. C. Geoffrey Woods 的"Crossing the Midline"，*Science* 304. 5676（2004 年 6 月 4 日）：1455 – 56；Stephen Matthews 的"Early Programming of the Hypothalamo-Pituitary-Adrenal Axis"，*Trends in Endocrinology and Metabolism* 13.9（2002 年 11 月 1 日）：373 – 80；Justin Crowley 和

Lawrence Katz 的 "Early Development of Ocular Dominance Columns", *Science* 290. 5495（2000 年 11 月 17 日）：1321 – 24；Anna Penn 等的 "Competition in the Retinogenicu1ate Patterning Driven by Spontaneous Activity", *Science* 279. 5359（1998 年 3 月 27 日）：2108 – 12。

73. 图灵机有 7 个命令：1）读取磁带，2）向左移动磁带，3）向右移动磁带，4）在磁带上写 0，5）在磁带上写 1，6）跳转到另外的命令，7）停止。

74. 书中最令人印象深刻的分析是，Wolfram 认为只有两种状态 5 种可能颜色的图灵机是一种通用的图灵机。而 40 年来我们认为通用图灵机远比上述的复杂。另一个让人印象深刻的是 Wolfram 证明了 110 规则可以通过合适的软件用于通用计算。当然，如果没有合适的软件，那么通用计算是无法执行任务的。

75. "非"门将两个输入变为一个输出。只有当输入 A 和 B 都是非时，输入才为真。

76. 请见 *The Age of Intelligent Machines* 的 "A nor B：The Basis of Intelligence?"（Cambridge, Mass. ：MIT Press, 1990），网址为 http：//www. KurzweilAl. net/meme/frame. html？m = 12。

77. United Nations Economic and Social Commission for Asia and the Pacific, "Regional Road Map Towards an Information Society in Asia and the Pacific," ST/ESCAP/2283, http：//www. unescap. org/publications/detail. asp？id = 771；Economic and Social Commission for Western Asia, "Regional Profile of the Information Society in Western Asia," October 8, 2003, http：//www. escwa. org. lb/information/publications/ictd/docs/ictd-03-11-e. pdf；John Enger, "Asia in the Global Information Economy：The Rise of Region-States, The Role of Telecommunications," International Conference on Satellite and Cable Television in Chinese and Asian Regions, Communication Arts Research Institute, Fu Ien Catholic University, June 4 – 6, 1996.

78. 参见 "The 3 by 5 Initiative", Fact Sheet 274, 2003 年 12 月，网址为 http：//www. who. int/mediacentre/factsheets/2003/fs274/en/print. html。

79. 1998 年的风险投资（101 亿美元）中，76% 用于技术投资。（PricewaterhouseCoopers news release, "Venture Capital Investments Rise 24 Percent and Set Record at ＄14. 7Billion, PricewaterhouseCoopers Finds," February 16, 1999），1999 年风险投资（320 亿美元）的 90% 用于技术公司（PricewaterhouseCoopers news release, "Venture Funding Explosion Continues：Annual and Quarterly Investment Records Smashed, According to PricewaterhouseCoopers Money Tree National Survey," February 14, 2000）。在高科技衰退的那段时间，风险投资有所下降，但是在 2003 年的第二季度，仅软件公司便获得了近 10 亿美元的投资。1974 年美国制造行业的 42 家公司总共获得 2640 万美元的风险投资（相当于 1992 年 8100 万美元）。参见 Samuel Kortum 和 Josh Lerner 的 "Assessing the Contribution of Venture Capital to Innovation", *RAND Journal of Economics* 31. 4（2000 年冬季）：674 – 92，网址为 http：//econ. bu. edu/kortum/rje＿Winter' 00＿Kortum. pdf。如 Paul Gompers 和 Josh Lerner 所述，"风险投资从 20 世纪 70 年代开始迅速增加"。Gompers 和 Lerner 的 *The Venture Capital Cycle*,（Cambridge, Mass. ：MIT Press, 1999）。请见 Paul Gompers 的 "Venture Capital", *Handbook of Corporate Finance：Empirical Corporate Finance*, 网址为 http：//mba. tuck. dartmouth. edu/pages/faculty/espen. eckbo/PDFs/Handbookpdf/CH11-VentureCapital. pdf。

80. 关于"新经济"技术源于对"旧经济"工业改造的说明请见 Jonathan Rauch 的 "The New Old Economy：Oil, Computers, and the Reinvention of the Earth", *Atlantic Monthly*, 2001 年 1 月 3 日。

81. U. S. Department of Commerce, Bureau of Economic Analysis（ http：//www. bea. doc. gov），请见以下网站，Table 1. 1. 6：http：//www. bea. doc. gov/bealdn/nipaweb/SelectTable. asp? Selected = N。

82. U. S. Department of Commerce, Bureau of Economic Analysis, http：//www. bea. doc. gov. 1920 – 1999 data from：Population Estimates Program, Population Division, U. S. Census Bureau, "Historical National Population Estimates：July 1, 1900 to July I, 1999," http：//www. census. gov/popest/archivesl1990s/popdockest. txt；2000 – 2004 data from http：//www. census. gov/popest/states/tables/NST-EST2004-01. pdf.

83. "The Global Economy：From Recovery to Expansion," Results from *Global Economic Prospects* 2005：*Trade*, *Regionalism and Prosperity*（World Bank, 2004），http：//globaloutlook. worldbank. org/globaloutlook/outside/globalgrowth. aspx；"World Bank：2004 Economic Growth Lifts Millions from Poverty," *Voice of America News*, http：//www. voanews. com/english/2004-11-17-voa41. cfrn.

84. Mark Bils and Peter Klenow, "The Acceleration in Variety Growth," *American Economic Review* 91. 2（May 2001）：274 – 80, http：//www. klenow. com/Acceleration. pdf.

85. 请见注释84、86 和87。

86. U. S. Department of Labor, Bureau of Labor Statistics, 2004 年6 月3 日的新闻报道。可以从以下连接获得该报道：http：//www. bls. gov/bls/productivity. htm。

87. Bureau of Labor Statistics, Major Sector Multifactor Productivity Index, Manufacturing Sector：Output per Hour All Persons（1996 = 100），http：//data. bls. gov/PDQ/outside. jsp? survey = mp（Requires JavaScript：select "Manufacturing," "Output Per Hour All Persons," and starting year 1949），or http：//data. bls. gov/cgi-bin/srgate（use series "MPU300001," "AllYears," and Format 2）.

88. George M. Scalise, Semiconductor Industry Association, in "Luncheon Address：The Industry Perspective on Semiconductors," 2004 *Productivity and Cyclicality in Semiconductors*：*Trends*, *Implications*, *and Questions-Report of a Symposium*（2004）（National Academies Press, 2004），p. 40, http：//www. nap. edu/openbook/0309092744/html/index. html.

89. 数据来自 Kurzweil Applied Intelligence，现在是 ScanSoft（formerly Kurzweil Computer Products）的子公司。

90. eMarketer, "E-Business in 2003：How the Internet Is Transforming Companies, Industries, and the Economy-a Review in Numbers," February 2003；"US B2C E-Commerce to Top ＄90 Billion in 2003," April 30, 2003, http：//www. emarketer. com/Article. aspx? 1002207；and "Worldwide B2B E-Commerce to Surpass ＄1 Trillion By Year's End," March 19, 2003, http：//www. emarketer. com/Article. aspx? 1002125.

91. IT 经济分享能力的增倍时间为 23 年。U. S. Department of Commerce, Economics and Statistics Administration, "The Emerging Digital Economy"，表 2，网址为 http：//www. technology. gov/digeconomy/emerging. htm。

92. 美国教育支出增倍时间 23 年。National Center for Education Statistics, Digest of Education Statistics, 2002，网址为 http：//nces. ed. gov/pubs2003/digest02/tables/dt030. asp。

93. The United Nations 预测 2000 年全球资本市场总额为 37 万亿美元。United Nations, "Global Finance Profile"，《Report of the High-Level Panel of Financing for Development》，2001 年6

月，网址为 http：//www. un. org/reports/financing/profile. htm。

如果我们能够感知未来的增长速率将以每年2%的速率增加（与当前的预期相比），考虑到每年的折扣率（与当前对比）为6%，考虑到当前价值的增加源于仅仅20年来以复利和折扣来计算未来的增长，那么其价值将变为原来的3倍。随后的内容指出，这种分析并没有考虑折扣率的增加，该折扣率源于对未来增长的一种感知。

第3章　达到人脑的计算能力

1. Gordon E. Moore, "Cramming More Components onto Integrated Circuits," *Electronics* 38. 8 (April 19, 1965)：114 – 17, ftp：//download. intel. com/research/silicon/moorespaper. pdf.

2. 摩尔在1965年发表文章预测组件的数量每年会翻一番，在1975年，它将这一数字修订为每两年翻一番。然而，由于组件越小的运行速度越快（因为电子运行距离变小），性价比每两年不止是翻两番，所以整体的价格与功效比（每个晶体管周期的花费）每13个月下降一半。

3. Paolo Gargini quoted in Ann Steffora Mutschler, "Moore's Law Here to Stay," ElectronicsWeekly. com, July 14, 2004, http：//www. electronicsweekly. co. uk/articles/ article. asp? liArticleID = 36829. See also Tom Krazit, "Intel Prepares for Next 20 Years of Chip Making," *Computerworld*, October 25, 2004, http：//www. computer world. com/hardwaretopics/hardware/story/0, 10801, 96917, 00. html.

4. Michael Kanellos, "'High-rise' Chips Sneak on Market," CNET News. com, July 13, 2004, http：//zdnet. com. com/2100 – 1103 – 5267738. html.

5. Benjamin Fulford, "Chipmakers Are Running Out of Room：The Answer Might Lie in 3-D," Forbes. com, July 22, 2002, http：//www. forbes. com/forbes/2002/0722/173_print. html.

6. NTT新闻稿, "Three-Dimensional Nanofabrication Using Electron Beam Lithography", 2004年2月2日，网址为 http：//www. ntt. co. jp/news/news04e/0402/040202. html。

7. László Forró 和 Christian Schonenberger, "Carbon Nanotubes, Materials for the Future", *Europhysics News* 32. 3 (2001), http：//www. europhysicsnews. com/full/09/article3/article3. html。还可见 http：//www. research. ibm. com/nanoscience/nanotubes，该网页将展示纳米管的全貌。

8. Michael Bernstein, 美国化学会通信稿, "High-Speed Nanotube Transistors Could Lead to Better Cell Phones, Faster Computers", 2004年4月27日，网址为 http：//www. eurekalert. org/pub_releases/2004- 04/acs-nt042704. php。

9. 我估计一个基于纳米管、支持电路和连接需要大约10纳米的立方体（晶体管将是其一小部分）或 10^3 立方纳米，这是个保守估计，因为单壁纳米管的直径仅仅是1纳米，1英尺 = 2. 54cm = $2. 54 \times 10^7$ ns，这样，1立方英尺 = $2. 54^3 \times 10^{21} = 1. 6 \times 10^{22}$ 立方纳米。所以，1英尺的立方体可以提供 $1. 6 \times 10^{19}$ 个晶体管。由于每一个计算机需要大约 10^7 个晶体管（它们比可以在人类神经元连接间进行计算的装置更加复杂），我们可以支持 10^{12} （1万亿）次的平行计算。

基于纳米晶体管的计算机每秒进行 10^{12} 次计算（基于 Burke 的估计），这使得我们可以估计出一英寸见方的纳米电路的速度为 10^{24} ，也可见 Bernstein 的 "High-Speed Nanotube Transistors"。

经估计，人类大脑的功能模拟（可见第3章后面的讨论）需要 10^{16} cps，这给了我们1亿（10^8）的人脑当量。如果我们使用更加保守的估计，只取模拟神经形态（模拟每一个在神经组成部分的非线性连接，可见第 3 章后面的讨论）所需的 10^{19} cps 的估计，一个一英尺见方的纳米管电力将仅仅可以提供 10 万人脑当量。

10. "仅仅在四年前，我们才第一次测量了电子通过一个纳米管的传输，而现在，我们根据单分子设备探索什么该做以及什么不该做。下一步我们就将思考如何将这些元素整合在一起以形成一个复杂的电路。"Henk W. Ch. Postma 他们中的一个作者 Cees Dekker，"Carbon Nanotube Single-Electron Transistors at Room Temperature"，*Science* 293. 5527（2001 年 7 月 6 日）：76 – 129，可见美国科学促进协会新闻稿 "Nano-transistor Switches with Just One Electron May Be Ideal for Molecular Computers, Science Study Shows"，网址为 http：//www. eurekalert. org/pub_releases/2001-07/aaft-nsw062901. php。

11. IBM 研究员解决了纳米晶体管制造的问题。当加热炭黑来制造导管时，大量不能用的金属管也随着适合做晶体管的半导体管一起生产出来。之后对这两种纳米管的电路使用电气脉冲来破坏不适合的纳米管——这种方法比通过原子力显微镜挑选适合的纳米管更有效，Mark K. Anderson，"Mega Steps Toward the Nanochip," *Wired News*，2001 年 4 月 27 日，网址为 http：//www. wired. com/news/technology/0, 1282, 43324, 00. html，也可参阅 Philip G. Collins、Michael S. Arnold 和 Phaedon Avouris，"Engineering Carbon Nanotubes and Nanotube Circuits Using Electrical Breakdown," *Science* 292. 5517（2001 年 4 月 27 日）：706 – 9。

12. 一个在原子级别上像滚制的细铁丝网围栏一样的纳米管，比人类的头发要细成千上万倍，然而它却非常牢固。该消息来自美国加州大学伯克利分校的新闻发布会，"Researchers Create First Ever Integrated Silicon Circuit with Nanotube Transistors," 2004 年 1 月 5 日，网址为 http：//www. berkeley. edu/news/media/releases/2004/01/05_nano. shtml，参阅 Yu-Chih Tseng 等，"Monolithic Integration of Carbon Nanotube Devices with Silicon MOS Technology," *Nano Letters* 4. 1（2004）：123 – 27，网址为 http：//pubs. acs. org/cgi-bin/sample. cgi/nalefd/2004/4/i01/pdf/nl0349707. pdf。

13. R. Colin Johnson，"IBM Nanotubes May Enable Molecular-Scale Chips," *EETimes*，April 26, 2001，http：//eetimes. com/article/showArticle. jhtml? articleId = 10807704。

14. Avi Aviram 和 Mark A. Ratner，"Molecular Rectifiers," *Chemical Physics Letters*（November 15, 1974）：277 – 83，根据 Charles M. Lieber，"The Incredible Shrinking Circuit," *Scientific American*（2001 年 9 月），网址为 http：//www. sciam. com 和 http：//www-mcg. uni-r. de/downloads/lieber. pdf。Aviram 和 Ratner 描述的单分子整流器可以在任一方向优先流行。

15. Will Knight，"Single Atom Memory Device Stores Data," NewScientist. com，September 10, 2002，http：//www. newscientist. com/news/news. jsp? id = ns99992775，referring to R. Bennewitz et al. ，"Atomic Scale Memory at a Silicon Surface," Nanotechnology 13（July 4, 2002）：499 – 502。

16. 他们的晶体管由磷化铟和砷化镓制造而成，可见伊利诺斯大学的新闻稿："Illinois Researchers Create World's Fastest Transistor-Again"，网址为 http：//www. eurekalert. org/pub_ releases/2003-11/uoia-irc110703. php。

17. Michael R. Diehl 以及其他人，"Self-Assembled Deterministic Carbon Nanotube Wiring Networks"，*Angewandte Chemie International Edition* 41. 2（2002）：353 – 56；C. P. Collier 以及其他人，"Electronically Configurable Molecular- Based Logic Gates," *Science* 285. 5426（1999 年 7 月）：391 – 94。可见：http：//www. its. caltech. edu/ ~ heathgrp/papers/Paperfiles/2002/diehlangchemint. pdf 和 http：//www. cs. duke. edu/ ~ thl/papers/Heath. Switch. pdf。

18. 这些由 Purdue 小组设计的"花环纳米管"包括碳、氮、氢和氧元素，这个环是自组装的，因为它们内部是疏水性的，而其外部是吸水性的，因此，为了在水中保护它们的内部结构，根据这个小组的领导研究员 Hicham Fenniri 的说法，"这些环堆叠成纳米管。花环纳米管的物理和化学属性现在可以通过一个新颖的好方法来修改"。R. Colin Johnson, "Purdue Researchers Build Made-to-Order Nanotubes," *EETimes*, 2002 年 10 月 24 日，网址为 http://www. eetimes. com/article/showArticle. jhtml? articleId = 18307660；H. Fenniri 等，" Entropically Driven Self-Assembly of Multichannel Rosette Nanotubes," *Proceedings of the National Academy of Sciences* 99, suppl. 2 (2002 年 4 月 30 日): 6487 – 92；Purdue news release, "Adaptable Nanotubes Make Way for Custom-Built Structures, Wires", 网址为 http://news. uns. purdue. edu/UNS/html4ever/020311. Fenniri. scaffold. html. 荷兰的科学家做了类似的工作：Gaia Vince, "Nano-Transistor Self-Assembles Using Biology", NewScientist. com, 2003 年 11 月 20 日，网址为 http://www. newscientist. com/news/news. jsp? id = ns99994406。

19. Liz Kalaugher, "Lithography Makes a Connection for Nanowire Devices", 2004 年 6 月 9 日，网址为 http://www. nanotechweb. org/articles/news/3/6/6/1, 参阅 Song Jin 等，"Scalable Interconnection and Integration of Nanowire Devices Without Registration," *Nano Letters* 4. 5 (2004): 915 – 19。

20. Chao Li et al. , "Multilevel Memory Based on Molecular Devices," *Applied Physics Letters* 84. 11 (March 15, 2004): 1949 – 51. Also see http://www. technologyreview. com/articles/rnb_051304. asp? p = 1. Also see http://nanolab. usc. edu/PDF%5CAPL84 – 1949. pdf.

21. Gary Stix, "Nano Patterning," *Scientific American* (February 9, 2004), http://www. sciam. com/print_version. cfm? articleID = 000170D6-C99F-l01E-861F83414B7F0000；Michael Kanellos, "IBM Gets Chip Circuits to Draw Themselves," CNET News. com, http://zdnet. com/2100 – 1103 – 5114066. html. Also see http://www. nanopolis. net/news _ ind. php? type_id = 3.

22. IBM 在做可以根据需要自动重新配置的芯片，例如通过增加存储量或加速器。IBM 的系统和技术组的首席技术专家 Bernard Meyerson 说："未来，你拥有的芯片可能不是你所买到的那个。"来自于 IBM 新闻稿："IBM Plans Industry's First Openly Customizable Microprocessor", 网址为 http://www. ibm. com/investor/press/mar-2004/31-03-04-1. phtml。

23. BBC News, "'Nanowire' Breakthrough Hailed", 2003 年 4 月 1 日，网址为 http://news. bbc. co. uk/1/hi/sci/tech/2906621. stm。发行的文章由 Thomas Scheibel 等撰写，"Conducting Nanowires Built by Controlled Self-Assembly of Amyloid Fibers and Selective Metal Deposition," *Proceedings of the National Academy of Sciences* 100. 8 (2003 年 4 月 15 日): 4527 – 32, 2003 年 4 月 2 日在线发布，网址为 http://www. pnas. org/cgi/content/full/100/8/4527。

24. 杜克大学新闻稿，"Duke Scientists 'Program' DNA Molecules to Self Assemble into Patterned Nanostructures," 网址为 http://www. eurekalert. org/pub _ releases/2003-09/du-ds092403. php , 参阅 Hao Yan 等撰写的 "DNA-Templated Self-Assembly of Protein Arrays and Highly Conductive Nanowires", *Science* 301. 5641 (September 26, 2003): 1882 – 84. 也可见 http://www. phy. duke. edu/ ~ gleb/Pdf_FILES/DNA_science. pdf。

25. 出处同上。

26. 这里有一个例子，它可以解决所谓的旅行商问题的过程。我们努力去为一个假想的旅行商寻找一个最优路径，这个旅行商要在很多城市之间进行访问，而且每个城市只能访问一次。所以不能直接地发现最适合的路径。为了解决这一问题，南加利福尼亚大学的数学家 Leonard Adleman 进行了以下步骤：

1）用一段小的 DNA 序列对每个城市进行编码。

2）使用 PCR 将每一个序列（每一个对应一个城市）复制万亿倍。

3）下一步，将这些 DNA 集合（每一个对应一个城市）都放进试管里。这一步利用 DNA 之间的密切关系来使各个序列连接在一起。稍长些的序列将自动排列。每一个序列代表一条可能的城市路径。这些小的序列代表每一个城市随机的连接在一起，所以不能在数学上确定哪一条连接代表正确的答案（城市序列）。然而，这些序列的数量是如此之大以致几乎可以确定至少有一个序列——也可能是几百万的——将排列成正确的答案。

再下一步是利用特别设计的酶来剔除数万亿的不正确序列，只保留能代表正确答案的序列：4。使用成为"引物"的分子来破坏那些不是从初始城市开始的 DNA 序列，还有那些不以结束城市结束的 DNA 序列，然后就是使用 PCR 将重复的序列予以剔除。

4）使用酶反应来剔除那些旅行路径比城市总数还多的 DNA 序列。

5）使用酶反应来破坏那些不包含城市 1 的序列，然后依此类推，将不包含城市 i（i = 2，3，4……）的序列予以剔除。

6）现在，每一个剩余的序列都已经可以表示一个正确的答案，（使用 PCR）复制这些剩余的序列，这样可以知道有数十亿的序列。

7）使用电泳法技术，读出这些正确的 DNA 序列（以组为单位）。这些读出的序列像一堆不同的线，它们代表正确的城市序列。

可见 L. M. Adleman, "Molecular Computation of Solutions to Combinatorial Problems", *Science* 266（1994）：1021 - 24。

27. Charles Choi, "DNA Computer Sets Guinness Record," http：//www. upi. com/view. cfm? StoryID = 20030224-045551-7398r。也可见 Y。Benenson 等，"DNA Molecule Provides a Computing Machine with Both Data and Fuel", *Proceedings of the National Academy of Sciences* 100. 5（2003 年 3 月 4 日）：2191 - 96，可见 http：//www. pubmedcentral. nih. gov/articlerender. fcgi? tool = pubmed&pubmedid = 12601148；Y. Benenson 等，"An Autonomous Molecular Computer for Logical Control of Gene Expression", Nature 429. 6990（2004 年 5 月 27 日）：423 - 29（2004 年 4 月 28 日在线发布），可见 http：//www. wisdom. weizmann. ac. il/ ~ udi/ShapiroNature2004. pdf。

28. 斯坦福大学新闻稿，"'Spintronics' Could Enable a New Generation of Electronic Devices, Physicists Say", 网址为 http：//www. eurekalert. org/pub_releases/2003-08/su-ce080803. php, 参阅 Shuichi Murakami、Naoto Nagaosa 和 Shou-Cheng Zhang, "Dissipationless Quantum Spin Current at Room Temperature," *Science* 301. 5638（2003 年 9 月 5 日）：1348 - 51。

29. Celeste Biever, "Silicon-Based Magnets Boost Spintronics," NewScientist. com, March 22, 2004, http：//www. newscientist. com/news/news. jsp? id = ns99994801, referring to Steve Pearton, "Silicon-Based Spintronics," *Nature Materials* 3. 4（April 2004）：203 - 4.

30. Will Knight, "Digital Image Stored in Single Molecule," NewScientist. com, December 1, 2002, http：//www. newscientist. com/news/news. jsp? id = ns99993129, referring to Anatoly K. Khitrin, Vladimir L. Ermakov, and B. M. Fung, "Nuclear Magnetic Resonance Molecular Photography," Journal of Chemical Physics 117. 15（October 15, 2002）：6903 - 5.

31. 路透社，"Processing at the Speed of Light," *Wired News*，http：//www. wired. com/news/technology/0，1282，61009，00. html。

32. 到目前为止，根据 RSA 安全协议，因式分解的最大数值有 521 位。

33. Stephan Gulde 等，"Implementation of the Deutsch-Iozsa Algorithm on an Ion-Trap Quantum Computer," *Nature* 421（2003 年 1 月 2 日）：48 – 50，可见 http：//heart-c704. uibk. ac. at/Papers/Nature03-Gulde. pdf。

34. 既然我们现在计算的性价比每年翻一番，增加 1000 倍需要增加 10 倍或需要 10 年。但我们正（缓慢地）减少它自身的倍增时间，所以实际的数字是 8 年。

35. 每个随后的千倍增长都是以一个很高的速率进行的，可见上一条注释。

36. Hans Moravec，"Rise of the Robots," *Scientific American*（December 1999）：124 – 35，http：//www. sciam. com 和 http：//www. frc. ri. cmu. edu/ ~ hpm/project. archive/robot. papers/1999/SciAm. scan. html. Moravec 是卡内基·梅隆大学机器人研究所的一名教授。它的移动式遥控装置实验室在研发怎么使用摄像机、声波和其他传感器来使机器人拥有 3D 空间认知。在 20 世纪 90 年代，他描述了一连串的机器人时代，"这些时代本质上在非常规的方法上是属于我们下一代的。最后，我想他们只属于它们自己而且它们做的事情我们也很难去想象和理解——你知道，仅仅是小孩才这么做。"（Nova 对 Hans Moravec 的在线采访，1997 年 10 月，http：//www. pbs. org/wgbh/nova/robots/Moravec. html）。他写的 *Mind Children：The Future of Robot and Human Intelligence and Robot：Mere Machine to Transcendent Mind* 探索了现代和将来机器人时代的能力。

信息披露：这位作者是一名投资商，是 Moravec 机器人公司的董事会成员。

37. 虽然 Moravec 使用的每秒执行的指令和每秒执行的计算都有细微不同的内容，但是它们的目的足够相似。Moravec 开发了不受生物模型支配的机器人视觉的数学技术。但是，这些相似点（在 Moravec 的算法和生物活动之间）在事后会被记下。从功能上来说，Moravec 的计算指令重新改造那些在神经区域完成的部分，所以基于 Moravec 算法的计算估计适合于决定什么是达到功能等价变换需要的。

38. Lloyd Watts，"Event-Driven Simulation of Networks of Spiking Neurons," seventh Neural Information Processing Systems Foundation Conference，1993；LloydWatts，"The Mode-Coupling Liouville-Green Approximation for a Two-Dimensional Cochlear Model," *Journal of the Acoustical Society of America* 108. 5（November 2000）：2266 – 71。Watts 是 Audience 公司的创始人，这家公司致力于模拟听觉系统区域的功能来实现声音处理的应用，包括创造一种方法将声音进行预处理，以便自动进行语音识别。更多信息可以参见：http：//www. lloydwatts. com/ neuroscience. shtml。

信息披露：该作者是 Audience 公司的顾问。

39. 美国专利申请，20030095667，美国专利局，2003 年 5 月 22 日。

40. 目前，美敦力公司的迷你闭环人工胰腺已经在人体临床试验中取得了令人鼓舞的成果。该公司宣布，该装置将在未来 5 年内上市。援引自美敦力公司新闻稿，"Medtronic Supports Juvenile Diabetes Research Foundation's Recognition of Artificial Pancreas as a Potential 'Cure' for Diabetes，" 2004 年 3 月 23 日，网址为 http：//www. medtronic. com/newsroom/news_2004323a. html。这种装置需要一个葡萄糖测定仪、一个胰岛素泵，还需要一个来监测胰岛素水平的反馈机制（国际医院联盟），"Progress in Artificial Pancreas Development for Treating Diabetes"，"针对糖尿病治疗的人工胰腺的研究进展"，网址为 http：//www. hospitalmanagement. net/

informer/technology/tech10）。Roche（罗氏）公司也于 2007 年加入到了人工胰腺生产的竞争行列中。可见 http：//www. roche. com/pages/downloads/science/pdf/rtdcmannh02-6. pdf.

　　41. 人们已经创造了许多基于单个神经元和内部连接的模型和模拟仿真。Tomaso Poggio 写道："对神经元的一种看法是：它更像是一个具有上千逻辑门等价物的芯片，而不是单个阈元件。"Tomaso Poggio 是 Ray Kurzweil 的私人助手，2005 年 1 月。

　　也可见 T. Poggio 和 C. Koch 的 "Synapses That Compute Motion," *Scientific American* 256 (1987)：46 - 52。

　　C. Koch and T. Poggio, "Biophysics of Computational Systems：Neurons, Synapses, and Membranes," in *Synaptic Function*, G. M. Edelman, W. E. Gall, and W. M. Cowan, eds.（New York：John Wiley and Sons, 1987), pp. 637 - 97.

　　宾夕法尼亚大学的神经工程研究实验室创建了另一个精细的神经元级的模型仿真装置的集合，这是基于在神经元水平上的大脑功能逆向工程的。实验室负责人 Leif Finkel 博士说："现在我们正在建造一个细胞级的视觉皮质模型，这是一个非常精细的计算机模拟仿真，至少能反映出真正神经元基本操作的精度。（我的同事 Kwabena Boahen）有一个芯片可以精确地模拟视网膜，还可以产生穗状输入，与真正的视网膜非常接近。"可见 http：//nanodot. org/article. pl? sid = 0l/12/18/1552221。

　　结合这些和其他神经元级的模型和模拟仿真显示，每个神经元的事务（单程事务，包括信号传输和单个树突的重置）需要大约 10^3 的计算能力，这是理论上的一个上限，大多数的模拟仿真用到的都比这些少。

　　42. 蓝色基因计划（Blue Gene/L），是蓝色基因计算机的第二代，是在 2001 年年底公布的。新的超级计算机会比现在的计算机快 15 倍，而每一个只有现在计算机大小的 1/20，它正在由美国国家核安全局的 Livermore 国家实验室以及 IBM 共同开发。在 2002 年，IBM 宣告，已经选择开源的 Linux 来作为新的超级计算机的操作系统。到 2003 年 7 月，超级计算机的处理器芯片颇具创新色彩，它是芯片上的完整系统，目前已经投入生产。"蓝色基因计划是片上系统概念的典型，90% 以上的这种芯片是按照我们的技术库的标准开发的。"这是根据该项目（Timothy Morgan, "IBM's Blue Gene/L Shows Off Minimalist Server Design," *The Four Hundred*, http：//www. midrangeserver. com/tfh/tfh120103- story05. html）的一个管理者 Paul Coteus 的说法。截止到 2004 年，蓝色基因原型系统第一次进入超级计算机前十的名单中，IBM 新闻稿，"IBM Surges Past HP to Lead in Global Supercomputing," 网址为 http：//www. research. ibm. com/bluegene。

　　43. 这种网络协议称为点对点、多对多和"多次反射"，其中，网络间的点可以与其他点或其他子集进行连接，而且从网状节点到每个目的节点之间会有很多路径，这些网络的适应性强，而且是自组织的。"网状网络没有中心协调设备，相反的是，每个节点是为无线电通信装置提供的，并担当其他节点的中继点。"Sebastian Rupley, "Wireless：Mesh Networks," *PC Magazine*, 2003 年 7 月 1 日, http：//www. pcmag. com/article2/0, 1759, 1139094, 00. asp；Robert Poor, "Wireless Mesh Networks", Sensors Online, 2003 年 2 月, http：//www. sensorsmag. com/articles/0203/38/main. shtml；Tomas Krag 和 Sebastian Buettrich, "Wireless Mesh Networking," O'Reilly Wireless DevCenter, 2004 年 1 月 22 日, http：//www. oreillynet. com/pub/a/wirelessl2004/01/22/wirelessmesh. html。

　　44. Carver Mead 创办了超过 25 个公司，并掌握其中 50% 以上的股份，他是神经形态工程学系统领域的先驱，也是大脑和神经系统电路模拟的先锋。可见 Carver A. Mead，"Neuromorphic Electronic Systems," *IEEE Proceedings* 78. 10（October 1990）：1629 – 36. "Neuromorphic Electronic Systems," *IEEE Proceedings* 78. 10（October 1990）：1629 – 36。他的工作引领了计算机触摸板和数字助听器耳蜗状芯片的发展，他 1999 年创办的公司 Foveon 开发了模仿电影属性的图像模拟传感器。

45. Edward Fredkin, "A Physicist's Model of Computation," *Proceedings of the Twenty-sixth Recontre de Moriond*, *Texts of Fundamental Symmetries*（1991）：283 – 97，http：//digitalphilosophy. org/physicists_model. htm.

46. Gene Frantz, "Digital Signal Processing Trends," *IEEE Micro* 20. 6（November/December 2000）：52 – 59，http：//csdl. computer. org/comp/mags/mi/2000/06/m6052abs. htm.

47. 2004 年，Intel 宣告在到达由越来越快的单处理器的散热所导致的"热墙"（或"力墙"）之后，将通过"右转弯"向双核（在一个芯片中有多于一个的处理器）架构变换。网址为 http：//www. intel. com/employee/retiree/circuit/righthandturn. htm。

48. R. Landauer, "Irreversibility and Heat Generation in the Computing Process," *IBM Journal of Research Development* 5（1961）：183 – 91，http：//www. research. ibm. com/journal/rd/053/ibmrd0503C. pdf.

49. Charles H. Bennett, "Logical Reversibility of Computation," *IBM Journal of Research Development* 17（1973）：525 – 32，http：//www. research. ibm. com/journal/rd/176/ibmrd1706G. pdf；CHARLES H. Bennett, "The Thermodynamics of Computation-a Review," *International Journal of Theoretical Physics* 21（1982）：905 – 40；CHARLES H. Bennett, "Demons, Engines, and the Second Law," Scientific American 257（November 1987）：108 – 16.

50. Edward Fredkin and Tommaso Toffoli, "Conservative Logic," *International Journal of Theoretical Physics* 21（1982）：219 – 53，http：//digitalphilosophy. org/download_documents/ConservativeLogic. pdf.

Edward Fredkin, "A Physicist's Model of Computation," *Proceedings of the Twenty-sixth Recontre de Moriond*, *Tests of Fundamental Symmetries*（1991）：283 – 97，http：//www. digitalphilosophy. org/physicists_model. htm.

51. Knight, "Digital Image Stored in Single Molecule," referring to Khitrin et al. , "Nuclear Magnetic Resonance Molecular Photography"；可见注释 30。

52. 十亿（10^{10}）人，每个人为 10^{19} cps，所以所有人总共为 10^{29} cps；10^{42} cps 比这个大 10^{13} 倍。

53. Fredkin, "Physicist's Model of Computation"；可见注释 45 和 50。

54. 两个这样的门是 Interaction（交互）门，是两个输入、四个输出的通用可逆逻辑门

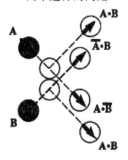

而 Feynman（费曼）门是两个输入、三个输出的通用可逆逻辑门。

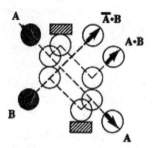

两张图片都出自以上出处。

55. 出处同上。

56. C. 1. Seitz et al. , "Hot-Clock nMOS," *Proceedings of the* 1985 *Chapel Hill Conference on VLSI* （Rockville, Md. : Computer Science Press, 1985）, pp. 1 – 17, http：//caltechcstr. library. caltech. edu/archive/00000365；Ralph C. Merkle, "Reversible Electronic Logic Using Switches," *Nanotechnology* 4 （1993）: 21 – 40；S. G. Younis and T. F. Knight, "Practical Implementation of Charge Recovering Asymptotic Zero Power CMOS," *Proceedings of the* 1993 *Symposium on Integrated Systems* （Cambridge, Mass. : MIT Press, 1993）, pp. 234 – 50.

57. Hiawatha Bray, "Your Next Battery," *Boston Globe*, November 24, 2003, http：//www. boston. com/business/technology/articles/2003/11/24/your_next_battery.

58. 1962 年，Hans J. Bremermann 进行了计算极限的早期工作：Hans J. Bremermann, "Optimization Through Evolution and Recombination," in M. C. Yovits, C. T. Jacobi, c. D. Goldstein 等, *Self-Organizing Systems* （Washington, nc. Spartan Books, 1962），第 93 页到 106 页 . 1984 年，Robert A. Freitas Jr. 以 Bremermann 的工作为基础编写了 "Xenopsychology," *Analog* 104 （April 1984）: 41 – 53, http：//www. rfreitas. com/Astro/Xenopsychology. htm#SentienceQuotient。

59. $\pi \times$ 最大能量 （10^{17} kg $\times$ meter^2 $\times$ second^2）/（6.6×10^{-34}）焦耳/秒 $\approx 5 \times 10^{50}$ 操作/秒。

60. 5×10^{50} cps 相当于 5×10^{21} （50 万亿亿）人类的文明 （每人需要 10^{29} cps）。

61. 100 亿 （10^{10}） 人类，每个人为 10^{16} cps，人类文明总共为 10^{26} cps，因此 5×10^{50} cps 相当于 5×10^{24} （5 亿亿亿）的人类文明。

62. 这个估计是保守估计，在过去 1 万年间，已经有 100 亿人类，但是显然并未如此。人类的实际数量已经在逐步地增长，在 2000 年达到 61 亿。一年有 3×10^7 秒，1 万年就有 3×10^{11} 秒。所以，使用 10^{26} cps 作为人类文明的估计值，人类的思想在过年 1 万年间仅仅等价于 3×10^{37} 的计算量。最终的笔记本电脑每秒执行 5×10^{50} 的计算量，所以模拟 100 亿人 1 万年间的思想将会需要 10^{-13} 秒，即万分之一纳秒。

63. Anders Sandberg, "The Physics of the Information Processing Superobjects：Daily Life Among the Jupiter Brains," *Journal of Evolution & Technology* 5 （December 22, 1999）, http：//www. transhumanist. com/volume5/Brains2. pdf.

64. 可见注释 62；10^{42} cps 是 10^{50} cps 的 10^8 分之一，所以 1 万分之一纳秒相当于现在 10 毫秒。

65. 可见 http：//e-drexler. com/p/04/04/0330drexPubs. html，这上面有 Drexler 的出版物和专利列表。

66. 在 10^{12} 美元和每千美元 10^{26} cps 的速率下，我们将在 21 世纪 40 年代中期达到 10^{35} cps。如果按每个人的计算能力为 10^{26} cps 算，这将需要 10^9 个人（100 亿）。

67. 1984 年，Robert A. Freitas 提出了基于计算能力系统的"感商"（SQ）对数刻度。度量的范围从 -70 到 50，人类大脑结果是 13，Cray Ⅰ 号超级计算机是 9。Freitas 的感商是基于单位质量的计算量的。一个算法简单的非常快的计算机将有一个很高的 SQ。我在本章描述的计算测量是基于 Freitas 的 SQ 概念，而且尝试顾及计算的有效性，所以，如果一个简单的计算机等价于实际上正在运行的计算机，那么我们将以这个等价的（简单）计算机的计算效率为基准。在我的测量标准里，计算需要具备"有效性"。Robert A. Freitas Jr., "Xenopsychology," Analog 104（1984 年 4 月）：41 – 53，网址为 http：//www. rfreitas. comfAstro/Xeno psychology. htm #SentienceQuotient。

68. 作为一个有趣的花边，在小石头上雕刻，这事实上就是计算存储的最早形式。大约在公元前 3000 年发展起来的楔形文字是一种最早形式的书面语，使用图形标记在石头上存储信息。农业记录像在石头上存储图形标记一样存储在文件盘上，并以行列形式进行组织。这些标记的石头实际上是第一份电子表格，这样一份象形石头记录是历史记录计算机的有价值的人工制品。

69. 1000（10^3）bit 是石头中一个原子储存信息理论能力（大约 10^{27} bit）的 10^{24} 分之一。

70. 1cps（100cps）是石头中一个原子储存信息理论上计算能力（大约 10^{42} cps）的 10^{42} 分之一。

71. Edgar Buckingham, "Jet Propulsion for Airplanes," NACA report no. 159, in *Ninth Annual Report of NACA*-1923 (Washington, D. C.: NACA, 1924), pp. 75 – 90. See http://naca. larc. nasa. gov/reports/1924/naca-report-159/.

72. Belle Dume, "Microscopy Moves to the Picoscale," *PhysicsWeb*, June 10, 2004, http://physicsweb. org/artide/news/8/6/6, referring to Stefan Hembacher, Franz J. Giessibl, and Iochen-Mannhart, "Force Microscopy with Light-Atom Probes," Science 305. 5682 (July 16, 2004): 380 – 83. 这种新的"高次谐波"原子力显微镜是由奥格斯堡大学的物理学家发明的，他们使用单碳原子作为探头，而且至少比传统的扫描式隧道显微镜的分辨率高 3 倍。工作原理：作为探头的钨针尖以纳米级的振幅进行震荡，顶部的原子核和碳原子之间的相互作用在潜在的正弦波动曲线上产生了更高的谐波分量。科学家测算了这些信号以获取超顶部原子超高分辨率的图像，从而展示关键特征只有 77 皮米（千分之一纳米）。

73. Henry Fountain, "New Detector May Test Heisenberg's Uncertainty Principle," *New York Times*, July 22, 2003.

74. Mitch Jacoby, "Electron Moves in Attoseconds," *Chemical and Engineering News* 82. 25 (June 21, 2004): 5, referring to Peter Abbamonte et al., "Imaging Density Disturbances in Water with a 41. 3-Attosecond Time Resolution," *Physical Review Letters* 92. 23 (June 11, 2004): 237 – 401.

75. S. K. Lamoreaux and 1. R. Torgerson, "Neutron Moderation in the Oklo Natural Reactor and the Time Variation of Alpha," *Physical Review* D 69 (2004): 121701 – 6, http://scitation. aip. org/getabs/servlet/GetabsServlet? prog = normal&id = PRVDAQ0000690001212170100001 &idtype = cvips&gifs = yes; Eugenie S. Reich, "Speed of Light May Have Changed Recently," *New Scientist*, June 30, 2004, http://www. newscientist. com! news/news. jsp? id = ns99996092.

76. Charles Choi, "Computer Program to Send Data Back in Time," UPI, October 1, 2002, ht-

tp：//www. upi. com/view. efm？ StoryID = 20021001 - 125805 - 3380r；Todd Brun，"Computers with Closed Timelike Curves Can Solve Hard Problems," *Foundation of Physics Letters* 16（2003）：245 - 53. Electronic edition, September 11, 2002, http：//arxiv. org/PS _ cache/gr-qc/pdf/0209/0209061. pdf.

第4章　达到人类智能的软件：如何实现大脑的逆向工程

1. Lloyd Watts, "Visualizing Complexity in the Brain," in D. Fogel and C. Robinson, eds. , *Computational Intelligence*：*The Experts Speak*（Piscataway, N. J. ：IEEE Press/Wiley, 2003）, http：//www. lloydwatts. com/wcci. pdf.

2. J. G. Taylor, B. Horwitz, and K. J. Friston, "The Global Brain：Imaging and Modeling," *Neural Networks* 13, special issue（2000）：827.

3. Neil A. Busis, "Neurosciences on the Internet," http：//www. neuroguide. com；"Neuroscientists Have Better Tools on the Brain," *Bio IT Bulletin*, http：//www. bio-it. world. com/news/041503_report2345. html；"Brain Projects to Reap Dividends for Neurotech Firms, " *Neurotech Reports*, http：//www. neurotechreports. com/pages/brainprojects. html.

4. Robert A. Freitas Jr. , *Nanomedicine*, vol. 1, *Basic Capabilities*, section 4. 8. 6, "Noninvasive Neuroelectric Monitoring"（GEORGEtown, Tex. ：Landes Bioscience, 1999）, pp. 115 - 16, http：//www. nanomedicine. com/NMI/4. 8. 6. htm.

5. 第3章分析了这一案例：可见"人脑计算能力"。

6. Kurzweil 应用智能公司进行了语音识别的研究和发展，该公司是我在 1982 年成立的，现在是 ScanSoft（前 Kurzweil 计算机产品公司）的子公司。

7. Lloyd Watts，美国专利申请，美国专利局，20030095667，2003 年 3 月 22 日，"Computation of Multi-sensor Time Delays"摘要："文章描述了如何确定第一个感应器接收到的第一信号和第二个感受器接收到的第二信号之间的时间延迟，经分析，第一信号源自多个频率不同的第一信号通道，而第二信号源自多个频率不同的第二信号通道。第一特征是在第一信号通道里第一时间被检测到的，而第二特征是在第二信号通道里第一时间被检测到的。第一特征对应第二特征，第一时间则对应第二时间，以此来确定时间延迟。"也可见 Nabil H. Farhat，美国专科申请 20040073415，美国专利局，2004 年 4 月 15 日，"Dynamical Brain Model for Use in Data Processing Applications"。

8. 我估计压缩的基因组可能有 3000 万到 1 亿字节（可见第 2 章的注释 57）；这比微软文字处理软件的目标代码还要少，比源代码则更少。可见 Word 2003 系统要求，2003 年 10 月 20 日，http：//www. microsoft. com/office/word/prodinfo/sysreq. mspx。

9. Wikipedia, http：//en. wikipedia. org/wiki/Epigenetics.

10. 可见第 2 章注释 57 对基因信息量的分析，我估计大约有 3000 万到 1 亿字节，因此少于 10^9 bit，可见第 3 章"人类存储能力"这一节对人脑信息的分析，估计应该是 10^{18} bit。

11. Marie Gustafsson and Christian Balkenius, "Using Semantic Web Techniques for Validation of Cognitive Models against Neuroscientific Data," AILS04 Workshop, SAIS/SSLS Workshop（Swedish Artificial Intelligence Society；Swedish Society for Learning Systems）, April 15 - 16, 2004, Lund, Sweden, www. lucs. lu. se/People/Christian. Balkenius/PDF/Gustafsson. Balkenius. 2004. pdf.

12. 可见第 3 章的讨论。在一个很有用的文献中，它用神经元模拟神经元，Tomaso Poggio

和 Christof Koch 描述神经元与拥有数以千计逻辑门的芯片一样小。可见 T. Poggio 和 C. Koch,
"Synapses That Compute Motion," *Scientific American* 256 (1987): 46 – 52。也可见 C. Koch 和 T.
Poggio, "Biophysics of Computational Systems: Neurons, Synapses, and Membranes," in *Synaptic
Function*, G. M. Edelman、W. E. Gall 和 W. M. Cowan 等 (New York: John Wiley and Sons,
1987)。

13. 关于 Mead, 可见 http://www. technology. gov/Medal/2002/bios/Carver_A. _Mead. pdf。
Carver Mead, *Analog VLSI and Neural Systems* (Reading, Mass.: Addison-Wesley, 1986)。

14. 可见第 5 章的注释 172 对自组织神经网络的算法描述, 以及第 5 章注释 175 对于基因
算法自组织的描述。

15. 可见 Gary Dudley 等, "Autonomic Self-Healing Systems in a Cross-Product IT Environ-
ment," *Proceedings of the IEEE International Conference on Autonomic Computing*, New York City,
May 17 – 19, 2004, http://csdl. computer. org/comp/proceedings/icac/2004/2114/00121140312.
pdf; "About IBM Autonomic Computing," http://www – 3. ibm. com/autonomic/about. shtml; 以及
Ric Telford, "The Autonomic Computing Architecture," 2004 年 4 月 14 日 http://www. dcs. st-an-
drews. ac. uk/undergrad/current/dates/disclec/2003-2/RicTelfordDistinguished2. pdf.

16. Christine A. Skarda and Walter J. Freeman, "Chaos and the New Science of the Brain,"
Concepts in Neuroscience 1. 2 (1990): 275 – 85.

17. C. Geoffrey Woods, "Crossing the Midline," *Science* 304. 5676 (June 4, 2004): 1455 –
56; Stephen Matthews, "Early Programming of the Hypothalamo-Pituitary-Adrenal Axis," *Trends in
Endocrinology and Metabolism* 13. 9 (November 1, 2002): 373 – 80; Justin Crowley and Lawrence
Katz, "Early Development of Ocular Dominance Columns," *Science* 290. 5495 (November 17. 2000):
1321 – 24; Anna Penn et al., "Competition in the Retinogeniculate Patterning Driven by Spontaneous
Activity," *Science* 279. 5359 (March 27, 1998): 2108 – 12; M. V. Johnston et al., "Sculpting the
Developing Brain," *Advances in Pediatrics* 48 (2001): 1 – 38; P. La Cerra and R. Bingham, "The
Adaptive Nature of the Human Neurocognitive Architecture: An Alternative Model," *Proceedings of the
National Academy of Sciences* 95 (September 15, 1998): 11290 – 94.

18. 神经网络是神经的简化模型, 它可以自组织并解决问题。可见第 5 章注释 175 对神经
网络算法的描述。基因算法是进化的模型, 利用有性生殖控制突变率, 可见第 5 章注释 175 对
基因算法的详细描述。马尔可夫模型是数学技术的产物, 并且在很多方面和神经网络相似。

19. Aristotle, *The Works of Aristotle*, trans. W. D. Ross (Oxford: Clarendon Press, 1908 – 1952
(see, in particular, Physics); see also http://www. encyclopedia. com/html/section/aristotl_philos-
ophy. asp.

20. E. D. Adrian, *The Basis of Sensation: The Action of Sense Organs* (London: Christophers,
1928).

21. A. L. Hodgkin and A. F. Huxley, "Action Potentials Recorded from Inside a Nerve Fibre,"
Nature 144 (1939): 710 – 12.

22. A. L. Hodgkin and A. F. Huxley, "A Quantitative Description of Membrane Current and Its
Application to Conduction and Excitation in Nerve," *Journal of Physiology* 117 (1952): 500 – 544.

23. W. S. McCulloch 和 W. Pitts, "A Logical Calculus of the Ideas Immanent in Nervous Activi-
ty," *Bulletin of Mathematical Biophysics* 5 (1943): 115 – 33。这一开创性论文很难理解, 如果想

获得一个清晰的说明和解释，可见 "A Computer Model of the Neuron," the Mind Project, Illinois State University, http：//www. mind. ilstu. edu/curriculum/perception/mpneuron1. html。

24. 可见第 5 章注释 172 对神经网络算法的描述。

25. E. Salinas and P. Thier, "Gain Modulation: A Major Computational Principle of the Central Nervous System," *Neuron* 27 (2000): 15 – 21.

26. K. M. O'Craven and R. L. Savoy, "Voluntary Attention Can Modulate fMRI Activity in Human MT/MST," *Investigational Ophthalmological Vision Science* 36 (1995): S856 (supp.) .

27. Marvin Minsky and Seymour Papert, *Perceptrons* (Cambridge, Mass. : MIT Press, 1969) .

28. Frank Rosenblatt, Cornell Aeronautical Laboratory, "The Perceptron: A Probabilistic Model for Information Storage and Organization in the Brain," *Psychological Review* 65. 6 (1958): 386 – 408; see Wikipedia, http: //en. wikipedia. org/wiki/Perceptron.

29. O. Sporns, G. Tononi, and G. M. Edelman, "Connectivity and Complexity: The Relationship Between Neuroanatomy and Brain Dynamics," *Neural Networks* 13. 8 – 9 (2000): 909 – 22.

30. R. H. Hahnloser et al. , "Digital Selection and Analogue Amplification Coexist in a Cortex-Inspired Silicon Circuit," *Nature* 405. 6789 (June 22, 2000): 947 – 51; "MIT and Bell Labs Researchers Create Electronic Circuit That Mimics the Brain's Circuitry," *MIT News*, June 21, 2000, http: //web. mit. edu/newsoffice/nr/2000/machinebrain. html.

31. Manuel Trajtenberg, *Economic Analysis of Product Innovation: The Case of CT Scanners* (Cambridge, Mass. : Harvard University Press, 1990); Michael H. Priebe, Ph. D. , president, CEO, NEUROMED GmbH; P-M. L. Robitaille, A. M. Abduljalil, and A. Kangarlu, "Ultra High Resolution Imaging of the Human Head at 8 Tesla: 2K x 2K for Y2K," *Journal of Computer Assisted Tomography* 24. 1 (January February 2000): 2 – 8.

32. Seong-Gi Kim, "Progress in Understanding Functional Imaging Signals," *Proceedings of the National Academy of Sciences* 100. 7 (April 1, 2003): 3550 – 52, http: //www. pnas. org/cgi/content/full/100/7/3550. see also Seong-Gi Kim et al. , "Localized Cerebral Blood Flow Response at Submillimeter Columnar Resolution," *Proceedings of the National Academy of Sciences* 98. 19 (September 11, 2001): 10904 – 9 httpi//www. pnas. org/cgi/content/abstract/98/19/10904.

33. K. K. Kwong et al. , "Dynamic Magnetic Resonance Imaging of Human Brain Activity During Primary Sensory Stimulation," *Proceedings of the National Academy of Sciences* 89. 12 (June 15, 1992): 5675 – 79.

34. C. S. Roy and C. S. Sherrington, "On the Regulation of the Blood Supply of the Brain," *Journal of Physiology* 11 (1890): 85 – 105.

35. M. I. Posner et al. , "Localization of Cognitive Operations in the Human Brain," *Science* 240. 4859 (June 17, 1988): 1627 – 31.

36. F. M. Mottaghy et al. , "Facilitation of Picture Naming after Repetitive Transcranial Magnetic Stimulation," *Neurology* 53. 8 (November 10, 1999): 1806 – 12.

37. Daithl O'hAnluain, "TMS: Twilight Zone Science?" *Wired News*, April 18, 2002, http: //wired. com/news/medtech/0, 1286, 51699. 00. html.

38. Lawrence Osborne, "Savant for a Day," *New York Times Magazine*, June 22, 2003, available at. http: //www. wireheading. com/brainstim/savant. html.

39. Bruce H. McCormick, "Brain Tissue Scanner Enables Brain Microstructure Surveys," *Neuro-computing* 44 - 46 (2002): 1113 - 18; Bruce H. McCormick, "Design of a Brain Tissue Scanner," Neurocomputing 26 - 27 (1999): 1025 - 32; Bruce H. McCormick, "Development of the Brain Tissue Scanner," *Brain Networks Laboratory Technical Report*, Texas A&M University Department of Computer Science, College Station, Tex., March 18, 2002, http://research. cs. tamu. edu/bnl/pubs/McC02. pdf.

40. Leif Finkel et al., "Meso-scale Optical Brain Imaging of Perceptual Learning," University of Pennsylvania grant 2000 - 01737 (2000).

41. E. Callaway and R. Yuste, "Stimulating Neurons with Light," *Current Opinions in Neurobiology* 12. 5 (October 2002): 587 - 92.

42. B. L. Sabatini and K. Svoboda, "Analysis of Calcium Channels in Single Spines Using Optical Fluctuation Analysis," *Nature* 408. 6812 (November 30, 2000): 589 - 93.

43. John Whitfield, "Lasers Operate Inside Single Cells," News @ nature. com, October 6, 2003, http://www. nature. com/nsu/030929/030929 - 12. html (subscription required). Mazur's lab: http://mazurwww. harvard. edu/research/. Jason M. Samonds and A. B. Bonds, "From Another Angle: Differences in Cortical Coding Between Fine and Coarse Discrimination of Orientation," *Journal of Neurophysiology* 91 (2004): 1193 - 1202.

44. Robert A. Freitas Jr., *Nanomedicine*, vol. 2A, *Biocompatibility*, section 15. 6. 2, "Bloodstream Intrusiveness" (Georgetown, Tex.: Landes Bioscience, 2003), pp. 157 - 59, http://www. nanomedicine. com/NMIIA/15. 6. 2. htm.

45. Robert A. Freitas Jr., *Nanomedicine*, vol. 1, *Basic Capabilities*, section 7. 3, "Communication Networks" (Georgetown, Tex.: Landes Bioscience, 1999), pp. 186 - 88, http://www. nanomedicine. com/NMI/7. 3. htm.

46. Robert A. Freitas Jr., *Nanomedicine*, vol. 1, *Basic Capabilities*, section 9. 4. 4. 3, "Intercellular Passage" (Georgetown, Tex.: Landes Bioscience, 1999), pp. 320 - 21, http://www. nanomedicine. com/NMI/9. 4. 4. 3. htm#p2.

47. Keith L. Black, M. D., and Nagendra S. Ningaraj, "Modulation of Brain Tumor Capillaries for Enhanced Drug Delivery Selectively to Brain Tumor," *Cancer Control* 11. 3 (May/June 2004): 165 - 73, http://www. moffitt. usf. edu/pubs/ccj/v11n3/pdf/165. pdf.

48. Robert A. Freitas Jr., *Nanomedicine*, vol. 1, *Basic Capabilities*, section 4. 1, "Nanosensor Technology" (Georgetown, Tex.: Landes Bioscience, 1999), p. 93, http://www. nanomedicine. com/NMI/4. 1. htm.

49. Conference on Advanced Nanotechnology (http://www. foresight. orglConferences/AdvNan02004/index. html), NanoBioTech Congress and Exhibition (http://www. nanobiotec. de/), NanoBusiness Trends in Nanotechnology (http://www. nanoevent. com/), and NSTI Nanotechnology Conference and Trade Show (http://www. nsti. org/events. html).

50. Peter D. Kramer, *Listening to Prozac* (New York: Viking, 1993).

51. LeDoux对处理危险刺激的大脑区域进行了研究,这一区域的核心部分是扁桃体,它是位于大脑底部的一个杏仁状的神经区域。扁桃体存储危险刺激的记忆,并控制对恐惧的回应。

麻省理工学院的大脑研究人员 Tomaso Poggio 指出："突触可塑性是学习的硬件基础，但值得强调的是，学习比记忆要重要得多。"可见 T. Poggio 和 E. Bizzi，"Generalization in Vision and Motor Control，" *Nature* 431（2004）：768 – 74. 也可见 E. Benson，"The Synaptic Self" APA Online"，2002 年 11 月，http：//www. apa. org/monitor/nov02/synaptic. html。

52. Anthony J. Bell，"Levels and Loops：The Future of Artificial Intelligence and Neuroscience，" *Philosophical Transactions of the Royal Society of London B* 354. 1352（December 29, 1999）：2013 – 20，http：//www. cnl. salk. edu/ ~ tony/ptrsl. pdf.

53. Peter Dayan and Larry Abbott，*Theoretical Neuroscience：Computational and Mathematical Modeling of Neural Systems*（Cambridge，Mass. ：MIT Press，2001）.

54. D. O. Hebb，*The Organization of Behavior：A Neuropsychological Theory*（New York：Wiley，1949）.

55. Michael Domjan and Barbara Burkhard，*The Principles of Learning and Behavior*，3d ed. （Pacific Grove，Calif. ：Brooks/Cole，1993）.

56. J. Quintana and J. M. Fuster，"From Perception to Action：Temporal Integrative Functions of Prefrontal and Parietal Neurons，" *Cerebral Cortex* 9. 3（April-May 1999）：213 – 21；W. F. Asaad，G. Rainer，and E. K. Miller，"Neural Activity in the Primate Prefrontal Cortex During Associative Learning，" *Neuron* 21. 6（December 1998）：1399 – 1407.

57. G. G. Turrigiano et al. ，"Activity-Dependent Scaling of Quantal Amplitude in Neocortical Neurons，" *Nature* 391. 6670（February 26，1998）：892 – 96；R. J. O'Brien et al. ，"Activity-Dependent Modulation of Synaptic AMPA Receptor Accumulation，" *Neuron* 21. 5（November 1998）：1067 – 78.

58. From "A New Window to View How Experiences Rewire the Brain，" Howard Hughes Medical Institute（December 19，2002），http：//www. hhmi. org/news/svoboda2. html. see also J. T. Trachtenberg et al. ，"Long-Term in Vivo Imaging of Experience-Dependent Synaptic Plasticity in Adult Cortex，" *Nature* 420. 6917（December 2002）：788 – 94，http：//cpmcnet. columbia. edu/dept/physio/physi02/Trachtenberg_ NATURE. pdf；and Karen Zita and Karel Svoboda，"Activity-Dependent Synaptogenesis in the Adult Mammalian Cortex，" *Neuron* 35. 6（September 2002）：1015 – 17，http：//svobodalab. cshl. edu/reprints/2414zito02neur. pdf.

59. See http：//whyfiles. org/184make _ memory/4. html. For more information on neuronal spines and memory，see J. Grutzendler et al. ，"Long-Term Dendritic Spine Stability in the Adult Cortex，" *Nature* 420. 6917（Dec. 19 – 26，2002）：812 – 16.

60. S. R. Young and E. W. Rubel，"Embryogenesis of Arborization Pattern and Typography of Individual Axons in N. Laminaris of the Chicken Brain Stem，" *Journal of Comparative Neurology* 254. 4（December 22，1986）：425 – 59.

61. Scott Makeig，"Swartz Center for Computational Neuroscience Vision Overview，" http：//www. sccn. ucsd. edu/VisionOverview. html.

62. D. H. Hubel and T. N. Wiesel，"Binocular Interaction in Striate Cortex of Kittens Reared with Artificial Squint，" *Journal of Neurophysiology* 28. 6（November 1965）：1041 – 59.

63. Jeffrey M. Schwartz and Sharon Begley，*The Mind and the Brain：Neuroplasticity and the Power of Mental Force*（New York：Regan Books，2002）. see also C. Xerri，M. Merzenich et al. ，

"The Plasticity of Primary Somatosensory Cortex Paralleling Sensorimotor Skill Recovery from Stroke in Adult Monkeys," *The Journal of Neurophysiology*, 79. 4 （April 1980）: 2119 – 48. see also S. Begley, " Survival of the Busiest," *Wall Street Journal*, October 11, 2002, http: // webreprints. djreprints. com/606120211414. html.

64. Paula Tallal et al. , "Language Comprehension in Language-Learning Impaired Children Improved with Acoustically Modified Speech," *Science* 271 （January 5, 1996）: 81 – 84. Paula Tallal is Board of Governors Professor of Neuroscience and codirector of the CMBN （Center for Molecular and Behavioral Neuroscience) at Rutgers University, and cofounder and director of SCIL （Scientific Learning Corporation); see http: //www. cmbn. rutgers. edu/faculty/tallal. html. See also Paula Tallal, "Language Learning Impairment: Integrating Research and Remediation," *New Horizons for Learning* 4. 4 （August-September 1998）, http: //www. new horizons. org/neuro/tallal. htm, A. Pascual-Leone, "The Brain That Plays Music and Is Changed by It," *Annals of the New York Academy of Sciences* 930 （June 2001）: 315 – 29. See also note 63 above.

65. F. A. Wilson, S. P. Scalaidhe, and P. S. Goldman-Rakic, "Dissociation of Object and Spatial Processing Domains in Primate Prefrontal Cortex. " *Science* 260. 5116 （June 25, 1993）: 1955 – 58.

66. C. Buechel, J. T. Coull, and K. J. Friston, "The Predictive Value of Changes in Effective Connectivity for Human Learning," *Science* 283. 5407 （March 5, 1999）: 1538 – 41.

67. 他们绘制了形成临时和永久连接（用于回应各种刺激）的大脑细胞的精致图像，以此阐明了神经间的结构性变化（很多科学家一直坚信在存储记忆时这些变化肯定会发生）。"Pictures Reveal How Nerve Cells Form Connections to Store Short- and Long-Term Memories in Brain," University of California, San Diego, November 29, 2001, http: //ucsdnews. ucsd. edu/newsrel/science/mcceli. htm; M. A. Colicos et al. , "Remodeling of Synaptic Action Induced by Photoconductive Stimulation," *Cell* 107. 5 （November 30, 2001）: 605 – 16. Video link: http: // www. qflux. net/NeuroStim01. rm, Neural Silicon Interface-Quantum Flux.

68. S. Lowel and W. Singer, "Selection of Intrinsic Horizontal Connections in the Visual Cortex by Correlated Neuronal Activity," *Science* 255. 5041 （January 10, 1992）: 209 – 12.

69. K. Si et al. , "A Neuronal Isoform of CPEB Regulates Local Protein Synthesis and Stabilizes Synapse-Specific Long-Term Facilitation in Aplysia," *Cell* 115. 7 （December 26, 2003）: 893 – 904; K. Si, S. Lindquist, and E. R. Kandel, "A Neuronal Isoform of the Aplysia CPEB Has Prion-Like Properties," *Cell* 115. 7 （December 26, 2003）: 879 – 91. 这些研究人员发现，CPEB 经过其突触的形状变化，可能会帮助形成和保护长期记忆，这一点类似于朊粒变形（牵扯到疯牛病以及其他神经学疾病的蛋白质片段）。这项研究暗示了蛋白质在朊粒态时能够很好地完成工作，这也反驳了之前的广泛认识——有朊粒活动的蛋白质是有毒的，或者至少是不能正常工作的。这一朊粒机制可能也会在很多领域（例如癌症修复以及器官发育）中发挥作用，此猜想来自 Eric R. Kandel，他是哥伦比亚大学的教授，从事于心理学、细胞生物物理学、精神病学以及分子生物物理学，并于 2000 年获得了医学诺贝尔奖。可见 Whitehead Institute press release, http: //www. wi. mit. edu/nap/features/nap_feature_memory. html.

70. M. C. Anderson et al. , "Neural Systems Underlying the Suppression of Unwanted Memories," *Science* 303. 5655 （January 9, 2004）: 232 – 35. 这一发现可以激励克服损伤记忆的新方法的发展。Keay Davidson, "Study Suggests Brain Is Built to Forget: MRIs in Stanford Experiments Indi-

cate Active Suppression of Unneeded Memories," *San Francisco Chronicle*, January 9, 2004, http：//
www. sfgate. com/cgi-bin/article. cgi? file =/c/a/2004/01/09/FORGET. TMP&type = science.

71. Dieter C. Lie et al. , "Neurogenesis in the Adult Brain：New Strategies for CNS Diseases,"
Annual Review of Pharmacology and Toxicology 44 (2004)：399 – 421.

72. H. van Praag, G. Kempermann, and F. H. Gage, "Running Increases Cell Proliferation and
Neurogenesis in the Adult Mouse Dentate Gyrus," *Nature Neuroscience* 2. 3 (March 1999)：266 – 70.

73. Minsky and Papert, *Perceptrons*.

74. Ray Kurzweil, *The Age of Spiritual Machines* (New York：Viking, 1999), p. 79.

75. 基础功能是非线性功能，它可以线性地连接起来（通过增加多种计重标准）来接近
任何非线性功能。Pouget and Snyder, "Computational Approaches to Sensorimotor Transformations,"
Nature Neuroscience 3. 11 Supplement (November 2000)：1192 – 98.

76. T. Poggio, "A Theory of How the Brain Might Work," in *Proceedings of Cold Spring Harbor
Symposia on Quantitative Biology* 4 (Cold Spring Harbor, N. Y. ：Cold Spring Harbor Laboratory Press,
1990), 899 – 910. Also see T. Poggio and E. Bizzi, "Generalization in Vision and Motor Control,"
Nature 431 (2004)：768 – 74.

77. R. Llinas and J. P. Welsh, "On the Cerebellum and Motor Learning," *Current Opinion in
Neurobiology* 3. 6 (December 1993)：958 – 65; E. Courchesne and G. Allen, "Prediction and Prepa-
ration, Fundamental Functions of the Cerebellum," *Learning and Memory* 4. 1 (May-June 1997)：1 –
35; J. M. Bower, "Control of Sensory Data Acquisition," *International Review of Neurobiology* 41
(1997)：489 – 513.

78. J. Voogd and M. Glickstein, "The Anatomy of the Cerebellum," *Trends in Neuroscience*
21. 9 (September 1998)：370 – 75; John C. Eccles, Masao Ito, and János Szentágothai, *The Cerebel-
lum as a Neuronal Machine* (New York：Springer-Verlag, 1967); Masao Ito, *The Cerebellum and Neu-
ral Control* (New York：Raven, 1984) .

79. N. Bernstein, *The Coordination and Regulation of Movements* (New York：Pergamon Press,
1967) .

80. U. S. Office of Naval Research press release, "Boneless, Brainy, and Ancient," September
26, 2001, http：//www. eurekalert. org/pub_releases/2001 – 11/oonr – bba112601. php；章鱼的触
角 "可以很好地作为新一代机器人手臂的基础，无论是在水中、太空中、还是在陆地上"。

81. S. Grossberg and R. W. Paine, "ANeural Model of Cortico-Cerebellar Interactions During At-
tentive Imitation and Predictive Learning of Sequential Handwriting Movements," Neural Networks
13. 8 – 9 (October-November 2000)：999 – 1046.

82. Voogd and Glickstein, "Anatomy of the Cerebellum"; Eccles, Ito, and Szent gothai, *Cere-
bellum as a Neuronal Machine*; Ito, *Cerebellum and Neural Control*; R. Llinas, in *Handbook of Physi-
ology*, vol. 2, *The Nervous System*, ed. V. B. Brooks (Bethesda, Md. ：American Physiological Socie-
ty, 1981), pp. 831 – 976.

83. J. L. Raymond, S. G. Lisberger, and M. D. Mauk, "The Cerebellum：A Neuronal Learn-
ing Machine?" *Science* 272. 5265 (May 24, 1996)：1126 – 31; J. J. Kim and R. F. Thompson,
"Cerebellar Circuits and Synaptic Mechanisms Involved in Classical Eyeblink Conditioning," *Trends in
Neuroscience* 20. 4 (April 1997)：177 – 81.

84. 该仿真包括 10 000 颗粒细胞、900 高尔基细胞、500 苔状纤维细胞、20 蒲金耶氏细胞，以及 6 个核细胞。

85. J. F. Medina et al. , "Timing Mechanisms in the Cerebellum: Testing Predictions of a Large-Scale Computer Simulation," *Journal of Neuroscience* 20.14 (July 15, 2000): 5516 – 25; Dean Buonomano and Michael Mauk, "Neural Network Model of the Cerebellum: Temporal Discrimination and the Timing of Motor Reponses," *Neural Computation* 6.1 (1994): 38 – 55.

86. Medina et al. , "Timing Mechanisms in the Cerebellum. "

87. Carver Mead, *Analog VLSI and Neural Systems* (Boston: Addison-Wesley Longman, 1989) .

88. Lloyd Watts, "Visualizing Complexity in the Brain," in *Computational Intelligence: The Experts Speak*, D. Fogel and C. Robinson, eds. (Hoboken, N. J. : IEEE Press/Wiley, 2003), pp. 45 – 56, http: //www. lloydwatts. com/wcci. pdf.

89. 出处同上。

90. See http: //www. lloydwatts. com/neuroscience. shtml. NanoComputer Dream Team, "The Law of Accelerating Returns, Part II," http: //nanocomputer. org/index. cfm? content = 90&Menu = 19.

91. 可见 http: //info. med. yale. edu/bbs/faculty/she_go. html.

92. Gordon M. Shepherd, ed. , *The Synaptic Organization of the Brain*, 4th ed. (New York: Oxford University Press, 1998), p. vi.

93. E. Young, "Cochlear Nucleus," in ibid. , pp. 121 – 58.

94. Tom Yin, "Neural Mechanisms of Encoding Binaural Localization Cues in the Auditory Brainstem," in D. Oertel, R. Fay, and A. Popper, eds. , *Integrative Functions in the Mammalian Auditory Pathway* (New York: Springer-Verlag, 2002), pp. 99 – 159.

95. John Casseday, Thane Premouw, and Ellen Covey, "The Inferior Colliculus: A Hub for the Central Auditory System," in Oertel, Fay, and Popper, *Integrative Functions in the Mammalian Auditory Pathway*, pp. 238 – 318.

96. Diagram by Lloyd Watts, http: //www. lloydwatts. com/neuroscience. shtml, adapted from E. Young, "Cochlear Nucleus" in G. Shepherd, ed. , *The Synaptic Organization of the Brain*, 4th ed. (New York: Oxford University Press, 2003 [first published 1998]), pp. 121 – 58; D. Oertel in D. Oertel, R. Fay, and A. Popper, eds. , *Integrative Functions in the Mammalian Auditory Pathway* (New York: Springer-Verlag, 2002), pp. 1 – 5; John Casseday, T. Fremouw, and E. Covey, "Inferior Colliculus" in ibid. ; J. LeDoux, *The Emotional Brain* (New York: Simon & Schuster, 1997); J. Rauschecker and B. Tian, "Mechanisms and Streams for Processing of 'What' and 'Where' in Auditory Cortex," *Proceedings of the National Academy of Sciences* 97.22: 11800 – 11806.

大脑区域建模：

Cochlea：听觉感觉器官。镫骨的 3 万纤维转变运动体现声音的频谱时间。

MC：多极细胞。测量光谱能量。

GBC：球状多毛小球。转播信号，从听觉神经到侧面上橄榄体的复合体（包括 LSO 和 MSO）。两耳比照水平上的信号调速和振幅编码。

SBC：球形多毛细胞，提供到达时间的暂时强化，以此作为两耳间时间差计算的预处理。（两耳间不同的到达时间，用来说明声音是从哪传来的。）

OC：章鱼细胞。检测瞬变现象。

DCN：蜗背侧核。检测光谱边缘以及噪音水平校正。

VNTB：斜方体腹核。耳蜗内调制外部毛细胞功能的反馈信号。

VNLL，PON：外侧丘系腹核；周边橄榄核：从 OC 上处理瞬变。

MSO：中间上橄榄体。计算两耳间时间差。

LSO：侧面上橄榄体。也牵扯到计算两耳间时间差。

ICC：下丘细胞的中心原子核。多种声音的表现形式的主要集成位置。

ICx：下丘细胞的外侧原子核。进一步提炼声音定位。

SC：上丘。听觉/视觉合并的地方。

MGB：内侧膝状体。丘脑的听觉部分。

LS：大脑边缘系统。由与情感、记忆、领域等其他有关的一些架构组成。

AC：听觉皮质。

97. M. S. Humayun et al. , "Human Neural Retinal Transplantation," *Investigative Ophthalmology and Visual Science* 41. 10 (September 2000)：3100 – 3106.

98. Information Science and Technology Colloquium Series, May 23, 2001, http：// isandtcolloq. gsfc. nasa. gov/spring2001/speakers/poggio. html.

99. Kah-Kay Sung and Tomaso Poggio, "Example-Based Learning for View-Based Human Face Detection," *IEEE Transactions on Pattern Analysis and Machine Intelligence* 20. 1 (1988)：39 – 51, http：//portal. acm. org/citation. cfm? id = 275345&dl = ACM&coll = GUIDE.

100. Maximilian Riesenhuber and Tomaso Poggio, "A Note on Object Class Representation and Categorical Perception," Center for Biological and Computational Learning, MIT, AI Memo 1679 (1999), ftp：//publications. ai. mit. edu/ai-publications/pdf/AIM-1679. pdf.

101. K. Tanaka, "Inferoternporal Cortex and Object Vision," *Annual Review of Neuroscience* 19 (1996)：109 – 39；Anuj Mohan, "Object Detection in Images by Components," Center for Biological and Computational Learning, MIT, AI Memo 1664 (1999), http：//citeseer. ist. psu. edu/cache/papers/cs/12185/ftp：　zSzzSzpublications. ai. mit. eduzSzai-publicationszSz1500-1999zSzAIM-1664. pdf/mohan99object. pdf；Anuj Mohan, Constantine Papageorgiou, and Tomaso Poggio, "Example-Based Object Detection in Images by Components," *IEEE Transactions on Pattern Analysis and Machine Intelligence* 23. 4 (April 2001), http：//cbcl. mit. edu/projects/cbd/publications/ps/mohan-ieee. pdf；B. Heisele, T. Poggio, and M. Pontil, "Face Detection in Still Gray Images," Artificial Intelligence Laboratory, MIT, Technical Report AI Memo 1687 (2000) . Also see Bernd Heisele, Thomas Serre, and Stanley Bilesch, "Component-Based Approach to Face Detection," Artificial Intelligence Laboratory and the Center for Biological and Computational Learning, MIT (2001), http：// www. ai. mit. edulresearch/abstracts/abstracts2001/vision-applied-to-people/03heisele2. pdf.

102. D. Van Essen and J. Gallant, "Neural Mechanisms of Form and Motion Processing in the Primate Visual System," *Neuron* 13. 1 (July 1994)：1 – 10.

103. Shimon Ullman, *High-Level Vision：Object Recognition and Visual Cognition* (Cambridge, Mass. ：MIT Press, 1996)；D. Mumford, "On the Computational Architecture of the Neocortex. II. The Role of Corticocortical Loops," *Biological Cybernetics* 66. 3 (1992)：241 – 51；R. Rao and D. Ballard , "Dynamic Model of Visual Recognition Predicts Neural Response Properties in the Visual Cor-

tex," *Neural Computation* 9. 4（May 15, 1997）: 721 – 63.

104. B. Roska and F. Werblin, "Vertical Interactions Across Ten Parallel, Stacked Representations in the Mammalian Retina," *Nature* 410. 6828（March 29, 2001）: 583 – 87; University of California, Berkeley, news release, "Eye Strips Images of All but Bare Essentials Before Sending Visual Information to Brain, UC Berkeley Research Shows," March 28, 2001, www. berkeley. edu/news/media/releases/2001/03/28_wers1. html.

105. 基于 Moravec 的研究, Hans Moravec 和 Scott Friedman 创办了一家叫做 Seegrid 的机器人公司。可见 www. Seegrid. com。

106. M. A. Mahowald and C. Mead, "The Silicon Retina," *Scientific American* 264. 5（May 1991）: 76 – 82.

107. 特别的, 一个低通滤波器应用于感受器（例如光感受器）。将这些乘以邻近感受器的信号。如果在两个方向上都这么做, 并且每一步操作都减去 0, 我们将可以获得一反映运动方向的输出结果。

108. On Berger, see http: //www. usc. edu/dept/engineering/CNE/faculty/Berger. html.

109. "The World's First Brain Prosthesis," *New Scientist* 177. 2386（March 15, 2003）: 4, http: //www. newscientist. com/news/news. jsp? id = ns99993488.

110. Charles Choi, "Brain-Mimicking Circuits to Run Navy Robot," UPI, June 7, 2004, http: //www. upi. com/view. cfm? StoryID = 20040606-103352-6086r.

111. Giacomo Rizzolatti et al. , "Functional Organization of Inferior Area 6 in the Macaque Monkey. II. Area F5 and the Control of Distal Movements," *Experimental Brain Research* 71. 3（1998）: 491 – 507.

112. M. A. Arbib, "The Mirror System, Imitation, and the Evolution of Language," in Kerstin Dautenhahn and Chrystopher L. Nehaniv, eds. , *Imitation in Animals and Artifacts*（Cambridge, Mass. : MIT Press, 2002）.

113. Marc D. Hauser, Noam Chomsky, and W. Tecumseh Fitch, "The Faculty of language: What Is It, Who Has It, and How Did It Evolve?" *Science* 298（November 2002）: 1569 79, www. wjh. harvard. edu/ ~ mnkylab/publications/languagespeech/Hauser, Chomsky, Fitch. pdf.

114. Daniel C. Dennett, *Freedom Evolves*（New York: Viking, 2003）.

115. See Sandra Blakeslee, "Humanity? Maybe It's All in the Wiring," *New York Times*, December 11, 2003, http: //www. nytimes. com/2003112/09/science/09BRAI. html? ex = 1386306000&en = 294f5e91dd262a1a&ei = 5007&partner = USERLAND.

116. Antonio R. Damasio, *Descartes' Error: Emotion, Reason and the Human Brain*（New York: Putnam, 1994）.

117. M. P. Maher et al. , "Microstructures for Studies of Cultured Neural Networks," *Medical and Biological Engineering and Computing* 37. 1（January 1999）: 110 – 18; John Wright et al. , "Towards a Functional MEMS Neurowell by Physiological Experimentation," *Technical Digest*, ASME, 1996 International Mechanical Engineering Congress and Exposition, Atlanta, November 1996, DSC（Dynamic Systems and Control Division）, vol. 59, pp. 333 – 38.

118. W. French Anderson, "Genetics and Human Malleability," *Hastings Center Report* 23. 20（January/February 1990）: 1.

119. Ray Kurzweil, "A Wager on the Turing Test: Why I Think I Will Win," KurzweilAI. net, April 9, 2002, http://www. KurzweilAI. net/meme/frame. html? main = /articles/art0374. html.

120. Robert A. Freitas Jr. 提出了一个未来的基于纳米技术的大脑上传系统, 而这一系统的效果可能是即时产生的。根据 Freitas 的说法 (源自他的私人交流, 2005 年 1 月), "一个在 http://www. nanomedicine. com/NMI/7. 3. 1. htm 上提出的生动活泼的纤维网络, 可以提供 10^{18} bit/s 的数据流通速度, 容积足够实时监控大脑状态。"这一纤维网络拥有 30 cm^3 的体积并可以产生 4W~6W 的热量, 这两者都足够小, 可以在一个拥有 $1400cm^3$ 体积和 25W 热量承受能力的大脑里安全安装。信号至多会传送几米的距离, 而其速度则近乎于光速, 所以从大脑内部产生信号开始到传递至外部计算机系统也仅仅用了约 0. 00001ms, 这一时间明显要小于神经排放周期的最小时间 (约 5ms) 平均间隔。约 2μm 的神经监视化学感应器可以捕获到产生自约 5ms 的窗口内的化学事件, 既然这是一个粗略的扩散时间, 也就是说, 神经递质穿过 2μm (http://www. nanomedicine. com/NMII/Tables/3. 4. jpg)。这样的话, 大脑状态监视可以很可能是即时产生的, 至少在人类神经回应的时间规模上, 让人感觉到 "没有落下任何重要的东西"。

121. M. C. Diamond et al. , "On the Brain of a Scientist: Albert Einstein," *Experimental Neurology* 88 (1985): 198 – 204.

第 5 章　GNR：三种重叠进行的革命

1. SAMUEL BUTLER, (1835—1902), "Darwin Among the Machines," Christ Church Press, 1863 年 6 月 13 日 (1912 年由 Festing Jones 在 The Notebooks of Samuel Butler 发表再版)。

2. Peter Weibel, "Virtual Worlds: The Emperor's New Bodies," in *Ars Electronica: Facing the Future*, ed. Timothy Druckery (Cambridge, Mass. : MIT Press, 1999), pp. 207 – 23; 下载地址是: http://www. aec. atlen/archiv_files/19902/ EI990b_009. pdf。

3. James Watson and Francis Crick, "Molecular Structure of Nucleic Acids: A Structure for Deoxyribose Nucleic Acid," *Nature* 171. 4356 (April 23, 1953): 737 – 38, http://www. nature. comlnature/dna50/watsoncrick. pdf.

4. Robert Waterston quoted in "Scientists Reveal Complete Sequence of Human Genome," CBC News, April 14, 2003, http://www. cbc. ca/story/science/national/2003/04/14/genome030414. html.

5. 参见第 2 章。

6. Crick 和 Watson 原始的报告, 今天读起来仍引人注目, 在 James A. Peters 等的 *Classic Papers in Genetics* (Englewood Cliffs, N. J. : Prentice-Hal, 1959) 中可以找到。双螺旋结构令人兴奋地诠释了成功和失败, 在 J. D. Waston 的文章中可以找到, *The Double Helix: A Personal Account of the Discovery of the Structure of DNA* (New York: Atheneum, 1968) . Nature. com 有 Crick 论文的合集, 可以在线阅读 http://www. nature. com/nature/focus/crick/index. html。

7. Morislav Radman and Richard Wagner, "The High Fidelity of DNA Duplication," *Scientific American* 259. 2 (August 1988): 40 – 46.

8. DNA 和 RNA 的结构和行为分别在 Gary Felsenfeld 的 "DNA" 和 James Darnell 的 "RNA" 中有所描述, 这些文章发表在 *Scientific American* 253. 4 (October 1985), 58 – 67 页 和 68 – 78 页。

9. Mark A. Iobling and Chris Tyler-Smith, "The Human Y Chromosome: An Evolutionary Marker

Comes of Age," *Nature Reviews Genetics* 4（August 2003）：598 –612；Helen Skaletsky et al. ，"The Male-Specific Region of the Human Y Chromosome Is a Mosaic of Discrete Sequence Classes，"Nature 423（June 19，2003）：825 –37.

10. 畸形的蛋白质可能是毒性最大的。研究表明，畸形的蛋白质可能位于体内疾病发展过程的中心位置。如此之多的疾病诸如阿尔茨海默病、帕金森氏病、人类疯牛病、囊胞性纤维症、白内障和糖尿病，都被认为是由于肌体的能力不足以完全消除畸形蛋白质所致。

蛋白质分子执行细胞大部分的工作。蛋白质分子按照 DNA 蓝图在细胞内生成。它们起始时是长链的氨基酸分子，然后必须再折叠成精确的三维立体结构，以便实现例如酶、传输蛋白质等的功能。重金属毒素干扰这些酶类的正常功能，使蛋白质畸形的问题更加恶化。基因突变也使个体倾向于形成畸形蛋白质。

当原细纤维开始粘合在一起时，它们形成细丝、小纤维，最终成为较大的球状体结构，即所谓的淀粉状斑块。直到最近，这些不能溶解的斑块的堆积物被看做是这些疾病的病理间接因素，但是现在已经知道，原细纤维才是罪魁祸首。原细纤维转变成不能溶解的斑块的速度与疾病的恶化无关。这就解释了为何一些个体在其脑髓中能发现大量的斑块堆积物，但却没有阿尔茨海默病的证据，而其他个体有少量可见的斑块却仍有疾病临床表现。有些人很快地形成淀粉体斑块，这样能防止其受到原细纤维更进一步的损害。这些人也拥有少量可见的淀粉体斑块。参见 Per Hammarström、Frank Schneider 和 Jeffrey W. Kelly，"*Trans*-Suppression of Misfolding in an Amyloid Disease，"*Science* 293. 5539（September 28，2001）：2459 –62。

11. 新生物学引人入胜的内容可以参见 Horace F. Judson 的 *The Eighth Day of Creation*：*The Makers of the Revolution in Biology*（Woodbury，N. Y. ：CSHL Press，1996）。

12. Ray Kurzweil and Terry Grossman，M. D. ，*Fantastic Voyage*：*Live Long Enough to Live Forever*（New York：Rodale，2004）. See http：//www. Fantastic-Voyage. net and http：//www. RayandTerry. com.

13. Ray Kurzweil，*The 10% Solution for a Healthy Life*：How to Elimiaate Virtually All Risk of Heart Disease and Cancer（New York：Crown Books，1993）.

14. Kurzweil 和 Grossman，*Fantastic Voyage*。全书中明确地表达了 "Kurzweil 和 Grossman 的长寿计划"。

15. "生物学年龄"的测试，所谓的 H-scan 测试包括听觉反应时间、可听见的最高音、触觉敏感度、视觉反应时间、肌肉运动时间、肺活量（强迫吐气时）、带有判断的视觉反应时间、带有判断的肌肉运动时间、记忆（序列长度）、二选一按键时间以及视觉调节。作者在 Frontier Medical Institude（Grossman 的健康长寿诊所）做了这个测试。关于 H-scan 测试请登录 http：//www. FMIClinic. com. the H-scantest，参见 Diagnostic 和 Lab Testing, Longevity Institute, Dallas， http：//www. lidhealth. com/diagnostic. html。

16. Kurzweil 和 Grossman，*Fantastic Voyage*，第 10 章："kurzweil 的个人计划"。

17. 同上。

18. Aubrey D. N. J. de Grey，"The Foreseeability of Real Anti-Aging Medicine：Focusing the Debate，"*Experimental Gerontology* 38. 9（September 2003）：927 –34；Aubrey D. N. J. de Grey， "An Engineer's Approach to the Development of Real Anti-Aging Medicine，"*Science of Aging*，*Knowledge*，*Environment* 1（2003）：Aubrey D. N. J. de Grey et al. ，"Is Human Aging Still Mysterious Enough to Be Left Only to Scientists?"*BioEssays* 24. 7（July 2002）：667 –76.

19. Aubrey D. N. J. de Grey, ed. , *Strategies for Engineered Negligible Senescence*：*Why Genuine Control of Aging May Be Foreseeable*, Annals of the New YorkAcademy of Sciences, vol. 1019 (New York：New York Academy of Sciences, June 2004)．

20. 除了提供不同类型细胞的功能之外，另外两个细胞控制基因表达的原因是环境诱导和发展过程。即使简单的生物如细菌，也可以打开和关闭蛋白质的合成，这取决于环境诱导。例如大肠埃希菌（E. coli），当其所在环境中有其他少量的消耗氮元素方式的时候，它可以关闭控制空气中氮气水平的蛋白质的合成。最近一项研究发现，1800 个草莓基因中的 200 个基因会随着不同的发展阶段而变化。E. Marshall, "An Array of Uses：Expression Patterns in Strawberries, Ebola, TB, and Mouse Cells," *Science* 286. 5439 (1999)：445。

21. 连同蛋白质编码区域一起，基因包括控制序列，称作启动子和增强子，它们控制基因在何时何地表达。编码蛋白质的启动子基因恰好代表性地位于 DNA "上游"。增强子激活启动子的使用，因而控制基因表达的比率。许多基因需要由增强子激活才能表达。增强子称作"基因的空间（细胞类型）、时间特异性表达的主要决定因素"；任意给定基因都拥有几个不同的连接它的增强子地址。(S. F. Gilbert, *Developmental Biology*, 6th ed. [Sunderland, Mass. ：Sinauer Associates, 2000]；可在线浏览 www. ncbi. nlm. nih. gov/books/bv. fcgi? call = bv. View. . ShowSection&rid = . 0BpKYEBSPfx18nm8QOxH)。

通过绑定到增强子或启动子区域，转录因子启动或者抑制基因的表达。关于转录因子的新知识已经改变了我们对基因表达的理解。Per Gilbert 在《The Genetic Core of Development：Differential Gene Expression》中写道："不再视基因本身为控制蛋白质合成的独立实体。当然，基因作用于蛋白质并受其反作用。Natalie Anger（1992）已经写道：'一系列发现表明，DNA 更类似于某一类型的政治家，被一圈蛋白质操作者和顾问所围绕，它们不时地非常有活力地按摩、扭转 DNA，在身体的宏伟蓝图可以做有意义的事之前，彻底改造 DNA。'"

22. Bob Holmes, "Gene Therapy May Switch Off Huntington's," 2003 年 3 月 13 日，网址为 http：//www. newscientist. com/news/news. jsp? id = ns99993493。"作为反转遗传分析的强大工具，RNA 迅速应用到许多与人类疾病有关基因的功能的研究上，尤其是肿瘤形成和传染病的研究"。J. C. Cheng、T. B. Moore 和 K. M. Sakamoto, "RNA Interference and Human Disease," *Molecular Genetics and Metabolism* 80. 1 – 2 (October 2003)：121 – 28。RNA 干扰是一种"高度的序列特异性机制," 1. Zhang, D. K. Fogg 和 D. M. Waisman, "RNA Interference-Mediated Silencing of the S100A10 Gene Attenuates Plasmin Generation and Invasiveness of Colo 222 Colorecta Cancer Cells," *Journal of Biological Chemistry* 279. 3 (January 16, 2004)：2053 – 62。

23. 每个芯片都包含合成的聚核苷酸，可以将其用来复制特异性基因序列。"为确定哪些基因已经表达，作为样品，研究者从测试样例中将信使 RNA 隔离出来，将其转化为互补 DNA (cDNA)，用荧光染料标记，然后在薄片上运行样例。每个标记过的 cDNA 通过一段匹配序列紧跟一个寡核苷酸，显示出薄片上已知序列的区域。自动扫描仪决定哪个寡核苷酸已经绑定，因而得出哪个基因得以表达……" E. Marshall, "Do-It-Yourself Gene Watching," *Science* 286. 5439 (October 15, 1999)：444 – 47.

24. 同上。

25. J. Rosamond and A. Allsop, "Harnessing the Power of the Genome in the Search for New Antibiotics," *Science* 287. 5460 (March 17, 2000)：1973 – 76.

26. T. R. Golub et al. , "Molecular Classification of Cancer：Class Discovery and Class Predic-

tion by Gene Expression Monitoring," *Science* 286. 5439（October 15, 1999）: 531 – 37.

27. 同上。正如 A. Berns, "Cancer: Gene Expression in Diagnosis," *Nature* 403（February 3, 2000）: 491 – 92 中报告所说。在另一项研究中，在老化的肌肉中，1% 的基因表达有所减少。这些基因产生蛋白质，它们与能源生产和细胞构建有关，因此，减少老化带来的弱化很有意义。基因伴随着增强的表达产生压力蛋白质，用来修复 DNA 或者蛋白质的损伤。J. Marx, "Chipping Away at the Causes of Aging," *Science* 287. 5462（March 31, 2000）: 2390.

另一个例子，肝转移是结肠、直肠癌的普遍原因。这些转移对不同的依赖于基因档案的治疗有所反应。表达仿形是一种杰出的确定合适的治疗模式的方法。J. C. Sung et al. "Genetic Heterogeneity of Colorectal Cancer Liver Metastases," *Journal of Surgical Research* 114. 2（October 2003）: 251.

最后一个例子，研究者们已经很艰难地分析了淋巴肉芽肿病的里 - 施细胞，因为在患病组织中它极端罕见。表达仿形提供了关于细胞遗产的线索。J. Cossman et al., "Reed-Sternberg Cell Genome Expression Supports a B-Cell Lineage," *Blood* 94. 2（July 15, 1999）: 411 – 16.

28. T. Ueland et al., "Growth Hormone Substitution Increases Gene Expression of Members of the IGF Family in Cortical Bone from Women with Adult Onset Growth Hormone Deficiency-Relationship with Bone Turn-Over," *Bone* 33. 4（October 2003）: 638 – 45.

29. R. Lovett, "Toxicologists Brace for Genomics Revolution," *Science* 289. 5479（July 28, 2000）: 536 – 37.

30. 体细胞转基因在一段时间内会影响体内细胞的子集。理论上也可能改变卵细胞和精子（生殖细胞）的遗传信息，从而将那些改变传递到下一代。这种治疗引来许多伦理上的关注，并且尚未尝试。"Gene Therapy," Wikipedia, http: //en. wikipedia. org/wiki/Gene_therapy.

31. 基因编码在人类体内执行重要功能的蛋白质。不规则或者突变的基因编码的蛋白质不能执行这些功能，从而导致遗传缺陷和疾病。基因治疗的目标是代替有缺陷的基因，以便生产正常的蛋白质。可以通过多种方式来实现，但是最典型的方法是，使用一种称为载体的运输分子向病人的目标细胞里插入治疗基因。"当前，最通用的载体是一种病毒，它遗传上已经被改变成可以携带正常人类 DNA。病毒已经逐步成为一种采用致病方法来封装和传递基因到人类细胞的方式。科学家们尝试利用这种能力，并操纵病毒的染色体来消除引起疾病的基因，并插入治疗基因"（人类基因组计划，"Gene Therapy," http: //www. ornl. gov/TechResources/Human_Genome/medicine/genetherapy. html）。参看人类基因组计划，以便获得更多关于基因疗法的知识。基因疗法研究的重要领域，目前有 6 个同行审阅的基因疗法的学术期刊和 4 个专业协会专注于此话题。

32. K. R. Smith, "Gene Transfer in Higher Animals: Theoretical Considerations and KeyConcepts," *Journal of Biotechnology* 99. 1（October 9, 2002）: 1 – 22.

33. Anil Ananthaswamy, "Undercover Genes Slip into the Brain," March 20, 2003, http: //www. newscientist. com/news/news. jsp? id = ns99993520.

34. A. E. Trezise et al., "In Vivo Gene Expression: DNA Electrotransfer," *Current Opinion in Molecular Therapeutics* 5. 4（August 2003）: 397 – 404.

35. Sylvia Westphal, "DNA Nanoballs Boost Gene Therapy," May 12, 2002, http: //www. newscientist. com/news/news. jsp? id = ns99992257.

36. L. Wu, M. Johnson, and M. Sato, "Transcriptionally Targeted Gene Therapy to Detect and

Treat Cancer," *Trends in Molecular Medicine* 9. 10 （October 2003）: 421 – 29.

37. S. Westphal, "Virus Synthesized in a Fortnight," November 14, 2003, http：// www. newscientist. com/news/news. jsp? id = ns99994383.

38. G. Chiesa, "Recombinant Apolipoprotein A-I （Milano） Infusion into Rabbit Carotid Artery Rapidly Removes Lipid from Fatty Streaks," *Circulation Research* 90. 9 （May 17, 2002）: 974 – 80; P. K. Shah et al. , "High-Dose Recombinant Apolipoprotein A-I （Milano） Mobilizes Tissue Choles-terol and Rapidly Reduces Plaque Lipid and Macrophage Content in Apolipoprotein e-Deficient Mice," *Circulation* 103. 25 （June 26, 2001）: 3047 – 50.

39. S. E. Nissen et al. , "Effect of Recombinant Apo A-I Milano on Coronary Atherosclerosis in Patients with Acute Coronary Syndromes: A Randomized Controlled Trial," *JAMA* 290. 17 （November 5, 2003）: 2292 – 2300.

40. 阶段 2 最近报告说 "markedly increased HDL cholesterol levels and also decreased LDL cholesterol levels," M. E. Brousseau 等, "Effects of an Inhibitor of Cholesteryl Ester Transfer Protein on HDL Cholesterol," *New England Journal of Medicine* 350. 15 （April 8, 2004）: 1505 – 15, ht-tp：//content. nejm. org/cgi/content/abstract/350/15/1505. 全球阶段 3 尝试于 2003 年年末开始。关于托彻普的信息可在辉瑞公司网址查阅: http：//www. pfizer. com/are/investors＿reports/ annual_2003/review/p2003ar14_15. htm。

41. O. J. Finn, "Cancer Vaccines: Between the Idea and the Reality," *Nature Reviews: Immu-nology* 3. 8 （August 2003）: 630 – 41; R. C. Kennedy and M. H. Shearer, "A Role for Antibodies in Tumor Immunity," *International Reviews of Immunology* 22. 2 （March-April 2003）: 141 – 72.

42. T. F. Greten and E. M. Jaffee, "Cancer Vaccines," *Journal of Clinical Oncology* 17. 3 （March 1999）: 1047 – 60.

43. "Cancer 'Vaccine' Results Encouraging," BBCNews, January 8, 2001, http：// news. bbc. co. uk/2/hi/health/1102618. stm, reporting on research by E. M. Jaffee et al. , "Novel Al-logeneic Granulocyte-Macrophage Colony-Stimulating Factor-Secreting Tumor Vaccine for Pancreatic Cancer: A Phase I Trial of Safety and Immune Activation," *Journal of Clinical Oncology* 19. 1 （Janu-ary 1, 2001）: 145 – 56.

44. John Travis, "Fused Cells Hold Promise of Cancer Vaccines," March 4, 2000, http：// www. sciencenews. org/articles/20000304/fob3. asp, referring to D. W. Kufe, "Smallpox, Polio and Now a Cancer Vaccine?" *Nature Medicine* 6 （March 2000）: 252 – 53.

45. J. D. Lewis, B. D. Reilly, and R. K. Bright, "Tumor-Associated Antigens: From Discov-ery to Immunity," *International Reviews of Immunology* 22. 2 （March-April 2003）: 81 – 112.

46. T. Boehm et al. , "Antiangiogenic Therapy of Experimental Cancer Does Not Induce Acquired Drug Resistance," *Nature* 390. 6658 （November 27, 1997）: 404 – 7.

47. 血管生成基础, "理解血管生成", http：//www. angio. org/understanding/content_under-standing. html; L. K. Lassiter and M. A. Carducci, "Endothelin Receptor Antagonists in the Treat-ment of Prostate Cancer," *Seminars in Oncology* 30. 5 （October 2003）: 678 – 88. 该过程的详细说明参看国际肿瘤协会网站, "Understanding Angiogenesis," http：//press2. nci. nih. gov/sciencebe-hind/angiogenesis/angio02. htm.

48. I. B. Roninson, "Tumor Cell Senescence in Cancer Treatment," *Cancer Research* 63. 11

(June 1, 2003): 2705 – 15; B. R. Davies et al., "Immortalization of Human Ovarian Surface Epithelium with Telomerase and Temperature-Sensitive SV40 Large T Antigen," *Experimental Cell Research* 288.2 (August 15, 2003): 390 – 402.

49. 参见 R. C. Woodruff 和 J. N. Thompson Jr., "The Role of Somatic and Germline Mutations in Aging and a Mutation Interaction Model of Aging," *Journal of Anti-Aging Medicine* 6.1 (Spring 2003): 29 – 39. 也参见 18 页和 19 页。

50. Aubrey D. N. J. de Grey, "The Reductive Hotspot Hypothesis of Mammalian Aging: Membrane Metabolism Magnifies Mutant Mitochondrial Mischief," *European Journal of Biochemistry* 269.8 (April 2002): 2003 – 9; P. F. Chinnery et al., "Accumulation of Mitochondrial DNA Mutations in Ageing, Cancer, and Mitochondrial Disease: Is There a Common Mechanism?" *Lancet* 360.9342 (October 26, 2002): 1323 – 25; A. D. de Grey, "Mitochondrial Gene Therapy: An Arena for the Biomedical Use of Inteins," *Trends in Biotechnology* 18.9 (September 2000): 394 – 99.

51. "疫苗的概念个别违反神经退行性疾病，例如阿尔茨海默病明显地背离传统认为的机制和治疗，然而，阿尔茨海默病和多发性硬化症的治疗疫苗已经在动物身上和临床上经过验证。但是，这种方法在提供益处的同时可能会引发炎症。"(H. L. Weiner and D. J. Selkoe, "Inflammation and Therapeutic Vaccination in CNS Diseases," *Nature* 420.6917 [December 19 – 26, 2002]: 879 – 84). 这些研究者表示，滴鼻剂形式的疫苗可以减缓大脑的阿尔茨海默病的恶化。H. L. Weiner et al., "Nasal Administration of Amyloid-beta Peptide Decreases Cerebral Amyloid Burden in a Mouse Model of Alzheimer's Disease," *Annals of Neurology* 48.4 (October 2000): 567 – 79.

52. S. Vasan, P. Foiles, and H. Founds, "Therapeutic Potential of Breakers of Advanced Glycation End Product-Protein Crosslinks," *Archives of Biochemistry and Biophysics* 419.1 (November 1, 2003): 89 – 96; D. A. Kass, "Getting Better Without AGE: New Insights into the Diabetic Heart," *Circulation Research* 92.7 (April 18, 2003): 704 – 6.

53. S. Graham, "Methuselah Worm Remains Energetic for Life," October 27, 2003, www.sciam.com/article.cfm?chanID=sa003&articleID=000C601F-8711-1F99-86FB83414B7F0156.

54. Ron Weiss 在普林斯顿大学的主页（http://www.princeton.edu/~rweiss）列出了他的出版物，例如 "Genetic Circuit Building Blocks for Cellular Computation, Communications, and Signal Processing", *Natural Computing, an International Journal* 2.1 (January 2003): 47 – 84.

55. S. L. Garfinkel, "Biological Computing," *Technology Review* (May-June 2000), http://static.highbeam.com/t/technologyreview/may012000/biologicalcomputing.

56. 同上。也可参看 MIT 媒体实验室网址目前研究的条目。http://www.media.mit.edu/research/index.html.

57. 一个合理的解释是："哺乳类动物中，雌性胚胎有两条 X 染色体而雄性有一条 X 染色体。在雌性的早期发展中，其中一条 X 染色体和其上的大多数基因正常情况下沉默着或者失活的。那样，雌性和雄性的基因表达总数是一样的。但是在克隆动物身上，来自捐赠的细胞核中的 X 染色体已经是灭活的。必须重新设定程序，然后再次失活，这样可能会引入错误。" CBC 新闻在线，"Genetic Defects May Explain Cloning Failures," May 27, 2002, http://www.cbc.ca/stories/2002/05/27/cloning_errors020527. That story reports on F. Xue et al., "Aberrant Patterns of X Chromosome Inactivation in Bovine Clones," *Nature Genetics* 31.2 (June 2002): 216 – 20.

58. Rick Weiss, "Clone Defects Point to Need for 2 Genetic Parents," *Washington Post*, May 10, 1999, http: //www. gene. ch/genet/1999/Jun/msg00004. html.

59. A. Baguisi et al. , "Production of Goats by Somatic Cell Nuclear Transfer," *Nature Biotechnology* 5 (May 1999): 456 – 61. 更多关于 Genzyme Transgenics Corporation（前称健赞公司）、路易斯安那州立大学以及塔夫斯大学医药学院之间的合作，参看 1999 年 4 月 27 日新闻稿，"Genzyme Transgenics Corporation Announces First Successful Cloning of Transgenic Goat," http: //www. transgenics. com/pressreleases/pr042799. html.

60. Luba Vangelova, "True or False? Extinction Is Forever," *Smithsonian*, June 2003, http: //www. smithsonianmag. com/smithsonian/issues03/jun03/phenomena. html.

61. J. B. Gurdon and A. Colman, "The Future of Cloning," *Nature* 402. 6763 (December 16, 1999): 743 – 46; Gregory Stock and John Campbell, eds. , *Engineering the Human Germline: An Exploration of the Science and Ethics of Altering the Genes We Pass to Our Children* (New York: Oxford University Press, 2000) .

62. 正如斯科普里斯研究机构所指出的，"去分化或者反转血缘限制的细胞成多功能的起源细胞这样的能力，可能会克服临床应用上许多使用胚胎干细胞和成熟的干细胞的障碍（无效的分化，拒绝外源细胞，有效的隔离和表达等）"。通过有效的特殊细胞分化消失的过程，健康的、丰富的、容易理解的成熟细胞可用于生成功能不同的细胞，以此来修复受损的组织和器官，这都是可能的。(http: //www. scripps. edu/chem/ding/sciences. htm)

已分化的细胞类型直接转换到另一类型——该过程称为分化转化，产生同基因（病人自身的）来代替病的或者损坏的细胞或组织。成熟的干细胞展示出比预期更广大的分化潜能，并且除了在驻留方面还有助于肌体组织。最近在分化转化方面的进展包括核移植、控制细胞培养条件、异位的基因表达感应、细胞萃取物中分子的提取。这些方法打开了一扇大门，直通设计同基因替代细胞的林荫大道。为了避免不可预知的组织转移，细胞核重编需要控制和继承后成性的修改。需要相当大的精力才能解开分子进程，注释557，潜在的细胞核重编和评估重编细胞内方面改变的稳定性。

Quoted from P. Collas and Anne-Marl Hakelien, "Teaching Cells New Tricks," *Trends in Biotechnology* 21. 8 (August 2003): 354 – 61; P. Collas, "Nuclear Reprogramming in Cell-Free Extracts," *Philosophical Transactions of the Royal Society of London*, B 358. 1436 (August 29, 2003): 1389 – 95.

63. 研究者们已经在实验室里将人类肝脏细胞转化为胰腺细胞：Jonathan Slack 等，"Experimental Conversion of Liver to Pancreas," *Current Biology* 13. 2 (January 2003): 105 – 15。

研究者们使用细胞提取物来重编细胞，从而使其在行为上类似其他细胞；例如，皮肤细胞重编成能够展示 T 细胞特征的细胞。Anne-Mari Hakelien et al. , "Reprogramming Fibroblasts to Express T-Cell Functions Using Cell Extracts," *Nature Biotechnology* 20. 5 (May 2002): 460 – 66; Anne-Mari Hakelien and P. Collas, "Novel Approaches to Transdifferentiation," *Cloning Stem Cells* 4. 4 (2002): 379 – 87. See also David Tosh and Jonathan M. W. Slack, "How Cells Change Their Phenotype," *Nature Reviews Molecular Cell Biology* 3. 3 (March 2002): 187 – 94.

64. 参见上面注释21 关于转录因子的描述。

65. R. P. Lanza et al. , "Extension of Cell Life-Span and Telomere Length in Animals Cloned from Senescent Somatic Cells," *Science* 288. 5466 (April 28, 2000): 66 – 9. See also J. C. Ameis-

en, "On the Origin, Evolution, and Nature of Programmed Cell Death: A Timeline of Four Billion Years," *Cell Death and Differentiation* 9.4 (April 2002): 367 – 93; Mary-Ellen Shay, "Transplantation Without a Donor," *Dream: The Magazine of Possibilities* (Children's Hospital, Boston), Fall 2001.

66. 在 2000 年的 Immune Tolerance Network (http://www.immunetolerance.org), 美国国家卫生研究所 (NIH) 和幼型糖尿病基金会计划宣布一项多通道的临床试验来评价胰岛移植的效果。

按照临床试验的研究摘要 (James Shapiro, "Campath-Ifi and One-Year Temporary Sirolimus Maintenance Monotherapy in Clinical Islet Transplantation," http://www.immunetolerance.org/public/clinical/islet/trials/shapiro2.html), "这种疗法不是对所有 I 型糖尿病病人适合, 即使在胰岛供给方面没有限制, 因为癌症长期潜在的危险, 威胁生命的传染病和药物副作用与抗排斥治疗有关。如果耐受性可以达到预先最小的风险, 那么胰岛移植将可以安全应用于糖尿病的治疗过程中, 最终, 在孩子们的诊断过程中。"

67. "Lab Grown Steaks Nearing Menu," http://www.newscientist.com/news/news.jsp?id = ns99993208, 包括工艺问题的讨论。

68. 每一维度上特征尺寸的对分时间是 5 年。参看第 2 章的讨论。

69. Robert A. Freitas Jr 的分析表明, 用机械的 respirocytes 代替一个人 10% 的血液红细胞, 将允许一个人在 4 小时内屏住呼吸, 大约相当于 240 分钟还多 (关于所有生物学血液红细胞持续时间可行性)。由于这项增长源自于只代替 10% 的血液红细胞, 所以 respirocytes 将达到成千上万倍的有效性。

70. 纳米技术是 "彻底的、廉价的对物质结构的控制技术, 它基于分子挨着分子控制产品和副产品; 产品和分子制造的进程, 包括分子机器" (Eric Drexler and Chris Peterson, *Unbounding the Future: The Nanotechnology Revolution* (New York: William Morrow, 1991))。根据作者所说:

纳米技术正朝向较大地控制物质结构的方向移动, 过往的先进技术如微波管、激光、超导体、卫星、机器人等已经慢慢地从工厂走出, 虽然开始时价格很高以及应用有限, 但是分子制造将更类似于计算机: 一种超大使用范围的灵活技术。分子制造将不会像计算机那样, 从传统的工厂慢慢走出来; 它将替代工厂, 替代或者升级工厂的产品。这是件非常基础的新鲜事, 不仅仅是另一个 20 世纪的小玩意。在科学上, 它将起于 20 世纪的趋势, 但在技术上、经济上和环境事务上, 它将打破趋势。(第 1 章)

Drexler 和 Peterson 概述纳米技术革命影响的可能范围: 有效的太阳能细胞 "像新闻纸一样廉价并且像沥青一样坚韧", 分子机制可以在生物递降分解前的 6 小时内杀灭冷病毒, 一按电钮, 免疫机器就可以破坏体内恶性肿瘤细胞, 袖珍的超级计算机, 化石燃料消耗殆尽, 太空旅行, 消失物种的复原。同样参看 E. Drexler, *Engines of Creation* (New York: Anchor Books, 1986)。前瞻协会有一个帮助性的关于纳米技术常见问题的解答列表 (http://www.foresight.org/NanoRev/FIFAQ1.html) 和其他信息。其他网站资源包括 National Nanotechnology Initiative (http://www.nano.gov), http://nanotechweb.org, Dr. Ralph Merkle 的纳米技术主页 (http://www.zyvex.com/nano) 和 *Nanotechnology*, 在线期刊 (http://www.iop.org/EJ/journal/0957 – 4484)。纳米技术广泛使用的材料可以在作者的网址找到, http://www.kurzweilAI.net/meme/frame.html?m = 18。

71. Richard P. Feynman, "There's Plenty of Room at the Bottom," American Physical Society annual meeting, Pasadena, California, 1959; 文字记录在 http：//www. zyvex. com/nanotech/feynman. html.

72. John von Neumann, *Theory of Self-Reproducing Automata*, A. W. Burks, ed. (Urbana：University of Illinois Press, 1966).

73. 关于运动学机器复制最为综合的调查在 Robert A. Freitas Jr. 和 Ralph C. Merkle 的 *Kinematic Self-Replicating Machines* (Georgetown, Tex.：Landes Bioscience, 2004), http：//www. MolecularAssembler. com/KSRM. htm.

74. K. Eric Drexler, *Engines of Creation*, and K. Eric Drexler, *Nanosystems：Molecular Machinery, Manufacturing, and Computation* (New York：Wiley Interscience, 1992).

75. 参见第 3 章关于纳米电子管电路的讨论，包括第 3 章的第 9 个注释，关于纳米电子管电路潜力的分析。

76. K. Eric Drexler and Richard E. Smalley, "Nanotechnology：Drexler and Smalley Make the Case for and Against 'Molecular Assemblers,'" *Chemical and Engineering News*, November 30, 2003, http：//pubs. acs. org/cen/coverstory/8148/8148counterpoint. html.

77. Ralph C. Merkle, "A Proposed 'Metabolism' for a Hydrocarbon Assembler," *Nanotechnology* 8 (December 1997)：149 – 62, http：//www. iop. org/EJ/abstract/0957 – 4484/8/4/001 or http：//www. zyvex. com/nanotech/hydroCarbonMetabolism. html. See also Ralph C. Merkle, "Binding Sites for Use in a Simple Assembler," *Nanotechnology* 8 (1997)：23 – 28, http：//www. zyvex. com/nanotech/bindingSites. html; Ralph C. Merkle, "A New Family of Six Degree of Freedom Positional Devices," *Nanotechnology* 8 (1997)：47 – 52, http：//www. zyvex. com/nanotech/6dof. html; Ralph C. Merkle, "Casing an Assembler," *Nanotechnology* 10 (1999)：315 – 22, http：//www. zyvex. com/nanotech/casing; Robert A. Freitas Jr. , "A Simple Tool for Positional Diamond Mechanosynthesis, and Its Method of Manufacture," U. S. Provisional Patent Application No. 60/543, 802, filed February 11, 2004, 过程描述的讲稿在 http：//www. MolecularAssembler. com/Papers/PathDiamMolMfg. htm; Ralph C. Merkle and Robert A. Freitas Jr. , "Theoretical Analysis of a Carbon-Carbon Dimer Placement Tool for Diamond Mechanosynthesis," *Journal of Nanoscience and Nanotechnology* 3 (August 2003)：319 – 24, http：//www. rfreitas. com/Nano/JNNDimerTool. pdf; Robert A. Freitas Jr. and Ralph C. Merkle, "Merkle-Freitas Hydrocarbon Molecular Assembler; in *Kinematic Self-Replicating Machines*, section 4. 11. 3 (Georgetown, Tex.：Landes Bioscience, 2004), pp. 130 – 35, http：//www. MolecularAssembler. com/KSRM/4. 11. 3. htm.

78. Robert A. Freitas Jr. , *Nanomedicine*, vol. 1, *Basic Capabilities*, section 6. 3. 4. 5, "Chemoelectric Cells" (Georgetown, Tex.：Landes Bioscience, 1999), pp. 152 – 54, http：//www. nanomedicine. com/NMI/6. 3. 4. 5. htm; Robert A. Freitas Jr. , *Nanomedicine*, vol. 1, *Basic Capabilities*, section 6. 3. 4. 4, "Glucose Engines" (Georgetown, Tex.：Landes Bioscience, 1999), pp. 149 – 52, http：//www. nanomedicine. com/NMI/6. 3. 4. 4. htm; K. Eric Drexler, *Nanosystems：Molecular Machinery, Manufacturing, and Computation*, section 16. 3. 2, "Acoustic Power and Control" (New York：Wiley Interscience, 1992), pp. 472 – 76. See also Robert A. Freitas Jr. and Ralph C. Merkle, *Kinematic Self-Replicating Machines*, appendix B. 4, "Acoustic Transducer for Power and Control" (Georgetown, Tex.：Landes Bioscience, 2004), pp. 225 – 33, http：//www. Mo-

lecularAssembler. com/KSRM/AppB. 4. htm.

　　79. 关于运动学机器复制最为综合的调查是由 Robert A. Freitas Jr. 和 Ralph C. Merkle 编写 的 *Kinematic Self-Replicating Machines*, 第 4 章, "Microscale and Molecular Kinematic Machine Replicators" (Georgetown, Tex. : Landes Bioscience, 2004), pp. 89 – 144, http: //www. MolecularAssembler. com/KSRM/4. htm.

　　80. Drexler, *Nanosystems*, 第 441 页.

　　81. 关于运动学机器复制最为综合的调查是由 Robert A. Freitas Jr. 和 Ralph C. Merkle 编写 的 *Kinematic Self-Replicating Machines*, 第 4 章 "Microscale and Molecular Kinematic Machine Replicators" (Georgetown, Tex. : Landes Bioscience, 2004), pp. 89 – 144, http: //www. MolecularAssembler. com/KSRM/4. htm.

　　82. T. R. Kelly, H. De Silva, and R. A. Silva, "Unidirectional Rotary Motion in a Molecular System," *Nature* 401. 6749 (September 9, 1999): 150 – 52.

　　83. Carlo Montemagno and George Bachand, "Constructing Nanomechanical Devices Powered by Biomolecular Motors," *Nanotechnology* 10 (1999): 225 – 31; George D. Bachand and Carlo D. Montemagno, "Constructing Organic/Inorganic NEMS Devices Powered by Biomolecular Motors," *Biomedical Microdevices* 2. 3 (June 2000): 179 – 84.

　　84. N. Koumura et al., "Light-Driven Monodirectional Molecular Rotor," *Nature* 401. 6749 (September 9, 1999): 152 – 55.

　　85. Berkeley Lab, "A Conveyor Belt for the Nano-Age," April 28, 2004, http: //www. lbl. gov/ Science-Articles/Archive/MSD-conveyor-belt-for-nanoage. html.

　　86. "Study: Self-Replicating Nanomachines Feasible," June 2, 2004, http: // www. smalltimes. com/document_display. cfm? section_id = 53&document_id = 8007, 关于 Tihamer Toth-Pejel 的报道, "Modeling Kinematic Cellular Automata," April 30, 2004, http: // www. niac. usra. edu/files/studies/final_report/pdf/883Toth-Fejel. pdf.

　　87. W. U. Dittmer, A. Reuter, and F. C. Simmel, "A DNA-Based Machine That Can Cyclically Bind and Release Thrombin," *Angewandte Chemie International Edition* 43 (2004): 3550 – 53.

　　88. Shiping Liao and Nadrian C. Seeman, "Translation of DNA Signals into Polymer Assembly Instructions," *Science* 306 (December 17, 2004): 2072 – 74, http: //www. sciencemag. org/cgi/reprint/306/5704/2072. pdf.

　　89. Scripps Research Institute, "Nano-origami," February 11, 2004, http: //www. eurekalert. org/pub_releases/2004-02/sri-n021004. php.

　　90. Jenny Hogan, "DNA Robot Takes Its First Steps," May 6, 2004, http: //www. newscientist. com/news/news. jsp? id = ns99994958, reporting on Nadrian Seeman and William Sherman, "A Precisely Controlled DNA Biped Walking Device," *Nano Letters* 4. 7 (July 2004): 1203 – 7.

　　91. Helen Pearson, "Construction Bugs Find Tiny Work," *Nature News*, July 11, 2003, http: //www. nature. com/news/2003/030707/full/030707-9. html.

　　92. Richard E. Smalley, "Nanofallacies: Of Chemistry, Love and Nanobots," *Scientific American* 285. 3 (September 2001): 76 – 77; 请参见以下链接: http: //www. sciamdigital. com/browse. cfm? sequencenameCHAR = item2&methodnameCHAR = resource _ getitembrowse&interfacenameCHAR = browse. cfm&ISSUEID _ CHAR = 6A628AB3-17A5-4374-B100-3185A0CCC86&ARTICLEID _ CHAR =

F90C4210-C153-4B2F-83A1-28F2012B637&sc = I100322.

93. 参见下面第 108 和 109 关于参考文献的注释。同时参见 Drexler 的 *Nanosystems* 关于他的计划。样品证明，参见 Xiao Yan Chang、Martin Perry、James Peploski、Donald L. Thompson 和 Lionel M. Raff, "Theoretical Studies of Hydrogen-Abstraction Reactions from Diamond and Diamondlike Surfaces," *Journal of Chemical Physics* 99（September 15, 1993）: 4748 - 58. See also L. J. Lauhon and W. Ho, "Inducing and Observing the Abstraction of a Single Hydrogen Atom in Bimolecular Reaction with a Scanning Tunneling Microscope," *Journal of Physical Chemistry* 105（2000）: 3987 - 92; G. Allis and K. Eric Drexler, "Design and Analysis of a Molecular Tool for Carbon Transfer in Mechanosynthesis," *Journal of Computational and Theoretical Nanoscience* 2. 1（March-April 2005, in press）.

94. Lea Winerman, "How to Grab an Atom," *Physical Review Focus*, May 2, 2003, http: //focus. aps. org/story/v11/st19, reporting on Noriaki Oyabu, "Mechanical Vertical Manipulation of Selected Single Atoms by Soft Nanoindentation Using a Near Contact Atomic Force Microscope," *Physical Review Letters* 90. 17（May 2, 2003）: 176102.

95. Robert A. Freitas Jr., "Technical Bibliography for Research on Positional Mechanosynthesis," 前瞻协会网站 December 16, 2003, http: //foresight. org/stage2/mechsynthbib. html.

96. 参见 Ralph C. Merkle 的 "That's Impossible! How Good Scientists Reach Bad Conclusions" 第 3 页的方程式和相应的说明, http: //www. zyvex. com/nanotech/impossible. html。

97. "因为 ΔX_c 仅仅是直径约为 0.3nm 的典型原子的电子云的 5%，利用在纳米机械结构的制造和稳定性方面的适度结构约束（即使在大多数液体的沸点时，每个分子只能在平均位置上移动大约 0.07nm）" Robert A. Freitas Jr., *Nanomedicine*, vol. 1, *Basic Capabilities*, section 2. 1, "Is Molecular Manufacturing Possible?"（Georgetown, Tex. : Landes Bioscience, 1999）, p. 39, http: //www. nanomedicine. com/NMI/2. 1. htm#p9.

98. Robert A. Freitas Jr., *Nanomedicine*, vol. 1, *Basic Capabilities*, section 6. 3. 4. 5, "Chemoelectric Cells"（Georgetown, Tex. : Landes Bioscience, 1999）, pp. 152 - 54, http: //www. nanomedicine. com/NMI/6. 3. 4. 5. htm.

99. Montemagno and Bachand, "Constructing Nanomechanical Devices Powered by Biomolecular Motors. "

100. 前瞻协会主席 K. Eric Drexler 给诺贝尔奖获得者 Richard Smeally 的公开信, http: //www. foresight. org/NanoRev/Letter. html, and reprinted here: http: //www. KurzweilAI. net/meme/frame. html? main = /articles/art0560. html. 完整的故事可以在 Ray X Kurzweil 的 "The Drexler-Smalley Debate on Molecular Assembly" 中找到, http: //www. KurzweilAI. net/meme/frame. htrnl? main = /articles/art0604. html.

101. K. Eric Drexler and Richard E. Smalley, "Nanotechnology: Drexler and Smalley Make the Case for and Against ' Molecular Assemblers, ' " *Chemical & Engineering News* 81. 48（Dec. 1, 2003）: 37 - 42, http: //pubs. acs. org/cen/coverstory/8148/8148counterpoint. html.

102. A. Zaks and A. M. Klibanov, "Enzymatic Catalysis in Organic Media at 100 Degrees C," *Science* 224. 4654（June 15, 1984）: 1249 - 51.

103. Patrick Bailey, "Unraveling the Big Debate About Small Machines," *BetterHumans*, August 16, . 2004, http: //www. betterhumans. com/Features/Reports/report. aspx? articleID = 2004 -

08 – 16 – 1.

104. Charles B. Musgrave et al. , "Theoretical Studies of a Hydrogen Abstraction Tool for Nano-technology," *Nanotechnology* 2 （October 1991）: 187 – 95; Michael Page and Donald W. Brenner, "Hydrogen Abstraction from a Diamond Surface: Ab initio Quantum Chemical Study with Constrained Isobutane as a Model," *Journal of the American Chemical Society* 113. 9 （1991）: 3270 – 74; Xiao Yan Chang, Martin Perry, James Peploski, Donald L. Thompson, and Lionel M. Raff, "Theoretical Studies of Hydrogen-Abstraction Reactions from Diamond and Diamond-like Surfaces," *Journal of Chemical Physics* 99 （September 15, 1993）: 4748 – 58; J. W. Lyding, K. Hess, G. C. Abeln, et al. , "UHV-STM Nanofabrication and Hydrogen/Deuterium Desorption from Silicon Surfaces: Implications for CMOS Technology," *Applied Surface Science* 132 （1998）: 221; http: //www. hersam-group. northwestern. edu/publications. html; E. T. Foley et al. , "Cryogenic UHVSTM Study of Hydro-gen and Deuterium Desorption from Silicon （100），" *Physical Review Letters* 80 （1998）: 1336 – 39, http: //prola. aps. org/abstract/PRL/v80/i6/p1336_1; L. J. Lauhon and W. Ho, "Inducing and Observing the Abstraction of a Single Hydrogen Atom in Bimolecular Reaction with a Scanning Tunne-ling Microscope," *Journal of Physical Chemistry* 105 （2000）: 3987 – 92.

105. Stephen P. Walch and Ralph C. Merkle, "Theoretical Studies of Diamond Mechanosynthe-sis Reactions," *Nanotechnology* 9 （September 1998）: 285 – 96; Fedor N. Dzegilenko, Deepak Sriv-astava, and Subhash Saini, "Simulations of Carbon Nanotube Tip Assisted Mechano-Chemical Reac-tions on a Diamond Surface," *Nanotechnology* 9 （December 1998）: 325 – 30; Ralph C. Merkle and Robert A. Freitas Jr. , "Theoretical Analysis of a Carbon-Carbon Dimer Placement Tool for Diamond Mechanosynthesis," *Journal of Nanoscience and Nanotechnology* 3 （August 2003）: 319 – 24, ht-tp: //www. rfreitas. com/Nano/DimerTool. htm; Jingping Peng, Robert A. Freitas Jr. , and Ralph C. Merkle, "Theoretical Analysis of Diamond Mechano-Synthesis. Part I. Stability of C2 Mediated Growth of Nanocrystalline Diamond C （110） Surface," *Journal of Computational and Theoretical Nanoscience* 1 （March 2004）: 62 – 70, http: //www. molecularassembler. com/JCTNPengMar04. pdf; David J. Mann, Jingping Peng, Robert A. Freitas Jr. , and Ralph C. Merkle, "Theoretical Analysis of Diamond MechanoSynthesis. Part II. C2 Mediated Growth of Diamond C （110） Surface via Si/Ge-Triadamantane Dimer Placement Tools," *Journal of Computational and Theoretical Nanoscience* 1 （March 2004）, 71 – 80, http: //www. molecularassembler. com/JCTNMannMar04. pdf.

106. 关于氢原子提取工具和碳元素沉淀工具的分析已经涉及很多人，包括: Donald W. Brenner, Tahir Cagin, Richard J. Colton, K. Eric Drexler, Fedor N. Dzegilenko, Robert A. Freitas Jr. , William A. Goddard III, J. A. Harrison, Charles B. Musgrave, Ralph C. Merkle, Michael Page, Jason K. Perry, Subhash Saini, O. A. Shenderova, Susan B. Sinnott, Deepak Srivastava, Ste-phen P. Walch, 和 Carter T. White.

107. Ralph C. Merkle, "A Proposed 'Metabolism' for a Hydrocarbon Assembler," *Nanotechnol-ogy* 8 （December 1997）: 14 – 62, http: //www. iop. org/EJ/abstraet/0957 – 4484/8/4/001 or ht-tp: //www. zyvex. com/nanotech/hydroCarbonMetabolism. html.

108. 有价值的参考文献: Robert A. Freitas Jr. , "Technical Bibliography for Research on Posi-tional Mechanosynthesis," 前瞻协会网站, 2003 年 12 月 16 日, http: //foresight. org/stage2/mechsynthbib. html; Wilson Ho and Hyojune Lee, "Single Bond Formation and Characterization with a

Scanning Tunneling Microscope," *Science* 286. 5445 (November 26, 1999): 1719 – 22, http: // www. physics. uci. edu/ ~ wilsonho/stm-iets. html; K. Eric Drexler, *Nanosystems* 第 8 章; Ralph Merkle, "Proposed 'Metabolism' for a Hydrocarbon Assembler"; Musgrave et al. , "Theoretical Studies of a Hydrogen Abstraction Tool for Nanotechnology"; Michael Page and Donald W. Brenner, "Hydrogen Abstraction from a Diamond Surface: *Ab initio* Quantum Chemical Study with Constrained Isobutane as a Model," *Journal of the American Chemical Society* 113. 9 (1991): 3270 – 74; D. W. Brenner et al. , "Simulated Engineering of Nanostructures," *Nanotechnology* 7 (September 1996): 161 – 67, http: //www. zyvex. com/nanotech/nano4/brennerPaper. pdf; S. P. Walch, W. A. Goddard III, and Ralph Merkle, "Theoretical Studies of Reactions on Diamond Surfaces," Fifth Foresight Conference on Molecular Nanotechnology, 1997, http: //www. foresight. org/Conferences/MNT05/Abstracts/Walcabst. html; Stephen P. Walch and Ralph C. Merkle, "Theoretical Studies of Diamond Mechanosynthesis Reactions," *Nanotechnology* 9 (September 1998): 285 – 96; Fedor N. Dzegilenko, Deepak Srivastava, and Subhash Saini, "Simulations of Carbon Nanotube Tip Assisted Mechano-Chemical Reactions on a Diamond Surface," *Nanotechnology* 9 (December 1998): 325 – 30; J. W. Lyding et al. , "UHV-STM Nanofabrication and Hydrogen/Deuterium Desorption from Silicon Surfaces: Implications for CMOS Technology," *Applied Surface Science* 132 (1998): 221, http: //www. hersamgroup. northwestem. edu/publications. html; E. T. Foley et al. , "Cryogenic UHV-STM Study of Hydrogen and Deuterium Desorption from Silicon (100)," *Physical Review Letters* 80 (1998): 1336 – 39, http: // prola. aps. org/abstract/PRL/v80/i6/p1336_1; M. C. Hersam, G. CAbeln, and J. W. Lyding, "An Approach for Efficiently Locating and Electrically Contacting Nanostructures Fabricated via UHV-STM Lithography on Si (100)," *Microelectronic Engineering* 47 (1999): 235 37; L. J. Lauhon and W. Ho, "Inducing and Observing the Abstraction of a Single Hydrogen Atom in Bimolecular Reaction with a Scanning Tunneling Microscope," *Journal of Physical Chemistry* 105 (2000): 3987 – 92, http: // www. physics. uci. edu/ ~ wilsonho/stm-iets. html.

109. Eric Drexler, "Drexler Counters," 2003 年 11 月 1 日首次发布于 KurzweilAI. net: http: //www. KurzweilAI. net/meme/frame. html? main = /articles/art0606. html. 同时参见 K. Eric Drexler, *Nanosystems: Molecular Machinery, Manufacturing, and Computation* (New York: Wiley Interscience, 1992), chapter 8; Ralph C. Merkle, "Foresight Debate with *Scientific American*" (1995), http: //www. foresight. org/SciAmDebate/SciAmResponse. html; Wilson Ho and Hyojune Lee, "Single Bond Formation and Characterization with a Scanning Tunneling Microscope," *Science* 286. 5445 (November 26, 1999): 1719 – 22, http: //www. physics. uci. edu/ ~ wilsonho/stmiets. html; K. Eric Drexler, David Forrest, Robert A. Freitas Jr. , J. Storrs Hall, Neil Jacobstein, Tom McKendree, Ralph Merkle, and Christine Peterson, "On Physics, Fundamentals, and Nanorobots: A Rebuttal to Smalley's Assertion that Self-Replicating Mechanical Nanorobots Are Simply Not Possible: A Debate About Assemblers" (2001), http: //www. imm. org/SciAmDebate2/smalley. html.

110. 参 见 http: //pubs. acs. org/cen/coverstory/8148/8148counterpoint. html; http: // www. kurzweilAI. net/meme/frame. html? main = /articles/art0604. html?

111. D. Maysinger et al. , "Block Copolymers Modify the Internalization of Micelle-Incorporated Probes into Neural Cells," *Biochimica et Biophysica Acta* 1539. 3 (June 20, 2001): 205 – 17; R. Savic et al. , "Micellar Nanocontainers Distribute to Defined Cytoplasmic Organelles," *Science*

300. 5619（April 25, 2003）: 615 – 18.

112. T. Yamada et al., "Nanopartides for the Delivery of Genes and Drugs to Human Hepato-cytes," *Nature Biotechnology* 21. 8（August 2003）: 885 – 90. Published electronically June 29, 2003. 摘要: http: //www. nature. com/cgi-taf/DynaPage. taf? file = /nbt/journal/v21/n8/abs/nbt843. Nature 上的短篇新闻稿 Short press release: http: //www. nature. com/nbt/press_release/nbt0803. html.

113. Richards Grayson et al., "A BioMEMS Review: MEMS Technology for Physiologically Inte-grated Devices," *IEEE Proceedings* 92（2004）: 6 – 21; Richards Grayson et al., "Molecular Release from a Polymeric Microreservoir Device: Influence of Chemistry, Polymer Swelling, and Loading on Device Performance," *Journal of Biomedical Materials Research* 69A. 3（June 1, 2004）: 502 – 12.

114. D. Patrick O'Neal et al., "Photo-thermal Tumor Ablation in Mice Using Near Infrared-Ab-sorbing Nanoparticles," *Cancer Letters* 209. 2（June 25, 2004）: 171 – 76.

115. 国际能源机构，2003 年 3 月 3 日 R. E. Smalley 在 Washington, D. C. 出席总统科学技术顾问委员会时描述，"Nanotechnology, the S&T Workforce, Energy & Prosperity" 的第 12 页。http: //www. ostp. gov/PCAST IPCAST%203-3-03%20R%20Smalley%20Slides. pdf; 也可以参见 ht-tp: //cohesion. rice. edu/NaturalSciences/Smalley/emplibrary/PCAST%20March%203,%202003. ppt.

116. Smalley, "Nanotechnology, the S&T Workforce, Energy & Prosperity. "

117. "FutureGen—A Sequestration and Hydrogen Research Initiative," U. S. Department of En-ergy, Office of Fossil Energy, February 2003, http: //www. fossil. energy. gov/programs/powersys-tems/futuregen/futuregen_factsheet. pdf.

118. Drexler, *Nanosystems*, 第 428 到第 433 页。

119. Barnaby J. Feder, "Scientist at Work/Richard Smalley: Small Thoughts for a Global Grid," *New York Times*, September 2, 2003; the following link requires subscription or purchase: http: //query. nytimes. com/gst/abstract. html? res = F30C17FC3D5C0C718CDDA00894DB404482.

120. 国际能源机构，Smalley "Nanotechnology, the S&T Workforce, Energy & Prosperity" 报告的第 12 页。

121. 联合国大学美国委员会，千禧年全球挑战计划 13: http: //www. acunu. org/millenni-um/ch-13. html。

122. "Wireless Transmission in Earth's Energy Future," Environment News Service, November 19, 2002, reporting on Jerome C. Glenn and Theodore J. Gordon in "2002 State of the Future," American Council for the United Nations University（August 2002）.

123. 信息披露: 作者是这家公司的顾问和投资人。

124. "NEC Unveils Methanol-Fueled Laptop," Associated Press, June 30, 2003, http: //www. siliconvalley. com/mld/siliconvalley/news/6203790. htm. reporting on NEC press release, "NEC Unveils Notebook PC with Built-In Fuel Cell," June 30, 2003, http: //www. nec. co. jp/press/en/0306/3002. html.

125. Tony Smith, "Toshiba Boffins Prep Laptop Fuel Cell," *The Register*, March 5, 2003, ht-tp: //www. theregister. co. uk/2003/03/05/toshiba_boffins_prep_laptop_fuel; Yoshiko Hara, "Toshi-ba Develops Matchbox-Sized Fuel Cell for Mobile Phones," *EE Times*, June 24, 2004, http: //www. eet. com/article/showArticle. jhtml? articleId = 22101804, reporting on Toshiba press release,

"Toshiba Announces World's Smallest Direct Methanol Fuel Cell with Energy Output of 100 Milliwats," http：//www. toshiba. com/taec/press/dmfc04_222. shtml.

126. Karen Lurie, "Hydrogen Cars," *ScienceCentral News*, May 13, 2004, http：// www. sciencentral. com/articles/view. php3? language = english&type = article&article_id =218392247.

127. Louise Knapp, "Booze to Fuel Gadget Batteries," *Wired News*, April 2, 2003, http：// www. wired. com/news/gizmos/0, 1452, 58119, 00. html, and St. Louis University press release, "Powered by Your Liquor Cabinet, New Biofuel Cell Could Replace Rechargeable Batteries," March 24, 2003, http. //www. slu. edu/readstory/newsinfo/2474, reporting on Nick Akers and Shelley Mint-eer, "Towards the Development of a Membrane Electrode Assembly," presented at the American Chemical Society national meeting, Anaheim, Calif. (2003).

128. "Biofuel Cell Runs on Metabolic Energy to Power Medical Implants," *Nature Online*, November 12, 2002, http：//www. nature. com/news/2002/021111/full/021111-1. html, reporting on N. Mano, F. Mao, and A. Heller, "A Miniature Biofuel Cell Operating in a Physiological Buffer," *Journal of the American Chemical Society* 124 (2002)：12962 – 63.

129. "Power from Blood Could Lead to 'Human Batteries,' " *FairfaxDigital*, August 4, 2003, http：//www. smh. com. au/articles/2003/08/03/1059849278131. html? oneclick = true. Read more about the microbial fuel cells here：http：//www. geobacter. org/research/microbial/. Matsuhiko Nishizawa's BioMEMs laboratory diagrams a micro-biofuel cell：http：//www. biomems. mech. tohoku. ac. jp/research_e. html. This short article describes work on an implantable, nontoxic power source that now can produce 0. 2 watts：http：//www. iol. co. za/index. php? se_id = l&click_id =31&art_id = qw111596760144B215.

130. Mike Martin, "Pace-Setting Nanotubes May Power Micro-Devices," *NewsFactor*, February 27, 2003, http：//physics. iisc. ernet. in/ ~ asood/Pace-Setting% 20Nanotubes% 20May% 20Power% 20Micro-Devices. htm.

131. "Finally, it is possible to derive a limit to the total planetary active nanorobot mass by considering the global energy balance. Total solar insolation received at the Earth's surface is ~ 1. 75 10^7 watts (IEarth ~ 1370 W/m2 ±0. 4% at normal incidence)," Robert A. Freitas Jr. , *Nanomedicine*, vol. 1, *Basic Capabilities*, section 6. 5. 7, "Global Hypsithermal Limit" (Georgetown, Tex. ：Landes Bioscience, 1999), pp. 175 – 76, http：//www. nanomedicine. com/NMI/6. 5. 7. htm#p1.

132. 这假设有 100 亿人（10^{10}），纳米机器人的功率密度为每立方米大约 10^7W，一个纳米机器人大小为 1 立方微米，每个纳米机器人的原子动力拖动大约 10 皮瓦（10^{-11}W）。10^{16}W 的高温限制意味着每个人 10kg 的纳米机器人，或者每个人拥有 10^{16} 个纳米机器人。Robert A. Freitas Jr. , *Nanomedicine*, vol. 1, *Basic Capabilities*, section 6. 5. 7 "Global Hypsithermal Limit" (Georgetown, Tex. ：Landes Bioscience, 1999), pp. 175 – 76, http：//www. nanomedicine. com/ NMI/6. 5. 7. htm#p4.

133. 作为一种选择，纳米技术起初的目的是极大地节能，之所以能量回收是多余的而且不可行的，是因为要回收的是相当小的散热。2005 年 1 月，在一封私人信件中，Robert A. Freitas Jr. 写道："Drexler 的 *Nanosystems* 第 396 页声称能量耗散理论上能够像 E_{diss} 一样低，约为 0. 1 兆焦耳/千克。如果假设只采用可靠的、近乎可逆的步骤将一组机械化学过程有能力传送分子原料到复杂的产品结构中：钻石的 0. 1 兆焦耳/千克粗略的相当于室内温度最小的热噪声（e. g. , kT ~ 4 zJ/atom at 298 K）。"

134. Alexis De Vos, *Endoreversible Thermodynamics of Solar Energy Conversion* （London: Oxford University Press, 1992）, p. 103.

135. R. D. Schaller and V. 1. Klimov, "High Efficiency Carrier Multiplication in PbSe Nano-crystals: Implications for Solar Energy Conversion," *Physical Review Letters* 92. 18 （May 7, 2004）: 186601.

136. National Academies Press, Commission on Physical Sciences, Mathematics, and Applications, Harnessing Light: Optical Science and Engineering for the 21st Century, （Washington, D. C. : National Academy Press, 1998 ）, p. 166, http: //books. nap. edu/books/0309059917/html/ 166. html.

137. Matt Marshall, "World Events Spark Interest in Solar Cell Energy Start-ups," *Mercury News*, August 15, 2004, http: //www. konarkatech. com/news_articles_082004/b-silicon_ valley. php and http: //www. nanosolar. com/cache/merc081504. htm.

138. John Gartner, "NASA Spaces on Energy Solution," *Wired News*, June 22, 2004, http: // www. wired. com/news/technology/0, 1282, 63913, 00. html. See also Arthur Smith, "The Case for Solar Power from Space," http: //www. lispace. org/articles/SSPCase. html.

139. "The Space Elevator Primer," Spaceward Foundation, http: //www. elevator2010. org/ site/primer. html.

140. Kenneth Chang, "Experts Say New Desktop Fusion Claims Seem More Credible," *New York Times*, March 3, 2004, http: //www. rpi. edu/web/News/nytlahey3. html, reporting on R. P. Tale-yarkhan, "Additional Evidence of Nuclear Emissions During Acoustic Cavitation," *Physical Review E: Statistical, Nonlinear, and Soft Matter Physics* 69. 3, pt. 2 （March 2004）: 036109.

141. 最初 Pons 和 Fleischman 使用钯电极冷却核聚变的理论还未被废弃。热心的拥护者继续发展该项技术，美国能源部于 2004 年宣布，正在执行一项新的正式的关于近年来该领域的研究的审查。Toni Feder, "DOE Warms to Cold Fusion," *Physics Today* （April 2004）, http: // www. physicstoday. org/vol-57/iss-4/p27. html.

142. Akira Fujishima, Tata N. Rao, and Donald A. Tryk, "Titanium Dioxide Photocatalysis," *Journal of Photochemistry and Photobiology C: Photochemistry Review* 1 （June 29, 2000）: 1 – 21; Prashant V. Kamat, Rebecca Huehn, and Roxana Nicolaescu, "A 'Sense and Shoot' Approach for Photocatalytic Degradation of Organic Contaminants in Water," *Journal of Physical Chemistry B* 106 （January 31, 2002）: 788 – 94.

143. A. G. Panov et al. , "Photooxidation of Toluene and p-Xylene in Cation-Exchanged Zeolites X, Y, ZSM-5, and Beta: The Role of Zeolite Physicochemical Properties in Product Yield and Selec-tivity," *Journal of Physical Chemistry B* 104 （June 22, 2000）: 5706 – 14.

144. Gabor A. Somorjai and Keith McCrea, "Roadmap for Catalysis Science in the 21st Century: A Personal View of Building the Future on Past and Present Accomplishments," *Applied Catalysis* A: General 222. 1 – 2 （2001）: 3 – 18, Lawrence Berkeley National Laboratory number 3. LBNL – 48555, http: //www. cchem. berkeley. edu/ ~ gasgrp/2000. html （publication 877）. 同时可参见 Zhao, Lu, and Millar, "Advances in mesoporous molecular sieve MCM – 41," *Industrial & Engineering Chemistry Research* 35 （1996）: 2075 – 90, http: //cheed. nus. edu. sg/ ~ chexs/Zhao/publication/1996

_2075. pdf.

145. 美国国家电视系统委员会（NTSC/NSET）报道，*National Nanotechnology Initiative*：*The Initiative and Its Implementation Plan*，July 2000，http：//www. nano. gov/html/res/nni2. pdf.

146. Wei-xian Zhang, Chuan-Bao Wang, and Hsing-Lung Lien, "Treatment of Chlorinated Organic Contaminants with Nanoscale Bimetallic Particles," *Catalysis Today* 40（May 14, 1988）：387 – 95.

147. R. Q. Long and R. T. Yang, "Carbon Nanotubes as Superior Sorbent for Dioxin Removal," *Journal of the American Chemical Society* 123. 9（2001）：2058 – 59.

148. Robert A. Freitas, Jr. "Death Is an Outrage!" presented at the Fifth AlcorConference on Extreme Life Extension, Newport Beach, California, November 16, 2002, http：//www. rfreitas. com/Nano/DeathIsAnOutrage. htm.

149. For example, the fifth annual BIOMEMS conference, June 2003, San Jose, http：//www. knowledgepress. com/events/11201717. htm.

150. 计划的 4 卷系列的前两卷：Robert A. Freitas Jr. , *Nanomedicine*, vol. I, *Basic Capabilities*（Georgetown, Tex. ：Landes Bioscience, 1999）；*Nanomedicine*, vol. IIA, *Biocompatibility*（Georgetown, Tex. ：Landes Bioscience, 2003）；http：//www. nanomedicine. com.

151. Robert A. Freitas Jr. , "Exploratory Design in Medical Nanotechnology：A Mechanical Artificial Red Cell," *Artificial Cells*, *Blood Substitutes*, *and Immobilization Biotechnology* 26（1998）：411 – 30, http：//www. foresight. org. Nanomedicine/Respirocytes. html.

152. Robert A. Freitas Jr. , "Microbivores：Artificial Mechanical Phagocytes using Digest and Discharge Protocol," Zyvex preprint, March 2001, http：//www. rfreitas. com/Nano/Microbivores. htm；Robert A. Freitas Jr. , "Microbivores：Artificial Mechanical Phagocytes," *Foresight Update* no. 44, March 31, 2001, pp. 11 – 13, http：//www. imm. org/Reports/Rep025. html；see also microbivore images at the Nanomedicine Art Gallery, http：//www. foresight. org/Nanomedicine/Gallery/Species/Microbivores. html.

153. Robert A. Freitas Jr. , *Nanomedicine*, vol. I, *Basic Capabilities*, section 9. 4. 2. 5 "Nanomechanisms for Natation"（Georgetown, Tex. ：Landes Bioscience, 1999）, pp. 309 – 12, http：//www. nanomedicine. com/NMI/9. 4. 2. 5. htm.

154. George Whitesides, "Nanoinspiration：The Once and Future Nanomachine," *Scientific American* 285. 3（September 16, 2001）：78 – 83.

155. "根据爱因斯坦定量研究布朗运动的方法，室温下 1 秒钟过后，流体水分子平均扩散约 50 微米（约为 40 万个分子的直径），然而 1 微米的纳米机器人沉浸在相同的流体中的结果，在相同的时间段内，仅约为 0. 7 微米（只约为 0. 7 装置的直径）。因此，布朗运动对于能动的医学纳米机器人来说，至多是带来微小的航行错误。"参见 K. Eric Drexler 等，"Many Future Nanomachines：A Rebuttal to Whitesides' Assertion That Mechanical Molecular Assemblers Are Not Workable and Not a Concern," a Debate about Assemblers, Institute for Molecular Manufacturing, 2001, http：//www. imm. org/SciAmDebate2/whitesides. html.

156. Tejal A. Desai, "MEMS-Based Technologies for Cellular Encapsulation," *American Journal of Drug Delivery* 1. 1（2003）：3 – 11, abstract available at http：//www. ingentaconnect. com/search/expand? pub = infobike：//adis/add/2003/00000001/00000001/art00001.

157. 引自 Douglas Hofstadter, *Gödel*, *Escher*, *Bach*：*An Eternal Golden Braid*（New York：Bas-

ic Books，1979）。

158. 作者经营一家名为 FATKAT（Financial Accelerating Transactions by Kurzweil Adaptive Technologies）的公司，该公司将可计算的模式识别技术应用于金融数据并进行证券市场的决策。http：//www. FatKat. com.

159. 参见第 2 章关于计算机存储和电子设备在性价比方面的改进。

160. 逃逸 AI 是指一个场景，正如 Max More 所描述的："超级智能机在开始的时候会给人们带来益处，但很快便会将人类甩在身后。""我们要拥抱未来，而不是放弃。"网址为 http：//www. KurzweilAI. net/articles/art0106. html？ printable = 1。还可见 Damien Broderick 关于"种子 AI"的描述："自我改进的种子 AI 在一个限制的机器基质中的运行效率很低。只要在一点具备了自我改进的能力，那么在一些方面将会突破结构性的平静，从而改进自身的硬件设计，甚至构建硬件（如果允许在加工厂中控制工具）。"Damien Broderick，"Tearing Toward the Spike，"发表于"Australia at the Crossroads? Scenarios and Strategies for the Future"（2000 年 4 月 31 到 5 月 2 日），由 KurzweilAI. net 2001 年 5 月 7 日，出版 http：//www. KurzweilAI. net/meme/frame. html？ main = /articles/art0173. html。

161. David Talbot，"Lord of the Robots，" *Technology Review*（April 2002）.

162. Heather Havenstein 写道："膨胀的观念大量产生于科幻小说中，用于描述人类与机器的聚合将玷污 20 世纪 80 年代的 AI，因为 AI 被认为不具备那种潜力。"Heather Havenstein，"Spring Comes to AI Winter：A Thousand Applications Bloom in Medicine，Customer Service，Education and Manufacturing，" *Computerworld*，February 14，2005，http：//www. computerworld. com/softwaretopics/software/story/0,10801,99691,00. html。这幅失去光泽的图像导致了"AI 冬天"，定义为"该词由 Richard Gabriel 创造，用于描述在 20 时间 80 年代 AI 的繁荣之后，（大约在 1990 ~ 1994 年）对于 AI 的语言 Lisp 和 AI 本身乐观高潮的崩溃，"Duane Rettig 写道"……20 世纪 80 年代早期很多公司依靠 AI 的繁荣，那时大公司们将数十亿美元投入到 AI 领域，并大肆宣传会思考的机器将在 10 年内出现。但是现实与宣传不相符时，AI 的高潮崩溃了，Lisp 随之崩溃，因为该语言与 AI 紧密相关。我们特指其为 AI 冬天。"引用自 Duane Rettig 的"AI Winter"，http：//c2. com/cgi/wiki？ AiWinter。

163. The General Problem Solver（GPS）计算机程序编写于 1957 年，它能够通过规则解决问题，这些规则可以将一个问题的目标化简为若干个子目标，然后检查完成一个具体的子目标是否能够使 GPS 接近于解决整体目标。在 20 世纪 60 年代早期，Thomas Evan 编写过 ANALOGY，它是一个"能够通过 A：B：：C：? 的形式来解决几何图形相似性的程序，该问题还用于 IQ 测试和学院的入学考试。"Boicho Kokinov 和 Robert M. French，"Computational Models of Analogy-Making，" in L. Nadel, ed., *Encyclopedia of Cognitive Science*, vol. 1（London：Nature Publishing Group，2003），pp. 113 - 18. See also A. Newell, J. C. Shaw, and H. A. Simon, "Report on a General Problem-Solving Program," *Proceedings of the International Conference on Information Processing*（Paris：UNESCO House，1959），pp. 256 - 64；Thomas Evans, "A Heuristic Program to Solve Geometric-Analogy Problems," in M. Minsky, ed., *Semantic Information Processing*（Cambridge，Mass.：MIT Press，1968）.

164. Sir Arthur Conan Doyle，"The Red-Headed League," 1890，available at http：//www. eastoftheweb. com/short-stories/UBooks/RedHead. shtml.

165. V. Yu et al.，"Antimicrobial Selection by a Computer：A Blinded Evaluation by Infectious

Diseases Experts," *JAMA* 242. 12 (1979): 1279 – 82.

166. Gary H. Anthes, "Computerizing Common Sense," *Computerworld*, April 8, 2002, http://www. computerworld. com/news/2002/story/0, 11280, 69881, 00. html.

167. Kristen Philipkoski, "Now Here's a Really Big Idea," *Wired News*, November 25, 2002, http://www. wired. com/news/technology/0,1282,56374,00. html, Darryl Macer, "The Next Challenge Is to Map the Human Mind," *Nature* 420 (November 14, 2002): 121；关于该项目的描述可见 http://www. biol. tsukuba. ac. jp/ ~ macer/index. html.

168. Thomas Bayes, "An Essay Towards Solving a Problem in the Doctrine of Chances", 出版于 1763. 他于 1761 年去世。

169. SpamBayes 垃圾过滤, http://spambayes. sourceforge. net.

170. Lawrence R. Rabiner, "A Tutorial on Hidden Markov Models and Selected Applications in Speech Recognition," *Proceedings of the IEEE* 77 (1989): 257 – 86. For a mathematical treatment of Markov models, http://jedlik. phy. bme. hu/ ~ gerjanos/HMM/node2. html.

171. Kurzweil Applied Intelligence (KAI), 由作者成立于 1982, 1997 年以 1 亿美元出售, 现在是 ScanSoft 的一部分 (以前称为 Kurzweil Computer Products, 是作者的第一家公司, 早先在 1980 年出售给 Xerox 公司), 现在是一家上市公司。KAI 是 1987 年在商业上首次引入了大词汇量的语音识别系统 (Kurzweil Voice Report, 共有 10 万词汇量)。

172. 以下是关于神经网络算法的基本框架。很多变量是可能的, 系统的设计者需要提供确定的临界参数和方法, 以下是相关细节。

创建一个问题的神经网络解决方案涉及以下步骤:

- 定义输入。
- 定义神经网络的拓扑结构 (例如神经元的层次和神经元间的连接)。
- 根据问题的实例训练神经网络。
- 运行经过训练的神经网络, 以解决该问题的新例子。
- 将你的神经网络在全局公开。

这些步骤 (除最后一步) 将在下文详细论述:

问题输入

输入神经网络的问题由一系列的数字构成。该输入可以是:

- 在一个可视化的模式识别系统中, 一个数字二维矩阵代表一副图像的像素;
- 在一个听觉 (如语音) 识别系统中, 一个数字二维矩阵代表声音, 其中第一维度代表声音的参数 (如频率分量), 第二维代表时间上不同的点;
- 在一个任意的模式识别系统中, 用一个 n 维的数字矩阵表达输入模式。

定义拓扑结构

建立神经网络, 每个神经元的结构构成如下:

- 在多输入中, 每个输入 "连接" 到另一个神经元的输出或者输入的一个数字。
- 通常, 一个单独的输出 (连接到另一个神经元的输入, 这个神经元通常在较高的层次上), 或者连接到最终的输出。

建立第一层神经元

- 在第一个层次上, 创建 N_0 个神经元。对于每个神经元, "连接" 神经元多输入中的每一个到问题输入中的 "点" (如数字)。这些连接可以随机地选择或者使用进化算法

（见下文）。

- 为每个创建的连接分配一个初始的"突触强度"。这些权重在开始时可以完全一致，也可以随机分配，还可以通过一种方式制定（见下文）。

建立额外的神经元层

建立总体的 M 层神经元。为每一层建立神经元。

对层次 i：

- 在该层次上创建 N_i 个神经元。对于每个神经元，"连接"神经元多个输入中的每一项到 i-1 层神经元的输出（见下文的变量）。
- 为每个神经元赋予一个初始的"突触强度"。这些权重在开始时可以完全一致，也可以随机分配，还可以通过一种方式制定（见下文）。
- M 层神经元的输出就是神经网络的输出（见下文的变量）。

识别实验

每个神经元是如何工作的

一旦建立神经元，每个识别实验需要完成以下工作：

- 每个输入到神经元的权重由其他神经元（或者初始输入）输出的乘积得到。这个神经元的输入将与连接的突触强度相关联。
- 所有的神经元输入的权重累加求和。
- 如果总和大于这个神经元的发射阈值，那么该神经元将会发射，其输出值为 1。否则它的输出为 0（见下文的变量）。

对每个识别实现需要完成以下工作：

对于每个层次（从初始层到 M 层）：

对于该层次上的每个神经元：

- 对它的输入求和（每个权值输入 = 其他神经元的输出（或初始的输入），该神经元的输入与连接相关联的突触强度的乘积）。
- 如果输入权重之和大于这个神经元的发射阈值，那么该神经元将会发射，该神经元其输出值为 1。否则它的输出为 0。

训练神经网络

- 在样本问题上重复运行识别实验。
- 在每次实验后，调整所有内部神经元连接的突触强度，以改进本次实验神经网络的性能（见下文关于如何实行这个策略的讨论）。
- 持续训练神经网络直到其准确性不再增加（如达到一条渐近线）。

关键设计决策

在以上简单的模式下，神经网络算法的设计者需要在初始阶段决定以下内容：

- 输入的数字表示什么。
- 神经元的层数。
- 每一层上的神经元个数。（每一层上的神经元数量不一定都要相同。）
- 每一层中每个神经元的输入数量。这个输入数量（如内部的神经元连接）可以彼此不同。
- 实际的"线路"（如连接）。对于每一层上的每个神经元，这构成了每个神经元的列表，其输出构成了这个神经元输入。这代表了一个关键的设计领域。可以通过以下方法完成该任务：

1）随机连接神经网络；

2）通过进化算法（见下文）来确定一个优化的连接；

3）根据系统设计者的判断来确定连接；

- 每个连接初始的突触强度（如权重）。有很多方法可以完成这个工作：

1）为所有连接设定相同的突触强度；

2）为不同的连接设定随机不同的突触强度；

3）通过进化算法确定最优的初始值；

4）根据系统设计者的最优判断来决定初始值。.

- 每个神经元的激发阈值

- 输出。输出可以是：

1）M 层神经的输出；

2）一个单独的输出神经元的输出，输入时 M 层神经元的输出；

3）M 层所有神经元的输出的一个功能；

4）在多层次上神经元输出的另一个功能。

- 在神经网络的训练阶段，所有连接的突触强度是如何调整的。这是一个关键的设计决策，它涉及大量研究和讨论的主题。有很多合理的方法完成这个工作：

1）对于每个识别实验，每个突触强度的增加或减少一个固定的量（通常很小），以便于神经网络的输出与正确答案接近。一种方法是尝试增加和减少，然后看哪种结果与所期望更相符。这是非常耗时的，其他方法用于局部决策每个突触强度是增加还是减少。

2）在每次识别实验后，其他统计方法用于修改突触强度，使得实验中神经网络的性能更接近于正确答案。

请注意，即便训练实验并不完全正确，但是神经网络的训练依然有效。这允许使用现实世界中的训练数据，而这些数据有可能存在错误。基于神经网络识别系统成功的关键在于大量用于训练的数据。通常需要一个合适的量值以获取满意的结果。就好像学生一样，一个神经网络花在学习课程上的时间是决定其性能的一个关键因素。

变量

以上的很多变量都是柔性的：

- 有很多决定拓扑结构的方法。特别是内部的神经连接既能够随机设置，又能够应用进化算法。

- 有一些不同方法设定突触强度的初值。

- 一层上的神经元输入并不一定来自 i-1 层的输出，还可以来自其他较低的层次或其他层次。

- 有很多不同方法决定最终的输出。

- 以上描述的方法导致了"全或无"（1 或 0）的激活，这是非线性的。还有其他非线性的功能可以使用。通常一个功能以快速而非渐进的方式由 0 变为 1。同样，输出的数字还可以是 0 和 1 以外的其他数字。

- 在训练描述关键设计的决策期间，可以使用不同方法调节突出强度。

以上模式描述了一种"同步"的神经网络，其中每个识别实验通过计算每个层次的输出实施，始于一个层次并贯穿到 M 层。在一个真实的并行系统中，每个神经元的操作都是独立于其他操作的，神经元操作可以是"异步的"（独立的）。在一个异步策略中，每个神经元不断地扫描其输入，当权重输入超过阈值时发射（或当它的功能被指定）。

173. 见第 4 章关于大脑逆向工程的详细讨论。作为前进的一个实例，S. J. Thorpe 写道：
"我们才刚刚开始从事这个长期的项目，这个项目旨在逆向工程灵长类动物的视觉系统。目前
我们只探索了一些简单的结构，只涉及前馈结构和较少数量的层次……在未来的几年里，我
们将努力尽可能多地吸收灵长类和人类视觉系统大的计算技巧。更简要地说，它似乎才满足
强化的神经元策略，开发一个成熟的可以实时模拟大量神经网络系统将是非常有可能的。"
Proceedings of the IEEE 2000 *International Symposium on Circuits and Systems* IV（IEEE Press），pp.
405 – 8，http：//www. sccn. ucsd. edu/ ~ arno/mypapers/thorpe. pdf。

174. T. Schoenauer 等写道："在过去的几年里，人们设计了了多用多样的人工神经网络硬
件……现在我们可以在更宽广的范围内选择神经网络的硬件。结构策略的设计是不同的，类
神经芯片、加速器板，以及多板神经计算机，还有关注系统的设计，如 ANN 算法和系统的多
功能性……数字神经元硬件可以根据以下方式划分：系统结构、并行程度、每个处理器典型
神经网络的划分、内部处理器通信网络和数值表示。"*Proc. Neuronale Netze in der Anwend-
ung*——Neural Networks in Applications NN'98, Magdeburg, invited paper（February 1998）：101 –
6，http：//bwrc. eecs. berkeley. edu/People/kcamera/neural/papers/schoenauer98digital. pdf. 另见
Yihua Liao, "Neural Networks in Hardware：A Survey"（2001），http：//ailab. das. ucdavis. edu/ ~
yihua/research/NNhardware. pdf.

175. 以下是基因（进化）算法的基本模式。很多变量是合理的，并且系统的设计需要提
供确定的临界参数和方法，细节如下。

计算算法

创建 N 个解决方案的"创作物"。每个创作物如下：

- 一段基因代码：一个数字序列，可以用于描述一个问题的解决方案。数字可以表示临
  界的册数、解决方案的步骤、规则等。

每一代进化都会做以下工作：

- 以下为每个解决方案创造物所做的工作：

1）将解决方案创造物（由基因代码表示）应用于问题或模拟的环境。

2）为方案打分。

- 选择 L 个分数最高的解决方案的创造物用于下一代实验。

- 去除其他（N – L）个解决方案创造物。

- 根据 L 个解决方案，创造（N – L）个新的解决方案，方法如下：

1）制造 L 个创造物的副本。为每个副本引入随机变量；

2）通过融合部分基因代码（使用"有性"繁殖或其他染色体合成蛋白质的方法），从 L
个创造物中创造额外的解决方案创造物；

3）将 1）和 2）合并。

- 确定能否持续进化：

$$改进 =（这一代进化的最高评分）–（前一代进化的最高评分）。$$

If 改进 < 改进阈值，then 完成。

- 具有最高评分的解决方案创造物来源于进化的最后一代，它具有最优的解决方案。将基因代
  码定义的解决方案应用于问题中。

关键设计决策

在以上的简单模式中，设计者需要确定一个开端：

- 关键参数：

N

L

- 该技能阈值
- 基因代码中的数字表示含义，以及如何由基因代码计算获得解决方案的方法。
- 确定第一代 N 个解决方案创造物的方法。通常一个解决方案只需要一个"合理"的尝试。如果这些第一代的解决方案偏离较远，那么评测算法将很难收敛以得到好的解决方案。通常情况下创造一个初始的解决方案创造物应多一些变化。这将帮助进化过程仅仅找到"局部"最优解。
- 如何给解决方案评分。
- 如何复制继续存在的解决方案。

变量

以上的很多变量都是可行的。例如：

- 每一代不需要固定数量的解决方案生物（L）。幸存规则能够允许可变数量的可继续生存的解决方案。
- 不要求每一代（N－L）创造的新的解决方案生物的数量是一致的。生产规则独立于总体数量。生产与幸存的解决方案相关，从而允许最适合的解决方案创造物得到最多的繁殖。
- 关于能否继续进化的决策可以是变化的。不仅考虑到源于最近一代中最高评分的解决方案创造物。还需考虑除最近两代以外的趋势。

176. Sam Williams, "When Machines Breed," August 12, 2004, http：//www. salon. com/tech/feature/2004/08/12/evolvable_hardware/index_np. html.

177. 以下是一个递归搜索的一个基础模式（算法描述），该模式具有很多变量，系统的设计者需要提供给确定的临界参数和方法，以下是相关细节。

递归算法

定义一个函数（程序）"Pick Best Next Step"。该函数返回值为"SUCCESS"（我们已经解决了该问题）或者"FAILURE"（我们无法解决该问题）。如果返回的值为 SUCCESS，那么该函数还返回解决该问题的步骤序列。

PICK BESTNEXT STEP 函数根据以下步骤完成：

- 决定程序能否在该点继续递归。有三种方式处理逃逸决策。

首先，判定问题现在是否已经解决。既然调用 Pick Best Next Step 的程序很有可能就是它本身，那么我们可能已经具有了满意的解决方案。实例如下：

1）在一个游戏（例如象棋）的上下文中，最后一步可以使我们获胜（如将死）。

2）在解决数学定理的上下文中，最后一步证明了该定理。

3）在艺术程序的上下文中（例如计算机诗人或作曲家），最后一步是为下一个字或音调匹配目标。

如果问题得到满意的解答，那么程序返回的值为 SUCCESS，以及返回成功解决该问题的步骤序列。

如果这一问题不能解决，那么就无法确定解决方案是否有效。例如：

1）在游戏中（例如国际象棋），这样的移动将使我们失败（被对方将死）。

2）在解决数学定理的过程中，这一步将违反定理。

3）在文学创作的过程中，这一步将妨害下一个词或下一段文字所表达的含义。

如果在该方面的解决方案被认为是不成功的，那么程序将返回"FAILURE"。

- 如果问题既没有解决，在递归扩展中又没有成功，需要决定是否将放弃这种扩展。这是设计的一个重要方面，需要考虑计算机所需时间总量的限制。实例如下：

1）在游戏（如象棋）的上下文中，移动将使我们的侧面"提前"或"退后"。这一决定可能并不直白，同时也是最主要的设计决策。尽管如此，简单的策略（例如对零碎的值求和）将提供好的结果。如果程序决定了我们的侧面是充分提前的，那么我们的侧面将会胜出（值为"SUCCESS"）。如果程序决定了我们的侧面是充分落后的，那么 Pick Best Next Step 程序将会以相似的方式返回一个我们的侧面失败的结论（值为"FAILURE"）。

2）在解决数学定理的上下文中，这一步涉及证据中的步骤序列是否不可能产生一个证据。如果是这样，那么这条路将被放弃，并且 Pick Best Next Step 将以相似的方式返回一个判断，以断定这一步是否违反了定理（值为"FAILURE"）。没有"柔性"的等价成功。当我们切实解决问题时，才能够返回"SUCCESS"。这便是数学的本质。

3）在艺术化的程序的上下文中（如计算机诗人或作曲家），该步骤涉及决定该序列（如诗中的词和歌中的音调）是否不能满足下一步的目标。如果无法满足则放弃路径，Pick Best Next Step 以相似的方式返回一个判断，这一步骤妨碍了下一步的目标（值为"FAILURE"）。

- 如果 Pick Best Next Step 没有返回值（因为程序既没有成功，也没有失败，没有做出该路径是否该抛弃的一个判断），那么我们还不能从递归扩展中结束。在这种情况下，我们会生成一个关于下一步的清单。以下是关于该问题的一个准确阐述：

1）在一个游戏（如象棋）的上下文中，涉及在当前的棋盘状态下为"我们的"侧面生成所有可能的移动。这涉及直接的游戏规则的编写。

2）在为数学定理找证据的上下文中，涉及可能的公理或之前证明过的定理，它们均可应用于该解决方案中。

3）在一个控制论艺术程序的上下文中，可能涉及使用词语/音符/路线来分割。

对于下一步的每一种可能：

1）创造假设情况，该步骤如能顺利实施则该情况就是存在的。在一个游戏中，这意味着期盼的假设状态。在数学证明中，这意味着增加了证明的步骤（如公理）。在艺术程序中，这意味着增加了词语/音符/路线的分割。

2）现在调用 Pick Best Next Step 来检测假设的情形。当然这是递归的结果，因为程序调用了自身。

3）如果调用 Pick Best Next Step 的返回结果是"SUCCESS"，那么 Pick Best Next Step 的返回值也是"SUCCESS"。否则考虑下一个的可能步骤。

如果所有可能的下一步均没有找到调用 Pick Best Next Step 的返回值为"SUCCESS"，那么调用 Pick Best Next Step 函数的返回值为"FAILURE"。

Pick Best Next Step 的结束

如果初始调用 Pick Best Next Step 函数返回值为"SUCCESS"，那么它还将返回一个正确的步骤序列：

1）在游戏的上下文中，序列的第一步是你应当做出的下一个移动。

2）在数学证明的上下文中，全部的序列步骤便是证据。

3）在一个控制论艺术程序的上下文中，步骤序列就是你的作品。

如果初始调用 Pick Best Next Step 返回值为"FAILURE"，那么你需要返回画板。

关键设计决策

在以上的简单模式中，递归算法的设计者需要判断以下内容：

- 递归算法的关键是判断 Pick Best Next Step 合适放弃递归扩张。当程序成功（例如象棋中的将死，或数学中的必要条件，或是组合问题）或失败时这将是简单的。当状态并非清晰地成功或失败时，情况将变得很困难。在完整定义输出之前放弃查询是很有必要的，因为程序有可能运行了几十亿年（或者至少你的计算机资源将耗尽）。

- 递归算法其他的主要需求是直接编辑问题。在象棋游戏中这很容易。但是在其他情况中，问题的清晰定义通常并不容易。

178. 见 Kurzweil CyberArt, http：//www. KurzweilCyberArt. com。关于 Ray Kurzweil's Cybernetic Poet 的进一步描述，并且可以以下载这个程序的免费版本。见 美国专利 No. 6 647 395, "Poet Personalities," 发明者：Ray Kurzweil and John Keklak。摘要："创造一个诗人的方法，包括读诗，每首诗包括文本，生成分析模型，每个分析模型代表一诗并在个性化的数据结构中存储分析模型。个性化的数据结构进一步包含权重，每个权重与一个分析模型关联。权重包含整数值。"

179. Ben Goertzel：*The Structure of Intelligence*（New York：Springer-Verlag, 1993）；*The Evolving Mind*（Gordon and Breach, 1993）；*Chaotic Logic*（Plenum, 1994）；*From Complexity to Creativity*（Plenum, 1997）. For a link to Ben Goertzel's books and essays, see http：//www. goertzel. orglwork. html.

180. KurzweilAI. net（http：//www. KurzweilAI. net）提供了 100 名大思想家的百余篇文章，并且描述了"加速智能"的特征。该网站提供了涉及本书内容的免费的日通信或周通信，可在首页通过输入你的电子邮件地址（不会将你的邮件地址分享给他人）来订阅。

181. John Gosney, Business Communications Company, "Artificial Intelligence：Burgeoning Applications in Industry," June 2003, http：//www. bccresearch. com/comm/G275. html.

182. Kathleen Melymuka, "Good Morning, Dave . . . ," *Computerworld*；November 11, 2002, http：//www. computerworld. com/industrytopics/defense/story/0, 10801, 75728, 00. html.

183. JTRS Technology Awareness Bulletin, August 2004, http：//jtrs. army. mil/sections/technicalin-formation/fset_technical. html? tech_aware_2004 – 8.

184. Otis Port, Michael Arndt, and John Carey, "Smart Tools," Spring 2003, http：//www. businessweek. com/bw50/content/mar2003/a3826072. htm.

185. Wade Roush, "Immobots Take Control：From Photocopiers to Space Probes, Machines Injected with Robotic Self-Awareness Are Reliable Problem Solvers," *Technology Review*（December 2002-January 2003）, http：//www. occm. de/roush1202. pdf.

186. Jason Lohn quoted in NASA news release "NASA 'Evolutionary' Software Automatically Designs Antenna," http：//www. nasa. gov/lb/centers/ames/news/releases/2004/04_55AR. html.

187. Robert Roy Britt, "Automatic Astronomy：New Robotic Telescopes See and Think," June 4, 2003, http：//www. space. com/businesstechnology/technology/automated_astronomy_030604. html.

188. H. Keith Melton, "Spies in the Digital Age," http：//www. cnn. com/SPECIALS/cold. war/experience/spies/melton. essay.

189. "United Therapeutics（UT）是一家生物科技公司，为生命危急情况提供慢性治疗，治疗领域包括：心血管、肿瘤以及传染病"（http：//www. unither. com）. Kurzweil Technologies 与 UT 合作开发基于模式识别分析系统，如"Holter"监视装置（24 小时记录）或"Event"监视装置（30 天或 30 天以上记录）。

190. Kristen Philipkoski, "A Map That Maps Gene Functions," *Wired News*, May 28, 2002, http：//www. wired. com/news/medtech/0, 1286, 52723, 00. html.

191. Jennifer Ouellette, "Bioinformatics Moves into the Mainstream," *The Industrial Physicist*（October-

November 2003）, http：//www. sciencemasters. com/bioinformatics. pdf.

192. Port, Arndt, and Carey, "Smart Tools."

193. "Protein Patterns in Blood May Predict Prostate Cancer Diagnosis," National Cancer Institute, October 15, 2002, http：//www. nci. nih. gov/newscenter/ProstateProteomics, reporting on Emanuel F. Petricoin et al., "Serum Proteomic Patterns for Detection of Prostate Cancer," *Journal of the National Cancer Institute* 94 （2002）: 1576 – 78.

194. Charlene Laino, "New Blood Test Spots Cancer," December 13, 2002, http：//my. webmd. com/content/Article/56/65831. htm; Emanuel F. Petricoin III et al., "Use of Proteomic Patterns in Serum to Identify Ovarian Cancer," *Lancet* 359. 9306 （February 16, 2002）: 572 – 77.

195. For information of TriPath's FocalPoint, see "Make a Diagnosis," *Wired*, October 2003, http：//www. wired. com/wired/archive/10. 03/everywhere. html? pg = 5. Mark Hagland, "Doctors'Orders," January 2003, http：//www. healthcare-informatics. com/issues/2003/01_03/cpoe. htm.

196. Ross D. King et al., "Functional Genomic Hypothesis Generation and Experimentation by a Robot Scientist," *Nature* 427 （January 15, 2004）: 247 – 52.

197. Port, Arndt, and Carey, "Smart Tools."

198. "Future Route Releases AI-Based Fraud Detection Product," August 18, 2004, http：//www. finextra. com/fullstory. asp? id = 12365.

199. John Hackett, "Computers Are Learning the Business," *CollectionsWorld*, April 24, 2001, http：//www. creditcollectionsworld. com/news/042401_2. htm.

200. "Innovative Use of Artificial Intelligence, Monitoring NASDAQ for Potential Insider Trading and Fraud," AAAI press release, July 30, 2003, http：//www. aaai. org/Pressroom/Releases/release-03-0730. html.

201. "Adaptive Learning, Fly the Brainy Skies," *Wired News*, March 2002, http：//www. wired. com/wired/ rchive/10. 03/everywhere. html? pg = 2.

202. "Introduction to Artificial Intelligence," EL 629, Maxwell Air Force Base, Air University Library course, http：//www. au. af. mil/au/aul/school/acsc/ai02. htm. Sam Williams, "Computer, Heal Thyself," *Salon. com*, July 12, 2004, http：//www. salon. com/tech/feature/2004/07/12/self_healing_computing/index_np. html.

203. 参见 http：//www. Seegrid. com。信息披露：作者是 Seegrid 的投资者和董事会的理事。

204. No Hands Across America Web site, http：//cart. frc. ri. cmu. edu/users/hpm/project. archive/reference. file/nhaa. html, and "Carnegie Mellon Researchers Will Prove Autonomous Driving Technologies During a 3, 000 Mile, Hands-off-the-Wheel Trip from Pittsburgh to San Diego," Carnegie Mellon press release, http：//www-2. cs. cmu. edu/afs/cs/user/tjochem/www/nhaa/official_press_release. html; Robert J. Derocher, "Almost Human," September 2001, http：//www. insight-mag. com/insight/01/09/col-2-pt-1-ClickCulture. htm.

205. "Search and Rescue Robots," Associated Press, September 3, 2004, http：//www. smh. com. au/articles/2004/09/02/1093939058792. html? oneclick = true.

206. "From Factoids to Facts," *Economist*, August 26, 2004, http：//www. economist. com/science/displayStory. cfm? story _id = 3127462.

207. Joe McCool, "Voice Recognition, It Pays to Talk," May 2003, http：//www. bcs. org/BCS/Products/Publications/JournalsAndMagazines/ComputerBulletin/OnlineArchive/may03/voicerecognition. htm.

208. John Gartner, "Finally a Car That Talks Back," *Wired News*, September 2, 2004, http：//www. wired. com/news/autotech/0, 2554, 64809, 00. html? tw = wn_14techhead.

209. "Computer Language Translation System Romances the Rosetta Stone," Information SciencesInstitute, USC School of Engineering (July 24, 2003), http：//www. usc. edu/isinews/stories/102. html.

210. Torsten Reil quoted in Steven Johnson, "Darwin in a Box," *Discover* 24. 8 (August 2003), http：//www. discover. com/issues/aug-03/departments/feattech/.

211. "Let Software Catch the Game for You," July 3, 2004, http：//www. newscientist. com/news/news. jsp? id = ns99996097.

212. Michelle Delio, "Breeding Race Cars to Win," *Wired News*, June 18, 2004, http：//www. wired. com/news/autotech/0, 2554, 63900, 00. html.

213. Marvin Minsky, *The Society of Mind* (New York：Simon & Schuster, 1988).

214. Hans Moravec, "When Will Computer Hardware Match the Human Brain?" *Journal of Evolution and Technology* 1 (1998).

215. Ray Kurzweil, *The Age of Spiritual Machines* (New York：Viking, 1999), p. 156.

216. 请见第 2 章的注释 22 和 23，关于 International Technology Roadmap for Semiconductors。

217. "The First Turing Test," http：//www. loebner. net/Prizef/loebner-prize. html.

218. Douglas R. Hofstadter, "A Coffeehouse Conversation on the Turing Test," May 1981, included in Ray Kurzweil, *The Age of Intelligent Machines* (Cambridge, Mass.：MIT Press, 1990), pp. 80 – 102, http：//www. KurzweilAI. net/meme/frame. html? main = /articles/art0318. html.

219. Ray Kurzweil, "Why I Think I Will Win," and Mitch Kapor, "Why I Think I Will Win," 规则如下：

http：//www. KurzweilAI. net/meme/frame. html? main = /articles/art0373. html；Kapor：

http：//www. KurzweilAI. net/meme/frame. html? main = /articles/art0412. html；Kurzweil：

http：//www. KurzweilAI. net/meme/frame. html? main = /articles/art0374. html；Kurzweil "final word"：

http：//www. KurzweilAI. net/meme/frame. html? main = /articles/art0413. html.

220. Edward A. Feigenbaum, "Some Challenges and Grand Challenges for Computational Intelligence," *Journal of the Association for Computing Machinery* 50 (January 2003)：32 – 40.

221. 根据真核生物进化的连续共生理论，线粒体的祖先（细胞中的一种结构体，用于产生能量，其遗传代码由人类的 13 个基因构成）是独立的细菌（不是细胞的一部分），与现在的弹跳菌非常相似。"连续共生理论"请见 http：//encyclopedia. thefreedictionary. com/Serial% 20endosymbiosis% 20theory。

第 6 章　影响的盛装

1. Donovan, "Season of the Witch," *Sunshine Superman* (1966).

2. 农业劳动力的减少有很多原因，包括机械化减少了人力和物力，在第二次世界大战期间，城市中创造了很多经济机会，密集农业技术的发展需要较少的土地，根据 U. S. Department of Agriculture 和 National Agricultural Statistics Service 发布的 Trends in U. S. Agriculture。http：//www. usda. gov/nass/pubs/trends/farmpopulation. htm。计算机辅助生产、实时生产（降低存货）和外包生产减少了花销和工厂的就业职位。请见 U. S. Department of Labor, *Futurework*：*Trends and Challenges of Work in the 21ʰ Century*, http：//www. dol. gov/asp/programs/history/herman/reports/futurework/report. htm.

3. 例子请见 Natasha Vita-More, "The New [Human] Genre Primo [First] Posthuman," 论文发表于

Ciber@ RT Conference, Bilbao, Spain, April 2004, http：//www. natasha. cc/paper. htm。

4. Rashid Bashir 在 2004 作了如下总结：

在微技术和纳米技术的治疗应用方面取得了巨大的进步，一些具体的实例包括：1）基于硅材料的可移植的设备，该设备可以用电力驱动打开孔口，并将预先填入的药物通过孔口释放；2）硅设备可以利用电力驱动的聚合物作为阀和肌肉以释放预先填入的药物；3）基于硅和微胶囊的多孔膜以释放胰岛素；4）所有的聚合物（或水凝胶）粒子可以释放药物，然后使其在特定的环境中显露，环境包括 PH 的改变、药品的释放；5）金属纳米粒子被识别蛋白所覆盖，其上的粒子可以由外部的光能加热，并破坏有害的细胞和组织。

R. Bashir, "BioMEMS：State-of-the-Art in Detection, Opportunities and Prospects," *Advanced Drug Delivery Reviews* 56. 11 （September 22, 2004）：1565 – 86. 请见以下网址：https：//engineering. purdue. edu/LIB-NA/pdf/publications/BioMEMS% 20review% 20ADDR% 20finl. pdf。请见 Richard Grayson 等，"A BioMEMS Review：MEMS Technology for Physiologically Integrated Devices," *IEEE Proceedings* 92 （2004）：6 – 21。

5. 关于 International Society for BioMEMS and Biomedical Nanotechnology 的活动，请见

http：//www. bme. ohio-state. edu/isb. BioMEMS conferences are also listed on the SPIE Web site, http：//www. spie. org/Conferences。

6. 研究人员使用黄金纳米颗粒监测糖尿病患者的血糖。Y. Xiao et al. , "'Plugging into Enzymes'：Nanowiring of Redox Enzymes by a Gold Nanoparticle," *Science* 299. 5614 （March 21, 2003）：1877 – 81. Also see T. A. Desai et al. , "Abstract Nanoporous Microsystems for Islet Cell Replacement," *Advanced Drug Delivery Reviews* 56. 11 （September 22, 2004）：1661 – 73.

7. A. Grayson, et al. , "Multi-pulse Drug Delivery from a Resorbable Polymeric Microchip Device," *Nature Materials* 2 （2003）：767 – 72.

8. Q. Bai and K. D. Wise, "Single-Unit Neural Recording with Active Microelectrode Arrays," *IEEE Transactions on Biomedical Engineering* 48. 8 （August 2001）：911 – 20. 有关 Wise 在 J. DeGaspari 工作的讨论请见 "Tiny, Tuned, and Unattached," *Mechanical Engineering* （July 2001）, http：//www. memagazine. org/backissues/july01/features/tinytune/tinytune. html; K. D. Wise, "The Coming Revolution in Wireless Integrated MicroSystems," Digest International Sensor Conference 2001 （Invited Plenary）, Seoul, October 2001. Online version （January 13, 2004）：http：//www. stanford. edu/class/ee392s/Stanford392S-kw. pdf.

9. "'Microbots' Hunt Down Disease," BBC News, June 13, 2001, http：//news. bbc. co. uk/l/hi/health/1386440. stm. 基于圆柱磁体的微机器请见 K. Ishiyama, M. Sendoh, and K. I. Arai, "Magnetic Micromachines for Medical Applications," *Journal of Magnetism and Magnetic Materials* 242 – 45, part 1 （April 2002）：41 – 46.

10. 请见 Sandia National Laboratories press release, "Pac-Man-Like Microstructure Interacts with Red Blood Cells," August 15, 2001, http：//www. sandia. gov/medialNewsRel/NR2001/gobbler. htm. 关于回应工业贸易的文章请见 D. Wilson, "Microteeth Have a Big Bite," August 17, 2001, http：//www. e4engineering. com/item. asp? ch = e4_home&type = Features&id = 42543.

11. 参见 Freitas 的书 *Nanomedicine*, vol. 1, *Basic Capabilities* （Georgetown, Tex. ：Landes Bioscience, 1999）, 以及 *Nanomedicine*, vol. 2A, *Biocompatibility* （Georgetown, Tex. ：Landes Bioscience, 2003）, 两者可在以下网址找到：http：//www. nanomedicine. com。请见 Foresight Institute 关于 "纳米药物" 的页面，由 Robert Freitas 撰写，该文章罗列了当前的科技工作 （http：//www. foresight. org/Nanomedicine/index. html#MedNanoBots）。

12. Robert A. Freitas Jr. , "Exploratory Design in Medical Nanotechnology: A Mechanical Artificial Red Cell," *Artificial Cells*, *Blood Substitutes*, *and Immobilization Biotechnology* 26 (1998): 411 30, http://www. foresight. org/Nanomedicine/Respirocytes. html.

13. Robert A. Freitas Jr. , "Clottocytes: Artificial Mechanical Platelets," *Foresight Update* no. 41, June 30, 2000, pp. 9 11, http://www. imm. org/Reports/Rep018. html.

14. Robert A. Freitas Jr. , "Microbivores: Artificial Mechanical Phagocytes," *Foresight Update* no. 44, March 31, 2001, pp. 11 13, http://www. imm. org/Reports/Rep025. html or http://www. KurzweilAI. net/meme/frame. html? main = =/articles/art0453. html.

15. Robert A. Freitas Jr. , "The Vasculoid Personal Appliance," *Foresight Update* no. 48, March 31, 2002, pp. 10 – 12, http://www. imm. org/Reports/Rep031. html; 全文请见: Robert A. Freitas Jr. and Christopher J. Phoenix, "Vasculoid: A Personal Nanomedical Appliance to Replace Human Blood," *Journal of Evolution and Technology* 11 (April 2002), http://www. jetpress. org/volume11/vasculoid. html.

16. Carlo Montemagno, George Bachand, "Constructing Nanomechanical Devices Powered by Biomolecular Motors," *Nanotechnology* 10 (September 1999): 225 – 31; "Biofuel Cell Runs on Metabolic Energy to Power Medical Implants," *Nature* online, Nov. 12, 2002, http://www. nature. com/news/2002/021111/full/021111 – 1. html, reporting on N. Mano, F. Mao, and A. Heller, "A Miniature Biofuel Cell Operating in a Physiological Buffer," *Journal of the American Chemical Society* 124 (2002): 12962 – 63; Carlo Montemagno et al. , "Self-Assembled Microdevices Driven by Muscle," *Nature Materials* 4. 2 (February 2005): 180 – 84, published electronically (January 16, 2005) .

17. 请从 Lawrence Livermore National Laboratory 的网站 (http://www. llnl. gov) 获得有关创新精神的更新信息。Medtronic MiniMed 的网址如下: http://www. minimed. com/corpinfo/index. shtml.

18. "大脑对大脑直接的交流看起来更像是好莱坞电影的情节, 而非政府报告, 但这确实是来自 U. S. National Science Foundation and Department of Commerce 的报告。" G. Brumfiel, "Futurists Predict Body Swaps for Planet Hops," *Nature* 418 (July 25, 2002): 359。

深入刺激人脑 (通过来自嵌入式电子的电流影响人脑的功能) 是美国食品和药物管理局 (FDA) 允许的治疗帕金森病和测试神经紊乱的疗法。请见 AI Abbott, "Brain Implants Show Promise Against Obsessive Disorder," *Nature* 419 (October 17, 2002): 658, and B. Nuttin et al. , "Electrical Stimulation in Anterior Limbs of Internal Capsules in Patients with Obsessive-Compulsive Disorder," *Lancet* 354. 9189 (October 30, 1999): 1526.

19. 请见 Retinal Implant Project 的网址 (http://www. bostonretinalimplant. org), 其中包含了近年来发表的论文。其中一篇论文是 R. J. Jensen et al. , "Thresholds for Activation of Rabbit Retinal Ganglion Cells with an Ultrafine, Extracellular Microelectrode," *Investigative Ophthalmalogy and Visual Science* 44. 8 (August 2003): 3533 – 43.

20. 1997 年, FDA 允许 Medtronic 公司在大脑中的一侧注入, 在 2002 年 1 月 14 日允许在大脑中的两侧注入。S. Snider, "FDA Approves Expanded Use of Brain Implant for Parkinson's Disease," U. S. Food and Drug Administration, *FDA Talk Paper*, January 14, 2002, http://www. fda. gov/bbs/topics/ANSWERS/2002/ANS01130. html。最近的版本提供的是来自外部患者的软件更新。

21. Medtronic 公司还向中风的大脑中注射, 请见 S. Hart, "Brain Implant Quells Tremors," ABC News, December 23, 1997, http://nasw. org/users/hart/subhtml/abcnews. html, 也可见 Medtronic 的网站, http://www. medtronic. com。

22. Gunther Zeck and Peter Fromherz, "Noninvasive Neuroelectronic Interfacing with Synaptically Con-

nected Snail Neurons Immobilized on a Semiconductor Chip," *Proceedings of the National Academy of Sciences* 98. 18 (August 28, 2001): 10457 – 62.

23. 请见 R. Colin Johnson, "Scientists Activate Neurons with Quantum Dots," *EE Times*, December 4, 2001, http://www. eetimes. com/story/OEG20011204S0068. 量子点可以用于想象, 请见 M. Dahan et al. , "Diffusion Dynamics of Glycine Receptors Revealed by Single-Quantum Dot Tracking," *Science* 302. 5644 (October 17, 2003): 442 – 45; J. K. Jaiswal and S. M. Simon, "Potentials and Pitfalls of Fluorescent Quantum Dots for Biological Imaging," *Trends in Cell Biology* 14. 9 (September 2004): 497 – 504.

24. S. Shoham et al. , "Motor-Cortical Activity in Tetraplegics," *Nature* 413. 6858 (October 25, 2001): 793. For the University of Utah news release, See "An Early Step Toward Helping the Paralyzed Walk," October 24, 2001, http://www. utah. edu/news/releases/01/oct/spinal. html.

25. 史蒂芬·霍金的备注, *Focus* 将其误译, 引用于 Nick Paton Walsh, "Alter Our DNA or Robots Will Take Over, Warns Hawking," *Observer*, September 2, 2001, http://observer. guardian. co. uk/uk_news/story/0, 6903, 545653, 00. html. 广泛的错误报道暗示, 霍金在反对发展比人小的机器智能。事实上, 他主张我们加速接近生物智能与非生物智能的连接。霍金为 KurzweilAI. net 提供了准确的证据 ("Hawking Misquoted on Computers Taking Over," September 13, 2001, http://www. KurzweilAI. net/news/frame. html? main = news_single. html? id%3D495)。

26. 见第 1 章注释 34。

27. 一个例子, Nomad for Military Applications, 由 Microvision 制造, 一个在华盛顿的博塞尔的公司。参见 http://www. microvision. com/nomadmilitary/index. html。

28. Olga Kharif, "Your Lapel Is Ringing," *Business Week*, June 21, 2004.

29. Laila Weir, "High-Tech Hearing Bypasses Ears," *Wired News*, September 16, 2004, http://www. wired. com/news/technology/0, 1282, 64963, 00. html? tw = wn_tophead_4.

30. 超音速技术, http://www. atcsd. com/tl_hss. html; 听觉聚光, http://www. holosonics. com/technology. html.

31. Phillip F. Schewe , Ben Stein, *American Institute of Physics Bulletin of Physics News* 236 (August 7, 1995), http://www. aip. org/enews/physnews/1995/physnews. 236. htm. 也可见 R. Weis and P. Fromherz, "Frequency Dependent Signal-Transfer in Neuron-Transistors," *Physical Review E* 55 (1997): 877 – 89.

32. 见本章注释 18。也可见 J. O. Winter et al. , "Recognition Molecule Directed Interfacing Between Semiconductor Quantum Dots and Nerve Cells," *Advanced Materials* 13 (November 2001): 1673 – 77; I. Willner , B. Willner, "Biomaterials Integrated with Electronic Elements: En Route to Bioelectronics," *Trends in Biotechnology* 19 (June 2001): 222 – 30; Deborah A. Fitzgerald, "Bridging the Gap with Bioelectronics," *Scientist* 16. 6 (March 18, 2002): 38.

33. Robert Freitas 提供了这一情况的分析: Robert A. Freitas Jr. , *Nanomedicine*, vol. 1, *Basic Capabilities*, 7. 4. 5. 4 节, "Cell Message Modification" (Georgetown, Tex. : Landes Bioscience, 1999), pp. 194 – 96, http://www. nanomedicine. com/NMI/7. 4. 5. 4. htm#p5, 以及 7. 4. 5. 6 节, "Outmessaging to Neurons," pp. 196 – 97, http://www. nanomedicine. comINMI/7. 4. 5. 6. htm#p2.

34. 为描述 Ramona 工程, 在 TED 大会上的虚拟现实展示视频, 以及幕后 "Making of Ramona" 视频, 见 "All About Ramona," http://www. KurzweilAI. net/meme/frame. html? m = 9.

35. I. Fried et al. , "Electric Current Stimulates Laughter," *Nature* 391. 6668 (February, 12, 1998): 650. See Ray Kurzweil, *The Age of Spiritual Machines* (New York: Viking, 1999) .

36. Robert A. Freitas Jr. , *Nanomedicine*, vol. 1, *Basic Capabilities*, section 7. 3, "Communication Networks" (Georgetown, Tex. : Landes Bioscience, 1999), pp. 186 – 88, http: //www. nanomedicine. com/NMI/7. 3. htm.

37. Allen Kurzweil, *The Grand Complication*: *A Novel* (New York: Hyperion, 2002); Allen Kurzweil, *A Case of Curiosities* (New York: Harvest Books, 2001) . Allen Kurzweil is my first cousin.

38. 如在 Aubrey de Grey 引用的, "Engineering Negligible Senescence: Rational Design of Feasible, Comprehensive Rejuvenation Biotechnology," Kronos Institute Seminar Series, 2002 年 2 月 8 日 . PowerPoint 演示在 http: //www. gen. cam. ac. uk/sens/sensov. ppt.

39. Robert A. Freitas Jr. , "Death Is an Outrage!"在第五次 Alcor Conference on Extreme Life Extension, Newport Beach 上展示, Calif. , November 16, 2002, http: //www. rfreitas. com/Nano/DeathIsAnOutrage. htm, 在 KurzweilAI. net 2003 年一月 9 号出版: http: //www. KurzweilAI. net/articles/art0536. html.

40. Cro-magnon, "30 years or less, often much less ... ": http: //anthro. palomar. edu/homo2/sapiens_culture. htm.

Egypt: Jac J. Janssen quoted in Brett Palmer, "Playing the Numbers Game," in *Skeptical Review*, published online May 5, 2004, at http: //www. theskepticalreview. com/palmer/numbers. html.

Europe 1400: Gregory Clark, *The Conquest of Nature*: *A Brief Economic History of the World* (Princeton University Press, forthcoming, 2005), chapter 5, "Mortality in the Malthusian Era," http: //www. econ. ucdavis. edu/faculty/gclark/GlobalHistory/Global% 20History-5. pdf.

1800: James Riley, *Rising Life Expectancy*: *A Global History* (Cambridge, U. K. : Cambridge University Press, 2001), pp. 32 – 33.

1900: http: //www. cdc. gov/nchs/datalhus/tables/2003/03hus027. pdf.

41. 这个博物馆最开始坐落在 Boston, 现在在 Mountain View, Calif。 (http: //www. computerhistory. org)。

42. Lyman 与 Kahle 关于长期存储:"一张好的纸有 500 年的寿命, 计算机磁带有 10 年的寿命。当有一些活跃的组织可以做复制, 我们将可以保持信息安全, 我们没有一个有效的技术来做 500 年的数字复制……"Peter Lyman 和 Brewster Kahle, " Archiving Digital Cultural Artifacts: Organizing an Agenda for Action," *D-Lib Magazine*, 1998 年 7 月 ~ 8 月。Stewart Brand 写道:"在热门新电脑之后, 是一路的过时电脑、过时存储介质、过时应用、过时文件的尸体。科幻小说家 Bruce Sterling 认为我们的时代是 '死亡介质的黄金时代, 它们中的大多数的工作寿命都只是一瞬间'。"Stewart Brand, "Written on the Wind," *Civilization Magazine*, November 1998 ("01998" in Long Now terminology), available online at http: //www. longnow. org/10klibrary/library. htm.

43. DARPA 的信息处理技术部门, 在静脉中的项目, 叫做 LifeLog, http: //www. darpa. mil/ipto/Programs/lifelog; 也可见 Noah Shachtman, "A Spy Machine of DARPA's Dreams," *Wired News*, May 20, 2003, http: //www. wired. com/news/business/0, 1367, 58909, 00. html; Gordon Bell 的项目 (为了微软) 是 MyLifeBits, http: //research. microsoft. com/research/barc/MediaPresence/MyLifeBits. aspx; 用于恒今基金会, 见 http: //longnow. org.

44. Bergeron 在哈佛中医院, 是一名麻醉学专家, 也是很多书的作者, 如 *Bioinformatics Computing*, *Biotech Industry*: *A Global, Economic, and Financing Overview*, and *The Wireless Web and Healthcare.*

45. 恒今基金会在发展一种可能的解决方法: Rosetta Disk, 它将包含很多将来可能丢失的扩展文字。他们计划用基于两英寸镍盘的唯一的存储技术, 每一个镍盘可以存储 350 000 页, 估计寿命在

2 000到10 000 年．见恒今基金会，Library Ideas，http：//longnow. org/10klibrary/10kLibConference. htm。

46. John A. Parmentola，"Paradigm Shifting Capabilities for Army Transformation,"受邀论文，发表于 SPIE European Symposium on Optics/Photonics in Security and Defence，October 25 – 28，2004；available e-lectronically at Bridge 34. 3（Fall 2004），http：//www. nae. edu/NAE/bridgecom. nsf/weblinks/MKEZ – 65RLTA? OpenDocument.

47. Fred Bayles，"High-tech Project Aims to Make Super-soldiers," *USA Today*，May 23，2003，ht-tp：//www. usatoday. com/news/nation/2003-05-22-nanotech-usat_ x. htm；See Institute for Soldier Nano-technologies web site，http：//web. mit. edu/isn；Sarah Putnam，"Researchers Tout Opportunities in Nano-tech," MIT News Office，October 9，2002，http：//web. mit. edu/newsoffice/2002/cdc-nanotech - 1009. html.

48. Ron Schafer，"Robotics to Play Major Role in Future Warfighting,"http：//www. jfcom. mil/ne-wslink/storyarchive/2003/pa072903. htm；Dr. Russell Richards，"Unmanned Systems：A Big Player for Fu-ture Forces?" Unmanned Effects Workshop at the Applied Physics Laboratory，Johns Hopkins University，Bal-timore，July 29 – August 1，2003.

49. John Rhea，"NASA Robot in Form of Snake Planned to Penetrate Inaccessible Areas," *Military and Aerospace Electronics*，November 2000，http：//mae. pennnet. com/Articles/Article_Display. cfm? Section = Archives&Subsection = Display&AR TICLE_ID = 86890.

50. Lakshmi Sandhana，"The Drone Armies Are Coming," *Wired News*，August 30，2002，http：// www. wired. com/news/technology/0，1282，54728，00. html. See also Mario Gerla，Kaixin Xu，Allen Moshfegh，"Minuteman：Forward Projection of Unmanned Agents Using the Airborne Internet," IEEE Aero-space Conference 2002，Big Sky，Mont. ，March 2002：http：//www. cs. ucla. edu/NRL/wireless/uploads/ mgerla_aerospace02. pdf.

51. James Kennedy ，Russell C. Eberhart，Yuhui Shi，*Swarm Intelligence*（San Francisco：Morgan Kaufmann，2001），http：//www. swarmintelligence. org/SIBook/SI. php.

52. Will Knight，"Military Robots to Get Swarm Intelligence," April 25，2003，http：//www. newsci-entist. com/news/news. jsp? id = ns99993661.

53. 同上。

54. S. R. White et al. ，"Autonomic Healing of Polymer Composites," *Nature* 409（February 15，2001）：794 – 97，http：//www. autonomic. uiuc. edu/files/NaturePaper. pdf；Kristin Leutwyler，"Self-Heal-ing Plastics," ScientificAmerican. com，February 15，2001，http：//www. sciam. com/article. cfm? articleID = 000B307F-C71A-1C5 AB882809EC588ED9F.

55. Sue Baker，"Predator Missile Launch Test Totally Successful," *Strategic Affairs*，April 1，2001，ht-tp：//www. stratmag. com/issueApr-l/page02. htm.

56. See OpenCourseWare course，at http：//ocw. mit. edu/index. html.

57. Brigitte Bouissou 引用 MIT OpenCourseWare's 额外的引用页，见 http：//ocw. mit. edu/Ocw-Web/Global/AboutOCW/additionalquotes. htm ，以及 Eric Bender，"Teach Locally，Educate Globally," *MIT Technology Review*，June 2004，http：//www. techreview. com/articles/04/06/bender0604. asp? p = 1.

58. Kurzweil 教育系统（http：//www. Kurzweiledu. com）为读写困难的人提供了 Kurzweil3000 阅读系统。它可以为用户阅读任何高分辨率的书。它包括很多提高阅读用户能力的特征。

59. 正如 Natasha Vita-More 引证的，"Arterati on Ideas," http：//64. 233. 167. 104/search? q = cache：QAnJsLcXHXUJ：www. extropy. com/ideas/journal/previous/1998/02-01. html + Arterati + on +

ideas&hl = en 和 http：//www. extropy. com/ideas/journal/previous/1998/02-01. html.

60. Christine Boese, "The Screen-Age：Our Brains in our Laptops," CNN. com, August 2, 2004.

61. Thomas Hobbes, *Leviathan* (1651).

62. Seth Lloyd , Y. Jack Ng, "Black Hole Computers," *Scientific American*, November 2004.

63. Alan M. MacRobert, "The Allen Telescope Array：SETI's Next Big Step," *Sky & Telescope*, April 2004, http：//skyandtelescope. com/printable/resources/seti/article_256. asp.

64. 同上。

65. 同上。

66. C. H. Townes, "At What Wavelength Should We Search for Signals from Extraterrestrial Intelligence?" *Proceedings of the National Academy of Sciences USA* 80 (1983)：1147 – 51. S. A. Kingsley in *The Search for Extraterrestrial Intelligence in the Optical Spectrum*, vol. 2, S. A. Kingsley and G. A. Lemarchand, eds. (1996) Proc. WPIE 2704：102 – 16.

67. N. S. Kardashev, "Transmission of Information by Extraterrestrial Civilizations," *Soviet Astronomy* 8. 2 (1964)：217 – 20. Summarized in Guillermo A. Lemarchand, "Detectability of Extraterrestrial Technological Activities," *SETIQuest* 1：1, pp. 3 – 13, http：//www. coseti. org/lemarch1. htm.

68. Frank Drake , Dava Sobel, *Is Anyone Out There*? (New York：Dell, 1994); Carl Sagan , Frank Drake, "The Search for Extraterrestrial Intelligence," *Scientific American* (May 1975)：80 – 89. A Drake-equation calculator can be found at http：//www. activemind. com/Mysterious/Topics/SETI/drake _ equation. html.

69. 德雷克方程式的许多描述中，将 f_L 表述为行星生命的一小部分，在这个过程中发生无线电传输，但这应该恰当地表达为宇宙中生命的一小部分，因为我们不会真的介意那个星球持续了多久，我们介意的是无线电传输持续了多久。

70. Seth Shostak 提供了"一个估计：大约在1万到100万之间"。Marcus Chown, "ET First Contact 'Within 20 Years,'" *New Scientist* 183. 2457 (July 24, 2004). 可参见 http：//www. new scientist. com/article. ns? id = dn6189。

71. T. L. Wilson, "The Search for Extraterrestrial Intelligence," *Nature*, February 22, 2001.

72. 最近的估计是在100到150亿年之间。在2002年，基于哈勃空间望远镜的数据，这一估计是在130到140亿年。由 Case Western Reserve 大学的科学家 Lawrence Krauss 与 Dartmouth 大学的 Brian Chaboyer 发表的研究，从太阳演化中找出结论，宇宙的年龄有95%可能在112到200亿年。Lawrence Krauss and Brian Chaboyer, "Irion, the Milky Way's Restless Swarms of Stars," *Science* 299 (January 3, 2003)：60 – 62. NASA 最近的研究将宇宙的寿命限制在 137 亿年，正负 2 亿，http：//map. gsfc. nasa. gov/m_mm/mr_age. html。

73. Quoted in Eric M. Jones, "'Where Is Everybody?'：An Account of Fermi's Question," Los Alamos National Laboratories, March 1985, http：//www. bayarea. net/ ~ kins/AboutMe/Fermi_and_Teller/fermi_ question. html.

74. 首先，思考一下关于宇宙冷计算机的 10^{42} cps 的估计（在第3章中）。我们可以估计太阳系的质量，大约等于太阳的质量 2×10^{30} kg。万分之 0. 5 是 10^{27} kg。10^{42} cps 每 kg，10^{27} kg 可以提供 10^{69} cps，如果我们用 10^{50} cps 估计最终的热电脑，会得到 10^{77} cps。

75. Anders Sandberg, "The Physics of Information Processing Superobjects：Daily Life Among the Jupiter Brains," *Journal of Evolution and Technology* 5 (December 22, 1999), http：//www. jetpress. org/volume5/Brains2. pdf.

76. Freeman John Dyson, "Search for Artificial Stellar Sources of Infrared Radiation," *Science* 131 (June 3, 1960): 1667 – 68.

77. 引自 Sandberg, "Physics of Information Processing Superobjects."

78. 1994 年有 1955 亿颗半导体芯片单元, 2004 年有 4335 亿。Jim Feldhan, president, Semico Research Corporation, http：//www. semico. com.

79. Robert Freitas 是使用机器人探针, 特别是自我复制的机器人探针的支持者首领, 见 Robert A. Freitas Jr. , "Interstellar Probes: A New Approach to SETI," *J. British Interplanet. Soc.* 33 (March 1980): 95 – 100, http：//www. rfreitas. com/Astro/InterstellarProbesJBIS1980. htm; Robert A. Freitas Jr. , "A Self-Reproducing Interstellar Probe," *J. British Interplanet. Soc.* 33 (July 1980): 251 – 64, http：// www. rfreitas. com/Astro/ReproJBISJuly1980. htm; Francisco Valdes, Robert A. Freitas Jr. , "Comparison of Reproducing and Nonreproducing Starprobe Strategies for Galactic Exploration," *J. British Interplanet. Soc.* 33 (November 1980): 402 – 8, http：//www. rfreitas. com/Astro/ComparisonReproNov1980. htm; Robert A. Freitas Jr. , "Debunking the Myths of Interstellar Probes," *AstroSearch* 1 (July-August 1983): 8 – 9, http：//www. rfreitas. com/Astro/ProbeMyths1983. htm; Robert A. Freitas Jr. , "The Case for Interstellar Probes," *J. British Interplanet. Soc.* 36 (November 1983): 490 – 95, http：//www. rfreitas. com/Astro/ TheCaseForInterstellarProbes1983. htm.

80. M. Stenner et al. , "The Speed of Information in a 'Fast-Light' Optical Medium," *Nature* 425 (October 16, 2003): 695 – 98. See also Raymond Y. Chiao et al. , "Superluminal and Parelectric Effects in Rubidium Vapor and Ammonia Gas," *Quantum and Semiclassical Optics* 7 (1995): 279.

81. I. Marcikic et al. , "Long-Distance Teleportation of Qubits at Telecommunication Wavelengths," *Nature* 421 (January 2003): 509 – 13; John Roach, "Physicists Teleport Quantum Bits over Long Distance," *National Geographic News*, January 29, 2003; Herb Brody, "Quantum Cryptography; in " 10 Emerging Technologies That Will Change the World," *MIT Technology Review*, February 2003; N. Gisin et al. , "Quantum Correlations with Moving Observers," *Quantum Optics* (December 2003): 51; Quantum Cryptography exhibit, ITU Telecom World 2003, Geneva, Switzerland, October 1, 2003; Sora Song, "The Quantum Leaper," *Time*, March 15, 2004; Mark Buchanan, "Light's Spooky Connections SetNew Distance Record," *New Scientist*, June 28, 1997.

82. Charles H. Lineweaver, Tamara M. Davis, "Misconceptions About the Big Bang," *Scientific American*, March 2005.

83. A. Einstein and N. Rosen, "The Particle Problem in the General Theory of Relativity," *Physical Review* 48 (1935): 73.

84. J. A. Wheeler, "Geons," *Physical Review* 97 (1955): 511 – 36.

85. M. S. Morris, K. S. Thorne, U. Yurtsever, "Wormholes, Time Machines, and the Weak Energy Condition," *Physical Review Letters* 61. 13 (September 26, 1988): 1446 – 49; M. S. Morris and K. S. Thorne, "Wormholes in Spacetime and Their Use for Interstellar Travel: A Tool for Teaching General Relativity," *American Journal of Physics* 56. 5 (1988): 395 – 412.

86. M. Visser, "Wormholes, Baby Universes, and Causality," *Physical Review D* 41. 4 (February 15, 1990): 1116 – 24.

87. Sandberg, "Physics of Information Processing Superobjects."

88. David Hochberg, Thomas W. Kephart, "Wormhole Cosmology and the Horizon Problem," *Physical Review Letters* 70 (1993): 2665 – 68, http：//prola. aps. org/abstract/PRL/v70/i18/p2665_1; D. Hochberg

and M. Visser, "Geometric Structure of the Generic Static Transversable Wormhole Throat," *Physical Review D* 56 (1997): 4745.

89. J. K. Webb et al., "Further Evidence for Cosmological Evolution of the Fine Structure Constant," *Physical Review Letters* 87.9 (August 27, 2001): 091301; "When Constants Are Not Constant," *Physics in Action* (October 2001), http://physicsweb.org/articles/world/14/10/4.

90. Joao Magueijo, John D. Barrow, Haavard Bunes Sandvik, "Is It e or Is It c? Experimental Tests of Varying Alpha," *Physical Letters B* 549 (2002): 284 – 89.

91. John Smart, "Answering the Fermi Paradox: Exploring the Mechanisms of Universal Transcension," http://www.transhumanist.com/Smart-Fermi.htm. See also http://singuIaritywatch.com and his biography at http://www.singuIaritywatch.com/bio_johnsmart.html.

92. James N. Gardner, *Biocosm: The New Scientific Theory of Evolution: Intelligent Life Is the Architect of the Universe* (Maui: Inner Ocean, 2003).

93. Lee Smolin in "Smolin vs. Susskind: The Anthropic Principle," *Edge* 145, http://www.edge.org/documents/archive/edge145.html; Lee Smolin, "Scientific Alternatives to the Anthropic Principle," http://arxiv.org/abs/hep-th/0407213.

94. Kurzweil, *Age of Spiritual Machines*, pp. 258 – 60.

95. Gardner, *Biocosm*.

96. S. W. Hawking, "Particle Creation by Black Holes," *Communications in Mathematical Physics* 43 (1975): 199 – 220.

97. 最初的打赌起源于 http://www.theory.caltech.edu/people/preskill/info_bet.html。也可见 Peter Rodgers, "Hawking Loses Black Hole Bet," *Physics World*, August 2004, http://physicsweb.org/articles/news/8/7/11.

98. 为了达到这些估计，Lloyd 观察了物质的浓度（大约每立方米一个氢原子），并且计算了宇宙中全部的能量。将这一估计除以普朗克常量，他得到大约 10^{90} cps。

Seth Lloyd, "Ultimate Physical Limits to Computation," *Nature* 406.6799 (August 31, 2000): 1047 – 54. Electronic versions (version 3 dated February 14, 2000) available at http://arxiv.org/abs/quant-ph/9908043 (August 31, 2000). The following link requires a payment to access: http://www.nature.com/cgi-taf/DynaPage.taf?file=/nature/journal/v406/n6799/full/4061047a0_fs.html&content_filetype=PDF.

99. Jacob D. Bekenstein, "Information in the Holographic Universe: Theoretical Results about Black Holes Suggest That the Universe Could Be Like a Gigantic Hologram," *Scientific American* 289.2 (August 2003): 58 – 65, http://www.sciam.com/article.cfm?articleID=000AF072-4891-1F0A-97AE80A84189EEDF.

第7章　我是奇点

1. In Jay W. Richards et al., *Are We Spiritual Machines? Ray Kurzweil vs. the Critics of Strong A. I.* (Seattle: Discovery Institute, 2002), introduction, http://www.KurzweilAI.net/meme/frame.html?main=/articles/art0502.html.

2. Ray Kurzweil and Terry Grossman, M. D., *Fantastic Voyage: Live Long Enough to Live Forever* (New York: Rodale Books, 2004).

3. 同上。

4. 同上。

5. Max More and Ray Kurzweil, "Max More and Ray Kurzweil on the Singularity," February 26, 2002,

http：//www. KurzweilAI. net/articles/art0408. html.

6. 同上。

7. 同上。

8. Arthur Miller, *After the Fall*（New York：Viking, 1964）.

9. 在 1957 年念给牛津哲学社团人论文，并出版为 "Minds, Machines and Gödel," *Philosophy* 36
（1961）：112 – 27. Kenneth Sayre and Frederick Crosson, 编辑并第一次出版, *The Modeling of Mind*
（Notre Dame：University of Notre Dame Press, 1963）, pp. 255 –71.

10. Martine Rothblatt, "Biocyberethics：Should We Stop a Company from Unplugging an Intelligent
Computer?" September 28, 2003, http：//www. KurzweilAI. net/meme/frame. html? main ＝/articles/
art0594. html（includes links to a Webcast and transcripts）.

11. Jaron Lanier, "One Half of a Manifesto," *Edge*, http：//www. edge. org/3rd_culture/lanier/lanier_
index. html；see also Jaron Lanier, "One-Half of a Manifesto," *Wired News*, December 2000, http：//
www. wired. com/wired/archive/8. 12/lanier. html.

12. 同上。

13. Norbert Wiener, *Cybernetics*：*or*, *Control and Communication in the Animal and the Machine*（Cam-
bridge, Mass. : MIT Press, 1948）.

14. "How Do You Persist When Your Molecules Don't?" *Science and Consciousness Review* 1. 1（June
2004）, http：//www. sci-con. org/articles/20040601. html.

15. David J. Chalmers, "Facing Up to the Problem of Consciousness," *Journal of Consciousness Studies*
2. 3（1995）：200 –219, http：//jamaica. u. arizona. edu/ ~ chalmers/papers/facing. html.

16. Huston Smith, *The Sacred Unconscious*, videotape（The Wisdom Foundation, 2001）, available for
sale at http：//www. fonsvitae. com/sacredhuston. html.

17. Jerry A. Fodor, *RePresentations*：*Philosophical Essays on the Foundations of Cognitive Science*
（Cambridge, Mass. : MIT Press, 1981）.

第8章　GNR：希望与危险深度纠结

1. Bill McKibben, "How Much Is Enough? The Environmental Movement as a Pivot Point in Human
History", 哈佛环境价值观研讨会, 2000 年 10 月 18。

2. 20 世纪 60 年代，美国政府做了一个实验，让三个刚从物理系毕业的学生仅仅使用已经公开
的信息来制造核武器，结果很成功，这三个学生花了大概三年时间制造了一个。　（http：//
www. pimall. com/nais/nl/n. nukes. html）。如何制造一个原子弹的步骤可以在网上找到，并已经由国
家实验室结集出版。2002 年，由于这些信息被删除了，英国国防部向公共记录办公室发布了制造原
子弹的测量、图表和精确细节（http：//news. bbc. co. uk/1/hi/uk/1932702. stm）。注意这些链接不包
含制造原子武器的实际步骤。

3. "The John Stossel Special：You Can't Say That!" ABC News, March 23, 2000。

4. 网上有大量的信息，包括关于如何制造炸弹、武器和爆炸物的军事手册。有些信息是错误
的，但是关于这些课题的正确信息还是能够访问到的，尽管有人努力删除这些信息。1997 年 7 月，
国会通过了一项修正案（the Feinstein Amendment, SP419），给国防部拨款，禁止制造炸弹的方法传
播。见 Anne Marie Helmenstine, "How to Build a Bomb" 2003 年 2 月 10 日, http：//chemistry. about.
com/library/weekly/aa021003a. htm。有毒工业化学品的信息在网上和图书馆也很常见，同样，培养细
菌和病毒的信息和工具、制造电脑病毒的技术、攻击电脑和网络的技术也一样常见。注意，我没有

提供这些信息的具体例子，因为这可能帮助破坏分子或者破坏团体。我知道，哪怕只是陈述这些信息的可用性，都会有可能启发破坏分子或团体，但我觉得公开讨论这个问题的好处更多。另外，在媒体或其他场所，这些信息的可能已经被广泛地讨论。

5. Ray Kurzweil, *The Age of Intelligent Machines* (Cambridge, Mass.：MIT Press, 1990).

6. Ken Alibek, *Biohazard* (New York：Random House, 1999).

7. Ray Kurzweil, *The Age of Intelligent Machines* (New York：Viking, 1999).

8. Bill Joy, "Why the Future Doesn't Need Us" *Wired*, April 2000, http：//www. wired. com/wired/archive/8. 04/joy. html.

9. 基因拼接手册（如 A. J. Harwood, ed, *Basic DNA and RNA Protocols* (Totowa, N. J.：Humana Press, 1996)）和试剂，还有试剂盒使基因拼接基本可以实现。即使在西方限制获得这些材料，很多其他国家公司可以提供同等材料。

10. 欲知"黑冬"模拟实验详情，见"DARK WINTER：A Bioterrorism Exercise June 2001"：http：//www. biohazardnews. net/scen_smallpox. shtml；只想简单了解，见 http：//www. homelandsecurity. org/darkwinter/index. cfm。

11. Richard Preston, "The Specter of a New and Deadlier Smallpox", *New York Times*, October 14, 2002, available at http：//www. ph. ucla. edu/epi/bioter/specterdeadliersmallpox. html.

12. Alfred W. Crosby, *America's Forgotten Pandemic：The Influenza of* 1918 (New York：Cambridge University Press, 2003).

13. "Power from Blood Could Lead to 'Human Batteries'", *Sydney Morning Herald*, August 4, 2003, http：//www. smh. com. au/articles/2003/08/0311059849278131. html. 也可见第 5 章注释 129，也可见 S. C. Barton, J. Gallaway 和 P. Atanassov, "Enzymatic Biofuel Cells for Implantable and Microscale Devices", *Chemical Reviews* 104. 10 (October 2004)：4867 – 86.

14. J. M. Hunt 计算出地球上有 1.55×10^{19} kg（10^{22} g）的有机碳。基于这个数字，假设所有的有机碳都包含在生物质中（注意生物质的定义不是很清晰，所以我们采用一个保守的广泛采用的方法），我们可以计算出碳原子的近似值，如下：

碳原子的平均重量（匹配同位素率）= 12. 011

生物质中的碳 = 1.55×10^{22} g/12. 011 = 1.3×10^{21} mol

$1.3 \times 10^{11} \times 6.02 \times 10^{23}$（阿伏伽德罗数）= 7.8×10^{44} 碳原子

J. M. Hunt, *Petroleum Geochemistry and Geology* (San Francisco：W. H. Freeman, 1979).

15. Robert A. Freitas Jr, "The Gray Goo Problem", March 20, 2001, http：//www. KurzweilAI. net/articles/art0142. html.

16. "Gray Goo Is a Small Issue", 简要文档，纳米技术责任中心，December 14, 2003, http：//crnano. org/BD-Goo. htm; Chris Phoenix and Mike Treder, "Safe Utilization of Advanced Nanotechnology", 纳米技术责任中心，January 2003, http：//crnano. org/safe. htm; K. Eric Drexler, *Engines of Creation*, 11 章，"Engines of Destruction"，(New York：Anchor Books, 1986), pp. 171 – 90, http：//www. foresight. org/EOC/EOC_Chaptec11. html; Robert A. Freitas Jr. and Ralph C. Merkle, *Kinematic Self-Replicating Machines* 5. 11 节，"Replicators and Public Safety"（Georgetown, Tex.：Landes Bioscience, 2004), pp. 196 – 99, http：//www. MolecularAssembler. com/KSRM/5. 11. htm, 以及 6. 3. 1 节，"Molecular Assemblers Are Too Dangerous" pp204 – 6, http：//www. MolecularAssembler. com/KSRM/6. 3. 1. htm；前景研究所，"Molecular Nanotechnology Guidelines：Draft Version 3. 7" June 4, 2000, http：//www. foresight. org/guidelines/.

17. Robert A Freitas Jr，"Gray Goo Problem"和"Some Limits to Global Ecophagy by Biovorous Nanoreplicators, with Public Policy Recommendations"，Zyvex preprint，April 2000，"Malicious Ecophagy"8.4节和"Ecophagic Thermal Pollution Limits（ETPL）"6.0节，http：//www. foresight. org/NanoRev/Ecophagy. html.

18. Nick D Bostrom，"Existential Risks：Analyzing Human Extinction Scenarios and Related Hazards"，May 29，2001，http：//www. KurzweilAI. net/meme/frame. html？main = /articles/art0194. html。

19. Robert Kennedy，13 *Days*（London：Macmillan，1968），p. 110.

20. In H. Putnam，"The Place of Facts in a World of Values"，in D. Huff and O. Prewitt，eds，*The Nature of the Physical Universe*（New York：John Wiley，1979），p114.

21. Graham Allison，核恐怖主义（New York：Times Books，2004）。

22. Martin I. Meltzer，"多重联系日期和SARS的潜伏期"，*Emerging Infectious Diseases* 10.2（2004年2月），http：//www. cdc. gov/ncidod/EID/vol10no2/03-0426-G1. htm。

23. Robert A. Freitas Jr，"Microbivores：人工机械吞噬细胞使用消化和排放协议"，Zyvex 预印本，2001年3月，http：//www. rfreitas. com/Nano/Microbivores. htm；"Microbivores：人工机械吞噬细胞"，*Foresight Update*，no. 44，2001年3月31日，pp. 11 - 13，http：//www. imm. org/Reports/Rep025. html。

24. Max More，"The Proactionary Principle"2004年5月，http：//www. maxmore. com/proactionary. htm 和 http：//www. extropy. org/proactionaryprinciple. htm。More 简要说明了 proactionary 的原则，如下所示：

1）人类在技术创新上的自由对人类来说是很宝贵的。因此，举证责任属于那些建议限制性措施的人。所有建议的措施都应仔细检查。

2）通过现有的科学理论而不是流行的看法进行风险评估，允许有正常的推理偏差。

3）优先考虑改善已知的对于人类健康和环境质量的威胁，而不是假设的风险。

4）在相同的基础上，治疗技术风险就像自然风险，应避免忽视自然风险和过度重视人类技术风险。应充分考虑到技术进步带来的好处。

5）评估放弃技术所失去的机会，考虑其他可靠的代替方案的代价和风险，审慎考虑广泛的影响和后续效应。

6）只有当一项活动可能的影响具有很大的可能性和严重性时，才需要考虑限制措施。在这种情况下，如果活动也带来好处，那么通过适应不利影响可以减小影响。如果限制技术发展的措施看起来合理，确保这些措施的度和可能产生的效果的度是一致的。

7）当选择一项措施来限制技术革新，优先决定的标准如下：对人类和其他智能生命的影响优先于对物种的影响；对人类健康的非致命威胁优先于限制环境的威胁（在合理范围内）；迫在眉睫的威胁优先于遥远的威胁；通过给确定的威胁高于不确定的威胁优先权，不可逆转或持久的影响高于短暂影响的优先权，选择具有高期望值的措施。

25. Martin Rees，*Our Final Hour：A Scientist's Warning：How Terror，Error，and Environmental Disaster Threaten Humankind's Future in This Century-on Earth and Beyond*（New York：Basic Books，2003）.

26. Scott Shane，*Dismantling Utopia：How Information Ended the Soviet Union*（Chicago：Ivan R. Dee，1994）；see also the review by James A.，Dorn at http：//www. cato. org/pubs/journal/cj16n2 - 7. html.

27. 见 George DeWan，"Diary of a Colonial Housewife"，*Newsday*，2005，几个世纪以前，人类生活困难的一个原因，参见 http：//www. newsday. com/community/guide/lihistory/ny-history-hs331a，0，6101197. story。

28. Jim Oeppen 和 James W. Vaupel，"打破预期寿命的限制"，*Science* 296.5570（May10，2002）：

1029 - 31。

29. Steve Bowman 和 Helit Barel，大规模杀伤性武器：恐怖主义威胁，Congressional Research Service Report for Congress，1999 年 12 月 8 日，http：//www. cnie. org/nle/crsreports/international/inter-75. pdf。

30. Eliezer S. Yudkowsky，"创造友好人工智能1.0，仁慈目标架构的分析和设计"（2001），The Singularity Institute，http：//www. singinst. org/CFAI/；Eliezer S. Yudkowsky，"友好人工智能是什么？" May 3，2001，http：//www. KurzweilAI. net/meme/frame. html？ main =/articles/art0172. html.

31. Ted Kaczynski，"The Unabomber's Manifesto," May 14，2001，http：//www. KurzweilAI. netlmeme/frame. html？ main =/articles/art0182. html.

32. Bill McKibben，*Enough*：*Staying Human in an Engineered Age*（New York：Times Books，2003）.

33. Kaczynski，"The Unabomber's Manifesto. "

34. Foresight Institute and IMM，"Foresight Guidelines on Molecular Nanotechnology," February 21，1999，http：//www. foresight. org/guidelines/current. html；Christine Peterson，"Molecular Manufacturing：Societal Implications of Advanced Nanotechnology," April 9，2003，http：//www. KurzweilAI. net/meme/frame. html？ main =/articles/art0557. html；Chris Phoenix and Mike Treder，"Safe Utilization of Advanced Nanotechnology," January 28，2003，http：//www. KurzweilAI. net/meme/frame. html？ main =/articles/art0547. html；Robert A. Freitas Jr. ，"The Gray Goo Problem," KurzweilAI. net, 20 March 2002，http：//www. KurzweilAI. net/meme/frame. html？ main =/articles/art0142. html.

35. Robert A. Freitas Jr. 和 Ray Kurzweil 的私下交流，2005 年 1 月。Freitas 详细描述了他的关于 Robert A 的提议。Freitas Jr. ，"Some Limits to Global Ecophagy by BiovorousNanoreplicators，with Public Policy Recommendations. "

36. Ralph C. Merkle，"Self Replicating Systems and Low Cost Manufacturing," 1994，http：//www. zyvex. com/nanotech/selfRepNATO. html.

37. Neil King Jr. and Ted Bridis，"FBI System Covertly Searches E-mail," *Wall Street Journal Online*（July 10，2000），http：//zdnet. com. com/2100-11-522071. html？ legacy = zdnn.

38. Larry Thompson，"Human Gene Therapy：Harsh Lessons，High Hopes," *FDA Consumer Magazine*（September-October 2000），http：//www. fda. gov/fdac/features/2000/500_gene. html.

39. Bill Joy，"Why the Future Doesn't Need Us. "

40. 前景（Foresight Institute，version 4. 0，October 2004，http：//www. foresight. org/guidelines/current. html）指导方针的设计是用来陈述纳米技术可能带来的积极的和消极的结果。他们试图通知居民、公司和政府，并提供具体的指导方针，负责任地发展基于纳米技术的分子制造。前景指导方针最初制定的是关于分子纳米技术研究政策指导方针，由前景机构发起，该机构用于分子制造（IMM），1999 年 2 月 19 ~ 21 日。参与者包括 James Bennett、Greg Burch、K. Eric Drexler、Neil Jacobstein、Tanya Jones、Ralph Merkle、Mark Miller、Ed Niehaus、Pat Parker、Christine Peterson、Glenn Reynolds 和 Philippe Van Nedervelde。这些方针修改了很多次。

41. Martine Rothblatt，United Therapeutics 的 CEO，建议用管理体制取代中止技术，据此，新的国际异种器官移植当局可以检查和批准无病原体的制造的猪作为异种移植可接受的来源。Rothblatt 的解决方案通过允许每个国家加入 DCA，以帮助标志恶意的异种移植外科医生，在范围内实施规则，公平地共享无病原体的异种移植为本国的器官移植失败的居民服务。见 Martine Rothblatt，"Your Life or Mine：Using Geoethics to Resolve the Conflict Between Public and Private Interests," in *Xenotransplantation*（Burlington，Vt. ：Ashgate，2004）. Disclosure：I am on the board of directors of United Therapeutics.

42. 见 Singularity Institute，http：//www. singinst. org。也可见本章注释 30。Yudkowsky 成立了人工智能奇点研究院（the Singularity Institute for Artificial Intelligence，SIAI）来发展"友好人工智能"，试图创造可认知的内容，设计特征以及可认知的架构，从而产生善良的类人或比人类更好的人工智能。SIAI 已经得到了发展。SIAI 关于友好人工智能的指导方针："Friendly AI，" http：//www. singinst. org/ friendly/。Ben Goertzel 和他的人工智能研究所也检查发展友好人工智能相关的问题；他现在的焦点是发展人工智能引擎，一个学习算法和架构的装置。Peter Voss，Adaptive A. I. 公司的创建者，也在关于人工智能问题进行合作：http：//adaptiveai. com/。

43. Integrated Fuel Cell Technologies，http：//ifctech. com. Disclosure：The author is an early investor in and adviser to IFCT.

第9章　回应批评家

1. Michael Denton，"Organism and Machine"，in Jay W. Richards et al.，*Are We Spiritual Machines?*，*Ray Kurzweil vs the Critics of Strong A. I.* （Seattle：Discovery Institute Press，2002），http：// www. KurzweilAI. net/meme/frame. html? main = /articles/art0502. html.

2. Jaron Lanier，"One Half of a Manifesto"，*Edge* （September 25，2000），http：//www. edge. org/ documents/archive/edge74. html.

3. 同上。

4. 见第5章和第6章的例子，狭义的人工智能已经深深嵌入到我们的现代基础设施中。

5. Lanier，"One Half of a Manifesto"。

6. 一个例子是 Kurzweil 的声音，最初由 Kurzweil 进行实用智能发展。

7. Alan G. Ganek，"The Dawning of the Autonomic Computing Era"，*IBM Systems Journal* （March 2003），http：//www. findarticles. com/p/articles/mi_m0ISJ/is_1_42/ai_98695283/print.

8. Arthur H. Watson and Thomas J. McCabe，"Structured Testing：A Testing Methodology Using the Cyclomatic Complexity Metric"，NIST 特刊 500 – 35，计算机系统实验室，国家标准技术研究院，1996。

9. Mark A. Richards and Gary A. Shaw，"Chips，Architectures and Algorithms：Reflections on the Exponential Growth of Digital Signal Processing Capability"，提交到 *IEEE Signal Processing*，December 2004.

10. Jon Bentley，"Programming Pearls，" *Communications of the ACM* 27. 11 （November 1984）：1087 – 92.

11. C. Eldering，M. L. Sylla，and J. A. Eisenach，"Is There a Moore's Law for Bandwidth，" *IEEE Communications* （October 1999）：117 – 21.

12. J. W. Cooley and J. W. Tukey，"An Algorithm for the Machine Computation of Complex Fourier Series，" *Mathematics of Computation* 19 （April 1965）：297 – 301.

13. 估计有 10^{11} 个神经元，估计神经元间连接是这个数的 1000 倍，所以有 10^{14} 个连接。每一个连接要求至少 70bit 来为连接的每一端的神经元存储 ID。所以大概要 10^{16} bit。基因组没压缩是大概 60 亿（大约 10^{10}），两者比例相当于 10^6：1，见第4章。

14. Robert A. Freitas Jr.，*Nanomedicine*，vol. I，*Basic Capabilities*，section 6. 3. 4. 2，"Biological Chemomechanical Power Conversion"（Georgetown，Tex. ：Landes Bioscience，1999），PP. 147 – 48，http：// www. nanomedicine. com/NMI/6. 3. 4. 2. htm#p4；See：llustration at http：//www. nanomedicine. com/NMI/ Figures/6. 2. jpg.

15. Richard Dawkins，"Why Don't Animals Have Wheels?" *Sunday Times*，November 24，1996，http：//www. simonyi. ox. ac. uk/dawkins/WorldOfDawkins-archive/Dawkins/Work/Articles/1996-11-24wheels.

shtml.

16. Thomas Ray, "Kurzweil's Turing Fallacy," in Richards et al. , *Are We Spiritual Machines?*

17. 同上。

18. Anthony J. Bell, "Levels and Loops: The Future of Artificial Intelligence and Neuroscience," *Philosophical Transactions of the Royal Society of London B* 354 (1999): 2013 – 20, http: //www. cnl. salk. edu/ ~ tony/ptrsl. pdf.

19. 同上。

20. David Dewey, "Introduction to the Mandelbrot Set," http: //www. ddewey. net/mandelbrot.

21. ChristofKoch quoted in John Horgan, *The End of Science* (Reading, Mass. : Addison-Wesley, 1996) .

22. Roger Penrose, *Shadows of the Mind: A Search for the Missing Science of Consciousness* (New York: Oxford University Press, 1996); Stuart Hameroff and Roger Penrose, "Orchestrated Objective Reduction of Quantum Coherence in Brain Microtubules: The 'Orch OR' Model for Consciousness," *Mathematics and Computer Simulation* 40 (1996): 453 – 80, http: //www. quanturnconsciousness. org/penrosehameroff/orchOR. html.

23. Sander Olson, "Interview with Seth Lloyd," November 17, 2002, http: //www. nanomagazine. com/i. php? id = 2002_11_17.

24. Bell, "Levels and Loops. "

25. 见第 2 章计算曲线图的指数增长。

26. Alfred N. Whitehead and Bertrand Russell, *Principia Mathematica*, 3 vols. (Cambridge, U. K. : Cambridge University Press, 1910, 1912, 1913) .

27. Gödel's incompleteness theorem first appeared in his "Uberformal unenscheiderbare Satze der *Principia Mathematica* und verwandter Systeme I," *Monatshefte f r Mathematik und Physik* 38 (1931): 173 – 98.

28. Alan M. Turing, "On Computable Numbers with an Application to the Entscheidungsproblem," *Proceedings of the London Mathematical Society* 42 (1936): 230 – 65. The "Entscheidungsproblem" 是一个决议，或者是停止难题，即如何超前决定在一个无限循环中算法会停止还是会继续。

29. 出现在 Alonzo Church 的教派版本, "An Unsolvable Problem of Elementary Number Theory," *American Journal of Mathematics* 58 (1936): 345 – 63.

30. 为了令人愉快地引进教派 – 图灵理论的含义，见 Douglas R. Hofstadter, *Gödel; Escher, Bach: An Eternal Golden Braid* (New York: BasicBooks, 1979)。

31. "忙碌的河狸" 问题是一大类不可计算的功能的例子，见 Tibor Rado, "On Noncomputable Functions," *Bell System Technical Journal* 41. 3 (1962): 877 – 84.

32. Ray, "Kurzweil's Turing Fallacy. "

33. Lanier, "One Half of a Manifesto. "

34. 人，不睡觉，不昏迷，发育到一定水平（不是胎儿），就有意识。

35. John R. Searle, "I Married a Computer," in Richards et al. , *Are We Spiritual Machines?*

36. John R. Searle, *The Rediscovery of the Mind* (Cambridge, Mass. : MIT Press, 1992) .

37. Hans Moravec, Letter to the Editor, *New York Review of Books*, http: //www. kurzweiltech. com/ Searle/searle_response_letter. htm.

38. John Searle to Ray Kurzweil, December 15, 1998.

39. Lanier, "One Half of a Manifesto. "

40. David Brooks，"Good News About Poverty," *New York Times* November 27，2004，A35.

41. Denton，"Organism and Machine."

后　记

1. 就像 James Gardner 引证的，"Selfish Biocosm," *Complexity* 5.3（January-February 2000）：34－45。

2. 在函数 $y = 1/x$ 中，如果 $x = 0$，那么函数无定义，但是我们可以看到 y 值趋于无穷。我们可以把等式的两边调换，使 $y = 1/x$ 变成 $x = 1/y$。如果我们设 y 为一个很大的有穷数，我们会看到 x 将变得非常小，但不会是 0，不管 y 多大。所以在 $y = 1/x$ 中，当 $x = 0$ 时 y 的值可以视作大于任何有穷数的 y 值。表达这一点的另一个方法是，我们可以超越任何可能的有穷 y：将 x 设为 0 和 1 间的任何值，然后用 1 除以 x 得到 y。

3. 估计人脑功能模拟需要 10^{16} cps（见第 3 章），而人脑大概有 10^{10}（低于 100 亿）个，因此所有生物大脑总共大概是 10^{26} cps。所以 10^{90} 超过这个值 10^{64} 倍。如果我们使用一个更保守的数字 10^{19} 来估计模拟每一个神经元组件的每一个非线性的需要，那么这个比例因子是 10^{61}。万亿的 5 次方是 10^{60}。

4. 见之前注释的估计。10^{42} cps 超出这个值 10^{16} 倍。

5. Stephen Jay Gould，"Jove's Thunderbolts," *Natural History* 103.10（October 1994）：6－12；Chapter 13 in *Dinosaur in a Haystack: Reflections in Natural History*（New York：Harmony Books，1995）．

推荐阅读

人件（原书第3版）

作者：（美）Tom DeMarco 等 ISBN: 978-7-111-47436-4 定价：69.00元

公认对软件行业影响最大、最具价值的著作之一，历时15年全面更新
与《人月神话》共同被誉为软件图书领域最为璀璨的"双子星"，近30年全球畅销不衰

在软件管理领域，很少有著作能够与本书媲美。全书从管理人力资源、创建健康的办公环境、雇用并留用正确的人、高效团队形成、改造企业文化和快乐工作等多个角度阐释了如何思考和管理软件开发的最大问题——人（而不是技术），以得到高效的项目和团队。

设计原本——计算机科学巨匠Frederick P. Brooks的反思（经典珍藏）

作者：（美）Frederick P. Brooks,Jr. ISBN: 978-7-111-41626-5 定价：79.00元

图灵奖得主、《人月神话》作者Brooks封笔之作，揭秘软件设计神话！
程序员、项目经理和架构师必读的一本书！

《设计原本》开启了软件工程全新的"后理性时代"，完成了从破到立的圆满循环，具有划时代的重大里程碑意义，是每位从事软件行业的程序员、项目经理和架构师都应该反复研读的经典著作。全书以设计理念为核心，从对设计模型的探讨入手，讨论了有关设计的若干重大问题：设计过程的建立、设计协作的规划、设计范本的固化、设计演化的管控，以及设计师的发现和培养。